U0929705

中国国家标准汇编

439

GB 24447～24463

（2009 年制定）

中国标准出版社　编

中国标准出版社

北京

图书在版编目（CIP）数据

中国国家标准汇编：2009 年制定 . 439：GB 24447～24463/中国标准出版社编 .—北京：中国标准出版社，2010

ISBN 978-7-5066-6056-3

Ⅰ. ①中… Ⅱ. ①中… Ⅲ. ①国家标准-汇编-中国-2009 Ⅳ. ①T-652. 1

中国版本图书馆 CIP 数据核字（2010）第 170631 号

中 国 标 准 出 版 社 出 版 发 行
北京复兴门外三里河北街 16 号
邮政编码：100045

网址 www. spc. net. cn
电话：68523946　68517548
中国标准出版社秦皇岛印刷厂印刷
各地新华书店经销

*

开本 880×1230 1/16 印张 36. 75 字数 1 104 千字
2010 年 10 月第一版 2010 年 10 月第一次印刷

*

定价 220. 00 元

出 版 说 明

1.《中国国家标准汇编》是一部大型综合性国家标准全集。自1983年起，按国家标准顺序号以精装本、平装本两种装帧形式陆续分册汇编出版。它在一定程度上反映了我国建国以来标准化事业发展的基本情况和主要成就，是各级标准化管理机构，工矿企事业单位，农林牧副渔系统，科研、设计、教学等部门必不可少的工具书。

2.《中国国家标准汇编》收入我国每年正式发布的全部国家标准，分为"制定"卷和"修订"卷两种编辑版本。

"制定"卷收入上一年度我国发布的、新制定的国家标准，顺延前年度标准编号分成若干分册，封面和书脊上注明"20××年制定"字样及分册号，分册号一直连续。各分册中的标准是按照标准编号顺序连续排列的，如有标准顺序号缺号的，除特殊情况注明外，暂为空号。

"修订"卷收入上一年度我国发布的、修订的国家标准，视篇幅分设若干分册，但与"制定"卷分册号无关联，仅在封面和书脊上注明"20××年修订-1，-2，-3，……"字样。"修订"卷各分册中的标准，仍按标准编号顺序排列（但不连续）；如有遗漏的，均在当年最后一分册中补齐。需提请读者注意的是，个别非顺延前年度标准编号的新制定的国家标准没有收入在"制定"卷中，而是收入在"修订"卷中。

读者配套购买《中国国家标准汇编》"制定"卷和"修订"卷则可收齐上一年度我国制定和修订的全部国家标准。

3. 由于读者需求的变化，自1996年起，《中国国家标准汇编》仅出版精装本。

4. 2009年我国制修订国家标准共3 158项。本分册为"2009年制定"卷第439分册，收入国家标准GB 24447～24463的最新版本。

中国标准出版社

2010年8月

目　　录

ICS 85-010
Y 30

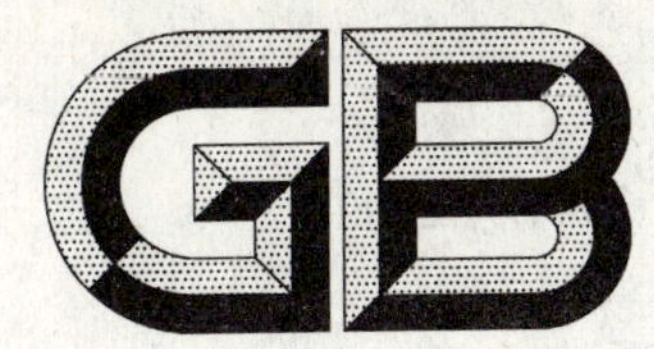

中华人民共和国国家标准

GB/T 24447—2009

纸浆　纤维粗度的测定　偏振光法

Pulp—Determination of fiber coarseness—Polarized light method

(ISO 23713:2005,MOD)

2009-10-15 发布　　　　2010-03-01 实施

中华人民共和国国家质量监督检验检疫总局
中国国家标准化管理委员会　发布

前 言

本标准修改采用 ISO 23713:2005《纸浆　利用自动光学分析测定纤维粗度　偏振光法》(英文版)。

本标准与 ISO 23713:2005 相比主要差异如下：

——用 GB/T 462《纸、纸板和纸浆　分析试样水分的测定》代替 ISO 287:1985,MOD 和 ISO 638:1978,MOD;

——用 GB/T 10336《造纸纤维长度的测定　偏振光法》代替 eqv ISO 16065-1:2001;

——用 GB/T 24324《纸浆　物理试验用实验室纸页的制备　常规纸页成型器法》代替 ISO 5269-1:2005,MOD;

——用 QB/T 1462《纸浆实验室的湿解离》代替 eqv ISO 5263:1979。

本标准由中国轻工业联合会提出。

本标准由全国造纸工业标准化技术委员会归口。

本标准起草单位:中国制浆造纸研究院、国家纸张质量监督检验中心、中国造纸协会标准化专业委员会。

本标准主要起草人:王振、邓知明、王菊华。

本标准由全国造纸工业标准化技术委员会负责解释。

纸浆　纤维粗度的测定　偏振光法

1　范围

本标准规定了利用偏振光测定纤维粗度的方法。

本标准适用于能够对光线发生偏振光的各种纸浆，本标准测定结果中将不包括长度小于 0.2 mm 的纤维。

2　规范性引用文件

下列文件中的条款通过本标准的引用而成为本标准的条款。凡是注日期的引用文件，其随后所有的修改单（不包括勘误的内容）或修订版均不适用于本标准，然而，鼓励根据本标准达成协议的各方研究是否可使用这些文件的最新版本。凡是不注日期的引用文件，其最新版本适用于本标准。

GB/T 462　纸、纸板和纸浆　分析试样水分的测定（GB/T 462—2008，ISO 287：1985，MOD；ISO 638：1978，MOD）

GB/T 740　纸浆　试样的采取（GB/T 740—2003，ISO 7213：1981，IDT）

GB/T 5399　纸浆　浆料浓度的测定（GB/T 5399—2004，ISO 4119：1995，IDT）

GB/T 10336　造纸纤维长度的测定　偏振光法（GB/T 10336—2002，eqv ISO 16065-1：2001）

GB/T 24324　纸浆　物理试验用实验室纸页的制备　常规纸页成型器法（GB/T 24324—2009，ISO 5269-1：2005，IDT）

QB/T 1462　纸浆实验室的湿解离（QB/T 1462—1992，eqv ISO 5263：1979）

3　术语和定义

下列术语和定义适用于本标准。

3.1

非偏振光　unpolarized light

由光波组成的光，其光波的振动面随机排列。

3.2

偏振器　polarizer

只允许在特定方向（偏振器的偏振方向）振动的部分光波透过的仪器。

3.3

平面偏振光　plane polarized light

由光波组成的光，其光波全在同一平面上振动。

3.4

正交偏光镜　crossed polarizers

一对安装在光路上的偏光镜，两个偏光镜的偏振方向互为直角，使光线不能从一个偏光镜直接透过另一个偏光镜。

3.5

双折射　birefringence

某些物质，如纤维素纤维，具有晶体结构，其折射指数随偏振光方向而变化。

注：透过纤维素纤维的光线可透过另一个正交偏光镜，是平面偏振光的偏振方向被旋转的结果。

3.6

总纤维长度 total fibre length

所测纤维的总长度，见式(4)。

3.7

纤维粗度 fibre coarseness

所测纤维的绝干质量除以其总纤维长度，见式(5)。

3.8

细小纤维 fines

长度小于 0.2 mm 的纤维。

4 原理

悬浮在水中的纤维(已知质量)，流经一个纤维定向室(FOC)，纤维作定向排列。每根纤维的投影长度便自动地被测量出来。正交偏光镜用来区分纤维和纤维以外的物质，如气泡，气泡不能使平面偏振光旋转。于是纸浆的总纤维长度和平均纤维粗度便可计算出来。

5 仪器和设备

5.1 纤维长度分析仪

应符合 GB/T 10336 中的规定，由测量部和样品输送系统组成。

5.2 解离器

应符合 QB/T 1462 中的规定。

5.3 纸页成形器

应符合 GB/T 24324 的规定。

5.4 天平

精确度为±0.1 mg。

5.5 天平

量程范围应不超过 5 kg，精确度为±0.1 g。

5.6 玻璃瓶

储放试样用，容积为 50 mL，带有瓶盖和标签。

5.7 塑料容器

两个容积为 5 L 的容器，有手柄。

5.8 烧杯

容积为 600 mL。

5.9 参比纸浆

参比纸浆以浆片的形式提供。

6 取样及样品制备

6.1 取样

如果试验的目的是为了评价某一批纸浆的质量，则应按 GB/T 740 中的规定进行取样。如果取样方法不同，则需注明样品来源，如有可能还应注明所使用的取样方法。从所收到的样品中采取试样，应使试样能够代表整个样品。

6.2 解离

6.2.1 干燥样品

对于干燥样品来说，应取出至少 30 g 绝干质量的试样，并在水中浸泡至少 4 h。将试样撕成小片，不应对试样进行裁切，否则将会导致纤维变短。根据浆种不同，按 QB/T 1462 中的规定进行解离，并按 GB/T 5399 中的规定测定解离浆的浓度。

6.2.2 未干燥样品

根据浆种不同，按 QB/T 1462 中的规定进行解离，并按 GB/T 5399 中的规定测定解离浆的浓度。

注：过度解离可能会使某些纸浆产生细小纤维并降低纤维长度，因此应优先使用轻度解离的未干燥纸浆进行测定。

6.3 细小纤维的去除和试样制备

6.3.1 细小纤维的去除

6.3.1.1 取相当于绝干质量约 0.50 g 的浆样，经过解离，按 GB/T 24324 中的规定，用实验室纸页成型器抄制成湿纸页，应确保湿纸页均匀一致。

注：抄制 0.50 g 绝干质量的实验室纸页，应确保洗掉大多数细小纤维。

6.3.1.2 用肉眼检查实验室湿纸页的纤维碎片(如浆块、纤维束和污染物)情况。如果有纤维碎片，则应仔细从湿纸页中取出 1 g(约 50 mg 绝干浆)不含纤维碎片的湿浆备用。并在试验报告中注明纤维碎片的去除情况。

注：纤维碎片将导致质量测定的不准确，最终造成纤维粗度的结果不准确。

6.3.1.3 将 1 g 不含纤维碎片的湿浆放入一个已称量的玻璃瓶(5.6)中，并测定湿浆的质量，准确至 ±0.1 mg。

6.3.1.4 应按 GB/T 462 中的规定，测定去掉纤维碎片的剩余实验室湿纸页绝干浆含量。然后用该值计算玻璃瓶中纤维的绝干质量，记录纤维的绝干质量(m_1)。

6.3.1.5 如果要储存不含纤维碎片的湿浆，应将其存放在温度为 4 ℃±2 ℃的冰箱中。应确保试样不结冰，否则将影响测定结果。

6.3.1.6 如果使用其他一些标准或已确定的方法去除细小纤维，则应在试验报告中注明。

注：8.3 中的精密度叙述仅对 6.3.1 中的规定有效。如果使用其他去除细小纤维的方法，则精密度说明将无效。

6.3.2 试样制备和稀释

6.3.2.1 从不含纤维碎片的湿浆中获取至少 3 个试样，用于测定纤维粗度。称量一个塑料容器(5.7)的质量，准确至 0.1 g。将玻璃瓶中的试样倒入已称量的塑料容器中。冲洗瓶子及瓶盖，确保所有纤维均转移至塑料容器中。添加约 4 500 mL 蒸馏水或去离子水倒入塑料容器，并称量容器中纤维和水混合物的质量(m_2)。

纤维浓度 C_A 以毫克每克(mg/g)表示，可用式(1)计算：

$$C_A = \frac{m_1}{m_2} \qquad \cdots\cdots(1)$$

式中：

m_1——玻璃瓶中纤维的绝干质量，单位为毫克(mg)；

m_2——塑料容器中纤维和水混合物的质量，单位为克(g)。

6.3.2.2 称量一个干净的烧杯(5.8)，准确至 0.1 g。

用式(2)计算需转移至烧杯中纤维和水混合物的质量(m_3)，以毫克(mg)表示：

$$m_3 = \frac{C_B M}{C_A} \qquad \cdots\cdots(2)$$

式中：

M——最终烧杯中的总的悬浮物质量，单位为克(g)；

C_B——分析仪制造商规定的浓度，单位为毫克每克(mg/g)；

C_A——式(1)中得到的纤维浓度。

注：一般来说针叶木浓度 C_B=0.002 4 mg/g，阔叶木浓度 C_B=0.001 0 mg/g，混合纸浆以阔叶木对待。M 取决于烧杯的容积。例如：容积 600 mL 烧杯的 M 值为 600 g。

6.3.2.3 将已去皮的空烧杯放在天平上。

6.3.2.4 当取试样进行测定时，应确保纤维和水混合物中的纤维得到很好的分散。吸取所需量(m_3)的纤维和水混合物，并转移至天平上的烧杯中。记录烧杯中纤维和水混合物的质量，准确至0.1 g，并计算烧杯中绝干纤维的质量。

注：建议将纤维和水混合物迅速在两个干净的塑料容器(5.7)之间来回倾倒，避免溅洒。在最后一次转移结束且纤维沉淀之前，将质量为 m_3 的纤维和水混合物添加至烧杯中。

用式(3)计算并记录烧杯中绝干纤维的质量(m_4)，结果以毫克(mg)表示。

$$m_4 = C_A m_3 \quad \cdots\cdots(3)$$

式中：

C_A——式(1)中得到的纤维浓度，单位为毫克每克(mg/g)；

m_3——转移至烧杯中纤维和水混合物的质量，单位为克(g)。

6.3.2.5 按上述方法，用5 L塑料容器中的剩余纤维和水混合物，制备至少两个试样。制备完成后，应立即进行试样测定。

7 测量及校准

7.1 测量

为取得精确的测量结果，应对每一试样中的所有纤维进行测量及分析。

向烧杯中的纤维和水混合物中加水，直至达到烧杯中悬浮物的质量(M)时停止加水，使纤维浓度等于或小于纤维分析仪制造商为测定纤维粗度所要求的浓度(C_B)。按以上方法将绝干浆试样加入分析仪，并开始测定。

7.2 校准

应定期检查分析仪的运行状态，并经常进行清洗，每星期用校准纤维对其精确度检查一次，每个月对仪器的运行性能检查一次。校准过程应符合GB/T 10336的规定。

8 计算与结果表示

8.1 总纤维长度

用式(4)计算试样的总纤维长度 L_T，结果以米(m)表示。

$$L_T = \sum l_i \quad \cdots\cdots(4)$$

式中：

l_i——第 i 根纤维的长度，单位为米(m)。

8.2 纤维粗度

用式(5)计算试样的纤维粗度 C_k，结果以毫克每米(mg/m)表示。

$$C_k = \frac{m_4}{L_T} \quad \cdots\cdots(5)$$

式中：

C_k——第 k 个试样的纤维粗度，单位为毫克每米(mg/m)；

m_4——试样绝干纤维的质量，单位为毫克(mg)；

L_T——试样的总纤维长度，单位为米(m)。

用式(6)计算平均纤维粗度 C，结果以毫克每米(mg/m)表示。

$$C = \frac{\sum C_k}{n} \quad \cdots\cdots(6)$$

式中：

C_k——第 k 个试样的纤维粗度，单位为毫克每米(mg/m)；

n——试样的数目。

8.3 精密度

8.3.1 概要

精密度的计算是以取自 NIST 的阔叶木和针叶木参比浆样测定结果计算的。

没有迹象显示化学浆和机械浆之间精密度存在差别，这是由于 6.3.1 中的细小纤维被洗掉的原因。

8.3.2 重复性

选用一种阔叶木浆和一种针叶木浆，依据本标准在 11 个不同实验室中进行试验，结果见表 1。

表 1 测定平均纤维粗度的重复性

试样	平均纤维粗度/(mg/m)	变异系数/%
阔叶木	0.085	4.3
针叶木	0.140	4.0

8.3.3 再现性

选用一种阔叶木浆和一种针叶木浆，依据本标准在 11 个不同实验室中进行试验，结果见表 2。

表 2 测定平均纤维粗度的再现性

试样	平均纤维粗度/(mg/m)	变异系数/%
阔叶木	0.085	10.5
针叶木	0.140	5.1

9 试验报告

试验报告应包含以下内容：

a) 对本国家标准编号的引用；

b) 试验日期和地点；

c) 鉴定样品的全部资料；

d) 使用仪器的型号；

e) 所测纤维的总数；

f) 总纤维长度；

g) 平均纤维粗度；

h) 如有要求，还需注明纤维碎片的去除情况；

i) 可能影响试验结果的任何操作。

ICS 25.120.20
Y 97

中华人民共和国国家标准

GB/T 24448—2009

废旧钢筋制钉机

Scrap steel nail-making machine

2009-10-15 发布　　2010-03-01 实施

中华人民共和国国家质量监督检验检疫总局
中国国家标准化管理委员会　发布

前　言

本标准由中国轻工业联合会提出。

本标准由全国五金标准化技术委员会(SAC/TC 174)归口。

本标准起草单位:河北省标准化研究院。

本标准主要起草人:李江、刘春明、高增明、张丹、罗庚、安彦红、刘冬暖、路源、陈世红、陈玉刚、龚月芳。

引　言

废旧钢筋制钉机是一种节约能源，回收废弃资源加工循环再利用的设备。它利用废弃的钢筋头、废铁丝、废冷拔丝以及建筑行业拆建废弃的线材、废旧钢缆等废弃资源作为原料，加工出各种规格的普通圆钢钉。

该设备的生产厂家很多，但欠缺规范化生产和管理，生产随意性大，大多处于无标生产状态，各企业生产的产品其性能精度及检测方法不统一，致使产品质量和市场竞争受到了较大影响。因此，制定废旧钢筋制钉机国家标准对规范和扶持该行业的发展，支持国家节能产品的开发利用，具有重要意义和现实意义。

废旧钢筋制钉机

1 范围

本标准规定了废旧钢筋制钉机的产品组成与型号、技术要求、检验方法、检验规则、标志、包装、运输和贮存。

本标准适用于利用废旧钢筋拉丝制作一般用途圆钢钉的曲柄连杆式制钉机(以下简称制钉机)。

2 规范性引用文件

下列文件中的条款通过本标准的引用而成为本标准的条款。凡是注日期的引用文件，其随后所有的修改单(不包括勘误的内容)或修订版均不适用于本标准，然而，鼓励根据本标准达成协议的各方研究是否可使用这些文件的最新版本。凡是不注日期的引用文件，其最新版本适用于本标准。

GB /T 191 包装储运图示标志

GB 5226.1—2002 机械安全 机械电气设备 第1部分:通用技术条件

GB/T 6576 机床润滑系统

GB/T 10923—1989 锻压机械 精度检验通则

GB/T 13306 标牌

JB/T 1829 锻压机械通用技术条件

JB/T 3240 锻压机械操作指示形象化符号

JB/T 3623 锻压机械噪声测量方法

JB 3852 自动锻压机安全技术条件

JB/T 8356.1 机床包装技术条件

JB 9972—1999 滚丝机、卷簧机、制钉机噪声限值

YB/T 5002—1993 一般用途圆钢钉

YB/T 5294 一般用途低碳钢丝

3 产品组成与型号

3.1 产品组成

制钉机由机身、机架、动力传动、飞轮主轴、曲轴连杆、送丝校直、夹紧、冲压剪切机构和电器控制系统组成。

3.2 产品型号

3.2.1 产品型号包括产品分类代号、产品型号、规格参数和设计改进序号，表示为：

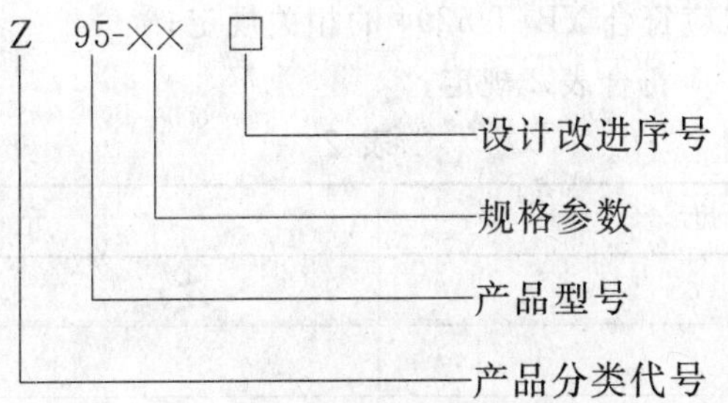

其中：

Z——制钉机产品分类代号，用“自动”的汉语拼音字头表示；

95——制钉机分组代号，代表废旧钢筋制钉机；

××——规格参数，代表钢钉最大直径，由阿拉伯数字组成；

□——设计改进序号，用大写拉丁字母顺序编排。

3.2.2 型号示例：

Z95-6.5A 表示最大制钉直径 6.5 mm，经第一次设计改进的废旧钢筋制钉机。

4 技术要求

4.1 外观

外观应符合下列要求：

a) 外观表面应平整，不应有未规定的凸起、凹陷、粗糙不平和其他缺陷；

b) 钣金件应平整，边沿无毛刺，配合间隙均匀；

c) 涂漆应符合 JB/T 1829 的有关规定；

d) 各种镀覆件的外表应光洁，镀层均匀，无腐蚀，无漏镀现象。

4.2 基本参数

制钉机主要技术参数为圆钢钉的最大直径和最大长度，钢钉规格参数应符合 YB/T 5002 的规定。

直径范围：0.9 mm～6.5 mm

长度范围：10 mm～200 mm

生产效率：≥150 个/min

根据用户要求，通过配制模具和调整设备，也可生产其他规格的钢钉。

4.3 几何精度

几何精度应符合下列要求：

a) 连杆对主轴的垂直度允差≤0.06 mm；

b) 主轴轴承座同轴度允差≤0.06 mm；

c) 滑块行程对机身模座支承面垂直度允差 0.05/100 mm；

d) 滑动面接触应均匀，接触精度见表 1 规定。

表 1

部　位	接　触　精　度	
	刮研面接触点数	机加面接触面积
滑动导轨	≥8 点	长向≥70%、宽向≥50%
轴瓦轴套	≥8 点	≥70%
注：刮研面接触点数是指在被检查面上任意位置 25 mm×25 mm 面积内的接触点数。		

4.4 制钉质量

制钉质量应符合下列要求：

a) 钉杆直径的允许偏差应符合 YB/T 5294 的相关规定；

b) 钢钉长度的允许偏差应符合表 2 规定；

表 2

单位为毫米

钢　钉　长　度	允　许　偏　差
10～20	±0.8
>20～50	±1.2
>50～200	±1.5

c) 钉杆直线度(弯曲度)不超过钉子公称长度的 0.5%；

d) 钉帽对钉杆中心线的偏心距不应超过钉杆公称直径的13%；

e) 钉尖应为棱锥型，钉尖无毛刺、不歪斜；

f) 废钉率应不大于表3的规定。

表3

钢钉长度/mm	10～20	25～50	60～200
废钉率/%	1.8	1.2	0.6

4.5 主要零部件质量要求

主要零部件质量应符合下列要求：

a) 重要锻铸件(机架、曲轴、飞轮、连杆)不应有裂纹；

b) 主要加工零件(曲轴、连杆、传动轴、圆锥齿轮、凸轮、滑块、冲杆、模具、刀具)的材料和机械性能应符合技术文件要求；

c) 飞轮应进行静平衡试验校正，平衡精度等级为G6.3。

4.6 装配质量

装配质量应符合下列要求：

a) 制钉机模座与机身装配后间隙应≤0.05 mm；

b) 圆锥齿轮安装后，齿轮啮合边缘错位量要求：

齿轮宽度 B≤100 mm 时，错位量≤2 mm；

齿轮宽度 B>100 mm 时，错位量≤3 mm。

c) 制钉机模具夹紧部分装配后，其辊轮与凸轮受力段的实际接触线应不小于总长度的70%；

d) 飞轮装配后圆跳动：

直径≤1 000 mm 时，径向 0.10 mm，轴向 0.20 mm；

直径>1 000 mm 时，径向 0.15 mm，轴向 0.30 mm。

4.7 基本性能

机器基本性能应符合下列要求：

a) 机器各操作把手、开关、部件应工作灵活、工作可靠；

b) 机器各调节装置功能可靠，包括：滑块部件冲头移动位置、模孔中心位置、剪刀口对模孔位置、模具夹紧效果、退钉器功能及送丝器送丝量等功能调整。

4.8 电气系统

电气系统应符合 GB 5226.1 的有关规定。

制钉机应具有缺料、故障时自动停机和信号指示装置。

4.9 安全防护

安全防护应符合 JB 3852 的有关规定。

4.10 润滑

制钉机的润滑系统应符合 GB/T 6576 的有关规定。

4.11 空运转

空运转性能应符合下列要求：

a) 工作部位的温度变化：

1) 滑动轴承的温升不应超过 35 ℃，最高温度不应超过 70 ℃；

2) 滚动轴承的温升不应超过 40 ℃，最高温度不应超过 70 ℃；

3) 滑动导轨的温升不应超过 15 ℃，最高温度不应超过 50 ℃。

b) 机器的安全装置应安全可靠适用，符合 JB 3852 的规定；

c) 制钉机运转应平稳，不得有异常声响。

4.12 噪声

制钉机允许噪声的最高限值,应符合 JB 9972—1999 中 3.2 的规定。

4.13 备件附件

出厂时根据用户需求配备相应的备件和附件。

备件、附件应符合设计要求并经过装机试验,外购件应有合格证明。

5 检验方法

5.1 一般要求

检验在装配调试完成后的整机上进行,检验过程中不得对性能、精度有影响的装置进行再调整。

检验用的计量器具应符合 GB/T 10923—1989 中附录 A 的要求。

5.2 外观检验

机器的外观用目视观察方法检查,质量应符合 4.1 规定。

5.3 基本参数检验

制钉机基本参数的检验是通过对制成品钢钉的参数进行检验,其参数应符合 4.2 的规定。

5.4 精度检验

5.4.1 应在机器满负荷稳定运行后进行,检测过程中不允许对影响精度的机构和零件进行调整。

5.4.2 按照 GB/T 10923—1989 中 5.4、5.5、5.6 规定进行精度检验。

5.4.3 机器精度应符合 4.3 的规定。

5.5 加工和装配质量检验

主要加工零部件质量检验应符合 4.5 规定。

机器的装配质量应符合 4.6 规定。

5.6 制钉质量检验

按照 YB/T 5002—1993 中第 7 章规定的检验方法检验钢钉的加工质量。

5.7 废钉率检验

在连续制做的钢钉中随机抽取 1 000 件进行废钉率检查。

注:钢丝两端产生的废钉不统计在内。

5.8 基本性能检验

机器基本性能的检验采用手工操作和目视观察方法进行,基本性能应符合 4.7 规定。

5.9 空运转性能检验

机器在空运转状态下(不装模具、冲头和剪刀)连续运转不少于 4 h,进行空运转性能检验,其性能应符合 4.11 规定。

工作部位的温度检测采用半导体点温度计直接测量。

5.10 负荷检验

负荷检验是按照制钉机最大设计制钉规格在满负荷稳定运行工作条件下,检验其最大加工尺寸、生产效率和其他指标,均应符合技术文件的规定。

5.11 电气系统

电气系统的检验方法应符合 GB/T 5226.1—2002 中第 19 章的有关规定。

5.12 安全防护

机器的安全防护应符合 JB 3852 有关规定。

5.13 润滑系统检验

直接观察润滑部位润滑效果和注油嘴、管路、油箱工作状况,应符合技术文件的规定。

5.14 噪声检测

5.14.1 应在机器空负荷连续运转时进行噪声声压级检测。

5.14.2 按照 JB/T 3623 规定的测量方法进行噪声检测，应符合 4.12 规定。

5.15 备件附件检验

随机的备件附件检验应符合 4.13 规定。

6 检验规则

6.1 检验分类

制钉机产品检验分为出厂检验和型式检验。

6.2 出厂检验

6.2.1 制钉机产品应逐台经制造厂质检部门出厂检验合格，并附有合格证方能出厂。

6.2.2 出厂检验项目包括 4.1、4.2、4.4、4.7、4.12 的有关规定。

6.2.3 出厂检验方法按第 5 章相应的内容进行，应符合第 4 章相应规定的要求。

6.2.4 出厂检验中单机有一项不合格即判不合格品，经调整、返工后可再次提交进行出厂检验。

6.3 型式检验

6.3.1 凡属下列情况之一时，应进行型式检验：

a） 新产品或老产品转厂生产时；

b） 正式生产后如结构、材料、工艺有较大改变可能影响产品性能时；

c） 正常生产时，每两年进行一次；

d） 产品长期停产后恢复生产时；

e） 出厂检验结果与上次型式检验有较大差异时；

f） 国家质量监督机构提出型式检验要求时。

6.3.2 型式检验在出厂合格的产品中进行，抽取样本 1 台，进行技术要求的所有项目检验，应符合第 4 章的规定。

6.3.3 型式检验项目中有 1 项不合格即判型式检验不合格，制造厂质量部门应停产分析产生不合格的原因并采取相应措施。

7 标志、包装、运输、贮存

7.1 标志

制钉机上应有铭牌、操作、安全和润滑等标示牌，并符合下列规定：

a） 标牌应清晰直观、位置合理，标牌应符合 GB/T 13306 的有关规定；

b） 操作指示形象化符号应符合 JB/T 3240 的有关规定；

c） 铭牌内容应包括：产品名称、产品型号、主要技术参数、产品编号、生产日期、厂名及执行标准的编号，有注册商标的可增加商标图案。

7.2 包装

产品包装应符合 JB/T 8356.1 的相关规定。

包装箱标志应符合 GB/T 191 的相关规定。

包装箱内应附随机资料，包括合格证书、使用说明书和装箱单。

7.3 运输

产品的运输应符合铁路、公路、空运、水路运输的相关规定。

7.4 贮存

产品应贮存在干燥、无腐蚀的场所，不得雨淋、水浸和碰撞。

ICS 85.100
Y 91

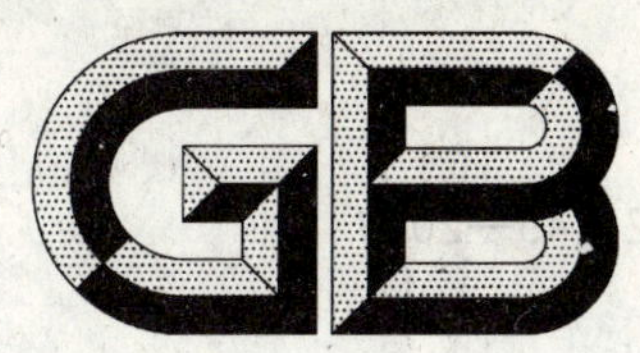

中华人民共和国国家标准

GB/T 24449—2009

导热油烘缸

Heat-transfer oil dryers

2009-10-15 发布　　2010-03-01 实施

中华人民共和国国家质量监督检验检疫总局
中国国家标准化管理委员会　发布

前言

本标准由中国轻工业联合会提出。

本标准由全国轻工业机械标准化技术委员会归口。

本标准起草单位:枣庄市得盛机械设备有限公司。

本标准主要起草人:孙建、孙光、谭琛、周金生、廉熠。

导热油烘缸

1 范围

本标准规定了导热油烘缸的技术要求、试验方法、检验规则及标志、包装、运输、贮存。

本标准适用于造纸、食品、木材、纺织等行业的导热油烘缸(以下简称产品),不适用于压力容器范围的导热油烘缸。

2 规范性引用文件

下列文件中的条款通过本标准的引用而成为本标准的条款。凡是注日期的引用文件,其随后所有的修改单(不包括勘误的内容)或修订版均不适用于本标准,然而,鼓励根据本标准达成协议的各方研究是否可使用这些文件的最新版本。凡是不注日期的引用文件,其最新版本适用于本标准。

GB/T 191 包装储运图示标志(GB/T 191—2008,ISO 780:1997,MOD)

GB 713 锅炉和压力容器用钢板(GB 713—2008,ISO 9328-2:2004,NEQ)

GB/T 985.1 气焊、焊条电弧焊、气体保护焊和高能束焊的推荐坡口(GB/T 985.1—2008,ISO 9692-1:2003,MOD)

GB/T 985.2 埋弧焊的推荐坡口(GB/T 985.2—2008,ISO 9692-2:1998,MOD)

GB/T 1031 产品几何技术规范(GPS) 表面结构 轮廓法 表面粗糙度参数及其数值

GB/T 1184 形状和位置公差 未注公差值(GB/T 1184—1996,eqv ISO 2768-2:1989)

GB 9969 工业产品使用说明书 总则

GB/T 13306 标牌

HG 20531 铸钢、铸铁容器

HG/T 2546 导热油-400(联苯-联苯醚混合物)

JB 4708 钢制压力容器焊接工艺评定

JB/T 4709 钢制压力容器焊接规程

JB/T 4730(所有部分) 承压设备无损检测

JB/T 4735 钢制焊接常压容器

QB/T 3917—1999 造纸机械辊筒与烘缸动平衡

3 技术要求

3.1 基本要求

3.1.1 产品的设计、制造、检验和验收除应符合本标准的规定外,还应遵守国家颁布的有关法令、法规和规章。

3.1.2 产品应按照经规定程序批准的设计图样及技术文本制造。

3.2 材料

3.2.1 产品用钢应符合本节规定,焊接元件用钢应是焊接性良好的钢材。

3.2.2 用于制造产品的材料(钢材、锻件、铸件、焊材等)应参考本标准引用的相关材料标准,如使用本标准未列出的材料标准,则使用材料的各项性能应满足导热油烘缸使用性能及安全性能,且能满足制造工艺要求。产品用钢宜采用列入JB/T 4735、GB 713的钢材。

3.2.3 产品用钢应附有钢材生产单位的钢材质量证明书(或其他有效质量证明文件)。产品制造单位应按质量证明书对钢材进行验收,必要时进行复验。

3.2.4 对钢材有特殊要求时，应在图样或相应技术文件中注明。

3.2.5 奥氏体不锈钢作为产品用钢时，应在固溶或稳定化状态下使用，表面还应做酸洗钝化处理。

3.2.6 缸体、端盖用钢板厚度大于 30 mm 时，应逐张进行超声检测。钢板的超声检测应按 JB/T 4730 的规定进行，质量等级应不低于Ⅳ级，可用于锅炉压力容器壳体的钢板除外。

3.2.7 端盖的轴头、人孔采用铸钢件时，应符合 HG 20531 的有关规定，进行退火或正火处理。

3.2.8 产品紧固件等零部件的选用可参照 JB/T 4735 有关规定执行。

3.3 焊接要求

3.3.1 产品的焊接接头型式应符合 GB/T 985.1，GB/T 985.2 及 JB/T 4735 的规定。对接焊接接头和重要的角接接头应采用全焊透结构形式，并进行局部无损检测抽查，焊接接头系数的选取可参照 JB/T 4735 的规定。

注：此处的重要角接接头部位如下：

① 端盖与缸体连接的角焊缝；

② 端盖与轴头连接的角焊缝；

③ 加强筋板与端盖、轴头连接的角焊缝；

④ 端盖与人孔圈、手孔圈连接的角焊缝；

⑤ 应力分布环与轴头、加强筋板连接的角焊缝；

⑥ 其他承受较大应力部位的角焊缝。

3.3.2 焊接材料的管理应符合 JB/T 4709 的规定。

3.3.3 产品在施焊前应编制焊接工艺，并进行焊接工艺评定，焊接工艺编制及焊接工艺评定应符合 JB 4708、JB/T 4709 的规定。

3.3.4 焊条、焊剂及其他焊接材料的贮存库应保持干燥，相对湿度应不大于 60%。

3.3.5 当施焊环境有下列情况之一，且无有效防护措施时，应禁止施焊：

a) 手工焊时风速大于 10 m/s；

b) 气体保护焊时风速大于 2 m/s；

c) 相对湿度大于 90%；

d) 雨、雪环境。

3.3.6 当焊件温度低于 0 ℃时，应在始焊处 100 mm 范围内预热到 15 ℃。

3.3.7 焊缝的返修应在热处理前进行，热处理后进行焊缝返修的，仍应进行热处理。

3.3.8 焊缝表面的形状尺寸及外观要求应符合 JB/T 4735 的规定，且应符合以下要求：

a) 焊缝表面不应有裂纹、气孔、弧坑和飞溅物；

b) 角接焊缝与母材呈圆滑过渡。

3.4 缸体

3.4.1 缸体应采用圆筒型结构，结构型式见图 1。

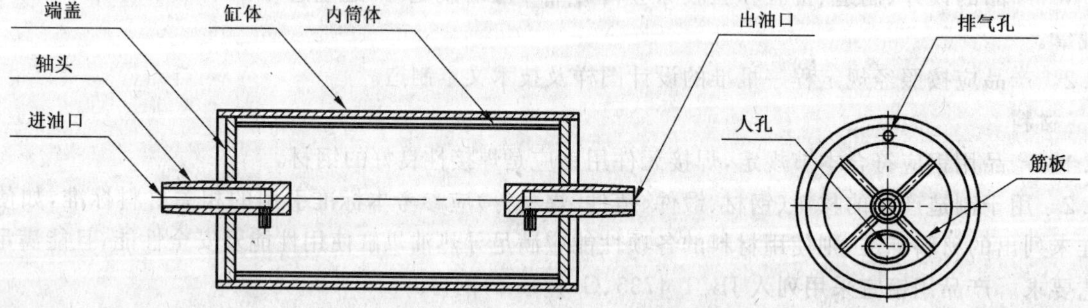

图 1

3.4.2 缸体宽度≤2 500 mm时，宜采用整块钢板卷成。单筒节用钢板拼接时，宜采用纵焊缝拼接，两条纵向焊缝间距应大于钢板厚度的3倍，且≥100 mm，并与筒体轴线平行；多筒节拼接时，应不多于2个筒节拼接，且每个筒节不应再进行拼接，筒节长度应≥300 mm。

3.5 端盖

3.5.1 端盖应采用满足产品结构强度、刚度、弯矩及动载荷要求的应力分布较均匀、受力情况较好的结构型式，可根据需要增设加强筋板和应力分布环。

3.5.2 当缸体内径≤2 500 mm时，可采用平盖型式；当缸体内径>2 500 mm时，宜采用球冠形(凹面向外)封头型式。

3.5.3 端盖宜采用整块钢板，若采用拼接结构，拼接数量应尽量少，拼接结构型式应符合JB/T 4735的规定。

3.5.4 端盖与缸体连接的焊接接头应采用全焊透结构。

3.5.5 当缸体内径≤500 mm时，端盖可不开设手孔；当缸体内径>500 mm时，应至少开设1个人孔或2个手孔(当烘缸无法开设人孔时)。

3.5.6 端盖开孔和开孔补强应符合JB/T 4735的规定。

3.6 组焊后要求

a) 缸体圆度应不大于1.5 mm；

b) 应避免钢板表面机械损伤。当存在机械损伤时，应按JB/T 4735的规定进行修磨或补焊，并满足设计图纸要求。

3.7 热处理

3.7.1 产品全部焊接成形后，应进行消除应力处理。

3.7.2 焊后热处理应在压力试验前进行。

3.7.3 应采用整体热处理。

3.7.4 奥氏体不锈钢制产品焊接后一般不要求做热处理，如有特殊要求需进行焊后热处理时，应在图样上注明。

3.7.5 焊后热处理的工艺技术要求可参照JB/T 4709的规定执行。

3.8 加工质量要求

3.8.1 产品加工质量应符合表1的规定。

表1

项目		单位	光泽缸	多缸纸机烘缸
缸体表面粗糙度(镀后)Ra		μm	0.2	0.8
缸体外径公差		mm	±2	$^{+1}_{0}$
缸体壁厚公差	缸体外径≤2 000 mm		$^{+2}_{-1}$	
	缸体外径>2 000 mm		+缸体外径的0.1% −缸体外径的0.05%	
缸面圆柱度公差	面宽<3 000 mm	级	8(GB/T 1184)	
	面宽≥3 000 mm		9(GB/T 1184)	
缸面对两端轴承公共轴线的径向圆跳动			8(GB/T 1184)	

3.8.2 产品成套供货时，应按产品实际外径尺寸进行编组，同组产品的最大外径与最小外径之差应不大于0.5 mm。

3.8.3 产品表面镀覆耐磨、耐蚀的合金镀层或镀铬时，表面硬度应不低于HB415，缸面应光泽一致，镀层应致密且与缸体结合牢固。

3.8.4 不需要表面镀层的产品，缸体外径不大于 2 000 mm 时，缸面硬度应≥HB170、≤HB220；缸体外径大于 2 000 mm 时，缸面硬度应≥HB190、≤HB240；缸面两端硬度差应不大于 HB24。

3.9 平衡要求

3.9.1 外径≤2 000 mm 的产品，当转速≤300 r/min 时，以及外径>2 000 mm 的产品，当转速≤100 r/min 时，应进行静平衡校核，其剩余不平衡量应不超过产品自重的 0.05%。

3.9.2 外径≤2 000 mm 的产品，当转速>300 r/min 时，以及外径>2 000 mm 的产品，当转速>100 r/min 时，应进行动平衡校核，其平衡品质应不低于 QB/T 3917—1999 规定的 G4 级。

3.9.3 每块平衡块质量应不超过 25 kg，并适合焊接，且能牢固焊接在端盖内侧，焊接位置应不影响导热油管的安装。

3.10 试压和检漏要求

3.10.1 产品制成后应进行试压和检漏。试压可采用液压试验或气压试验，检漏可采用煤油或肥皂水试验。

3.10.2 当无法做液压试验时，可做气密性试验，其试验方法及项目应在图样中注明。

3.10.3 试验压力选取应符合设计图样的规定。

3.11 其他要求

3.11.1 产品应设有压力试验用的放气孔及排液孔，两孔相隔 180°。

3.11.2 导热油的质量、使用与检验宜符合 HG/T 2546 规定的技术要求。

4 试验方法

4.1 焊缝的无损检测

4.1.1 缸体、端盖对接焊缝与拼接焊缝应进行局部射线或超声波探伤检测，探伤长度不应少于各条焊接接头的 10%，且不少于 250 mm；当烘缸不作液压试验只作气密性试验的，检测比例为各条焊接接头长度的 25%。对接焊缝交叉部位及以下部位应进行检测，其检测长度可计入局部检测长度之内。检测部位如下：

a) 被补强圈、筋板、内件等所覆盖的对接焊接接头；

b) 以开孔中心为圆心，1.5 倍开孔直径为半径的圆中所包容的对接焊接接头；

c) 公称直径不小于 250 mm 的接管与长颈法兰、接管与接管的对接连接的焊接接头。

4.1.2 缸体与端盖连接的角焊缝应进行局部超声波探伤检测，检测比例不少于 10%，且不少于 250 mm。

4.1.3 缸体与端盖连接的角焊缝及端盖与轴头连接的角焊缝外表面应进行 100% 的磁粉或渗透检测。

4.1.4 无损检测应符合 JB/T 4730.1～4730.6 的要求。射线检测技术等级不低于 A 级，合格级别为Ⅲ级；超声检测合格级别为Ⅱ级；磁粉、渗透检测合格级别为Ⅱ级。

4.2 试压和检漏试验

4.2.1 液压试验

4.2.1.1 试验时，应至少安装两个量程相同且经校验的压力表，压力表的量程应为试验压力的 1.5～3 倍，最好为 2 倍，精度等级应不小于 1.6 级。

4.2.1.2 液压试验宜采用洁净水作试验介质，需要其他液体作试验介质时，应注意安全事项。奥氏体不锈钢作水压试验时，应控制水中氯离子含量小于 25 mg/L。

4.2.1.3 试验液体温度不低于 5 ℃，试验时应将内部空气排尽，保持缸体外表面干燥，试验压力应缓慢上升，达到规定压力时，应保压 30 min 以上。检查所有焊接接头和密封连接部位，无渗漏、无可见变形、无异常响声者为合格。

4.2.1.4 液压试验完毕后，应将内部液体排尽，并做干燥处理。

4.2.2 气密性试验

由于结构或支承原因无法进行液压试验或设计规定做气密性试验的，应进行气密性试验。试验时，压力应缓慢上升，达到规定压力后保压 10 min，然后降至设计压力用肥皂水进行检漏。检查所有焊接接头和密封连接部位，无渗漏、无可见变形、无异常响声者为合格。

4.2.3 煤油检漏试验

将焊接接头能够检查的一面清洗干净，涂以白粉浆，晾干后，在焊接接头的另一面涂上煤油，使得表面得到足够浸润，30 min 后，白粉上没油渍为合格。

4.3 粗糙度测试

缸面粗糙度用比较样块或轮廓仪检查，并符合 GB/T 1031 的规定。

4.4 厚度测试

缸体壁厚采用厚度仪测量。

4.5 缸体外径测试

采用误差不超过±0.1 mm 的测量器具进行检测。

4.6 圆柱度测试

缸面圆柱度的测量允许在不同截面上以外径法(即两点法)测量。

a) 面宽小于 3 000 mm 时，按等距离分布测量截面不少于三个；

b) 面宽大于 3 000 mm 时，按等距离分布测量截面不少于五个。

4.7 径向圆跳动测试

缸面径向圆跳动在机床上用百分表检测。

4.8 硬度测试

一般应在镀层试块上用维氏硬度计测定，也可直接在缸面镀层上测定。测试点应在离缸体两端 30 mm～80 mm 范围内，每端测试点不少于三点，三点应在圆周方向上均匀分布，所测点硬度的算术平均值为缸面硬度值。

4.9 平衡试验

a) 校静平衡时，应采用导轨式静平衡装置；

b) 校动平衡时，在动平衡试验机上按 QB/T 3917—1999 规定方法进行试验。

5 检验规则

5.1 出厂检验

5.1.1 每台产品应经制造厂检验合格，并附有合格证后方能出厂。

5.1.2 出厂检验一般包括 3.3、3.4、3.5、3.6、3.9 的有关规定。

5.2 型式检验

5.2.1 当有下列情况之一时，应进行型式检验：

a) 新产品或老产品转厂生产的试制、定型鉴定时；

b) 正式生产后，若结构、材料、工艺有较大改变，可能影响产品性能时；

c) 在正常生产的条件下，产品积累到一定产量(数量)时，应周期性进行检验一次；

d) 产品连续停产一年后，恢复生产时；

e) 出厂检验结果与上次型式检验有较大差异时；

f) 国家质量监督检验机构提出型式检验要求时。

5.2.2 型式检验项目应包括本标准规定的全部内容。

5.3 抽样方法

出厂检验应逐台检验，型式检验在生产厂检验合格入库的产品批量中按 10%随机抽样，但不应少于一台。

5.4 判定规则

若检验的全部项目合格，则本产品为合格品。如有不合格项，允许返工、复修。

6 标志、包装、运输、贮存

6.1 标志

6.1.1 每个产品均应在操作侧轴端打印出厂编号。有旋转方向要求的产品，还应在操作侧端盖上作出旋转方向标记。

6.1.2 产品成套供货编组时，应在操作侧作出编组标记。

6.1.3 每个产品均应钉有标牌，标牌应钉在操作侧端盖上。标牌应符合 GB/T 13306 的规定，其内容至少包括：

a) 名称；

b) 外径×面宽；

c) 产品标准编号；

d) 设计温度；

e) 工作介质；

f) 净重；

g) 制造日期；

h) 出厂编号；

i) 制造厂名。

6.1.4 每个产品包装物上应作出标记，其内容包括：

a) 收货站及收货单位名称；

b) 发货站及发货单位名称；

c) 合同号及产品名称、型号；

d) 毛重、净重、箱号及外形尺寸；

e) 重心、起吊线、储运图示标志。

6.1.5 包装储运图示标志应符合 GB/T 191 的有关规定。

6.2 包装

6.2.1 缸面应洁净并涂防锈油脂，外包防潮纸。

6.2.2 轴头进、出油孔应严密封盖，轴头应涂防锈油脂，外包防油纸和油毡纸。

6.2.3 随机文件应齐全，文件内容应确切。随机文件应包括产品质量证明书、产品合格证、产品使用说明书、竣工资料及装箱单等。产品说明书应符合 GB 9969 的要求。

6.3 运输

包装后的产品在运输过程中应符合交通部门的有关文件规定，并适合运输及装卸要求。对有特殊要求的产品应规定运输要求。

6.4 贮存

6.4.1 产品包装后，不应长期露天存放，也不应放在潮湿、积水的地面上，不可堆放、撞击和摔跌等。

6.4.2 从发货之日起，产品每存放 6 个月，用户应重新检查缸面，必要时进行涂油防锈处理，并使缸体转动 180°。

ICS 35.040
A 24

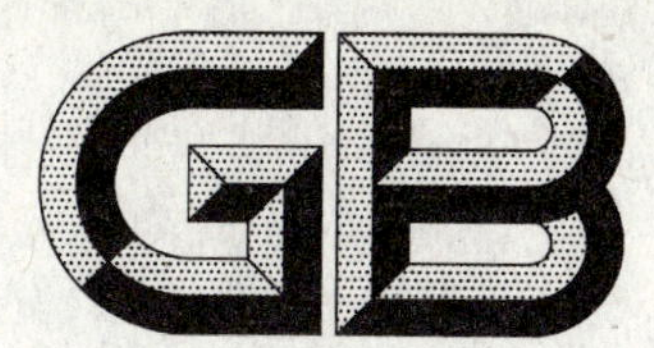

中华人民共和国国家标准

GB/T 24450—2009

社会经济目标分类与代码

Classification and codes of socio-economic objectives

2009-10-15 发布 2009-12-01 实施

中华人民共和国国家质量监督检验检疫总局
中国国家标准化管理委员会 发布

前　言

本标准参照国际组织 Organization for Economic Cooperation and Development（OECD，经济合作与发展组织）推荐的“关于科技项目和预算的分析和比较的术语”（NABS）制定。

本标准由中国标准化研究院提出。

本标准由全国信息分类编码标准化技术委员会归口。

本标准起草单位：华中科技大学管理学院、科技部发展计划司、中国标准化研究院。

本标准主要起草人：王娅莉、刘树梅、石林芬、成邦文、杨宏进、秦浩源、杨峻、李小林、江洲。

引　言

社会经济目标分类是科技统计中的一种常用分类，广泛用于对研究与发展(R&D)活动进行分类，及对政府科技资金的投资意向进行定量测定。因此，它是政府对R&D预算按目标进行分类管理的依据，并可作为对科技政策的变化及其影响进行长期监测的辅助工具。

本标准是一个主题分类，强调结合我国科技管理和科技活动特点、注重与国际相关规范接轨，是构建该标准框架体系的重要出发点。本标准不包罗万象，只涉及以社会经济目标为坐标，观察科技活动、反映科技投入的重点和特点；不同部门、不同行业的科技活动都可据此标准进行分类。

使用本标准对科技活动/科技投入进行分类的原则：应以科技活动/科技投入的目标而不是以内容为主；如果一项科技活动涉及多个目标，应按照主要目标分类；从事科技活动单位所属的国民经济部门一般不能作为分类的依据。例如：以国防为主要目的进行的有关通信技术方面的研究，不论是否由国防部门或军事机构承担，即使有次要的民用目的，仍应归入“13　国防”；国防部门或军事机构进行的以民用为主要目的的研究则应归入相应的民用目标。又如：化工企业为减少排污进行工艺改造，同时可通过回收利用有效成份增加经济效益，依照其主要目标，应归入“101702 制造业生产中的环境保护、污染防治与处理”，而不是“1006 化学工业”的相应小类。

本标准可以与GB/T 13745—2009《学科分类与代码》和GB/T 4754—2002《国民经济行业分类》等相辅相成、互补使用。

社会经济目标分类与代码

1 范围

本标准规定了科技管理中所用的社会经济目标的分类与代码。

本标准适用于科技管理(如科技计划、科技投入、科技评估等)工作中的信息分类、管理与交换。

2 术语和定义

下列术语和定义适用于本标准。

2.1

社会经济目标 socio-economic objective

在科技管理中,基于科技活动促进国民经济、社会发展等某一方面所确定的目标。

2.2

非定向研究 non-oriented research

不针对某一特定实际应用目的或目标的科学研究。

3 社会经济目标分类

社会经济目标采用层级分类,分为三级。

第一级分为13个大类,依次为:环境保护、生态建设及污染防治,能源生产、分配和合理利用,卫生事业发展,教育事业发展,基础设施以及城市和农村规划,社会发展和社会服务,地球和大气层的探索与利用,民用空间探测及开发,农林牧渔业发展,工商业发展,非定向研究,其他民用目标,国防。

第二级分为98个中类。

第三级分为443个小类。

4 社会经济目标分类代码结构

社会经济目标分类代码采用数字代码,为三层六位,其中第一位、第二位代码用于表示大类,第三位、第四位代码用于表示中类,第五位、第六位代码用于小类划分。代码结构如图1所示。

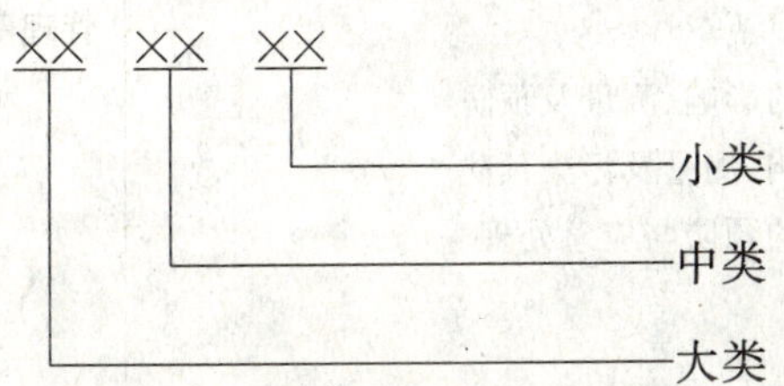

图1 社会经济目标分类代码结构

5 社会经济目标分类和代码表

社会经济目标分类和代码表见表1。

表 1 社会经济目标分类和代码表

代 码	分类名称	说 明
01	**环境保护、生态建设及污染防治**	
0101	环境一般问题	
010101	环境政策、立法与标准	
010102	经济、社会发展对环境的影响	
010103	生活方式、消费行为对环境的影响	
010104	制度安排、经济制约与环境保护	
010105	环境教育和环境知识	
010106	环境变化对人类及其他物种的影响	
010199	其他	
0102	环境与资源评估	
010201	综合生态系统评估与保护	
010202	全球气候变化检测与影响评估	
010203	气候变化和海洋变化相互作用	
010204	环境与自然资源的恢复	
010205	环境质量及环境功能区划分	
010299	其他	
0103	环境监测	
010301	环境监控、测量方法	
010302	环境监控网络的建立	
010303	环境监控、测量工具的研制	
010399	其他	
0104	生态建设	
010401	河流与湖泊	
010402	陆地	
010403	海洋	
010404	大气	
010405	自然和半自然生态系统的保护、监测和多样性	包括各类生态保护区、湿地、野生植物群和动物群以及他们的栖息地
010406	生态工程	
010499	其他	
0105	环境污染预防	
010501	废气、废水、废物的减排与处理	
010502	放射物对人类和物种的影响及污染预防	包括放射物的监测、运输、储存、废弃物管理等
010503	光、声、电污染的影响、测量及预防	
010504	电磁辐射的影响、测量及污染预防	
010505	环境污染事故的预防与应急处理	
010599	其他	
0106	环境治理	
010601	污染源的排除和污染区域的治理	包括化学的、物理的和生物的污染
010602	恶化、退化环境的治理与复原	
010603	有害物与外来物种控制	
010699	其他	

表 1（续）

代　码	分类名称	说　明
0107	自然灾害的预防、预报	
010701	气象灾害	包括热带风暴、龙卷风、雷暴大风、暴风雪、暴雨、寒潮、冷害、霜冻、雹灾及旱灾等
010702	洪水灾害	包括洪涝灾害、江河泛滥等
010703	地震	
010704	崩塌、滑坡和泥石流	
010705	地面塌陷、地裂缝和地面沉降	
010706	土地沙化、荒漠化和石漠化	
010707	沙尘暴	
010708	赤潮	
010799	其他	
02	**能源生产、分配和合理利用**	
0201	能源一般问题研究	
020101	能源产业政策、发展战略和规划	
020102	能源储备、供给与需求	
020103	能源管理系统和方法	
020199	其他	
0202	能源矿产勘探技术	
020201	煤的勘探	
020202	煤层气的勘探	
020203	石油和天然气勘探	
020204	铀的勘探	
020299	其他	
0203	能源矿物开采和加工技术	
020301	煤的开采、加工和运送技术	
020302	煤层气的开采和运送技术	
020303	石油和天然气开采	
020304	深井钻探	
020305	矿物气化、液化、精炼和脱硫	
020306	精炼石油产品制造	包括原油加工及石油制品制造、人造原油生产
020307	炼焦	
020308	核燃料加工	
020399	其他	
0204	能源转换技术	
020401	煤——电	
020402	煤——液体燃料	
020403	煤——其他用途	
020404	原子能	
020405	精制石油——天然气	
020406	天然气——液体燃料	
020407	核能——电	

表 1（续）

代　码	分类名称	说　明
020408	废物废料处理转化成能源	
020499	其他	
0205	能源输送、储存与分配技术	
020501	能源输送、储存与分配系统性分析	
020502	能源储存	
020503	输配电和电网安全	
020504	石油和天然气输送	
020599	其他	
0206	可再生能源	
020601	可再生能源的资源调查、分析和评估	
020602	水能	
020603	风能	
020604	潮汐能	
020605	太阳——热能	
020606	太阳——光电	
020607	太阳——热电	
020608	地热能	
020609	生物质热、电、液体燃料转换与利用	
020699	其他	
0207	能源设施和设备建造	包括所有与能源开采、输配、储存、利用有关的设施和大型设备的研究和建造技术
020701	火力发电设施	包括燃煤发电、天然气发电及其他火力发电
020702	水力发电设施	
020703	核电站	
020704	风力发电设施	
020705	输配电设施	
020706	石油钻探平台	
020707	输油管道和储油设施	
020708	铀矿开采设备和设施	
020709	煤矿开采设备和设施	
020799	其他	
0208	能源安全生产	
020801	煤矿安全生产	
020802	石油和天然气安全生产	
020803	核电站安全生产	
020899	其他	
0209	节约能源的技术	
020901	建筑物和商业节能	包括住宅节能
020902	工业节能	
020903	交通运输节能	
020904	能源输送损耗的减少	
020999	其他	

表 1（续）

代　码	分类名称	说　　明
0210	能源生产、输送、分配、储存、利用过程中污染的防治与处理	
03	**卫生事业发展**	有关军事医学的内容归入 1303
0301	卫生一般问题	
030101	医疗卫生相关政策	
030102	医疗卫生体系	
030199	其他	
0302	诊断与治疗	
030201	诊断方法与技术的发展	
030202	治疗方法与技术的发展	
030203	特定疾病的研究	如癌症、心血管疾病、暴发性传染病、血吸虫病、精神疾病等
030204	器官移植	
030205	矫形	
030206	护理技术	
030207	康复医学与康复工程	
030208	特殊治疗	
030209	中医与中药治疗方法及治病机理	中药制造归入 100602
030299	其他	
0303	预防医学	
030301	流行病学	
030302	疾病的早期诊断及预防性治疗	
030303	一般性预防方法、疫苗研制和接种	
030304	疾病传播控制	
030399	其他	
0304	公共卫生	
030401	心理卫生	
030402	环境卫生	
030403	职业病防治	
030404	保健	
030405	卫生教育和宣传	
030499	其他	
0305	营养和食品卫生	
030501	人类营养学	
030502	食品卫生	
030599	其他	
0306	药物滥用和成瘾	
030601	药物成瘾风险	
030602	食物、毒品和滥用药物引起的中毒	
030603	药物使用不当引发的耐药性	
030699	其他	
0307	社会医疗	
030701	医疗保障体系	

表 1（续）

代　码	分类名称	说　明
030702	社区医疗	
030703	农村医疗	
030799	其他	
0399	卫生医疗其他研究	
039901	药物检验监督制度与方法	
039902	药品不良反应	为研制新药进行的药物不良反应研究归入 100602
039903	医疗事故鉴定	
039904	生殖生育	
039999	其他	
04	**教育事业发展**	
0401	教育一般问题	
040101	教育制度与政策	包括农村教育制度与政策
040102	教育管理	
040103	教育方法	
040199	其他	
0402	学历教育	
040201	初等教育	小学教育
040202	中等教育	初中教育、高中教育、中等专业教育、职业中学教育、技工学校教育、其他中等教育
040203	高等教育	大专、大学和研究生教育
0403	非学历教育与培训	
040301	幼儿早期教育	幼儿园、其他幼儿启蒙教育
040302	技术教育和成人继续教育	
040303	在职教育与岗位培训	
040304	特殊教育	聋哑学校及其他特殊教育
040399	其他	
0499	其他教育	识字扫盲、性教育等
05	**基础设施以及城市和农村规划**	
0501	交通运输	
050101	交通规划	
050102	交通管理及交通安全	
050103	现代交通技术	综合交通智能化技术，实现综合交通运输服务、组织和控制的个性化、智能化和可视化
050104	交通运输设施建设与维护	包括铁路、公路、航空机场、港口等设施的建设与维护
050105	公路运输	
050106	铁路运输	包括铁路、地铁、轻轨
050107	水路运输	
050108	海运/远洋运输	

表 1（续）

代码	分类名称	说明
050109	航空运输	
050110	邮政	
050111	多种方式联运	
050199	其他	
0502	通信	
050201	通信网的规划与管理	
050202	通信设施建设与维护	
050203	通信网(含互联网)	包括网络运营与维护
050204	电信	包括语音、数据、视频图像、交换、传输、有线、无线、卫星通信、光通信等
050299	其他	
0503	广播与电视	
050301	广播	
050302	电视	
050399	其他	
0504	城市规划与市政工程	
050401	城市发展规划	
050402	城市土地使用的规划和管理	
050403	公共服务设施建设	
050404	社区环境	包括社区人居环境、住宅环境及安全等
050405	煤气/天然气、水、电管道及供应设施	煤气/天然气、水、电的远程输送归入 0205
050406	消防设施	
050407	下水管线和垃圾处理场地	
050408	防洪设施	
050409	海岸设施	
050499	其他	
0505	农村发展规划与建设	
050501	农村土地使用的规划和管理	
050502	农村基础设施建设	
050503	农村生存环境与生活条件改善	
050599	其他	
0506	交通运输、通信、城市与农村发展对环境的影响	
050601	交通运输系统发展对环境的影响	
050602	通信系统发展对环境的影响	
050603	城市发展对环境的影响	
050604	农村发展对环境的影响	
06	**社会发展和社会服务**	
0601	社会发展和社会服务一般问题	

表 1（续）

代 码	分类名称	说 明
060101	社会结构和宏观经济结构	
060102	社会发展规划	
060103	社会需求	
060104	社会协调发展	包括涉及社会发展的民族和家庭问题研究
060105	人口结构变化及政策	
060106	城乡区域协调发展	包括新农村建设、城镇化发展研究
060107	老龄化社会发展和服务	
060199	其他	
0602	社会保障	医疗保障归入 030701
060201	社会保障宏观研究	
060202	劳动保护	
060203	社会保险	
060204	社会福利	
060205	社会救助	对特殊人群如少数民族、妇女、儿童、老年人、残疾人、被遗弃者等的保护与救助归入此类
060206	慈善公益	包括社会捐赠、志愿服务等
060207	社会工作	
060208	优抚安置	
060209	殡葬事务	
060299	其他	
0603	公共安全	
060301	公共(社会)安全宏观研究	
060302	社会治安与社会稳定	包括反恐怖袭击、社会应急系统建立和应急事件处置等
060303	公共卫生安全	包括食品安全、药品安全等
060304	安全生产	能源安全生产归入 0208 的相应小类
060305	减灾救灾	包括应对各种灾害、事故等
060306	信息安全	
060399	其他	
0604	社会管理	
060401	社会组织	
060402	社区建设	
060499	其他	
0605	就业	
060501	就业政策	
060502	劳动力市场	
060503	失业救助与再就业	
060599	其他	

表 1（续）

代 码	分类名称	说 明
0606	法律与司法	
060601	法律与司法制度	
060602	法律事务	
060603	消费者事务	
060699	其他	
0607	政府与政治	
060701	政治制度	
060702	公共服务管理	行政区划、公共地名、行政区域界线、婚姻登记等归入此类
060703	公民与公民权	
060704	基层政权	
060799	其他	
0608	国际关系	
060801	国家与地区间外交	
060802	国民交往	
060803	国际组织	
060804	国际援助	
060899	其他	
0609	遗产保护	
060901	自然遗产保护	
060902	建筑遗产保护	
060903	文化遗产保护	
060904	非物质遗产保护	
060999	其他	
0610	语言与文化	
061001	语言和文字	
061002	民俗和民族文化	
061003	文化交流	
061004	语言和文化的变迁	
061099	其他	
0611	文艺、娱乐	
061101	文学	
061102	艺术	
061103	戏剧	
061104	体育	
061105	娱乐	
061106	休闲	
061199	其他	
0612	宗教与道德	
061201	宗教与社会	

表 1（续）

代　码	分类名称	说　　明
061202	社会伦理	
061203	社会道德与公民素养	
061204	职业道德	
061299	其他	
0613	传媒	
061301	网络	
061302	新闻媒体、影视、报刊	
061303	互联网传媒	
061399	其他	
0614	科技发展	
061401	科技发展战略与规划	
061402	科技、经济、社会协调发展	
061499	其他	
0615	国土资源管理	
061501	国土资源宏观调控	
061502	国土资源发展战略、规划、政策和国土规划	
061503	国土资源调查评价	
061504	土地节约集约与可持续利用	
061505	国土资源权属与市场	
061506	矿产资源开发与综合利用	有关能源矿产资源的内容归入 02 大类的相应条目
061507	矿产资源储备	同上
061599	其他	
0699	其他社会发展和社会服务	
07	**地球和大气层的探索与利用**	
0701	地壳、地幔、海底的探测和研究	
070101	关于地壳和地幔的研究和探测	为农业目的的土壤研究归入 09 大类的相应条目
070102	地震	
070103	火山学和地球动力学	
070104	地下沉积物	
070105	定位评估和探矿技术	
070106	海洋地质学	
070107	大陆板块构架和海洋深度	
070199	其他	
0702	水文地理	
070201	与地下水、地上水（泉水、河流、湖泊、冰河）相关的研究	
070202	地下水和地上水的平衡和控制	

表 1（续）

代　码	分类名称	说　　明
070203	水的自然循环	
070299	其他	
0703	海洋	近海和滩涂养殖不属此类，应归入 0905
070301	海洋生物	
070302	海洋和大气的相互影响	
070303	海洋生物资源的探测和开发	
070399	海洋其他研究及利用	
0704	大气	
070401	地球大气基本研究	
070402	气候变化	
070403	气象观测和预报	利用人造卫星所进行的气象学研究归入 0804
070404	平流层及以上大气	包括对上层气流的物理和化学研究
070405	大气无线电	
070406	大气化学	
070407	大气污染的机理及防治	
070499	其他	
0799	地球探测和开发其他研究	
08	**民用空间探测及开发**	
0801	空间探测一般研究	
080101	天文学和天体物理学	
080102	太阳——地球关系和太阳辐射	
080103	辐射带、磁场区和邻近天体的大气层成分	
080104	人体和其他有机体的宇宙辐射及失重现象的医学和生物学研究	
080105	日地空间天气研究	
080199	其他	
0802	飞行器和运载工具研制	
080201	人造卫星	
080202	星际探测器	
080203	同温层探测气球	
080204	运载火箭	
080205	宇宙飞船	
080206	太空实验室	
080299	其他	
0803	发射与控制系统	
080301	发射媒介及其推进系统	
080302	地面控制设施和装置	包括发射基地、导航、遥测和遥控指令等

表 1（续）

代　码	分类名称	说　明
080399	其他	
0804	卫星服务	
080401	遥感	
080402	气象观测及数据分析、处理	
080403	信息传输与交换	含星上交换
080404	卫星定位	
080405	地球资源勘测	
080499	其他	
0899	空间探测和开发其他研究	
089901	太空旅行	
089902	星球探测和星球登陆	
089999	其他	
09	**农林牧渔业发展**	包括直接以促进农、林、牧、渔业发展为目标的所有科学技术活动
0901	农林牧渔业发展一般问题	
090101	农林牧渔业发展战略与规划	
090102	农林牧渔业工程设计	
090199	其他	
0902	农作物种植及培育	
090201	谷物、薯类、豆类及其他粮食作物的种植、良种培育、引种及育种	
090202	油料、棉花、麻类、糖料、烟草及其他经济作物的种植、良种培育及育种	
090203	蔬菜、花卉及其他园艺作物的种植、良种培育及育种	
090204	水果、坚果、茶及其他饮料作物、香料作物的种植、良种培育及育种	
090205	中药材的种植、性状保持及育种	
090299	其他	饲料作物种植及培育归入 090403
0903	林业和林产品	
090301	林木和竹木的种植、良种培育、引种及育种(苗)	
090302	营造林及管理	
090303	林木和竹木采伐及运输	
090304	林产品采集和林地野生植物采集	
090305	森林资源监测	
090306	森林资源效益评估	
090399	其他	
0904	畜牧业	
090401	家禽、家畜的饲养、良种培育、引种及繁殖	
090402	牧场养护、放牧	

表 1（续）

代码	分类名称	说明
090403	牧草和饲料作物的种植、良种培育、引种及育种	
090499	其他	
0905	渔业	
090501	水产品良种培育及育种	
090502	海水养殖及捕捞、海洋捕捞	
090503	内陆养殖及捕捞	
090599	其他	
0906	农林牧渔业体系支撑	
090601	灌溉、水土保持、森林防火等支持性活动	
090602	动植物病害、虫害及其他有害生物防治技术	
090603	种植、养殖、捕捞业初级产品加工服务	
090604	初级产品保鲜、运输服务	
090605	农用物资和相关化学品（化肥、农药、生长激素等）制造及技术服务	
090606	农林牧渔专用机械制造	
090607	野生动植物保护、驯化、繁育	
090699	其他	
0907	农林牧渔业生产中污染的防治与处理	
10	**工商业发展**	包括以促进和发展工业、建筑业、信息与通信技术服务业、技术服务业、金融业、仓储业、批发和零售业、住宿、旅游和餐饮服务业为目标的所有科学技术活动。但工业中涉及能源资源的矿产开采和涉及电力、燃气等有关能源生产、输配的活动归入 02 大类
1001	促进工商业发展的一般问题	关于促进生产力和提高竞争力（特别是中小企业）的研究，包括科技成果转换、共性技术平台机制建设、风险共享和科技创新激励
100101	产业发展政策	
100102	创新政策	有关知识产权战略及政策等的研究归入此类
100103	企业效益与科学技术	
100199	其他	
1002	产业共性技术	
100201	高档数控机床与基础制造装备技术	包括航空、航天、船舶、汽车、能源设备等行业需要的关键高精密数控机床与基础装备的基础技术和关键共性技术研究
100202	先进制造技术	包括极端制造技术、智能机器人技术、重大产品和重大设施寿命预测技术、现代制造集成技术

表 1（续）

代　码	分类名称	说　明
100203	产业信息平台	包括信息技术在研发和生产加工过程的综合运用,数据处理过程使用
100299	其他	除上述以外,具有产业共性的生产和加工技术
1003	非能源资源矿产的开采	包括金属矿、有色金属矿、非金属矿及其他矿产;但作为能源资源的煤、煤层气、石油和天然气、铀矿的开采归入 0202
100301	矿产勘探	
100302	矿产采选	
1004	食品、饮料和烟草制品业	
100401	农副食品加工业	
100402	食品制造业	
100403	饮料制造业	
100404	烟草制品业	
1005	纺织业、服装及皮革制品业	
100501	纺织业	
100502	纺织服装、鞋、帽制造业	
100503	皮革、毛皮、羽毛(绒)及其制品业	
1006	化学工业	石油加工、炼焦及核燃料加工业归入 0203
100601	化学原料及化学制品制造业	化肥、农药和林产化学品制造归入 090605
100602	医药制造业	兽药制造归入 090605
100603	化学纤维制造业	
100604	橡胶制品业	
100605	塑料制品业	农用薄膜制造归入 090605
1007	非金属与金属制品业	
100701	非金属矿物制品业	
100702	黑色金属冶炼及压延加工业	
100703	有色金属冶炼及压延加工业	
100704	金属制品业	
1008	机械制造业(不包括电子设备、仪器仪表及办公机械)	
100801	通用设备制造业	
100802	专用设备制造业	农林牧渔专用机械制造归入 090606;与能源开采、输配、储存、利用有关的装置和大型设备的研究制造归入 0207;军用装置及设备归入 13 大类的相应细目
100803	汽车制造业	
100804	飞机制造业	
100805	船舶制造业	

表 1 (续)

代　码	分类名称	说　明
100806	其他交通运输设备制造业	空间飞行器和运载工具(如人造卫星、火箭、宇宙飞船等)归入 0802
100807	电气机械及器材制造业	
1009	电子设备、仪器仪表及办公机械	
100901	通信设备、计算机及其他电子设备制造业	包括计算机设备和其他信息处理设备的研究,相关软件开发的研究部分也包括在内
100902	仪器仪表及文化、办公用机械制造业	
1010	其他制造业	
101001	木材加工及木、竹、藤、棕、草制品业	
101002	家具制造业	
101003	造纸及纸制品业	
101004	印刷业和记录媒介的复制	
101005	文教体育用品制造业	
101006	康复辅助器具制造业	
101007	工艺品及其他制造业	
101008	废弃资源和废旧材料回收加工业	
1011	热力、水的生产和供应	以水作为能源的各项活动归入 020602
101101	蒸汽和热水的生产和供应、供热	
101102	自来水生产和供应	
101199	其他	
1012	建筑业	与交通运输、能源生产、公共服务设施等目标相关的建设归入相应的条目
101201	建筑规划	
101202	建筑设计	
101203	建筑施工	
101204	建筑安装与装修	
101299	其他	
1013	信息与通信技术(ICT)服务业	
101301	信息传输	
101302	电信服务	
101303	计算机服务和软件业	
101399	其他	
1014	技术服务业	不包括 ICT 服务业
101401	地质勘查及技术服务	
101402	科技中介	
101403	评估、评价及技术咨询	
101404	标准、计量、测试、检测	
101499	其他	
1015	金融业	

表 1（续）

代码	分类名称	说明
101501	银行业	
101502	证券业	
101503	保险业	
101599	其他	
1016	房地产业	
101601	住宅经济	
101602	房地产开发与管理	
101603	房地产租赁	
101699	其他	
1017	商业及其他服务业	
101701	物流	
101702	电子商务	
101799	其他	包括仓储、批发和零售业，酒店业，旅游和餐饮服务业，租赁和商务服务，居民服务和其他服务
1018	工商业活动中的环境保护、污染防治与处理	
101801	矿产勘探和采选活动中的环境保护、污染防治与处理	
101802	制造业生产中的环境保护、污染防治与处理	
101803	建筑活动中的环境保护、污染防治与处理	
101804	商业与服务业活动中的环境保护、污染防治与处理	
11	非定向研究	此类仅包括各学科的基础理论研究，不包括针对某一特定实际应用目的或目标的研究
1101	自然科学领域的非定向研究	
110101	数学	
110102	信息科学与系统科学	
110103	力学	
110104	物理学	
110105	化学	
110106	天文学	
110107	地球科学	
110108	生物学	
110109	心理学	
110199	自然科学领域其他交叉和新兴学科	
1102	工程与技术科学领域的非定向研究	
1103	农业科学领域的非定向研究	
1104	医学科学领域的非定向研究	

表 1（续）

代码	分类名称	说明
1105	社会科学领域的非定向研究	包括经济学、政治学、法学、社会学、管理学、军事学、民族学与人类学、新闻学与传播学、图书馆、情报与文献学、体育科学、统计学等
1106	人文科学领域的非定向研究	包括哲学、宗教学、文学、语言学、历史学、考古学、艺术学、教育学等
1199	其他	
12	**其他民用目标**	前述 11 大类未包括的民用领域的研究
13	**国防**	只包括以国防为主要目的(可以有次要的民用目的)所进行的研究。国防部门或军事机构进行的以民用为主要目的的研究不属此类，应归入相应的民用目标
1301	武器装备及军用运载工具	
1302	军事基地及设施	
1303	军事医学	
1304	作战与训练	
1399	其他	

ICS 83.100
G 32

中华人民共和国国家标准

GB/T 24451—2009

慢回弹软质聚氨酯泡沫塑料

Low resilience flexible polyether polyurethane cellular plastics

2009-10-15 发布　　　　2010-03-01 实施

中华人民共和国国家质量监督检验检疫总局
中国国家标准化管理委员会　发布

前言

本标准的附录A、附录B和附录C为规范性附录。

本标准由中国轻工业联合会提出。

本标准由全国塑料制品标准化技术委员会(SAC/TC 48)归口。

本标准起草单位:浙江圣诺盟顾家海绵有限公司、北京工商大学、杭州创丽聚氨酯有限公司、江苏省化工研究所有限公司、烟台万华聚氨酯股份有限公司。

本标准主要起草人:钱洪祥、陈倩、殷健、吴昊、喻建明。

慢回弹软质聚氨酯泡沫塑料

1 范围

本标准规定了慢回弹软质聚氨酯泡沫塑料的分类、分级、试验方法、检验规则和标志、包装、运输、贮存等要求。

本标准适用于自由发泡制得的块状、片状和条状或切割成此形状的慢回弹软质聚氨酯泡沫塑料。

本标准也适用于模塑制得的慢回弹软质聚氨酯泡沫塑料。

2 规范性引用文件

下列文件中的条款通过本标准的引用而成为本标准的条款。凡是注日期的引用文件，其随后所有的修改单(不包括勘误的内容)或修订版均不适用于本标准，然而，鼓励根据本标准达成协议的各方研究是否可使用这些文件的最新版本。凡是不注日期的引用文件，其最新版本适用于本标准。

GB/T 2918—1998 塑料试样状态调节和试验的标准环境(idt ISO 291:1997)

GB/T 6342—1996 泡沫塑料与橡胶线性尺寸的测定(idt ISO 1923:1981)

GB/T 6343—1995 泡沫塑料和橡胶表观(体积)密度的测定(neq ISO 845:1988)

GB/T 6344—2008 软质泡沫聚合材料 拉伸强度和断裂伸长率的测定(ISO 1798:2008,IDT)

GB/T 6669—2008 软质泡沫聚合材料 压缩永久变形的测定(ISO 1856:2000,IDT)

GB/T 6670—2008 软质泡沫聚合材料 落球法回弹性能的测定 (ISO 8307:2007,MOD)

GB 8410 汽车内饰材料的燃烧特性

GB/T 9640—2008 软质和硬质泡沫聚合材料 加速老化试验方法(ISO 2440:1997,IDT)

GB/T 10807—2006 软质泡沫聚合材料 硬度的测定(压陷法)(idt ISO 2439:1997)

GB/T 10808—2006 高聚物多孔弹性材料撕裂强度的测定(idt ISO 8067:1989)

GB 20286 公共场所阻燃制品及组件燃烧性能要求和标识

QB/T 2819—2006 软质聚合材料长期疲劳性能的测定

ASTM D 2240—2005 橡胶特性 用硬度计测定橡胶硬度的标准试验方法

3 术语和定义

下列术语和定义适用于本标准。

3.1

慢回弹软质聚氨酯泡沫塑料 low resilience flexible polyether polyurethane cellular plastics

一种具有缓慢复原，低回弹和高滞后损失特性的特殊聚氨酯泡沫塑料。

4 分类

慢回弹软质聚氨酯泡沫塑料按最终用途分为 X、V、S、A、L 等五类，其类别和应用领域见表 1。

表 1 类别、应用领域

类 别	应用领域
X	公众长期连续使用重负荷坐垫、重负荷公共运输工具坐垫及类似用途
V	交通工具驾驶员坐垫，影剧院或戏院坐垫，公共交通工具座椅坐垫，公共和办公用座椅坐垫，床垫及类似用途

表 1(续)

类　　别	应用领域
S	私人或商用车乘客车座坐垫,家居坐垫,公共和办公用座椅的靠背、扶手,影剧院或戏院座椅的靠背、扶手,公共交通工具座椅的靠背、扶手及类似用途
A	私人和商用车座的靠背、扶手,家居座椅的靠背、扶手及类似用途
L	填充垫、靠垫、枕头、颈枕、其他枕垫、耳塞等及类似用途

5　分级

慢回弹软质聚氨酯泡沫塑料产品按 40%压陷硬度分级,见表 2。

表 2　40%压陷硬度分级

级　　别	40%压陷硬度/N
30	>25～40
50	>40～60
70	>60～85
100	>85～110
130	>110～145
170	>145～190
210	>190～235
270	>235～295
330	>295～360
400	>360～425
470	>425～520
600	>520～650

6　要求

6.1　长度、宽度极限偏差

长度、宽度极限偏差应符合表 3 要求。

表 3　长度、宽度极限偏差　　单位为毫米

长度、宽度	极限偏差
≤250	$^{+5}_{0}$
>250～500	$^{+10}_{0}$
>500～1 000	$^{+20}_{0}$
>1 000～2 000	$^{+30}_{0}$
>2 000～3 000	$^{+40}_{0}$
>3 000～4 000	$^{+50}_{0}$
>4 000	$^{+60}_{0}$

6.2 厚度极限偏差

厚度极限偏差应符合表4要求。

表4 厚度极限偏差

单位为毫米

厚 度	极限偏差
≤25	±1.5
>25～75	+2.5 −1.5
>75～125	+4.0 −2.0
>125	+5.0 −3.0

6.3 感官要求

感官要求应符合表5的规定。

表5 感官要求

项 目	要 求
色泽	颜色均匀，可有轻微杂色、黄芯，但应在供需双方之间达成协议
气孔	不应有直径大于6 mm的对穿孔和直径大于10 mm的气孔
裂缝	每平方米内弥合裂缝总长小于100 mm，最大裂缝小于30 mm，不应有不弥合裂缝
两侧表皮	片材两侧斜表皮宽度不超过厚度的一倍，并且最大不得超过40 mm
污染	不应有明显污染
气味	无刺激性气味

6.4 物理性能

物理性能应符合表6、表7、表8要求。

表6 物理性能要求

性 能		X	V	S	A	L
复原时间/s		3～15				
75%压缩永久变形/%	≤	6	6	8	10	12
回弹率/%	≤	12				
拉伸强度/kPa	≥	50				
伸长率/%	≥	100				
撕裂强度/(N/cm)	≥	1.30				
气味等级/级	≤	3.0				
干热老化后拉伸强度变化率/%		±30				
湿热老化后拉伸强度变化率/%		±30				
65%/25%压陷比	≥	1.8				
恒定负荷反复压陷疲劳后40%压陷硬度损失值/%	≤	10	18	26	31	36
慢回弹温湿度敏感指数[a]	≤	1.2	1.5	1.8	2.1	2.4

[a] 慢回弹海绵在相对湿度50%时，温度为5 ℃的硬度值与温度为40 ℃时的硬度值之间的比值。

表 7　密度偏差范围要求

单位为千克每立方米

密度范围	极限偏差
≤40	±2.0
>40～50	±2.5
>50～60	±3.0
>60～70	±3.5
>70～80	±4.0
>80～100	±5.0
>100～120	±8.0
>120～150	±12
>150～200	±20
>200	±30
注：产品的密度要求可由供需双方协商确定。	

表 8　40%压陷硬度偏差范围要求

单位为牛顿

40%压陷硬度	极限偏差
≤20	±2
>20～40	±4
>40～60	±8
>60～90	±12
>90～120	±15
>120～170	±18
>170～220	±21
>220～290	±24
>290～360	±27
>360～450	±30
>450～540	±35
>540～630	±45
>630	±55

6.5　燃烧性能

应用于公共场所领域的产品阻燃性能应符合 GB 20286 的规定。

应用于汽车领域的产品燃烧性能应符合 GB 8410 的规定。

应用于其他领域时，燃烧性能应符合该领域相关标准要求。

7　试验方法

7.1　时效和状态调节

产品自生产之日起在自然条件下放置 72 h 后进行。试验按 GB/T 2918—1998 中的 23/50 二级环境条件进行，试样在温度(23±2)℃、相对湿度(50±10)%的条件下进行不少于 16 h 的状态调节。

7.2 长度、宽度、厚度尺寸偏差

7.2.1 按 GB/T 6342—1996 规定进行。用最小分度值 1 mm 的卷尺测量长度、宽度各三个值，计算长度、宽度尺寸偏差。

7.2.2 按 GB/T 6342—1996 规定进行。用精度 0.1 mm 的量具测量厚度，在距宽度方向边缘 30 mm 以外及距长度方向边缘 80 mm 以外开始测量厚度值，测量点不少于 5 点，计算厚度偏差。

7.3 感官

7.3.1 色泽、污染：在正常光线下目测。

7.3.2 气孔、两侧表皮：用精确度为 0.5 mm 的量具测量，裂缝长度用最小分度值 1 mm 的卷尺测量。

7.3.3 气味：用鼻闻。

7.4 密度偏差

按 GB/T 6343—1995 规定测试表观密度，计算密度偏差。

7.5 压陷硬度测定

按 GB/T 10807—2006 方法 A 规定进行。

测试 40%压陷硬度和 65%、25%压陷硬度比值。

试样尺寸为(380±20)mm×(380±20)mm×(50±2)mm，试样数量 3 个。

7.6 75%压缩永久变形的测定

按 GB/T 6669—2008 方法 A 规定进行。

试验温度 70 ℃±2 ℃，试验时间 22 h，压缩试样厚度的 75%(压缩至试样原厚度的 25%)。

试样尺寸为(50±1)mm×(50±1)mm×(25±1)mm，试样数量 5 个。

7.7 回弹率测定

按 GB/T 6670—2008 规定方法进行。

试样尺寸为(100±3)mm×(100±3)mm×(50±2)mm，试样数量 3 个。

7.8 复原时间测定

复原时间测定见附录 A 规定。

试样数量 3 个。

7.9 拉伸强度和伸长率测定

按 GB/T 6344—2008 规定进行。

试验速度(500±50)mm/min，试样厚度 10 mm，有效标距 50 mm。

试样数量 5 个。

7.10 撕裂强度测定

按 GB/T 10808—2006 规定进行。

试验速度 50mm/min，试样尺寸(25±0.5)mm×(25±0.5)mm×(150±1)mm，试样一端切一 50 mm 长的切口。

试样数量 5 个。

7.11 气味等级测定

气味等级测定见附录 B。

试样数量 3 个。

7.12 干热老化后的拉伸强度测定

按 GB/T 9640—2008 规定进行。

试验温度 140 ℃，放置 16 h 后，再按 7.9 测量拉伸强度。

7.13 湿热老化后的拉伸强度测定

按 GB/T 9640—2008 规定进行。

试验温度 105 ℃和 100%相对湿度或过饱和蒸汽条件下放置 3 h，再按 7.9 测量拉伸强度。

7.14 恒定负荷反复压陷疲劳后40%压陷硬度损失值测定

按 QB/T 2819—2006 规定进行。

7.15 燃烧性能测定

应用于公共场所领域的产品按 GB 20286 规定的试验方法进行测定。

应用于汽车领域的产品按 GB 8410 规定的试验方法进行测定。

应用于其他领域的产品应依据相应领域的要求进行测定。

7.16 温湿度敏感性测定

温湿度敏感性测定见附录 C。

8 检验规则

8.1 检验分类

8.1.1 出厂检验

出厂检验项目为 6.1、6.2、6.3 的项目和 6.4 中 40%压陷硬度、密度偏差、复原时间、拉伸强度、伸长率、回弹率。

8.1.2 型式检验

型式检验为第 6 章的全部项目。有下列情况之一时应进行型式检验：

a) 新产品试制的定型鉴定；

b) 正式生产后，如结构、原料、工艺有重大改变，可能影响产品性能时；

c) 正常生产时每半年进行一次检验；

d) 产品长期停产半年后，恢复生产时；

e) 出厂检验结果与上次型式检验结果有较大差异时；

f) 国家质量监督机构提出进行型式检验要求时。

8.2 组批和抽样

8.2.1 组批

同一原料、同一配方、同一工艺条件，连续生产数量不超过 100 t 为一批，箱式生产的数量不超过 10 t 为一批。

8.2.2 抽样

尺寸偏差及感官从切割后的产品中抽取 3 块样品。物理力学性能、恒定负荷反复压陷疲劳性能、燃烧性能试样从该批产品中随机抽取。

8.3 判定规则

8.3.1 尺寸偏差及外观随机从产品中抽取 3 块样品，全部合格，则该批的尺寸、外观为合格。其中一块任何一项不合格时，逐件剔除该批中的不合格品。

8.3.2 在 8.3.1 检验合格的样品中抽取 1 块进行物理性能测试，5.4、5.5 性能中的任何一项不合格时应重新从原批中双倍取样，对不合格项目进行复检，复检结果全部合格，则该检验项目为合格；复检结果仍不合格，则该批为不合格。

8.3.3 尺寸、外观、物理性能及燃烧性能均合格，则该批产品合格。

9 标志、包装、运输、贮存

9.1 标志

产品应有合格证。产品标识应包括名称、类别、等级、数量、生产日期或批号、厂址厂名、检验员章、本标准编号等。

9.2 包装

产品可用塑料袋、编织袋等包装。

9.3 运输

产品在运输中严禁烟火，防止日晒、雨淋，避免长期受压和机械损伤。

9.4 贮存

产品应贮存在干净、通风、干燥的库房内，远离热源，不应与化学药品接触。

附 录 A
（规范性附录）
复原时间的测定

A.1 范围

本方法适用于测定慢回弹软质聚氨酯泡沫塑料的复原时间。

A.2 压陷硬度测试仪器

该仪器有一个直径为 203 mm 的圆形平板压头，通过灵活的回转接头与负荷测量装置相连接，从而使仪器以(1 000±100)mm/min 的速度压陷试样，使之产生形变。仪器由一水平支撑板支撑试样，板上开有直径约为 6.5 mm 的孔，孔间距 20 mm，以便在试验时空气可以从试样下面排出。

用于固有形状模塑垫材的特殊支撑台，需按平板支撑板同样方式开孔，除非供需双方另有约定。长度长于基础支撑板的垫材在受到 4.5 N 预压力产生变形时应受到完全支撑。

A.3 试样

A.3.1 要求

试样应由完整的产品或能满足试验要求的产品的一部分组成。

仲裁试验时，试样推荐使用至少生产了 7 d 的慢回弹软质聚氨酯泡沫塑料。

A.3.2 尺寸

试样尺寸应不小于 380 mm×380 mm×100 mm，若试样厚度不等于 100 mm，应在检验报告中注明其实际厚度。

试样尺寸按 GB/T 6342—1996 的规定测量，平行面的平行度公差应不大于 1%。

A.3.3 数量

测试一个试样，也可由供需双方确定试样的数量。

A.4 状态调节和试验环境

按 GB/T 2918—1998 的规定，试样在测定前应在温度(23±2)℃、相对湿度(50±5)%的环境中进行状态调节。状态调节时间不少于 16 h 并在与状态调节相同的环境下进行试验。

A.5 试验步骤

把试样放在支撑板上，使试验机压头下降。接触试样，对试样施加 4.5 N 的预加负荷。取该点为原点，测定试样的初始厚度。

压头以(1 000±100)mm/min 的速度压陷试样，压入试样初始厚度的 75%，保持 60 s。压头以(1 000±100)mm/min 的速度返回试样的初始厚度 5%变形的位置，压头返回运动开始的同时，启动秒表计时或使用试验机的测量装置记录复原时间。一旦试样恢复到对压头重新产生 4.5 N 的预加负荷，停止计时。

A.6 试验结果

以秒为单位记录复原时间。

附 录 B
（规范性附录）
气味等级试验方法

B.1 试验装置

B.1.1 试验箱：有循环空气的恒温试验箱，温度精度控制在±2 ℃。

B.1.2 容器：带有无味密封垫和盖的容积为 1 L 的玻璃容器。每次试验之前应将容器进行清洗，以保证容器清洁、无味。

B.2 试验样品

泡沫上整体剥下的一段，质量约为(20±2)g，建议分割成若干小块，以便放入容器中，并保证样品接受测试的表面积为(250±25)cm^2。

B.3 试验步骤

在两个温度条件下进行试验：

a) 试验一：温度(40±2)℃，时间(24±1)h，容器中加注 50 mL 的蒸馏水，试样不与水接触；

b) 试验二：温度(80±2)℃，时间(2±0.2)h。

每次试验应使用新制的样品，放有样品的玻璃容器盖严后放置在恒温箱中。

B.4 试验结果的评价

气味试验结果的评价分为 6 个等级，也可以是 2 个等级之间的中间值。评价至少应由 3 个测试者进行，结果取 3 个测试值的算术平均值。如果单个评价结果差别大于 2 级，则应由 5 个测试者进行重复测试，结果取 5 个测试值的算术平均值。

按下列要求进行评价：

a) 对于试验一，试验结束后取出样品直接进行评价；

b) 对于试验二，试验结束后取出容器，使其冷却到(60±2)℃，通过 3 个测试者评价后，需再将容器放入(80±2)℃的恒温箱中 30 min 后再进行评价；

c) 气味评价等级：

1 级：感觉不到气味；

2 级：可感觉到气味，但对人无刺激；

3 级：明显感觉到气味，但对人无刺激；

4 级：可明显感觉到气味，对人刺激大；

5 级：气味对人刺激强烈；

6 级：气味对人刺激强烈，不能忍受。

附 录 C
（规范性附录）
温湿度敏感性测定方法

C.1 试验装置

C.1.1 测试箱：有循环空气的恒温恒湿试验箱，温度精度控制在±1 ℃，带可操作孔。

C.1.2 SHORE O 型硬度计、SHORE OO 型硬度计或 LX-F 型海绵硬度计。

C.2 试验样品

试样尺寸 100 mm×100 mm×50 mm，3 块。

C.3 试验步骤

C.3.1 所有测试要求在恒温恒湿试验箱内完成。

C.3.2 试样按 7.1 规定进行。在温度(5±1)℃，相对湿度(30±5)％的条件下，存放(6±0.5)h。使用硬度计，按 ASTM D 2240—2005 测定试样的硬度值 d_0。

C.3.3 将试样在温度(40±1)℃，相对湿度 30％的条件下，存放(6±0.5)h 后，使用硬度计，按 ASTM D 2240—2005 测定试样的硬度值 d_r。

C.4 试验结果和表示

C.4.1 相对湿度 50％时，5 ℃的硬度值与 40 ℃时硬度值之比值，即为慢回弹温湿度敏感指数。

慢回弹温湿度敏感指数按式(C.1)计算：

$$h_i = \frac{d_0}{d_r} \times 100\% \qquad \text{(C.1)}$$

式中：

h_i——硬度指数，％；

d_0——相对湿度 50％时，温度为 5 ℃的硬度值；

d_r——相对湿度 50％时，温度为 40 ℃的硬度值。

C.4.2 取三个试样的平均值作为结果值。

C.4.3 温度敏感性硬度结果的表示，应在数值后面的括号内列出试验条件，其顺序为：时间，温度，湿度。例如：硬度结果(6 h，40 ℃相对湿度 100％)。

参 考 文 献

[1] ASTM D 3574—2005 TEST M 软质多孔材料 块状及模制聚氨酯泡沫的试验方法 试验 M 复原时间的测定

ICS 83.140.30
G 33

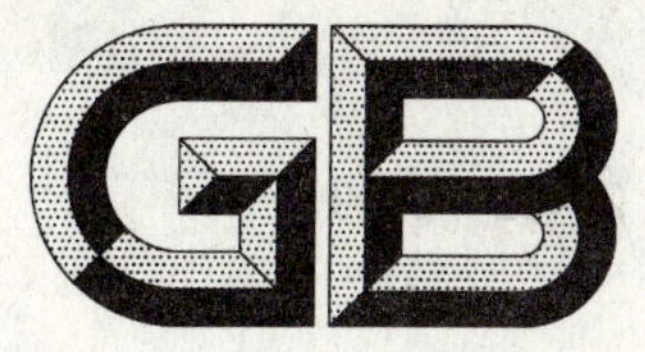

中华人民共和国国家标准

GB/T 24452—2009

建筑物内排污、废水(高、低温)用氯化聚氯乙烯(PVC-C) 管材和管件

Plastics piping systems for soil and waste discharge (low and high temperature) inside buildings—Chlorinated poly (vinyl chloride)(PVC-C)

(ISO 7675:2003,NEQ)

2009-10-15 发布　　　　2010-03-01 实施

中华人民共和国国家质量监督检验检疫总局
中国国家标准化管理委员会　发布

前言

本标准与 ISO 7675:2003《建筑物内排污、废水(高、低温)用塑料管道系统　氯化聚氯乙烯(PVC-C)》(英文版)的一致性程度为非等效。

本标准的附录 A、附录 B、附录 C 为规范性附录。

本标准由中国轻工业联合会提出。

本标准由全国塑料制品标准化技术委员会塑料管材、管件及阀门分技术委员会(SAC/TC 48/SC 3)归口。

本标准起草单位:上海汤臣塑胶实业有限公司、南塑建材塑胶制品(深圳)有限公司、中国佑利控股集团有限公司、佛山高明顾地塑胶有限公司、江苏常盛管业有限公司。

本标准主要起草人:唐克能、陈天文、肖玉刚、郑志强、武新国。

建筑物内排污、废水(高、低温)用氯化聚氯乙烯(PVC-C) 管材和管件

1 范围

本标准规定了以氯化聚氯乙烯(PVC-C)树脂为主要原料,加入必需的添加剂,经挤出成型的氯化聚氯乙烯管材(以下简称管材)及经注塑成型的氯化聚氯乙烯管件(以下简称管件)的术语和定义、符号、材料、分类、要求、试验方法、检验规则及标志、包装、运输、贮存。

本标准适用于建筑物内排污、废水(高、低温)用氯化聚氯乙烯(PVC-C)管材、管件。

本标准不适用于埋地管网。

2 规范性引用文件

下列文件中的条款通过本标准的引用而成为本标准的条款。凡是注日期的引用文件,其随后所有的修改单(不包括勘误的内容)或修订版均不适用于本标准,然而,鼓励根据本标准达成协议的各方研究是否可使用这些文件的最新版本。凡是不注日期的引用文件,其最新版本适用于本标准。

GB/T 2828.1—2003 计数抽样检验程序 第1部分:按接收质量限(AQL)检索的逐批检验抽样计划(ISO 2859-1:1999,IDT)

GB/T 2918—1998 塑料试样状态调节和试验的标准环境(idt ISO 291:1997)

GB/T 5836.1—2006 建筑排水用硬聚氯乙烯(PVC-U) 管材

GB/T 5836.2—2006 建筑排水用硬聚氯乙烯(PVC-U) 管件

GB/T 6671—2001 热塑性塑料管材 纵向回缩率的测定(eqv ISO 2505:1994)

GB/T 8801—2007 硬聚氯乙烯(PVC-U)管件坠落试验方法

GB/T 8802—2001 热塑性塑料管材、管件 维卡软化温度的测定(eqv ISO 2507:1995)

GB/T 8803—2001 注射成型硬质聚氯乙烯(PVC-U)、氯化聚氯乙烯(PVC-C)、丙烯腈-丁二烯-苯乙烯三元共聚物(ABS)和丙烯腈-苯乙烯-丙烯酸盐三元共聚物(ASA)管件 热烘箱试验方法

GB/T 8806—2008 塑料管道系统 塑料部件 尺寸的测定(ISO 3126:2005,IDT)

GB/T 14152—2001 热塑性塑料管材耐外冲击性能试验方法 时针旋转法(eqv ISO 3127:1994)

GB/T 19278—2003 热塑性塑料管材、管件及阀门通用术语及其定义

HG/T 3091—2000 橡胶密封件 给排水管及污水管道用接口密封圈 材料规范

QB/T 2803—2006 硬质塑料管材弯曲度测量方法

3 术语和定义、符号

3.1 术语和定义

GB/T 19278—2003 确立的以及下列术语和定义适用于本标准。

3.1.1

管件主体壁厚 wall thickness at main body of the fitting

管件连接部分以外的任一点壁厚,单位为毫米(mm)。

3.2 符号

下列符号适用于本标准。

A——承口配合长度

d_e——任一点外径
d_{em}——平均外径
d_n——公称外径
d_s——承口中部内径
d_{sm}——承口中部平均内径
e——管材壁厚
e_2——承口壁厚
e_3——密封环槽壁厚
L_0——承口深度
L——管材长度
L_1——管材有效长度
α——倒角

4 材料

4.1 在制造管材、管件的 PVC-C 混配料中，为满足本标准要求，可添加不超过 50% 的硬聚氯乙烯(PVC-U)及有利于管材、管件加工性能的添加剂。

4.2 只允许使用来自本厂的同种产品的清洁回用料。

4.3 弹性密封圈连接型管材、管件用弹性密封圈性能应符合 HG/T 3091—2000 的相关要求。

4.4 应使用生产商提供的 PVC-C 专用溶剂型胶粘剂，不应使用 PVC-U 溶剂型胶粘剂。

5 分类

管材、管件按连接形式分为溶剂型胶粘剂粘接型和弹性密封圈连接型。

6 要求

6.1 外观

管材与管件内、外壁应光滑，不应有气泡、裂口和明显的痕纹、凹陷、色泽不均及分解变色线。管材两端面应切割平整并与轴线垂直；管件应完整无缺损，浇口及溢边应修除平整。

6.2 颜色

管材、管件一般为米黄色或灰色，其他颜色可由供需双方协商确定。

6.3 规格尺寸

6.3.1 管材尺寸

6.3.1.1 管材的平均外径、壁厚

管材的平均外径、壁厚应符合表 1 的规定。

表 1 管材的平均外径、壁厚

单位为毫米

公称外径 d_n	平均外径		壁厚	
	最小平均外径 $d_{em,min}$	最大平均外径 $d_{em,max}$	最小壁厚 e_{min}	最大壁厚 e_{max}
32	32.0	32.2	1.8	2.2
40	40.0	40.2	1.8	2.2
50	50.0	50.2	1.8	2.2
75	75.0	75.3	1.8	2.2

表 1（续）　　单位为毫米

公称外径 d_n	平均外径		壁厚	
	最小平均外径 $d_{em,min}$	最大平均外径 $d_{em,max}$	最小壁厚 e_{min}	最大壁厚 e_{max}
90	90.0	90.3	1.8	2.2
110	110.0	110.3	2.2	2.7
125	125.0	125.3	2.5	3.0
160	160.0	160.4	3.2	3.8

6.3.1.2　**管材的长度**

管材长度 L 一般为 4 m 或 6 m，或由供需双方协商确定，管材不应有负偏差。管材的有效长度 L_1 见图 1。

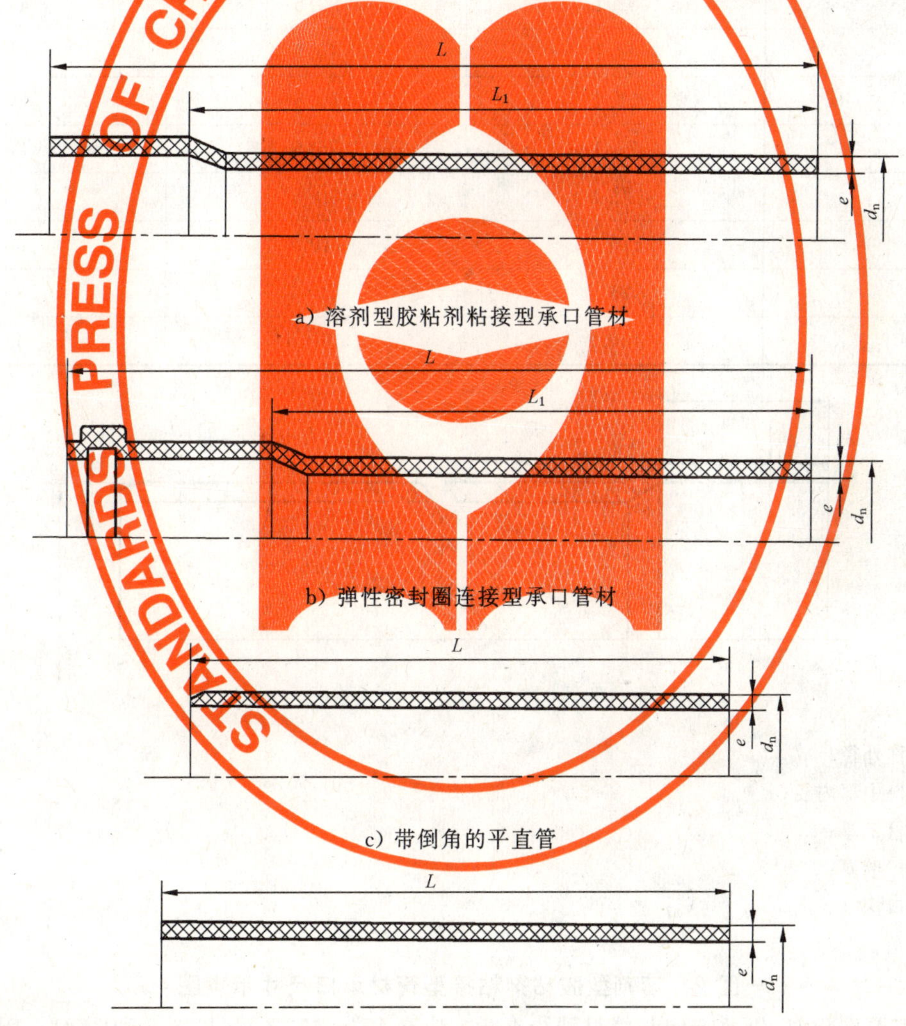

a) 溶剂型胶粘剂粘接型承口管材

b) 弹性密封圈连接型承口管材

c) 带倒角的平直管

d) 不带倒角的平直管

L——管材长度；

L_1——管材有效长度；

e——管材壁厚；

d_n——公称外径。

图 1　管材的长度和有效长度示意图

6.3.1.3 不圆度

管材不圆度应不大于 0.024d_n。

不圆度的测定应在管材出厂前进行。

6.3.1.4 弯曲度

管材弯曲度应不大于 0.50%。

6.3.1.5 管材承口尺寸

6.3.1.5.1 溶剂型胶粘剂粘接型管材承口尺寸

溶剂型胶粘剂粘接型管材承口尺寸应符合表 2 规定,示意图见图 2。

表 2 溶剂型胶粘剂粘接型管材承口尺寸

单位为毫米

公称外径 d_n	承口中部平均内径		最小承口深度 $L_{0,min}$
	$d_{sm,min}$	$d_{sm,max}$	
32	32.1	32.5	17
40	40.1	40.5	18
50	50.1	50.5	20
75	75.1	75.5	25
90	90.1	90.5	28
110	110.2	110.7	30
125	125.2	125.8	35
160	160.2	160.9	42

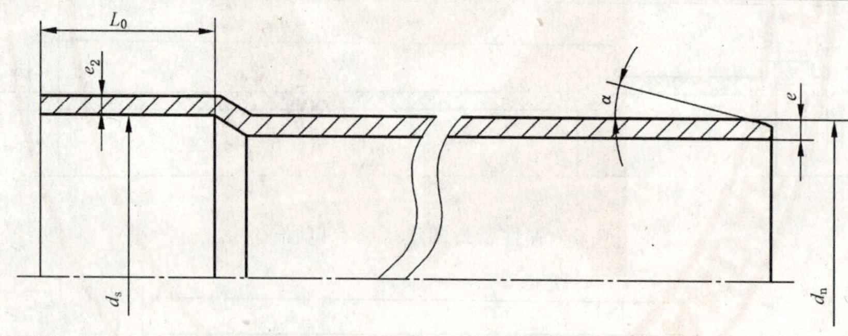

d_n——公称外径;

d_s——承口中部内径;

e——管材壁厚;

e_2——承口壁厚;

L_0——承口深度;

α——倒角。

图 2 溶剂型胶粘剂粘接型管材承口尺寸示意图

当管材需要倒角时,倒角方向与管材轴线夹角 α 应在 15°~45°之间(见图 2 和图 3)。倒角后管端所保留的壁厚应不小于最小壁厚的三分之一。

管材承口壁厚不宜小于同规格管材壁厚的 0.75 倍。

6.3.1.5.2 弹性密封圈连接型承口尺寸

弹性密封圈连接型承口配合深度的设计分为 N 型(普通)与 L 型(长)。

N 型与 L 型的选用,应按管材的不同长度进行选择:

a) N 型——用于管材长度不超过 3 m 的管材的连接;

b) L 型——用于管材长度为 3 m～6 m 的管材的连接。

具体尺寸见表 3,示意图见图 3。

表 3 N型与L型弹性密封圈承口尺寸

单位为毫米

公称外径 d_n	承口中部最小平均内径 $d_{sm,min}$	承口最小配合深度(N 型) A_{min}	承口最小配合深度(L 型) A_{min}
32	32.3	24	65
40	40.3	26	
50	50.3	28	
75	75.4	33	
90	90.4	36	
110	110.4	36	
125	125.4	38	
160	160.5	41	

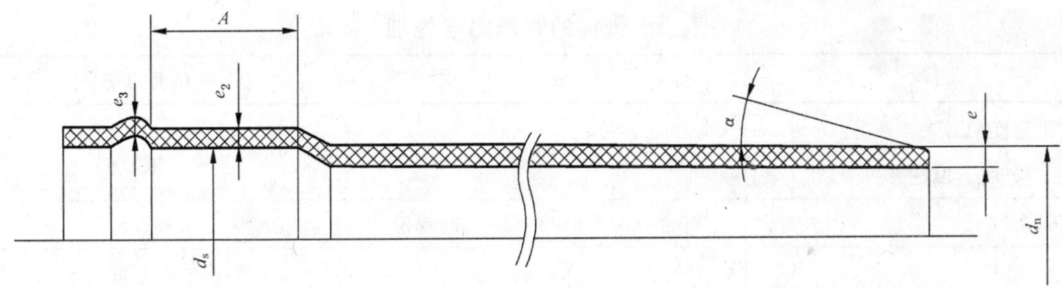

d_n——公称外径；

d_s——承口中部内径；

e——管材壁厚；

e_2——承口壁厚；

e_3——密封环槽壁厚；

A——承口配合深度；

α——倒角。

图 3 弹性密封圈连接型承口示意图

管材承口壁厚 e_2 不宜小于同规格管材壁厚的 0.9 倍,密封环槽壁厚 e_3 不宜小于同规格管材壁厚的 0.75 倍。

6.3.2 管件尺寸

6.3.2.1 壁厚

6.3.2.1.1 管件承口部位以外的主体壁厚不应小于同规格管材的壁厚。

6.3.2.1.2 允许异径管件过渡部分的壁厚从一个尺寸渐变到另一个尺寸。

6.3.2.2 管件的安装长度

管件的安装长度(Z-长度)见 GB/T 5836.2—2006 中的附录 A。

6.4 物理力学性能

6.4.1 管材的物理力学性能

管材的物理力学性能应符合表 4 的规定。

表 4 管材的物理力学性能

<table>
<tr><th colspan="2">项目</th><th>要求</th><th>试验方法</th></tr>
<tr><td rowspan="2">维卡软化温度/℃</td><td>经(90±2)℃空气浴处理后[a]</td><td>≥90</td><td rowspan="2">7.1.4</td></tr>
<tr><td>经(90±2)℃水浴中放置 16 h</td><td>≥80</td></tr>
<tr><td colspan="2">纵向回缩率/%</td><td>≤5</td><td>7.1.5</td></tr>
<tr><td colspan="2">吸水性/%(90±2)℃ 24 h</td><td>≤3</td><td>7.1.6</td></tr>
<tr><td colspan="2">落锤冲击试验(0±1)℃</td><td>TIR≤10%</td><td>7.1.7</td></tr>
<tr><td colspan="2">阶梯法冲击试验(0±1)℃[b]</td><td>H_{50}≥1 m;
低于 0.5 m,
最多破裂一个</td><td>7.1.7.2</td></tr>
<tr><td colspan="4">[a] 在温度为(90±2)℃的空气中放置 2 h,然后在(23±2)℃和(50±5)%的相对湿度下,冷却(15±1)min,在低于预计维卡软化温度 50 ℃的环境中放置 5 min,然后进行试验。
[b] 当管材在低于−10 ℃区域使用时,增加阶梯法冲击试验,按附录 A 进行。</td></tr>
</table>

6.4.2 管件的物理力学性能

管件的物理力学性能应符合表 5 的规定。

表 5 管件的物理力学性能

<table>
<tr><th>项目</th><th>要求</th><th>试验方法</th></tr>
<tr><td>维卡软化温度/℃
经(90±2)℃空气浴处理后[a]</td><td>≥90</td><td>7.2.4</td></tr>
<tr><td>烘箱试验</td><td>符合 GB/T 8803—2001 的规定</td><td>7.2.5</td></tr>
<tr><td>坠落试验</td><td>无破裂</td><td>7.2.6</td></tr>
<tr><td>吸水性/%
(90±2)℃,24 h</td><td>≤3</td><td>7.2.7</td></tr>
<tr><td colspan="3">[a] 在温度为(90±2)℃的空气中放置 2 h,然后在(23±2)℃和(50±5)%的相对湿度下,冷却(15±1)min,在低于预计维卡软化温度 50 ℃的环境中放置 5 min,然后进行试验。</td></tr>
</table>

6.5 系统适应性

管材与管件,或管件与管件连接后应进行系统适用性试验,其中溶剂型胶粘剂粘接型连接不进行水密性、气密性试验。系统适用性试验应符合表 6 的规定。

表 6 系统适应性

<table>
<tr><th>项目</th><th>要求</th><th>试验方法</th></tr>
<tr><td>水密性试验</td><td>无渗漏</td><td>7.3.1</td></tr>
<tr><td>气密性试验</td><td>无渗漏</td><td>7.3.2</td></tr>
<tr><td rowspan="2">冷热水循环试验</td><td>无渗漏,d_n≤50,下垂≤3 mm</td><td rowspan="2">7.3.3</td></tr>
<tr><td>无渗漏,d_n>50,下垂≤0.05d_n</td></tr>
</table>

7 试验方法

7.1 管材的试验方法

7.1.1 状态调节

除有特殊规定外,按 GB/T 2918—1998 规定,在(23±2)℃条件下状态调节 24 h,并在同样条件下进行试验。

7.1.2 颜色和外观

在自然光下直接观察。

7.1.3 尺寸测量

7.1.3.1 平均外径

按 GB/T 8806—2008 测量，精确至 0.1 mm。

7.1.3.2 壁厚

按 GB/T 8806—2008 测量，精确至 0.1 mm。

7.1.3.3 管材有效长度

用精度为 1 mm 的钢卷尺测量。

7.1.3.4 不圆度

按 GB/T 8806—2008 测量同一端面的最大外径和最小外径，最大外径与最小外径之差为不圆度。

7.1.3.5 弯曲度

按 QB/T 2803—2006 测量。

7.1.3.6 管材承口

承口尺寸按 GB/T 8806—2008 测量，精确至 0.1 mm。

7.1.4 维卡软化温度

按 GB/T 8802—2001 测定。

7.1.5 纵向回缩率

按 GB/T 6671—2001 测定。

7.1.6 吸水性

吸水性的测定见附录 B。

7.1.7 落锤冲击试验

7.1.7.1 按 GB/T 14152—2001 规定，试验温度为(0±1)℃，锤头类型：管材规格 d_n 小于 110 mm 时，锤头直径 d 取 25 mm；管材规格 d_n 大于等于 110 mm 时，锤头直径 d 取 90 mm。落锤质量和下落高度见表 7。

表 7 落锤质量和落锤高度

公称外径 d_n/mm	质量/kg	允许偏差	高度/mm	允许偏差
32	0.5	$^{+0.01}_{0}$	600	$^{+20}_{0}$
40	0.5		800	
50	0.5		1 000	
75	0.8		1 000	
90	0.8		1 200	
110	0.8		2 000	
125	1.25		2 000	
160	1.6		2 000	

7.1.7.2 当管材在低于－10 ℃区域使用时，增加阶梯法冲击试验，方法见附录 A，试验温度为(0±1)℃，锤头直径 d 取 90 mm。落锤质量见表 8。

表 8 阶梯法冲击试验落锤质量

公称外径 d_n/mm	质量/kg
32	1.25
40	
50	2
75	2.5
90	3.2
110	4
125	5
160	8

7.2 管件的试验方法

7.2.1 状态调节

除有特殊规定外，按 GB/T 2918—1998 规定，在(23±2)℃条件下进行状态调节 24 h，并在同样条件下进行试验。

7.2.2 颜色和外观

在自然光下直接观察。

7.2.3 尺寸测量

7.2.3.1 壁厚

按 GB/T 8806—2008 的规定测量，必要时可将管件切开测量。

7.2.3.2 承口中部平均内径

按 GB/T 8806—2008 规定测量。

7.2.4 维卡软化温度

按 GB/T 8802—2001 测定。

7.2.5 烘箱试验

按 GB/T 8803—2001 进行试验。

7.2.6 坠落试验

按 GB/T 8801—2007 进行试验。

7.2.7 吸水性

吸水性的测定见附录 B。

7.3 系统适用性

7.3.1 水密性试验

按 GB/T 5836.1—2006 中的附录 A 进行试验。

7.3.2 气密性试验

按 GB/T 5836.1—2006 中的附录 B 进行试验。

7.3.3 冷热水循环试验

冷热水循环试验见附录 C。

8 检验规则

8.1 一般规则

产品需经生产厂质量检验部门检验合格并附有合格标志，方可出厂。

8.2 组批

同一原料、同一配方、同一工艺和同一规格连续生产的管材或管件为一批。每批数量按以下方法进行计算：管材不应超过 50 t，如生产 7 d 不足 50 t，则以 7 d 产量为一批；管件当 d_n 小于 75 mm 时，每批数量不超过 10 000 件；当 d_n 大于等于 75 mm 时，每批数量不超过 5 000 件；如生产 7 d 不足一批，则以 7 d 产量为一批。

8.3 出厂检验

8.3.1 出厂检验项目管材为 6.1、6.2、6.3.1、6.4.1 中的纵向回缩率和落锤冲击试验；管件为 6.1、6.2、6.3.2、6.4.2 中的烘箱试验与坠落试验。

8.3.2 管材 6.1、6.2、6.3.1，管件 6.1、6.2、6.3.2 的出厂检验执行 GB/T 2828.1—2003 计数抽样检验程序。采用一般检验水平 I、接收质量限(AQL)为 6.5 的正常检验一次抽样，其批量、样本量、判定数组见表 9。

表 9 抽样方案

批量 N	样本量 n/(根或个)	接收数 Ac	拒收数 Re
≤150	8	1	2
150～280	13	2	3
281～500	20	3	4
501～1 200	32	5	6
1 201～3 200	50	7	8
3 201～10 000	80	10	11

8.3.3 在计数抽样合格的产品中，随机抽取足够样品进行管材 6.4.1 中的纵向回缩率和落锤冲击试验；管件 6.4.2 中的烘箱试验与坠落试验。

8.4 型式检验

型式检验项目为第 6 章中的全部内容。一般情况下，每两年至少一次。若有以下情况，应进行型式检验：

a) 新产品或老产品转厂生产的试制定型鉴定；

b) 设备、原料、工艺、配方有较大变动可能影响产品性能时；

c) 产品停产半年后恢复生产时；

d) 出厂检验结果与上次型式检验结果有较大差异时；

e) 国家质量监督机构提出进行型式检验时。

8.5 判定规则

管材 6.1、6.2、6.3.1，管件 6.1、6.2、6.3.2 中有任意一条不符合表 9 规定时则判为不合格；物理力学性能中有一项达不到指标时，则在该批中随机抽取双倍的样品对该项进行复检；如仍不合格，则判该批不合格。

9 标志、包装、运输、贮存

9.1 标志

9.1.1 管材

管材每 2 m 之间应至少含有一处完整的永久性标记。

管材上应有下列永久性标记：

a) 厂名和商标；

b) 产品名称；

c) 产品规格；

d) 本标准编号；

e) 生产日期；

f) 低于−10 ℃区域使用的管材，应标记冰晶(＊)符号。

9.1.2 管件

9.1.2.1 管件应有下列永久性标志：

a) 厂名或商标；

b) 原料名称：PVC-C；

c) 产品规格。

9.1.2.2 产品包装至少应有下列内容：

a) 厂名和地址；

b) 产品名称；

c) 商标；

d) 管件类型和规格；

e) 生产日期或批号；

f) 本标准编号；

g) 数量。

9.2 包装

产品应按类型和规格妥善包装，包装用的材料可由供需双方商定。一般情况下管件每个包装质量不超过 25 kg。

9.3 运输

在运输时，不应撞击、曝晒、沾污、重压和抛摔。

9.4 贮存

管材存放场地应平整，堆放整齐，堆放高度不应超过 2 m，远离热源。承口部分宜交错放置，当露天堆放时，应有遮盖，防止曝晒。

管件应贮存在库房内，合理放置，远离热源。

附　录　A
（规范性附录）
热塑性塑料管抗外冲击应力能力的测定方法
阶梯法

A.1　范围

本附录规定了用阶梯法测定热塑性塑料管材抵抗外部冲击的方法。本方法不适用于有孔的管材。

本方法的检测温度为0 ℃。必要情况下，也可以适用于－20 ℃或＋23 ℃。

A.2　术语和定义

下列术语和定义适用于本附录。

A.2.1

H_{50}值

用一定质量的冲锤，对同一生产批中抽取的试样进行冲击，导致50%试样不合格时冲锤落下的高度。

在试验中，试样是从同一生产批中随机抽取的。其结果也只能表明这一生产批的H_{50}值。

A.3　原理

按规定长度切取管材，用一定质量和锤头形状的冲锤以不同的高度对管材进行一次性冲击；或者沿管材的圆周随机进行冲击，或者在管材指定的划线上进行冲击。

如果冲击试验不合格[见A.7.1中的d)]，则降低预先设置的冲击高度。如果冲击试验合格，随后试样的冲击高度将相应提高。如果具有足够数量的试样，一批或一个生产周期的产品的H_{50}值就可以被计算出来。

首先进行初始试验(A.7.2)，获得一个粗略的H_{50}值，应用此初始试验的结果，进行下一步的主体试验(A.7.3)。

通过改变冲锤的质量或试验温度，对试验进行校正，以适应试验不同的需要。

以下试验参数的设定参照本附录：

a)　锤头的形状和质量[见A.4.1中的b)和A.7.1中的a)]；

b)　试验温度和条件(见A.4.2和第A.6章)；

c)　取样方法(见A.5.1)；

d)　适当数量的试样(见A.5.2和第A.7章)；

e)　试验中试样被定点或随机冲击的位置，或遵照其他附加条件[见A.7.1中的b)、c)、d)]；

f)　初始试验应用的冲击高度，见初始试验[见A.7.1中的e)]；

g)　管材所要求的H_{50}值[见A.7.2.1中的a)]。

A.4　装置

A.4.1　落锤冲击试验装置

落锤冲击试验装置包括以下几个部分(见图A.1)：

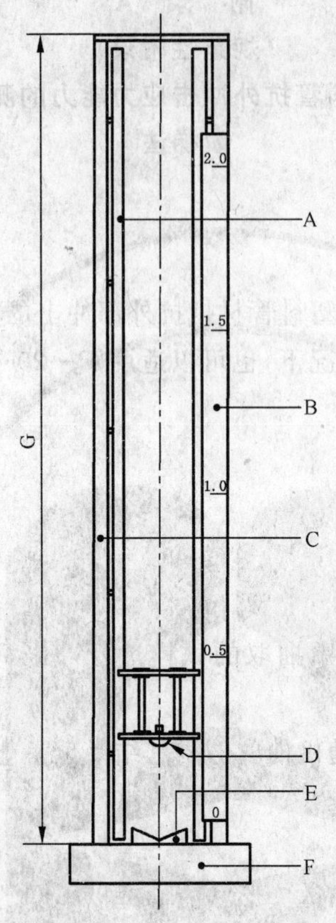

A——导轨；

B——高度标尺；

C——框架；

D——锤头；

E——V 型槽(120°)；

F——基座；

G——落锤高度(不低于 2 m)。

图 A.1　典型的冲击试验装置

a)　主支架：有一个固定在垂直位置的导轨或导管，以适应冲锤[见 b)]自由落下，使冲锤冲击管材的速度不少于 95%的理论速度。

b)　锤头：与至少 10 mm 高的圆柱相结合的半球形球面，其尺寸根据冲锤的质量，具体数据见表 A.1 和图 A.2。冲锤的质量(包括整个锤体的质量)根据表 A.2 进行选择。在圆柱下面的锤头球面应用钢制造，其最小壁厚为 5 mm。锤头表面应无缺陷，否则可能影响到测试结果。

表 A.1　锤头球面的尺寸(见图 A.2)　　单位为毫米

类型	R_s	d	d_s
$d25$	50	25±1	无规定
$d90$	50	90±1	无规定

单位为毫米

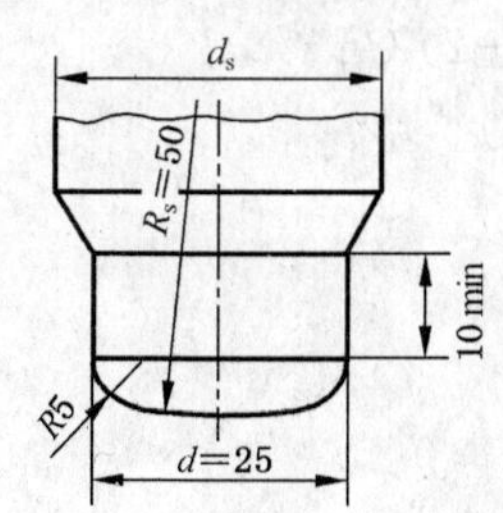

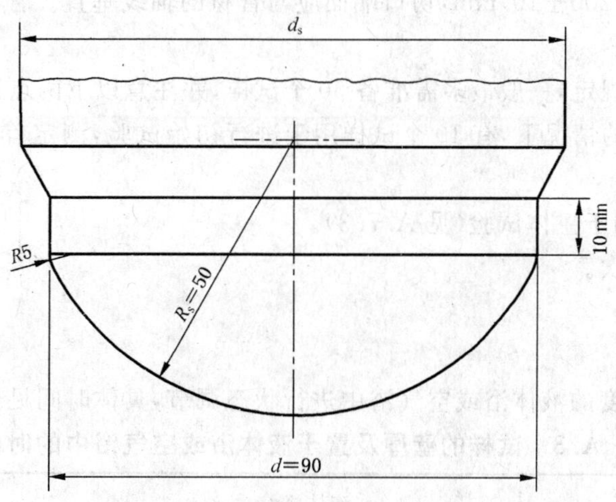

d_s——锤体直径；

d——锤头直径；

R_s——锤头曲率半径；

$R5$——锤头倒角半径。

图 A.2 冲锤的尺寸

表 A.2 冲锤的质量

单位为千克

<table>
<tr><td colspan="8">类型</td></tr>
<tr><td colspan="4">d25</td><td colspan="4">d90</td></tr>
<tr><td colspan="3">落锤的质量</td><td>允许偏差</td><td colspan="3">落锤的质量</td><td>允许偏差</td></tr>
<tr><td>0.25</td><td>1.0</td><td>2.0</td><td rowspan="3">0.005</td><td>4.0</td><td>8.0</td><td>15.0</td><td rowspan="3">0.005</td></tr>
<tr><td>0.5</td><td>1.25</td><td>2.5</td><td>5.0</td><td>10.0</td><td>—</td></tr>
<tr><td>0.8</td><td>1.6</td><td>3.2</td><td>6.3</td><td>12.5</td><td>—</td></tr>
</table>

c) 坚固的放置试样的支架具有下列形式之一：

1) 有一个 120°的 V 形钢槽，至少长 200 mm，使下落锤头球面的轴线和 V 形钢槽的轴线相交，偏差小于 2.5 mm，(见图 A.1)；

2) 支架上有一个与水平钢板相连的平坦底部，能保证锤头下落时冲击点的位置位于标准的指定点，偏差应小于 2.5 mm。支架应该足够坚固，能承受冲锤下落时的冲击；

d) 冲锤高度调节装置：使冲锤下落的高度可在 2 m 内调节。从试样的顶面到锤头，其高度偏差为 10 mm。下落高度为 100 mm 的倍数。

A.4.2 液体浴或空气浴

液体浴或空气浴应能保持下列温度条件之一，以满足标准要求的试验温度：

a) 0 ℃试验,试验温度为(0±1)℃;

b) −20 ℃试验,试验温度为(−20±2)℃;

c) 23 ℃试验,试验温度为(23±2)℃。

A.5 试样

A.5.1 试样制备

试样应在直管上随机切取。

如果管材上有纵向的拼缝线,应在切取前用不同于管材的颜色标注。

每根试样的长度应为(200±10)mm,切口端面应与管材的轴线垂直。管材要清洁无损伤。

A.5.2 数量

除非标准中有特别的规定,一般最多需准备50个试样,并注意以下两点:

a) 在选定冲锤质量的情况下,有10个试样用于进行初始试验,测定首次冲击试验不合格时的冲锤下落高度;

b) 至少20个试样用于主体试验(见A.7.3)。

一个试样只能冲击一次。

A.6 状态调节

将试样置于所规定温度的液体浴或空气浴中进行状态调节,具体时间见表A.3。

表A.3 试样的壁厚及置于液体浴或空气浴中的时间

壁厚 e_t/ mm	液体浴/ min	空气浴/ min
$e_t \leqslant 8.6$	15	60
$8.6 < e_t \leqslant 14.1$	30	120
$14.1 < e_t$	60	240

A.7 试验步骤

A.7.1 总述

试验方法见A.7.2和A.7.3,并根据下列情况进行判断:

a) 冲锤质量的选择见表A.2,或参照标准中具体规定。如果没有规定,其 H_{50} 值应在0.5 m和2.0 m之间。

b) 每个试样只应被冲击一次。或沿管材的圆周随机进行冲击,或参照标准指定点进行冲击。试样从按规定的液体浴或空气浴中取出后,冲击应在10 s内完成(除非周围环境温度与试验温度一致)。如果超过10 s,试样应重新在按规定的液体浴或空气浴中放置至少5 min。如果少于5 min,试样应被丢弃或者重新进行处理。

c) 除非标准另有规定,放置在V形钢槽上的试样,在圆周方向应该是随意的。

d) 除非标准另有规定,冲击不合格的试样应包括在受到冲击后不通过放大即能被看出的碎片、破裂或裂纹。

使用灯光装置协助检查试样。如果是试样本身的缺陷或是表面的皱痕不应被看作是冲击不合格。

e) 在常规试验中,其 H_{50} 值至少高于所要求的最低水平的50%,初始试验(见A.7.2)才可以省略。在主体试验过程中的首次冲击高度,应与同一生产周期的产品批所获得的 H_{50} 值相同,随后的下一轮冲击,冲锤下落高度降低0.1 m。

典型的阶梯法冲击的试验步骤和试验结果，见图 A.3。

A——冲击高度，m；
B——冲击次数；
C——初始试验过程；
D——主体试验过程；
+——试验合格；
-——试验不合格。

图 A.3 典型的阶梯法冲击试验数据记录示例(H_{50} 值为 1.14 m)

A.7.2 初始试验过程

初始试验的目的是为了获得一个大体的 H_{50} 值，其结果将被应用于主体试验中(见 A.7.3)。

A.7.2.1 根据下列的准则之一，为冲锤设置一个下落的高度(见第 A.4 章)：

a) 已知试样 H_{50} 值的 50%；

b) 0.5 m。

A.7.2.2 从规定温度的液体浴或空气浴中取出试样，在 10 s 内把它固定在合适的支架上进行冲击。

测量和记录试样冲击是否合格[见 A.7.1 中的 d)]。如果合格，根据 A.7.2.5 继续进行。记录其不合格的类型，并根据 A.7.2.3 或 A.7.2.4 继续进行。

A.7.2.3 如果试验根据 A.7.2.1 中的 a)进行，首次试验结果不合格，继续用另一个试样和相同的下落高度重复 A.7.2.2 的试验。如果第二次试验合格了，按 A.7.2.5 继续进行试验。如果第二次试验不合格，则做好与原定值不同的 H_{50} 值的记录。

A.7.2.4 如果按照 A.7.2.1 中的 b)进行的第一次试验的结果为不合格，则将冲锤下落高度设为 0.30 m，用其他试样，重复 A.7.2.2 的试验。如果第二次试验成功，再按 A.7.2.5 继续进行试验。

如果第二次不合格，可根据表 A.2 选择一个较轻的冲锤，按 A.7.2.1 重新开始试验。如果已经用了一个 0.25 kg 的冲锤，则做好试验结果的记录。

A.7.2.5 根据 A.7.2.2 将冲锤下落高度提高 0.2 m，进行另一个试样的试验。不断重复试验，直到试验出现不合格。记录第一个不合格试样的冲锤下落高度，应用于主体试验(见 A.7.3)。

如果冲锤下落高度达到了 2 m,试样还没有出现不合格,根据表 A.2 选择一个较重的锤头。再根据 A.7.2.1 重新开始试验[见 A.5.2 中的 a)]。

A.7.3 主体试验

A.7.3.1 根据 A.7.1 中的 e)和 A.7.2,记录首次试验结果得到的冲锤下落高度。将冲锤下落高度的设置低于所记录值 0.1 m。

A.7.3.2 将试样从规定的液体浴或空气浴中取出,在 10 s 内把它固定在支架上进行冲击试验。测定和记录试验是否和如何不合格[见 A.7.1 中的 d)],并按 A.7.3.3 继续进行。

A.7.3.3 如果根据 A.7.3.2 所获得的结果是不合格的,重新将锤头的高度降低 0.1 m,否则提高 0.1 m,根据 A.7.3.2 再进行另一个试样的试验。

A.7.3.4 根据 A.7.3.3 不断进行重复试验,直到满足以下条件之一:

a) 根据 A.7.1 中的 e)继续进行试验,直到完成 10 个试样的试验。如果发现有 6 个或更多的试样不合格,则进行另外的 10 个试样的试验,接着按 c)继续进行。否则停止试验并按第 A.8 章进行计算。

b) 如果遵照按 A.7.2 进行的初始试验继续进行,直到完成 20 个试样的试验,包括按 A.7.2.5 的首次试验不合格,则按 c)继续进行试验。

c) 如果少于 8 个不合格或是少于 8 个合格,则将试样数量扩大到 40 个。按 7.3.2 进行下一步 20 个试样的试验,否则停止试验,按第 A.8 章进行计算。

A.8 计算

计算在主体试验过程中记录的冲锤高度的算术平均值,精确到 0.01 m。

如果在使用最大冲锤质量和设定最大冲锤下落高度时,有三个以上的试样都合格,则 H_{50} 值要高于所计算的平均值。

A.9 试验报告

试验报告应包含下列内容:

a) 对本标准附录 A 的引用;

b) 对本标准相关文献和参照的标准的引用;

c) 被检测管材的名称、规格、来源等;

d) 抽样方法;

e) 分别用于初始试验和主体试验的试样数;

f) 恒温介质和温度(℃);

g) 冲锤的类型和质量(kg);

h) 其他不合格的依据(如果需要);

i) 如果试验停止,按 A.7.2.3 和 A.7.2.4 主体试验中得出的或应用的最大和最小落锤高度;

j) H_{50} 值;

k) 可能会影响试验结果的任何因素,如本试验方法中未规定的意外或任意操作细节;

l) 试验日期。

附 录 B
（规范性附录）
热塑性塑料管材、管件吸水性试验方法

B.1 范围

本附录规定了热塑性塑料管材和管件吸水性的一般试验方法。

B.2 原理

B.2.1 首先对试件进行状态调节，测定其质量和总表面积（试件内、外表面积加上切割面的面积）。

B.2.2 将试样完全浸入规定温度的蒸馏水中 24 h。

B.2.3 测定每个试样的质量，计算试样单位面积质量的变化。

B.3 浸泡液体

B.3.1 蒸馏水：温度为(23±2)℃。

B.3.2 蒸馏水：温度为(90±2)℃。

B.3.3 乙酸，浓度为 98%（质量分数）和 100%（质量分数）之间，温度为(23±2)℃。

B.4 试验仪器

B.4.1 天平秤：精度为 0.1 mg。

B.4.2 干燥器：装有硅胶。

B.4.3 恒温槽：能保持蒸馏水（B.3.1 和 B.3.2）的温度处于规定的范围。

B.4.4 烘箱：可以控制规定温度的电热鼓风烘箱。

B.4.5 容器：其容积可依据试样的大小而定。

B.5 试样

B.5.1 取样

试样要求参看相关的产品标准。

B.5.2 管材

B.5.2.1 外径大于 32 mm 的管材

切取一段长约为 50 mm 的管材，沿长度方向切割，使所得试样外表面的弧长为 50 mm。

B.5.2.2 外径小于等于 32 mm 的管材

切取一段管材，使其内、外表面积不小于 50×10^{-4} m²。

B.5.3 管件

从管件的中空截面切取一段管件，取环状体或部分环状体，使其内、外表面积不小于 50×10^{-4} m²。

B.5.4 抛光

将试件的切割表面抛光，使其光滑。

B.5.5 数量

用三个试样进行试验。

B.6 试验方法

B.6.1 测量每个试样的内径和外径或内、外弧的长度，精确到 0.5 mm，其他尺寸精确到 0.1 mm，计算

总的表面积 A(试样的内、外表面积加上切割面的面积)。

B.6.2 将被测的试样浸入浓度为98%(质量分数)和100%(质量分数)之间,温度为(23±2)℃的乙酸溶液中1 min,然后取出试样,浸入温度为(23±2)℃的蒸馏水中1 h。

B.6.3 从蒸馏水中取出试样并用滤纸擦干,将试样放入温度为(23±2)℃的干燥器内至少2 h。

B.6.4 测定每个试样的质量 m_0,精确到0.1 mg。

B.6.5 将处理好的试样浸入盛有(90±2)℃蒸馏水的恒温槽中浸泡24 h。

B.6.6 取出试样,将试样置入(23±2)℃的恒温槽中冷却(15±1)min。

B.6.7 从恒温槽中取出试样,用滤纸擦干。

B.6.8 将试样放置温度为(23±2)℃的干燥器内至少2 h。

B.6.9 测定每个试样的质量 m_1,精确到0.1 mg。

B.7 计算结果

B.7.1 按式(B.1)计算试样的吸水性。

$$B = \frac{m_1 - m_0}{A} \qquad \text{(B.1)}$$

式中:

B——吸水性,单位为克每平方米(g/m^2);

m_1——试样浸泡前的质量,单位为克(g)(见B.6.4);

m_0——试样浸泡后的质量,单位为克(g)(见B.6.9);

A——试样的总表面积,单位为平方米(m^2)(见B.6.1)。

B.7.2 计算试样根据试验结果所得出的吸水性的算术平均值。

B.8 试验报告

试验报告应包括以下信息:

a) 对本标准附录B的引用;

b) 试样的名称、规格尺寸、来源等;

c) B.7.1所描述每件试样吸水性的计算;

d) 说明测试中和测试后试样所出现变化的情况;

e) 如B.7.2所述的计算出吸水性的算术平均值;

f) 说明本标准的附录B中没有说明的任何操作,同时详细说明任何可能影响结果的因素;

g) 试验日期。

附 录 C
（规范性附录）
塑料管道系统　建筑物内排污、废水用热塑性管路冷热水循环试验方法

C.1　原理

通过对由管材和管件组成的组件轮流进行热水和冷水的循环通水试验，循环次数按标准要求。在试验期间，检验组件连接处的密封性和管材向下弯曲是否超过规定值。

C.2　装置

C.2.1　温度计或其他的温度测定装置，能够测量进入管道内水的温度是否符合设定的温度。测温装置能够记录和控制循环水的温度和循环周期。

C.2.2　冷水源，能够每 4 min 向管道内通入一定量的水温为(15±5)℃的冷水，水量参考如下：

a)　A 阶段，(30±0.5)L/(60±2)s；

b)　B 阶段，(15±0.5)L/(60±2)s。

C.2.3　热水源，能够每 4 min 向管道内通入一定量的水温为(93±2)℃的热水，水量参考如下：

a)　A 阶段，(30±0.5)L/(60±2)s；

b)　B 阶段，(15±0.5)L/(60±2)s。

C.2.4　堵头，用于临时封堵出水口。

C.2.5　测试管材向下弯曲量的装置(如图 C.1，图 C.2，图 C.3 所示)，准确率达到 0.1 mm。

C.2.6　支撑夹，包括用于固定管道组件的固定支撑夹和用于固定管道组件，并阻止管道横向移动的导向支撑夹(见图 C.1，图 C.2，图 C.3)。

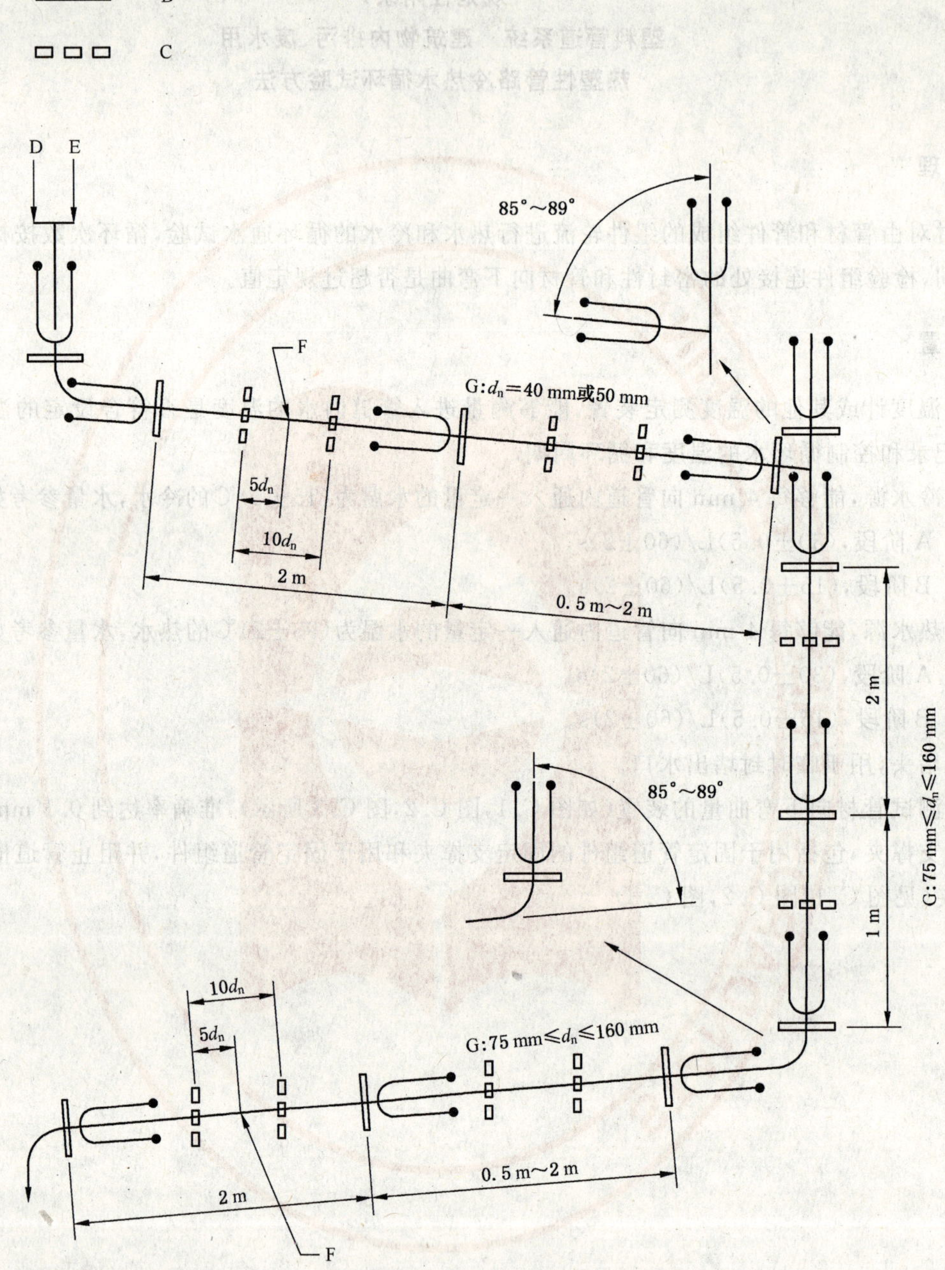

A——弹性密封圈连接型承口；

B——固定支撑夹；

C——导向支撑夹；

D——冷水；

E——热水；

F——管材向下弯曲量测量点；

G——管材。

注：试验中的弹性密封圈连接型管件如图所示，其他合适的形式也可以使用。

图 C.1　典型的应用于建筑物内的管路耐高温水循环(1 500 次)试验

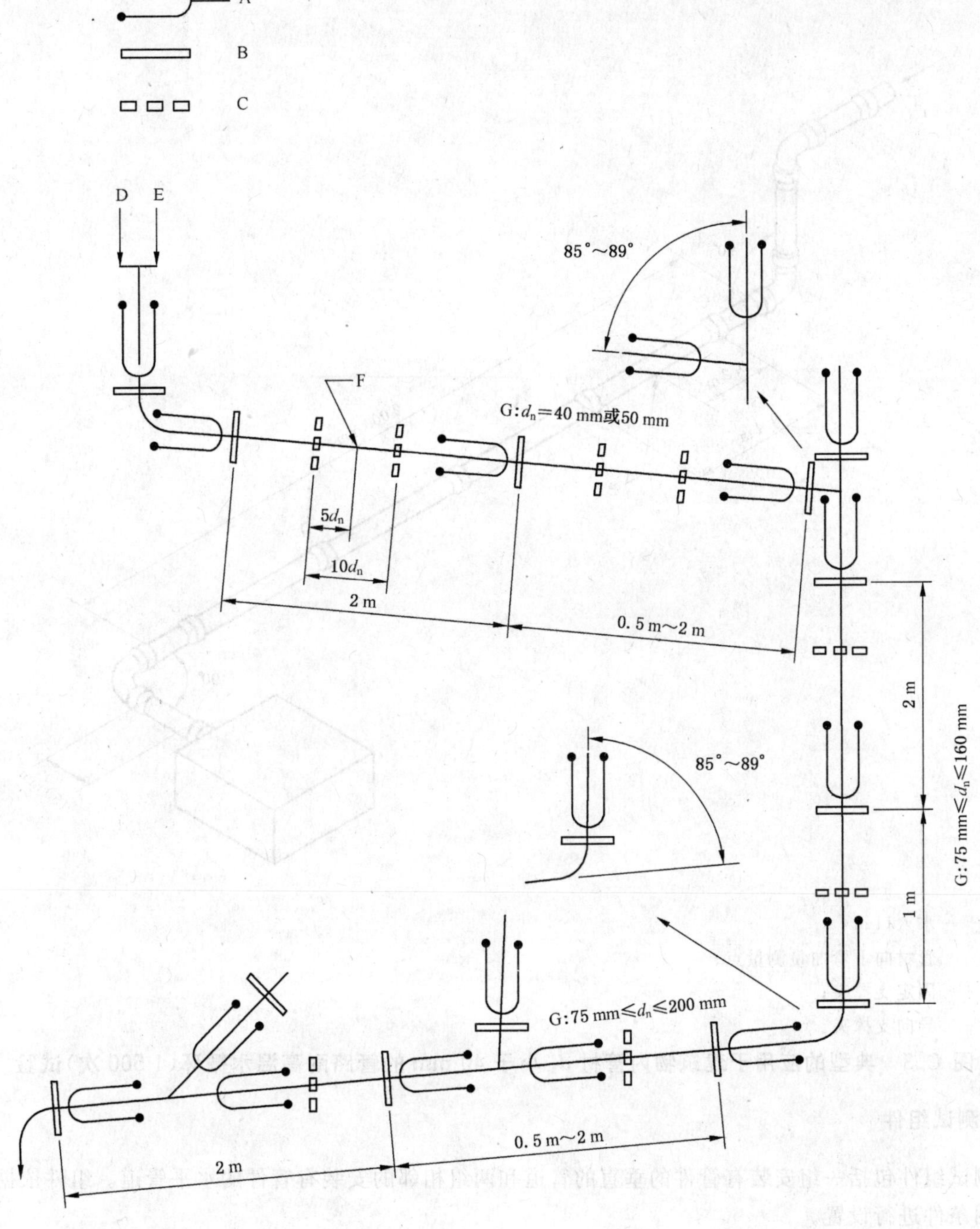

A——弹性密封圈连接型承口；

B——固定支撑夹；

C——导向支撑夹；

D——冷水；

E——热水；

F——管材向下弯曲量测量点；

G——管材。

注：试验中的弹性密封圈连接型管件如图所示，其他合适的形式也可以使用。

图 C.2 典型的应用于建筑物内埋地管路耐高温水循环(1 500 次)试验

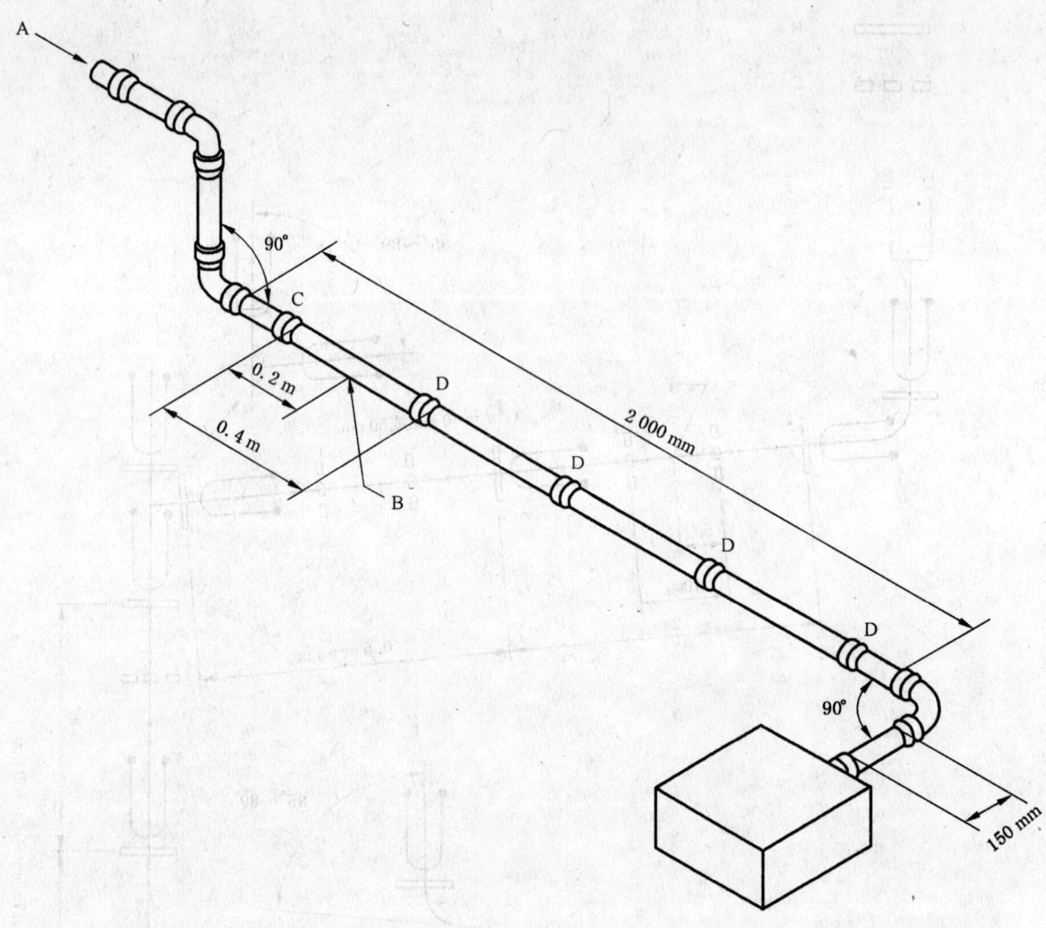

A——水入口；

B——管材向下弯曲量测量点；

C——固定支撑夹；

D——导向支撑夹。

图 C.3 典型的应用于建筑物内管材 d_n 小于 40 mm 的管路耐高温水循环(1 500 次)试验

C.3 测试组件

测试组件包括一组安装有管件的垂直的管道和两组相邻的安装有管件的水平管道。组件依据如下的使用条件进行设置。

a) 应用于建筑物内的见图 C.1，其中 d_n 小于 40 mm 的管材见图 C.3；

b) 应用于建筑物内埋地管路系统参考图 C.2；

c) 应避免试验装置承受不必要的外来压力；

d) 试验装置应当安装在坚固的墙上或框架上，用固定支撑夹和导向支撑夹固定，不需要其他支撑物。支撑夹应当直接安装在每根管材连接处的上面、下面或侧面。以下部分除外：

  1) 入口处接近纵向的第一根管材，这里是应当测量管材可能向下弯曲量的地方(见图 C.1，图 C.2，图 C.3)。

  2) d_n 小于 40 mm 的管材，固定支撑夹之间的距离为 0.4 m。

用于固定水平管材的导向支撑夹之间的间隔距离应不小于 $10d_n$。

热水应直接注入装置中，其中不应有吸热截止介质。

C.4 试验步骤

C.4.1 向试验装置中注入温度不超过 20 ℃的水，水位应超过位于上部横管中心线最高点之上 0.5 m 水头，等待 15 min 后检查并记录管道渗漏情况。

C.4.2 如发现渗漏，应检查并矫正连接装置，重复 C.4.1 的水密性试验。如果再发生渗漏，应停止试验。依据 C.4.6 记录观察情况。如果没有发现渗漏，按 C.4.3～C.4.5 继续试验。

C.4.3 按 A 阶段和 B 阶段向试验装置注入热水和冷水循环 1 500 次。如有阻断，应保持环境温度为(20±5)℃

A 阶段——流速为 30 L/min，使用 d_n 不大于 40 mm 的管材：

a) (30±0.5)L，(93±2)℃的水，在入口点测量，时间不少于(60±2)s；

b) 停止并排水，持续(60±2)s；

c) (30±0.5)L，(15±5)℃的水，在入口点测量，时间不少于(60±2)s；

d) 停止并排水，持续(60±2)s；

e) 回到 a)。

B 阶段——流速为 15 L/min，使用 d_n 小于 40 mm 的管材：

a) (15±0.5)L，(93±2)℃的水，在入口点测量，时间不少于(60±2)s；

b) 停止并排水，持续(60±2)s；

c) (15±0.5)L，(15±5)℃的水，在入口点测量，时间不少于(60±2)s；

d) 停止并排水，持续(60±2)s；

e) 回到 a)。

C.4.4 循环 1 500 次以后，在试验装置中注入水，水温不超过 20 ℃，水位应超过位于上部横管中心线最高点之上 0.5 m 水头，等待 15 min 后检查并记录管道渗漏情况。

C.4.5 在间距为 $10d_n$ 的导向支撑夹的中间点检查管材是否有向下弯曲，如图 C.1 和图 C.2 所示。

间距为 0.4 m 的支撑夹如图 C.3 所示。记录向下弯曲量大于 $0.1d_n$ 的情况，单位用毫米(mm)表示。

C.4.6 检验试验装置的表面变化，包括可视的连接处开裂并记录下来。

C.5 试验报告

试验报告应包含以下内容：

a) 对本标准附录 C 的引用；

b) 试样的各连接组件的标志(如管材、管件及用于连接的密封元件)；

c) 试验温度℃；

d) 在循环试验前渗漏现象的观察(见 C.4.2)；

e) 在循环试验过程中的现象观察，如渗漏和形变现象(见 C.4.3)；

f) 循环试验后的水密封试验的结果(见 C.4.4)；

g) 循环试验后发现管材向下弯曲的情况(见 C.4.5)；

h) 在试验过程中观察到的组件任何表面变化情况，并立即观察包括连接处任何可见的裂开现象(见 C.4.3 和 C.4.6)；

i) 其他任何影响试验结果的因素，如附录 C 中没有提到的偶发事件或操作细节；

j) 试验日期。

ICS 83.140.01
Y 28

中华人民共和国国家标准

GB/T 24453—2009

酒店客房用易耗塑料制品

Plastic products used in guestroom of hotel

2009-10-15 发布　　2010-03-01 实施

中华人民共和国国家质量监督检验检疫总局
中国国家标准化管理委员会　发布

前　言

本标准的附录 A 为规范性附录。

本标准由中国轻工业联合会提出。

本标准由全国塑料制品标准化技术委员会(SAC/TC 48)归口。

本标准起草单位:明辉实业(深圳)有限公司、武汉华丽环保科技有限公司、轻工业塑料加工应用研究所、国家塑料制品质量监督检验中心(北京)。

本标准主要起草人:翁云宣、刘子刚、陈家琪、张先炳、陈倩、陈翠英、金伟。

引　言

由于酒店客房用的易耗塑料制品大多是一次性使用，其使用废弃后往往是随同酒店的其他垃圾一起进入垃圾处理系统。为此，本标准规定了易耗塑料制品应标识材质，目的是促进其回收再利用；规定了一些质量性能要求，以提高酒店易耗塑料制品的质量；规定了酒店易耗品的一次性包装应为生物分解，对其他一些酒店客房用的易耗塑料制品如浴帽、洗衣袋等不强制是降解的，但为了尽可能防止白色污染和节约资源，本标准推荐它们是生物分解的或是采用生物基材料。

酒店客房用易耗塑料制品

1 范围

本标准规定了酒店客房用易耗塑料制品的标识、要求、试验方法、检验规则及标志、包装、贮存、运输等。

本标准适用于以合成树脂或/和天然材料如淀粉等为主要原料，通过注塑或吹塑或挤出等热塑性加工成型得到的酒店、饭店、宾馆、招待所客房用的易耗塑料制品，如梳子、剃须刀柄、牙刷柄、肥皂盒、针线盒、浴帽、洗涤护理品容器(如浴液瓶、洗发水瓶、润肤霜瓶等盛装护理液体或固体的容器)、擦鞋器、洗衣袋、酒店易耗品的一次性塑料包装袋等。

本标准不适用于酒店客房中的塑料购物袋。

2 规范性引用文件

下列文件中的条款通过本标准的引用而成为本标准的条款。凡是注日期的引用文件，其随后所有的修改单(不包括勘误的内容)或修订版均不适用于本标准，然而，鼓励根据本标准达成协议的各方研究是否可使用这些文件的最新版本。凡是不注日期的引用文件，其最新版本适用于本标准。

GB/T 1040.2—2006 塑料 拉伸性能的测定 第2部分:模塑和挤塑塑料的试验条件(ISO 527-2:1993,IDT)

GB/T 1040.3—2006 塑料 拉伸性能的测定 第3部分:薄膜和薄片的试验条件(ISO 527-3:1995,IDT)

GB/T 2828.1—2003 计数抽样检验程序 第1部分:按接收质量限(AQL)检索的逐批检验抽样计划(ISO 2859-1:1999,IDT)

GB/T 6672—2001 塑料薄膜与薄片厚度测定 机械测量法(ISO 4593:1993,IDT)

GB/T 16288—2008 塑料制品标志(ISO 11469:2000,MOD)

GB 19342—2003 牙刷

GB/T 20197—2006 降解塑料的定义、分类、标识和降解性能要求

QB/T 2957—2008 淀粉基塑料中淀粉含量的测定 热重法(TG)

3 标识

酒店客房用易耗塑料制品应按照 GB/T 16288—2008 进行标识。

4 要求

4.1 梳子

4.1.1 外观

梳子应完整、平滑，厚薄均匀，无锋棱、毛刺、裂纹，不应有可见杂质，梳齿不宜过尖。

4.1.2 梳齿承受力

梳齿承受力应大于等于 5 N。

4.2 剃须刀柄

4.2.1 外观

剃须刀柄外表应光滑，无锋棱、毛刺、裂纹，能正常配合须刨头，无功能缺陷，能正常使用。

4.2.2 剃须刀柄承受压力

剃须刀柄应承受压力大于等于 20 N。

4.3 牙刷

牙刷的卫生要求、安全要求、规格、毛束强度、物理性能、磨毛、外观应满足 GB 19342—2003 的要求。

4.4 肥皂盒

4.4.1 外观

肥皂盒应完整、平滑,厚薄均匀,无锋棱、毛刺、裂纹等其他明显缺陷。

4.4.2 跌落性能

跌落性能样品均不应有破损。

4.5 针线盒

4.5.1 外观

针线盒应完整、平滑,厚薄均匀,无锋棱、毛刺、裂纹等其他明显缺陷。

4.5.2 耐折叠性

如是翻盖式针线盒,10 次反复翻盖后无损坏。

4.5.3 跌落性能

跌落性能试验 5 个样品,均不应有破损。

4.6 浴帽

4.6.1 浴帽外观

浴帽应无气泡、杂质等缺陷。

4.6.2 浴帽薄膜厚度

浴帽薄膜厚度应大于等于 0.010 mm。

4.6.3 抗渗漏性

浴帽应不漏水。试验 5 个样品,5 个样品均不应漏水。

4.7 洗涤护理品的容器

4.7.1 外观

盛装洗涤、护理品(如浴液、洗发水、护发素、润肤露、浴盐等)的容器应平整,无毛刺等缺陷。拧盖后应无功能缺陷,无漏液现象。

4.7.2 受挤力

容器应软硬适中,方便盛装的液体挤出或倒出。将容器挤压下 3 mm 时,容器的受挤力 F 应小于等于 30 N;或是容器在盛装相应洗涤护理品后,将其悬空倒置,容器内的洗涤护理品应能自重流出容器。

注:对抽压式提取洗涤护理品的容器不作此项要求。

4.7.3 耐压力

容器耐压力应大于等于 50 N。

4.7.4 耐高低温

样品不应漏水。

4.7.5 耐真空性

样品不应漏水。

4.7.6 跌落性能

跌落性能样品试验 5 个样品,均不应有破损。

4.8 擦鞋器

4.8.1 外观

擦鞋器应平整,厚薄均匀,无锋棱、毛刺、裂纹,无其他明显缺陷。

擦鞋海绵顶部离擦鞋器盒边应大于等于 8.0 mm。

4.8.2 擦鞋器盖闭合性

擦鞋器盖打开然后合上，反复5次后仍能合上。

4.8.3 海绵压缩强度

压缩强度应大于等于3 N。

4.9 洗衣袋

4.9.1 外观

洗衣袋袋膜应均匀、平整，不应存在有碍使用的穿孔(不包括透气孔)等瑕疵。

4.9.2 拉伸性能

洗衣袋膜拉伸强度应大于等于10 MPa，断裂标称应变应大于等于150%。

4.10 一次性包装袋

4.10.1 外观

用于包装肥皂、牙刷、剃须刀、梳子、擦鞋器、浴帽、棉签、拖鞋等酒店易耗品的一次性包装袋不应存在有碍使用的穿孔(不包括透气孔)等瑕疵，应有明显的撕裂口。

4.10.2 降解性能

一次性包装袋的降解性能应符合GB/T 20197—2006中5.1生物分解性能的要求，生物分解率应大于等于60%。

4.11 淀粉含量

以淀粉为主要原料制作的酒店客房用易耗塑料制品如宣称是淀粉基制品时，其注塑制品的淀粉含量应大于等于40%，薄膜制品的淀粉含量应大于等于15%。

4.12 降解性能

一次性包装袋以外的酒店客房用易耗塑料制品如宣称是降解时，其生物分解率应大于等于60%。

4.13 焚烧时产生废气

酒店客房用易耗塑料制品如宣称是淀粉基时，其焚烧时产生的气体排放量应符合表1的规定。

表1 焚烧时废气排放量要求

检验项目		要求	
		膜袋类	注塑品
二氧化碳/(mg/g样品)	≤	2.9	2.5
一氧化碳/(mg/g样品)	≤	15	
硫化氢/(mg/g样品)	≤	1	
二氧化硫/(mg/g样品)	≤	5	
氮氧化合物/(mg/g样品)	≤	2	

5 试验方法

5.1 梳子

5.1.1 外观

在自然光下，目测产品。

5.1.2 梳齿承受力试验

试验按照GB/T 1040.2—2006，首先将梳子用夹具夹住，使梳子沿梳齿方向水平摆放，将10 mm宽的软布条套上某一梳齿前端后夹在拉力机的另外一夹具上，以200 mm/min进行上拉，读取梳齿断裂或布条滑脱时最大的拉力值，试验简单示意见图1。测试5把梳子，每把梳子测试3根梳齿，取测试结果的平均值。

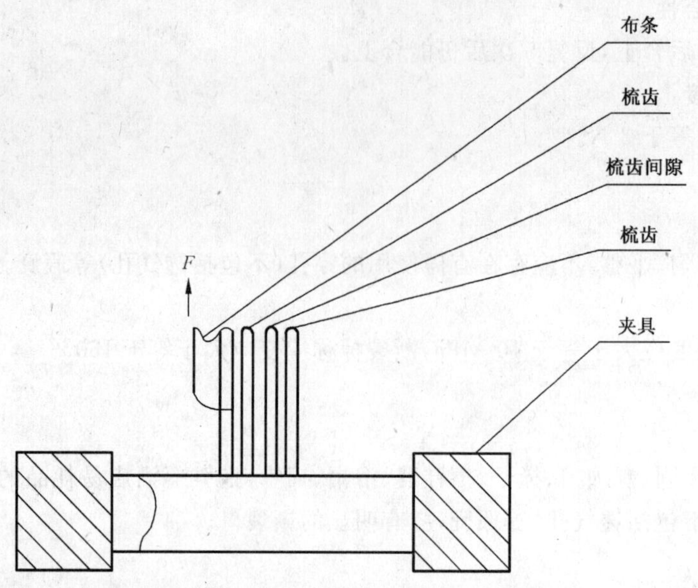

图 1 梳齿承受力测试简单示意图

5.2 剃须刀柄

5.2.1 外观

在自然光下，目测产品。

5.2.2 剃须刀柄承受压力试验

将剃须刀平放在下钢平板上，然后将上平板平稳地以 10 mm/min 压缩至剃须刀柄断裂，读取最大压力，试验简单示意见图 2。试验 5 个样品，结果取 5 个样品的平均值。

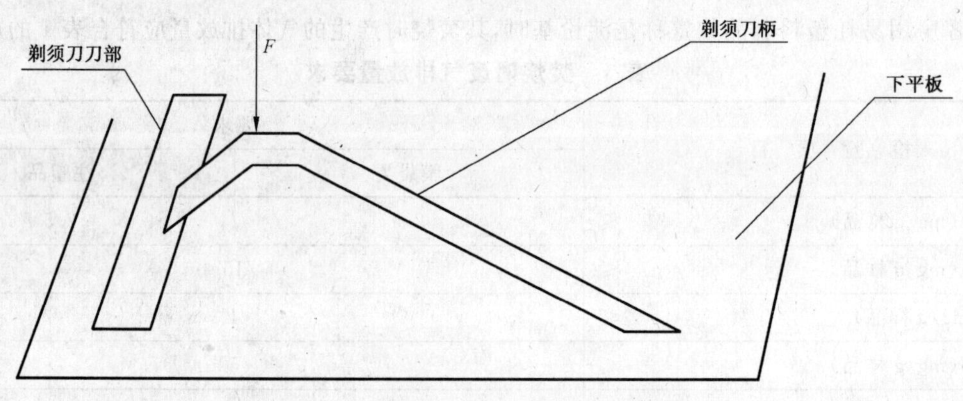

图 2 剃须刀柄承受力测试简单示意图

5.3 牙刷

牙刷的卫生、安全、规格、毛束强度、物理性能、磨毛、外观试验方法见 GB 19342—2003。

5.4 肥皂盒

5.4.1 外观

在自然光下，目测产品。

5.4.2 跌落试验

将肥皂盒从 1.0 m 处自由跌落至平整水泥地面 1 次，观察试样是否破裂等损坏。试验 5 个样品。

5.5 针线盒

5.5.1 外观

在自然光下，目测产品。

5.5.2 翻盖性能

如是翻盖式针线盒，将盖反复翻盖 10 次后，观察有无损坏。

5.5.3 跌落试验

将肥皂盒从 1.0 m 处自由跌落至平整水泥地面 1 次。试验 5 个样品。

5.6 浴帽

5.6.1 外观

在自然光下，目测产品。

5.6.2 厚度

按 GB/T 6672—2001 的规定进行测量，沿浴帽周长方向均匀测量 8 点。读取最小厚度。

5.6.3 抗渗漏试验

将浴帽打开，装上适量的水，提起浴帽，观察是否漏水。试验 5 个样品。

5.7 洗涤护理品容器

5.7.1 外观

在自然光下，目测产品。

5.7.2 受挤力

拧去容器的盖子，将容器平放于拉力机的下平板上，上平板接触容器后，以 20 mm/min 的速度对容器中部进行压缩，读取将容器压缩 3 mm 时最大的承受力 F。试验 5 个样品，结果取平均值。

将容器盛装相应洗涤护理品后，将其悬空倒置，观察容器内的洗涤护理品是否能自重流出容器。

5.7.3 耐压力

将容器装满水，拧上瓶盖进行密封，然后将容器平放于拉力机的下平板上，上平板接触容器后，以 20 mm/min 的速度进行压缩，读取容器漏水或破坏时最大压力。试验 5 个样品，结果取平均值。

5.7.4 耐高低温

将容器装满水，拧上瓶盖进行密封，在 54.5 ℃中静置 48 h，取出置入冰水中静置 1 h 后，观察样品是否漏水。试验 5 个样品。

5.7.5 耐真空

将容器装满水，拧上瓶盖进行密封，放置在 40 kPa 真空环境，1 min 后，观察样品是否漏水。试验 5 个样品。

5.7.6 跌落试验

将容器从 0.5 m 处，底部朝下，自由跌落至平整水泥地面 1 次。试验 5 个样品。

5.8 擦鞋器

5.8.1 外观

在自然光下，目测产品。

5.8.2 海绵顶部离擦鞋盒边距离

用精度 0.02 mm 以上的游标卡尺，在擦鞋器开封后 10 s 内，测量擦鞋器海绵顶部到擦鞋器塑料盒边最上部之间的最小距离。

5.8.3 擦鞋器盖闭合性

室温下，正常开启盖子，反复 5 次。观察 5 次后盖子是否能正常合上。

试验仅对有盖子的擦鞋器进行。

5.8.4 擦鞋海绵的压缩强度

将擦鞋器开封后，平放在上下平板之间，以 50 mm/min 进行压缩，读取上压板距底座上边缘 3 mm 时的最大力，试验简单示意见图 3。试验 5 个样品，结果取平均值。

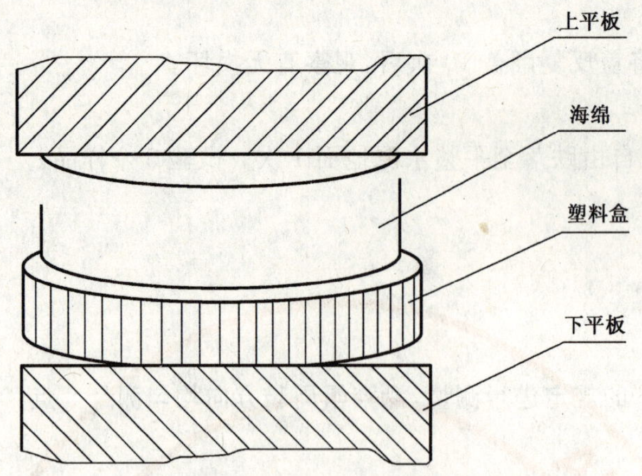

图3 擦鞋海绵耐压力试验示意图

5.9 洗衣袋

5.9.1 外观

在自然光下,目测产品。

5.9.2 拉伸强度、断裂标称应变

拉伸强度、断裂标称应变按 GB/T 1040.3—2006 进行,样条尺寸宽 10 mm、长 120 mm,试验速度 500 mm/min。

5.10 一次性包装袋

5.10.1 外观

在自然光下,目测产品,有无穿孔缺陷。

观察有无明显的撕裂口。

5.10.2 生物分解率

一次性包装袋的生物分解率试验按 5.12 的规定执行。

5.11 淀粉含量

淀粉含量按 QB/T 2957—2008 测定,取 3 次结果的平均值。

5.12 降解性能

按 GB/T 20197—2006 中的 6.1 进行,结果用最大生物分解率表示。

5.13 焚烧时产生废气

测定产品在焚烧时产生的废气排放量的测定见附录 A,取 3 次结果的平均值。

6 检验规则

6.1 组批

产品的验收以批为单位,在同一稳定生产条件下,使用同种原料、同一工艺、同种颜色、统一规格的产品为一批次,每批次不超过 5 万个单位。

6.2 检验分类

检验分为出厂检验和型式检验。

6.3 出厂检验

出厂检验的项目为外观。

6.4 型式检验

型式检验项目为本标准全部项目。有下列情况之一应进行型式检验:

a) 新产品或老产品转厂生产的试制定型鉴定;

b) 正式生产后,如结构、材料、工艺有较大改变,可能影响产品性能时;

c) 正常生产后，对批量产品进行抽样检查，每年至少一次；

d) 产品停产半年后，恢复生产时；

e) 出厂检验结果与上次型式检验有较大差异时；

f) 国家质量监督检验机构提出进行型式检验要求时。

6.5 抽样

6.5.1 规格尺寸、外观

牙刷抽样按 GB 19342—2003 的规定进行。

其他产品采用 GB/T 2828.1—2003 的二次正常抽样方案。检验水平(IL)为一般检验水平Ⅱ、接收质量限(AQL)为 6.5，其样本、判定数组见表 2。

表 2 抽样方案及判定

单位为个(只、把)

批 量	样 本	样本大小	累计样本大小	接收数 Ac	拒收数 Re
26～50	第一	5	5	0	2
	第二	5	10	1	2
51～90	第一	8	8	0	3
	第二	8	16	3	4
91～150	第一	13	13	1	3
	第二	13	26	4	5
151～280	第一	20	20	2	5
	第二	20	40	6	7
281～500	第一	32	32	3	6
	第二	32	64	9	10
501～1 200	第一	50	50	5	9
	第二	50	100	12	13
1 201～3 200	第一	80	80	7	11
	第二	80	160	18	19
≥3 201	第一	125	125	11	16
	第二	125	250	26	27

6.5.2 其他性能

从抽取的样本中随机取足够数量样品进行。

6.6 判定规则

6.6.1 合格项的判定

6.6.1.1 规格尺寸和感官

尺寸偏差、外观样本单位的判定，按 4.1～4.10 进行。

样本单位的检验结果若符合表 2 的规定，则判规格、外观合格。

6.6.1.2 其他性能

其他力学性能若有不合格项目时，应在原批中抽取双倍样品分别对不合格项目进行复检，复检结果全部合格则判该项合格，否则判该项不合格。

6.6.2 合格批的判定

所有检验项目检验结果全部合格，则判该批合格。

7 标志、包装、运输、贮存

7.1 标志

产品或销售单位包装上应标有以下内容：产品名称、厂名、厂址、产品标准编号和产品贮存期，并具有产品质量检验合格标识。

7.2 包装

产品内可以采用塑料薄膜或纸等材料包装，也可由供需双方协商确定。

外包装应牢固、无破损，可用塑料薄膜包装或纸箱包装，也可由供需双方协商确定。

7.3 运输

产品搬运时要轻取轻放，防止雨淋和重压。

7.4 贮存

产品应贮存在阴凉、干燥、通风的仓库内，远离热源，防止潮湿和日晒。

附　录　A
（规范性附录）
焚烧时废气中有害物质排放量的测定

A.1　试验装置

焚烧时排放气体含量测定装置示意见图 A.1。

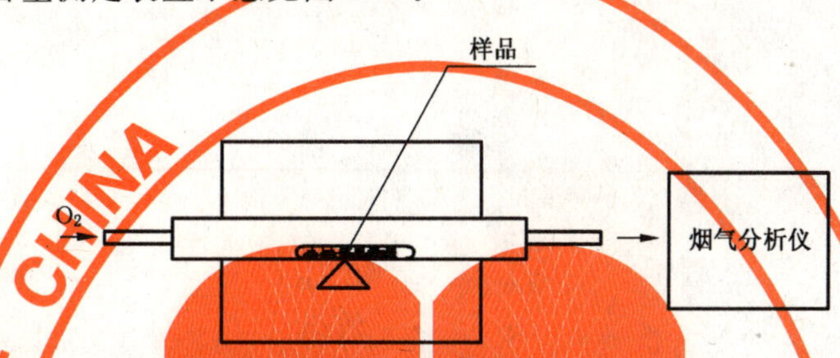

图 A.1　焚烧时排放气体含量测定装置示意图

A.2　样品准备

将样品粉碎后，称取 1 g 放入坩埚中。

A.3　焚烧

打开马福炉加热开关，使其温度达到 850 ℃±50 ℃。

将装有样品的坩埚放入马福炉的石英管中，拧紧石英管两端的气管连接塞。在起始端接通氧气，使氧气的流速为 0.5 L/min。在末端接通储气罐或气囊或其他合适收集器，再接通烟气分析仪和收集器，打开烟气分析仪开关，使其处于工作状态。

焚烧样品 120 min，用储气罐或气囊或其他合适收集器收集，用烟气分析仪或其他合适办法检测产生的气体。

ICS 83.140.01
Y 28

中华人民共和国国家标准

GB/T 24454—2009

塑料垃圾袋

Plastic refuse sack

2009-10-15 发布 2010-03-01 实施

中华人民共和国国家质量监督检验检疫总局
中国国家标准化管理委员会 发布

前言

本标准由中国轻工业联合会提出。

本标准由全国塑料制品标准化技术委员会(SAC/TC 48)归口。

本标准起草单位:浙江华发生态科技有限公司、惠州俊豪塑料发展有限公司、深圳市万达杰塑料制品有限公司、深圳市正旺塑胶制品有限公司、深圳市佳发塑料制品有限公司、轻工业塑料加工应用研究所、国家塑料制品质量监督检验中心(北京)。

本标准主要起草人:翁云宣、沈华峰、丁炎君、陈家琪、陈倩、苏俊铭、魏文昌、张坚洪、郑洪标、王洪星。

塑 料 垃 圾 袋

1 范围

本标准规定了塑料垃圾袋的要求、试验方法、检验规则及标志、包装、运输、贮存。

本标准适用于以树脂为主要原料生产的薄膜、经热合或粘合等制袋工艺加工制得的塑料垃圾袋。

2 规范性引用文件

下列文件中的条款通过本标准的引用而成为本标准的条款。凡是注日期的引用文件，其随后所有的修改单(不包括勘误的内容)或修订版均不适用于本标准，然而，鼓励根据本标准达成协议的各方研究是否可使用这些文件的最新版本。凡是不注日期的引用文件，其最新版本适用于本标准。

GB/T 1040.3—2006 塑料 拉伸性能的测定 第3部分：薄膜和薄片的试验条件(ISO 527-3:1995,IDT)

GB/T 2828.1—2003 计数抽样检验程序 第1部分：按接收质量限(AQL)检索的逐批检验抽样计划(ISO 2859-1:1999,IDT)

GB/T 2918—1998 塑料试样状态调节和试验的标准环境(idt ISO 291:1997)

GB/T 6672—2001 塑料薄膜与薄片厚度测定 机械测量法(idt ISO 4593:1993)

3 分类

按照用途，可以分为垃圾无分类收集垃圾袋和生活垃圾分类收集垃圾袋。

按照形状，垃圾袋可分为标准塑料垃圾袋、拉紧塑料垃圾袋、四耳塑料垃圾袋、两耳塑料垃圾袋和折叠塑料垃圾袋，各类垃圾袋示意简图见图1。

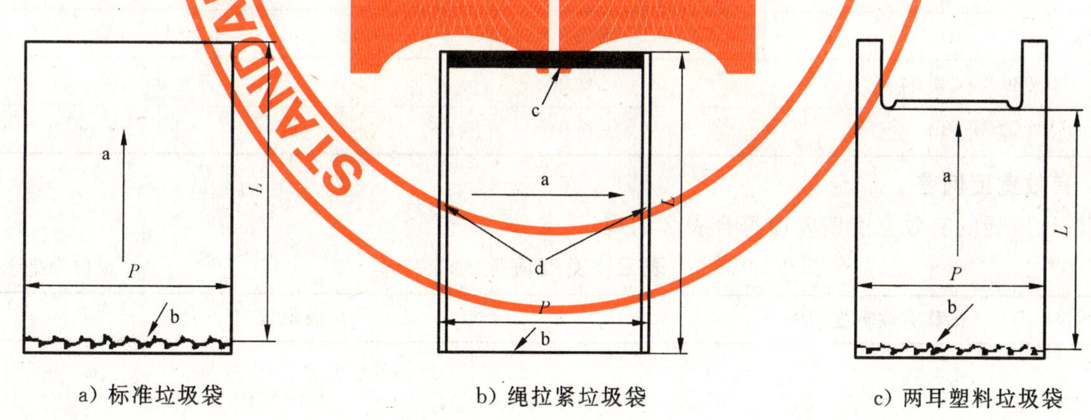

a) 标准垃圾袋　　b) 绳拉紧垃圾袋　　c) 两耳塑料垃圾袋

a——纵向；
b——袋底；
c——拉紧处；
d——密封边。

图1 塑料垃圾袋示意简图

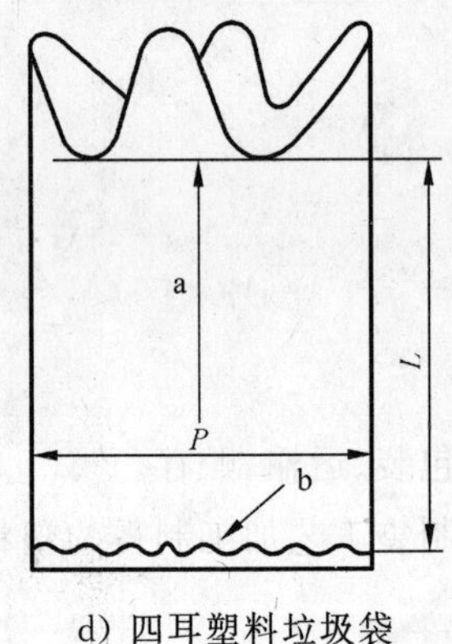

d) 四耳塑料垃圾袋

e) 多折垃圾袋

图 1(续)

4 标识

标识由标记和安全警示性文字组成。

塑料垃圾袋的标记由垃圾袋名称、标准代号和顺序号、材质、规格尺寸(标称有效长度 L、标称有效宽度 w 和标称厚度 e_0)、标称承重组成。

示例:标准垃圾袋 GB/T 24454＞PE＜600 mm×800 mm×0.030 mm 4 kg

"为了避免和防止窒息等危险,请远离婴幼儿!"

5 要求

5.1 尺寸偏差

5.1.1 厚度及偏差

塑料垃圾袋的厚度极限偏差及平均偏差应符合表 1 的规定。

表 1 厚度偏差

标称厚度(e_n)/mm	厚度极限偏差/mm	厚度平均偏差/%
$0.010 \leqslant e < 0.020$	±0.005	±15
$0.020 \leqslant e < 0.030$	±0.006	±10
$0.030 \leqslant e < 0.040$	±0.008	±9
$e \geqslant 0.040$	±0.010	±9

5.1.2 有效宽度偏差

塑料垃圾袋的有效宽度偏差应符合表 2 的规定。

表 2 宽度偏差

单位为毫米

标称有效宽度(P)	极限偏差
$P \leqslant 400$	$+20$ $-0.025 \times P$
$400 < P < 700$	$+25$ $-0.025 \times P$
$P \geqslant 700$	$+30$ $-0.025 \times P$

5.1.3 有效长度偏差

塑料垃圾袋的有效长度偏差应符合表 3 的规定。

表 3　长度偏差

单位为毫米

标称有效长度(L)	极限偏差
$L \leqslant 500$	$^{+15}_{-0.025\times L}$
$500 < L < 1\,100$	$^{+20}_{-0.025\times L}$
$L \geqslant 1\,100$	$^{+25}_{-0.025\times L}$

5.2　感官

5.2.1　异嗅

塑料垃圾袋不应有明显异嗅。

5.2.2　外观

袋膜应均匀、平整，不应存在有碍使用的气泡、穿孔。不应存在有碍使用的鱼眼僵块、丝纹、挂料线等瑕疵。

5.3　物理力学性能

5.3.1　抗渗漏性能

试验五个样品，五个样品均不应漏水。

5.3.2　跌落性能

30 个垃圾袋样品试验后，不破裂样品数大于等于 27 个。

5.4　绳拉紧垃圾袋抗提性能

5.4.1　拉紧绳拉伸力

拉紧绳拉伸力应大于等于 40 N。

5.4.2　提吊试验

10 个垃圾袋样品试验后，不破裂样品数大于等于 9 个。

6　试验方法

6.1　取样

从塑料垃圾袋上取足够数量的试样进行试验。

6.2　试样状态调节和试验的环境

按 GB/T 2918—1998 中规定的标准环境(温度 23 ℃±2 ℃，湿度 50%±10%)进行，并在此条件下进行试验。状态调节时间应不小于 4 h。

6.3　厚度偏差

将塑料垃圾袋打开，将其剖开后，单面铺开，用测厚仪测量单面薄膜厚度。按 GB/T 6672—2001 的规定进行测量，沿塑料垃圾袋的宽度方向均匀测量 8 点，将记录的数据按式(1)、式(2)计算厚度极限偏差和厚度平均偏差。塑料垃圾袋有压花或压纹时，应将压花或压纹平整地压平后测定压平处厚度。

$$\Delta e = e_{\text{min或max}} - e_0 \qquad (1)$$

式中：

Δe——厚度极限偏差，单位为毫米(mm)；

$e_{\text{min或max}}$——实测最小或最大厚度，单位为毫米(mm)；

e_0——标称厚度，单位为毫米(mm)。

$$\Delta\bar{e}=\frac{\bar{e}-e_0}{e_0}\times100 \quad\cdots\cdots(2)$$

式中：

$\Delta\bar{e}$——厚度平均偏差，用%表示；

$\bar{e}$——平均厚度，单位为毫米(mm)；

e_0——标称厚度，单位为毫米(mm)。

6.4 有效宽度和长度偏差

将塑料垃圾袋平整地铺在水平面上(有折边时将折边打开)，用刻度分度为 1 mm 的直尺，分别沿样品长度和宽度方向以相等间隔测量塑料袋有效使用面积内的宽度和长度，至少测量 4 次。

将记录的数据按式(3)计算宽度极限偏差：

$$\Delta P=P_{\text{min或max}}-P_0 \quad\cdots\cdots(3)$$

式中：

ΔP——宽度极限偏差，单位为毫米(mm)；

$P_{\text{min或max}}$——实测最小或最大宽度，单位为毫米(mm)；

P_0——标称宽度，单位为毫米(mm)。

按式(4)计算长度极限偏差：

$$\Delta L=L_{\text{min或max}}-L_0 \quad\cdots\cdots(4)$$

式中：

ΔL——长度极限偏差，单位为毫米(mm)；

$L_{\text{min或max}}$——实测最小或最大长度，单位为毫米(mm)；

L_0——标称长度，单位为毫米(mm)。

6.5 感官

6.5.1 外观

在自然光线下目测。

6.5.2 异嗅

在室内正常条件下进行。

6.6 抗渗漏性能试验

按表 4 盛装自来水后，捏紧垃圾袋口部进行悬挂(对本身粘带绳子的密封垃圾袋，不去掉绳子，直接进行此项试验)，5 min 内观察是否有泄漏。试验 5 个样品。

表 4 抗渗漏性试验

垃圾袋尺寸	$P\leqslant520$ mm 且 $L\leqslant700$ mm	$P>520$ mm 或 $L>700$ mm
自来水	3 L 或三分之二袋容量	6 L 或三分之二袋容量

6.7 跌落试验

垃圾袋按照标称尺寸装入规定负荷后，从 1.20 m±0.01 m 处跌落至平整水泥地面。试验 30 个样品。

装入袋内的负荷是由棉布袋装入 500 g 低密度聚乙烯粒子，然后将棉布袋沿整个宽度方向离开口至少 40 mm 以上处缝纫封口。封口后的袋子尺寸应为(180±10)mm×(280±10)mm。

按照表 5 规定装入负荷袋后，逐渐压出垃圾袋样品内的空气，然后用适当的密封体系进行密封。当密封体系不是垃圾袋本身一部分的时候，则在离袋口 100 mm 处进行密封，对有效宽度 P 小于等于 520 mm 的垃圾袋样品或可从离口部 50 mm 处进行密封。

表 5 跌落试验负荷选择表

有效宽度(P)/mm	有效长度(L)/mm	装入垃圾袋的负荷袋数量/个	试验负荷/g
P≤520	L≤600	6	3 000
520<P≤600	600<L≤800	12	6 000
600<P≤700	800<L≤900	20	10 000
P>700	L>900	36	18 000
注：若长宽尺寸不能同时满足负荷表的规定，负荷应按照表中规定的较大负荷选取。			

试验后用直径为 61 mm 和 38 mm 的球来试验袋子是否有破裂及裂口大小。当有效宽度 P 小于等于 520 mm 时，采用 38 mm 的球来观察。当有效宽度 P 大于等于 520 mm 时用 61 mm 的球来试验。如果球未通过裂口，则表示合格；如果通过，则表示不合格。

6.8 绳拉紧垃圾袋抗提性能

6.8.1 拉紧绳拉伸力

直接以绳子为样条，按照 GB/T 1040.3—2006 进行，试验速度 500 mm/min。试验 10 个样品，结果取平均值。

6.8.2 提吊试验

按照表 6 装入负荷。封口后提吊拉紧绳(提吊的提钩示意见图 2)，不应扭结，将负荷垃圾袋放置在设备上，如图 3，搁置垃圾袋平板应离地面有足够距离以保证垃圾袋在试验过程中不接触到地面(除垃圾袋破坏情况以外)。

将垃圾袋拉紧绳在保证无拉伸情况下悬挂上悬钩。

使平板瞬间脱落，让样品自由落下。

当出现以下情况时，判定提吊试验不合格。

a) 拉紧绳从接合处脱离垃圾袋；

b) 拉紧绳断裂或封合处破裂；

c) 悬挂处断裂。

部分提吊试验不合格示例见图 4。

试验 10 个样品。

表 6 提吊试验负荷选择表

有效宽度(P)/mm	有效长度(L)/mm	装入垃圾袋的负荷袋数量/个	试验负荷/g
P≤520	L≤600	6	3 000
520<P≤600	600<L≤800	12	6 000
600<P≤700	800<L≤900	20	10 000
P>700	L>900	30	15 000
注：如 P 和 L 不同于表中尺寸时，取最高尺寸的袋数量。			

单位为毫米

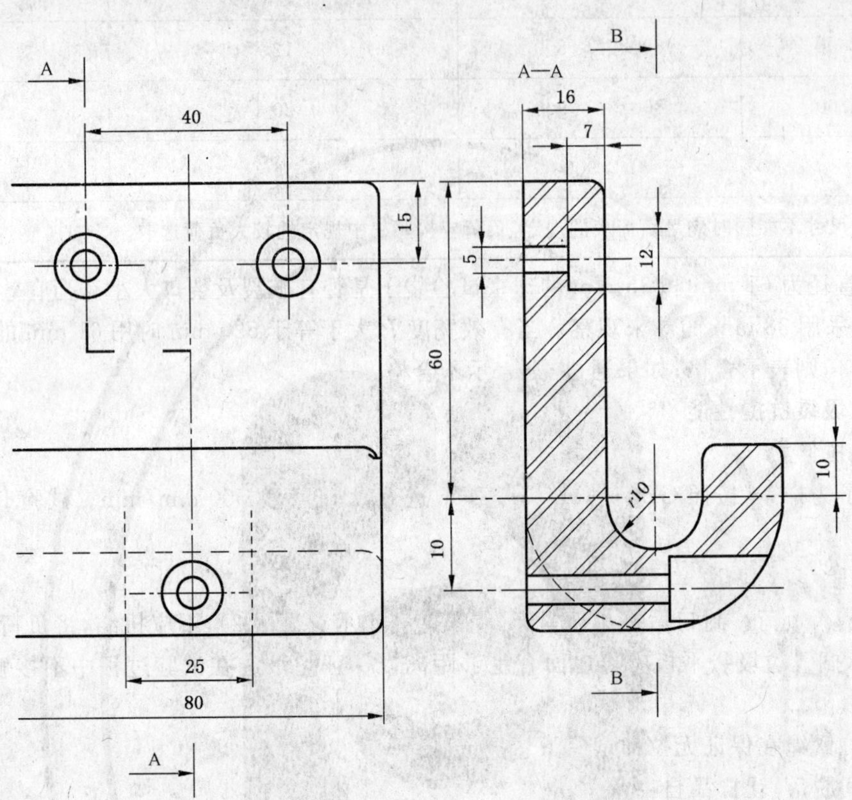

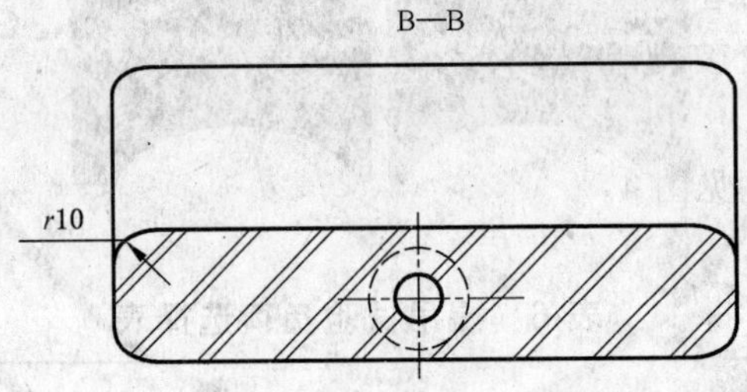

A——表示 A 剖面；

B——表示 B 剖面；

r——倒角半径。

图 2 提钩示意图

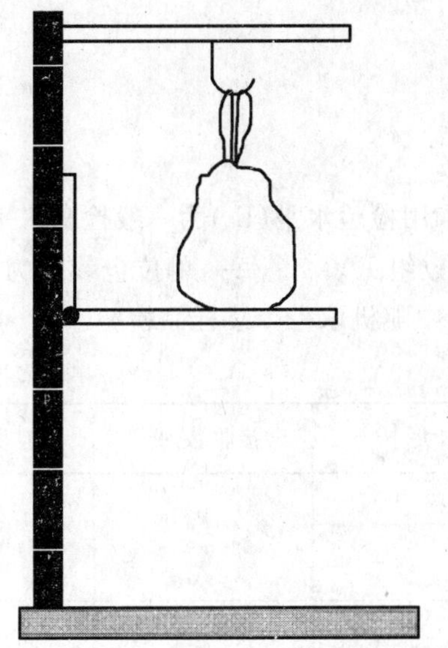
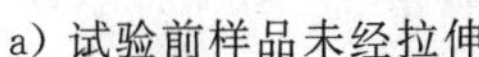

a）试验前样品未经拉伸

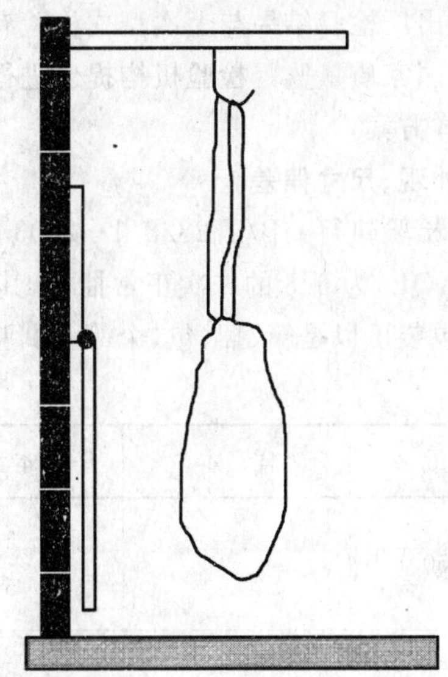

b）试验后拉紧绳无断裂，袋子保持密封，试验合格。

图 3 拉紧垃圾袋提吊试验合格示意图

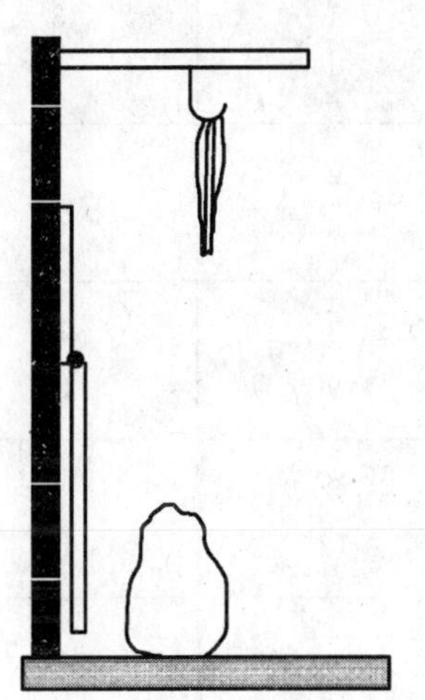

a）拉紧绳和袋脱离

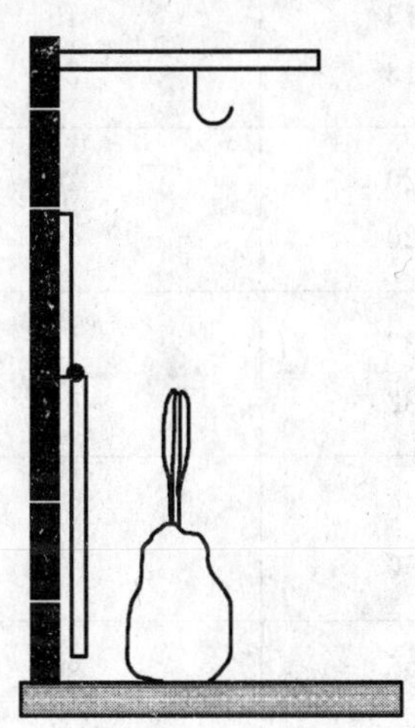

b）拉紧绳断裂

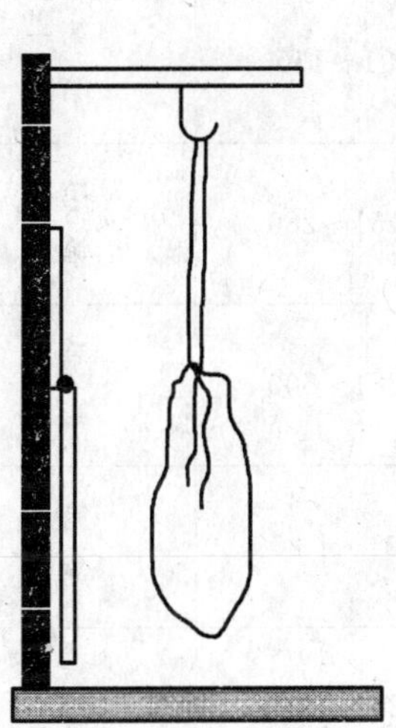

c）拉紧绳一边断裂

图 4 绳拉紧垃圾袋提吊试验不合格示意图

7 检验规则

7.1 组批

产品以批为单位进行验收。同一牌号原料、同一规格、同一配方、同一工艺连续生产的产品，以不超过 5 t 为一批。

7.2 检验分类

7.2.1 出厂检验

出厂检验项目为外观、尺寸偏差、跌落和抗渗漏性能。

7.2.2 型式检验

型式检验项目为要求中的全部项目，有下列情况之一时应进行型式检验：

a） 新产品或老产品转厂生产的试制定型鉴定；

b） 正式生产后，如结构、材料、工艺有较大改变时；

c） 正常生产后，每年至少一次；

d） 产品停产半年后，恢复生产时；

e) 出厂检验结果与上次型式检验有较大差异时；

f) 国家质量监督检验机构提出进行型式检验要求时。

7.3 抽样方案

7.3.1 外观、尺寸偏差

出厂检验执行 GB/T 2828.1—2003 的计数抽样程序。采用检验水平(IL)为一般检验水平Ⅱ、接收质量限(AQL)为 6.5 的二次正常抽样，其批量、样本量、判定数组见表 7。每一单位包装作为一样本单位，单位包装可以是箱、捆、包、个等。试验时从每一单位包装中随机取一个袋样品检验。

表 7 抽样方案

单位为单位包装

批 量	样 本	样本大小	累计样本大小	接收数 Ac	拒收数 Re
26～50	第一 第二	5 5	5 10	0 1	2 2
51～90	第一 第二	8 8	8 16	0 3	3 4
91～150	第一 第二	13 13	13 26	1 4	3 5
151～280	第一 第二	20 20	20 40	2 6	5 7
281～500	第一 第二	32 32	32 64	3 9	6 10
501～1 200	第一 第二	50 50	50 100	5 12	9 13
1 201～3 200	第一 第二	80 80	80 160	7 18	11 19
≥3 201	第一 第二	125 125	125 250	11 26	16 27

7.3.2 抗渗漏、跌落、绳拉紧垃圾袋抗提性能

从抽取的样本中随机取足够数量样品进行。

7.4 判定规则

7.4.1 合格项的判定

7.4.1.1 尺寸偏差、感官

尺寸偏差、感官样本单位的判定按 6.1、6.2、6.3 进行。

样本单位的检验结果若符合表 7 的规定，则判标识、尺寸偏差、感官合格。

7.4.1.2 抗渗漏、跌落、绳拉紧垃圾袋抗提性能

抗渗漏、跌落、绳拉紧垃圾袋抗提性能若有不合格项目时，在原批中抽取双倍样品分别对不合格项目进行复检，复检结果全部合格则判该项合格，否则判该项不合格。

7.4.2 合格批的判定

所有检验项目检验结果全部合格，则判该批合格。

8 标志、包装、运输、贮存

8.1 标志

包装盒、袋上均应标识有：

a) 本标准编号；

b) 产品名称；

c) 产品数量；

d) 规格尺寸，有效宽度×有效长度×标称厚度，单位毫米(mm)；

e) 制造厂名；

f) 生产日期和贮存期；

g) 产品材质或种类；

h) 附有质量检验合格证。

8.2 包装

日用塑料袋一般用塑料薄膜包装或纸箱包装，也可以供需双方协商确定。

对绳拉紧垃圾袋，拉紧绳与垃圾袋分体时，其包装箱中的数目不应少于所包装垃圾袋的数量。

8.3 运输

塑料垃圾袋在运输时应防止机械碰撞及日晒雨淋，在搬运过程中要保持外包装完好。

8.4 贮存

产品应放在通风、阴凉、干燥的库房内贮存，避免阳光曝晒及雨淋，并远离污染源、热源，防潮、防鼠、防虫。应根据塑料垃圾袋性能确定合理贮存期。

ICS 85.060
Y 32

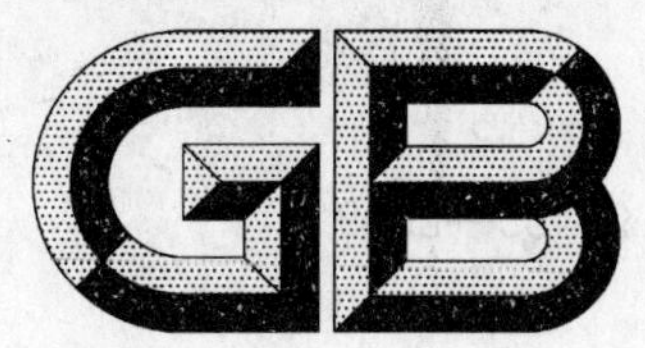

中华人民共和国国家标准

GB/T 24455—2009

擦手纸

Hand towel

2009-10-15 发布　　2010-03-01 实施

中华人民共和国国家质量监督检验检疫总局
中国国家标准化管理委员会　发布

前言

本标准的附录A为规范性附录。

本标准由中国轻工业联合会提出。

本标准由全国造纸工业标准化技术委员会归口。

本标准起草单位:金佰利(中国)有限公司、维达国际控股有限公司、湖南恒安纸业有限公司、上海东冠华洁纸业有限公司、中国制浆造纸研究院、国家纸张质量监督检验中心。

本标准主要起草人:吴宝英、卢宝荣、杨静、陈长明、王慧蓉。

本标准委托全国造纸工业标准化技术委员会负责解释。

擦　手　纸

1　范围

本标准规定了擦手纸的产品分类、技术要求、试验方法、检验规则及标志、包装、运输、贮存。

本标准适用于人们日常生活使用的擦手纸。

2　规范性引用文件

下列文件中的条款通过本标准的引用而成为本标准的条款。凡是注日期的引用文件，其随后所有的修改单(不包括勘误的内容)或修订版均不适用于本标准，然而，鼓励根据本标准达成协议的各方研究是否可使用这些文件的最新版本。凡是不注日期的引用文件，其最新版本适用于本标准。

GB/T 450　纸和纸板　试样的采取及试样纵横向、正反面的测定(GB/T 450—2008，ISO 186：2002，MOD)

GB/T 451.2　纸和纸板定量的测定(GB/T 451.2—2002，eqv ISO 536：1995)

GB/T 461.1　纸和纸板毛细吸液高度的测定(克列姆法)(GB/T 461.1—2002，idt ISO 8787：1986)

GB/T 462　纸、纸板和纸浆　分析试样水分的测定(GB/T 462—2008；ISO 287：1985，MOD；ISO 638：1978，MOD)

GB/T 465.2　纸和纸板　浸水后抗张强度的测定(GB/T 465.2—2008，ISO 3781：1983，MOD)

GB/T 1541　纸和纸板　尘埃度的测定

GB/T 2828.1　计数抽样检验程序　第1部分：按接收质量限(AQL)检索的逐批检验抽样计划(GB/T 2828.1—2003，ISO 2859-1：1999，IDT)

GB/T 7974　纸、纸板和纸浆亮度(白度)的测定　漫射/垂直法(GB/T 7974—2002，neq ISO 2470：1999)

GB/T 10739　纸、纸板和纸浆试样处理和试验的标准大气条件(GB/T 10739—2002，eqv ISO 187：1990)

GB/T 12914　纸和纸板　抗张强度的测定(GB/T 12914—2008；ISO 1924-1：1992，MOD；ISO 1924-2：1992，MOD)

3　产品分类

3.1　擦手纸可分为卷纸、盘纸、平切纸和抽取纸。

3.2　擦手纸可分为压花、印花、不压花、不印花。

3.3　擦手纸可分为单层、双层或多层。

4　技术要求

4.1　擦手纸技术指标应符合表1或订货合同的规定。

表 1　擦手纸技术指标

指标名称			单位	规　定
定量			g/m^2	22.0±2.0　26.0±2.0　30.0±2.0　35.0±3.0 41.0±3.0　47.0±3.0　53.0±3.0
亮度(白度)		≤	%	88.0
横向吸液高度(成品层)		≥	mm/100 s	15/单层,30/双层或多层
横向抗张指数　≥	≤40.0 g/m^2		N·m/g	3.0
	>40.0 g/m^2			5.0
纵向湿抗张指数　≥	≤40.0 g/m^2		N·m/g	1.5
	>40.0 g/m^2			3.0
洞眼	总数	≤	个/m^2	10
	2 mm~5 mm	≤		10
	>5 mm,≤8 mm	≤		1
	>8 mm			不应有
尘埃度	总数	≤	个/m^2	100
	0.2 mm^2~1.0 mm^2	≤		100
	>1.0 mm^2,≤2.0 mm^2	≤		2
	>2.0 mm^2			不应有
交货水分		≤	%	10.0
注：印花擦手纸不考核亮度指标。				

4.2　擦手纸微生物指标应符合表 2 的规定。

表 2　擦手纸微生物指标

指标名称	单位	规　定
细菌菌落总数	CFU/g	≤600
大肠菌群	—	不得检出
金黄色葡萄球菌	—	不得检出
溶血性链球菌	—	不得检出

4.3　擦手纸的卷纸和盘纸的宽度、节距、卷重(长度或节数),平切纸的长、宽、包装质量(或张数),抽取纸的规格尺寸、抽数等应按合同规定生产。卷纸和盘纸的宽度、节距尺寸偏差应不超过±5 mm;平切纸和抽取纸的规格尺寸偏差应不超过±5 mm,偏斜度应不超过 3 mm;卷纸、盘纸、平切纸、抽取纸的包装数量(长度、节数、张数或抽数)偏差应不小于－2.0%。

4.4　擦手纸起皱后的皱纹应均匀,纸面应洁净,不应有明显的死褶、残缺、破损、沙子、硬质块、生浆团等纸病。

4.5　擦手纸不应含有毒有害物质。

4.6　擦手纸不应有掉粉、掉毛现象,印花擦手纸浸水后不应有掉色现象。

5 试验方法

5.1 试样的采取和处理

试样的采取和处理按 GB/T 450 和 GB/T 10739 的规定进行。

5.2 定量

定量按 GB/T 451.2 测定，以单层表示结果。

5.3 亮度(白度)

亮度(白度)按 GB/T 7974 测定。

5.4 横向吸液高度

横向吸液高度按 GB/T 461.1 测定，按成品层数测定。

5.5 横向抗张指数

横向抗张指数按 GB/T 12914 测定，仲裁时按恒速拉伸法测定。夹距为 100 mm，双层或多层试样，按成品层数测定，然后换算成单层的测定值。

5.6 湿抗张强度

纵向湿抗张强度按 GB/T 12914 和 GB/T 465.2 测定，仲裁时按 GB/T 12914 中恒速拉伸法和 GB/T 465.2 测定。夹距为 100 mm，按成品层数测定，测定前应先进行预处理，将试样放在(105±2)℃烘箱中烘 15 min。测定时将处理过的试样平放在滤纸上，用滴管在试样中间部位滴一滴水，水滴应扩散到试样的全宽，然后立即进行测定，以实测值换算成单层的测定值，取 10 个有效测定值，以纵向湿抗张强度的平均值表示结果。

5.7 洞眼

用双手持单层试样的两角，用肉眼迎光观测，按标准规定数出洞眼个数。双层或多层试样应每层都测，每个样品的测定面积应不少于 $0.5\ m^2$，然后换算成每平方米的洞眼数。如果出现大于 5 mm 的洞眼，则应至少测定 $1\ m^2$ 的试样。

5.8 尘埃度

尘埃度按 GB/T 1541 测定，双层或多层试样只测定上下表面层朝外的一面。

5.9 交货水分

交货水分按 GB/T 462 测定。

5.10 内装量偏差

取 1 个完整包装样品，数其实际数量，以实际数量与包装标志的数量之差占包装标志数量的百分比表示。同规格样品分别测定 3 个完整包装，以实际数量的最小值计算结果，准确至 0.1%。计算方法见式(1)。

$$\text{内装量偏差} = \frac{\text{实际数量} - \text{包装标志的数量}}{\text{包装标志的数量}} \times 100\% \quad \cdots\cdots (1)$$

5.11 微生物指标

微生物指标按附录 A 测定。

5.12 外观

外观采用目测。

6 检验规则

6.1 擦手纸以一次交货的同一规格为一批，样本单位为箱。

6.2 擦手纸微生物指标不合格，则判定该批是不可接收的。

6.3 计数抽样检验程序按 GB/T 2828.1 规定进行。接收质量限(AQL):横向吸液高度、横向抗张指数、纵向湿抗张强度为 4.0,定量、亮度(白度)、洞眼、尘埃度、交货水分、尺寸及偏斜度、外观为 6.5。采用正常检验二次抽样,检验水平为特殊检验水平 S-3,其抽样方案见表 3。

表 3 抽样方案

批量/箱	正常检验二次抽样方案 特殊检验水平 S-3				
	样本量	AQL 值为 4.0		AQL 值为 6.5	
		Ac	Re	Ac	Re
2~50	2	—	—	0	1
	3	0	1	—	—
51~150	3	0	1	—	—
	5	—	—	0	2
	5(10)	—	—	1	2
151~500	8	0	2	—	—
	8(16)	1	2	—	—
	5	—	—	0	2
	5(10)	—	—	1	2
501~3 200	8	0	2	0	3
	8(16)	1	2	3	4

6.4 可接收性的确定:第一次检验的样品数量应等于该方案给出的第一样本量。如果第一样本中发现的不合格品数小于或等于第一接收数,应认为该批是可接收的;如果第一样本中发现的不合格品数大于或等于第一拒收数,应认为该批是不可接收的。如果第一样本中发现的不合格品数介于第一接收数与第一拒收数之间,应检验由方案给出样本量的第二样本并累计在第一样本和第二样本中发现的不合格品数。如果不合格品累计数小于或等于第二接收数,则判定批是可接收的;如果不合格品累计数大于或等于第二拒收数,则判定该批是不可接收的。

6.5 需方若对产品质量持有异议,应在到货后三个月内通知供方共同复验,或委托共同商定的检验部门进行复验。复验结果若不符合本标准或订货合同的规定,则判为该批不可接收,由供方负责处理;若符合本标准或订货合同的规定,则判为该批可接收,由需方负责处理。

7 标志、包装

7.1 产品销售包装标志

产品销售包装标志至少应包括以下内容:

——产品名称、商标;

——产品标准编号;

——生产日期和保质期,或生产批号和限用日期;

——产品的规格;

——产品数量(平切纸应标注包装质量或张数,抽取纸应标注张数或抽数,卷纸、盘纸应标注卷重或节数或长度);

——产品合格标志(进口产品除外);

——生产企业(或产品责任单位)名称、详细地址等。

7.2 产品运输包装标志

运输包装标志至少应包括以下内容：

——产品名称、商标；

——生产企业(或产品责任单位)名称、地址等；

——产品数量；

——包装储运图形标志。

7.3 包装

直接与产品接触的包装材料应无毒、无害、清洁。产品包装应完好，包装材料应具有足够的密封性以保证产品在正常的运输与贮存条件下不受污染。

8 运输、贮存

8.1 擦手纸运输时应采用洁净的运输工具，以防止产品受到污染。

8.2 擦手纸应存放于干燥、通风、洁净的地方并妥善保管，防止雨、雪及潮气侵入产品，影响质量。

8.3 搬运时应注意包装完整，不应将纸件从高处扔下，以防损坏外包装。

8.4 凡出厂的产品因运输、保管不善造成产品损坏或变质的，应由造成损失的一方赔偿损失，变质的擦手纸不应出售。

附 录 A
（规范性附录）
微生物指标的测定

A.1 培养基与试剂的制备

A.1.1 营养琼脂培养基

制法：称取 33 g 营养琼脂，溶于 1 L 蒸馏水中，加热煮沸至完全溶解，分装，经过 121 ℃高压灭菌 15 min 后备用。

A.1.2 乳糖胆盐发酵管

制法：称取 35 g 乳糖胆盐发酵培养基，溶于 1 L 蒸馏水中，待完全溶解后，分装于有倒管的试管内，每管 50 mL，115 ℃高压灭菌 15 min 即得。

A.1.3 伊红美蓝琼脂培养基

制法：称取 36 g 伊红美蓝琼脂培养基，溶于 1 L 蒸馏水中，浸泡 15 min，加热煮至完全溶解后，经 115 ℃高压灭菌 15 min，冷却至 50 ℃～60 ℃，振摇培养基倾注灭菌平皿备用。

A.1.4 乳糖发酵管

制法：称取 25.3 g 乳糖发酵培养基，溶于 1 L 蒸馏水中，浸泡 5 min，加热至完全溶解后，分装于有倒管的试管内，115 ℃高压灭菌 15 min 即得。

A.1.5 血琼脂培养基

制法：将灭菌后的营养琼脂加热溶化，待凉至约 50 ℃，即在无菌操作下按营养琼脂：脱纤维血为 10：1 的比例加入脱纤维血，摇匀，倒入灭菌平皿，置冰箱备用。

A.1.6 兔血浆

制法：取灭菌 3.8%柠檬酸钠 1 份，加兔全血 4 份摇匀静置，3 000 r/min 离心 5 min，取上清液，弃血球。

A.1.7 革兰氏染色液

结晶紫染色液：

结晶紫	1 g
95%酒精	20 mL
1%草酸铵水溶液	80 mL

将结晶紫溶解于酒精中，然后与草酸铵溶液混合。

革兰氏碘液：

碘	1 g
碘化钾	2 g
蒸馏水	300 mL

将碘与碘化钾混合，加入蒸馏水少许充分振摇，待完全溶解后再加蒸馏水至 300 mL。

沙黄复染液：

沙黄	0.25 g
95%酒精	10 mL
蒸馏水	90 mL

将沙黄溶解于酒精之中，然后用蒸馏水稀释。

A.1.8 甘露醇发酵培养基

制法：称取 30 g 甘露醇发酵培养基溶于 1 L 蒸馏水中，加热煮沸至完全溶解，分装，115 ℃高压灭菌 20 min 备用。

A.1.9 7.5%NaCl 肉汤培养基

制法：称取7.5%氯化钠肉汤培养基88 g溶于1 L蒸馏水中，加热煮沸至完全溶解，分装，121 ℃高压灭菌15 min备用。

A.1.10 营养肉汤培养基

制法：称取76 g营养肉汤培养基溶于1 L蒸馏水中，加热煮沸至完全溶解，分装，115 ℃高压灭菌20 min备用。

A.1.11 草酸钾血浆

制法：在5 mL兔血浆中加入0.01 g草酸钾，充分混合摇匀，经离心沉淀，吸取上清液，即得。

注：以上各培养基均为成品，采用量可依据产品的说明书而定。

A.2 产品采集与样品处理

于同一批号的三个大包装中至少随机抽取9个最小包装样品。3个样品用于测试，6个样品(可就地封存)必要时用于复检。样品最小销售包装不得有破损，检测前不得开启。

在超静工作台上用无菌方法至少从3个小包装中称量样品10 g±1 g，剪碎后加入到200 mL灭菌生理盐水中，充分混匀，得到一个生理盐水样液。

A.3 细菌菌落总数的检测

A.3.1 操作步骤

共接种5个平皿，每个平皿中加入1 mL样液，然后将15 mL～20 mL溶化的冷却至45 ℃左右营养琼脂倒入平皿内，充分混匀。待琼脂凝固后翻转平皿，置35 ℃±2 ℃培养48 h，然后计算平板上的细菌数(当平板上菌落数超过200时应稀释后再计数)。

A.3.2 结果报告

菌落呈片状生长的平板不宜采用，计数符合要求的平板上的菌落，按式(A.1)计算结果：

$$X = A \times K/5 \qquad \text{(A.1)}$$

式中：

X——细菌菌落总数，单位为菌落形成单位每克(CFU/g)；

A——5块营养琼脂培养基平板上的细菌菌落总数，单位为菌落形成单位每克(CFU/g)；

K——稀释度。

当细菌菌落总数在100以内时，按实测数报告，大于100时，采用两位有效数字。

如果样品菌落总数超过标准规定的10%时，按A.3.3进行复检和报告结果。

A.3.3 复检

将保存的复检样品依前法复测两次，两次结果平均值都达到本标准的规定，则判定被检样品合格，其中任一次结果平均值超过本标准规定，则判被检样品不合格。

A.4 大肠菌群的检测

A.4.1 操作步骤

取样液5 mL接种于50 mL乳糖胆盐发酵管，置35 ℃±2 ℃培养24 h，如不产酸也不产气，则报告为大肠菌落未检出。

如果产酸产气，则划线接种伊红美蓝琼脂平板，置35 ℃±2 ℃培养18 h～24 h，观察平板上菌落形态。典型的大肠菌落为黑紫色或红紫色，圆形，边缘整齐，表面光滑湿润，常具有金属光泽，也有的呈紫黑色，不带或略带金属光泽，或粉红色，中心较深的菌落。

挑取疑似菌落1个～2个做革兰氏染色镜检，同时接种乳糖发酵管，置35 ℃±2 ℃培养24 h，观察产气情况。

A.4.2 结果报告

凡乳糖胆盐发酵管产酸产气，乳糖发酵管产气，在伊红美蓝平板上有典型大肠菌落，革兰氏染色为阴性无芽胞杆菌，可报告被检样品检出大肠杆菌。

A.5 金黄色葡萄球菌的检测

A.5.1 操作步骤

取样液5 mL加入到50 mL的7.5%氯化钠肉汤培养液中，充分混匀，置35 ℃±2 ℃培养24 h。

自上述增菌液中取1～2接种环，划线接种在血琼脂培养基上，置35 ℃±2 ℃培养24 h～48 h。在血琼脂平板上该菌落呈金黄色，大而突起，圆形，表面光滑，周围有溶血圈。

挑取典型菌落，涂片做革兰氏染色镜检，如见排列成葡萄状，无芽胞与荚膜。应进行下列试验：

A.5.1.1 甘露醇发酵管试验

取上述菌落接种到甘露醇培养基中，置35 ℃±2 ℃培养24 h，发酵甘露醇产酸者为阳性。

A.5.1.2 血浆凝固酶试验

玻片法：取清洁干燥载玻片→于两端分别滴加1滴生理盐水、1滴兔血浆→挑取菌落分别与两者混合5 min。

如两者均无凝固则为阴性；如血浆内出现团块或颗粒状凝固，而生理盐水仍呈均匀浑浊无凝固则为阳性。凡两者均有凝固现象，再进行试管凝固酶试验。

试管法：吸取1∶4新鲜血浆0.5 mL置灭菌小试管中→加入等量待检菌24 h，肉汤培养物0.5 mL，混匀→置35 ℃±2 ℃温箱或水浴中→每0.5 h观察一次→24 h之内呈现凝块即为阳性。

同时以已知血浆凝固酶阳性和阴性菌株肉汤培养物各0.5 mL作阳性和阴性对照。

A.5.2 结果报告

凡在琼脂平板上有可疑菌落生长，镜检为革兰氏阳性葡萄球菌，并能发酵甘露醇产酸、血浆凝固酶阳性者，可报告被检样品检出金黄色葡萄球菌。

A.6 溶血性链球菌检测方法

A.6.1 操作步骤

取样液5 mL加入到50 mL营养肉汤中，置35 ℃±2 ℃培养24 h。

将培养物划线接种血琼脂平板，置35 ℃±2 ℃中培养24 h，观察菌落特征。溶血性链球菌在血平板上为灰白色，半透明或不透明，针尖状突起，表面光滑，边缘整齐，周围有无色透明溶血圈。

取典型菌落做涂片革兰氏染色镜检，应为革兰氏阳性，呈链状排列的球菌。镜检符合上述情况，应进行下列试验：

A.6.1.1 链激酶试验

吸取草酸钾血浆0.2 mL→加入0.8 mL灭菌生理盐水混匀→加入待检菌24 h肉汤培养物0.5 mL和0.25%氯化钙0.25 mL混匀→置35 ℃±2 ℃水浴中，2 min察看一次（一般10 min内可凝固）→待血浆凝固后继续观察并记录溶化时间→如2 h内不溶化，继续放置24 h，观察。如果凝块全部溶化为阳性，24 h仍不溶化为阴性。

A.6.1.2 杆菌肽敏感试验

将被检菌菌液涂于血平板上→用灭菌镊子取每片含0.04单位杆菌肽的纸片放在平板上，同时以已知阳性菌株作对照→置35 ℃±2 ℃放置18 h～24 h→有抑菌带者为阳性。

A.6.2 **结果报告**

镜检革兰氏阳性链状排列球菌，血平板上呈现溶血圈，链激酶和杆菌肽试验阳性，可报告被检样品检出溶血性链球菌。

ICS 83.140.30;23.040.20
G 33

中华人民共和国国家标准

GB/T 24456—2009

高密度聚乙烯硅芯管

High-density polyethylene silicore plastic duct

2009-10-15 发布　　2010-03-01 实施

中华人民共和国国家质量监督检验检疫总局
中国国家标准化管理委员会　发布

前言

本标准的附录 A、附录 B、附录 C、附录 D 和附录 E 为规范性附录。

本标准由中国轻工业联合会提出。

本标准由全国塑料制品标准化技术委员会塑料管材、管件及阀门分技术委员会(SAC/TC 48/SC 3)归口。

本标准起草单位:国家交通安全设施质量监督检验中心、湖北凯乐科技股份有限公司、福建亚通新材料科技股份有限公司、衡水宝力(集团)有限公司、信息产业部有线通信产品质量监督检验中心。

本标准主要起草人:韩文元、张拥军、魏作友、刘颖、宋志佗。

高密度聚乙烯硅芯管

1 范围

本标准规定了高密度聚乙烯硅芯管(以下简称"硅芯管")的结构与分类、材料、要求、试验方法、检验规则以及标识、包装、运输、贮存。

本标准适用于地下直埋、管道、道槽等环境下铺设的光缆、电缆保护用硅芯管及配套管件。

本标准不适用于室外直接暴露于太阳光下以及气吹压力大于1.2 MPa的光缆、电缆保护用硅芯管及配套管件。

2 规范性引用文件

下列文件中的条款通过本标准的引用而成为本标准的条款。凡是注日期的引用文件,其随后所有的修改单(不包括勘误的内容)或修订版均不适用于本标准。然而,鼓励根据本标准达成协议的各方研究是否可使用这些文件的最新版本。凡是不注日期的引用文件,其最新版本适用于本标准。

GB/T 191 包装储运图示标志(GB/T 191—2008,ISO 780:1997,MOD)

GB/T 1842—2008 塑料 聚乙烯环境应力开裂试验方法

GB/T 2411 塑料和硬橡胶 使用硬度计测定压痕硬度(邵氏硬度)

GB/T 2828.1—2003 计数抽样检验程序 第1部分:按接收质量限(AQL)检索的逐批检验抽样计划

GB/T 2918—1998 塑料试样状态调节和试验的标准环境

GB/T 3682—2000 热塑性塑料熔体质量流动速率和熔体体积流动速率的测定

GB/T 6111—2003 流体输送用热塑性塑料管材 耐内压试验方法

GB/T 6671—2001 热塑性塑料管材 纵向回缩率的测定

GB/T 6995.2 电线电缆识别标志方法 第2部分 标准颜色

GB/T 8804.1—2003 热塑性塑料管材 拉伸性能测定 第1部分:试验方法总则

GB/T 8804.3—2003 热塑性塑料管材 拉伸性能测定 第3部分:聚烯烃管材

GB/T 8806—2008 塑料管道系统 塑料部件尺寸的测定

GB/T 9647—2003 热塑性塑料管材环刚度的测定

GB/T 11116 高密度聚乙烯树脂

GB/T 14152—2001 热塑性塑料管材耐外冲击性能试验方法:时针旋转法

3 结构与分类

3.1 结构

硅芯管由高密度聚乙烯(PE-HD)外层和永久性固体硅质内润滑层(简称硅芯层)组成,一般带有色条,断面结构示意图如图1所示。

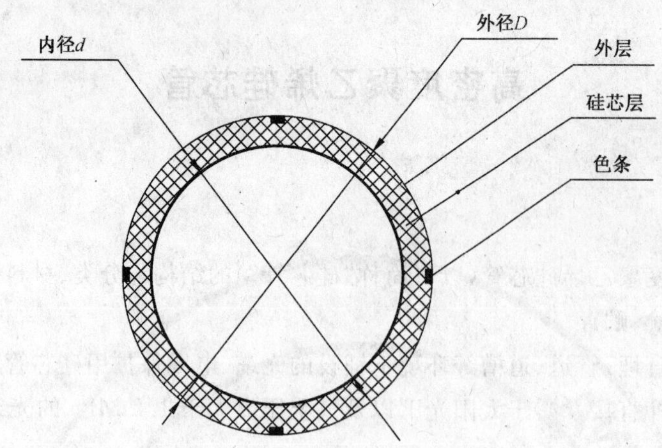

图 1 硅芯管断面结构示意图

3.2 产品分类

3.2.1 按结构划分为：

——内壁和外壁均是平滑的实壁硅芯管，用拉丁字母 S 表示；

——外壁光滑、内壁纵向带肋的带肋硅芯管，用拉丁字母 R1 表示；

——外壁带肋、内壁光滑的带肋硅芯管，用拉丁字母 R2 表示；

——外壁、内壁均带肋的带肋硅芯管，用拉丁字母 R3 表示。

3.2.2 按产品颜色划分：

——外层为一种颜色不带色条的单色硅芯管；

——外层镶嵌其他颜色色条的彩条硅芯管。

3.3 产品标记

硅芯管的产品标记由名称、标准编号、顺序号、材料、规格、管壁结构、外层颜色代号组成，其中：材料用 PE-HD 表示，规格见表 2，如 40/33，管壁结构见 3.2.1 条，S—实壁管，通常可省略，R1，R2，R3—带肋管，外层颜色代号见表 1。

标记示例：符合 GB/T 24456 的 40/33 内外壁光滑的黑色硅芯管，其标记为：

硅芯管 GB/T 24456 PE-HD 40/33 BK

4 材料

生产硅芯管的主料应使用符合 GB/T 11116 规定的高密度聚乙烯挤出级树脂，其熔体流动速率 MFR(190/2.16)为 0.1 g/10 min～1.0 g/10 min。在保证符合本标准第 5 章要求的条件下，可使用不超过 10%的本企业清洁的回用料。

5 要求

5.1 一般要求

5.1.1 外观

硅芯管颜色应均匀一致；内外表面应规整、均匀、光滑，无塌陷、坑凹、孔洞、撕裂痕迹及杂质麻点等缺陷；截面应光亮，无气泡、裂痕、砂眼、杂质等缺陷；硅芯管内外层应紧密熔结、无脱开现象。

5.1.2 外层颜色及色条

5.1.2.1 硅芯管外层及色条颜色应符合 GB/T 6995.2 的要求。

5.1.2.2 外层颜色和色条颜色应从表1中选用，并用一至两个大写拉丁字母代号表示，如BK表示黑色，BL表示蓝色，BR表示棕色。

表1 识别用硅芯管色条

序号	1	2	3	4	5	6	7	8	9	10	11	12
颜色	蓝	橙	绿	棕	灰	白	红	黑	黄	紫	粉红	青绿
代号	BL	OR	G	BR	GW	W	R	BK	Y	P	PK	AQ

5.1.2.3 彩条硅芯管的色条一般沿硅芯管外壁均布4组，每组一至两条，同组色条宽度2 mm±0.5 mm、间距2.0 mm±0.5 mm、厚度0.1 mm～0.3 mm。

5.2 规格尺寸

5.2.1 硅芯管规格及尺寸允差应符合表2规定。

表2 硅芯管规格及尺寸允差

规格 (DN)	平均外径 d_{em}/mm		壁厚及允差/mm		不圆度/%	
	标称值	允差	标准值	允差	绕盘前	绕盘后
32/26	32	$^{+0.3}_{0}$	2.5	$^{+0.30}_{0}$	≤2	≤3
34/28	34	$^{+0.3}_{0}$	3.0	$^{+0.30}_{0}$	≤2	≤3
40/33	40	$^{+0.4}_{0}$	3.5	$^{+0.35}_{0}$	≤2.5	≤3.5
46/38	46	$^{+0.4}_{0}$	4.0	$^{+0.35}_{0}$	≤3	≤5
50/41	50	$^{+0.5}_{0}$	4.5	$^{+0.40}_{0}$	≤3	≤5
63/54	63	$^{+0.6}_{0}$	5.0	$^{+0.40}_{0}$	≤3	≤5
注：带肋管的规格尺寸及允差由供需双方商定。						

5.2.2 硅芯管应顺序缠绕在盘架上，盘架的结构应满足硅芯管最小弯曲半径的要求，每盘硅芯管出厂长度应符合表3的规定，也可由供需双方商定，但盘中不应有接头。

表3 长度及偏差

规格 (DN)	标称长度/m	长度偏差/%
32/26	3 000	≥+0.3
34/28	3 000	≥+0.3
40/33	2 000	≥+0.3
46/38	1 500	≥+0.3
50/41	1 500	≥+0.3
63/54	1 000	≥+0.3

5.3 硅芯管的物理化学性能

硅芯管的物理化学性能应符合表4的规定。

表 4 硅芯管物理化学性能指标

项 目	32/26	34/28	40/33	46/38	50/41	63/54
外壁硬度/HD	≥59					
内壁摩擦系数	静态：≤0.25(平板法，对 PE-HD 标准试棒)					
	动态：≤0.15(圆鼓法)					
拉伸屈服强度/MPa	≥20					
断裂伸长率/%	≥350					
最大牵引负荷/N	≥5 000	≥6 000	≥8 000	≥10 000	≥11 000	≥12 000
冷弯曲性能	按以下弯曲半径对相应规格的硅芯管进行冷弯曲试验，应无开裂和明显应力发白现象					
	300 mm	300 mm	400 mm	500 mm	625 mm	750 mm
环刚度/(kN/m²)	≥50			≥40		≥30
复原率/%	垂直方向加压至外径变形量为原外径的 50%时，立即卸荷，试样不破裂、不分层，10 min 内外径能自然恢复到原来的 85%以上					
耐落锤冲击性能	在温度−20 ℃，高度 2 m 条件下，用 15.3 kg 重锤冲击 10 个试样，应 9 个(含)以上通过					
耐液压性能	在温度 20 ℃，水压 2.0 MPa 条件下，保持 15 min，试样无可见裂纹、无破裂					
纵向收缩率/%	≤3.0					
耐环境应力开裂	48 h，失效数≤20%					
耐碳氢化合物性能	用庚烷浸泡 720 h 后对硅芯管施加 528 N 的外力，试样不损坏，产生的永久变形不超过 5%					

5.4 硅芯管连接头

硅芯管连接头应符合附录 A 的规定。

5.5 硅芯管管塞

硅芯管管塞的密封性能应满足系统适用性的要求。

5.6 系统适用性

管材与连接头连接后应进行系统适用性试验，应符合表 5 的要求。

表 5 系统适用性

系统密封性	温度 20 ℃，压力 50 kPa 条件下，保持 24 h，无渗漏					
管接头连接力/N	32/26	34/28	40/33	46/38	50/41	63/54
	≥4 300	≥4 300	≥6 700	≥8 000		

6 试验方法

6.1 状态调节和试验标准环境

除特殊规定外，试样应按 GB/T 2918—1998 的规定在 23 ℃±2 ℃下进行状态调节 24 h，并且在此环境下进行试验。

6.2 检验仪器和试验准备

6.2.1 检验所用的万能材料试验机负荷准确度等级不低于 1 级；长度计量器具精度等级：钢卷尺不低于 2 级，其他不低于 1 级。

6.2.2 做拉伸试验所用试样的取样、制备和试验机的调整、操作等要求除特殊规定外，还应按

GB/T 8804.1—2003、GB/T 8804.3—2003 的规定执行。

6.3 外观检验

在正常光线下,用目测法直接检验。

6.4 尺寸测量

硅芯管尺寸的测量按 GB/T 8806—2008 的规定,长度用分度值为 1 mm 的卷尺测量,内外径用分度值不低于 0.02 mm 的量具测量,壁厚宜用分度值不低于 0.01 mm 的测厚仪或其他量规测量,不圆度测量见附录 B。

6.5 物理化学性能检验

6.5.1 外壁硬度

将长度 100 mm 的硅芯管试样紧密套在外径适当的金属棒上,放置在 D 型邵氏硬度计正下方,按 GB/T 2411 规定的方法,读取试验的瞬时硬度为测量结果,共进行五次,取其算术平均值为测量结果。

6.5.2 内壁摩擦系数

6.5.2.1 内壁静态摩擦系数试验方法见附录 C。

6.5.2.2 内壁动态摩擦系数试验方法见附录 D。

6.5.3 拉伸屈服强度及断裂伸长率

试样形状应符合 GB/T 8804.3—2003 中类型 2 的规定,用冲裁的方法从管材上截取三个试样。试验按 GB/T 8804.1—2003 的步骤进行,试验速度为(100±5)mm/min。取三个有效试验的算术平均值作为测试结果。

注:若无明显屈服点时,以最大拉伸强度为试验结果。

6.5.4 最大牵引负荷

取三段长度为(200±5)mm 的完整硅芯管试样,试样两端应垂直切平。用专用夹具将试样夹持在试验机上,拉伸速度为(450±10)mm/min,直至试样屈服时,读取试验的屈服负荷为试验结果。若试样在夹具边缘断裂,则试验无效,应重新更换试样。取三个有效试验的算术平均值为测试结果。

6.5.5 冷弯曲性能

冷弯曲性能见附录 E。

6.5.6 环刚度

取三段长度为(200±1)mm 的完整硅芯管试样,压缩速度(5±1)mm/min,压缩量为内径的 5%,按 GB/T 9647—2003 的规定进行。

6.5.7 复原率

取三段长度为(200±1)mm 的完整硅芯管试样,试样两端应垂直切平。在试样直径两端做好标记,并量取标记处的外径为初始外径。按 GB/T 9647—2003 的规定将试样放置在两平行压板之间,以(100±5)mm/min的试验速度沿标记外径方向加压至外径变形量为初始外径的 50%时,立即卸荷,在标准状态下恢复 10 min,再次量取标记处的外径为终了外径,按式(1)计算复原率:

$$A = \frac{D_1}{D_0} \times 100\% \qquad \cdots\cdots(1)$$

式中:

A——复原率,%;

D_1——试验后终了外径;

D_0——试验前初始外径。

取三个试样试验结果的算术平均值为测试结果。

6.5.8 耐落锤冲击性能

按 GB/T 14152—2001 的规定,截取 10 个硅芯管试样,将试样放在温度(−20±2)℃的低温试验箱中保持 2 h。在落锤高度 2 m,锤头尺寸型号为 D90,落锤总质量 15.3 kg 的条件下进行冲击,每个试样冲击一次，每次取出一个试样，在 30 s 内完成。试样不破裂或裂纹宽度不大于 0.8 mm 为合格，10 个试样中，9 个(含)以上试样合格为落锤冲击试验合格。

6.5.9 耐液压性能

取两段长度不小于 250 mm 的完整硅芯管试样，按照 GB/T 6111—2003 规定的 A 型密封方式对试样端头进行密封，将该试样夹持到试验机上缓慢注水，水温(20±2)℃，1 min 内达到规定的压力后保持 15 min，试样无明显鼓胀、无渗漏、不破裂为合格。

6.5.10 纵向收缩率

按 GB/T 6671—2001 试验方法 B 进行，取三段长度(200±5)mm 的硅芯管，标距 100 mm，烘箱温度(110±2)℃。

6.5.11 耐环境应力开裂

按 GB/T 1842—2008 规定，从硅芯管上沿轴线直接截取试样，刻痕长度方向与轴线一致，刻痕深度：壁厚小于等于 3.5 mm 时为 0.65 mm，壁厚大于 3.5 mm 时为 0.80 mm；其他规定见 GB/T 1842—2008，试剂为壬基酚聚氧乙烯醚(TX-10)10%(体积分数)水溶液，试验温度 50 ℃。

6.5.12 耐碳氢化合物性能

在标准试验环境下，取三段长度为(300±1)mm 硅芯管试样，用庚烷浸泡 720 h 后取出，排干试验液体，在室温下放置 30 min，之后对硅芯管径向施加 528 N 的压力并保持 1 min，卸荷后立即对试样进行观测，试样无损坏或产生的永久变形不超过 5%为合格。

6.5.13 系统密封性试验

取两段长度适当的完整硅芯管试样，用硅芯管专用连接头按生产企业提供的工具和方法连接好，一端用管塞密封好，另一端连接专用卡具注水，在水温(20±2)℃，压力 50 kPa 条件下，保持 24 h，试样的连接头、管塞均不渗漏为合格。

6.5.14 管接头连接力

取两段长度为(200±5)mm 的完整硅芯管，用硅芯管专用连接头按生产企业提供的工具和方法连接好组成试样，用专用卡具将该试样夹持到拉伸试验机上，拉伸速度为(100±5)mm/min，直至管连接头被拉破裂或硅芯管被拉出时，读取试验的最大拉伸负荷为试验结果。如此共进行三组试验，取三次试验结果的算术平均值为测试结果。

6.5.15 熔体流动速率

按 GB/T 3682—2000 规定进行，试验温度 190 ℃，试验负荷 2.16 kg。

7 检验规则

7.1 一般规则

产品的检验分为型式检验和出厂检验，产品通过型式检验合格后，才应批量生产。

7.2 型式检验

7.2.1 检验项目

型式检验项目为本标准第 5 章的全部要求。

7.2.2 检验频次

型式检验为每年进行一次，如有下列情况之一时，也应进行型式检验：

a) 正式生产过程中，如原材料、工艺有较大改变，可能影响产品性能时；

b) 产品停产半年以上，恢复生产时；

c) 出厂检验结果与上次型式检验有较大差异时。

7.2.3 判定规则

型式检验时，如有任一项指标不符合本标准要求时，则需重新抽取双倍试样，对该项指标进行复验，复验结果仍然不合格时，则判该型式检验为不合格。

7.3 出厂检验

7.3.1 一般要求

产品需经生产单位质量部门检验合格并附产品质量合格证明方可出厂。

7.3.2 组批

同一批号树脂、同一配方和同一工艺生产的同一规格的硅芯管可组为一批,一般不大于500 km。

7.3.3 出厂检验项目

出厂检验项目为:5.1、5.2及5.3中规定的拉伸屈服强度、断裂伸长率、耐落锤冲击性能、内壁静态摩擦系数。

7.3.4 抽样方案

7.3.4.1 出厂检验中的5.1、5.2要求的项目按照GB/T 2828.1—2003的规定,AQL取4.0、正常检验一次抽样、一般检验水平Ⅱ、以盘为单位抽取样本,常用样本数量见表6。

表6 抽样方案表

单位为盘

批量 N	样本量 n	接收数 Ac	拒收数 Re
2～25	3	0	1
26～90	13	1	2
91～150	20	2	3
151～280	32	3	4
281～500	50	4	5

7.3.4.2 在计数抽样合格的样品中,随机抽取足够的样品进行5.3中规定的拉伸屈服强度、断裂伸长率、耐落锤冲击性能、内壁静态摩擦系数试验。

7.3.5 判定规则

7.3.5.1 对于5.1、5.2规定的项目按照表6进行判定。

7.3.5.2 对于5.3中规定的拉伸屈服强度、断裂伸长率、耐落锤冲击性能、内壁静态摩擦系数,如有任一项指标不符合本标准要求时,则需重新抽取双倍试样,对该项指标进行复验;如复验样品仍有不合格,则判该批为不合格批。

8 标识、包装、运输、贮存

8.1 产品标识

在硅芯管表面每间隔1 m,印制3.3规定的标记,并在标记前加上生产企业名称或商标,在标记后加上本标准编号、计米长度和生产日期。

8.2 包装

硅芯管两端密封后,固定在盘架上,并用适当的包装物加以保护,以保证在正常运输和存放过程中不进水或其他杂物,并具有短期抗紫外光辐射的能力;每个盘架上应附有盘架编号和包装标识,标识上应有"怕晒"、"远离热源"等字样或标志,标志应符合GB/T 191的有关规定。

8.3 运输

硅芯管在运输时,不应受剧烈的撞击、摩擦和重压。卸货时,应用叉车或吊车,不应将硅芯管直接从运输工具上推下。

8.4 贮存

8.4.1 硅芯管存放场地应平整,堆放应整齐,存放场地应有明显的"禁止烟火"标志。贮存和使用过程中,应防止利器刮碰,应远离高温热源或明火,不应长期露天曝晒。

8.4.2 产品贮存期一般不大于18个月。

8.5 **产品随行文件**

8.5.1 每盘硅芯管应附有制造标签和合格证标签，每批还应提供产品使用说明书。

8.5.2 制造标签主要内容包括：产品标记、长度、生产日期、批号、盘号、产品标准编号、生产企业名称、联系地址等。

8.5.3 合格证标签主要内容包括：合格证、检验人员代号、检验日期等。

8.5.4 产品使用说明书中应给出硅芯管的极限使用条件、施工方法和注意事项。

附 录 A
（规范性附录）
硅芯管专用连接头要求

A.1 结构组成

连接头一般由连接壳体、密封圈和卡簧组成，壳体由连接螺管、螺帽组成。

A.2 材料要求

A.2.1 壳体和卡簧宜选用聚碳酸酯(PC)或工程塑料(ABS)注塑制成，主要性能指标见表A.1。

表 A.1 连接头壳体材料主要性能

项 目	单 位	技术指标
硬度	邵氏，HD	≥75
拉伸强度	MPa	≥45
冲击强度(缺口)	kJ/m^2	≥50
燃烧性	—	慢

A.2.2 密封圈宜采用高弹性能的橡胶材料，并且具有耐压、耐磨、耐环境应力开裂、耐老化性能以及耐酸、碱、盐等溶剂腐蚀性能。

A.3 外观

连接螺管与配合螺帽的内外壁应光滑，无缺陷；两者螺旋配合良好，外壁有规格型号标志。

A.4 配合及尺寸

连接螺管内径(D_1)应在满足被接塑料管外径(D_0)及其公差的情况下顺利插入，即 $D_1>D_0$。
连接螺管长度(L_1)：不小于硅芯管外径(D_0)的2.5倍。
组装后连接件总长度(L_2)：不小于硅芯管外径(D_0)的3.5倍。

A.5 组装后的机械性能

连接件组装后可反复拆卸使用，机械性能应符合表A.2的要求。

表 A.2 连接件组装后的机械性能

项 目	主要性能
抗压荷载	连接件组装后，在2 000 N侧压力作用下保持1 min，应无明显变形，撤去作用力后，不影响继续使用
耐冲击性能	连接件组装后，在其上方0.54 m处自由跌落3 kg钢球，冲击连接件，在不同位置冲击3次，连接件无损伤并且不影响使用
跌落试验	分别在−40 ℃和+60 ℃条件下存放5 h，取出后立即在2 m高度进行自由跌落试验，连接件无损伤并且不影响使用

A.6 气闭性能及连接强度

连接件的气闭性能及连接强度应符合5.6的要求。

附 录 B
（规范性附录）
不圆度测试方法

B.1 适用范围

本方法适用于测定以盘/卷形式包装的硅芯管产品和生产线上截取的硅芯管的不圆度。

B.2 检测设备

游标卡尺，精确至±0.02 mm。

B.3 样品

取一段长度为500 mm的硅芯管试样，并在标准状态下恢复24 h。当用于测量生产线上的硅芯管的不圆度时，应在硅芯管导出装置之前截取样品。

B.4 结果判定

不圆度不应超过标准规定值。

B.5 测试步骤

B.5.1 连续缓慢地转动试样，在试样中部一固定圆周上，用游标卡尺进行一系列的外径测量，测出该断面最大外径和最小外径。以此方法，对五个断面进行测量，每次测量间距约50 mm。对五次测量结果的最大外径进行算术平均，即可得到最大平均外径；同样，对五次测量结果的最小外径进行平均，即可得到最小平均外径。

B.5.2 按式(B.1)计算平均外径：

$$\text{平均外径} = (\text{最大平均外径} + \text{最小平均外径})/2 \quad\cdots\cdots(B.1)$$

B.5.3 按式(B.2)计算不圆度：

$$\text{不圆度} = 100 \times (\text{最大平均外径} - \text{最小平均外径})/\text{平均外径} \quad\cdots\cdots(B.2)$$

附 录 C
（规范性附录）
平板法测定静态摩擦系数试验方法

C.1 测试原理

测试原理如图 C.1 所示，质量为 m 的物体有一个垂直向下的重力 mg，当倾角 α 逐渐增加并使物体克服摩擦力开始向下滑动时，即可按此时的倾角 α 形成的斜面进行摩擦系数的计算。

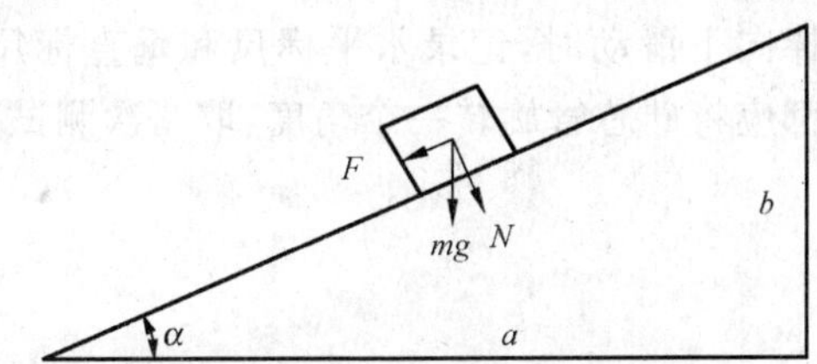

图 C.1 平板法测定静态摩擦系数原理图

摩擦系数可按式（C.1）和式（C.2）进行定义：

$$\mu = \frac{F}{N} \qquad \cdots\cdots\cdots\cdots (C.1)$$

式中：

F——斜面对物体的摩擦力，$F=mg\cdot\sin\alpha$；

N——斜面对物体的正压力，$N=mg\cdot\cos\alpha$；

μ——摩擦系数。

$$\mu = \frac{F}{N} = \frac{mg\cdot\sin\alpha}{mg\cdot\cos\alpha} = \mathrm{tg}\alpha = \frac{b}{a} \qquad \cdots\cdots\cdots\cdots (C.2)$$

C.2 测试装置

测试装置由斜面、斜面升降装置、水平标尺、竖直标尺组成，测试斜面长度 L 为 1 000 mm，水平标尺和竖直标尺可用分辨力 0.5 mm，精度 A 级的钢板尺组成。

C.3 标准试棒

标准试棒由金属材料棒芯和高密度聚乙烯外套组成的长度为 150 m、直径为 20 mm 的圆棒，圆棒表面的光洁度等级为▽ 4，表面邵氏硬度 HD 为 59±2，质量为（270±10）g，结构如图 C.2 所示。

单位为毫米

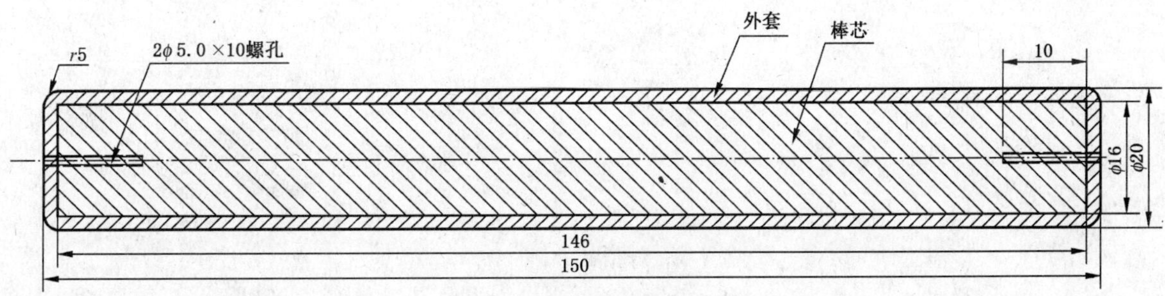

a）标准试棒结构图

图 C.2 标准试棒示意图

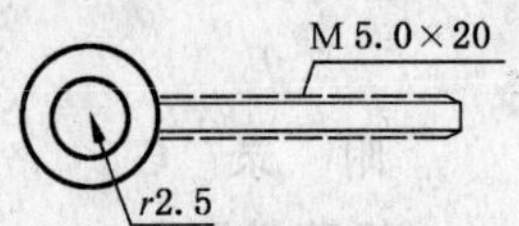

b) 牵引挂钩示意图

图 C.2（续）

C.4 测试方法

取长度为 500 mm 的硅芯管，放置在测试斜面上，硅芯管的母线与斜面中心线平行并与斜面紧固。然后，将标准试棒放置在硅芯管内，长度方向与硅芯管轴线平行，试棒露出硅芯管的距离大于 20 mm。用升降装置将斜面缓慢升起，试棒向下滑动时，记录水平标尺和垂直标尺的数值，并按式(C.2)计算摩擦系数。如此共试验 9 次，每次都应将硅芯管旋转一个角度，取 9 次测试结果的算术平均值作为试样的静态摩擦系数。

附 录 D
（规范性附录）
圆鼓法测定动态摩擦系数试验方法

D.1 适用范围

本方法适用于圆鼓法测定光(电)缆在硅芯管内壁滑动时与管内表面之间的动态摩擦系数。

D.2 检测设备

D.2.1 圆鼓:外径为 760 mm 的钢制圆鼓。

D.2.2 拉伸试验机:带有记录装置的电子万能材料试验机。

D.2.3 专用砝码:砝码质量 20 kg。

D.2.4 计算机控制及数据记录软件。

D.3 试样

D.3.1 被测试样:长度约 4 m 的硅芯管。

D.3.2 测试电缆:直径(15±2)mm、长度约 6 m 的 PE-MD 护套光(电)缆。

D.3.3 硅芯管内表面和光(电)缆外表面应无限制光(电)缆滑动的任何缺陷。

D.4 试验条件

试验前,试验设备和样品应放置在(23±2)℃条件下保持 2 h,并在此条件下试验。

D.5 试验步骤

D.5.1 把硅芯管按图 D.1 所示方法使用 U 型卡箍固定在圆鼓上,固定应稳定,防止测试时硅芯管与圆鼓产生相对移动,硅芯管沿圆鼓的缠绕角度为 450°。

D.5.2 把测试电缆放入硅芯管内,切割的缆长应满足测试的最大行程。

D.5.3 与测试电缆相连的夹头应能承受测试的最大拉伸负荷。

D.5.4 把专用砝码固定在测试电缆的一端,水平端与夹头连接,夹头通过线绳与拉伸试验机相连。

D.5.5 打开拉伸试验机,设定拉伸速度为 100 mm/min,当砝码刚好离开地面时停止拉伸。调整圆鼓上的硅芯管,使测试电缆在硅芯管中间。

D.5.6 开启试验机的拉伸程序,速度为 100 mm/min,当横梁位移到 100 mm～120 mm 时停止牵引,降下试验机横梁,使砝码落到地面。

D.5.7 当砝码落下,保证拉伸试验机无载荷后,将拉伸试验机的力值和位移回零。

D.5.8 开启试验机的拉伸程序,进行正式试验,拉伸速度为 100 mm/min,当横梁位移到 200 mm 时停止牵引,在 100 mm～160 mm 的位移区间上读取并计算出拉伸试验的平均拉伸负荷 F,按式(D.1)计算硅芯管的动态摩擦系数。

$$\mu=\frac{\ln(F/N)}{\theta} \qquad \cdots\cdots(D.1)$$

式中:

μ——动摩擦系数;

F——平均拉伸负荷，单位为牛顿(N)；

N——专用砝码产生的重力，数值为 20×9.8=196 N；

θ——硅芯管在圆鼓上缠绕角度，数值为 7.854 弧度。

D.5.9 此试验共进行三次，取三次试验结果的算术平均值为动摩擦系数。

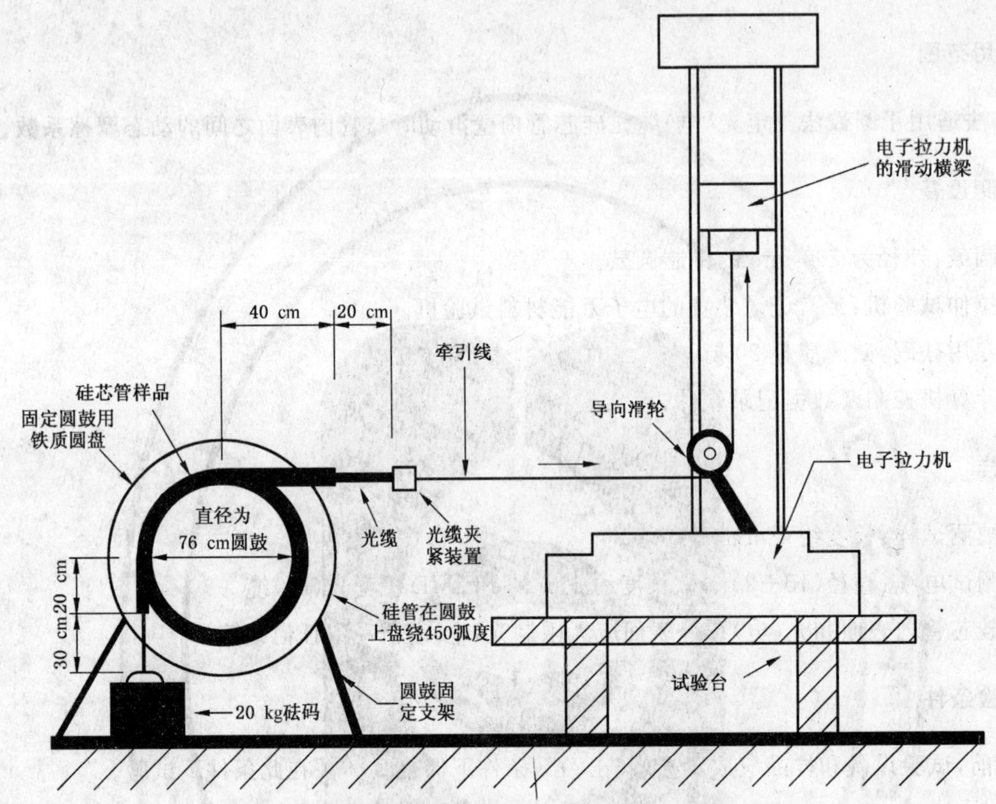

图 D.1 圆鼓法测定摩擦系数试验示意图

附 录 E
（规范性附录）
冷弯曲性能试验方法

E.1 适用范围

本方法适用于测定低温下硅芯管的抗弯曲性能。

E.2 检测设备

低温装置：温度能控制在（－20±2）℃。

弯曲试验装置：半径误差不大于 5 mm 的钢制圆滚筒，滚筒外表面无毛刺。

E.3 样品

取三根 1.5 m 长的硅芯管作为试样（当硅芯管外径大于 40 mm 时，为 2.0 m），试验前试样应放置在（－20±2）℃温度条件下保持 2 h。

E.4 测试步骤

E.4.1 从低温装置中取出一根试样，迅速在四个不同方向上进行弯曲试验，每个方向沿滚筒弯曲 180°，弯曲状态呈 U 型。

E.4.2 第一次弯曲后，转动 180°进行第二次弯曲，然后转动 90°，进行第三次弯曲，再转动 180°进行第四次弯曲。从低温装置取出试样开始，每次弯曲试验的时间间隔不能超过 20 s，四次弯曲试验的总时间不能超过 40 s。

E.4.3 从低温装置中取出另外两根试样，依此按照 E.4.1、E.4.2 的步骤进行弯曲试验。

E.5 结果判定

试样经过弯曲试验后，无开裂和明显应力发白现象为合格，三个试样都合格时为冷弯曲性能合格。

参 考 文 献

[1] JT/T 496—2004 《公路地下通信管道　高密度聚乙烯硅芯塑料管》

[2] 美国 ASTM D3485—97 《预穿放电缆用可缠绕实壁聚乙烯塑料管》

[3] 美国电力制造商协会标准 NEMA TC7—1990 《可缠绕实壁聚乙烯电力塑料管道》

[4] 美国 Bellcores 企业标准 TR-NWT-000356 《光缆内保护管通用技术要求》

[5] 欧洲 PrEN 14281 《埋地线缆套管用塑料管道系统　聚乙烯管材、管件和系统》

ICS 29.140.30
K 71

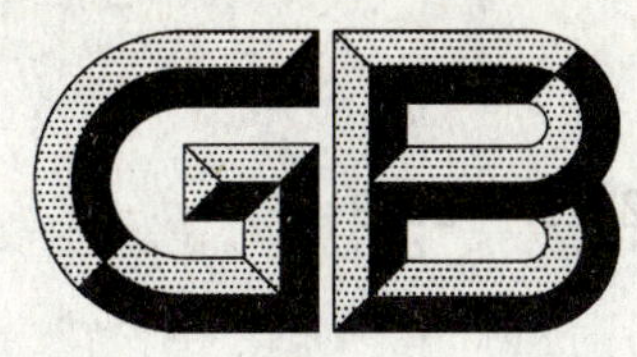

中华人民共和国国家标准

GB/T 24457—2009

金属卤化物灯(稀土系列)　性能要求

Metal halide lamps (rare-earth series)—Performance requirements

(IEC 61167:1998,Metal halide lamps,NEQ)

2009-10-15 发布　　2010-03-01 实施

中华人民共和国国家质量监督检验检疫总局
中国国家标准化管理委员会　发布

前　言

本标准技术内容对应于 IEC 61167:1998《金属卤化物灯》。

本标准与 IEC 61167:1998 的一致性程度为非等效。

本标准根据 IEC 61167:1998 起草。

本标准的附录 A、附录 B、附录 C 为规范性附录，附录 D 为资料性附录。

本标准由中国轻工业联合会提出。

本标准由全国照明电器标准化技术委员会(SAC/TC 224)归口。

本标准起草单位：欧司朗(中国)照明有限公司、杭州时代照明电器有限公司、上海亚明灯泡厂有限公司、普罗斯电器(江苏)有限公司、江苏亚示照明灯具有限公司、国家电光源质量监督检验中心(上海)。

本标准主要起草人：张俊斌、关仕敬、凌应明、陈佐兴、倪新达、殷金兴、蔡建龙、俞安琪。

金属卤化物灯(稀土系列) 性能要求

1 范围

本标准规定了普通照明用金属卤化物灯(稀土系列)的性能要求,包括:主要尺寸、基本光电参数、试验方法、检验规则、标志、包装、运输和贮存。

对于本标准中给出的某些要求,参见相关灯的参数表。本标准中包含一部分灯种的参数表。对于属于本标准范围但未提供参数表的其他灯种,相关的灯参数由灯的制造商或销售商给出。

本标准适用于功率为70 W～400 W的单端和双端石英稀土金属卤化物灯(以下简称灯)。符合本标准和GB 19652的灯,当采用符合本标准要求的镇流器、触发器和灯具时,施加92%～106%额定电源电压,在−30 ℃～50 ℃的环境温度下,可以顺利地启动和正常地工作。

2 规范性引用文件

下列文件中的条款通过本标准的引用而成为本标准的条款。凡是注日期的引用文件,其随后所有的修改单(不包括勘误的内容)或修订版均不适用于本标准,然而,鼓励根据本标准达成协议的各方研究是否可使用这些文件的最新版本。凡是不注日期的引用文件,其最新版本适用于本标准。

GB/T 191 包装储运图示标志(GB/T 191—2008,ISO 780:1997,MOD)

GB/T 1406.1 灯头的型式和尺寸 第1部分:螺口式灯头(GB/T 1406.1—2008,IEC 60061-1:2005,MOD)

GB/T 1406.2 灯头的型式和尺寸 第2部分:插脚式灯头(GB/T 1406.2—2008,IEC 60061-1:2005,MOD)

GB/T 1406.4 灯头的型式和尺寸 第4部分:杂类灯头(GB/T 1406.4—2008,IEC 60061-1:2005,MOD)

GB/T 2423.10 电工电子产品环境试验 第2部分:试验方法 试验Fc:振动(正弦)(GB/T 2423.10—2008,IEC 60068-2-6:1995,IDT)

GB/T 2828.1 计数抽样检验程序 第1部分:按接收质量限(AQL)检索的逐批检验抽样计划(GB/T 2828.1—2003,ISO 2859-1:1999,IDT)

GB/T 2829 周期检查计数抽样程序及表(适用于生产过程稳定性的检查)

GB/T 2900.65 电工术语 照明[GB/T 2900.65—2004,IEC 60050(845):1987,MOD]

GB 7000.1 灯具 第1部分:一般要求与试验(GB 7000.1—2007,IEC 60598-1:2003,IDT)

GB/T 13434—2008 放电灯(荧光灯除外)特性测量方法

GB/T 14094—2005 卤钨灯(非机动车辆用)性能要求(IEC 60357:2002,NEQ)

GB/T 15042 灯用附件 放电灯(管形荧光灯除外)用镇流器 性能要求(GB/T 15042—2008,IEC 60923:2005,IDT)

GB 19652—2005 放电灯(荧光灯除外)安全要求(IEC 62035:2003,IDT)

GB/T 19655 灯用附件 启动装置(辉光启动器除外)性能要求(GB/T 19655—2005,IEC 60927:1999,IDT)

GB/T 20145—2006 灯和灯系统的光生物安全性(CIE S 009/E:2002,IDT)

GB/T 20152—2006 石英卤钨灯压封部位温度的标准测量方法(IEC 60682:1980,IDT)

GB/T 21656—2008 灯的国际编码系统(ILCOS)(IEC 61231:1999,IDT)

QB 2274 电光源产品的分类和型号命名方法

3 术语和定义

GB/T 2900.65 确立的以及下列术语和定义适用于本标准。

3.1

金属卤化物灯 metal halide lamp

光主要由金属蒸气、金属卤化物和金属卤化物分解物的混合物产生的高强度气体放电灯。

[GB/T 2900.65 中 845-07-25]。

注：该定义包括外壳透明和有涂层的灯。

3.2

标称值 nominal value

用于命名或标识灯的近似数值。

3.3

额定值 rated value

灯在规定的工作条件下某特性的数值。该值及条件在本标准中规定，或由生产厂或销售商规定。

3.4

光通维持率 lumen maintenance

灯在规定的条件下燃点，其寿命期内任一给定时间的光通量与该灯的初始光通量之比，该比率通常用百分比表示。

3.5

初始值 initial value

灯在老炼之前所测的启动特性，及老炼 100 h 之后所测的光电和阴极特性。

3.6

基准镇流器 reference ballast

符合 GB/T 15042 要求的特殊设计的电感型镇流器，其用途是检验镇流器、选择基准灯及检验在标准化的条件下正常生产的灯。基准镇流器的基本特性，如有关镇流器标准中所述，是在额定频率下具有稳定的电压/电流比，相对不受电流、温度和周围磁场变化的影响。

3.7

校准电流 calibration current

基准镇流器的校准和调整所依据的电流值。

3.8

特定有效紫外辐射功率 specific effective radiant UV power

灯的相对于其光通量的紫外辐射的有效功率。

单位：mW/klm。

对于反射型灯，特定有效紫外辐射功率是指相对于照度的紫外辐射有效辐照度。

单位：$mW/(m^2 \cdot klx)$。

注：紫外辐射的有效功率是将灯的光谱能量分布，按照紫外线危险作用量函数 $S_{UV}(\lambda)$ 加权计算后得出的。与紫外线危险作用量函数相关的信息，见 GB/T 20145。此标准只考虑了紫外辐射可能对人类造成的危害，而没涵盖光辐射可能对材料的影响，如机械损伤或褪色。

3.9

浪涌电流 inrush current

在灯启动后短时间内存在的较大的灯电流，因不对称的电极加热而被全部或部分地整流。

3.10

温升电流 warm-up current

在启动阶段后，较高的灯电流，原因是此时灯端电压低。此电流的上限是灯额定电流的两倍，下限是对应于最高允许灯电压对应的电流。

3.11

温升时间 run-up time

在额定电压下经老炼 100 h 后的灯，在接通开关后达到稳定状态下光通量的 90%所允许的最大时间。

3.12

稀土金属卤化物灯 rare-earth metal halide lamp

金属卤化物灯的一个系列，其填充的金属卤化物中包含稀土金属卤化物。

注：稀土金属卤化物灯的特点是显色指数高，大部分灯的显色指数能达到 80～90，个别品种的显色指数在 70～80。

4 分类与命名

4.1 分类

a) 按灯头的数量分为单端(单灯头)和双端(双灯头)；

b) 按色温分为 3 000 K、4 200 K、5 200 K、6 000 K、6 500 K 等；

c) 按玻壳形式划分：双端灯均为 T 型，而单端灯有 T 型(均为透明泡壳)、ED 型和 BT 型(透明或涂粉)等；

d) 按功率分为 70 W、100W、150 W、250 W 和 400 W。

4.2 灯型号

灯的型号应符合 QB 2274 的规定。

4.2.1 型号表示规则

灯的型号由四部分组成：第一部分和放在第二部分后半的 XT 表示灯的代号(JLZ 加上 XT 代表稀土系列照明金属卤化物灯)，第二部分前半表示灯的功率，第三部分表示玻壳型号，第四部分为补充部分，可采用色温(如 3 K 和 4.2 K 等，是用色温值除 1 000 的数值表示加上大写字母 K 表示)，也可采用灯头型号(如 E27、RX7s 和 R7s 等)和/或其他信息，各制造商可自行选择和取舍，如果上述两种或者多种内容同时出现，或不同部分字母或数字相邻可能引起混淆时中间用符号"·"隔开。

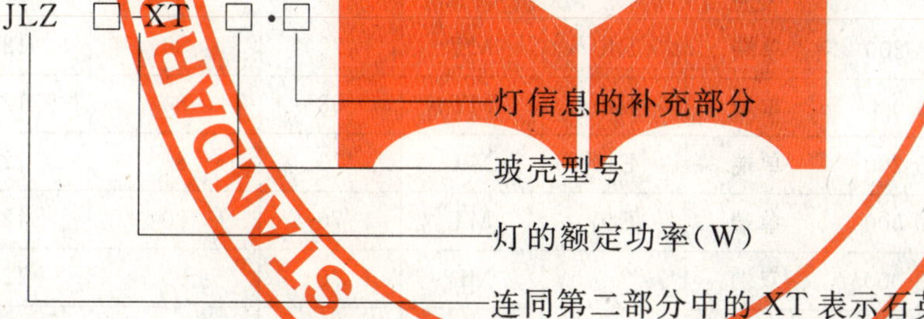

型号示例：

JLZ150XT·ED55·E27(150 W ED55 型玻壳、E27 灯头的单端石英稀土金属卤化物灯)

JLZ250XT·T46·5.2K(250 W T46 型玻壳的 5 200 K 色温单端石英稀土金属卤化物灯)

JLZ70XT·T22RX7s(70 W T 型玻壳 RX7s 灯头的双端石英稀土金属卤化物灯)

5 要求

5.1 安全要求

灯的安全要求应符合 GB 19652—2005。

5.2 外形尺寸

灯的外形尺寸应符合相应规格灯的参数表中的要求。

5.3 外观质量

5.3.1 灯的玻壳应无影响使用的缺陷。

5.3.2 螺口灯的引出线与灯头焊接应牢固光滑，焊点不应明显破坏灯头的防锈层，且不应妨碍灯旋入相应型号的符合标准的灯座内。

5.3.3 灯头与电弧管应处在同一轴线上，电弧管轴线与灯头轴线的最大偏差(同轴度)应小于等于 3°。

5.3.4 灯应具有完好的结构，不应有影响正常使用的装配上的缺陷。

5.4 启动和温升特性

5.4.1 灯应在相应灯参数表规定的温升时间内达到稳定状态下光通量的 90%，并维持燃点。

5.4.2 灯的浪涌电流不应超过相关灯参数表规定的最大浪涌电流值。

5.4.3 灯的温升电流值应在相关灯参数表给出的最小值和最大值之间。试验线路及方法见附录 A。

注：最大浪涌电流限制了灯启动阶段被整流的电流，以避免其对镇流器和灯造成永久性的损害(过热或电极熔化)。而最小温升电流用以确保能从辉光放电过渡到弧光放电。

5.5 电气特性

灯燃点 100 h 后的电气特性应符合相应灯的参数表的要求。

5.6 光特性

灯光通量的初始值不应低于灯的制造商或销售商给出额定值的 90%。

灯的初始光效应不低于表 1 中规定值的 90%。

表 1 灯参数表清单及光效、光通维持率、寿命要求

参数表编号 GB/T 24457—	标称功率/ W	相关色温/ K	类型	灯头型号	ILCOS L[a]	光效/ (lm/W)	2 000 h 光通维持率/%	平均寿命/ h
1070	70	3 000	单端	G12	MT	62	82	9 000
1075	70	4 200	单端	G12	MT	68	82	9 000
1080	70	5 200	单端	G12	MT	68	82	9 000
1150	150	3 000	单端	G12	MT	76	82	9 000
1155	150	4 200	单端	G12	MT	76	82	9 000
1160	150	5 200	单端	G12	MT	76	82	9 000
1260	250	5 200	单端	E40	MT	72	80	12 000
1265	250	6 000	单端	E40	MT	68	80	12 000
1410	400	5 200	单端	E40	MT	73	80	12 000
1415	400	6 500	单端	E40	MT	70	80	12 000
3070	70	3 000	双端	R7s RX7s	MD	70	80	12 000
3075	70	4 200	双端		MD	70	80	12 000
3080	70	5 200	双端		MD	70	80	12 000
3150	150	3 000	双端		MD	73	80	12 000
3155	150	4 200	双端		MD	70	80	12 000
3160	150	5 200	双端		MD	70	80	12 000
3165	150	6 500	双端		MD	70	80	12 000
3250	250	3 000	双端	Fc2	MD	77	80	12 000
3255	250	4 200	双端	Fc2	MD	72	80	12 000
3260	250	5 200	双端	Fc2	MD	72	80	12 000
3405	400	4 200	双端	Fc2	MD	88	80	12 000
3410	400	5 200	双端	Fc2	MD	88	80	12 000

表 1（续）

参数表编号 GB/T 24457—	标称功率/W	相关色温/K	类型	灯头型号	ILCOS L[a]	光效/(lm/W)	2 000 h 光通维持率/%	平均寿命/h
4070[b]	70	3 000	单端	E27	MC/ME	64/58	75	9 000
4075[b]	70	4 200	单端	E27	MC/ME	68/61	75	9 000
4100[b]	100	3 000	单端	E27	MC/ME	76/68	75	9 000
4105[b]	100	4 200	单端	E27	MC/ME	76/68	75	9 000
4150[b]	150	3 000	单端	E27	MC/ME	76/68	75	9 000
4155[b]	150	4 200	单端	E27	MC/ME	76/68	75	9 000
4261	250	5 200	单端	E40	ME	68	85	12 000
4411	400	5 200	单端	E40	ME	70	85	12 000

[a] 本表中 ILCOS L 的含义见表 4 或 GB/T 21656—2008 灯的国际编码系统(ILCOS)。

[b] 参数表中灯的 ILCOS 代码均用 MCS,其涵义见表 4。四种形式 MC、ME、MCS、MES 灯的几何和电参数是相同的,MCS、MES 带有第三个字母 S 表示自屏蔽式金属卤化物灯,即设计用于敞开式灯具的金属卤化物灯。表中只给出 MC、ME 灯的光效,MCS、MES 其光效应为对应 MC、ME 灯光效的 97%。

5.7 颜色特性

5.7.1 色品坐标

采用标准化色坐标的灯,适用的“颜色”和色坐标的汇总表见附录 B 的表 B.1。

采用非标准化色坐标的灯,色品坐标的额定值由灯的制造商或销售商给出。

5.7.2 显色指数

灯的一般显色指数 Ra 初始值不应比灯参数表中规定的值低 3 个数值。

5.8 耐振性能

灯应具有良好的耐振性能。经振动试验后,内部结构不应有松动、脱焊及损坏现象,并能正常启动和燃点。

5.9 灯的寿命特性

灯的光通维持率和寿命应符合制造商提供的数据,并不应低于表 1 的要求。

6 试验方法

6.1 除另有规定的外,所有试验都应在规定的正常大气条件下进行,即:温度 25 ℃±5 ℃、相对湿度小于 65%、无对流风的环境。试验时,若无特殊说明,灯应按相应数据页规定的方式燃点。

6.2 灯的标志质量(8.1),按照 GB 19652—2005 中 4.2.1 的方法进行检查。

6.3 灯的外形尺寸(5.2)用通用量具进行测量。

6.4 灯的玻壳质量(5.3.1)和引出线与灯头焊接质量(5.3.2)用目视法检验,同轴度(5.3.3)用专用仪器或实样对比法检验,装配质量(5.3.4)用目测法和专用装置进行检验。

6.5 灯的启动和温升特性(5.4)的试验方法按附录 A 的规定进行。

6.6 灯的电气特性(5.5)、初始光效/初始光通量(5.6)、显色指数(5.7.2)应按附录 B 的规定进行测量。初始光效通过计算得出(等于初始光通量与灯功率之比)。

6.7 灯的振动试验(5.8)按 GB/T 2423.10 的规定进行。试验前样品外观检查应符合 5.3 要求,样品用刚性连接固定在振动台上,试验为定频试验,频率 10 Hz、振幅 1 mm(单振幅),持续时间为在两个互相垂直的轴线上各振动 10 min。

6.8 灯的平均寿命(5.9)、光通维持率(5.9)的试验按附录 C 进行。

7 检验规则

7.1 为了检验灯是否符合本标准的规定，应由制造商对灯进行交收检验和例行检验。

7.2 交收检验

7.2.1 交收检验的灯是从合格的提交批中均匀地随机抽取，检验按 GB/T 2828.1 的规定进行，其检验项目、检查水平及合格质量水平应符合表 2 的规定。

表 2 交收检验的项目及合格判定条件

<table>
<tr><th rowspan="2">序号</th><th rowspan="2">试验项目</th><th rowspan="2">技术要求</th><th rowspan="2">试验方法</th><th rowspan="2">检查水平</th><th colspan="2">AQL/%</th></tr>
<tr><th>单项要求</th><th>全部项要求</th></tr>
<tr><td>1</td><td>标志</td><td>8.1</td><td>6.2</td><td rowspan="6">S-2</td><td>2.5</td><td rowspan="6">6.5</td></tr>
<tr><td>2</td><td>玻壳质量</td><td>5.3.1</td><td rowspan="3">6.4</td><td rowspan="5">—</td></tr>
<tr><td>3</td><td>引出线与灯头的焊接牢固度</td><td>5.3.2</td></tr>
<tr><td>4</td><td>装配质量</td><td>5.3.4</td></tr>
<tr><td>5</td><td>灯主要尺寸</td><td>5.2</td><td>6.3</td></tr>
<tr><td>6</td><td>同轴度</td><td>5.3.3</td><td>6.4</td></tr>
<tr><td>7</td><td>电气特性</td><td>5.5</td><td rowspan="3">6.6</td><td rowspan="4">S-1</td><td rowspan="4">6.5</td><td rowspan="4">—</td></tr>
<tr><td>8</td><td>初始光效/初始光通量</td><td>5.6</td></tr>
<tr><td>9</td><td>显色指数</td><td>5.7.2</td></tr>
<tr><td>10</td><td>启动特性</td><td>5.4</td><td>6.5</td></tr>
</table>

7.2.2 若交收检验不合格，则该批产品应由制造厂隔离后进行 100% 的检验。剔除不合格品后可再次提交验收。若再次提交批经检验后仍不合格，则应停止交收，此时，应分析原因，提出改进措施和处理该批产品的办法。

7.3 例行检验

7.3.1 例行检验周期应为每年一次。当灯的结构、工艺过程或材料的变更可能影响到灯的性能，或当灯生产中断了三个月以上而又恢复生产时，都要进行例行检验。

7.3.2 例行检验的产品应按 GB/T 2829 的要求，从交收检验合格的灯中均匀地随机抽取。例行检验前，所有样本单位应按交收检验项进行 100% 检查。若发现不合格品，则以合格品换取，同时应分析原因，记入例行检验报告中，但不作为例行检验结果的鉴定依据。

7.3.3 例行检验的项目及判别水平应符合表 3 的规定。

表 3 例行检验的项目与合格判定条件

<table>
<tr><th rowspan="2">序号</th><th rowspan="2">检验项目</th><th rowspan="2">技术要求</th><th rowspan="2">试验方法</th><th rowspan="2">抽样方案</th><th rowspan="2">判别水平</th><th rowspan="2">RQL/%</th><th rowspan="2">n</th><th colspan="2">判定数值</th></tr>
<tr><th>Ac</th><th>Re</th></tr>
<tr><td>1</td><td>耐振性能</td><td>5.8</td><td>6.7</td><td>按 GB/T 2829 二次抽样方案</td><td>Ⅱ</td><td>65</td><td>3
3</td><td>0
1</td><td>2
2</td></tr>
<tr><td>2</td><td>2 000 h 光通维持率</td><td>5.9</td><td>6.8</td><td>按 GB/T 2829 一次抽样方案</td><td>Ⅱ</td><td>65</td><td>5</td><td>1</td><td>2</td></tr>
<tr><td>3</td><td>平均寿命</td><td>5.9</td><td>6.8</td><td colspan="6">每个规格不少于 3 个，按照定义判别</td></tr>
</table>

7.3.4 例行检验若不合格，则认为该批灯不合格，此时应分析原因，提出处理办法和采取有效措施后，方可恢复生产与验收。

8 标志、包装、运输和贮存

8.1 在每个灯上应有下列清晰和牢固的标志。

a) 来源标志。可以是商标、制造商标志或销售商的名称等；

b) 灯的型号，或功率及灯的有关光电色特性；

c) 制造日期(年、季或月)。

8.2 灯的包装应牢固并具有良好的耐振性能。每只包装盒应附有产品说明书，包装箱内应有合格证。

8.2.1 每个包装盒表面应注明：

a) 制造商商标及名称、地址；

b) 灯的名称和型号；

c) 灯头型号；

d) 产品标准编号。

8.2.2 在外包装箱上，除应符合 8.2.1 的规定外，还应注明：

a) 灯数量；

b) 包装日期；

c) 符合 GB/T 191 规定的包装储运图示标志。

8.3 灯运输时，应防止挤压、雨雪淋湿和强烈的振动。

8.4 灯应贮存在相对湿度不超过 85%的干燥通风且没有腐蚀性气体的室内。

9 镇流器、启动器、灯具设计参数

为确保灯能可靠地启动和燃点，镇流器、启动器、灯具应符合相关灯参数表给出的要求。关于灯具设计的额外要求，参见附录 D。

GB/T 20152—2006 提供了测量压封部位温度的测量方法。关于泡壳温度的测量，见 GB/T 14094—2005 中的附录 D。

10 灯参数表

10.1 参数表编号的一般规则

第一个数表示本标准的编号“GB/T 24457”。

第二个数表示该参数表编号。

第三个数表示该参数表当页的版本编号。如果某一灯参数表的页数超过一页，则有可能各页的版本编号不同，而各页的参数表编号仍保持相同。

10.2 灯参数表

10.2.1 灯外形尺寸定位图(见表 4)

表 4 灯外形尺寸定位图

定位图编号 GB/T 24457—	标称功率范围/W	类 型	灯 头	ILCOS L	ILCOS L(L 类国际编码系统)的含义
0001	70～150	单端	G12	MT	透明管形玻壳单端金属卤化物灯
0002	250～400	单端	E40	MT	
0003	70～150	双端	R7s、RX7s	MD	透明外玻壳双端金属卤化物灯
0004	250～400	双端	Fc2	MD	
0005	70～400	单端	E27/E40	MC/ME MCS/MES	MC/ME 表示透明/漫射涂层，ED 或 BT 型玻壳单端金属卤化物灯。而 MCS/MES 中的第三个字母 S 表示自屏蔽式金属卤化物灯，即设计用于敞开式灯具的金属卤化物灯

10.2.2 灯参数表

清单见表 1。

注：各参数表中给出的 ILCOS 对应于参数表中的显色指数。有些制造商能生产显色指数比表中规定要高的灯，此时其表示显色指数的部分要作相应更改。例如，表中规定显色指数为 80，但如灯的显色指数为 90 以上，则代码中的“1B”就要修改为“1A”。

	单端金属卤化物灯尺寸定位图	第 1 页

灯头：G12[a]

基准面是灯头的下缘。

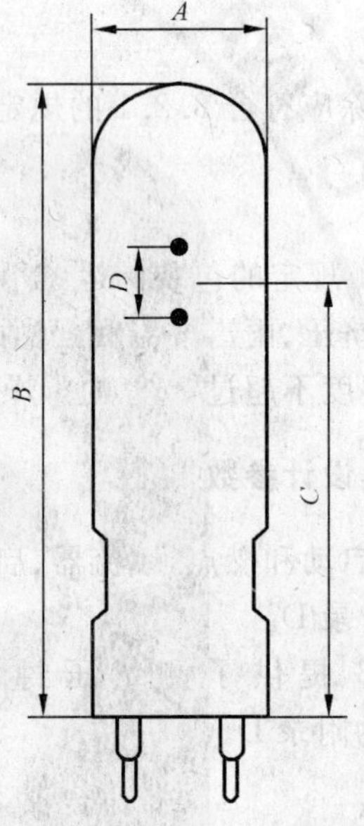

A——直径；

B——灯顶部对基准面的距离；

C——光中心高度；

D——弧长。

注：左图中灯电弧取向是水平的，右图中灯电弧是轴向的，在参数表中分别给出尺寸。

[a] 见 GB/T 1406.2-7004-63。

GB/T 24457-0001-1

	单端金属卤化物灯尺寸定位图	第1页

灯头：E40[a]

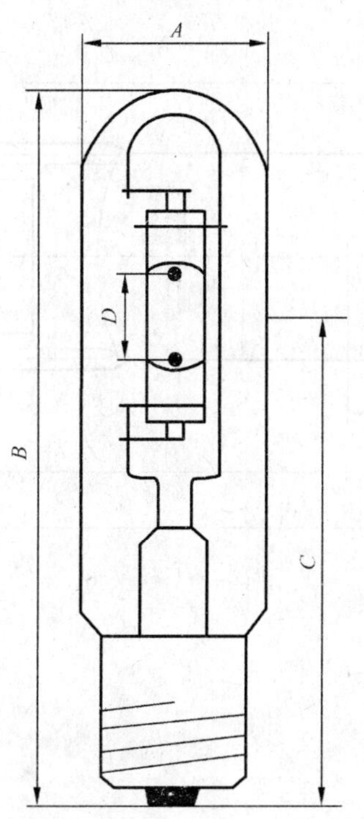

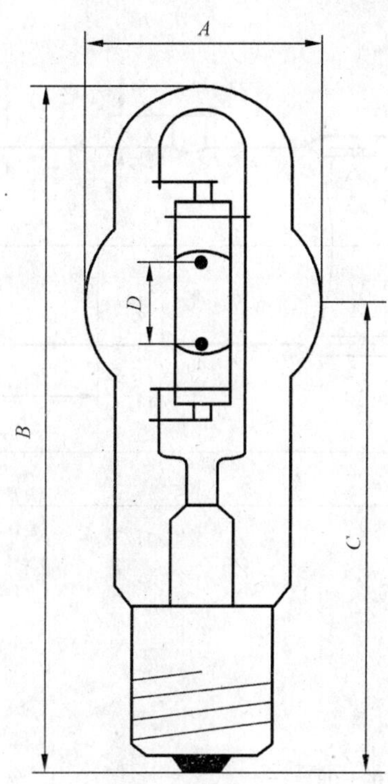

A——直径；

B——灯全长；

C——光中心高度；

D——弧长。

注：左图中灯的泡壳是T型，右图中是变形的T型(某些制造商/销售商也称其为BT型，B代表bulged。)

[a] 见GB/T 1406.1-7004-24。

GB/T 24457-0002-1

	双端金属卤化物灯尺寸定位图	第1页

灯头:RX7s[a]

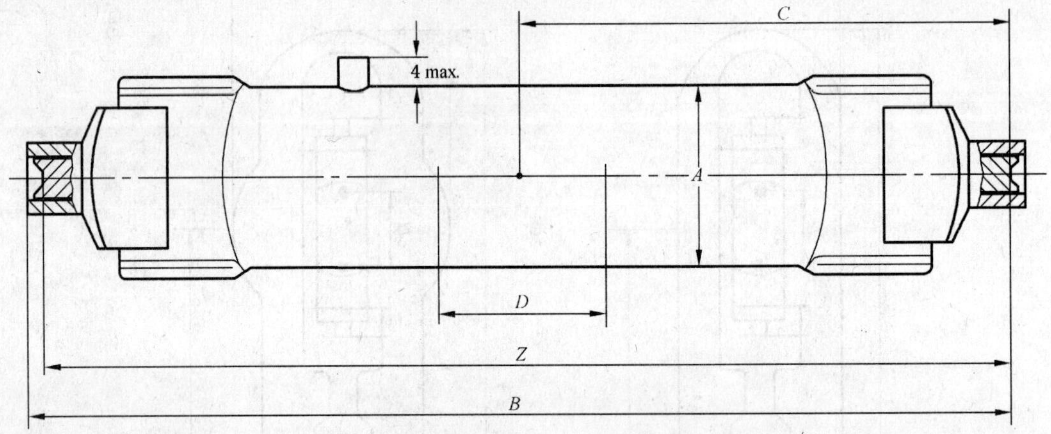

C
4 max.
A
D
Z
B

A——直径;
B——灯的长度;
C——光中心长度;
D——弧长;
Z——两触点之间的长度。
注:排气口的位置未作规定。
[a] 见 GB/T 1406.4-7004-92A。

GB/T 24457-0003-1

	双端金属卤化物灯尺寸定位图	第 1 页

灯头：Fc2[a]

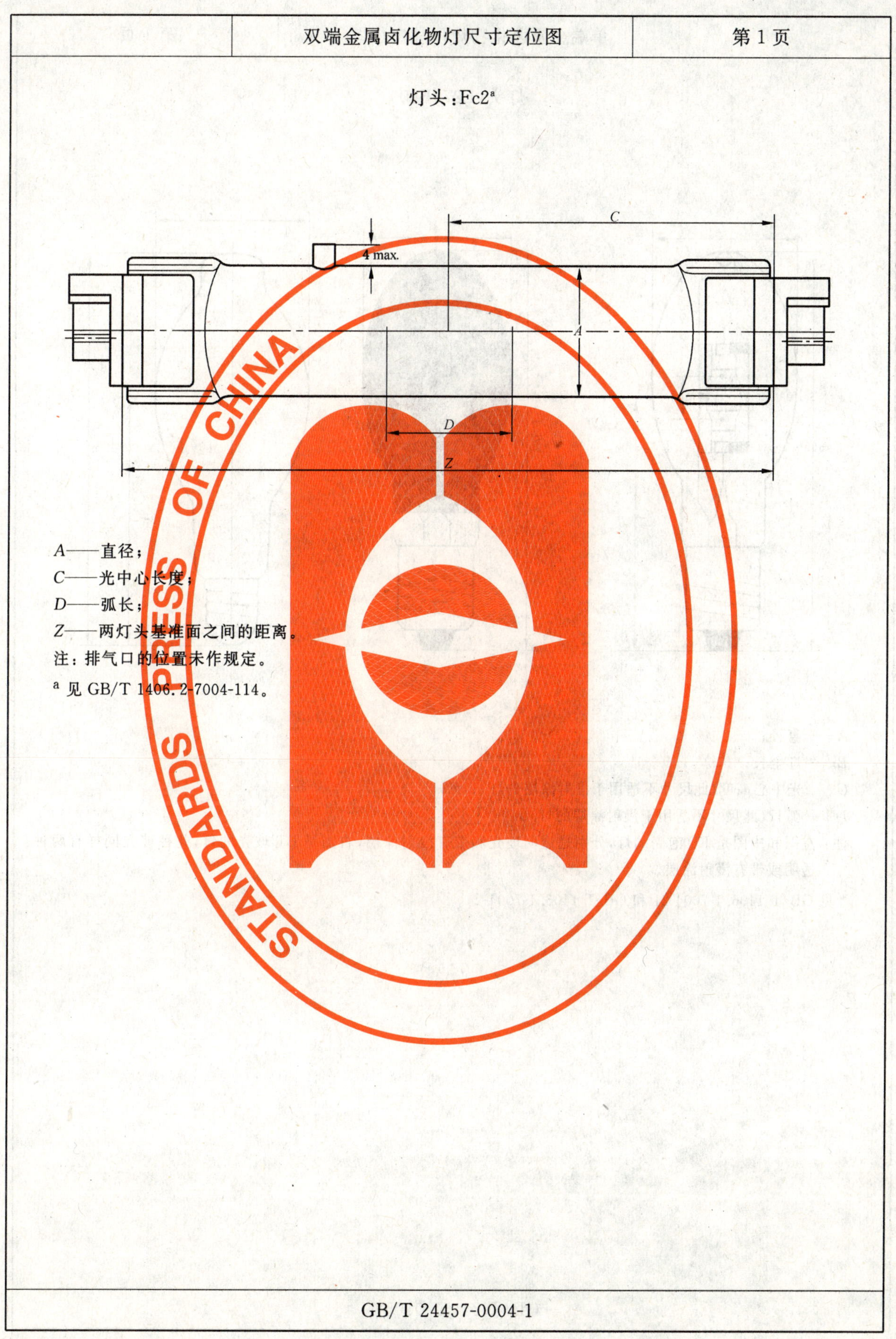

A——直径；

C——光中心长度；

D——弧长；

Z——两灯头基准面之间的距离。

注：排气口的位置未作规定。

[a] 见 GB/T 1406.2-7004-114。

GB/T 24457-0004-1

	单端金属卤化物灯尺寸定位图	第1页

灯头：E27/E40[a]

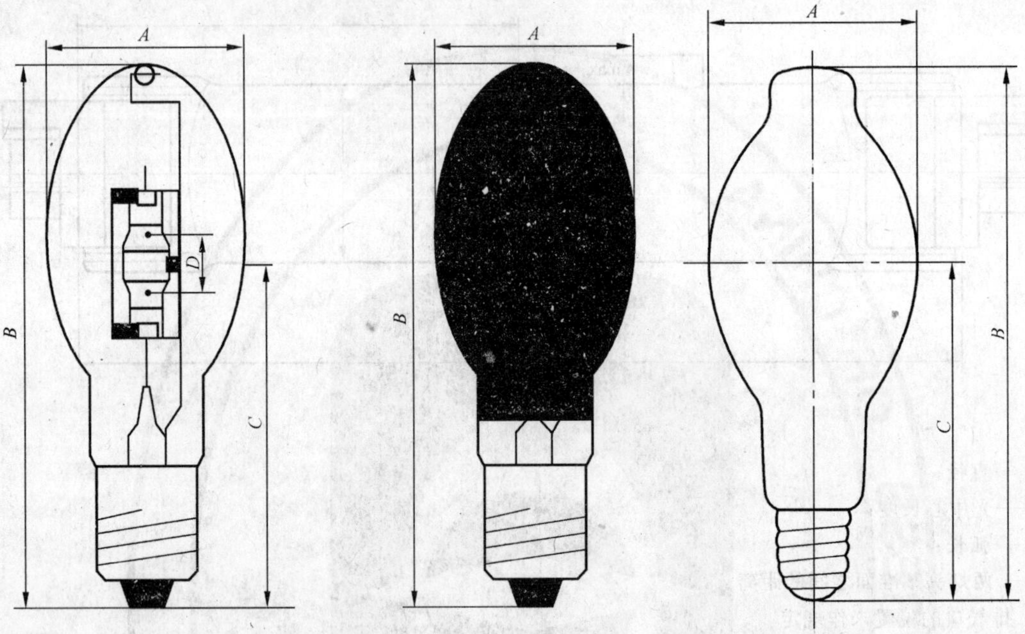

A——直径；

B——灯全长；

C——光中心高度(此尺寸不适用于漫射涂层的灯)；

D——弧长(此尺寸不适用于漫射涂层的灯)。

注：左图和中图是ED泡壳的灯，分别是透明玻壳和带有漫射涂层，右图是BT玻壳的灯，此种玻壳同样有两种：透明或带有漫射涂层。

[a] 见GB/T 1406.1-7004-21和GB/T 1406.1-7004-24。

GB/T 24457-0005-1

	金属卤化物灯参数表	第1页

ILCOS:MT-70/30/2A-H-G12-26/84

标称功率	相关色温(标称值)	类型	灯头
70 W	3 000 K	单端	G12

尺寸/mm				
电弧取向	*A*(最大值)	*B*(最大值)	*C*	*D*
水平	26	76	56±1	4±1
轴向	26	90	56±1	7±1

参见 GB/T 24457-0001。

灯在额定电源电压下的启动特性[1)]		
温升时间	min	3

灯在 50 Hz 或 60 Hz 电源下的电气特性[1)]				
项　　目		额定值	最小值	最大值
功率	W	75		
电压	V	95	80	110
电流	A	0.98		

颜色特性(标称值)[1)]		
相关色温	K	3 000
色座标	x	0.434[a]
色座标	y	0.398[a]
显色指数	Ra	70

基准镇流器特性		
额定频率	Hz	50 或 60
额定电压	V	220
校准电流	A	0.98
电压/电流比	Ω	188
功率因数		0.075±0.005

1) 老炼 100 h 后的数值。试验位置:垂直±5°燃点,灯头在上。

[a] 待定。

GB/T 24457-1070-1

	金属卤化物灯参数表	第 2 页

ILCOS:MT-70/30/2A-H-G12-26/84

镇流器的设计参数			
项　目		最小值	最大值
启动时开路电压(有效值)	V	[a]	
稳定工作电源电压(有效值)	V	198	
浪涌电流(峰值)	A		19.6
温升电流(有效值)	A	0.98	1.96
由于在灯的寿命终止时可能发生导致镇流器过载等异常情况,所以灯的工作线路中应有适当的保护线路。			

触发器设计参数			
项　目		最小值	最大值
触发脉冲高度(峰值)	kV	3.5[a]	5[a]
触发脉冲宽度(在 90%峰值)	μs	[a]	

灯具设计参数		
封接部位最高允许温度	℃	280[a]
玻壳最高允许温度	℃	500[a]
燃点位置		任意
灯允许的最大特定有效紫外辐射功率	mW/klm	2
灯具应有防止光源碎裂及其紫外线辐射造成危害的防护罩。相关要求见 GB 7000.1。		

[a] 待定。

GB/T 24457-1070-1

	金属卤化物灯参数表	第 1 页

ILCOS:MT-70/42/1B-H-G12-26/84

标称功率	相关色温(标称值)	类型	灯头
70 W	4 200 K	单端	G12

尺寸/mm				
电弧取向	*A*(最大值)	*B*(最大值)	*C*	*D*
水平	26	76	56±1	4.5±1
轴向	26	90	56±1	7±1

参见 GB/T 24457-0001。

灯在额定电源电压下的启动特性1)		
温升时间	min	3

灯在 50 Hz 或 60 Hz 电源下的电气特性1)				
项　　目		额定值	最小值	最大值
功率	W	75		
电压	V	95	80	110
电流	A	0.98		

颜色特性(标称值)1)		
相关色温	K	4 200
色座标	x	0.371[a]
色座标	y	0.366[a]
显色指数	Ra	80

基准镇流器特性		
额定频率	Hz	50 或 60
额定电压	V	220
校准电流	A	0.98
电压/电流比	Ω	188
功率因数		0.075±0.005

1) 老炼 100 h 后的数值。试验位置:垂直±5°燃点,灯头在上。

a 待定。

GB/T 24457-1075-1

	金属卤化物灯参数表	第2页

ILCOS:MT-70/42/1B-H-G12-26/84

镇流器的设计参数			
项　　目		最小值	最大值
启动时开路电压(有效值)	V	[a]	
稳定工作电源电压(有效值)	V	198	
浪涌电流(峰值)	A		19.6
温升电流(有效值)	A	0.98	1.96
由于在灯的寿命终止时可能发生导致镇流器过载等异常情况,所以灯的工作线路中应有适当的保护线路。			

触发器设计参数			
项　　目		最小值	最大值
触发脉冲高度(峰值)	kV	3.5[a]	5[a]
触发脉冲宽度(在90%峰值)	μs	[a]	

灯具设计参数		
封接部位最高允许温度	℃	280[a]
玻壳最高允许温度	℃	500[a]
燃点位置		任意
灯允许的最大特定有效紫外辐射功率	mW/klm	2
灯具应有防止光源碎裂及其紫外线辐射造成危害的防护罩。相关要求见GB 7000.1。		

[a] 待定。

GB/T 24457-1075-1

	金属卤化物灯参数表	第1页

ILCOS:MT-70/52/1B-H-G12-26/84

标称功率	相关色温(标称值)	类型	灯头
70 W	5 200 K	单端	G12

尺寸/mm				
电弧取向	*A*(最大值)	*B*(最大值)	*C*	*D*
水平	26	76	56±1	4.5±1
轴向	26	90	56±1	7±1

参见 GB/T 24457-0001。

灯在额定电源电压下的启动特性[1)]		
温升时间	min	3

灯在 50 Hz 或 60 Hz 电源下的电气特性[1)]				
项　　目		额定值	最小值	最大值
功率	W	75		
电压	V	95	80	110
电流	A	0.98		

颜色特性(标称值)[1)]		
相关色温	K	5 200
色座标	x	[a]
色座标	y	[a]
显色指数	Ra	80

基准镇流器特性		
额定频率	Hz	50 或 60
额定电压	V	220
校准电流	A	0.98
电压/电流比	Ω	188
功率因数		0.075±0.005

1)　老炼 100 h 后的数值。试验位置:垂直±5°燃点,灯头在上。

[a] 待定。

GB/T 24457-1080-1

	金属卤化物灯参数表	第2页

ILCOS:MT-70/52/1B-H-G12-26/84

镇流器的设计参数			
项　目		最小值	最大值
启动时开路电压(有效值)	V	[a]	
稳定工作电源电压(有效值)	V	198	
浪涌电流(峰值)	A		19.6
温升电流(有效值)	A	0.98	1.96
由于在灯的寿命终止时可能发生导致镇流器过载等异常情况,所以灯的工作线路中应有适当的保护线路。			

触发器设计参数			
项　目		最小值	最大值
触发脉冲高度(峰值)	kV	3.5[a]	5[a]
触发脉冲宽度(在90%峰值)	μs	[a]	

灯具设计参数		
封接部位最高允许温度	℃	280[a]
玻壳最高允许温度	℃	500[a]
燃点位置		任意
灯允许的最大特定有效紫外辐射功率	mW/klm	2
灯具应有防止光源碎裂及其紫外线辐射造成危害的防护罩。相关要求见GB 7000.1。		

[a] 待定。

GB/T 24457-1080-1

	金属卤化物灯参数表	第 1 页

ILCOS:MT-150/30/2A-H-G12-26/84

标称功率	相关色温(标称值)	类型	灯头
150 W	3 000 K	单端	G12

尺寸/mm				
电弧取向	*A*(最大值)	*B*(最大值)	*C*	*D*
水平	26	76	56±1	6.25±1.25
轴向	26	100	56±1	9±1

参见 GB/T 24457-0001。

灯在额定电源电压下的启动特性[1)]		
温升时间	min	3

灯在 50 Hz 或 60 Hz 电源下的电气特性[1)]				
项　目		额定值	最小值	最大值
功率	W	146		
电压	V	95	80	110
电流	A	1.82		

颜色特性(标称值)[1)]		
相关色温	K	3 000
色座标	x	0.434[a]
色座标	y	0.398[a]
显色指数	Ra	70

基准镇流器特性			
额定频率	Hz	50	60
额定电压	V	220	220
校准电流	A	1.8	1.8
电压/电流比	Ω	99	97
功率因数		0.060±0.005	0.075±0.005

1)　老炼 100 h 后的数值。试验位置:垂直±5°燃点,灯头在上。

[a] 待定。

GB/T 24457-1150-1

	金属卤化物灯参数表	第2页

ILCOS:MT-150/30/2A-H-G12-26/84

镇流器的设计参数			
项　　目		最小值	最大值
启动时开路电压(有效值)	V	[a]	
稳定工作电源电压(有效值)	V	198	
浪涌电流(峰值)	A		36.0
温升电流(有效值)	A	1.8	3.2
由于在灯的寿命终止时可能发生导致镇流器过载等异常情况,所以灯的工作线路中应有适当的保护线路。			

触发器设计参数			
项　　目		最小值	最大值
触发脉冲高度(峰值)	kV	3.5[a]	5[a]
触发脉冲宽度(在90%峰值)	μs	[a]	

灯具设计参数		
封接部位最高允许温度	℃	280[a]
玻壳最高允许温度	℃	550[a]
燃点位置		任意
灯允许的最大特定有效紫外辐射功率	mW/klm	6[b]
灯具应有防止光源碎裂及其紫外线辐射造成危害的防护罩。相关要求见GB 7000.1。		

[a] 待定。

[b] 注意也有些灯此项指标能达到2 mW/klm甚至更低。

GB/T 24457-1150-1

	金属卤化物灯参数表	第 1 页

ILCOS:MT-150/42/1B-H-G12-26/84

标称功率	相关色温(标称值)	类型	灯头
150 W	4 200 K	单端	G12

尺寸/mm				
电弧取向	*A*(最大值)	*B*(最大值)	*C*	*D*
水平	26	76	56±1	6.25±1.25
轴向	26	100	56±1	9±1

参见 GB/T 24457-0001。

灯在额定电源电压下的启动特性1)		
温升时间	min	3

灯在 50 Hz 或 60 Hz 电源下的电气特性1)				
项　　目		额定值	最小值	最大值
功率	W	146		
电压	V	95	80	110
电流	A	1.82		

颜色特性(标称值)1)		
相关色温	K	4 200
色座标	x	0.371[a]
色座标	y	0.366[a]
显色指数	Ra	80

基准镇流器特性			
额定频率	Hz	50	60
额定电压	V	220	220
校准电流	A	1.8	1.8
电压/电流比	Ω	99	97
功率因数		0.060±0.005	0.075±0.005

1)　老炼 100 h 后的数值。试验位置:垂直±5°燃点,灯头在上。

[a] 待定。

GB/T 24457-1155-1

	金属卤化物灯参数表	第 2 页

ILCOS:MT-150/42/1B-H-G12-26/84

镇流器的设计参数			
项　目		最小值	最大值
启动时开路电压(有效值)	V	[a]	
稳定工作电源电压(有效值)	V	198	
浪涌电流(峰值)	A		36.0
温升电流(有效值)	A	1.8	3.2
由于在灯的寿命终止时可能发生导致镇流器过载等异常情况,所以灯的工作线路中应有适当的保护线路。			

触发器设计参数			
项　目		最小值	最大值
触发脉冲高度(峰值)	kV	3.5[a]	5[a]
触发脉冲宽度(在 90%峰值)	μs	[a]	

灯具设计参数		
封接部位最高允许温度	℃	280[a]
玻壳最高允许温度	℃	550[a]
燃点位置		任意
灯允许的最大特定有效紫外辐射功率	mW/klm	6[b]
灯具应有防止光源碎裂及其紫外线辐射造成危害的防护罩。相关要求见 GB 7000.1。		

[a] 待定。

[b] 注意也有些灯此项指标能达到 2 mW/klm 甚至更低。

GB/T 24457-1155-1

	金属卤化物灯参数表	第 1 页

ILCOS：MT-150/52/1B-H-G12-26/84

标称功率	相关色温(标称值)	类型	灯头
150 W	5 200 K	单端	G12

尺寸/mm				
电弧取向	*A*(最大值)	*B*(最大值)	*C*	*D*
水平	26	76	56±1	6.25±1.25
轴向	26	100	56±1	9±1

参见 GB/T 24457-0001。

灯在额定电源电压下的启动特性[1)]		
温升时间	min	3

灯在 50 Hz 或 60 Hz 电源下的电气特性[1)]				
项　　目		额定值	最小值	最大值
功率	W	146		
电压	V	95	80	110
电流	A	1.82		

颜色特性(标称值)[1)]		
相关色温	K	5 200
色座标	x	[a]
色座标	y	[a]
显色指数	Ra	80

基准镇流器特性			
额定频率	Hz	50	60
额定电压	V	220	220
校准电流	A	1.8	1.8
电压/电流比	Ω	99	97
功率因数		0.060±0.005	0.075±0.005

1) 老炼 100 h 后的数值。试验位置：垂直±5°燃点，灯头在上。

[a] 待定。

GB/T 24457-1160-1

	金属卤化物灯参数表	第2页

ILCOS:MT-150/52/1B-H-G12-26/84

镇流器的设计参数			
项　　目		最小值	最大值
启动时开路电压(有效值)	V	[a]	
稳定工作电源电压(有效值)	V	198	
浪涌电流(峰值)	A		36.0
温升电流(有效值)	A	1.8	3.2
由于在灯的寿命终止时可能发生导致镇流器过载等异常情况,所以灯的工作线路中应有适当的保护线路。			

触发器设计参数			
项　　目		最小值	最大值
触发脉冲高度(峰值)	kV	3.5[a]	5[a]
触发脉冲宽度(在90%峰值)	μs	[a]	

灯具设计参数		
封接部位最高允许温度	℃	280[a]
玻壳最高允许温度	℃	550[a]
燃点位置		任意
灯允许的最大特定有效紫外辐射功率	mW/klm	6[b]
灯具应有防止光源碎裂及其紫外线辐射造成危害的防护罩。相关要求见GB 7000.1。		

[a] 待定。

[b] 注意也有些灯此项指标能达到2 mW/klm甚至更低。

GB/T 24457-1160-1

	金属卤化物灯参数表	第 1 页

ILCOS:MT-250/52/1B-H-E40-47/226

标称功率	相关色温(标称值)	类型	灯头
250 W	5 200 K	单端	E40

尺寸/mm			
A(最大值)	*B*(最大值)	*C*(标称值)	*D*(标称值)
47	226	150[a]	[a]

参见 GB/T 24457-0002。

灯在额定电源电压下的启动特性[1)]		
温升时间	min	6

灯在 50 Hz 或 60 Hz 电源下的电气特性[1)]				
项　目		额定值	最小值	最大值
功率	W	250		
电压	V	100[a]	85[a]	115[a]
电流	A	3.0		

颜色特性(标称值)[1)]		
相关色温	K	5 200
色座标	x	[a]
色座标	y	[a]
显色指数	Ra	80

基准镇流器特性			
额定频率	Hz	50	60
额定电压	V	220	220
校准电流	A	3.0	3.0
电压/电流比	Ω	60	59
功率因数		0.060±0.005	0.075±0.005

1)　老炼 100 h 后的数值。试验位置:水平±5°。

[a] 待定。

GB/T 24457-1260-1

	金属卤化物灯参数表	第2页

ILCOS:MT-250/52/1B-H-E40-47/226

镇流器的设计参数			
项　目		最小值	最大值
启动时开路电压(有效值)	V	[a]	
稳定工作电源电压(有效值)	V	198	
浪涌电流(峰值)	A		60.0
温升电流(有效值)	A	3.0	5.2
由于在灯的寿命终止时可能发生导致镇流器过载等异常情况,所以灯的工作线路中应有适当的保护线路。			

触发器设计参数			
项　目		最小值	最大值
触发脉冲高度(峰值)	kV	3[a]	5[a]
触发脉冲宽度(在90%峰值)	μs	[a]	

灯具设计参数		
灯端边缘最高允许温度	℃	250[a]
外玻壳最高允许温度	℃	500[a]
燃点位置		任意
灯允许的最大特定有效紫外辐射功率	mW/klm	2
灯具应有防止光源碎裂及其紫外线辐射造成危害的防护罩。相关要求见GB 7000.1。		

[a] 待定。

GB/T 24457-1260-1

	金属卤化物灯参数表	第1页

ILCOS:MT-250/60/1B-H-E40-47/226

标称功率	相关色温(标称值)	类型	灯头
250 W	6 000 K	单端	E40

尺寸/mm			
A(最大值)	*B*(最大值)	*C*(标称值)	*D*(标称值)
47	226	150[a]	[a]

参见 GB/T 24457-0002。

灯在额定电源电压下的启动特性[1)]		
温升时间	min	6

灯在 50 Hz 或 60 Hz 电源下的电气特性[1)]				
项目		额定值	最小值	最大值
功率	W	250		
电压	V	100[a]	85[a]	115[a]
电流	A	3.0		

颜色特性(标称值)[1)]		
相关色温	K	6 000
色座标	x	[a]
色座标	y	[a]
显色指数	Ra	80

基准镇流器特性			
额定频率	Hz	50	60
额定电压	V	220	220
校准电流	A	3.0	3.0
电压/电流比	Ω	60	59
功率因数		0.060±0.005	0.075±0.005

1) 老炼 100 h 后的数值。试验位置:水平±5°。

[a] 待定。

GB/T 24457-1265-1

	金属卤化物灯参数表	第 2 页

ILCOS:MT-250/60/1B-H-E40-47/226

镇流器的设计参数			
项　目		最小值	最大值
启动时开路电压(有效值)	V	[a]	
稳定工作电源电压(有效值)	V	198	
浪涌电流(峰值)	A		60.0
温升电流(有效值)	A	3.0	5.2
由于在灯的寿命终止时可能发生导致镇流器过载等异常情况,所以灯的工作线路中应有适当的保护线路。			

触发器设计参数			
项　目		最小值	最大值
触发脉冲高度(峰值)	kV	[a]	[a]
触发脉冲宽度(在 90%峰值)	μs	[a]	

灯具设计参数		
灯端边缘最高允许温度	℃	250[a]
外玻壳最高允许温度	℃	500[a]
燃点位置		水平±45°
灯允许的最大特定有效紫外辐射功率	mW/klm	2
灯具应有防止光源碎裂及其紫外线辐射造成危害的防护罩。相关要求见 GB 7000.1。		

[a] 待定。

GB/T 24457-1265-1

	金属卤化物灯参数表	第1页

ILCOS:MT-400/52/1B-H-E40-63/285

标称功率	相关色温(标称值)	类型	灯头
400 W	5 200 K	单端	E40

尺寸/mm			
A(最大值)	*B*(最大值)	*C*(标称值)	*D*(标称值)
63	285	175[a]	[a]

参见 GB/T 24457-0002[2)]。

灯在额定电源电压下的启动特性[1)]		
温升时间	min	6

灯在 50 Hz 或 60 Hz 电源下的电气特性[1)]				
项　目		额定值	最小值	最大值
功率	W	420		
电压	V	120[a]	105[a]	130[a]
电流	A	4.0		

颜色特性(标称值)[1)]		
相关色温	K	5 200
色座标	x	[a]
色座标	y	[a]
显色指数	Ra	80

基准镇流器特性			
额定频率	Hz	50	60
额定电压	V	220	220
校准电流	A	4.6	4.6
电压/电流比	Ω	39.0	38.6
功率因数		0.060±0.005	0.075±0.005

1)　老炼 100 h 后的数值。试验位置:水平±5°。

2)　制造商可以选择采用图中右边形状的玻壳,此时非凸起部分的标称直径为 46 mm。

[a] 待定。

GB/T 24457-1410-1

	金属卤化物灯参数表	第 2 页

ILCOS:MT-400/52/1B-H-E40-63/285

镇流器的设计参数			
项　目		最小值	最大值
启动时开路电压(有效值)	V	[a]	
稳定工作电源电压(有效值)	V	198	
浪涌电流(峰值)	A		80.0
温升电流(有效值)	A	4.0	7.2[a]
由于在灯的寿命终止时可能发生导致镇流器过载等异常情况,所以灯的工作线路中应有适当的保护线路。			

触发器设计参数			
项　目		最小值	最大值
触发脉冲高度(峰值)	kV	3[a]	5[a]
触发脉冲宽度(在 90%峰值)	μs	[a]	

灯具设计参数		
灯端边缘最高允许温度	℃	250[a]
外玻壳最高允许温度	℃	500[a]
燃点位置		任意
灯允许的最大特定有效紫外辐射功率	mW/klm	2
灯具应有防止光源碎裂及其紫外线辐射造成危害的防护罩。相关要求见 GB 7000.1。		

[a] 待定。

GB/T 24457-1410-1

金属卤化物灯参数表	第1页

ILCOS:MT-400/65/1B-H-E40-58/270

标称功率	相关色温(标称值)	类型	灯头
400 W	6 500 K	单端	E40

尺寸/mm			
A(最大值)	B(最大值)	C(标称值)	D(标称值)
58	270	175[a]	[a]

参见 GB/T 24457-0002。

灯在额定电源电压下的启动特性[1)]		
温升时间	min	6

灯在 50 Hz 或 60 Hz 电源下的电气特性[1)]				
项　目		额定值	最小值	最大值
功率	W	400		
电压	V	118[a]	105[a]	130[a]
电流	A	3.5		

颜色特性(标称值)[1)]		
相关色温	K	6 540
色座标	x	0.310 5[a]
色座标	y	0.339 2[a]
显色指数	Ra	80

基准镇流器特性			
额定频率	Hz	50	60
额定电压	V	220	220
校准电流	A	3.25	3.25
电压/电流比	Ω	45.0	45.0
功率因数		0.060±0.005	0.075±0.005

1) 老炼 100 h 后的数值。试验位置:水平±5°。

[a] 待定。

GB/T 24457-1415-1

	金属卤化物灯参数表	第2页

ILCOS:MT-400/65/1B-H-E40-58/270

镇流器的设计参数			
项　目		最小值	最大值
启动时开路电压(有效值)	V	[a]	
稳定工作电源电压(有效值)	V	198	
浪涌电流(峰值)	A		80.0
温升电流(有效值)	A	3.2	5.0[a]
由于在灯的寿命终止时可能发生导致镇流器过载等异常情况,所以灯的工作线路中应有适当的保护线路。			

触发器设计参数			
项　目		最小值	最大值
触发脉冲高度(峰值)	kV	[a]	[a]
触发脉冲宽度(在90%峰值)	μs	[a]	

灯具设计参数		
灯端边缘最高允许温度	℃	250[a]
外玻壳最高允许温度	℃	500[a]
燃点位置		水平±45°
灯允许的最大特定有效紫外辐射功率	mW/klm	2
灯具应有防止光源碎裂及其紫外线辐射造成危害的防护罩。相关要求见GB 7000.1。		

[a] 待定。

GB/T 24457-1415-1

	金属卤化物灯参数表	第1页

ILCOS:MD-70/30/2A-H-RX7s-22/114.2

标称功率	相关色温(标称值)	类型	灯头
70 W	3 000 K	双端	RX7s

尺寸/mm				
A(最大值)	*B*(最大值)	*Z*	*C*(标称值)	*D*(标称值)
22	117.6	114.2±1.6	57	7

参见 GB/T 24457-0003。

灯在额定电源电压下的启动特性[1),2)]		
温升时间	min	4

灯在 50 Hz 或 60 Hz 电源下的电气特性[1),2)]				
项　　目		额定值	最小值	最大值
功率	W	75		
电压	V	95[a]	85	105
电流	A	0.98		

颜色特性(标称值)[1),2)]		
相关色温	K	3 000
色座标	x	0.434[a]
色座标	y	0.398[a]
显色指数	Ra	70

基准镇流器特性		
额定频率	Hz	50 或 60
额定电压	V	220
校准电流	A	0.98
电压/电流比	Ω	188
功率因数		0.075±0.005

1)　老炼 100 h 后的数值。试验位置:水平±5°。

2)　在灯具模拟装置中的数值,见第 B.2 章。

a 待定。

GB/T 24457-3070-1

	金属卤化物灯参数表	第2页

ILCOS:MD-70/30/2A-H-RX7s-22/114.2

镇流器的设计参数			
项　　目		最小值	最大值
启动时开路电压(有效值)	V	[a]	
稳定工作电源电压(有效值)	V	198	
浪涌电流(峰值)	A		19.6
温升电流(有效值)	A	0.98	1.96
由于在灯的寿命终止时可能发生导致镇流器过载等异常情况,所以灯的工作线路中应有适当的保护线路。			

触发器设计参数			
项　　目		最小值	最大值
触发脉冲高度(峰值)	kV	3.5[a]	5[a]
触发脉冲宽度(在90%峰值)	μs	[a]	

灯具设计参数		
封接部位最高允许温度	℃	280[a]
玻壳最高允许温度	℃	500[a]
燃点位置		水平±45°
灯允许的最大特定有效紫外辐射功率	mW/klm	2
灯具应有防止光源碎裂及其紫外线辐射造成危害的防护罩。相关要求见GB 7000.1。		

[a] 待定。

GB/T 24457-3070-1

	金属卤化物灯参数表	第 1 页

ILCOS:MD-70/42/1B-H-RX7s-22/114.2

标称功率	相关色温(标称值)	类型	灯头
70 W	4 200 K	双端	RX7s

尺寸/mm				
A(最大值)	B(最大值)	Z	C(标称值)	D(标称值)
22	117.6	114.2±1.6	57	7

参见 GB/T 24457-0003。

灯在额定电源电压下的启动特性[1),2)]		
温升时间	min	4

灯在 50 Hz 或 60 Hz 电源下的电气特性[1),2)]				
项　目		额定值	最小值	最大值
功率	W	75		
电压	V	90[a]	80	100
电流	A	0.98		

颜色特性(标称值)[1),2)]		
相关色温	K	4 200
色座标	x	0.371[a]
色座标	y	0.366[a]
显色指数	Ra	80

基准镇流器特性		
额定频率	Hz	50 或 60
额定电压	V	220
校准电流	A	0.98
电压/电流比	Ω	188
功率因数		0.075±0.005

1)　老炼 100 h 后的数值。试验位置:水平±5°。

2)　在灯具模拟装置中的数值,见第 B.2 章。

[a] 待定。

GB/T 24457-3075-1

	金属卤化物灯参数表	第 2 页

ILCOS:MD-70/42/1B-H-RX7s-22/114.2

镇流器的设计参数			
项　　目		最小值	最大值
启动时开路电压(有效值)	V	[a]	
稳定工作电源电压(有效值)	V	198	
浪涌电流(峰值)	A		19.6
温升电流(有效值)	A	0.98	1.96
由于在灯的寿命终止时可能发生导致镇流器过载等异常情况,所以灯的工作线路中应有适当的保护线路。			

触发器设计参数			
项　　目		最小值	最大值
触发脉冲高度(峰值)	kV	3.5[a]	5[a]
触发脉冲宽度(在90%峰值)	μs	[a]	

灯具设计参数		
封接部位最高允许温度	℃	280[a]
玻壳最高允许温度	℃	500[a]
燃点位置		水平±45°
灯允许的最大特定有效紫外辐射功率	mW/klm	2
灯具应有防止光源碎裂及其紫外线辐射造成危害的防护罩。相关要求见 GB 7000.1。		

[a] 待定。

GB/T 24457-3075-1

	金属卤化物灯参数表	第1页

ILCOS:MD-70/52/1B-H-RX7s-22/114.2

标称功率	相关色温(标称值)	类型	灯头
70 W	5 200 K	双端	RX7s

尺寸/mm				
A(最大值)	*B*(最大值)	*Z*	*C*(标称值)	*D*(标称值)
22	117.6	114.2±1.6	57	7

参见 GB/T 24457-0003。

灯在额定电源电压下的启动特性[1),2)]		
温升时间	min	4

灯在 50 Hz 或 60 Hz 电源下的电气特性[1),2)]				
项　目		额定值	最小值	最大值
功率	W	75		
电压	V	110[a]	100[a]	120[a]
电流	A	0.98		

颜色特性(标称值)[1),2)]		
相关色温	K	5 200
色座标	x	[a]
色座标	y	[a]
显色指数	Ra	80

基准镇流器特性		
额定频率	Hz	50 或 60
额定电压	V	220
校准电流	A	0.98
电压/电流比	Ω	188
功率因数		0.075±0.005

1) 老炼 100 h 后的数值。试验位置:水平±5°。

2) 在灯具模拟装置中的数值,见第 B.2 章。

[a] 待定。

GB/T 24457-3080-1

	金属卤化物灯参数表	第2页

ILCOS：MD-70/52/1B-H-RX7s-22/114.2

镇流器的设计参数			
项　　目		最小值	最大值
启动时开路电压(有效值)	V	[a]	
稳定工作电源电压(有效值)	V	198	
浪涌电流(峰值)	A		19.6
温升电流(有效值)	A	0.98	1.96
由于在灯的寿命终止时可能发生导致镇流器过载等异常情况，所以灯的工作线路中应有适当的保护线路。			

触发器设计参数			
项　　目		最小值	最大值
触发脉冲高度(峰值)	kV	3.5[a]	5[a]
触发脉冲宽度(在90%峰值)	μs	[a]	

灯具设计参数		
封接部位最高允许温度	℃	280[a]
玻壳最高允许温度	℃	500[a]
燃点位置		水平±45°
灯允许的最大特定有效紫外辐射功率	mW/klm	2
灯具应有防止光源碎裂及其紫外线辐射造成危害的防护罩。相关要求见GB 7000.1。		

[a] 待定。

GB/T 24457-3080-1

	金属卤化物灯参数表	第1页

ILCOS:MD-150/30/2A-H-RX7s=24-25/132

标称功率	相关色温(标称值)	类型	灯头
150 W	3 000 K	双端	RX7s-24

尺寸/mm				
A(最大值)	B(最大值)	Z	C(标称值)	D(标称值)
25	135.4	132±1.6	66	18

参见 GB/T 24457-0003。

灯在额定电源电压下的启动特性[1),2)]		
温升时间	min	4

灯在 50 Hz 或 60 Hz 电源下的电气特性[1),2)]				
项　　目		额定值	最小值	最大值
功率	W	150		
电压	V	95[a]	85	105
电流	A	1.8		

颜色特性(标称值)[1),2)]		
相关色温	K	3 000
色座标	x	0.434[a]
色座标	y	0.398[a]
显色指数	Ra	70

基准镇流器特性			
额定频率	Hz	50	60
额定电压	V	220	220
校准电流	A	1.8	1.8
电压/电流比	Ω	99	97
功率因数		0.060±0.005	0.075±0.005

1)　老炼 100 h 后的数值。试验位置:水平±5°。

2)　在灯具模拟装置中的数值,见第 B.2 章。

[a] 待定。

GB/T 24457-3150-1

	金属卤化物灯参数表	第2页

ILCOS:MD-150/30/2A-H-RX7s=24-25/132

镇流器的设计参数			
项　　目		最小值	最大值
启动时开路电压(有效值)	V	[a]	
稳定工作电源电压(有效值)	V	198	
浪涌电流(峰值)	A		36.0
温升电流(有效值)	A	1.8	3.2
由于在灯的寿命终止时可能发生导致镇流器过载等异常情况,所以灯的工作线路中应有适当的保护线路。			

触发器设计参数			
项　　目		最小值	最大值
触发脉冲高度(峰值)	kV	3.5[a]	5[a]
触发脉冲宽度(在90%峰值)	μs	[a]	

灯具设计参数		
封接部位最高允许温度	℃	280[a]
玻壳最高允许温度	℃	650[a]
燃点位置		水平±45°
灯允许的最大特定有效紫外辐射功率	mW/klm	2
灯具应有防止光源碎裂及其紫外线辐射造成危害的防护罩。相关要求见 GB 7000.1。		

[a] 待定。

GB/T 24457-3150-1

	金属卤化物灯参数表	第1页

ILCOS:MD-150/42/1B-H-RX7s=24-25/132

标称功率	相关色温(标称值)	类型	灯头
150 W	4 200 K	双端	RX7s-24

尺寸/mm				
A(最大值)	*B*(最大值)	*Z*	*C*(标称值)	*D*(标称值)
25	135.4	132±1.6	66	18

参见 GB/T 24457-0003。

灯在额定电源电压下的启动特性[1),2)]		
温升时间	min	4

灯在 50 Hz 或 60 Hz 电源下的电气特性[1),2)]				
项　目		额定值	最小值	最大值
功率	W	150		
电压	V	95[a]	85[a]	105[a]
电流	A	1.8		

颜色特性(标称值)[1),2)]		
相关色温	K	4 200
色座标	x	0.371[a]
色座标	y	0.366[a]
显色指数	Ra	80

基准镇流器特性			
额定频率	Hz	50	60
额定电压	V	220	220
校准电流	A	1.8	1.8
电压/电流比	Ω	99	97
功率因数		0.060±0.005	0.075±0.005

1)　老炼 100 h 后的数值。试验位置:水平±5°。

2)　在灯具模拟装置中的数值,见第 B.2 章。

[a] 待定。

GB/T 24457-3155-1

	金属卤化物灯参数表	第2页

ILCOS:MD-150/42/1B-H-RX7s=24-25/132

镇流器的设计参数			
项　目		最小值	最大值
启动时开路电压(有效值)	V	[a]	
稳定工作电源电压(有效值)	V	198	
浪涌电流(峰值)	A		36.0
温升电流(有效值)	A	1.8	3.2
由于在灯的寿命终止时可能发生导致镇流器过载等异常情况,所以灯的工作线路中应有适当的保护线路。			

触发器设计参数			
项　目		最小值	最大值
触发脉冲高度(峰值)	kV	3.5[a]	5[a]
触发脉冲宽度(在90%峰值)	μs	[a]	

灯具设计参数		
封接部位最高允许温度	℃	280[a]
玻壳最高允许温度	℃	650[a]
燃点位置		水平±45°
灯允许的最大特定有效紫外辐射功率	mW/klm	2
灯具应有防止光源碎裂及其紫外线辐射造成危害的防护罩。相关要求见GB 7000.1。		

[a] 待定。

GB/T 24457-3155-1

	金属卤化物灯参数表	第1页

ILCOS:MD-150/52/1B-H-RX7s=24-25/132

标称功率	相关色温(标称值)	类型	灯头
150 W	5 200 K	双端	RX7s-24

尺寸/mm				
A(最大值)	*B*(最大值)	*Z*	*C*(标称值)	*D*(标称值)
25	135.4	132±1.6	66	18

参见 GB/T 24457-0003。

灯在额定电源电压下的启动特性[1),2)]		
温升时间	min	4

灯在 50 Hz 或 60 Hz 电源下的电气特性[1),2)]				
项　目		额定值	最小值	最大值
功率	W	150		
电压	V	100[a]	90[a]	110[a]
电流	A	1.8		

颜色特性(标称值)[1),2)]		
相关色温	K	5 200
色座标	x	[a]
色座标	y	[a]
显色指数	Ra	80

基准镇流器特性			
额定频率	Hz	50	60
额定电压	V	220	220
校准电流	A	1.8	1.8
电压/电流比	Ω	99	97
功率因数		0.060±0.005	0.075±0.005

1) 老炼 100 h 后的数值。试验位置:水平 ±5°。

2) 在灯具模拟装置中的数值,见第 B.2 章。

[a] 待定。

GB/T 24457-3160-1

	金属卤化物灯参数表	第2页

ILCOS:MD-150/52/1B-H-RX7s=24-25/132

镇流器的设计参数			
项　　目		最小值	最大值
启动时开路电压(有效值)	V	[a]	
稳定工作电源电压(有效值)	V	198	
浪涌电流(峰值)	A		36.0
温升电流(有效值)	A	1.8	3.2
由于在灯的寿命终止时可能发生导致镇流器过载等异常情况,所以灯的工作线路中应有适当的保护线路。			

触发器设计参数			
项　　目		最小值	最大值
触发脉冲高度(峰值)	kV	3.5[a]	5[a]
触发脉冲宽度(在90%峰值)	μs	[a]	

灯具设计参数		
封接部位最高允许温度	℃	280[a]
玻壳最高允许温度	℃	650[a]
燃点位置		水平±45°
灯允许的最大特定有效紫外辐射功率	mW/klm	2
灯具应有防止光源碎裂及其紫外线辐射造成危害的防护罩。相关要求见GB 7000.1。		

[a] 待定。

GB/T 24457-3160-1

	金属卤化物灯参数表	第1页

ILCOS:MD-150/65/1B-H-RX7s=24-25/132

标称功率	相关色温(标称值)	类型	灯头
150 W	6 500 K	双端	RX7s-24

尺寸/mm				
A(最大值)	*B*(最大值)	*Z*	*C*(标称值)	*D*(标称值)
25	135.4	132.0±1.6	66	18

参见 GB/T 24457-0003。

灯在额定电源电压下的启动特性[1),2)]		
温升时间	min	4

灯在 50 Hz 或 60 Hz 电源下的电气特性[1),2)]				
项　目		额定值	最小值	最大值
功率	W	150		
电压	V	95[a]	85[a]	105[a]
电流	A	1.8		

颜色特性(标称值)[1),2)]		
相关色温	K	6 500
色座标	x	[a]
色座标	y	[a]
显色指数	Ra	80

基准镇流器特性			
额定频率	Hz	50	60
额定电压	V	220	220
校准电流	A	1.8	1.8
电压/电流比	Ω	99	97
功率因数		0.060±0.005	0.075±0.005

1) 老炼 100 h 后的数值。试验位置:水平 ±5°。

2) 在灯具模拟装置中的数值,见第 B.2 章。

[a] 待定。

GB/T 24457-3165-1

	金属卤化物灯参数表	第2页

ILCOS:MD-150/65/1B-H-RX7s=24-25/132

镇流器的设计参数			
项　　目		最小值	最大值
启动时开路电压(有效值)	V	[a]	
稳定工作电源电压(有效值)	V	198	
浪涌电流(峰值)	A		36.0
温升电流(有效值)	A	1.8	3.2
由于在灯的寿命终止时可能发生导致镇流器过载等异常情况,所以灯的工作线路中应有适当的保护线路。			

触发器设计参数			
项　　目		最小值	最大值
触发脉冲高度(峰值)	kV	[a]	[a]
触发脉冲宽度(在90%峰值)	μs	[a]	

灯具设计参数		
封接部位最高允许温度	℃	280[a]
玻壳最高允许温度	℃	650[a]
燃点位置		水平±45°
灯允许的最大特定有效紫外辐射功率	mW/klm	2
灯具应有防止光源碎裂及其紫外线辐射造成危害的防护罩。相关要求见GB 7000.1。		

[a] 待定。

GB/T 24457-3165-1

	金属卤化物灯参数表	第 1 页

ILCOS:MD-250/30/1B-H-Fc2-27.5/139

标称功率	相关色温(标称值)	类型	灯头
250 W	3 000 K	双端	Fc2

尺寸/mm			
A(最大值)	Z	*C*(标称值)	*D*(标称值)
27.5	139^{+0}_{-1}	69.5	27

参见 GB/T 24457-0004。

灯在额定电源电压下的启动特性[1),2)]		
温升时间	min	6

灯在 50 Hz 或 60 Hz 电源下的电气特性[1),2)]				
项　　目		额定值	最小值	最大值
功率	W	250		
电压	V	110[a]	95[a]	125[a]
电流	A	2.8		

颜色特性(标称值)[1),2)]		
相关色温	K	3 000
色座标	x	0.434[a]
色座标	y	0.398[a]
显色指数	Ra	80

基准镇流器特性			
额定频率	Hz	50	60
额定电压	V	220	220
校准电流	A	3.0	3.0
电压/电流比	Ω	60	59
功率因数		0.060±0.005	0.075±0.005

1) 老炼 100 h 后的数值。试验位置:水平 ±5°。

2) 在灯具模拟装置中的数值,见第 B.2 章。

[a] 待定。

GB/T 24457-3250-1

	金属卤化物灯参数表	第 2 页

ILCOS:MD-250/30/1B-H-Fc2-27.5/139

镇流器的设计参数			
项　　目		最小值	最大值
启动时开路电压(有效值)	V	[a]	
稳定工作电源电压(有效值)	V	198	
浪涌电流(峰值)	A		56.0
温升电流(有效值)	A	2.8	5.2
由于在灯的寿命终止时可能发生导致镇流器过载等异常情况,所以灯的工作线路中应有适当的保护线路。			

触发器设计参数			
项　　目		最小值	最大值
触发脉冲高度(峰值)	kV	3.5[a]	5[a]
触发脉冲宽度(在 90%峰值)	μs	[a]	

灯具设计参数		
封接部位最高允许温度	℃	300[a]
玻壳最高允许温度	℃	650[a]
燃点位置		水平±45°
灯允许的最大特定有效紫外辐射功率	mW/klm	2
灯具应有防止光源碎裂及其紫外线辐射造成危害的防护罩。相关要求见 GB 7000.1。		

[a] 待定。

GB/T 24457-3250-1

	金属卤化物灯参数表	第1页

ILCOS:MD-250/42/1B-H-Fc2-27.5/139

标称功率	相关色温(标称值)	类型	灯头
250 W	4 200 K	双端	Fc2

尺寸/mm			
A(最大值)	Z	C(标称值)	D(标称值)
27.5	139^{+0}_{-1}	69.5	27

参见 GB/T 24457-0004。

灯在额定电源电压下的启动特性[1)、2)]		
温升时间	min	6

灯在 50 Hz 或 60 Hz 电源下的电气特性[1)、2)]				
项　目		额定值	最小值	最大值
功率	W	250		
电压	V	100	90	110
电流	A	3.0		

颜色特性(标称值)[1)、2)]		
相关色温	K	4 200
色座标	x	0.371[a]
色座标	y	0.386[a]
显色指数	Ra	80

基准镇流器特性			
额定频率	Hz	50	60
额定电压	V	220	220
校准电流	A	3.0	3.0
电压/电流比	Ω	60	59
功率因数		0.060±0.005	0.075±0.005

1) 老炼 100 h 后的数值。试验位置:水平 ±5°。

2) 在灯具模拟装置中的数值,见第 B.2 章。

[a] 待定。

GB/T 24457-3255-1

	金属卤化物灯参数表	第 2 页

ILCOS:MD-250/42/1B-H-Fc2-27.5/139

镇流器的设计参数			
项　　目		最小值	最大值
启动时开路电压(有效值)	V	[a]	
稳定工作电源电压(有效值)	V	198	
浪涌电流(峰值)	A		60.0
温升电流(有效值)	A	3.0	5.2
由于在灯的寿命终止时可能发生导致镇流器过载等异常情况,所以灯的工作线路中应有适当的保护线路。			

触发器设计参数			
项　　目		最小值	最大值
触发脉冲高度(峰值)	kV	3.5[a]	5[a]
触发脉冲宽度(在 90%峰值)	μs	[a]	

灯具设计参数		
封接部位最高允许温度	℃	300[a]
玻壳最高允许温度	℃	650[a]
燃点位置		水平±45°
灯允许的最大特定有效紫外辐射功率	mW/klm	2
灯具应有防止光源碎裂及其紫外线辐射造成危害的防护罩。相关要求见 GB 7000.1。		

[a] 待定。

GB/T 24457-3255-1

	金属卤化物灯参数表	第1页

ILCOS:MD-250/52/1B-H-Fc2-27.5/139

标称功率	相关色温(标称值)	类型	灯头
250 W	5 200 K	双端	Fc2

尺寸/mm			
A(最大值)	Z	C(标称值)	D(标称值)
27.5	139 $^{+0}_{-1}$	69.5	27

参见 GB/T 24457-0004。

灯在额定电源电压下的启动特性[1)、2)]		
温升时间	min	6

灯在 50 Hz 或 60 Hz 电源下的电气特性[1)、2)]				
项　目		额定值	最小值	最大值
功率	W	250		
电压	V	100[a]	85[a]	115[a]
电流	A	3.0		

颜色特性(标称值)[1)、2)]		
相关色温	K	5 200
色座标	x	[a]
色座标	y	[a]
显色指数	Ra	80

基准镇流器特性			
额定频率	Hz	50	60
额定电压	V	220	220
校准电流	A	3.0	3.0
电压/电流比	Ω	60	59
功率因数		0.060±0.005	0.075±0.005

1)　老炼 100 h 后的数值。试验位置:水平 ±5°。

2)　在灯具模拟装置中的数值,见第 B.2 章。

[a] 待定。

GB/T 24457-3260-1

	金属卤化物灯参数表	第2页

ILCOS:MD-250/52/1B-H-Fc2-27.5/139

镇流器的设计参数			
项　　目		最小值	最大值
启动时开路电压(有效值)	V	[a]	
稳定工作电源电压(有效值)	V	198	
浪涌电流(峰值)	A		60.0
温升电流(有效值)	A	3.0	5.2
由于在灯的寿命终止时可能发生导致镇流器过载等异常情况,所以灯的工作线路中应有适当的保护线路。			

触发器设计参数			
项　　目		最小值	最大值
触发脉冲高度(峰值)	kV	3[a]	5[a]
触发脉冲宽度(在90%峰值)	μs	[a]	

灯具设计参数		
封接部位最高允许温度	℃	300[a]
玻壳最高允许温度	℃	650[a]
燃点位置		水平±45°
灯允许的最大特定有效紫外辐射功率	mW/klm	2
灯具应有防止光源碎裂及其紫外线辐射造成危害的防护罩。相关要求见GB 7000.1。		

[a] 待定。

GB/T 24457-3260-1

	金属卤化物灯参数表	第1页

ILCOS:MD-400/42/1B-H-Fc2-34/182

标称功率	相关色温(标称值)	类型	灯头
400 W	4 200 K	双端	Fc2

尺寸/mm			
A(最大值)	Z	*C*(标称值)	*D*(标称值)
34	$182 ^{+0}_{-1}$	91	[a]

参见 GB/T 24457-0004。

灯在额定电源电压下的启动特性[1),2)]		
温升时间	min	6

灯在50 Hz或60 Hz电源下的电气特性[1),2)]				
项　目		额定值	最小值	最大值
功率	W	400		
电压	V	120[a]	[a]	[a]
电流	A	4.1		

颜色特性(标称值)[1),2)]		
相关色温	K	4 200
色座标	x	0.371[a]
色座标	y	0.386[a]
显色指数	Ra	80

基准镇流器特性			
额定频率	Hz	50	60
额定电压	V	220	220
校准电流	A	4.6	4.6
电压/电流比	Ω	39.0	38.6
功率因数		0.060±0.005	0.075±0.005

1) 老炼100 h后的数值。试验位置:水平 ±5°。

2) 在灯具模拟装置中的数值,见第B.2章。

[a] 待定。

GB/T 24457-3405-1

	金属卤化物灯参数表	第 2 页

ILCOS:MD-400/42/1B-H-Fc2-34/182

镇流器的设计参数			
项　　目		最小值	最大值
启动时开路电压(有效值)	V	[a]	
稳定工作电源电压(有效值)	V	198	
浪涌电流(峰值)	A		82.0
温升电流(有效值)	A	4.1	7.4[a]
由于在灯的寿命终止时可能发生导致镇流器过载等异常情况,所以灯的工作线路中应有适当的保护线路。			

触发器设计参数			
项　　目		最小值	最大值
触发脉冲高度(峰值)	kV	3[a]	5[a]
触发脉冲宽度(在 90%峰值)	μs	[a]	

灯具设计参数		
封接部位最高允许温度	℃	300[a]
玻壳最高允许温度	℃	650[a]
燃点位置		水平 ±45°
灯允许的最大特定有效紫外辐射功率	mW/klm	2
灯具应有防止光源碎裂及其紫外线辐射造成危害的防护罩。相关要求见 GB 7000.1。		

[a] 待定。

GB/T 24457-3405-1

	金属卤化物灯参数表	第1页

ILCOS:MD-400/52/1B-H-Fc2-34/182

标称功率	相关色温(标称值)	类型	灯头
400 W	5 200 K	双端	Fc2

尺寸/mm			
A(最大值)	*Z*	*C*(标称值)	*D*(标称值)
34	$182\,^{+0}_{-1}$	91	[a]

参见 GB/T 24457-0004。

灯在额定电源电压下的启动特性[1),2)]		
温升时间	min	6

灯在 50 Hz 或 60 Hz 电源下的电气特性[1),2)]				
项　　目		额定值	最小值	最大值
功率	W	400		
电压	V	125[a]	[a]	[a]
电流	A	4.1		

颜色特性(标称值)[1),2)]		
相关色温	K	5 200
色座标	x	[a]
色座标	y	[a]
显色指数	Ra	80

基准镇流器特性			
额定频率	Hz	50	60
额定电压	V	220	220
校准电流	A	4.6	4.6
电压/电流比	Ω	39.0	38.6
功率因数		0.060 ±0.005	0.075±0.005

1)　老炼 100 h 后的数值。试验位置:水平 ±5°。

2)　在灯具模拟装置中的数值,见第 B.2 章。

[a] 待定。

GB/T 24457-3410-1

	金属卤化物灯参数表	第2页

ILCOS:MD-400/52/1B-H-Fc2-34/182

镇流器的设计参数			
项　目		最小值	最大值
启动时开路电压(有效值)	V	[a]	
稳定工作电源电压(有效值)	V	198	
浪涌电流(峰值)	A		82.0
温升电流(有效值)	A	4.1	7.4[a]
由于在灯的寿命终止时可能发生导致镇流器过载等异常情况,所以灯的工作线路中应有适当的保护线路。			

触发器设计参数			
项　目		最小值	最大值
触发脉冲高度(峰值)	kV	3[a]	5[a]
触发脉冲宽度(在90%峰值)	μs	[a]	

灯具设计参数		
封接部位最高允许温度	℃	300[a]
玻壳最高允许温度	℃	650[a]
燃点位置		水平±45°
灯允许的最大特定有效紫外辐射功率	mW/klm	2
灯具应有防止光源碎裂及其紫外线辐射造成危害的防护罩。相关要求见GB 7000.1。		

[a] 待定。

GB/T 24457-3410-1

金属卤化物灯参数表	第1页

ILCOS:MCS-70/30/2A-H-E27-56/144

标称功率	相关色温(标称值)	类型	灯头
70 W	3 000 K	单端	E27

尺寸/mm			
A(最大值)	*B*(最大值)	*C*(标称值)	*D*(标称值)
56	144	92[a]	[a]

参见 GB/T 24457-0005。

灯在额定电源电压下的启动特性[1)]		
温升时间	min	3

灯在 50 Hz 或 60 Hz 电源下的电气特性[1)]				
项　目		额定值	最小值	最大值
功率	W	73		
电压	V	95[a]	85[a]	105[a]
电流	A	0.95		

颜色特性(标称值)[1)]		
相关色温	K	3 000
色座标	x	0.434[a]
色座标	y	0.398[a]
显色指数	Ra	70

基准镇流器特性		
额定频率	Hz	50 或 60
额定电压	V	220
校准电流	A	0.98
电压/电流比	Ω	188
功率因数		0.075±0.005

1)　老炼 100 h 后的数值。试验位置:垂直 ±5°燃点,灯头在上。

[a] 待定。

GB/T 24457-4070-1

	金属卤化物灯参数表	第2页

ILCOS:MCS-70/30/2A-H-E27-56/144

镇流器的设计参数			
项　目		最小值	最大值
启动时开路电压(有效值)	V	[a]	
稳定工作电源电压(有效值)	V	198	
浪涌电流(峰值)	A		19.6
温升电流(有效值)	A	0.98	1.96
由于在灯的寿命终止时可能发生导致镇流器过载等异常情况,所以灯的工作线路中应有适当的保护线路。			

触发器设计参数			
项　目		最小值	最大值
触发脉冲高度(峰值)	kV	3.5[a]	5[a]
触发脉冲宽度(在90%峰值)	μs	[a]	

灯具设计参数		
灯端边缘最高允许温度	℃	190[a]
外玻壳最高允许温度	℃	330[a]
燃点位置		任意
灯允许的最大特定有效紫外辐射功率	mW/klm	2
灯具应有防止光源碎裂及其紫外线辐射造成危害的防护罩。相关要求见GB 7000.1。MCS/MES类型的灯可不用。		

[a] 待定。

GB/T 24457-4070-1

	金属卤化物灯参数表	第 1 页

ILCOS:MCS-70/42/2A-H-E27-56/144

标称功率	相关色温(标称值)	类型	灯头
70 W	4 200 K	单端	E27

尺寸/mm			
A(最大值)	*B*(最大值)	*C*(标称值)	*D*(标称值)
56	144	92[a]	[a]

参见 GB/T 24457-0005。

灯在额定电源电压下的启动特性[1)]		
温升时间	min	3

灯在 50 Hz 或 60 Hz 电源下的电气特性[1)]				
项　目		额定值	最小值	最大值
功率	W	73		
电压	V	95[a]	85[a]	105[a]
电流	A	1		

颜色特性(标称值)[1)]		
相关色温	K	4 200
色座标	x	0.434[a]
色座标	y	0.398[a]
显色指数	Ra	70

基准镇流器特性		
额定频率	Hz	50 或 60
额定电压	V	220
校准电流	A	0.98
电压/电流比	Ω	188
功率因数		0.075±0.005

1)　老炼 100 h 后的数值。试验位置:垂直 ±5°燃点,灯头在上。

[a] 待定。

GB/T 24457-4075-1

	金属卤化物灯参数表	第 2 页

ILCOS:MCS-70/42/2A-H-E27-56/144

镇流器的设计参数			
项　　目		最小值	最大值
启动时开路电压(有效值)	V	[a]	
稳定工作电源电压(有效值)	V	198	
浪涌电流(峰值)	A		19.6
温升电流(有效值)	A	0.98	1.96

由于在灯的寿命终止时可能发生导致镇流器过载等异常情况,所以灯的工作线路中应有适当的保护线路。

触发器设计参数			
项　　目		最小值	最大值
触发脉冲高度(峰值)	KV	3.5[a]	5[a]
触发脉冲宽度(在 90%峰值)	μs	[a]	

灯具设计参数		
灯端边缘最高允许温度	℃	190[a]
外玻壳最高允许温度	℃	330[a]
燃点位置		任意
灯允许的最大特定有效紫外辐射功率	mW/klm	2

灯具应有防止光源碎裂及其紫外线辐射造成危害的防护罩。相关要求见 GB 7000.1。MCS/MES 类型的灯可不用。

[a] 待定。

GB/T 24457-4075-1

	金属卤化物灯参数表	第1页

ILCOS：MCS-100/30/1B-H-E27-56/144

标称功率	相关色温(标称值)	类型	灯头
100 W	3 000 K	单端	E27

尺寸/mm			
A(最大值)	*B*(最大值)	*C*(标称值)	*D*(标称值)
56	144	92[a]	[a]

参见 GB/T 24457-0005。

灯在额定电源电压下的启动特性[1)]		
温升时间	min	3

灯在 50 Hz 或 60 Hz 电源下的电气特性[1)]				
项　目		额定值	最小值	最大值
功率	W	100		
电压	V	95[a]	85[a]	105[a]
电流	A	1.1		

颜色特性(标称值)[1)]		
相关色温	K	3 000
色座标	x	0.434[a]
色座标	y	0.398[a]
显色指数	Ra	80

基准镇流器特性		
额定频率	Hz	50
额定电压	V	220
校准电流	A	1.2
电压/电流比	Ω	148
功率因数		0.06±0.005

1)　老炼 100 h 后的数值。试验位置：垂直 ±5°燃点，灯头在上。

[a] 待定。

GB/T 24457-4100-1

	金属卤化物灯参数表	第2页

ILCOS:MCS-100/30/1B-H-E27-56/144

镇流器的设计参数

项目		最小值	最大值
启动时开路电压(有效值)	V	[a]	
稳定工作电源电压(有效值)	V	198	
浪涌电流(峰值)	A		22.0[a]
温升电流(有效值)	A	1.1	2.2[a]

由于在灯的寿命终止时可能发生导致镇流器过载等异常情况,所以灯的工作线路中应有适当的保护线路。

触发器设计参数

项目		最小值	最大值
触发脉冲高度(峰值)	kV	3.5[a]	5[a]
触发脉冲宽度(在90%峰值)	μs	[a]	

灯具设计参数

项目	单位	值
灯端边缘最高允许温度	℃	190[a]
外玻壳最高允许温度	℃	330[a]
燃点位置		任意
灯允许的最大特定有效紫外辐射功率	mW/klm	2

灯具应有防止光源碎裂及其紫外线辐射造成危害的防护罩。相关要求见GB 7000.1。

[a] 待定。

GB/T 24457-4100-1

金属卤化物灯参数表	第 1 页

ILCOS:MCS-100/42/2A-H-E27-56/144

标称功率	相关色温(标称值)	类型	灯头
100 W	4 200 K	单端	E27

尺寸/mm			
A(最大值)	*B*(最大值)	*C*(标称值)	*D*(标称值)
56	144	92[a]	[a]

参见 GB/T 24457-0005。

灯在额定电源电压下的启动特性[1)]		
温升时间	min	3

灯在 50 Hz 或 60 Hz 电源下的电气特性[1)]				
项　　目		额定值	最小值	最大值
功率	W	100		
电压	V	95[a]	85[a]	105[a]
电流	A	1.1		

颜色特性(标称值)[1)]		
相关色温	K	4 200
色座标	x	0.434[a]
色座标	y	0.398[a]
显色指数	Ra	70

基准镇流器特性		
额定频率	Hz	50
额定电压	V	220
校准电流	A	1.2
电压/电流比	Ω	148
功率因数		0.06±0.005

1) 老炼 100 h 后的数值。试验位置:垂直 ±5°燃点,灯头在上。

[a] 待定。

GB/T 24457-4105-1

	金属卤化物灯参数表	第 2 页

ILCOS:MCS-100/42/2A-H-E27-56/144

镇流器的设计参数			
项　目		最小值	最大值
启动时开路电压(有效值)	V	[a]	
稳定工作电源电压(有效值)	V	198	
浪涌电流(峰值)	A		22.0[a]
温升电流(有效值)	A	1.1	2.2[a]
由于在灯的寿命终止时可能发生导致镇流器过载等异常情况,所以灯的工作线路中应有适当的保护线路。			

触发器设计参数			
项　目		最小值	最大值
触发脉冲高度(峰值)	kV	3.5[a]	5[a]
触发脉冲宽度(在 90%峰值)	μs	[a]	

灯具设计参数		
灯端边缘最高允许温度	℃	190[a]
外玻壳最高允许温度	℃	330[a]
燃点位置		任意
灯允许的最大特定有效紫外辐射功率	mW/klm	2
灯具应有防止光源碎裂及其紫外线辐射造成危害的防护罩。相关要求见 GB 7000.1。MCS/MES 类型的灯可不用。		

[a] 待定。

GB/T 24457-4105-1

金属卤化物灯参数表	第 1 页

ILCOS:MCS-150/30/2A-H-E27-56/144

标称功率	相关色温(标称值)	类型	灯头
150 W	3 000 K	单端	E27

尺寸/mm			
A(最大值)	*B*(最大值)	*C*(标称值)	*D*(标称值)
56	144	92[a]	[a]

参见 GB/T 24457-0005。

灯在额定电源电压下的启动特性[1)]		
温升时间	min	3

灯在 50 Hz 或 60 Hz 电源下的电气特性[1)]				
项　　目		额定值	最小值	最大值
功率	W	150		
电压	V	95[a]	85[a]	105[a]
电流	A	1.8		

颜色特性(标称值)[1)]		
相关色温	K	3 000
色座标	x	0.434[a]
色座标	y	0.398[a]
显色指数	Ra	70

基准镇流器特性			
额定频率	Hz	50	60
额定电压	V	220	220
校准电流	A	1.8	1.8
电压/电流比	Ω	99	97
功率因数		0.060±0.005	0.075±0.005

1) 老炼 100 h 后的数值。试验位置:垂直 ±5°燃点,灯头在上。

a 待定。

GB/T 24457-4150-1

金属卤化物灯参数表	第 2 页

ILCOS：MCS-150/30/2A-H-E27-56/144

镇流器的设计参数			
项　　目		最小值	最大值
启动时开路电压(有效值)	V	[a]	
稳定工作电源电压(有效值)	V	198	
浪涌电流(峰值)	A		36.0
温升电流(有效值)	A	1.8	3.2
由于在灯的寿命终止时可能发生导致镇流器过载等异常情况，所以灯的工作线路中应有适当的保护线路。			

触发器设计参数			
项　　目		最小值	最大值
触发脉冲高度(峰值)	kV	3.5[a]	5[a]
触发脉冲宽度(在 90% 峰值)	μs	[a]	

灯具设计参数		
灯端边缘最高允许温度	℃	190[a]
外玻壳最高允许温度	℃	330[a]
燃点位置		任意
灯允许的最大特定有效紫外辐射功率	mW/klm	2
灯具应有防止光源碎裂及其紫外线辐射造成危害的防护罩。相关要求见 GB 7000.1。MCS/MES 类型的灯可不用。		

[a] 待定。

GB/T 24457-4150-1

	金属卤化物灯参数表	第1页

ILCOS:MCS-150/42/1B-H-E27-56/144

标称功率	相关色温(标称值)	类型	灯头
150 W	4 200 K	单端	E27

尺寸/mm			
A(最大值)	*B*(最大值)	*C*(标称值)	*D*(标称值)
56	144	92[a]	[a]

参见 GB/T 24457-0005。

灯在额定电源电压下的启动特性[1)]		
温升时间	min	3

灯在 50 Hz 或 60 Hz 电源下的电气特性[1)]				
项　目		额定值	最小值	最大值
功率	W	150		
电压	V	85[a]	75[a]	95[a]
电流	A	1.8		

颜色特性(标称值)[1)]		
相关色温	K	4 200
色座标	x	0.434[a]
色座标	y	0.398[a]
显色指数	Ra	80

基准镇流器特性			
额定频率	Hz	50	60
额定电压	V	220	220
校准电流	A	1.8	1.8
电压/电流比	Ω	99	97
功率因数		0.060±0.005	0.075±0.005

1) 老炼 100 h 后的数值。试验位置:垂直 ±5°燃点,灯头在上。

a 待定。

GB/T 24457-4155-1

	金属卤化物灯参数表	第2页

ILCOS:MCS-150/42/1B-H-E27-56/144

镇流器的设计参数			
项　目		最小值	最大值
启动时开路电压(有效值)	V	[a]	
稳定工作电源电压(有效值)	V	198	
浪涌电流(峰值)	A		36.0
温升电流(有效值)	A	1.8	3.2
由于在灯的寿命终止时可能发生导致镇流器过载等异常情况,所以灯的工作线路中应有适当的保护线路。			

触发器设计参数			
项　目		最小值	最大值
触发脉冲高度(峰值)	kV	3.5[a]	5[a]
触发脉冲宽度(在90%峰值)	μs	[a]	

灯具设计参数		
灯端边缘最高允许温度	℃	190[a]
外玻壳最高允许温度	℃	330[a]
燃点位置		任意
灯允许的最大特定有效紫外辐射功率	mW/klm	2
灯具应有防止光源碎裂及其紫外线辐射造成危害的防护罩。相关要求见GB 7000.1。MCS/MES类型的灯可不用。		

[a] 待定。

GB/T 24457-4155-1

	金属卤化物灯参数表	第1页

ILCOS:ME-250/52/1B-H-E40-91/226

标称功率	相关色温(标称值)	类型	灯头
250 W	5 200 K	单端	E40

尺寸/mm			
A(最大值)	*B*(最大值)	*C*(标称值)	*D*(标称值)
91	226	—	—

参见 GB/T 24457-0005。

灯在额定电源电压下的启动特性[1)]		
温升时间	min	6

灯在 50 Hz 或 60 Hz 电源下的电气特性[1)]				
项　目		额定值	最小值	最大值
功率	W	250		
电压	V	100[a]	85[a]	115[a]
电流	A	3.0		

颜色特性(标称值)[1)]		
相关色温	K	5 200
色座标	x	[a]
色座标	y	[a]
显色指数	Ra	80

基准镇流器特性			
额定频率	Hz	50	60
额定电压	V	220	220
校准电流	A	3.0	3.0
电压/电流比	Ω	60	59
功率因数		0.060±0.005	0.075±0.005

1)　老炼 100 h 后的数值。试验位置:垂直 ±5°燃点,灯头在上。

a 待定。

GB/T 24457-4261-1

金属卤化物灯参数表	第 2 页

ILCOS:ME-250/52/1B-H-E40-91/226

镇流器的设计参数			
项　　目		最小值	最大值
启动时开路电压(有效值)	V	[a]	
稳定工作电源电压(有效值)	V	198	
浪涌电流(峰值)	A		60.0
温升电流(有效值)	A	3.0	5.2[a]
由于在灯的寿命终止时可能发生导致镇流器过载等异常情况,所以灯的工作线路中应有适当的保护线路。			

触发器设计参数			
项　　目		最小值	最大值
触发脉冲高度(峰值)	kV	3[a]	5[a]
触发脉冲宽度(在 90%峰值)	μs	[a]	

灯具设计参数		
灯端边缘最高允许温度	℃	250[a]
外玻壳最高允许温度	℃	400[a]
燃点位置		任意
灯允许的最大特定有效紫外辐射功率	mW/klm	2
灯具应有防止光源碎裂及其紫外线辐射造成危害的防护罩。相关要求见 GB 7000.1。		

[a] 待定。

GB/T 24457-4261-1

	金属卤化物灯参数表	第1页

ILCOS:ME-400/52/1A-H-E40-122/290

标称功率	相关色温(标称值)	类型	灯头
400 W	5 200 K	单端	E40

尺寸/mm			
A(最大值)	*B*(最大值)	*C*(标称值)	*D*(标称值)
122	290	—	—

参见 GB/T 24457-0005。

灯在额定电源电压下的启动特性[1)]		
温升时间	min	6

灯在 50 Hz 或 60 Hz 电源下的电气特性[1)]				
项　　目		额定值	最小值	最大值
功率	W	460		
电压	V	130[a]	114[a]	144[a]
电流	A	3.8		

颜色特性(标称值)[1)]		
相关色温	K	5 200
色座标	x	[a]
色座标	y	[a]
显色指数	Ra	80

基准镇流器特性			
额定频率	Hz	50	60
额定电压	V	220	220
校准电流	A	4.6	4.6
电压/电流比	Ω	39.0	38.6
功率因数		0.060±0.005	0.075±0.005

1) 老炼 100 h 后的数值。试验位置:垂直 ±5°燃点,灯头在上。

[a] 待定。

GB/T 24457-4411-1

	金属卤化物灯参数表	第2页

ILCOS:ME-400/52/1A-H-E40-122/290

镇流器的设计参数			
项　　目		最小值	最大值
启动时开路电压(有效值)	V	[a]	
稳定工作电源电压(有效值)	V	198	
浪涌电流(峰值)	A		92.0[a]
温升电流(有效值)	A	3.8	6.8[a]
由于在灯的寿命终止时可能发生导致镇流器过载等异常情况,所以灯的工作线路中应有适当的保护线路。			

触发器设计参数			
项　　目		最小值	最大值
触发脉冲高度(峰值)	kV	3[a]	5[a]
触发脉冲宽度(在90%峰值)	μs	[a]	

灯具设计参数		
灯端边缘最高允许温度	℃	250[a]
外玻壳最高允许温度	℃	500[a]
燃点位置		任意
灯允许的最大特定有效紫外辐射功率	mW/klm	2
灯具应有防止光源碎裂及其紫外线辐射造成危害的防护罩。相关要求见 GB 7000.1。		

[a] 待定。

GB/T 24457-4411-1

附 录 A
（规范性附录）
启动和温升特性试验方法

按 GB/T 13434—2008 进行测量。

应按灯相应参数表的要求选用合适的基准镇流器。

各种灯的燃点位置，见相关参数表第 1 页中脚注 1)的规定。当灯的制造商/销售商另有要求时根据其要求测试。

双端灯的特殊要求见第 B.2 章。

附 录 B
（规范性附录）
灯的光电特性测试方法

B.1 总则

见附录 A。

在首次测试之前，灯应在正常工作状态下老炼 100 h，所用镇流器应符合 GB/T 15042 的要求，且供电电压和频率与镇流器的额定值相符，允许的变化为电压不大于±5%和频率不大于±1%。

注：以上允差的选择是为了避免必须使用稳压电源，而允许使用正常的市电电源。

为评估紫外线的光化危险，按 GB/T 20145—2006 测量 200 nm～400 nm 的紫外光谱。

注：在测量紫外特性时，应采取适当的人员防护措施。

B.2 双端金卤灯的特别要求

由于其与温度相关的特性，双端灯应在灯具中燃点。因此，为了测量灯的电、光、颜色特性，灯应在一灯具模拟装置内燃点。应对光通量——适用时，色坐标和紫外特性——因使用灯具模拟装置的变化进行修正。灯在灯具模拟装置中测得的光通量和紫外线辐射量的修正系数为 1.05。

在测量紫外线时，模拟装置包括无掺杂的纯石英管，两端用带哑光表面的铝片封闭。在测量其他光特性时，模拟装置的壁应采用无掺杂的纯石英或硬质玻璃。灯具模拟装置见图 B.1。

测量过程中灯应保持水平。对于放电管带有排气尖的灯，排气尖应指向上方，允许偏离角度待定。

B.3 颜色特性

表 B.1 规定了“颜色”的标称值和色坐标 x 和 y。

表 B.1 “颜色”和色坐标 x 和 y

相关色温	x	y
3 000	0.434	0.398
4 200	0.371	0.366

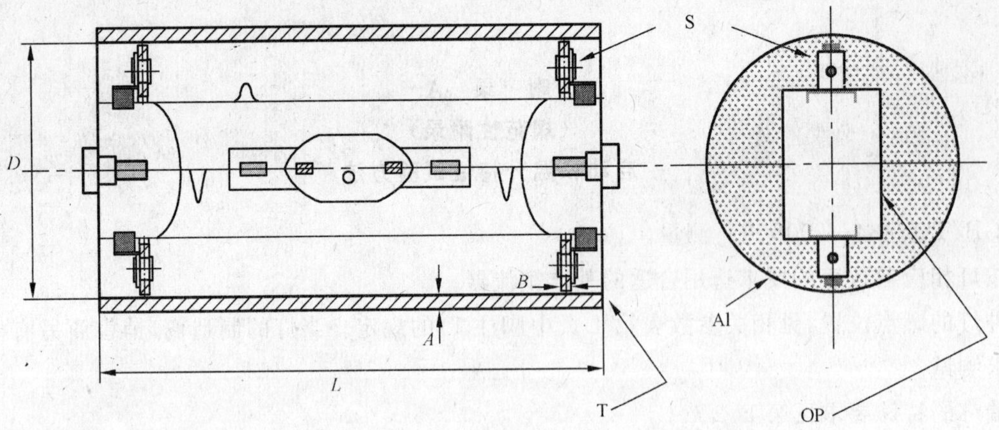

T——硬质玻璃或纯石英玻璃管(测量紫外线时只能用纯石英玻璃);

D——管内径,50 mm～51.5 mm;

L——管长度;70 W 灯:100 mm;150 W 灯:120 mm;250 W 灯:140 mm±1 mm;400 W 灯:182 mm;

A——管壁厚度,2.5 mm～3.5 mm;

Al——铝片;

B——铝片厚度,2 mm;

OP——开口,与灯的夹封位相匹配;

S——带弹簧的灯的悬挂装置或支承灯夹封部位的支架。

注:铝片的直径应允许其在膨胀时仍能容纳于灯具模拟装置的玻璃管内。

图 B.1 灯具模拟装置

附 录 C
(规范性附录)
光通维持率和寿命的测试方法

C.1 总则

在灯寿命期间特定时刻的光通量应按附录 B 测量。

在寿命测试期间,灯应按如下方式燃点。

灯燃点时的环境温度和所在灯具应使得其夹封位置和外玻壳温度不超过灯数据页中的限值。灯不应受到强振动和冲击。

灯应按数据页或制造商规定的位置燃点。

在整个寿命试验过程中,灯端与镇流器的连接方式不应改变。

灯每燃点 11 h,应熄灭 1 h。

C.2 工作于 50 Hz 或 60 Hz 线路的灯

所用镇流器应符合 GB/T 15042 的要求。

注 1:寿命试验所用镇流器类型的选择仍有待探讨,但所用的类型对试验结果是有影响的。建议说明所用的镇流器类型。如果有疑问,建议用电感型的镇流器,因为此种镇流器会影响结果的参数是最少的。

所用触发器应符合 GB/T 19655 的要求,且在任何情况下,应取得制造商或负责的供应商的同意。

注 2:寿命试验所用触发器类型(叠加脉冲型,半并联型,……)和品牌的选择仍有待探讨,但所用的类型对试验结果是有影响的。建议说明所用的触发器类型和品牌。

寿命试验期间,电源的电压和频率与镇流器的额定值偏离应不超过 3%。

附　录　D
（资料性附录）
灯具的设计要求

D.1　灯的最大外形尺寸

为了灯具能容纳符合本标准的灯，灯具在设计时，应根据相关灯参数表中规定的灯最大尺寸，在灯具中留有一定的自由空间。

D.2　灯的替换

灯具的设计应确保只有正确的灯才能替换，这包括紫外辐射的防护。

注：两个不同的紫外辐射限值——2 mW/klm 和 6 mW/klm——的例子，见数据页 1150、1155。

ICS 29.140.30
K 71

中华人民共和国国家标准

GB/T 24458—2009

陶瓷金属卤化物灯　性能要求

Ceramic metal-halide lamps—Performance specifications

2009-10-15 发布　　2010-03-01 实施

中华人民共和国国家质量监督检验检疫总局
中国国家标准化管理委员会　发布

前言

本标准技术内容参照 ANSI_ANSLG C78.43-2007《电灯　单端金属卤化物灯》和 IEC 61167:1998《金属卤化物灯》,本标准与上述标准的一致性程度为非等效。

本标准附录 A、附录 B 和附录 C 为规范性附录。

本标准由中国轻工业联合会提出。

本标准由全国照明电器标准化技术委员会(SAC/TC 224)归口。

本标准起草单位:杭州汉光照明有限公司、飞利浦亚明照明有限公司、欧司朗(中国)照明有限公司、上海亚明灯泡厂有限公司、广东雪莱特光电科技股份有限公司、杭州时代照明电器有限公司、常州凯凯照明电器有限公司、普罗斯电器(江苏)有限公司、南京三乐照明有限公司、广东东松三雄电器有限公司、宁波亚茂照明电器有限公司、国家电光源质量监督检验中心(上海)。

本标准主要起草人:吴永强、陈梅、关仕敬、周振民、杨正名、凌应明、蔡建龙、王凯、倪新达、薛源、张贤庆、曹茂军、俞安琪、高学军、张俊斌、何文馨、陈道满。

陶瓷金属卤化物灯　性能要求

1　范围

本标准规定了产品的型号、主要尺寸、基本参数、技术要求、试验方法、检验规则、标志、包装、运输和贮存。

本标准适用于功率为 20 W～400 W 的单端和双端陶瓷金属卤化物灯(以下简称灯)。

符合本标准和 GB 19652 的陶瓷金属卤化物灯,当采用符合附录 A 和附录 B 要求的镇流器、触发器和灯具时,在额定电源电压的 92%～106%范围内,可以正常启动和燃点。

2　规范性引用文件

下列文件中的条款通过本标准的引用而成为本标准的条款。凡是注日期的引用文件,其随后所有的修改单(不包括勘误的内容)或修订版均不适用于本标准,然而,鼓励根据本标准达成协议的各方研究是否可使用这些文件的最新版本。凡是不注日期的引用文件,其最新版本适用于本标准。

GB/T 191　包装标志运输和储存(GB/T 191—2008,ISO 780:1997,MOD)

GB/T 1406.1　灯头的型式和尺寸　第 1 部分:螺口式灯头(GB/T 1406.1—2008,IEC 60061-1:2005,MOD)

GB/T 1406.2　灯头的型式和尺寸　第 2 部分:插脚式灯头(GB/T 1406.2—2008,IEC 60061-1:2005,MOD)

GB/T 1406.4　灯头的型式和尺寸　第 4 部分:杂类灯头(GB/T 1406.4—2008,IEC 60061-1:2005,MOD)

GB/T 2423.10　电工电子产品环境试验　第 2 部分:试验方法　试验 Fc:振动(正弦)(GB/T 2423.10—2008,IEC 60068-2-6:1995,IDT)

GB/T 2828.1　计数抽样检验程序　第 1 部分:按接收质量限(AQL)检索的逐批检验抽样计划(GB/T 2828.1—2003,ISO 2859-1:1999,IDT)

GB/T 2829　周期检查计数抽样程序及表(适用于生产过程稳定性的检查)

GB/T 2900.65　电工术语　照明[GB/T 2900.65—2004,IEC 60050(845):1987,MOD]

GB 7000.1　灯具一般安全要求与试验(GB 7000.1—2007,IEC 60598-1:2003,IDT)

GB/T 13434　高强度气体放电灯特性测试方法(GB/T 13434—2008,ANSI C78.389:2004,NEQ)

GB/T 15042　灯用附件　放电灯(管形荧光灯除外)用镇流器　性能要求(GB/T 15042—2008,IEC 60923:2005,IDT)

GB/T 18661—2008　金属卤化物灯(钪钠系列)

GB 19510.2　灯的控制装置　第 2 部分:启动装置(辉光启动器除外)的特殊要求(GB 19510.2—2009,IEC 61347-2-1:2006,IDT)

GB 19510.10　灯的控制装置　第 10 部分:放电灯(管形荧光灯除外)用镇流器的特殊要求(GB 19510.10—2009,IEC 61347-2-9:2006,IDT)

GB 19652—2005　放电灯(荧光灯除外)安全要求(IEC 62035:2003,IDT)

GB/T 19655　灯用附件　启动装置(辉光启动器除外)性能要求(GB/T 19655—2005,IEC 60927:1999,IDT)

GB/T 20145 灯和灯系统的光生物安全性(GB/T 20145—2006,CIE S 009/E:2002,IDT)

QB 2274 电光源产品的分类和型号命名方法

3 术语和定义

GB/T 2900.65 和 GB/T 18661—2008 确立的以及下列术语和定义适用于本标准。

3.1

陶瓷金属卤化物灯 ceramic metal halide lamp

电弧管管体是由陶瓷材料制成的金属卤化物灯。

3.2

温升电流 warm-up current

在启动阶段后,较高的灯电流,原因是此时灯端电压低。此电流的上限是灯额定电流的两倍,下限是对应于最高允许灯电压对应的电流。

3.3

温升时间 run-up time

在额定电压下经老炼 100 h 后的灯在通电后达到稳定时光通量的 90%所允许的最大时间。

注:温升时间也可依据 GB/T 18661—2008 定义为在额定电压下经老炼 100 h 后的灯在通电后,端电压应达到灯规定最小工作电压的某一百分比数的所需要的最大时间。

4 分类与命名

4.1 分类

a) 按灯头的数量分为单端(单灯头)和双端(双灯头);

b) 按色温分为 3 000 K 和 4 200 K 等;

c) 按玻壳形式分为 ED 型、T 型和反射型等。

4.2 规格系列

灯按功率分为 20 W、25 W、35 W、70 W、100 W、150 W、250 W 和 400 W。

4.3 型号

灯的型号应符合 QB 2274 的规定。

4.3.1 型号表示规则

灯的型号由四部分组成:第一部分表示灯的代号(JLT 代表陶瓷金属卤化物灯),第二部分表示灯的功率,第三部分表示玻壳型号,第四部分为补充部分,可采用色温(如 3 K 和 4 K 等,是用色温值除 1 000的数值加上大写字母 K 表示,制造商也可选择其他表示方法),也可采用灯头型号(如 G12、E27、R7s 等)和/或其他信息,各制造商可自行选择和取舍,如果上述两种或者多种内容同时出现,中间用符号隔开。

4.3.2 型号示例

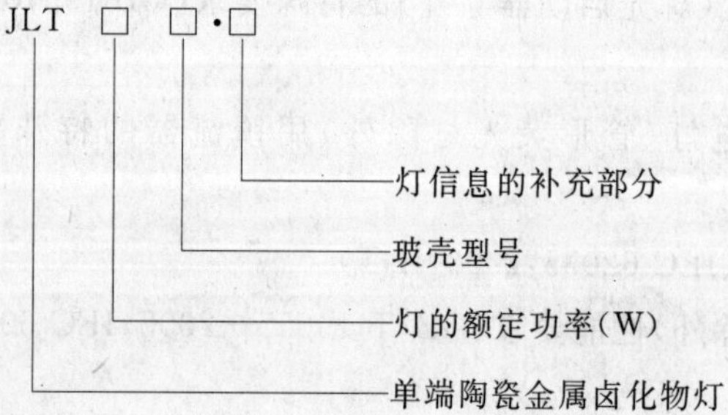

例：JLT150 ED54·E27 （150 W ED54 型玻壳、E27 灯头的单端陶瓷金属卤化物灯）
JLT35 PAR·3K （35 W、反射型色温为 3 000 K 的单端陶瓷金属卤化物灯）
JLT70 T·R7s （70 W T 型玻壳的双端陶瓷金属卤化物灯）

5 要求

5.1 安全要求

灯的安全要求应符合 GB 19652—2005 的要求。

5.2 外形尺寸

灯的外形尺寸应符合相关灯外形尺寸图和相应规格灯的参数表中规定的要求。

5.3 外观质量

5.3.1 灯的玻壳应无影响使用的缺陷。

5.3.2 螺口灯的引出线与灯头焊接应牢固光滑，焊点不应明显破坏灯头的防锈层，且不应妨碍灯旋入相应型号的符合标准的灯座内。

5.3.3 灯头与电弧管应处在同一轴线上，电弧管轴线与灯头轴线的最大偏差(同轴度)应符合灯的参数表要求。

5.3.4 灯应具有完好的结构，不应有影响正常使用的装配上的缺陷。

5.4 启动和温升特性

5.4.1 灯应在相关灯参数表规定的温升时间内达到光通量 90%并维持燃点。

5.4.2 灯在附录 A.1.2 规定的最小温升电流下，在相关灯参数表规定的温升时间内，灯的电压应达到灯规定最小工作电压的百分比数。

5.4.3 灯的温升电流值应在附录 A 的表 A.2 给出的最小值和最大值之间。

注：关于温升特性，制造商可选择光通量上升(5.4.1)和端电压上升(5.4.2)两种方法之一，并比较和验证两种方法的等效性。

5.5 电气特性

灯燃点 100 h 后的端电压应符合相应灯的参数表的要求。

5.6 光特性

灯的初始光效额定值应符合相应灯的参数表的要求，极限值为额定值的 90%；涂粉灯的初始光效为透明玻壳灯的 90%，防爆型灯的初始光效为透明玻壳灯的 92%。

灯的初始光通量可由制造商标称，但实测值应不低于标称值的 90%。

5.7 颜色特性

5.7.1 色品坐标

对于标称色温为 3 000 K 和 4 200 K 的灯，建议采用表 1 规定的标准颜色色品坐标目标值，但制造商也可以生产色品坐标与表 1 不同的灯。此外制造商也可根据用户的要求制造非标准颜色的灯。无论何种情形，制造商应同时给出目标颜色相关色温值和该颜色色品坐标的目标值。色度坐标 x 和 y 的初始读数距离目标值应在 7SDCM(色匹配标准偏差)之内。

表 1 目标颜色标准色品坐标

序号	T_c/K	x	y
1	4 200	0.371	0.366
2	3 000	0.434	0.398

5.7.2 显色指数

灯的一般显色指数 Ra 初始值不应比灯参数表中的额定值低三个数值。

5.8 耐振性能

灯应具有良好的耐振性能。经振动试验后,内部结构不应有松动、脱焊及损坏现象,并能正常启动和燃点。

5.9 灯的寿命特性

5.9.1 灯的平均寿命应符合相应参数表的规定。

5.9.2 灯的 2 000 h 光通维持率应不低于相应参数表中规定值。

5.9.3 灯的色度坐标 x 和 y 在 2 000 h 的读数距离目标值应在 10SDCM(色匹配标准偏差)之内。

6 试验方法

6.1 除另有规定的外,所有试验都应在规定的正常大气条件下进行,即:温度 25 ℃±5 ℃、相对湿度小于 65%,无对流风的环境。试验时,若无特殊说明,灯应按规定燃点,其中 ED 型和反射型玻壳以及灯头 G12 和 G8.5 的单端灯均为垂直燃点,灯头在上;T 型硬料玻壳以及双端灯应为水平燃点±5°。

6.2 灯的标志(8.1),按照 GB 19652—2005 中 4.2.1 的方法进行检查。

6.3 灯的外形尺寸(5.2)用通用量具进行测量。

6.4 灯的玻壳质量(5.3.1)和引出线与灯头焊接质量(5.3.2)用目视法检验,同轴度(5.3.3)用专用仪器或实样对比法检验,装配质量(5.3.4)用目测法和专用装置进行检验。

6.5 灯的光通量上升温升时间(5.4.1)、端电压上升时间(5.4.2)和温升电流(5.4.3)的试验方法按照 GB/T 13434 的规定进行。

6.6 灯的端电压(5.5)、初始光效/初始光通量(5.6)、色品坐标和显色指数(5.7)应按 GB/T 13434 的规定进行测量。初始光效通过计算得出。对于双端金属卤化物灯的光电特性测试,应按照附录 C 进行。

注:对于声称只能采用低频方波电子镇流器的灯,测试时应采用符合灯参数表中设计参数要求的低频方波基准镇流器。

6.7 灯的振动试验(5.8)按 GB/T 2423.10 的规定进行。试验前样品外观检查应符合 5.3 的要求,样品用刚性连接固定在振动台上,试验为定频试验,频率 10 Hz、振幅 1 mm(单振幅),持续时间为在两个互相垂直的轴线上各振动 10 min。

6.8 灯的平均寿命、光通维持率和色偏差试验(5.9)在额定电压下进行,采用工作镇流器(见附录 A)和 50 Hz 交流电源,其电压波动应不大于±2%。寿命试验中,灯应按规定燃点。燃点时,电源每昼夜应关闭两次,每次不少于 1 h。电源关闭的时间不计入燃点寿命内。在光通维持率试验中,因偶然机械损坏和错误燃点损坏的灯应不计算在试验结果内。试验进行到规定时间时再测量光通量和色坐标值,并计算光通维持率和色偏差。

7 检验规则

7.1 为了检验灯是否符合本标准的规定,应由制造商对灯进行交收检验和例行检验。

7.2 交收检验

7.2.1 交收检验的灯是从合格的提交批中均匀抽取,检验按 GB/T 2828.1 的规定进行,其检验项目、检查水平及合格质量水平应符合表 2 的规定。

表 2 交收检验的项目及合格判定条件

序号	试验项目	技术要求	试验方法	检查水平	AQL/%	
					单项要求	全部项要求
1	标志	8.1	6.2	S-2	2.5	6.5
2	玻壳质量	5.3.1	6.4		—	
3	引出线与灯头的焊接牢固度	5.3.2				
4	装配质量	5.3.4				
5	灯主要尺寸	5.2	6.3	S-1		
6	同轴度	5.3.3	6.4			
7	端电压	5.5	6.6		6.5	—
8	初始光效/初始光通量	5.6				
9	色坐标/显色指数	5.7				
10	温升时间	5.4.1 5.4.2	6.5			
11	温升电流	5.4.3				

7.2.2 若交收检验不合格，则该批产品应由制造厂隔离后进行100%的检验。剔除不合格品后可再次提交验收。若再次提交批经检验后仍不合格，则应停止交收，此时，应分析原因，提出改进措施和处理该批产品的办法。

7.3 例行检验

7.3.1 例行检验周期应为每年一次。当灯的结构、工艺过程或材料的变更可能影响到灯的性能，或当灯生产中断了三个月以上而又恢复生产时，都要进行例行检验。

7.3.2 例行检验的产品应按GB/T 2829的要求，从交收检验合格的灯中均匀的抽取。例行检验前，所有样本单位应按交收检验项进行100%检查。若发现不合格品，则以合格品换取，同时应分析原因，记入例行检验报告中，但不作为例行检验结果的鉴定依据。

7.3.3 例行检验的项目及判别水平应符合表3的规定。

表 3 例行检验的项目与判别水平

序号	检验项目	技术要求	试验方法	抽样方案	判别水平	RQL/%	n	判定数值	
								Ac	Re
1	耐振性能	5.8	6.7	按GB/T 2829 二次抽样方案	Ⅱ	65	3 3	0 1	2 2
2	2 000 h光通维持率	5.9.2	6.8	按GB/T 2829 一次抽样方案	Ⅱ	65	5	1	2
3	2 000 h色度偏差	5.9.3	6.8						
4	平均寿命	5.9.1	6.8	每个规格不少于3个，按照定义判别					

7.3.4 例行检验若不合格，则认为该批灯不合格，此时应分析原因，提出处理办法和采取有效措施后，方可恢复生产与验收。

8 标志、包装、运输和贮存

8.1 在每个灯上应有下列清晰和牢固的标志：

a) 来源标志，可以是商标、制造商标志或销售商的名称等；

b) 灯的型号或功率及灯的有关光电色特性；

c) 制造日期(年、季或月)。

8.2 灯的包装应牢固并具有良好的耐振性能。每只包装盒应附有产品说明书和合格证。

8.2.1 每个包装盒表面应注明:

a) 制造商商标及名称、地址;

b) 灯的名称和型号;

c) 灯头型号;

d) 产品标准号。

8.2.2 在外包装箱上,除应符合 8.2.1 的规定外,还应注明:

a) 灯数量;

b) 包装日期;

c) 符合 GB/T 191 规定的包装储运图示标志。

8.3 灯运输时,应防止挤压、雨雪淋湿和强烈的振动。

8.4 灯应贮存在相对湿度不超过 85%的干燥通风且没有腐蚀性气体的室内。

9 灯外形尺寸图

9.1 灯外形尺寸图清单(见表 4)

表 4 灯外形尺寸图清单

图表编号	类 型	灯 头
GB/T 24458-0010	单端	G8.5
GB/T 24458-0020	单端	G12/G22
GB/T 24458-0030	单端	E27/E40
GB/T 24458-0110	双端	R7s/RX7s
GB/T 24458-0210	反射型单端	E27

9.2 灯外形尺寸图

	单端陶瓷金属卤化物灯外形尺寸图	第 1 页

灯头：G8.5[a]

基准面是灯头插脚的下缘。

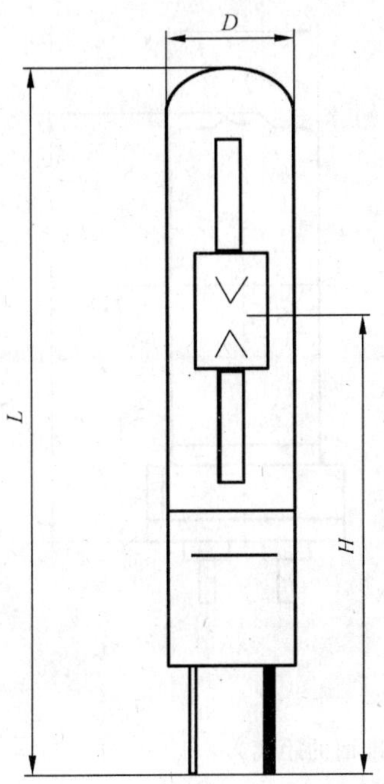

D——直径；

L——灯顶部对基准面的距离；

H——光中心高度(灯内管中心线对基准面的距离)。

[a] 见 GB/T 1406.2-7004-122。

GB/T 24458-0010-1

	单端陶瓷金属卤化物灯外形尺寸图	第 1 页

灯头：G12/G22[a]

基准面是灯头的下缘。

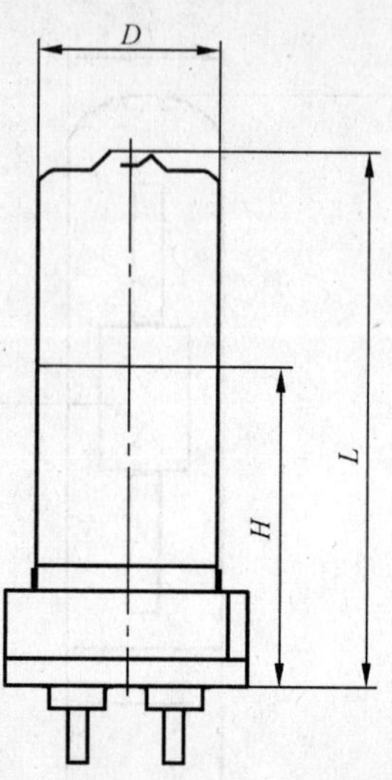

D——直径；

L——灯顶部对基准面的距离；

H——光中心高度（灯内管中心线对基准面的距离）。

[a] 见 GB/T 1406.2-7004-63 和 GB/T 1406.2-7004-75。

GB/T 24458-0020-1

	单端陶瓷金属卤化物灯尺寸定位图	第1页

灯头:E27/E40[a]

基准面是灯头下缘。

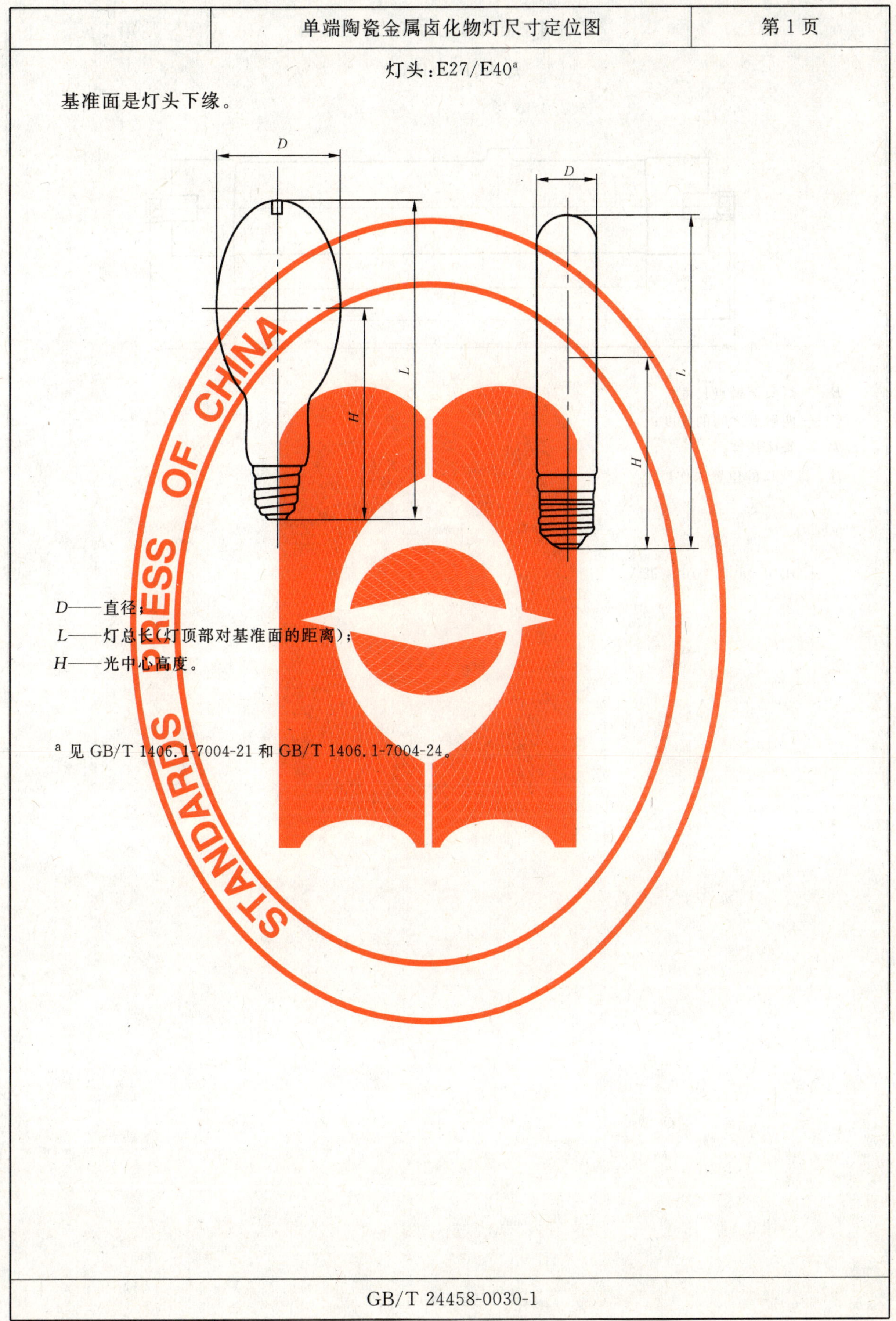

D——直径;

L——灯总长(灯顶部对基准面的距离);

H——光中心高度。

[a] 见 GB/T 1406.1-7004-21 和 GB/T 1406.1-7004-24。

GB/T 24458-0030-1

	双端陶瓷金属卤化物灯尺寸定位图	第1页

灯头:R7s/RX7s[a]

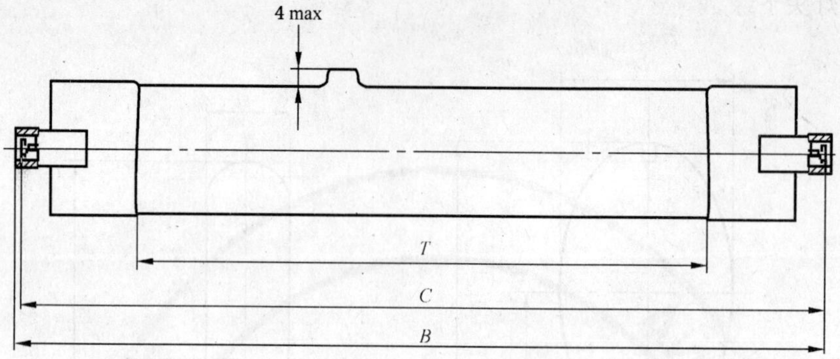

4 max

T

C

B

B——灯头至触点长度;

C——两触点之间的长度;

T——管体长度。

注:排气口的位置未作规定。

[a] 见 GB/T 1406.4-7004-92A。

GB/T 24458-0110-1

	反射型单端陶瓷金属卤化物灯外形尺寸图	第1页

灯头：E27[a]

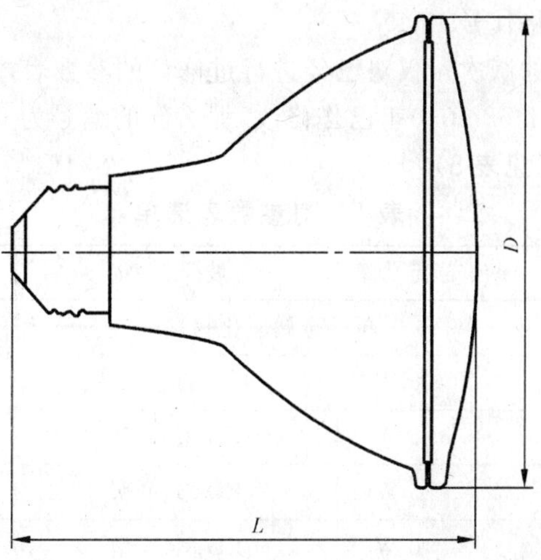

D——直径；
L——总长。

[a] 见 GB/T 1406.1-7004-21。

GB/T 24458-0210-1

10 灯的参数表

10.1 灯参数表的编号方法

第一组数字表示本标准的编号，其前面标有字母 GB/T，即 GB/T 24458。

第二组数字表示相应灯规格代号。

第三组数字表示灯参数表的版次。仅对已经进行过修订的参数表才有新版次的号码。

例如：灯的参数表 GB/T 24458-1030-1 已作修改，那么新的编号为 GB/T 24458-1030-2。

10.2 灯参数表清单和参数表（见表 5）

表 5 灯参数表清单

技术参数表活页号	额定功率	玻壳类型	色温	灯头类型
单端金属卤化物灯				
GB/T 24458-1020-1	20 W	T 型	3 000 K	G12、G8.5
GB/T 24458-1025-1	25 W	ED 型、T 型	3 000K、4 200 K	E27、G12、G8.5
GB/T 24458-1030-1	35 W	ED 型、T 型	3 000K、4 200 K	E27、G12、G8.5
GB/T 24458-1050-1	70 W	ED 型、T 型	3 000K、4 200 K	E27、G12、G8.5
GB/T 24458-1080-1	100 W	ED 型、T 型	3 000K、4 200 K	E27、G12
GB/T 24458-1090-1	150 W	ED 型、T 型	3 000K、4 200 K	E27、G12
GB/T 24458-1110-1	250 W	ED 型、T 型	4 200K	E40
GB/T 24458-1120-1	400 W	ED 型、T 型	4 200K	E40
双端金属卤化物灯				
GB/T 24458-2050-1	70 W	T 型截紫外石英玻壳	3 000K、4 200 K	R7s、RX7s
GB/T 24458-2080-1	100 W	T 型截紫外石英玻壳	3 000K、4 200 K	R7s、RX7s
GB/T 24458-2090-1	150 W	T 型截紫外石英玻壳	3 000K、4 200 K	R7s、RX7s
反射型单端金属卤化物灯				
GB/T 24458-3020-1	20 W	PAR 型	3 000 K	E27
GB/T 24458-3025-1	25 W	PAR 型	3 000 K、4 200 K	E27
GB/T 24458-3030-1	35 W	PAR 型	3 000 K、4 200 K	E27
GB/T 24458-3050-1	70 W	PAR 型	3 000 K、4 200 K	E27
GB/T 24458-3080-1	100 W	PAR 型	3 000 K、4 200 K	E27
GB/T 24458-3090-1	150 W	PAR 型	3 000 K、4 200 K	E27

	20 W 单端陶瓷金属卤化物灯	第 1 页

1 灯的尺寸和物理特性

玻壳类型	灯头型号	玻壳直径(max) D/mm	总长度(max) L/mm	光中心高度 H[a]/mm	同轴度/(°)	工作位置限制	玻壳温度(max)/℃	灯头温度(max)/℃	图表编号
T19	G12	26	90	56±2	3	任意	500	350	0020
T14	G8.5	17	85	52±2	3	任意	500	300	0010

2 灯在额定电源电压下的启动特性

达到光通量的 90%时所需的时间	min	3(max)
灯端电压达到最小灯工作电压的 90%时所需要的时间	min	3(max)

3 额定电压下配用基准镇流器时灯的电特性

项目		目标值	最大值	最小值
灯端电压	V(r.m.s)	95	115	80
电流[a]	A	0.21	—	—
功率[a]	W	20	—	—

4 额定电压下配用基准镇流器时灯的光特性和寿命参数

初始光效/(lm/W)	相关色温[a]/K	显色指数 Ra	2 000 h 光通维持率/%	平均寿命/h
78	3 000	83	75	8 000

5 基准镇流器特性

配用电子镇流器的灯的光特性参数测试用的低频方波基准镇流器设计参数见下表：

串联电阻	Ω	680
其他设计参数正在考虑中。		

[a] 参考值。

GB/T 24458-1020-1

	25 W 单端陶瓷金属卤化物灯	第 1 页

1 灯的尺寸和物理特性

玻壳类型	灯头型号	玻壳直径(max) D/mm	总长度(max) L/mm	光中心高度 H^{a}/mm	同轴度/(°)	工作位置限制	玻壳温度(max)/℃	灯头温度(max)/℃	图表编号
T19	G12	26	100	56±2	3	任意	500	280	0020
ED54	E27	56	141	88±3	3	任意	400	190	0030
T14	G8.5	17	85	52±3	3	任意	550	250	0010

2 灯在额定电源电压下的启动特性

达到光通量的 90%时所需的时间	min	3(max)
灯端电压达到最小灯工作电压的 90%时所需要的时间	min	3(max)

3 额定电压下配用基准镇流器时灯的电特性

项目		目标值	最大值	最小值
灯端电压	V(r.m.s)	90	105	80
电流[a]	A	0.32	—	—
功率[a]	W	25	—	—

4 额定电压下配用基准镇流器时灯的光特性和寿命参数

初始光效/(lm/W)	相关色温[a]/K	显色指数 Ra	2 000 h 光通维持率/%	平均寿命/h
78	4 200	88	75	8 000
80	3 000	83	75	8 000

5 基准镇流器特性

额定频率	Hz	50
额定电压	V	220
校准电流	A	0.32
电压/电流比	Ω	552
功率因数		0.075 ± 0.005
注：基准镇流器的其他要求应符合 GB/T 15042 和 GB 19510.10 中的规定。		

对于配用电子镇流器的灯，其光特性参数测试用的低频方波基准镇流器设计参数见下表：

串联电阻	Ω	476
其他设计参数正在考虑中。		

[a] 参考值。

GB/T 24458-1025-1

	35 W 单端陶瓷金属卤化物灯	第1页

1 灯的尺寸和物理特性

玻壳类型	灯头型号	玻壳直径(max) D/mm	总长度(max) L/mm	光中心高度 H[a]/mm	同轴度/(°)	工作位置限制	玻壳温度(max)/℃	灯头温度(max)/℃	图表编号
T19	G12	26	100	56±2	3	任意	500	280	0020
ED54	E27	56	141	88±3	3	任意	400	190	0030
T14	G8.5	17	85	52±3	3	任意	550	250	0010

2 灯在额定电源电压下的启动特性

达到光通量的90%时所需的时间	min	3(max)
灯端电压达到最小灯工作电压的90%时所需要的时间	min	3(max)

3 额定电压下配用基准镇流器时灯的电特性

项目		目标值	最大值	最小值
灯端电压	V(r.m.s)	90	105	80
电流[a]	A	0.53	—	—
功率[a]	W	39	—	—

4 额定电压下配用基准镇流器时灯的光特性和寿命参数

初始光效/(lm/W)	相关色温[a]/K	显色指数 Ra	2 000 h 光通维持率/%	平均寿命/h
78	4 200	88	75	8 000
78	3 000	83	75	8 000
70	3 000	93	75	8 000

5 基准镇流器特性

额定频率	Hz	50
额定电压	V	220
校准电流	A	0.53
电压/电流比	Ω	350
功率因数		0.075±0.005
注：基准镇流器的其他要求应符合 GB/T 15042 和 GB 19510.10 中的规定。		

对于配用电子镇流器的灯，其光特性参数测试用的低频方波基准镇流器设计参数见下表：

串联电阻	Ω	340
其他设计参数正在考虑中。		

[a] 参考值。

GB/T 24458-1030-1

	70 W 单端陶瓷金属卤化物灯	第 1 页

1 灯的尺寸和物理特性

玻壳类型	灯头型号	玻壳直径(max) D/mm	总长度(max) L/mm	光中心高度 H[a]/mm	同轴度/(°)	工作位置限制	玻壳温度(max)/℃	灯头温度(max)/℃	图表编号
T14	G8.5	17	85	52±2	3	任意	550	250	0010
T19	G12	26	100	56±2			500	280	0020
ED54	E27	56	141	88±3			400	210	0030

2 灯在额定电源电压下的启动特性

项目	单位	值
达到光通量的 90%时所需的时间	min	3(max)
灯端电压达到最小灯工作电压的 95%时所需要的时间	min	3(max)

3 额定电压下配用基准镇流器时灯的电特性

项　目		目标值	最大值	最小值
灯端电压	V(r.m.s)	90	110	80
电流[a]	A	0.98	—	—
功率[a]	W	72	—	—

4 额定电压下配用基准镇流器时灯的光特性和寿命参数

初始光效/(lm/W)	相关色温[a]/K	显色指数 Ra	2 000 h 光通维持率/%	平均寿命/h
80	4 200	93	80	8 000
85	3 000	83	80	8 000
75	3 000	93	80	8 000

5 基准镇流器特性

项目	单位	值
额定频率	Hz	50
额定电压	V	220
校准电流	A	0.98
电压/电流比	Ω	188
功率因数		0.075±0.005

注：基准镇流器的其他要求应符合 GB/T 15042 和 GB 19510.10 中的规定。

对于配用电子镇流器的灯，其光特性参数测试用的低频方波基准镇流器设计参数见下表：

串联电阻	Ω	170

其他设计参数正在考虑中。

[a] 参考值。

GB/T 24458-1050-1

	100 W 单端陶瓷金属卤化物灯	第 1 页

1 灯的尺寸和物理特性

玻壳类型	灯头型号	玻壳直径(max) D/mm	总长度(max) L/mm	光中心高度 H[a]/mm	同轴度/(°)	工作位置限制	玻壳温度(max)/℃	灯头温度(max)/℃	图表编号
ED54	E27	56	141	88±3	3	任意	400	210	0030
T19	G12	26	100	56±2			500	280	0020

2 灯在额定电源电压下的启动特性

达到光通量的 90%时所需的时间	min	3(max)
灯端电压达到最小灯工作电压的 95%时所需要的时间	min	3(max)

3 额定电压下配用基准镇流器时灯的电特性

项　目		目标值	最大值	最小值
灯端电压	V(r.m.s)	100	115	90
电流[a]	A	1.2	—	—
功率[a]	W	95	—	—

4 额定电压下配用基准镇流器时灯的光特性和寿命参数

初始光效/(lm/W)	相关色温[a]/K	显色指数 Ra	2 000 h 光通维持率/%	平均寿命/h
85	4 200	93	80	8 000
89	3 000	83	80	8 000

5 基准镇流器特性

额定频率	Hz	50
额定电压	V	220
校准电流	A	1.20
电压/电流比	Ω	148
功率因数		0.060±0.005
注：基准镇流器的其他要求应符合 GB/T 15042 和 GB 19510.10 中的规定。		

[a] 参考值。

GB/T 24458-1080-1

	150 W 单端陶瓷金属卤化物灯	第 1 页

1　灯的尺寸和物理特性

玻壳类型	灯头型号	玻壳直径(max) D/mm	总长度(max) L/mm	光中心高度 H[a]/mm	同轴度/(°)	工作位置限制	玻壳温度(max)/℃	灯头温度(max)/℃	图表编号
ED54	E27	56	141	88±3	3	任意	400	210	0030
T19	G12	26	110	56±2			650	300	0020
T46	E27	47	204	132±3			400	210	0030

2　灯在额定电源电压下的启动特性

达到光通量的 90%时所需的时间	min	3(max)
灯端电压达到最小灯工作电压的 95%时所需要的时间	min	3(max)

3　额定电压下配用基准镇流器时灯的电特性

项　目		目标值	最大值	最小值
灯端电压	V(r. m. s)	95	110	80
电流[a]	A	1.8	—	—
功率[a]	W	147	—	—

4　额定电压下配用基准镇流器时灯的光特性和寿命参数

初始光效/(lm/W)	相关色温[a]/K	显色指数 Ra	2 000 h 光通维持率/%	平均寿命/h
85	4 200	93	80	10 000
90	3 000	83	80	10 000

5　基准镇流器特性

额定频率	Hz	50
额定电压	V	220
校准电流	A	1.8
电压/电流比	Ω	99
功率因数		0.060±0.005
注：基准镇流器的其他要求应符合 GB/T 15042 和 GB 19510.10 中的规定。		

对于配用电子镇流器的灯，其光特性参数测试用的低频方波基准镇流器设计参数见下表：

串联电阻	Ω	97
其他设计参数正在考虑中。		

[a] 参考值。

GB/T 24458-1090-1

	250 W 单端陶瓷金属卤化物灯	第 1 页

1 灯的尺寸和物理特性

玻壳类型	灯头型号	玻壳直径(max) D/mm	总长度(max) L/mm	光中心高度 H[a]/mm	同轴度/(°)	工作位置限制	玻壳温度(max)/℃	灯头温度(max)/℃	图表编号
T46	E40	48	260	158±5	3	任意	500	250	0030
ED90		91	228	130±5	—		400		
T28	G22	29	150	90±5	3		580	280	0020

2 灯在额定电源电压下的启动特性

达到光通量的 90%时所需的时间	min	6(max)
灯端电压达到最小灯工作电压的 95%时所需要的时间	min	6(max)

3 额定电压下配用基准镇流器时灯的电特性

项　目		目标值	最大值	最小值
灯端电压	V(r. m. s)	100	115	85
电流[a]	A	3.0	—	—
功率[a]	W	250	—	—

4 额定电压下配用基准镇流器时灯的光特性和寿命参数

初始光效/(lm/W)	相关色温[a]/K	显色指数 Ra	2 000 h 光通维持率/%	平均寿命/h
83	4 200	85	85	12 000
98	3 000	85	85	12 000

5 基准镇流器特性

额定频率	Hz	50
额定电压	V	220
校准电流	A	3.0
电压/电流比	Ω	60
功率因数		0.060±0.005
注：基准镇流器的其他要求应符合 GB/T 15042 和 GB 19510.10 中的规定。		

[a] 参考值。

GB/T 24458-1120-1

	400 W 单端陶瓷金属卤化物灯	第 1 页

1 灯的尺寸和物理特性

玻壳类型	灯头型号	玻壳直径(max) D/mm	总长度(max) L/mm	光中心高度 H[a]/mm	同轴度/(°)	工作位置限制	玻壳温度(max)/℃	灯头温度(max)/℃	图表编号
T46	E40	48	292	175+/−5	3	任意	500	250	0030
ED90		91	228	130±5			400		
ED120		122	292	180±6					

2 灯在额定电源电压下的启动特性

达到光通量的 90%时所需的时间	min	6(max)
灯端电压达到最小灯工作电压的 95%时所需要的时间	min	6(max)

3 额定电压下配用基准镇流器时灯的电特性

燃点位置		垂直灯头在上			水平		
		目标值	最大值	最小值	目标值	最大值	最小值
灯端电压	V(r.m.s)	100	115	85	95	110	80
灯电流[a]	A	4.6	—	—	4.6	—	—
灯功率[a]	W	400	—	—	385	—	—

4 额定电压下配用基准镇流器时灯的光特性和寿命参数

初始光效/(lm/W)	相关色温[a]/K	显色指数 Ra	2 000 h 光通维持率/%	平均寿命/h
90	4 200	85	85	12 000

5 基准镇流器特性

额定频率	Hz	50
额定电压	V	220
校准电流	A	4.6
电压/电流比	Ω	39
功率因数		0.060±0.005
注：基准镇流器的其他要求应符合 GB/T 15042 和 GB 19510.10 中的规定。		

[a] 参考值。

GB/T 24458-1120-1

	70 W 双端金属卤化物灯	第 1 页

1 灯的尺寸和物理特性

玻壳类型	灯头型号	玻壳直径 (max) D/mm	灯头至触点长度 (max) B/mm	触点间距 C/mm	管体长度 (max) T[a]/mm	工作位置限制	玻壳温度 (max)/℃	灯头温度 (max)/℃	图表编号
T20	R7s Rx7s	22	117.6	114.2 ±1.6	73	水平 ±45°	500	280	0110

2 灯在额定电源电压下的启动特性

达到光通量的 90%时所需的时间	min	4(max)
灯端电压达到最小灯工作电压的 95%时所需要的时间	min	5(max)

3 额定电压下配用基准镇流器时灯的电特性

项目		目标值	最大值	最小值
灯端电压	V(r. m. s)	90	110	80
电流[a]	A	0.98	—	—
功率[a]	W	72	—	—

4 额定电压下配用基准镇流器时灯的光特性和寿命参数

初始光效/(lm/W)	相关色温[a]/K	显色指数 Ra	2 000 h 光通维持率/%	平均寿命/h
78	4 200	93	80	10 000
82	3 000	83	80	10 000

5 基准镇流器特性

额定频率	Hz	50
额定电压	V	220
校准电流	A	0.98
电压/电流比	Ω	188
功率因数		0.075 ± 0.005
注：基准镇流器的其他要求应符合 GB/T 15042 和 GB 19510.10 中的规定。		

[a] 参考值。

GB/T 24458-2050-1

	100 W 双端金属卤化物灯	第 1 页

1 灯的尺寸和物理特性

玻壳类型	灯头型号	玻壳直径 (max) D/mm	灯头至触点长度 (max) B/mm	触点间距 C/mm	管体长度 (max) T^a/mm	工作位置限制	玻壳温度 (max)/℃	灯头温度 (max)/℃	图表编号
T20	R7s Rx7s	22	117.6	114.2 ±1.6	73	水平 ±45°	500	280	0110

2 灯在额定电源电压下的启动特性

达到光通量的 90%时所需的时间	min	4(max)
灯端电压达到最小灯工作电压的 95%时所需要的时间	min	5(max)

3 额定电压下配用基准镇流器时灯的电特性

项　目		目标值	最大值	最小值
灯端电压	V(r. m. s)	100	110	90
电流[a]	A	1.2	—	—
功率[a]	W	95	—	—

4 额定电压下配用基准镇流器时灯的光特性和寿命参数

初始光效/ (lm/W)	相关色温[a]/ K	显色指数 Ra	2 000 h 光通维持率/ %	平均寿命/ h
82	4 200	93	80	8 000
87	3 000	83	80	8 000

5 基准镇流器特性

额定频率	Hz	50
额定电压	V	220
校准电流	A	1.20
电压/电流比	Ω	148
功率因数		0.060±0.005

注：基准镇流器的其他要求应符合 GB/T 15042 和 GB 19510.10 中的规定。

a 参考值。

GB/T 24458-2080-1

	150 W 双端金属卤化物灯	第 1 页

1 灯的尺寸和物理特性

玻壳类型	灯头型号	玻壳直径(max) D/mm	灯头至触点长度(max) B/mm	触点间距 C/mm	管体长度(max) T[a]/mm	工作位置限制	玻壳温度(max)/℃	灯头温度(max)/℃	图表编号
T24	R7s Rx7s	25	135.4	132.0±1.6	92	水平 ±45°	650	280	0110

2 灯在额定电源电压下的启动特性

达到光通量的 90%时所需的时间	min	4(max)
灯端电压达到最小灯工作电压的 95%时所需要的时间	min	5(max)

3 额定电压下配用基准镇流器时灯的电特性

项　　目		目标值	最大值	最小值
灯端电压	V(r. m. s)	95	110	80
电流[a]	A	1.8	—	—
功率[a]	W	147	—	—

4 额定电压下配用基准镇流器时灯的光特性和寿命参数

初始光效/(lm/W)	相关色温[a]/K	显色指数 Ra	2 000 h 光通维持率/%	平均寿命/h
82	4 200	93	80	10 000
87	3 000	83	80	10 000

5 基准镇流器特性

额定频率	Hz	50
额定电压	V	220
校准电流	A	1.8
电压/电流比	Ω	99
功率因数		0.060±0.005
注：基准镇流器的其他要求应符合 GB/T 15042 和 GB 19510.10 中的规定。		

[a] 参考值。

GB/T 24458-2090-1

	20 W 反射型单端陶瓷金属卤化物灯	第1页

1 灯的尺寸和物理特性

玻壳类型	灯头型号	玻壳直径(max) D/mm	总长度(max) L/mm	光中心高度 H^a/mm	同轴度/(°)	工作位置限制	玻壳温度(max)/℃	灯头温度(max)/℃	图表编号
PAR20	E27	65	96	—	3	任意	300	200	0210

2 灯在额定电源电压下的启动特性

达到光通量的90%时所需的时间	min	3(max)
灯端电压达到最小灯工作电压的90%时所需要的时间	min	3(max)

3 额定电压下配用基准镇流器时灯的电特性

项目		目标值	最大值	最小值
灯端电压	V(r.m.s)	95	115	80
电流[a]	A	0.21	—	—
功率[a]	W	20	—	—

4 额定电压下配用基准镇流器时灯的光特性和寿命参数

初始光效/(lm/W)	相关色温[a]/K	显色指数 Ra	2 000 h 光通维持率/%	平均寿命/h
a	3 000	83	a	8 000

5 基准镇流器特性

对于配用电子镇流器的灯,其光特性参数测试用的低频方波基准镇流器设计参数见下表:

串联电阻	Ω	476
其他设计参数正在考虑中。		

[a] 参考值。

GB/T 24458-3025-1

	25 W 反射型单端陶瓷金属卤化物灯	第 1 页

1 灯的尺寸和物理特性

玻壳类型	灯头型号	玻壳直径(max) D/mm	总长度(max) L/mm	光中心高度 H[a]/mm	同轴度/(°)	工作位置限制	玻壳温度(max)/℃	灯头温度(max)/℃	图表编号
PAR20	E27	65	96	—	3	任意	300	200	0210

2 灯在额定电源电压下的启动特性

达到光通量的 90%时所需的时间	min	3(max)
灯端电压达到最小灯工作电压的 90%时所需要的时间	min	3(max)

3 额定电压下配用基准镇流器时灯的电特性

项　目		目标值	最大值	最小值
灯端电压	V(r. m. s)	90	105	80
电流[a]	A	0.32	—	—
功率[a]	W	25	—	—

4 额定电压下配用基准镇流器时灯的光特性和寿命参数

初始光效/(lm/W)	相关色温[a]/K	显色指数 Ra	2 000 h 光通维持率/%	平均寿命/h
a	4 200	88	a	8 000
a	3 000	83	a	8 000

5 基准镇流器特性

额定频率	Hz	50
额定电压	V	220
校准电流	A	0.32
电压/电流比	Ω	552
功率因数		0.075 ± 0.005
注：基准镇流器的其他要求应符合 GB/T 15042 和 GB 19510.10 中的规定。		

对于配用电子镇流器的灯，其光特性参数测试用的低频方波基准镇流器设计参数见下表：

串联电阻	Ω	476
其他设计参数正在考虑中。		

[a] 参考值。

GB/T 24458-3025-1

	35 W 反射型单端陶瓷金属卤化物灯	第 1 页

1 灯的尺寸和物理特性

玻壳类型	灯头型号	玻壳直径(max) D/mm	总长度(max) L/mm	光中心高度 H[a]/mm	同轴度/(°)	工作位置限制	玻壳温度(max)/℃	灯头温度(max)/℃	图表编号
PAR30	E27	97	125	—	3	任意	300	210	0210
PAR20	E27	65	96						

2 灯在额定电源电压下的启动特性

达到光通量的 90%时所需的时间	min	3(max)
灯端电压达到最小灯工作电压的 90%时所需要的时间	min	3(max)

3 额定电压下配用基准镇流器时灯的电特性

项目		目标值	最大值	最小值
灯端电压	V(r.m.s)	90	100	80
电流[a]	A	0.53	—	—
功率[a]	W	39	—	—

4 额定电压下配用基准镇流器时灯的光特性和寿命参数

初始光效/(lm/W)	相关色温[a]/K	显色指数 Ra	2 000 h 光通维持率/%	平均寿命/h
a	4 200	88	a	8 000
a	3 000	83	a	8 000

5 基准镇流器特性

额定频率	Hz	50
额定电压	V	220
校准电流	A	0.53
电压/电流比	Ω	350
功率因数		0.075 ± 0.005

注：基准镇流器的其他要求应符合 GB/T 15042 和 GB 19510.10 中的规定。

对于配用电子镇流器的灯，其光特性参数测试用的低频方波基准镇流器设计参数见下表：

串联电阻	Ω	340

其他设计参数正在考虑中。

a 参考值。

GB/T 24458-3030-1

	70 W 反射型单端陶瓷金属卤化物灯	第1页

1 灯的尺寸和物理特性

玻壳类型	灯头型号	玻壳直径(max) D/mm	总长度(max) L/mm	光中心高度 H[a]/mm	同轴度/(°)	工作位置限制	玻壳温度(max)/℃	灯头温度(max)/℃	图表编号
PAR30	E27	97	125	—	3	任意	300	210	0210
PAR38		122	141				350		

2 灯在额定电源电压下的启动特性

达到光通量的90%时所需的时间	min	3(max)
灯端电压达到最小灯工作电压的95%时所需要的时间	min	3(max)

3 额定电压下配用基准镇流器时灯的电特性

项　目		目标值	最大值	最小值
灯端电压	V(r. m. s)	90	100	80
电流[a]	A	0.98	—	—
功率[a]	W	72	—	—

4 额定电压下配用基准镇流器时灯的光特性和寿命参数

初始光效/(lm/W)	相关色温[a]/K	显色指数 Ra	2 000 h 光通维持率/%	平均寿命/h
a	4 200	93	a	8 000
a	3 000	83	a	8 000

5 基准镇流器特性

额定频率	Hz	50
额定电压	V	220
校准电流	A	0.98
电压/电流比	Ω	188
功率因数		0.075±0.005

注：基准镇流器的其他要求应符合 GB/T 15042 和 GB 19510.10 中的规定。

对于配用电子镇流器的灯，其测试用的低频方波基准镇流器设计参数见下表：

串联电阻	Ω	170

其他设计参数正在考虑中。

[a] 参考值。

GB/T 24458-3050-1

	100 W 反射型单端陶瓷金属卤化物灯	第 1 页

1 灯的尺寸和物理特性

玻壳类型	灯头型号	玻壳直径(max) D/mm	总长度(max) L/mm	光中心高度 H[a]/mm	同轴度/(°)	工作位置限制	玻壳温度(max)/℃	灯头温度(max)/℃	图表编号
PAR38	E27	122	141	—	3	任意	350	210	0210

2 灯在额定电源电压下的启动特性

达到光通量的 90%时所需的时间	min	3(max)
灯端电压达到最小灯工作电压的 95%时所需要的时间	min	3(max)

3 额定电压下配用基准镇流器时灯的电特性

项　目		目标值	最大值	最小值
灯端电压	V(r. m. s)	100	110	90
电流[a]	A	1.2	—	—
功率[a]	W	95	—	—

4 额定电压下配用基准镇流器时灯的光特性和寿命参数

初始光效/(lm/W)	相关色温[a]/K	显色指数 Ra	2 000 h 光通维持率/%	平均寿命/h
a	4 200	93	a	8 000
a	3 000	83	a	8 000

5 基准镇流器特性

额定频率	Hz	50
额定电压	V	220
校准电流	A	1.20
电压/电流比	Ω	148
功率因数		0.060±0.005
注：基准镇流器的其他要求应符合 GB/T 15042 和 GB 19510.10 中的规定。		

[a] 参考值。

GB/T 24458-1080-1

	150 W 反射型单端陶瓷金属卤化物灯	第1页

1 灯的尺寸和物理特性

玻壳类型	灯头型号	玻壳直径(max) D/mm	总长度(max) L/mm	光中心高度 H[a]/mm	同轴度/(°)	工作位置限制	玻壳温度(max)/℃	灯头温度(max)/℃	图表编号
PAR38	E27	122	141	—	3	任意	350	210	0210

2 灯在额定电源电压下的启动特性

达到光通量的90%时所需的时间/min	3(max)
灯端电压达到最小灯工作电压的95%时所需要的时间/min	3(max)

3 额定电压下配用基准镇流器时灯的电特性

项目		目标值	最大值	最小值
灯端电压	V(r.m.s)	95	105	85
电流[a]	A	1.8	—	—
功率[a]	W	147	—	—

4 额定电压下配用基准镇流器时灯的光特性和寿命参数

初始光效/(lm/W)	相关色温[a]/K	显色指数 Ra	2 000 h 光通维持率/%	平均寿命/h
a	4 200	93	a	8 000
a	3 000	85	a	8 000

5 基准镇流器特性

额定频率	Hz	50
额定电压	V	220
校准电流	A	1.8
电压/电流比	Ω	99
功率因数		0.060±0.005

注：基准镇流器的其他要求应符合 GB/T 15042 和 GB 19510.10 中的规定。

对于配用电子镇流器的灯，其光特性参数测试用的低频方波基准镇流器设计参数见下表：

串联电阻	Ω	170

其他设计参数正在考虑中。

a 参考值。

GB/T 24458-1090-1

附 录 A
（规范性附录）
工作镇流器和触发器的要求

A.1 滞后式工作镇流器要求

为使灯能可靠启动并正常工作，配套用滞后式工作镇流器的性能和安全要求应符合GB/T 15042和GB 19510.10中的规定，其设计参数在其额定输入电压范围内应满足下列要求。

A.1.1 镇流器的启动要求

灯对镇流器的设计要求在规定的最小开路测试电压、最小启动脉冲和指定的温度条件下，灯应在表A.1中规定时间内启动。触发器的启动脉冲要求见A.3.2。

表A.1 开路电压OCV

OCV有效值/V	198
OCV峰值/V	280
(10±1)℃下的时间/s	10
(−30±1)℃下的时间/s	120
注：0 h灯在10 ℃±1 ℃下启动概率不小于98%，燃点100 h灯在−30 ℃±1 ℃下启动概率不小于90%。	

A.1.2 温升电流要求

温升电流应符合表A.2要求。

表A.2 温升电流(有效值)　　单位为安培

规格	镇流器类型	最小值	最大值
25 W	滞后式	0.32	0.8
35 W		0.53	1.06
70 W		0.98	1.96
100 W		1.2	1.96
150 W		1.8	3.2
250 W		3.0	5.2
400 W		4.6	7.5

A.1.3 电流波峰系数

在任何额定输入电压范围之内，基准灯在温升及工作期间其电流波峰系数均应不大于1.8。

A.1.4 灯两端的最大电压

镇流器输入到灯两端的电压应不超过表A.3的值。

表A.3 灯两端的最大电压

灯类型	规格	输入电压/V		
		有效值	峰值	峰值脉冲
单端灯	25 W、35 W、70 W、100 W、150 W	305	548	5 000
	250 W、400 W	528	1 100	5 000
双端灯	70 W、100 W、150 W	—	—	5 000

A.1.5 灯的工作功率

裸灯的工作功率是在温度为25 ℃±5 ℃，无对流风的环境中，在规定的燃点位置条件下与镇流器连接，在额定电源电压范围内进行测试。表A.4是灯燃点100 h的功率极限值。

表 A.4 灯的工作功率

单位为瓦特

规格	设计中心值	最小值	最大值
25 W	20	20	30
35 W	39	31	46
70 W	72	58	86
100 W	95	76	114
150 W	147	118	176
250 W	250	200	300
400 W	400	320	480
注：规定的功率极限是以灯电压、镇流器调整和线电压的标称公差分布为基础的。如果这些公差为最大且在同一方向上，所规定的功率极限会超出。			

功率极限值是依照灯的功率对诸如初始光通量、光通维持率、灯寿命、灯的温升等性能指标考虑后选择的。为了满足以上功率极限值的要求，处于100%额定输入电压的工作镇流器在使基准灯工作时，应使该灯的功率与该灯处于同一工作位置并使用基准镇流器工作时的功率保持在±5%之内。同样，当该工作镇流器在其整个输入电压范围内使基准灯工作时，应使该灯的功率与该灯采用基准镇流器并处于其额定电压下工作的功率的误差保持在±15%以内。

A.2 电子式工作镇流器要求

灯工作配用的低频方波电子镇流器技术要求正在考虑中。

A.3 触发器要求

A.3.1 触发器应能使符合规定的启动试验要求的灯启动。触发器的技术参数要求见表A.5，其他要求应符合GB/T 19655和GB 19510.2的技术要求。

表 A.5 触发器技术参数要求

<table>
<tr><td rowspan="3">规　格</td><td colspan="3">单端灯</td><td>双端灯</td></tr>
<tr><td colspan="2">25 W～150 W</td><td rowspan="2">250 W～400 W</td><td rowspan="2">70 W～150 W</td></tr>
<tr><td>1</td><td>2</td></tr>
<tr><td>最小脉冲高度/kV</td><td>3.5</td><td>3.5</td><td>3.5</td><td>3.5</td></tr>
<tr><td>最大脉冲高度/kV</td><td>5.0</td><td>5.0</td><td>5.0</td><td>5.0</td></tr>
<tr><td>最小脉冲宽度/μs@kV</td><td>1.9 @ 2.7</td><td>1.0 @ 2.7</td><td>1.3 @ 2.7</td><td>2.0 @ 3.6</td></tr>
<tr><td>每半周最小脉冲重复率/次</td><td>1</td><td>2</td><td>1</td><td>1</td></tr>
<tr><td>输出脉冲位置(电角度)/(°)</td><td>60～90
240～270</td><td colspan="2">64～110
244～290</td><td>60～90
240～270</td></tr>
</table>

A.3.2 在设计触发器时应考虑到由电缆引起的脉冲衰减。镇流器标准中应规定与之相配的触发器要求。

附 录 B
（规范性附录）
有关灯具的设计资料

B.1 供给灯具设计的参数应作为检查灯具的标准，这样可确保符合本标准的灯泡在灯具内不会产生早期失效。这些检查内容不构成对灯泡的要求。

B.2 灯具影响灯端电压上升的限制值见表 B.1。

表 B.1 灯端电压变化

功率/W	有效值/V
≤400	5

B.3 灯玻壳和灯头的温度限制

在灯玻壳和灯头的任一点上测得的温度不应超过灯的参数表中规定的最大值，这些极限值可能受到灯的材料的影响，但是，在通常情况下，如果灯具致使灯达到这些温度，则灯很可能超过表 B.1 所述灯端电压上升的限制值。玻壳和灯头最高温度的测量，按 GB/T 13434 的规定方法进行。

B.4 灯寿命结束时可能出现的情况

许多灯在其寿命结束时会产生一种危险的整流效应，这会导致镇流器、变压器或启动装置过载，应采取适当的保护措施来确保这种情况下的安全性。

B.5 为确保灯的热工作、紫外保护及非被动爆炸保护符合要求，灯具应按照灯的制造商在使用方面所提出的建议进行设计，应有防止灯的爆裂及其紫外线辐射造成危害的防护罩，相关要求参看 GB 7000.1 和 GB 19652—2005 附录 F 的要求。为评估紫外线的光化危险，按 GB/T 20145 测量 200 nm～400 nm 的紫外光谱。在测量紫外特性时，应采取适当的人员防护措施。

B.6 为了灯具能容纳符合本标准的灯，灯具制造商应根据相关灯参数表中规定的灯最大尺寸设计灯具，在灯具中留有一定的自由空间。

B.7 关于灯具的结构要求，见 GB 7000.1。

附 录 C
（规范性附录）
双端金属卤化物灯的光电特性测试特别要求

由于其与温度相关的特性，双端灯应在灯具中燃点。因此，为了测量灯的电、光、颜色特性，灯应在一灯具模拟装置(见图 C.1)内燃点。应对光通量——适用时，色坐标和紫外特性——因使用灯具模拟装置的变化进行修正。

在测量紫外线时，模拟装置包括有一石英管，两端用带哑光表面的铝片封闭。在测量其他光特性时，模拟装置的壁应采用石英或硬质玻璃。

测量过程中灯应保持水平。对于放电管带有排气尖的灯，应避免排气尖向下。

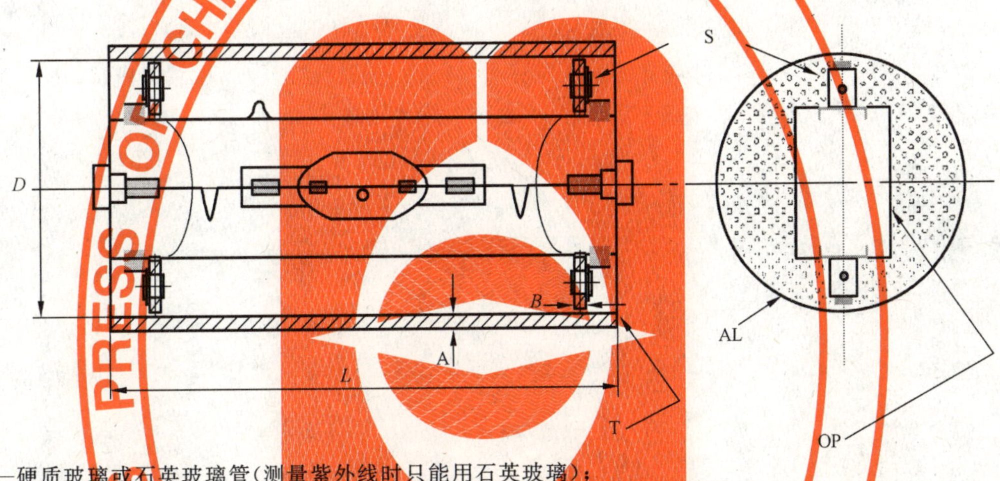

T——硬质玻璃或石英玻璃管(测量紫外线时只能用石英玻璃)；

D——管内径，50 mm～51.5 mm；

L——管长度。70 W 灯：100 mm；150 W 灯：120 mm；250 W 灯：140 mm±1 mm；400 W 灯：182 mm；

A——管壁厚度，2.5 mm～3.5 mm；

AL——铝片；

B——铝片厚度，2 mm；

OP——开口，与灯的夹封位相匹配；

S——带弹簧的灯的悬挂装置或支承灯夹封部位的支架。

图 C.1 灯具模拟装置

ICS 25.140.30
J 47

中华人民共和国国家标准

GB 24459—2009

铍铜合金防爆工具

Nonsparking beryllium copper alloy tools

2009-10-15 发布 2010-12-01 实施

中华人民共和国国家质量监督检验检疫总局
中国国家标准化管理委员会 发布

前言

本标准的4.1、4.2和7.1为强制性条款,其余为推荐性条款。

本标准修改采用JIS M 7615—1987《铍铜合金防爆用工具类》。

本标准与JISM 7615—1987相比,主要差异如下:

——本标准删去一字旋具强度的相关内容;

——本标准增加了第6章"检验规则";

——本标准增加了第7章"标志、包装、运输、贮存"。

本标准由中国轻工业联合会提出。

本标准由全国五金制品标准化委员会归口。

本标准起草单位:国家轻工业防爆工具质量监督检测中心、天津市五金工具研究所、天津市测量仪器一厂、沧州渤海防爆特种工具有限公司、石家庄市辛达防爆工具厂、石家庄市宇鑫防爆工具有限责任公司。

本标准主要起草人:彭宏儒、冉玉田、张培汉、刘凤祥、付景义、王丙午、李志才。

本标准为首次发布。

铍铜合金防爆工具

1 范围

本标准规定了铍铜合金防爆工具分类、规格尺寸、要求、检验方法、检验规则及标志、包装、运输、贮存。

本标准适用于矿山、工厂以及船舶、车辆、飞机、油田、化工、军工、火药、油库、油站等行业在生产、储运过程因机械火花可能引起爆炸的环境中所使用的铍铜合金防爆工具。

2 规范性引用文件

下列文件中的条款通过本标准的引用而成为本标准条款。凡是注日期的引用文件，其随后所有的修改单(不包括勘误的内容)或修订版均不适用于本标准，然而，鼓励根据本标准达成协议的各方研究是否可使用这些文件的最新版本。凡是不注明日期的引用文件，其最新版本适用于本标准。

GB/T 230.1 金属材料 洛氏硬度试验 第1部分:试验方法(A、B、C、D、E、F、G、H、K、N、T标尺)(GB/T 230.1—2009,ISO 6508-1:2005,MOD)

GB/T 701 低碳钢热轧圆盘条

GB/T 2828.1 计数抽样检验程序 第1部分:按接收质量限(AQL)检索的逐批检验抽样计划(GB/T 2828.1—2003,ISO 2859-1:1999,IDT)

GB/T 5121(所有部分) 铜及铜合金化学分析方法

GB/T 5305 手工具包装、标志、运输与贮存

GB/T 23163 铍铜合金工具类防爆性能试验方法

3 分类和规格尺寸

3.1 分类

铍铜合金防爆工具的分类见表1。

表 1

序号	类　型	根据开口划分	根据开口及柄部	根据其他特征划分
1	单头呆扳手	单头	—	圆型
2	双头呆扳手	双头	—	圆型
3	錾子	—	—	—
4	圆头锤	—	—	—
5	八角锤	—	—	—
6	桶盖扳手	—	—	平板型
7	活扳手	—	—	—
8	管子钳	—	23°	—
9	一字旋具	—	—	普通型
10	单头梅花扳手	单头	15°,45°	—

表 1（续）

序号	类　　型	根据开口划分	根据开口及柄部	根据其他特征划分
11	双头梅花扳手	双头	15°,45°	—
12	鲤鱼钳	—	—	—
13	钢丝钳	—	—	—
14	一字型镐	—	—	—
15	其他	可根据用户要求制造		

3.2 规格尺寸

3.2.1　单头呆扳手如图 1 所示，规格尺寸按表 2 的规定。

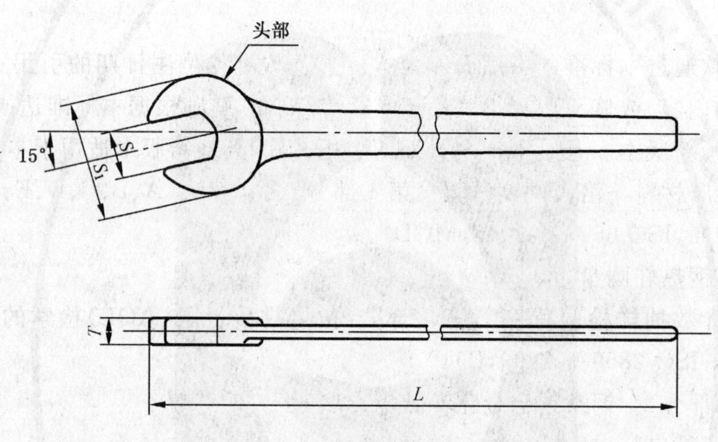

图 1　单头呆扳手示意图

表 2　单头呆扳手尺寸

单位为毫米

规格	开口尺寸 S		头宽 S_1	头厚 T	全长 L
	基本尺寸	公差	最大	最大	公差±6%
10	10	$^{+0.19}_{+0.04}$	26	6	110
13	13	$^{+0.24}_{+0.04}$	33	7.5	135
16	16	$^{+0.27}_{+0.05}$	40	9.5	160
18	18	$^{+0.30}_{+0.05}$	44.5	10	170
21	21	$^{+0.36}_{+0.06}$	52	11	200
24	24		58	11.5	220
30	30	$^{+0.48}_{+0.08}$	70	13.5	270
36	36	$^{+0.60}_{+0.10}$	82	15.5	320
46	46		105	19	400

3.2.2　双头呆扳手如图 2 所示，规格尺寸按表 3 的规定。

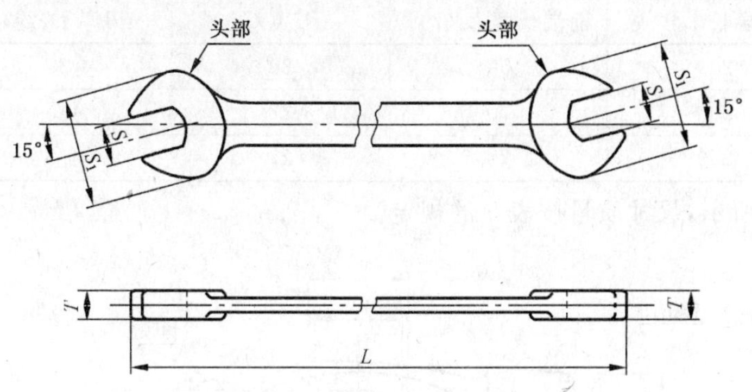

图 2 双头呆扳手示意图

表 3 双头呆扳手尺寸

单位为毫米

<table>
<tr><th rowspan="3">规格</th><th colspan="4">开口 S</th><th colspan="2">头宽 S_1</th><th rowspan="2">头厚 T</th><th rowspan="2">全长 L</th></tr>
<tr><th colspan="2">小端</th><th colspan="2">大端</th><th>小端</th><th>大端</th></tr>
<tr><th>基本尺寸</th><th>公差</th><th>基本尺寸</th><th>公差</th><th>最大</th><th>最大</th><th>最大</th><th>公差±6%</th></tr>
<tr><td>10×13</td><td>10</td><td>+0.19
+0.04</td><td>13</td><td>+0.19
+0.04</td><td>26</td><td>33</td><td>6.5</td><td>135</td></tr>
<tr><td>13×16</td><td>13</td><td>+0.19
+0.04</td><td>16</td><td>+0.27
+0.05</td><td>33</td><td>40</td><td>9.5</td><td>160</td></tr>
<tr><td>16×18</td><td>16</td><td>+0.27
+0.05</td><td>18</td><td>+0.30
+0.06</td><td>40</td><td>44.5</td><td>10</td><td>170</td></tr>
<tr><td>18×21</td><td>18</td><td>+0.30
+0.06</td><td>21</td><td rowspan="2">+0.36
+0.06</td><td>44.5</td><td>52</td><td>11</td><td>200</td></tr>
<tr><td>21×24</td><td>21</td><td rowspan="2">+0.36
+0.06</td><td>24</td><td>52</td><td>58</td><td>11.5</td><td>220</td></tr>
<tr><td>24×27</td><td>24</td><td>27</td><td rowspan="3">+0.48
+0.08</td><td>58</td><td>62</td><td>12.5</td><td>245</td></tr>
<tr><td>27×30</td><td>27</td><td rowspan="3">+0.48
+0.08</td><td>30</td><td>62</td><td>70</td><td>13.5</td><td>270</td></tr>
<tr><td>30×32</td><td>30</td><td>32</td><td>70</td><td>74</td><td>14</td><td>285</td></tr>
<tr><td>32×36</td><td>32</td><td>36</td><td rowspan="3">+0.60
+0.10</td><td>74</td><td>82</td><td>15.5</td><td>320</td></tr>
<tr><td>36×41</td><td>36</td><td rowspan="2">+0.60
+0.10</td><td>41</td><td>82</td><td>92</td><td>17</td><td>360</td></tr>
<tr><td>41×46</td><td>41</td><td>46</td><td>92</td><td>105</td><td>19</td><td>400</td></tr>
</table>

3.2.3 錾子如图 3 所示，规格尺寸按表 4 的规定。

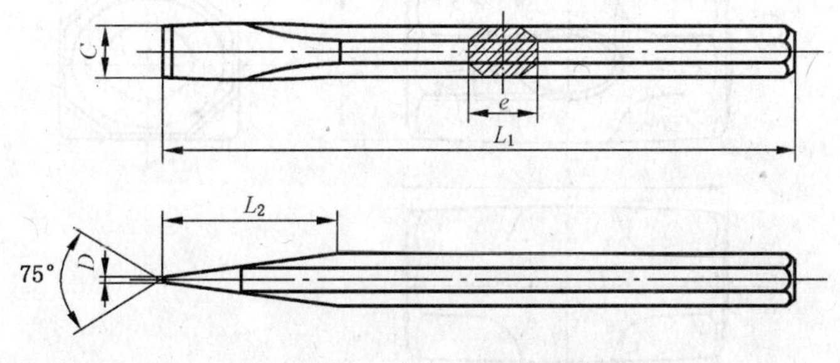

图 3 錾子示意图

表 4　錾子尺寸

单位为毫米

规格	全长 L_1	前端长度 L_2(约)	刃宽 C	刃厚 D(约)	对边长度 e
20×200	200	50	20	3	19
27×200	200	70	27	4.5	25
27×250	250	70	27	4.5	25

3.2.4　圆头锤如图 4 所示,尺寸质量按表 5 的规定。

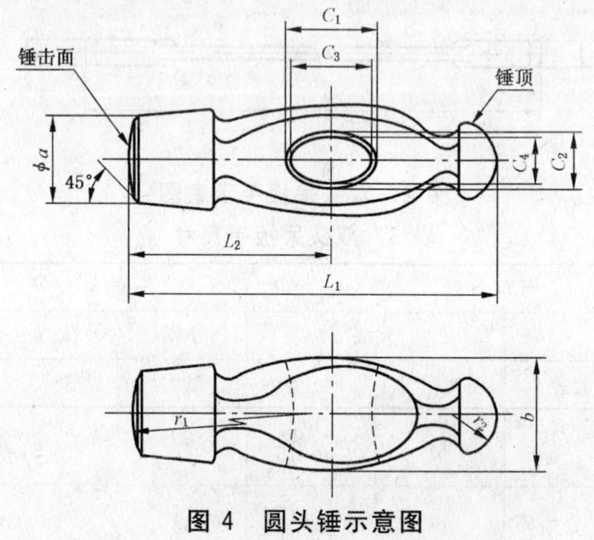

图 4　圆头锤示意图

表 5　圆头锤尺寸及质量

规格	尺寸/mm										质量	
	ϕa	b	r_1 最小	r_2	L_1	L_2	C_1	C_2	C_3	C_4	kg	公差
1/4	16	22	100	8	62	34	15	10	14	9	0.11	$^{+8}_{-2}\%$
1/2	21	27		9	80	44	20	14	19	13	0.23	
3/4	25	32		11	93	50	25	18	23	16	0.34	
1	26	35		13	100	55	28	20	23	16	0.45	
1½	30	40		16	118	65	30	22	27	20	0.67	
2	34	45		18	130	72	32	24	28	20	0.91	
3	44	48		20	148	80	34	26	30	22	1.36	

3.2.5　八角锤如图 5 所示,尺寸质量按表 6 的规定。

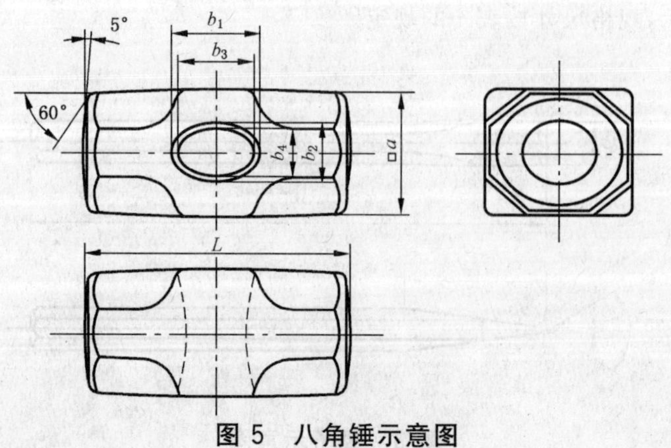

图 5　八角锤示意图

表 6　八角锤尺寸及质量

规格	尺寸/mm						质量	
	a	L	b_1	b_2	b_3	b_4	kg	公差
3	44	111	30	20	28	16	1.36	$^{+8}_{-2}\%$
4	48	118	30	20	28	18	1.82	
5	51	128	33	23	31	21	2.27	
6	53	138	34	27	32	25	2.72	
8	59	152	34	27	32	25	3.63	
10	62	166	34	27	32	25	4.53	
12	67	173	34	27	32	25	5.45	
15	71	190	34	27	32	25	6.80	

3.2.6　桶盖扳手如图 6 所示规格与尺寸。

单位为毫米

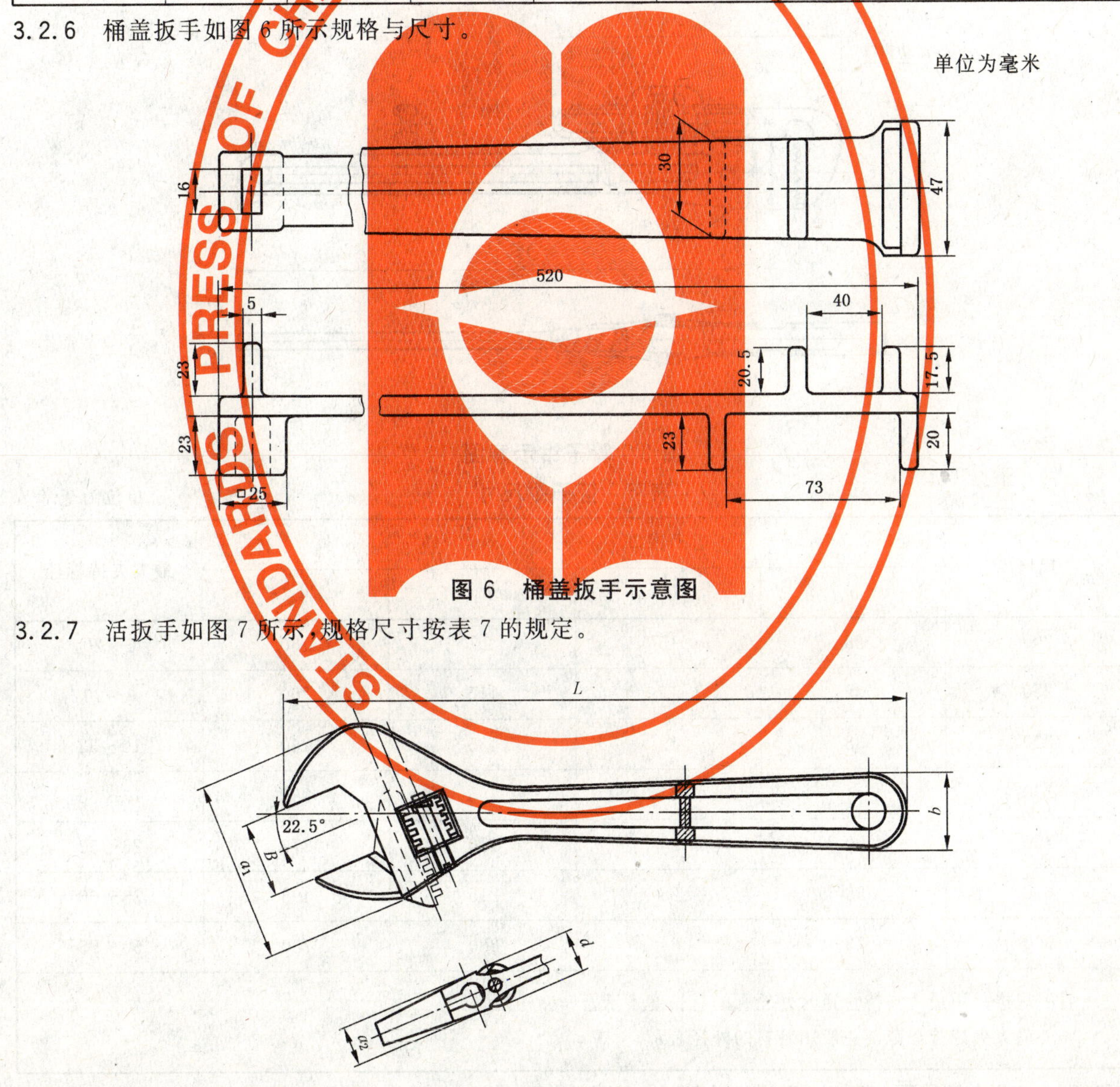

图 6　桶盖扳手示意图

3.2.7　活扳手如图 7 所示，规格尺寸按表 7 的规定。

图 7　活扳手示意图

表 7　活扳手尺寸

单位为毫米

规格	L（约）	a_1（最大）	a_2（最大）	b（最大）	d（最小）
100	110	35	12	16	8
150	160	48	14	20	10
200	210	60	16	24	12
250	260	73	18	28	14
300	310	86	20	32	16
375	390	105	25	40	19

3.2.8　管子钳如图 8 所示，规格尺寸按表 8 的规定。

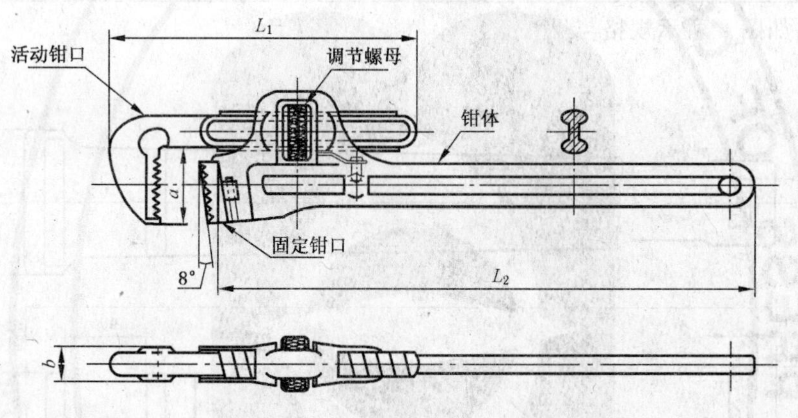

图 8　管子钳示意图

表 8　管子钳尺寸

单位为毫米

规格	活动钳口		本　体		最大夹持管径
	a	b	L_1	L_2	
200	28	15	95	160	6～20
250	32	17	115	200	6～26
300	38	19	135	240	10～32
350	44	21	155	285	13～38
450	50	24	180	370	26～52
600	58	28	215	495	38～65
900	72	34	280	750	50～95

注：规格是用最大夹持管径时外轮廓的总长度表示。

最大夹持管径范围一般用管材的外径表示。

3.2.9　一字旋具如图 9 所示，规格尺寸按表 9 的规定。

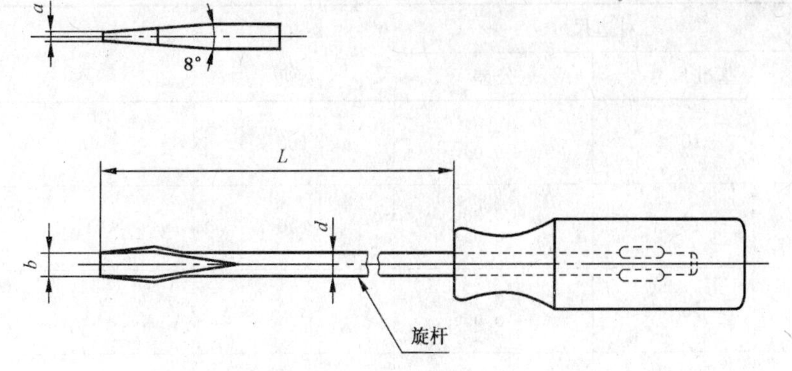

图 9　一字旋具示意图

表 9　一字旋具尺寸

单位为毫米

规格	旋杆		前端	
	L	$d^{+0.4}_{-0.2}$	$a\pm0.1$	b
4.5×50	50	5	0.6	4.5±0.2
4.5×75	75	5	0.7	5.5±0.3
6×100	100	5.5	0.8	6±0.3
7×125	125	6	0.9	7±0.3
8×150	150	7	1.0	8±0.3
9×200	200	8	1.1	9±0.3
10×250	250	8	1.2	10±0.3
10×300	300	8	1.2	10±0.3
注：旋杆的长度可以根据用途确定。				

3.2.10　单头梅花扳手如图 10 所示，规格尺寸按表 10 的规定。

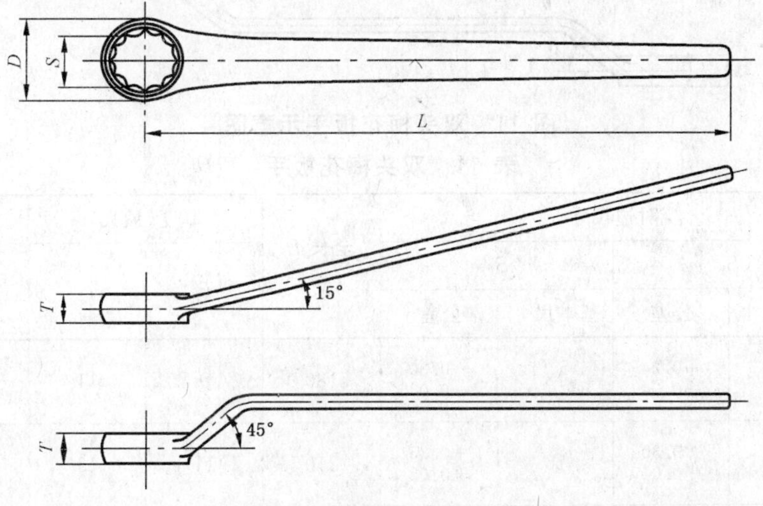

图 10　单头梅花扳手示意图

表 10 单头梅花扳手尺寸

单位为毫米

规格	对边尺寸		全长 L（约）	厚度 T（最大）	外径 D（最大）
	基准尺寸	公差			
10	10	+0.24 +0.04	160	9	17
13	13	+0.30 +0.04	190	11	22
16	16	+0.35 +0.05	230	13	27
18	18	+0.35 +0.06	250	14	30
21	21	+0.46 +0.06	280	16	36
24	24		305	18.5	40
30	30	+0.70 +0.08	370	21.5	50
36	36	+0.70 +0.10	430	26	61
46	46		480	28	78

3.2.11 双头梅花扳手如图 11 所示，规格尺寸按照表 11 的规定。

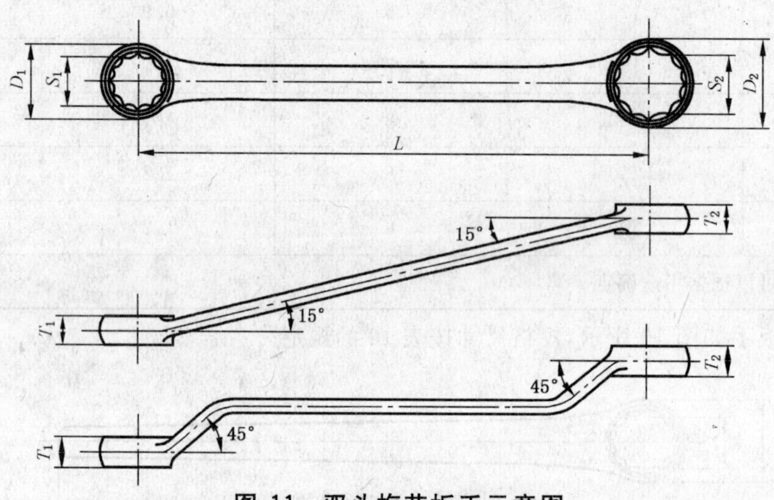

图 11 双头梅花扳手示意图

表 11 双头梅花扳手

单位为毫米

规格	对边尺寸				全长 L（约）	厚度（最大）		外径（最大）	
	S_1		S_2			T_1	T_2	D_1	D_2
	基本尺寸	公差	基本尺寸	公差					
10×13	10	+0.24 +0.04	13	+0.30 +0.04	180	9	11	17	22
13×16	13	+0.30 +0.04	16	+0.35 +0.05	210	11	13	22	27
16×18	16	+0.35 +0.05	18	+0.40 +0.05	240	13	14	27	30

表 11（续）

单位为毫米

规格	对边尺寸				全长 L（约）	厚度(最大)		外径(最大)	
	S_1		S_2			T_1	T_2	D_1	D_2
	基本尺寸	公差	基本尺寸	公差					
18×21	18	+0.40 +0.05	21	+0.46 +0.06	265	14	16	30	36
21×24	21	+0.46 +0.06	24		290	16	18.5	36	40
24×27	24		27	+0.56 +0.08	320	18.5	20.5	40	45
27×30	27	+0.56 +0.08	30		340	20.5	21.5	45	50
30×32	30		32		360	21.5	22	50	53
32×36	32		36		400	22	26	53	60
36×41	36	+0.70 +0.10	41	+0.70 +0.10	430	26	21	60	68
41×46	41		46		460	21	28	68	77

3.2.12 鲤鱼钳如图 12 所示，规格尺寸按表 12 的规定。

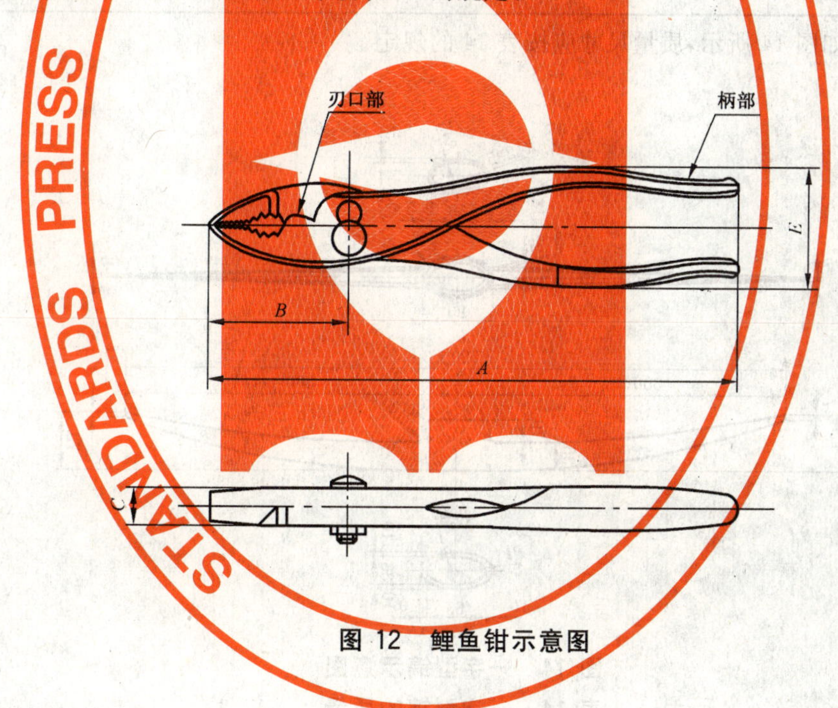

图 12 鲤鱼钳示意图

表 12 鲤鱼钳尺寸

单位为毫米

规格	尺寸								
	A	公差	B	公差	C	公差	E	公差	剪切线材最大直径
150	150	最小	42	±3	11	最大	45	最大	3
200	200	最小	47	±3	12	最大	50	最大	4

3.2.13 钢丝钳如图 13 所示，规格尺寸按表 13 的规定。

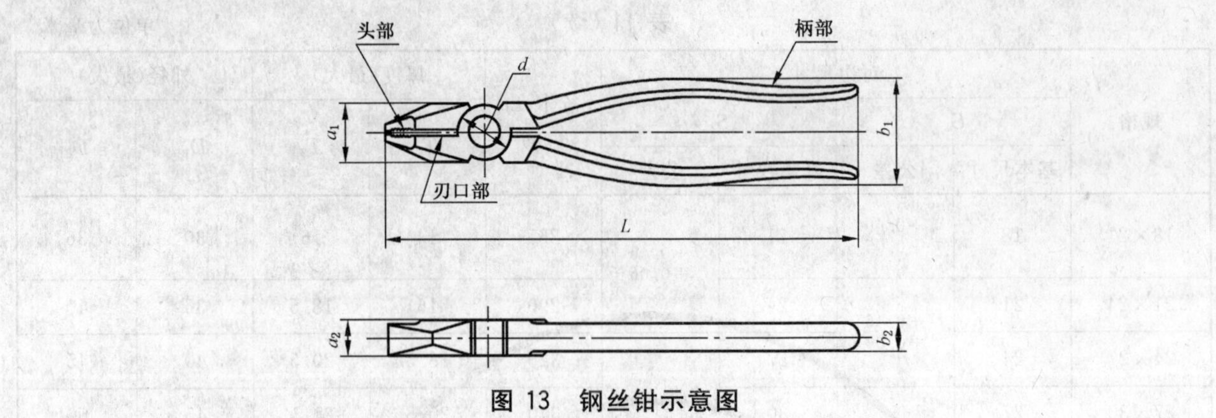

图 13 钢丝钳示意图

表 13 钢丝钳尺寸

单位为毫米

规格	尺寸										
	a_1	公差	a_2	公差	b_1	公差	b_2	公差	d	L	公差
150	22	±0.7	12.5	±0.7	50	最大	12	最大	20	160	±4
175	24	±0.7	13.5	±0.7	52	最大	13	最大	22	185	±4
200	27	±0.7	14.5	±0.7	54	最大	14	最大	25	210	±4

3.2.14 一字型镐如图 14 所示，质量尺寸应按表 14 的规定。

单位为毫米

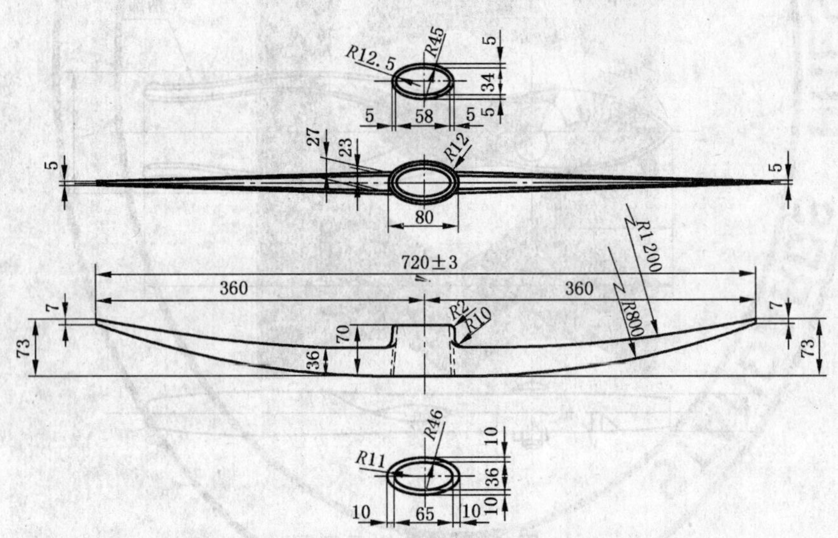

图 14 一字型镐示意图

表 14 一字型镐的质量

单位为千克

类 型	质 量	公 差
一字型镐	3.25	+0.2 −0.1

3.2.15 本标准所涉及产品和其他类型产品的规格尺寸可根据供需双方要求进行确定。

4 要求

4.1 材料

产品的材料为铍铜合金。

铍铜合金化学成分：

Be　1.8%～3.0%

Co+Ni　0.2%以上

Co+Ni+Fe　1.2%以下

Cu+Be+Co+Ni+Fe　99.0%以上

4.2　铍铜合金防爆性能

防爆性能分为落锤式、回转摩擦式、高速冲击式。三种防爆性能经测试不能发生爆炸。

4.3　尺寸

应符合3.2.1～3.2.15的规定。

4.4　外观

不应有明显伤痕，不应有裂纹、卷边、弯曲等缺陷，柄部应平直。

4.5　硬度

应在35 HRC以上。

4.6　强度

检验后产品质量应符合以下要求。

4.6.1　呆扳手开口正反两面前端永久性变形量：规格(10 mm～18 mm)应在0.15 mm以下，(19 mm～46 mm)应在0.2 mm以下，与试验棒接触的开口两面不应有明显损伤。

4.6.2　桶盖扳手开口宽度的最大变形量应在0.5 mm以下，与方型试验棒接触的表面不应有明显损伤。

4.6.3　活扳手蜗轮与齿条的啮合以及活动扳体的移动应灵活，开口的变形量应在0.5 mm以下，与试棒接触的各处压痕应在0.1 mm以内。

4.6.4　管子钳与试棒接触的各处不应有明显损伤。

4.6.5　一字旋具检验后的前端不应有缺陷、弯曲，其他各部位不应有损伤。

4.6.6　梅花扳手与试样接触的花口表面不应有明显损伤。

4.6.7　鲤鱼钳载荷时柄部最大变形量：规格150 mm，200 mm应分别为(2 mm～6 mm)，(2 mm～8 mm)；最大永久变形量：规格150 mm，200 mm应分别在0.4 mm，0.5 mm以下。

4.6.8　钢丝钳载荷时柄部最大永久变形量应在2%以下。

4.7　性能

4.7.1　活扳手

a)　蜗轮与齿条的啮合应尽量减少间隙，全程移动灵活。

b)　活动扳体最小张开量按表15的规定。

表15

单位为毫米

规格	100	150	200	250	300	375
最小张开量	11^{+2}_{0}	18.5^{+2}_{0}	23.5^{+2}_{0}	28^{+3}_{0}	33.5^{+3}_{0}	42^{+3}_{0}

c)　活动扳体的间隙见表16的规定。

表16

间隙	规格		
	100～150	200～250	300～375
纵向	1	1.2	1.5
左右(max)	1.2	1.2	1.5

4.7.2 管子钳活动钳口与调节螺母应减少间隙,移动应灵活。

4.7.3 一字旋具主体与旋杆的结合应牢固。

4.7.4 鲤鱼钳结合部分以及刃部的接触面应缩小间隙,且主体的孔与孔之间移动及开闭应灵活。

4.7.5 钢丝钳结合部分的光滑接触面应缩小间隙,开闭应灵活。

4.8 剪切强度

4.8.1 鲤鱼钳刃口部的中央夹持表17规定的线材,柄部按表17规定施加载荷,将线材切断。试验用线材应符合GB/T 701的要求。

表17 鲤鱼钳剪切力

规格	线材		抗拉强度 δ_b/mm²
	直径/mm	公差/mm	
150	2	±0.06	310 N (31.38 kg)
200	2.6	±0.08	580 N (58.84 kg)

4.8.2 钢丝钳刃口部的中央夹持表18规定的线材,柄部按表18规定施加载荷,将线材切断。试验用线材应符合GB/T 701的要求。

表18 钢丝钳剪切力

规格	线材		抗拉强度 δ_b/mm²
	直径/mm	公差/mm	
150	2	±0.06	980 N (100 kg)
175	2.6	±0.06	1 961 N (200 kg)
200	3.2	±0.08	2 942 N (300 kg)

5 检验方法

5.1 化学成分

按GB/T 5121的规定进行。

5.2 防爆性能

按GB/T 23163的规定进行,按产品标志明示的气体选择试验用气的种类。

5.3 尺寸

使用直尺、游标卡尺、千分尺或计量器具进行。

5.4 外观

用目测法进行。

5.5 硬度

按GB/T 230.1的规定进行。

5.6 强度

5.6.1 开口扳手试验前须测量接近开口前端对边尺寸,如图15所示,将六角试验棒插入开口中,按表19规定施加载荷30 s,测定同一位置试验后开口对边尺寸。

试验棒对边尺寸公差按照表20的规定,硬度50 HRC以上。操作时试验棒的棱角不可以接触扳手开口的底部。

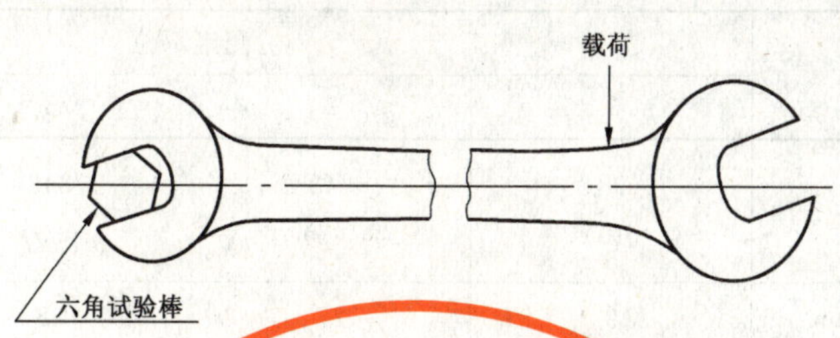

图 15　扳手强度示意图

表 19　扳手强度试验载荷

规格	10	13	16	18	21	24	27	30	32	36	41	46
扭矩/(N·m) (kgf·m)	21.6 2.2	45.1 4.6	82.4 8.4	110 11.2	161 16.4	226 23.1	294 30.0	378 38.6	431 44.0	559 57.0	745 76	745 76

表 20　对边尺寸公差

单位为毫米

尺寸区间	对边最小尺寸公差
6～10 以下	0 −0.040
10～18 以下	0 −0.043
18～30 以下	0 −0.052
30～50 以下	0 −0.062

5.6.2　桶盖扳手如图 16 所示，将桶盖扳手的方口安装在方型试验棒上，在柄的另一端按表 21 规定施加载荷 30 s 后，测定各部分试验后有无异常及最大变形量。如图 16 所示，进行各部位试验。方型试验棒的硬度为(20～30)HRC，尺寸及强度试验条件按表 21 的规定。

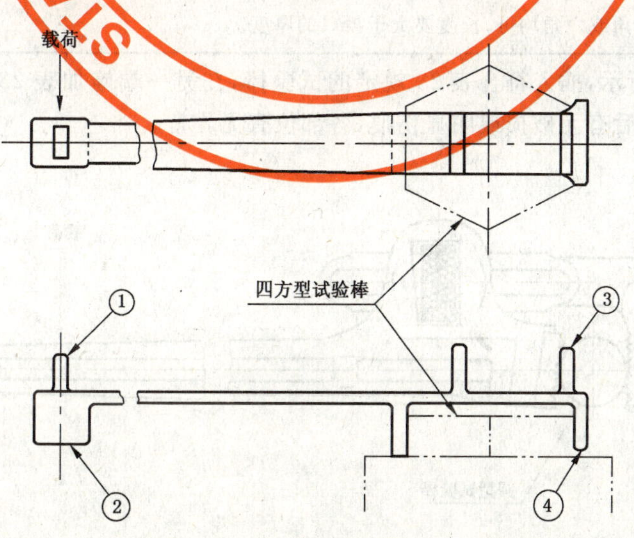

图 16　桶盖扳手强度试验示意图

表 21　桶盖扳手尺寸及试验条件

项　目	测定部位			
	1	2	3	4
扭矩/(N·m) (kgf·m)	98 (10)	343 (35)	343 (35)	343 (35)
方型试验棒对边尺寸/mm	9	27	38	71
注：方型试验棒对边尺寸公差±0.5 mm。				

5.6.3　活扳手如图 17 所示，插入符合表 22 规定的试验棒，在活扳手的另一端施加表 22 规定载荷 30 s 后，测定各部位试验后有无异常以及开口宽度的最大变形量。

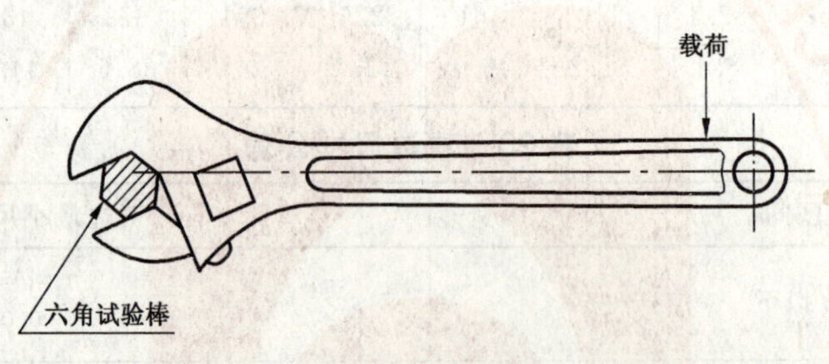

图 17　活扳手强度试验示意图

表 22　活扳手强度试验条件

项　目	规　格					
	100	150	200	250	300	375
试验棒对边尺寸/mm	10±0.3	17±0.3	21±0.3	26±0.5	32±0.5	41±0.5
扭矩/(N·m) (kgf·m)	29.4(3)	49(5)	96(10)	196(20)	294(30)	490(50)
注：试验棒硬度(50～60)HRC。 试验棒的形状为四角或六角均可，长度要大于扳口的厚度。						

5.6.4　管子钳如图 18 所示，插入符合表 23 规定的试验棒，在另一端施加表 23 规定载荷约 1 min 后，测定调节螺母、钳口试验后有无破损或明显伤痕，各部位有无异常。

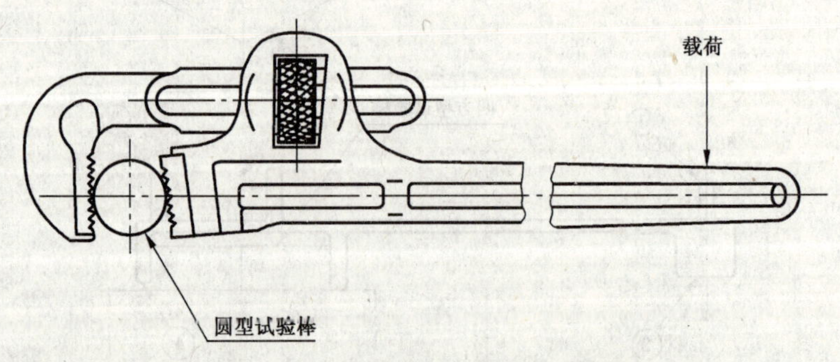

图 18　管子钳强度试验示意图

表 23 管子钳强度试验条件

规 格	200	250	300	350	450	600	900
试验棒直径/mm	16	20	25	30	40	52	75
扭矩/(N·m) (kgf·m)	147 (15)	265 (27)	373 (38)	490 (50)	736 (75)	1 079 (110)	1 765 (180)
注：试验棒的硬度约 80 HRC。							

5.6.5 梅花扳手如图 19 所示，插入与之相适应的六角试验棒，在扳手的另一端施加表 24 规定载荷 30 s 后，在同一位置测量试验后对角尺寸。试验棒应固定，对边尺寸的公差要符合表 20 的规定，硬度在 50 HRC 以上。

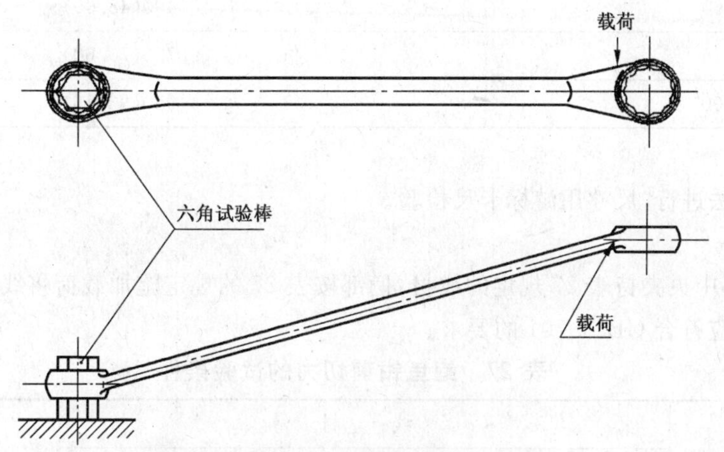

图 19 梅花扳手强度试验示意图

表 24 梅花扳手强度试验条件

规 格	10	13	16	18	21	24	27	30	32	36	41	46
扭矩/(N·m) (kgf·m)	39.2 4	82.4 8.4	151 15.4	19 19.6	267 27.2	329 33.5	412 41	520 52	588 60	785 80	981 100	981 100

5.6.6 鲤鱼钳如图 20 所示，在距离钳口顶端 2 mm 处夹持一根直径为 3.2 mm 钢丝，在柄部最大宽度位置施加表 25 规定的载荷，测定最大宽度试验后的变形量，各部位有无异常和永久性变形。

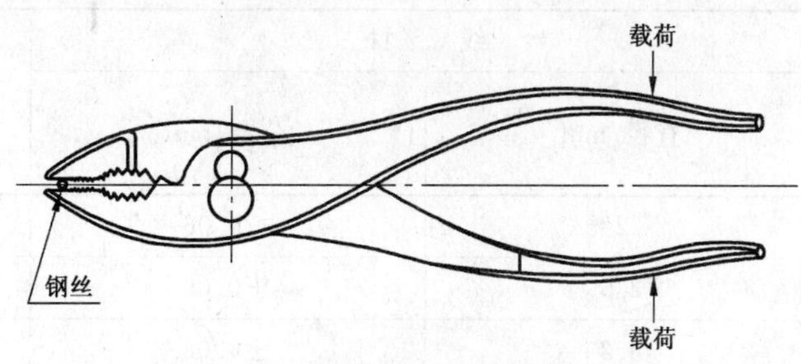

图 20 鲤鱼钳强度试验示意图

表 25 鲤鱼钳强度试验载荷

规 格	扭矩/(N·m)(kgf·m)
150	490(48.05)
200	950(93.16)

5.6.7 钢丝钳如图 21 所示，在距离钳口顶端 2 mm 处夹持一根直径为 3.2 mm 钢丝，在柄部的最大宽度位置施加表 26 规定的载荷，测定各部位试验后有无异常和永久性变形。

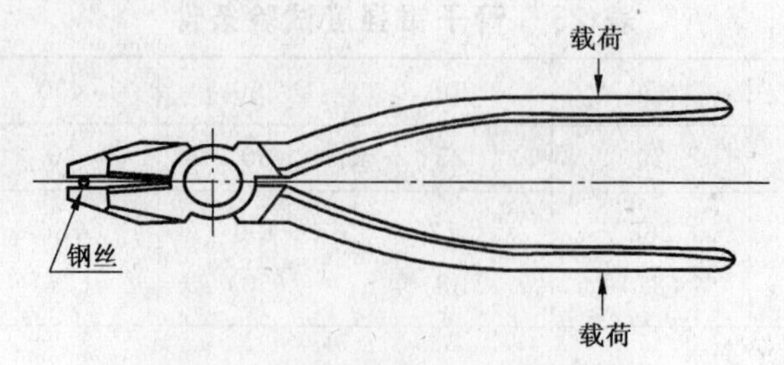

图 21　钢丝钳强度试验示意图

表 26　钢丝钳强度试验载荷

规　格	扭矩/(N·m)(kgf·m)
150	490(48.05)
175	720(70.60)
200	950(93.16)

5.7　**性能**

用手感和目测法进行，尺寸用游标卡尺检验。

5.8　**剪切强度**

5.8.1　鲤鱼钳刃部中央夹持表 27 规定的线材，柄部按表 27 的规定施加载荷将线材切断。

试验用的线材应符合 GB/T 701 的要求。

表 27　鲤鱼钳剪切力的试验条件

规　格	线　材		抗拉强度 δ_b/mm^2 N　kg
	直径/mm	公差/mm	
150	2	±0.06	320(31.38)
200	2.6	±0.08	600(58.84)

5.8.2　钢丝钳刃部中央夹持表 28 规定的线材，柄部按表 28 的规定施加载荷将线材切断。

试验用的线材应符合 GB/T 701 的要求。

表 28　钢丝钳剪切性能试验条件

规　格	线　材		抗拉强度 δ_b/mm^2 N　kg
	直径/mm	公差/mm	
150	2	±0.06	980 (100)
175	2.6	±0.06	1 961(200)
200	3.2	±0.08	2 942 (300)

6　检验规则

6.1　**检验类型**

产品检验分出厂检验和型式检验。

6.2　**出厂检验**

6.2.1　产品出厂时，生产厂家质检部门应按本标准对产品进行出厂检验。经检验合格并附有产品质量合格证、使用说明书等方可出厂。

6.2.2 出厂检验项目见表29。

6.3 型式检验

6.3.1 在下列情况之一时应进行型式试验：

a) 正式生产后，工艺、设计、材料发生变化时；

b) 研制新产品或老产品转厂生产时；

c) 产品长期停止生产后恢复生产时；

d) 产品发生重大质量事故时；

e) 正常生产时每年检测一次；

f) 国家质量监督机构或合同按规定要求进行型式检验时。

6.3.2 型式检验项目见表29。

6.4 检验及判定规则

6.4.1 型式检验应从出厂检验合格后的成品中随机抽取相同材质的样品，其中防爆性能试样应使用同一种材料制成。

6.4.2 抽样的基数以(10～50)件作为一个提交检验批量，但是每种产品抽样不少于6件。

6.4.3 按表29规定的检验项目进行合格与否的判定。出现下列情况之一时，判定产品为不合格：

a) 有一项A类严重不合格；

b) 有两项B类不合格；

c) 有一项B类和一项C类不合格；

d) 有三项C类不合格。

表29 检验项目

序号	检验项目	质量特性类别	要求	检验方法	检验类型	
					出厂检验	型式试验
1	材料成分	A	4.1	5.1	√	√
2	防爆性能	A	4.2	5.2	—	√
3	硬度	B	4.5	5.5	√	√
4	强度(扳手类)	B	4.6	5.6	—	√
5	剪切强度(钳类)	B	4.8	5.8	—	√
6	性能(扳类钳类)	B	4.7	5.7	√	√
7	对边尺寸精度	B	4.3	5.3	√	√
8	基本尺寸	C	4.3	5.3	√	√
9	外观质量	C	4.4	目测	√	√
10	产品标志	A	7.1	目测	√	√
11	产品包装	C	7.2	目测	√	√

7 标志、包装、运输、贮存

7.1 标志

产品应在明显位置处标有永久性防爆工具代号Ex、气体名称、生产企业名称或注册商标。

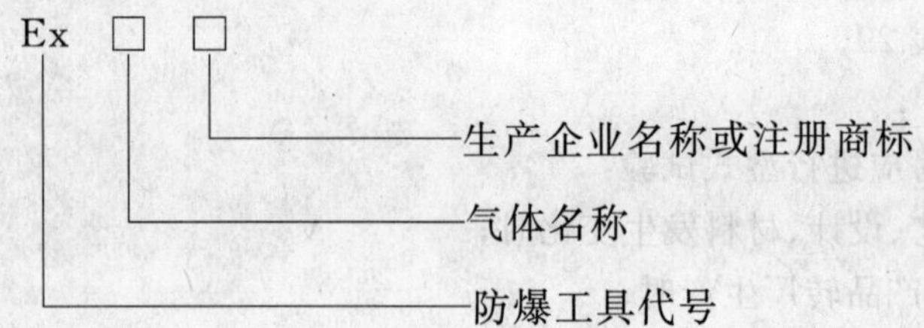

示例：

防爆用工具 Ex，是经过 CH_4 或 C_3H_8 气体检验×××××企业生产或注册商标的铍铜合金防爆工具可表示为：Ex CH_4×××××或 Ex C_3H_8×××××。

7.2 标识

产品外包装标识应符合 GB/T 5305 的规定，应标明以下内容：

a) 产品执行的本国家标准编号。

b) 产品的等级。

c) 企业的名称和注册商标。

d) 企业的详细地址、电话、邮编。

7.3 包装

7.3.1 产品包装应按 GB/T 5305 的规定进行。

7.3.2 产品装箱应有下列文件：

a) 装箱单。

b) 产品合格证。

c) 产品使用说明书。

7.4 运输、贮存

产品在运输、贮存过程中应防水、防潮，不能与有腐蚀气体同贮一室。

ICS 29.140
K 70

中华人民共和国国家标准

GB 24460—2009

太阳能光伏照明装置总技术规范

Generic technical specification of solar photovoltaic(PV) lighting installation

2009-10-15 发布　　　　2010-12-01 实施

中华人民共和国国家质量监督检验检疫总局
中国国家标准化管理委员会　发布

前言

本标准的5.1、5.2.1、5.2.2、5.3为强制性，其余为推荐性。

本标准由中国国家轻工业联合会提出。

本标准全国照明电器标准化技术委员会(SAC/TC 224)归口。

本标准起草单位：皇明太阳能集团有限公司、英利能源(北京)有限公司、浙江阳光集团股份有限公司、山东圣阳电源股份有限公司、佛山市华全电气照明有限公司、中海阳(北京)新能源科技有限公司、北京良业照明工程有限公司、中电电气(南京)太阳能研究院有限公司、北京中安无限科技有限公司、中山市宇之源太阳能科技有限公司、江西贵雅绿色照明有限公司、广州新风格能源科技有限公司、桐乡市生辉照明电器有限公司、北京昌日新能源科技有限公司、北京天韵太阳能科技发展有限公司、张家口保胜新能源科技有限公司、北京太阳帆科技开发公司、北京照明学会。

本标准主要起草人：王建宁、赵建平、吴国明、孔德龙、区志杨、薛黎明、李富民、贾艳刚、林清洪、雷宗平、潘小平、李春海、沈锦祥、曹春峰、房峰杰、路建乡、孟祥武、柯柏权、涂道平、王大有。

太阳能光伏照明装置总技术规范

1 范围

本标准规定了太阳能光伏照明装置的范围、装置与分类、装置要求、部件要求、试验方法、验收规则等。

本标准适用于道路、公共场所、园林、广告、标识及装饰等照明场所的太阳能光伏照明装置。

2 规范性引用文件

下列文件中的条款通过本标准的引用而成为本标准的条款。凡是注日期的引用文件,其随后所有的修改单(不包括勘误的内容)或修订版均不适用于本标准,然而,鼓励根据本标准达成协议的各方研究是否可使用这些文件的最新版本。凡是不注日期的引用文件,其最新版本适用于本标准。

GB/T 191　包装储运图示标志(GB/T 191—2008,ISO 780:1997,MOD)

GB/T 2828.1　计数抽样检验程序　第1部分:按接收质量限(AQL)检索的逐批检验抽样计划(GB/T 2828.1—2003,ISO 2859-1:1999,IDT)

GB/T 2829　周期检验计数抽样程序及表(适用于对过程稳定性的检验)

GB 7000.1　灯具　第1部分:一般要求与试验(GB 7000.1—2007,IEC 60598-1:2003,IDT)

GB 7000.5　道路照明与街路照明灯具安全要求(GB 7000.5—2005,IEC 60598-2-3:2002,IDT)

GB/T 9468　灯具分布光度测量的一般要求

GB/T 9535　地面用晶体硅光伏组件　设计鉴定和定型(GB/T 9535—1998,eqv IEC 1215:1993)

GB/T 11011　非晶硅太阳电池电性能测试的一般规定

GB/T 15144　管形荧光灯用交流电子镇流器　性能要求(GB/T 15144—2009,IEC 60929:2006,MOD)

GB/T 18911　地面用薄膜光伏组件　设计鉴定和定型(GB/T 18911—2002,IEC 61646:1996,IDT)

GB/T 19064—2003　家用太阳能光伏电源系统技术条件和试验方法

GB 19510.1　灯的控制装置　第1部分:一般要求和安全要求(GB 19510.1—2009,IEC 61347-1:2007,IDT)

GB 19510.5　灯的控制装置　第5部分:普通照明用直流电子镇流器的特殊要求(GB 19510.5—2005,IEC 61347-2-4:2000,IDT)

GB/T 19638.2　固定型阀控密封式铅酸蓄电池

GB/T 19639.1　小型阀控密封式铅酸蓄电池　技术条件

GB/T 19656　管形荧光灯用直流电子镇流器　性能要求(GB/T 19656—2005,IEC 60925:2001,IDT)

3 术语和定义

下列术语和定义适用于本标准。

3.1

太阳能光伏照明装置　solar photovoltaic (PV) lighting installation

将太阳电池组件、蓄电池、照明部件、控制器以及机械结构等部件组合在一起,以太阳能为能源,离网、独立使用、由一个或多组灯具组成的照明装置。

3.2

太阳电池组件　solar cell module

具有封装及内部联结的、能单独提供直流电输出的、最小不可分割的太阳电池组合装置。

3.3

充放电控制器　charge and discharge controllers

具有自动控制太阳电池组件向蓄电池充电、蓄电池向照明部件放电功能的控制装置。

3.4

逆变器　inverter

将直流电转换为电压 220 V、频率为 50 Hz、电压波形为正弦波或准正弦波的单相交流电的转换装置。

3.5

灯具效率　luminaire efficiency

在相同的使用条件下，灯具发出的总光通量与灯具内所有光源发出的总光通量之比。

3.6

半截光型灯具　semi-cut-off luminaire

最大光强方向与灯具向下垂直轴夹角在 0°～75°之间，90°角和 80°角方向上的光强最大允许值分别为 50 cd/1 000 lm 和 100 cd/1 000 lm 的灯具。且不管光源光通量的大小，其在 90°角方向上的光强最大值应不超过 1 000 cd。

3.7

灯具的安装高度　luminaire mounting height

灯具的光中心至路面的垂直距离。

4　装置与分类

4.1　装置

装置由以下几种部件组成：

a） 太阳能光电转换部件（太阳电池组件）；

b） 储能部件（蓄电池及其他储存电能器件）；

c） 控制部件（充放电控制器，逆变器）；

d） 照明部件（电光源及其附件和灯具）；

e） 结构部件（灯杆、太阳电池组件固定架、蓄电池室及控制器室等）；

f） 充放电线路。

4.2　装置按用途和使用场所分类

4.2.1　太阳能光伏照明用庭院灯：公共场所、庭院、居住区、休闲区和人行道路等照明用。

4.2.2　太阳能光伏照明用路灯：道路照明用。

4.2.3　太阳能光伏照明用装饰灯：夜景景观照明用。

4.2.4　太阳能光伏照明用灯箱：广告、标识照明用。

5　装置总体要求

5.1　运行环境

5.1.1　装置应能在－20 ℃～50 ℃的环境温度范围内正常工作（厂商可根据应用区域需求调整温度下限）。

5.1.2　装置应用能在连续 2～n 个阴、雨、雪天时提供正常照明（厂商根据应用区域条件调整上限 n）。

5.1.3　装置不应安装在有高大建筑物、树木遮挡太阳电池板阳光受照面的地方。

5.2 一般要求

5.2.1 应根据地面光照值、或在设定的时间(厂商按应用区域的需求给出),自动开启和关闭电光源。

5.2.2 装置效能:

a) 电效率:照明部件功率与蓄电池的额定输出功率之比应大于90%;

b) 持续放电能力:按5.1.2的要求保持正常照明。最后一天蓄电池应最少剩余20%的蓄电量。

5.2.3 应根据不同场所对照明的不同需求选择电光源,可选用的电光源有:

双端荧光灯、单端荧光灯、无极荧光灯、高强度气体放电灯、低压钠灯、发光二极管(LED)等电光源。低压钠灯仅适用于道路照明。

5.3 安全要求

5.3.1 装置应具有足够的强度,能承受10级风荷载(厂家应根据应用区域的条件调整风荷载级别)。

5.3.2 装置防护等级应大于IP54。

5.3.3 广告灯箱和4 m以上的灯杆,应有良好的防雷接地,接地电阻应小于30 Ω。

5.3.4 带电体与装置金属部件之间的绝缘电阻应大于2 MΩ。

5.3.5 控制器室和蓄电池室应具有良好的防水、防止蓄电池污染的措施。

5.3.6 应使用专用工具才能拆卸。

6 装置部件要求

6.1 太阳能光电转换部件

6.1.1 晶体硅太阳电池组件的技术性能应符合GB/T 9535的规定。

非晶硅和其他薄膜太阳电池组件的技术性能应符合GB/T 11011和GB/T 18911的规定。

6.1.2 太阳电池组件方阵的功率,应根据使用条件、光照资源和负载确定,应满足照明部件、控制部件、储能时间和充放电线路消耗的总电量。

6.1.3 无论采用何种充电控制方式,太阳电池组件的工作电压均应满足蓄电池充电电压的要求。

6.1.4 太阳电池组件方阵宜具有自清洁能力。

6.2 储能部件

宜选择阀控密封式铅酸蓄电池,其性能应符合GB/T 19638.2或GB/T 19639.1的规定。

选择其他类型储能部件,其性能应符合或优于GB/T 19638.2或GB/T 19639.1的相关规定。

6.3 控制部件

6.3.1 充放电控制器性能应符合GB/T 19064—2003中6.3.2~6.3.13以及相关标准的规定。

6.3.2 开关灯控制方式和要求

a) 宜采用光控、时控或两者结合的方式;

b) 时控的开、关灯时间应可调,开、关灯时的时间误差应不大于±1 min;

c) 光控值宜设定在地面天然光照度为5 lx~10 lx时;

d) 具有防止在开、关光源时出现反复接通、断开光源的措施。

6.3.3 宜采用直流向照明部件供电,也可采用逆变供电。

逆变供电时,“逆变器”应满足照明部件的性能、功率要求。应符合GB/T 19064的规定。

6.4 照明部件

6.4.1 电光源的安全要求、性能要求应符合相关国家标准的规定。

6.4.2 电光源附件

a) 直流电子镇流器除应符合GB 19510.5和GB/T 19656的规定外,应具有恒功率输出特性;

b) 荧光灯直流电子镇流器除应符合GB/T 15144的规定,应具有良好的预热启动,灯丝预热启动时间最少应达到0.4 s以上。

6.4.3 灯具

a) 安全性能应符合GB 7000.1和GB 7000.5的规定。防护等级应不低于IP54;

b) 庭院灯灯具应有合理的光分布；

c) 道路照明灯具宜采用半截光型配光，与选用的光源类型、功率相匹配，灯具效率应不低于70%；

d) LED灯具应符合相关标准的要求。

6.5 结构部件

6.5.1 灯杆

a) 灯具安装高度：草坪灯宜小于1 m，庭院灯宜为2.5 m～4 m，道路照明路灯宜为4 m～8 m；

b) 灯杆高度应同时满足灯具安装高度和太阳电池组件的安装要求；

c) 路灯灯杆采用钢管构件的应热镀锌、喷塑做防腐处理，应符合国家相关标准。

6.5.2 太阳电池固定架与灯杆组合后，应能承受5.3.1规定的风荷载。

6.5.3 控制器室应具有防水、防潮措施。控制器室门应采用专用防盗螺钉固定，并应方便维护。

6.5.4 蓄电池室应具有防水、防潮、防腐、保温、隔热、通气以及保护蓄电池不受外力破坏等功能，应设置具有防止灯杆内壁、控制器、电缆、灯具等被蓄电池排放的酸气腐蚀的措施。

6.6 充放电线路

6.6.1 导线截面应大于1.5 mm^2，照明组件功率小于10 W时，应大于0.5 mm^2，并应满足机械强度要求。

6.6.2 线路压降

a) 太阳电池组件以额定电流通过控制器对蓄电池充电时，太阳电池组件输出端与控制器输入端的线路压降应不大于蓄电池额定电压3%；

b) 蓄电池以额定电流通过控制器对照明部件放电时，蓄电池输出端与控制器的蓄电池输入端之间的线路压降应不大于蓄电池额定电压的1%；控制器输出端与照明部件输入端的压降应不大于蓄电池额定电压的3%。

7 试验方法

试验分为部件试验和整体试验。整体试验在部件检验合格，组装后进行。

7.1 部件试验

7.1.1 太阳能光电转换部件(6.1)

a) 太阳电池性能(6.1.1)按GB/T 9535、GB/T 11011和GB/T 18911规定的试验方法检测；

b) 太阳电池组件的工作电压(6.1.3)用太阳电池室外测试仪测量。

7.1.2 蓄电池(6.2)

按GB/T 19638.2、GB/T 19639.1的规定进行检测。

7.1.3 充放电控制器(6.3)

a) 充放电控制器性能(6.3.1)按照GB/T 19064—2003中8.2.2～8.2.12以及相关标准的规定进行试验；

b) 环境温度试验(6.3.2)将控制器放置于恒温箱中，做最低到最高环境温度的10次温度循环试验，每次循环时间4 h。试验后分别在最低和最高两个环境温度中，控制器应能正常工作；

c) 逆变器(6.3.3)按GB/T 19064—2003中8.4.2～8.4.11的规定检测。

7.1.4 照明部件(6.4)

a) 电光源(6.4.1)按相应国家标准检测，应符合其规定；

b) 电光源附件(6.4.2)直流电子镇流器按GB 19510.1、GB 19510.5、GB/T 19656规定的方法检测。并应恒功率和荧光灯灯丝预热的要求；

c) 灯具(6.4.3)安全性能应按GB 7000.1、GB 7000.5规定的检测方法检测；LED灯具应按相关标准要求检测。

光学特性应按 GB/T 9468 规定检测。

光学检测报告应包括：极坐标光强分布曲线、等光强曲线、路面等照度曲线、灯具的上射光通比以及灯具效率等。对于道路照明灯具，还应包括光强分布表、利用系数曲线等。

7.1.5 **结构部件**(6.5)

a) 灯杆用目测、触摸，直尺、卡尺以及超声波测厚仪测量的相关参数；

b) 太阳电池组件固定架用目测、触摸和直尺测量相关参数；

c) 控制器室、蓄电池室用目测、触摸和直尺测量的相关参数。

7.2 整体试验

7.2.1 外观(5.3.5,6.5)用目视、直尺测量、触摸的方法检验。

7.2.2 接地电阻(5.3.3)用接地电阻测量仪测量灯杆接地极与大地的电阻(现场安装后测量)；

绝缘电阻(5.3.4)用绝缘电阻测量仪测量导电部件与钢制灯杆间的绝缘电阻。

7.2.3 充放电线路(6.6)

7.2.3.1 导线截面(6.6.1)：用千分卡尺测量检查。

7.2.3.2 装置的线路压降(6.6.2)：用 0.5 级直流电压表测量、计算的方法检查：

a) 充电回路：

太阳电池组件的输出端至控制器的充电输入端线路压降(6.6.2a))用可调稳压电源代替太阳电池组件，将太阳电池组件输出端接至可调稳压电源，控制器充电输入端接至模拟可调负载。调节可调稳压电源电压至太阳电池组件额定电压值，调节模拟可调负载，使太阳电池组件的输出电流为额定电流，测量太阳电池组件输出端电压和控制器的输入端电压，计算两者差值。

b) 放电回路：

蓄电池输出端至控制器的蓄电池输入端和控制器输出端至照明部件输入端的线路压降(6.6.2b))用可调稳压电源代替蓄电池，将控制器的蓄电池输入端接至可调稳压电源；通过控制器使照明装置在额定状态下工作 1 h 后，测量控制器输出端电压和照明部件(逆变供电时，则与逆变器)输入端电压(6.6.2b))；蓄电池输出端和控制器输入端电压(6.6.2b))，分别计算两者差值。

7.2.4 开关灯控制(6.3.2)

光控加时控：光控开灯，用照度计检测开灯时地面的天然光照度值；

时控关灯，应能根据季节需要调节，照明时间用计时器检测。

时间控制：开、关灯时间应能根据季节需要调节，照明时间用计时器检测。

光照控制：用照度计检测装置开、关灯时地面天然光照度值。

7.2.5 装置效能(5.2.2)

a) 电效率(5.2.2a))：

以可调稳压电源代替蓄电池，在其输出端和照明部件的输入端各连接一块 0.5 级功率表，将可调稳压电源输出电压调整为蓄电池的额定电压，通过控制器开启照明部件，测量照明部件输入功率与可调稳压电源的输出功率之比，计算电效率；

b) 持续放电能力(5.2.2b))：

装置持续 n 个阴雨天，则蓄电池的蓄电量需要维持 $n+1$ 天。

装置在 $(n+1)\times N$ 个小时内(N：装置每天的照明时间)应保证正常照明。

蓄电池在充满的状态下，断开太阳电池组件，按以下方法检测应符合(5.2.2b))项的要求蓄电池在每 N 个小时内的放电深度不大于 $[80/(n+1)]\%$；

在最后一个 N 小时正常照明后，蓄电池应最少剩余 20% 的蓄电量。

7.2.6 风荷载(5.3.1)

厂商应提供装置承受 5.3.1 规定的风荷载的设计计算说明。

8 检验规则

8.1 检验分类

检验分为出厂检验、型式检验。

8.2 出厂检验

按 GB/T 2828.1 规定执行。采用一次抽样，项目、检查水平和合格质量水平应符合表 1 规定。

表 1 出厂检验要求

序号	检验项目	技术要求	试验方法	检查水平 IL	合格质量水平 AQL*
1	太阳能光电转换部件	6.1	7.1.1	Ⅰ	4.0
2	蓄电池	6.2	7.1.2		
3	充放电控制器	6.3	7.1.3		
4	照明部件	6.4	7.1.4		
5	结构部件	6.5	7.1.5		
6	开关灯控制	6.3.2	7.2.4		

* 部件按相应国家标准规定的试验方法进行检验时，合格质量水平（AQL）值应取相应国标给出值。

8.3 型式试验

按 GB/T 2829 的规定执行。采用一次抽样方案，项目及合格判定条件应符合表 2 的规定。

表 2 型式检验要求

序号	检验项目	技术要求	试验方法	判别水平 DL	不合格质量水平 RQL	样本数 n	判定数组 Ac	判定数组 Re
1	外观	6.5,5.3.5	7.2.1	Ⅱ	50	6	1	2
2	绝缘电阻	5.3.4	7.2.2					
3	线路压降	6.6.2	7.2.3					
4	开关灯控制	6.3.2	7.2.4					
5	装置效能	5.2.2	7.2.5					
6	风荷载	5.3.1	7.2.6					

样品从出厂检验合格的产品中随机抽取。

型式检验若不合格，则该批为不合格。应立即停止生产和验收，已验收的停止出厂，查明原因，采取措施，直到新的型式检验合格后才能恢复生产和验收。

型式试检验每年不少于一次。当出现下列情况之一时应进行型式检验：

a) 产品试制定型鉴定时；

b) 停产半年以上恢复生产时；

c) 当设计、工艺或材料变更可能影响其性能时；

d) 质量技术监督部门提出进行检验时。

9 标志、包装、运输和贮存

9.1 标志

装置应有清晰、牢固的下列标志：

a) 产品名称、型号、商标；

b) 配套太阳电池组件、蓄电池、电光源的规格、型号；

c) 生产厂商、出厂日期、采用标准号。

9.2 包装

a) 装置的各部件宜分别包装，包装箱应符合防潮、防震等要求；

b) 箱外应有“向上”、“小心轻放”、“防潮”、“堆码层数极限”等，应符合 GB/T 191 规定；

c) 包装箱内应有部件清单、安装说明、产品合格证、用户手册及维护管理说明等文件。

9.3 运输

a) 在运输条件和注意事项中应说明装、卸、运的要求及运输中的防护条件；

b) 应防止雨雪淋袭和强烈震动；

c) 装置有特殊运输需要时应加以说明。

9.4 贮存

装置应存放在通风良好、相对湿度不超过 80％、空气中无腐蚀性气体的室内。

库存时间应不超过 1 年。

ICS 29.140
K 72

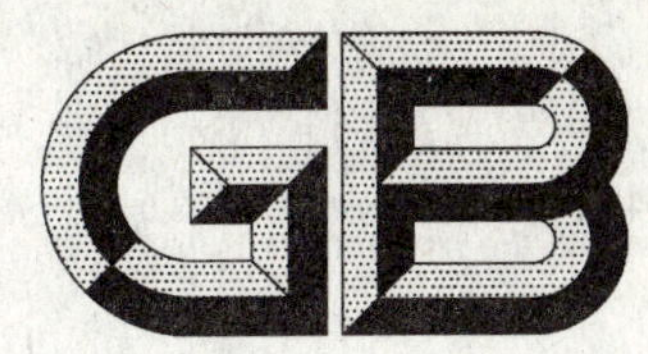

中华人民共和国国家标准

GB 24461—2009

洁净室用灯具技术要求

Technical requirements for luminaries used in cleanroom

2009-10-15 发布　　　　2010-12-01 实施

中华人民共和国国家质量监督检验检疫总局
中国国家标准化管理委员会　发布

前言

本标准的全部技术内容为强制性。

本标准由中国轻工业联合会提出。

本标准由全国照明电器标准化技术委员会灯具分会归口。

本标准起草单位：上海市质量监督检验技术研究院，国家灯具质量监督检验中心，国家电光源质量监督检验中心（上海），上海时代之光照明电器检测有限公司，上海市照明灯具研究所。

本标准主要起草人：施晓红、陈超中、王寅、陆培光、陈维国。

本标准为首次发布。

洁净室用灯具技术要求

1 范围

本标准规定了电源电压不超过1 000 V、使用管型荧光灯和LED的洁净室用灯具(以下简称灯具)的技术要求。

本标准适用于安装在有洁净度要求或类似场所的灯具。

本标准应与GB 7000.1一起使用。

2 规范性引用文件

下列文件中的条款通过本标准的引用而成为本标准的条款。凡是注日期的引用文件,其随后的所有修改单(不包括勘误的内容)或修订版均不适用于本标准,然而,鼓励根据本标准达成协议的各方研究是否可使用这些文件的最新版本。凡是不注日期的引用文件,其最新版本适用于本部分。

GB 5013(所有部分) 额定电压450/750 V及以下橡皮绝缘电缆(IEC 60245(all parts),IDT)

GB 5023(所有部分) 额定电压450/750 V及以下聚氯乙烯绝缘电缆(IEC 60227(all parts),IDT)

GB 7000.1 灯具 第1部分:一般要求与试验(GB 7000.1—2007,IEC 60598-1:2003,IDT)

ISO 14644-4:2001 洁净室和关联环境 第4部分:设计、结构和启用

3 一般要求

应用GB 7000.1第0章的规定。GB 7000.1有关章条中规定的试验应按本标准规定的顺序进行。

灯具应满足ISO 14644-4:2001中附录E对结构和材料、以及附录F对环境控制的要求。

4 术语和定义

GB 7000.1第1章的和下述4.1~4.5的术语和定义适用于本标准。

4.1

洁净室 cleanroom

空气悬浮粒子浓度受控的房间。它的建造和使用应减少室内诱入、产生及滞留粒子。室内其他有关参数如温度、湿度、压力等按要求进行控制。

4.2

洁净区 clean zone

空气悬浮粒子浓度受控的限定空间。它的建造和使用应减少室内诱入、产生及滞留粒子。室内其他有关参数如温度、湿度、压力等按要求进行控制。洁净区可以是开放式或封闭式。

4.3

悬浮粒子 airborne particles

用于空气洁净度分级的空气中悬浮粒子尺寸范围在0.1 μm~5 μm的固体和液体粒子。

4.4

洁净度 cleanliness

以单位体积空气某粒径粒子的数量来区分的洁净程度。

4.5

洁净室用灯具 luminaire for cleanroom

一种不会释放出污染物、满足洁净室或洁净区使用要求的灯具。

5 灯具分类

应用 GB 7000.1 第 2 章的规定。

6 标记

应用 GB 7000.1 第 3 章和下述 6.1 和 6.2 的规定。

6.1 隔热天花板 F 标记，符号▽F

符号▽F表示嵌入式灯具适合于安装在普通可燃表面，且隔热材料可能盖住灯具的场合。

未标有▽F符号的嵌入式灯具在所贴标签上或厂方提供的说明书中应有警告，说明不管什么情况下，灯具都不能被隔热衬垫或类似材料盖住。

6.2 附加内容

随灯具一起提供的制造商的说明书中应提供灯具的安装说明，如适宜的场所、安装缝隙密封措施等。说明书中应提供灯具正常使用时适合的环境温度、湿度和压力等信息。

7 结构

应用 GB 7000.1 第 4 章和以下 7.1～7.7 的规定。

7.1 灯具应设计成吸顶明装灯具，或设计成能在安装时对缝隙进行密封的嵌入式灯具。

7.2 灯具应采用密闭式结构，灯具的外壳防护等级应至少达到 IP4X。

注：诸如格栅灯具、不带灯罩的灯具等不是密闭式的。

7.3 灯具提供的安装方式以及灯的控制装置的安装应有防松措施。

7.4 灯具外形应平滑，避免采用凹凸不平的轮廓。

7.5 灯具的外壳应采用非可燃材料。

7.1～7.5 的合格性用目视检验。

7.6 嵌入式灯具的嵌入部分，GB 7000.1 中 4.13 规定的试验所要求的冲击能量和弹簧压缩量应根据本标准表 1 的规定。

表 1 冲击能量和弹簧压缩量

受试部件	冲击能量 Nm	压缩量 mm
提供防触电保护的部件 （陶瓷部件除外）	0.35	17
陶瓷部件和灯具上所有其他部件	0.20	13

7.7 灯具外壳应采用防腐蚀材料，或采用表面经过良好防腐蚀处理的材料。

合格性由 GB 7000.1 中 4.18 规定的方法检验。

8 爬电距离和电气间隙

应用 GB 7000.1 第 11 章的规定。

9 接地规定

应用 GB 7000.1 第 7 章的规定。

10 接线端子

应用 GB 7000.1 第 14 章和第 15 章的规定。

11 外部接线和内部接线

应用 GB 7000.1 第 5 章的规定。

嵌入式灯具中由灯具制造商提供的用作连接到电源的软缆或软线，其机械性能和电气性能应至少相当于 GB 5023 或 GB 5013 的规定，以及应能承受在正常使用条件下可能受到的最高环境温度影响而不损坏。如果符合上述要求时，PVC 和橡胶以外的材料也适用，但此时 GB 5023 和 GB 5013 第 2 部分的特殊要求不适用。

合格性由第 12 章规定的试验来检验。

注：下列情况下，嵌入式灯具上的软缆和软线的使用是恰当的：

1) 软缆或软线在够不着的凹槽内，是不易触及的；

2) 灯具便于装入凹槽内。

12 防触电保护

应用 GB 7000.1 第 8 章的规定。

嵌入式灯具中嵌入天花板空间或空腔内的灯具部件和元件应提供与天花板空间下的灯具部件相同的防触电保护等级。

注：在安装和维护时，天花板空间或空腔被认为是可触及的，而挡板不提供相当的防触电保护。

合格性由目视检验。

13 耐久性试验和热试验

应用 GB 7000.1 第 12 章的规定。

应在本标准第 14 章规定的 GB 7000.1 中 9.2 试验后，9.3 试验前进行 GB 7000.1 中 12.4，12.5，12.6 的有关试验。

嵌入式灯具与电源连接时应使用随灯具提供的电缆或使用根据灯具上标志的电缆，如果没有标志，应使用制造商提供的说明书上规定的电缆。否则应使用符合 GB 5023 的 PVC 电缆。

沿嵌入式灯具内部接线或外表面寻找在正常工作时电缆可能接触的最热点。电缆在该接触点稍稍固定，接触点绝缘材料的温度按 GB 7000.1 附录 K 所述的方法进行测量。电缆的工作温度应不超过表 2 给出的极限温度。

表 2 电缆的工作温度

电缆的名称	极限工作温度
随灯具提供的软缆(包括套管)	GB 7000.1 表 12.2 规定的最高温度
不随灯具提供的软缆 a) 标有软缆温度的灯具 b) 不标有软缆温度的灯具	标记的温度 对不承受机械应力的普通 PVC 软缆用 GB 7000.1 表 12.2 规定的最高温度

14 防尘、防固体异物和防水

应用 GB 7000.1 第 9 章的规定。

GB 7000.1 第 9 章规定试验的顺序应按本标准第 13 章的规定进行。

15 绝缘电阻和电气强度

应用 GB 7000.1 第 10 章的规定。

16 耐热、耐火和耐起痕

应用 GB 7000.1 第 13 章的规定。

ICS 29.220.10
K 82

中华人民共和国国家标准

GB 24462—2009

民用原电池安全通用要求

General safety requirements for civilian used primary battery

2009-10-15 发布　　　　2010-12-01 实施

中华人民共和国国家质量监督检验检疫总局
中国国家标准化管理委员会　发布

前言

本标准的第5章、第6章为强制性的，其余为推荐性的。

本标准的的附录A和附录B为资料性附录。

本标准由中国轻工业联合会提出。

本标准由全国原电池标准化技术委员会(SAC/TC 176)归口。

本标准主要起草单位：国家轻工业电池质量监督检测中心、中银(宁波)电池有限公司、福建南平南孚电池有限公司、广州市虎头电池集团有限公司、吴江出入境检验检疫局、四川长虹新能源科技有限公司、嘉兴恒威电池有限公司、嘉善宇河电池有限公司。

本标准主要起草人：林佩云、忻乾康、黄星平、刘煦、宋杨、王胜兵、汪海、律永成。

民用原电池安全通用要求

1 范围

本标准规定了民用原电池的分类、安全性能要求、标志,民用原电池选购、使用、更换和处理指南,电器具的电池舱安全设计指南。

本标准适用于民用的各类水溶液电解质原电池(碱性和非碱性锌-二氧化锰电池、锌-氧化银电池、锌-羟基氧化镍电池、碱性和中性锌-空气电池)以及各类锂原电池(锂-氟化碳电池、锂-二氧化锰电池、锂-亚硫酰氯电池、锂-二硫化铁电池、锂-二氧化硫和锂-氧化铜电池等)的生产、检测和验收。

本标准为安全使用和处理原电池提供指导;为电器具设计者设计电池舱提供指导。

2 规范性引用文件

下列文件中的条款通过本标准的引用而成为本标准的条款。凡是注日期的引用文件,其随后所有的修改单(不包括勘误的内容)或修订版均不适用于本标准,然而,鼓励根据本标准达成协议的各方研究是否可使用这些文件的最新版本。凡是不注日期的引用文件,其最新版本适用于本标准。

GB/T 8897.2—2008 原电池 第2部分:外形尺寸和电性能要求

GB/T 8897.3 原电池 第3部分:手表电池

GB 8897.4 原电池 第4部分:锂电池的安全要求

GB 8897.5 原电池 第5部分:水溶液电解质电池的安全要求

3 术语和定义

下列术语和定义适用于本标准。

3.1

[单体]原电池 primary cell

按不可以充电设计的、直接把化学能转变为电能的电源基本功能单元。由电极、电解质、容器、极端、通常还有隔离层组成。

3.2

原电池 primary battery

装配有使用所必需的装置(如外壳、极端、标志及保护装置)的、由一个或多个单体原电池构成的电池。

3.3

水溶液电解质原电池 primary battery with aqueous electrolyte

含水溶液电解质的原电池。

3.4

非水溶液电解质原电池 primary battery with non aqueous electrolyte

其液体电解质中既不含水也无其他活性质子(H^+)来源的原电池。

3.5

小电池 small battery

主要指GB/T 8897.2—2008中的第三类和第四类电池。

4 原电池的分类

4.1 水溶液电解质原电池

水溶液电解质原电池包括碱性和非碱性锌-二氧化锰电池、锌-氧化银电池、锌-羟基氧化镍电池、碱性和中性锌-空气电池等。

4.2 非水溶液电解质原电池

非水溶液电解质原电池包括锂-氟化碳电池、锂-二氧化锰电池、锂-亚硫酰氯电池、锂-二硫化铁电池、锂-二氧化硫和锂-氧化铜电池等。

5 民用原电池安全性能要求

5.1 水溶液电解质原电池

碱性和非碱性锌-二氧化锰电池、锌-氧化银电池、锌-羟基氧化镍电池、碱性和中性锌-空气电池应进行 GB 8897.5 规定的各项安全性能检验，电池应符合要求。

5.2 非水溶液电解质原电池

锂-氟化碳电池、锂-二氧化锰电池、锂-亚硫酰氯电池、锂-二硫化铁电池、锂-二氧化硫和锂-氧化铜电池等各类锂原电池应进行 GB 8897.4 规定的各项安全性能检验，电池应符合要求。

6 标志

6.1 通则

除小电池外，每个电池上均应标明以下内容：

a) 型号；

b) 生产时间(年和月)和保质期，或建议的使用期的截止期限；

c) 正负极端的极性(适用时)；

d) 标称电压；

e) 制造厂或供应商的名称和地址；

f) 商标；

g) 执行标准编号；

h) 安全使用注意事项(警示说明)；

i) 含汞量(“低汞”或“无汞”)(适用时)。

6.2 小电池的标志

小电池标志的相关要求如下：

a) 当电池的外表面过小不足以标出 6.1 规定的各项内容时，应在电池上标明 6.1a)型号和 6.1c)极性，6.1 中所示的所有其他标志应标在电池的直接包装上；

b) 在小电池的直接包装上还应标明防止误吞小电池的警告；

c) 扣式电池的生产时间(年和月)可用编码表示，编码方法见 GB/T 8897.3。

7 民用原电池的选购、使用、更换和处理指南

7.1 选购

应购买最适合于预期用途的、尺寸和类型合适的电池。

当不能获得指定牌号、尺寸和类型的电池时，可根据表明电化学体系和尺寸的电池型号来选择替代电池。

7.2 使用

当正确使用时，原电池是安全可靠的电源，但如果误用或滥用，电池则有可能发生泄漏，在极端情况

下还会发生爆炸和着火，从而导致电器具损坏和人身伤害。

在使用原电池时应注意以下事项：

a） 注意电池和电器具上“＋”和“－”标志，将电池正确地装入电器具。

在电池装入电器具的电池舱之前，应检查电池和电器具的接触部件是否清洁、电池极性方向是否正确。必要时用湿布擦净，待干燥后再装入电池。

装电池时，极性（“＋”和“－”）方向的正确性极为重要。应仔细阅读电器具的说明书（电器具应附有说明书），使用说明书推荐的电池；否则有可能发生电器具故障、电器具和/或电池的损坏。

如果电池反装，电池有可能被充电或短路，从而导致电池过热、泄漏、泄放、破裂、爆炸、着火和人身伤害。

b） 不要让电池短路。

当电池的正极（＋）和负极（－）相互连接时，电池就短路了。因此不要将电池短路，例如不要将电池放在装有钥匙或硬币的口袋里，以避免电池发生短路。

c） 不要对原电池充电。

不能对原电池充电。充电会使电池内部产生气体和/或热量，导致泄漏、泄放、爆炸、着火和人身伤害。

d） 不要让电池强制放电。

当电池被外电源强制放电时，电池电压将被强制降至设计值以下，使电池内部产生气体，可能导致泄漏、泄放、爆炸、着火和人身伤害。

e） 应立即从电器具中取出电能耗尽的电池并妥善处理。

如果放过电的电池长时间留在电器具中，有可能发生电解质泄漏，导致电器具的损坏和/或人身伤害。

f） 不要使电池过热。

电池过热，可能会导致泄漏、泄放、爆炸、着火和人身伤害。

g） 不要直接焊接电池。

焊接的热量可能会导致电池泄漏、泄放、爆炸、着火和人身伤害。

h） 不要拆解电池。

拆解、接触电池内的部件是有害的，可能导致人身伤害或着火。

i） 不要使电池变形。

不能用挤压、穿刺或其他方式破坏电池，否则会导致电池泄漏、泄放、爆炸、着火和人身伤害。

j） 外壳损坏的锂原电池不能与水接触。

金属锂遇水会产生氢气、着火、爆炸和/或造成人身伤害。

k） 不要让儿童接触电池。

尤其是要将易被吞下的小电池放在儿童拿不到的地方，误吞电池应马上就医。

l） 无成人监护时不能让儿童更换电池。

m） 不要密封或改装电池。

对电池密封或改装后，电池的安全泄放装置有可能被堵塞而引起爆炸并造成人身伤害。

n） 不用的电池应存放在原始包装中，远离金属物体。假如包装已打开，不要将电池混在一起。

去掉包装的电池容易和金属物体混在一起，使电池发生短路，导致泄漏、泄放、爆炸、着火和人身伤害。

o） 如果长时间不使用电池，应将电池从电器具中取出（应急用途除外）。

立即从已不能正常工作的电器具或预计长期不用的电器具（如收音机、照相机等）中取出电池是有益的。虽然现在市场上的大部分原电池具有良好的耐泄漏性，但是已部分放电或完全放电的电池比未用过的电池容易泄漏。

p) 勿在严酷的条件下使用电器具，比如将电器具放在散热器旁或置于停放在阳光下的汽车里等。

q) 确保在电器具使用后关闭电源。

r) 电池应贮存在阴凉、干燥以及避免阳光直射的地方。

7.3 更换

应同时更换一组电池中所有的电池，新购电池不应和已部分耗电的电池混用。不要将新旧电池、不同型号或品牌的电池混用。不同品牌、不同型号的电池或新旧电池混用时，由于存在电压或容量的差异，可能会使某些电池过放电或强制放电，从而导致泄漏、泄放、爆炸、着火和人身伤害。

7.4 处理

在不违背我国相关法规的情况下，原电池可作为公共垃圾处理。

不要用焚烧方式处理电池。焚烧电池产生的热量可能会导致电池爆炸、着火和人身伤害。焚烧锂原电池时，电池中的锂会剧烈燃烧，锂电池在火中会爆炸。锂电池燃烧后的产物是有毒的、有腐蚀性。除了可采用被认可的可控制的焚烧炉外，不能焚烧电池。

锂原电池处理的注意事项详见 GB 8897.4。

水溶液电解质原电池处理的注意事项详见 GB 8898.5。

8 电器具电池舱的安全设计

合理地设计电器具的电池舱可以大大减少或消除电池故障，从而避免因电池舱设计不周引发的电池故障而造成的电器具损坏或使用者的人身伤害。

8.1 技术联系

建议生产以原电池作电源的电器具公司与电池行业保持紧密联系，从设计开始就应考虑现有的各种电池的性能。只要有可能，应尽量选择 GB/T 8897.2—2008、GB/T 8897.3 以及我国的其他原电池国家标准和行业标准中已有型号的电池。

8.2 设计电池舱时应考虑的重要因素

在设计电池舱时应考虑以下因素：

a) 电池舱应当方便好用，电池舱应设计成使电池易于装入而不易掉出。

b) 电池舱应设计成能防止幼儿接触到电池，供儿童使用的电器具的电池舱应坚固耐敲击。

c) 设计电池舱及其正负极接触件的结构和尺寸时，应当使符合我国国家标准和行业标准的原电池可以装入。尺寸不应当局限于某一电池厂的电池，否则当要更换装入不同来源的电池时就会有麻烦。即使有的电池制造厂或其他国家的标准规定的电池公差比本标准要小，电器具的设计者也决不能忽视我国国家标准和行业标准规定的公差。

d) 电池舱上应永久而清晰地标明所用电池的类型、正负极性（＋和－）的正确排列及电池装入的方向。引起麻烦的最常见原因之一，就是一组电池中有一个电池倒置，可能导致电池泄漏、爆炸、着火。为了把这种危害性降到最小程度，电池舱应设计成一旦有电池倒置就不能形成电路。

e) 尽管电池的耐漏性能有了很大的改善，但泄漏偶尔还会发生。当无法将电池舱与电器具完全隔开时，应将电池舱安排在适合的位置，使电器具因电池泄漏而受损的可能性降到最小。

f) 电器具的电路应设计成当电池的电压降至电池生产企业推荐的电压值时电器具就不能工作。低于此电压的电池继续放电会使电池内发生不利的化学反应而导致泄漏。

g) 在设计电器具上与电池相接触的接触件时，应选用电阻小的材料制成，应当注意到接触件的外形、结构和材料应与电池的极端相匹配，使之能形成良好的电接触。即使是使用 GB/T 8897.2—2008 等标准允许的极限尺寸的电池也应如此。设计电池舱负极接触件的结构时应注意允许电池负极端有凹进。

h) 只有电池的极端才能和电路形成物理接触。电器具上与电池相连的接触件或电器具电路上的任何部分都不能和电池的外壳相接触。否则要冒发生短路的风险。

i) 许多电器具设计成可使用转换电源的(电网电源加上电池电源),在这种情况下,电器具的电路应设计成:

1) 能防止电网电源对原电池充电,或

2) 装有保护原电池的元件(如二极管)。

这样,通过保护元件流经原电池的充电(漏电)电流就不会超过电池生产厂的建议值。

j) 利用电池正极(+)和负极(−)极端形状和尺寸的不同来设计电池舱,防止电池倒置。电池舱的正极(+)和负极(−)接触件在外形上应明显不同,以避免装入电池时出错。

k) 电池舱应当是非导电的、耐热、不易燃和易散热的,在电池装入后不会变形。

l) 采用中性锌-空气电池(A 体系)或碱性锌-空气电池(P 体系)作电源的电器具应允许有足够的空气进入电池舱。对于 A 体系的电池,在正常工作时最好处于直立状态。

m) 不提倡电池舱采用并联形式连接电池,因为在并联情况下如果有电池装反就会具备充电条件,导致电池被充电。

n) 强烈建议电器具的设计者们在设计电器具时参阅 GB 8897.4 和 GB 8897.5,对安全性作全面的考虑。

8.3 电池舱设计指南

防止电池反向安装的方法、防止电池短路的方法、电器具内电池排列的首选方式以及防水的和不透气电器具电池舱设计指南参见附录 A。

用锂电池作电源的电器具设计者指南参见附录 B。

附　录　A
（资料性附录）
电器具电池舱设计指南

A.1　背景

以电池作电源的电器具技术的日益发展，促使原电池在电化学性能和结构两方面趋于成熟，电池的容量和放电能力得以提高。由于原电池技术的不断发展、进步以及人们对“电池可以满足安全和高性能两方面的需求”的认可，有关“电池因滥用而导致电器具故障的情形大多数是由于使用者偶然误用而造成”的说法已经被人们所接受。

下列内容可以帮助以电池作电源的电器具的设计者们了解如何才能大大减少或消除电池故障。

A.1.1　电池舱设计不佳导致电池故障

电池舱设计不良可导致电池反向装入或使电池短路。

A.1.2　由于电池反向引起的潜在危险

在由三个或更多的电池串联组成的电路中（如图 A.1 所示），如果有一个电池反向，就存在下列潜在的危险：

a）　该反向电池被充电；

注：充电电流受外电路/负载的限制。

b）　该反向电池内部产生气体；

c）　该反向电池发生泄放；

d）　该反向电池的电解质泄漏。

注：电池的电解质对人体组织是有害的。

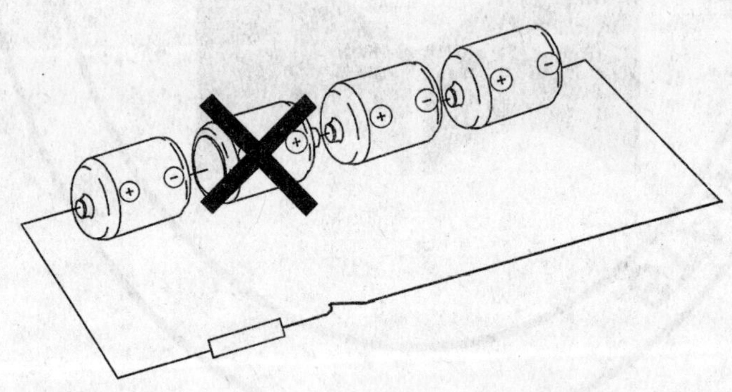

图 A.1　示例：串联连接时有一个电池反向

A.1.3　由短路引起的潜在危险

电池短路会存在下列潜在的危险：

a）　大电流通过导致热量产生；

b）　产生气体；

c）　发生泄放；

d）　电解质泄漏；

e）　产生的热量损坏绝缘的外包装（如造成外包装收缩）。

注：电池的电解质对人体组织有害，产生的热量有可能引起灼伤。

A.2 电器具设计指南

A.2.1 首先考虑的有关电池的关键因素

该指南主要针对尺寸范围从 R1～R20 的圆柱形电池，所涉及的电池体系一般是碱性和非碱性锌-二氧化锰体系。虽然这两个体系是可以互换的，但是这两个体系的电池决不能放在一起使用。

在电池舱设计的初期阶段，就应当注意到这两个体系下述的外形差异和允许的设计特征：

a) 碱性锌-二氧化锰电池的正极端与电池外壳相连。

b) 非碱性锌-二氧化锰电池的正极端与电池外壳绝缘。

c) 这两种类型的电池都有绝缘的外包装，可以是纸、塑料或其他非导电的材料。外包装偶尔也可能是金属的(导电性的)，但此时它是与电池的基本单元相绝缘的。

d) 在设计构成电器具的负极接触件时，应当注意到有些电池的负极端可能是凹进去的，因此为了确保能形成良好的电接触，电器具应避免采用完全扁平的接触件。

e) 无论在什么环境下，电池的连接件或电器具电路上的任何部分都不能和电池的外包装相接触。如果电池舱的设计允许发生上述情况，则要冒发生短路的风险。

注：例如，当装入电池时，用作负极连接件的螺旋状的(非圆柱形的)弹簧应当被均匀地压下而不是架在电池的外壳上(不建议电器具与电池正极的接触采用弹簧连接件)。

A.2.2 其他要考虑的重要因素

还应考虑以下因素：

a) 建议生产以电池作电源的电器具公司与电池行业保持密切的联系。在电器具设计之初就应考虑现有的各种电池的性能。只要有可能，就应选择 GB/T 8897.2—2008、GB/T 8897.3 以及我国的其他原电池国家标准和行业标准中已有型号的电池。

b) 电池舱应设计成使电池易于装入而不易掉出。

c) 电池舱应设计成能防止幼儿易于接触到电池。

d) 尺寸不应当局限于某一电池厂的电池，否则当要更换装入不同来源的电池时就会有麻烦。在设计电池舱时应考虑到 GB/T 8897.2—2008 等标准所规定的电池尺寸和公差；

e) 清晰地标明所用电池的类型、极性(＋和－)的正确排列及电池装入的方向。

f) 虽然电池的耐泄漏性能已得到极大改善，但偶尔仍会发生泄漏。如果电池舱无法与电器具完全隔开时，应将其置于适当的位置，使电器具因电池泄漏而损坏的可能性降至最小。

g) 电器具的电路应设计成当每个电池的电压降至 0.7 V 时，即串联电池的总电压降至 $0.7\times n_s$ 时(n_s 为串联连接的电池数)电器具就不能工作。低于此电压的电池继续放电会使电池内发生不利的化学反应而导致泄漏。

A.3 防止电池反向安装的措施

为了解决由于电池反向安装而带来的问题，在电池舱的设计阶段就应当考虑要确保电池不会装错，或者即使装错也无法形成电接触。

A.3.1 正极接触件的设计

对于 R03、R1、R6、R14、R20 这些尺寸的电池，建议按图 A.2 和图 A.3 所示设计电池舱，同时还要采取措施防止电池在电池舱中不必要的移动。

注：电池的接触件应加以保护以防止发生短路。

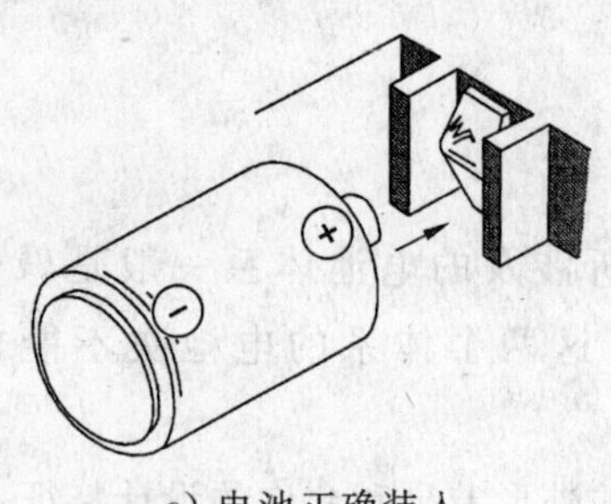

a) 电池正确装入

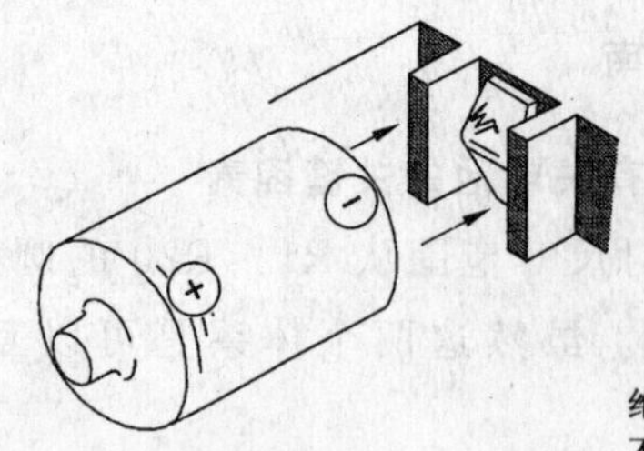

b) 电池错误装入

图 A.2　正极接触件隐藏在凸棱之间

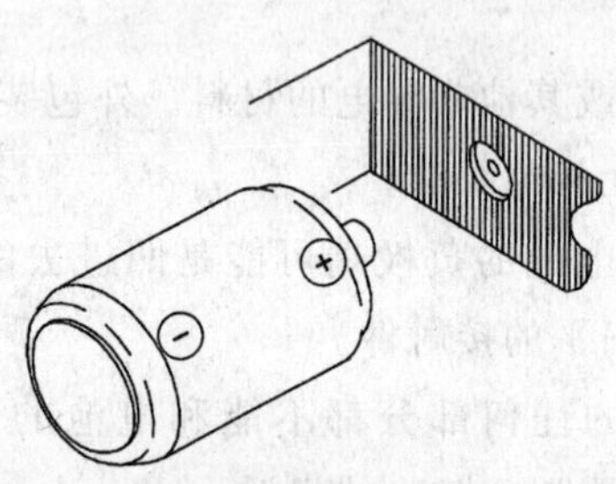

a) 电池正确装入

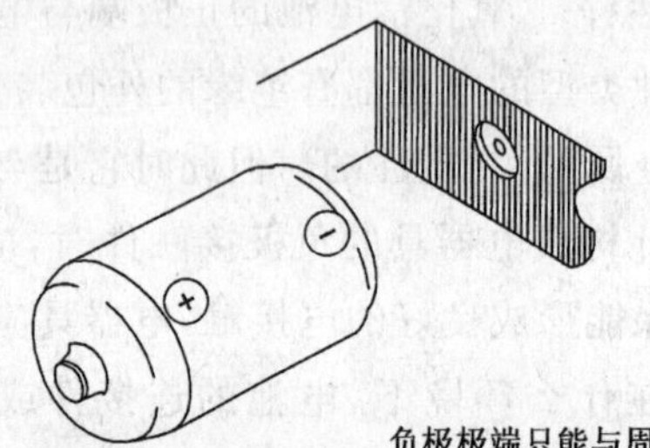

b) 电池错误装入

图 A.3　正极接触件凹隐在周围的绝缘体中

A.3.2　负极接触件的设计

对于 R03、R1、R6、R14、R20 这些尺寸的电池，建议按图 A.4 所示设计电池舱。

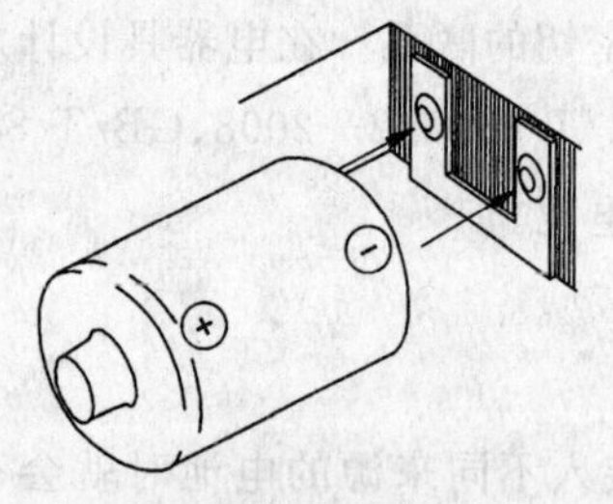

a) 电池正确装入

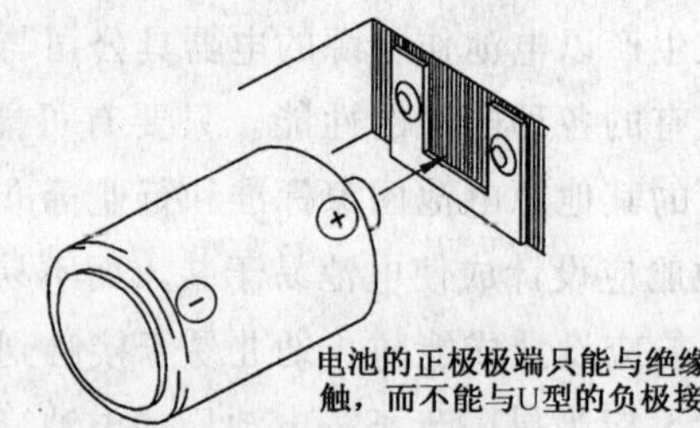

b) 电池错误装入

图 A.4　U 型的负极接触件使得电池的正极不能与之形成接触

A.3.3　设计时应考虑电池的朝向

为了避免反向装入电池，建议所有的电池应朝向一致，图 A.5a)和图 A.5b)为两个示例。

图 A.5a)展示的是电池在电器具中安置的首选方式，而图 A.5b)是一个可选方式。

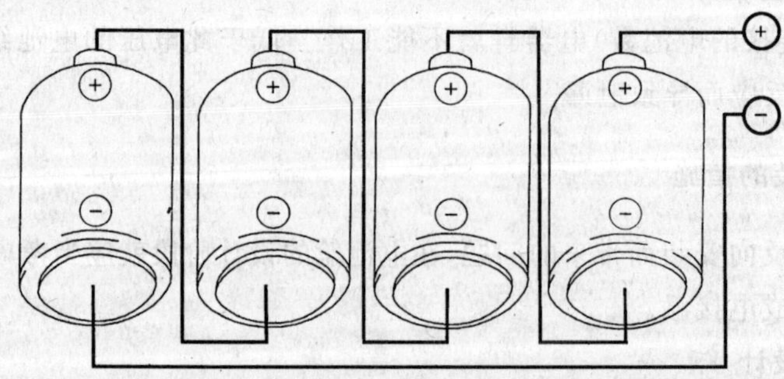

注：正极接触保护应如图 A.2 或图 A.3 所示。

a) 首选的电池朝向

图 A.5　电器具内电池排列的首选方式

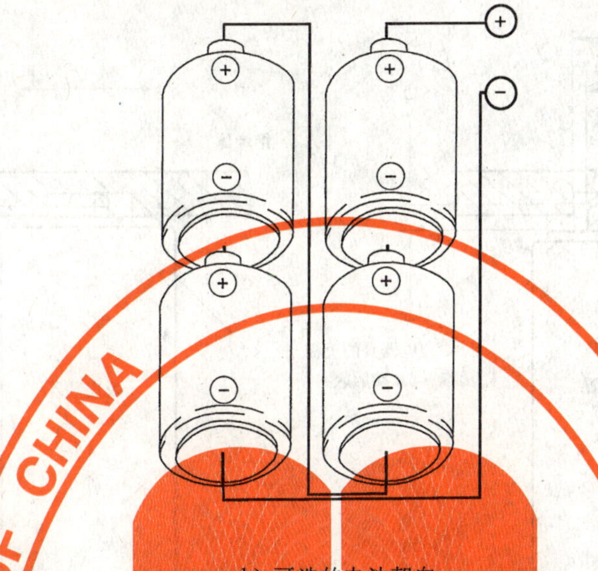

b) 可选的电池朝向

注 1：正极接触保护应如图 A.2 或图 A.3 所示，负极接触保护应如图 A.4 所示。

注 2：图 A.5b)的排列方式只能实际用于 R14 和 R20 尺寸的电池，因为其他尺寸电池的负极区(相应规范中的尺寸 C)较小。

图 A.5（续）

A.3.4 尺寸

表 A.1 列出了有关电池极端尺寸的临界值和电器具正极接触件尺寸的推荐值。参照图 A.6 并依据表 A.1 所示的尺寸所设计的正极接触件，当电池反向装入、电池的负极极端遭遇电器具的正极接触件时，就会出现“安全断开”的情形，即不会形成电接触。

表 A.1 电池极端尺寸及图 A.6 所示的电器具正极接触件的推荐尺寸 单位为毫米

相关电池	电池负极极端的尺寸	电池正极极端的尺寸		图 A.6 所示的电器具正极接触件的推荐尺寸	
	C[a] (最小值)	F[a] (最大值)	G[a] (最小值)	X	Y
R20、LR20	18.0	9.5	1.5	9.6～11.0	0.5～1.4
R14、LR14	13.0	7.5	1.5	7.6～9.0	0.5～1.4
R6、LR6	7.0	5.5	1.0	5.6～6.8	0.4～0.9
R03、LR03	4.3	3.8	0.8	3.9～4.2	0.4～0.7
R1、LR1	5.0	4.0	0.5	4.1～4.9	0.1～0.4

[a] 见 GB/T 8897.2—2008。

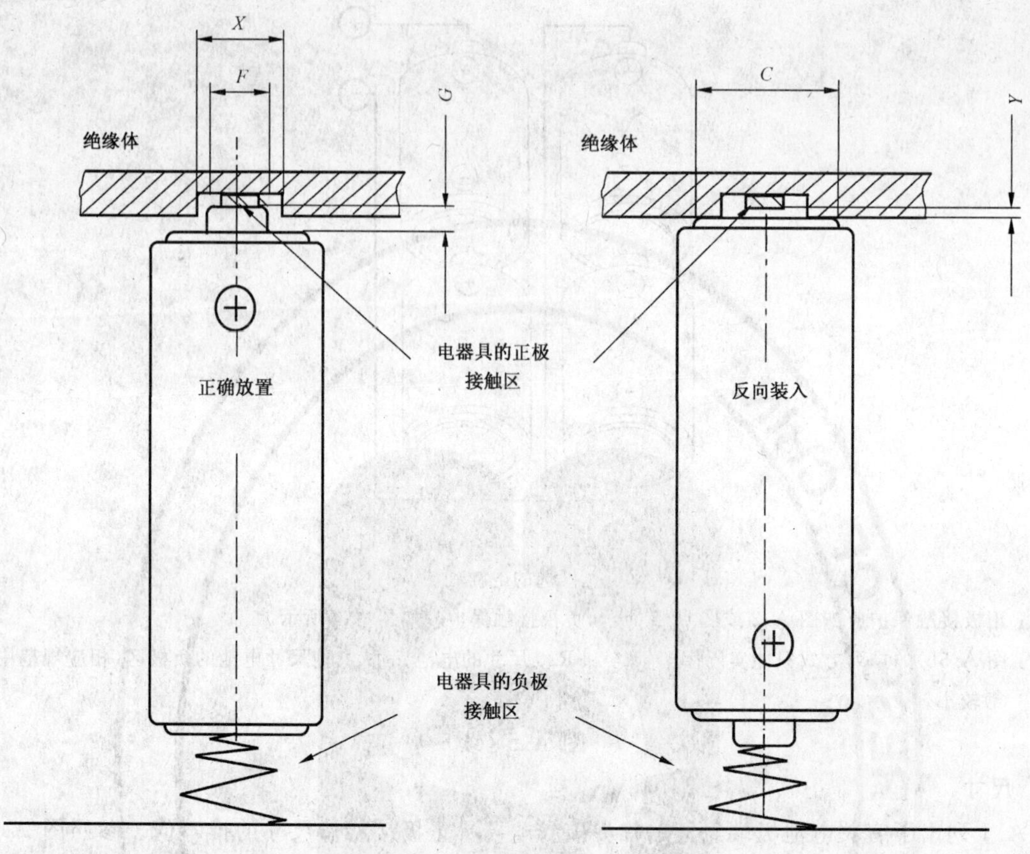

a) 正确装入电池　　b) 错误装入电池

注：电器具的正极接触件凹隐在周围的绝缘体中。

图 A.6　电器具正极接触件设计结构示例以及正极接触件的推荐尺寸

该凹孔的直径应大于电池正极极端的直径(F)但应小于电池负极极端的直径(C)。图 A.6a)中电池的安装是正确的。在图 A.6b)中电池是反向安装的，在这种情况下，电池的负极极端只能与四周的绝缘体相接触，从而避免形成电接触。

图 A.6 中的字母符号的说明见下：

C:电池负极端接触面的外径。

F:突起的电池正极端的直径。

G:电池正极端突起面与其次高部分之间的距离。

X:作为正极接触件的凹孔的直径，X 应大于 F 但小于 C。

Y:作为正极接触件的凹孔的深度，Y 应当小于 G。

A.4　防止电池短路的方法

A.4.1　防止因电池外包装套损坏而短路的方法

就碱性锌-二氧化锰电池而言，包着绝缘外套[见 A.2.1c)]的钢壳具有和正极相同的电压。如果该层绝缘外套被电器具中导电线路的任何一处割裂或刺破的话，就可能发生如图 A.7 所示的短路(应当注意的是，如果电器具遭受物理性滥用，如受到非正常的振动、跌落等，上述这种物理性损伤则有可能进一步加重)。

注 1：由短路造成的各种潜在的危险见 A.1.3 中的说明。

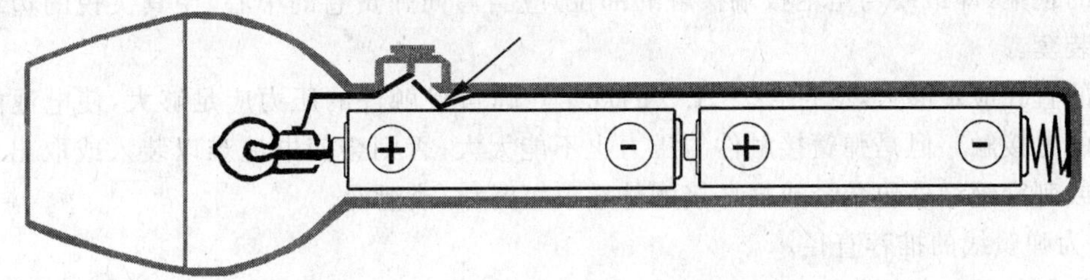

图 A.7 短路示例：开关刺穿绝缘外套

注 2：虽然图 A.7 所举的例子一般指碱性锌-二氧化锰电池体系，但在该附录中提到电池都是可以互换的(见 A.2.1)。

预防措施：如图 A.8 所示放置绝缘材料可以防止开关损坏电池外包装套。

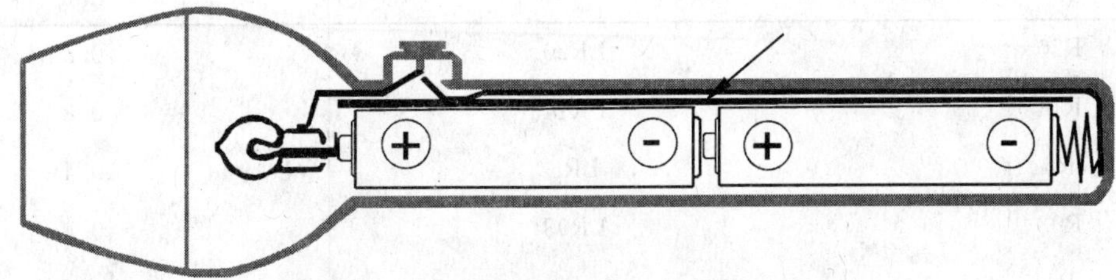

图 A.8 用绝缘方式防止短路的典型示例

为避免短路，电器具电路中的任何部分(包括用来固定电池接触件的可导电的铆钉和螺丝等)都不能和电池的外壳接触。

A.4.2 当采用弹簧卷作为接触件连接电池时防止电池外部短路的方法

如图 A.9 所示放置电池时(先放入正极端)，有可能使负极(—)弹簧接触件扭曲变形，继而在电池完全装入时(如图 A.10 所示)割破或刺穿电池的绝缘外包装套。

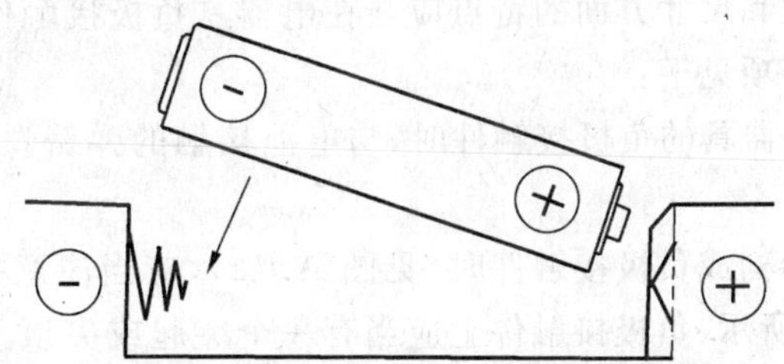

图 A.9 逆着弹簧安装(应避免发生这种情况)

a) 弹簧滑到外套之下并接触到金属外壳　　b) 外套被刺穿

图 A.10 弹簧扭曲变形的示例

预防措施：为了避免发生如图 A.10 所示的情形，建议电池舱的设计应使得当电池正确装入(负极先进)时能如图 A.11 所示的那样均匀地压住弹簧卷。图 A.11 中负极连接件上方的绝缘导板起到了能确保如此实施的作用。

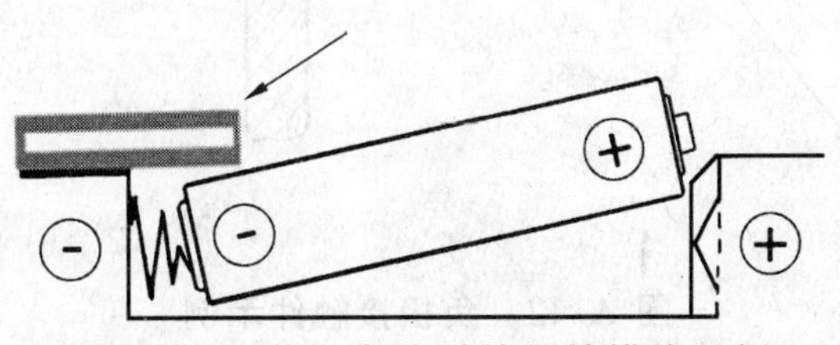

图 A.11 装入电池时的保护措施示例

弹簧卷的顶端(即最终与电池极端接触的部位)应当弯向弹簧卷的中心,使其尖锐的边缘不会碰到电池的外包装套。

弹簧线的直径应足够大,应符合表 A.2 的规定。弹簧接触件的压力应足够大,使电池能始终形成并保持良好的电接触。但是弹簧接触件的压力也不能太大,否则会使电池难以装入或取出。压力过大有可能割破或刺穿绝缘外包装套或损坏接触件导致短路和/或泄漏。

表 A.2 为弹簧线的推荐直径。

弹簧卷接触件只能与圆柱形电池的负极极端相接触。

表 A.2 弹簧线的最小直径

电池类型		弹簧线最小直径 mm
R20	LR20	0.8
R14	LR14	0.8
R6	LR6	0.4
R03	LR03	0.4
R1	LR1	0.4

A.5 关于凹进型负极接触件的注意事项

GB/T 8897.2—2008 规定了电池负极端从外包装套量起的最大凹进值。有些 R20、LR20、R14 和 LR14 电池的负极端是凹进去的。为了防止反向安装的电池形成电接触,有的电池在负极端上涂了起保护作用的绝缘树脂。

上述的电池负极端在形状和尺寸方面的特点应当在电器具负极接触件的设计之初就要予以考虑。三类常用接触件的相关注意事项见下:

a) 当采用弹簧卷作为电器具的负极接触件时,与电池接触的弹簧卷的直径应小于电池负极端接触面的外径 C。

b) 当用金属片加工成形构成负极接触件时(见图 A.12),应当注意并参照表 A.3 所规定的尺寸 E 和 C。如图 A.12 所示,负极接触件上应当有一个突起或尖顶。该突起或尖顶要足够高,以适应电池极端上的任何一种凹进(尺寸 E)。无视此建议则可能会发生电池接触失败。

c) 当采用扁平的金属板作为电器具的负极接触件时,接触件上有一个或多个尖顶或突起是必要的,这样可以确保与电池形成接触。该突起应足够高,以适应电池负极极端上的任何一种凹进(尺寸 E),该突起应位于电池极端接触区(尺寸 C)内。

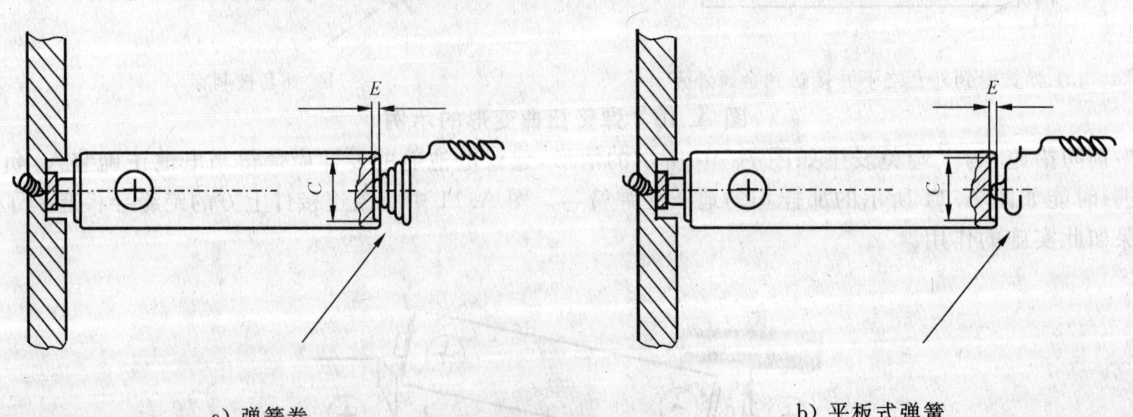

a) 弹簧卷　　　　b) 平板式弹簧

图 A.12 负极接触件示例

表 A.3 电池负极极端的尺寸

电池类型	电池负极极端的最大凹进值 E[a]	电池负极极端接触面外径 C[a]
R20、LR20	1.0	18.0
R14、LR14	0.9	13.0
R6、LR6	0.5	7.0
R03、LR03	0.5	4.3
R1、LR1	0.2	5.0
[a] 见 GB/T 8897.2—2008。		

应强调的是，电池舱的尺寸不应当局限于某一电池厂的尺寸和公差，否则当更换装入不同来源的电池时就会有麻烦。

电池尺寸，尤其是正极极端和负极极端的尺寸，详见 GB/T 8897.2—2008 的图 1a)和图 1b)及其中相关电池的规定。

A.6 防水的和不透气的电器具

使电池产生的氢气通过复合反应被消除或被允许逸出是很重要的，否则一个火星就有可能点燃残留的氢气/空气混合气体使电器具发生爆炸。在此类电器具的设计阶段就应当征询电池生产厂的意见。

A.7 在设计上要注意的其他事项

在设计电池舱时还应注意以下事项：

a) 只有电池的极端才能与电路形成物理接触。电池舱与电路之间应当是电绝缘的并且要妥善安排电池舱所处的位置，把由于电池泄漏可能造成的损坏和/或伤害的风险降至最低程度。

b) 许多电器具设计成可使用转换电源的(如电网电源加上电池电源)，在原电池存储器上的应用上尤其是这样。在这种情况下，电器具的电路应设计成：

   1) 能防止对原电池充电，或

   2) 应加上保护原电池的元件，如二极管。这样，通过保护元件流经原电池的充电(漏电)电流就不会超过电池生产厂的建议值。

   应根据原电池的类型及电化学体系来选择合适的并且不易发生元件故障保护电路。建议电器具的设计者在设计原电池存储器保护电路时，听取电池生产厂的意见。

   不采取上述的预防保护措施会导致电池寿命缩短、泄漏或爆炸。

c) 正极(+)和负极(—)接触件在外形上应明显不同，以免装入电池时混淆。

d) 极端接触件应选用电阻最小并且能与电池的接触件相匹配的材料制成。

e) 电池舱应当是非导电的、耐热、不易燃和易散热的，在电池装入后不会变形。

f) 采用 A 体系或 P 体系锌-空气(氧)电池作电源的设备应能让足够的空气进入。对于 A 体系的电池，在正常工作时最好处于直立状态。

g) 不提倡电池并联连接，因为如果有一个电池装错，即使电器具的开关没有合上时也会导致多个电池连续放电。为了克服上述因反向装入电池而引起的问题并为终端用户着想，可考虑按图 A.5a)和图 A.5b)来安排电池。

注 1：在某些电池并联的电路中，其放电电流可能与一个电池短路时的情况相类似。
由并联电路中反向安装电池引起的潜在危险见 A.1.2。

注 2：在极端情况下电池有可能发生爆炸。

h) 不推荐采用如图 A.13 所示的具有多种输出电压的电池串联连接的方式，因为已放电的那个部分有可能引起电压反向。

示例：在图 A.13 中，两个电池通过电阻 R1 放电，如果在它们放电之后开关转向 R3 电路，就有可能使这两个电池强制放电。

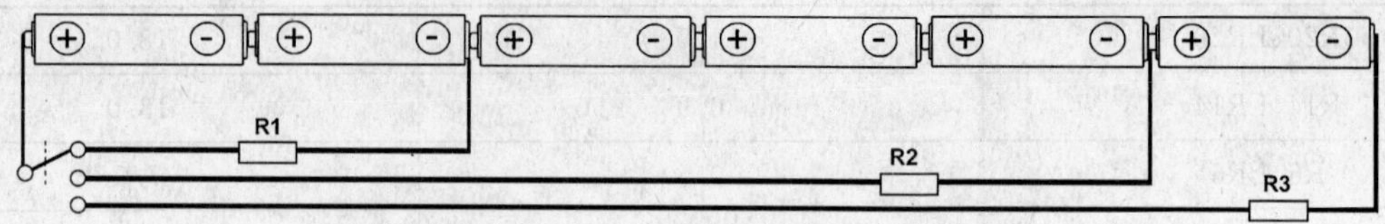

图 A.13 具有分压性质的电池串联方式示例

强制放电导致电压反向的潜在危险：

1） 被强制放电的电池内部产生气体；

2） 发生泄放；

3） 电解质泄漏。

注：电池的电解质对人体组织是有害的。

附　录　B
（资料性附录）
用锂电池作电源的电器具设计者指南

表B.1是供用锂电池作电源的电器具设计者使用的指南(也可参见附录A电池舱设计指南)。

表 B.1　电器具设计指南

项　目	分项目	建议	不听从建议可能会引起的后果
(1) 当锂电池作为主电源使用时	(1.1) 选择合适的电池	为电器具选择最合适的电池,注意电池的其他电性能	电池可能过热
	(1.2) 确定使用的电池数(串联或并联[a])及使用方法	a) 含多个单体电池的电池(2CR5,CR-P2,2CR13252及其他),只使用一个电池	若串联电池的容量不相同,低容量电池会被过放电,可能导致电池电解液泄漏、过热、破裂、爆炸或着火
		b) 圆柱形电池(CR17345,CR11108及其他),使用的电池数:三个以下	
		c) 扣式电池(CR17345,CR11108及其他),使用电池数:三个以下	
		d) 使用的电池超过1个时,在同一电池舱内不可使用不同类型的电池	
		e) 电池并联使用时[a],要有防止被充电的保护措施	若并联电池的电压不相同,低电压的电池会被充电,可能导致电池电解液泄漏、过热、破裂、爆炸或着火
	(1.3) 电池电路的设计	a) 电池电路应和其他任何电源分开	电池被充电时,可能会导致电解液泄漏、过热、破裂、爆炸或着火
		b) 应在电路中配置如熔断丝那样的保护装置	电池短路可能会导致电解液泄漏、过热、破裂、爆炸或着火
(2) 当锂电池作为后备电源使用时	(2.1) 电池电路的设计	电池应该用于单独的电路中,使电池不会被主电源强制放电或充电	电池可能会被过放电至反性或被充电,从而发生电解液泄漏、过热、破裂、爆炸或可能着火
	(2.2) 存储器备份设备用电池电路的设计	电池和主电源相连时有可能被充电,应采用一个由二极管和电阻组成的保护电路。在预期的电池寿命期间,二极管漏电电流的总量应低于电池容量的2%	电池被充电时会导致电解液泄漏、过热、破裂、爆炸或可能着火

表 B.1（续）

项 目	分项目	建议	不听从建议可能会引起的后果
(3) 电池夹具和电池舱		a) 电池舱应设计成当电池倒装时电路就开路。电池舱上应清晰永久地标明电池的正确方向	若不采取措施防止电池倒装，可能发生的电池电解液泄漏、过热、破裂、爆炸或着火会损坏电器具
		b) 电池室应设计成只允许规定尺寸的电池能装入并形成电接触	电器具可能会损坏或无法工作
		c) 电池室应设计成允许产生的气体排出	由于气体的产生使电池内压过高时，电池舱有可能受损
		d) 电池室应设计成能够防水	
		e) 电池室应设计成在密封的情况下能防爆	
		f) 电池舱应和电器具产生热量的相隔离	过热可能会使电池变形、电解液泄漏
		g) 电池室应被设计成不易被儿童打开	儿童可能会取出并吞下电池
(4) 电接触件和极端		a) 电接触件和极端的材料及形状应合适，使之能形成并保持有效的电接触	接触不良时电接触件会产生热量
		b) 应设计辅助电路防止电池倒装	电器具可能会被损坏或无法工作
		c) 电接触件和极端应设计成能防止电池倒装	电器具可能会损坏。电池可能发生电解液泄漏、过热、破裂、爆炸或着火
		d) 应避免直接焊接电池	电池可能会泄漏、过热、破裂、爆炸或着火
(5) 标明必要的注意事项	(5.1) 标在器具上	电池舱上应清晰地标明电池的方向(极性)	电池倒装后被充电会导致电解液泄漏、过热、破裂、爆炸或着火
	(5.2) 写在使用手册上	应写明正确使用电池的注意事项	可能会因不正确使用电池发生事故

[a] 在设计电池舱时应避免电池并联连接。但如果确实需要并联连接，应听取电池制造商的意见。

ICS 35.240.01
L 67

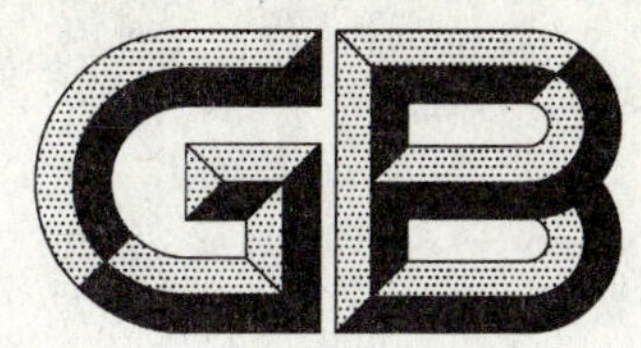

中华人民共和国国家标准

GB/T 24463.1—2009

交互式电子技术手册 第1部分:互操作性体系结构

Interactive electronic technical manuals—Part 1:Interoperability architecture

2009-10-15 发布 2009-12-01 实施

中华人民共和国国家质量监督检验检疫总局
中国国家标准化管理委员会 发布

前 言

GB/T 24463—2009《交互式电子技术手册》分为以下三个部分：

——第1部分：互操作性体系结构；

——第2部分：用户界面与功能要求；

——第3部分：公共源数据库要求。

本部分为GB/T 24463—2009的第1部分。

本部分的附录A是规范性附录。

本部分由中国标准化研究院提出并归口。

本部分起草单位：装甲兵工程学院、中国标准化研究院、天健志行科技有限公司。

本部分主要起草人：徐宗昌、李文武、雷育生、张颖、胡梁勇、张文俊、安钊、解洪成、周健、何平、曹冒君、张卫国、郭红芬、王晓静、姜巍巍、洪岩。

引　言

随着科学技术的发展，出现了许多大型复杂的高技术装备。为了解决这些装备使用纸质技术手册所存在的费用高、体积与重量大、交付与传递的及时差、易污染、使用不方便等诸多弊端而不能适应装备使用与维修要求的问题，自 20 世纪 80 年代中期以来，美国及世界各发达国家在推行 CALS(目前，CALS 称持续采办与寿命周期保障)信息化策略时，就将交互式电子技术手册(IETM)列为一项重要的关键技术加以推广。随着 IETM 技术的发展与广泛应用，已愈来愈显示出它在提高装备使用、维修、故障诊断和人员培训的效率与效益方面的巨大优越性，因此，目前 IETM 已成为包括我国在内的世界各国的军用与民用装备制造业信息化的一项大力推广的技术，其应用前景十分广阔。

本部分规定了交互式电子技术手册互操作性体系结构要求，描述了互操作性体系结构的概念、结构配置、通信安全以及单机环境下 IETM 的应用，明确了互操作性体系结构上的 Web 浏览器及配置要求、IETM 对象封装及寻址方式，并给出了 Web 服务器/客户/单机技术实现指南。

交互式电子技术手册
第1部分:互操作性体系结构

1 范围

GB/T 24463 的本部分给出了互操作体系结构的概念、结构配置、通信安全以及单机环境下 IETM 的应用,并规定了对互操作体系结构上的 Web 浏览器及配置要求、IETM 对象封装要求及 IETM 寻址方式的要求。

本部分适用于通过 Web 浏览器访问 IETM 的特定情况。

2 规范性引用文件

下列文件中的条款通过 GB/T 24463 的本部分引用而成为本部分的条款。凡是注日期的引用文件,其随后所有的修改单(不包括勘误的内容)或修订版均不适用于本部分,然而,鼓励根据本部分达成协议的各方研究是否可使用这些文件的最新版本。凡是不注日期的引用文件,其最新版本适用于本部分。

GB/T 18793 信息技术 可扩展置标语言(XML)1.0

GB/T 24463.2 交互式电子技术手册 第2部分:用户界面与功能要求

GB/T 24463.3 交互式电子技术手册 第3部分:公共源数据库要求

3 术语、定义和缩略语

3.1 术语和定义

下列术语和定义适用于 GB/T 24463 的本部分。

3.1.1

交互式电子技术手册 Interactive Electronic Technical Manuals;IETM

一种采用标准的数字格式编制,具有交互功能和互操作性的、可在屏幕上显示的电子化技术手册。

3.1.2

终端用户互操作性 end-user interoperability

对于由任何人、在任何时间地点、以任何方式所创建的 IETM,IETM 终端用户均可经由 Web 浏览器访问。

3.1.3

IETM 组件 IETM component

具有可重用性、用于说明技术手册(或技术指令)或在技术手册(如维修或检查程序、插图、工作包、章、节、条、附录)结构中的元素的实体。

3.1.4

链接 link

建立两个或两个以上数据对象或数据对象元素之间的联系。包括内部链接和外部链接。

3.1.5

链接元素 linking elements

描述链接构成和链接特性的元素。

3.1.6

封装 encapsulation

将电子文件及其元数据按指定结构打包的过程。

3.1.7

对象封装 object encapsulation

将IETM内容、显示组件和软件封装到通用的浏览包，发布到Intranet上或是存储在高密度盘（如CD-ROM）中，用户通过Web浏览器就可以获取由任何开发者创建的任何格式的IETM，从而使IETM在用户级达到互操作的目的。

3.1.8

资源 resource

可通过使用链接元素中的定位符所获得的文件、图形、文档、程序和查询结果。

3.1.9

浏览包 view package

数据和浏览软件封装在一起的软件包。

3.2 缩略语

下列缩略语适用于GB/T 24463的本部分。

ASP active server page 活动服务器页面

CGM computer graphics metafile 计算机图形元文件

COM component object model 组件对象模型

CSS cascading style sheets 层叠式样式表

DBMS database management system 数据库管理系统

DNS domain name service 域名服务

DTD document type definition 文档类型定义

HTML hypertext markup language 超文本标记语言

HTTP hypertext transfer protocol 超文本传输协议

IETM interactive electronic technical manual 交互式电子技术手册

PEDD portable electronic display device 便携式电子显示设备

SGML standard generalized markup language 标准通用标记语言

TM technical manual 技术手册

URI uniform resource identifier 统一资源标识符

URL uniform resource locator 统一资源定位符

VP view package 浏览包

XML extensible markup language 可扩展标记语言

XLL XML linking language XML 链接语言

XSL extensible style language 可扩展样式语言

4 通用要求

4.1 IETM互操作性体系结构

IETM互操作性体系结构采用Internet（互联网）技术，可以在Internet或Intranet（内联网）上实施。在Intranet实施，具有低风险、易实现、安全性好的优点。Intranet可以是专用的广域网或局域网。专用Intranet网IETM互操作性体系结构的基本配置是终端用户显示设备、网络服务器和连接的网络；可选择的配置还包括数据库服务器和应用服务器。

4.1.1 IETM 互操作性体系结构概念

IETM 互操作性体系结构的主要目标是要实现整个 IETM 终端用户级的互操作性。实现途径主要是通过把 IETM 封装成通用浏览包,自动分配给网络并最后由终端用户利用单一的 Web 浏览器进行浏览。IETM 互操作性功能的实现需要使用以下技术:

a) 能够有效创建和管理 IETM 数据资源的编程框架,并将随后创建可互操作的 IETM 浏览包提交给订购方发行和用户使用;

b) 允许订购方分发、管理和提交 IETM 浏览包;

c) 便于终端用户访问和浏览必要的技术信息、并从其他 IETM 查看相关数据(必要时包括其他服务内容)的浏览系统和技术方法。

图 1 显示了在 IETM 互操作性体系结构典型配置中 IETM 和相关信息的访问流程。图中表示 IETM 初始创作者通过用户端网络服务器使用 IETM 互操作性体系结构,终端用户通过点击 Web 浏览器界面选择下一个对象进行浏览。图中引用的“显示组件”可以是一个客户或服务器软件组件,连同 IETM 内容一起提交或预先安装在浏览器中。IETM 显示组件是“隐含”的,且不包含在提交浏览包中。

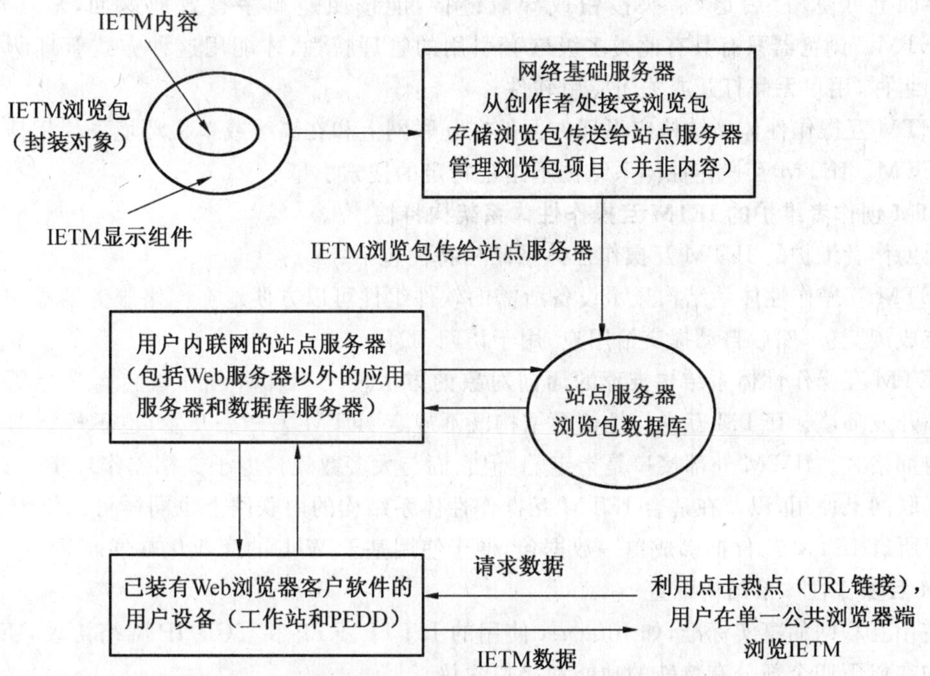

图 1 IETM 互操作性体系结构中的 IETM 和信息访问流程

4.1.2 独立于操作系统的基础体系结构

IETM 互操作性基础体系结构不指定操作系统,即不限定任何专用操作系统或操作系统的组合,在这点上具有灵活性。个别的 IETM 可能限定在某单一的操作环境下 IETM 的应用,但 IETM 互操作性体系结构不需要规定专门的操作系统。

4.1.3 开发 IETM 互操作性体系结构的解决方案

开发 IETM 互操作性体系结构采用商业和工业应用的方案。随着现代信息技术的快速发展,IETM 互操作性体系结构应设计成可扩展的、灵活的结构。

4.2 IETM 互操作性体系结构的特性

随着信息技术发展,IETM 互操作性体系结构的某个特性可能会过时,要求创作者和 IETM 客户及时改进和更新标准中的部分内容。

4.2.1 用户级的 IETM 互操作性体系结构特性

用户级的 IETM 互操作性体系结构特性包括:

a) 用户级的 IETM 互操作性体系结构的主要特性是 IETM 终端用户能够利用 Web 浏览器访问和读取任意格式或数据来源的 IETM。用户可利用个人计算机工作站或便携式电子显示设备访问和浏览 IETM。便携式设备可配置成一个附属于使用单元内联网的网络客户，或者重新配置在单机或离线模式下运行。

b) 用户级的 IETM 互操作性体系结构的主要作用是所有 IETM 技术信息都可以在 Web 浏览器上进行浏览。IETM 互操作性体系结构不宜对外发行不受浏览器管理的浏览应用程序，必要时可用插件程序代替，并应提供使用插件程序的详细说明。即使使用不同的浏览设备，用户每次也应能获得一致的显示界面。

c) 所有推荐使用的浏览器软件组件应能自动下载安装到客户端。用户使用 IETM 时，浏览器已自动安装浏览软件组件，不需要外在的软件安装。但根据浏览器安全等级，用户有时需明确是否接受外在的软件组件，可通过单击确认进行安装。

d) 用户与 IETM 交互的界面主要通过"点击"的导航行为进行。如果一个 IETM 引用另一个 IETM，用户通过"点击"即可在浏览器窗口中自动地浏览引用的 IETM 信息。用户在浏览器界面上可使用"后退"箭头按钮或导航链接，能按照逆顺序有效地返回，最终返回初始的 IETM。浏览器只有具有此类多级嵌套引用的管理特性，才能用这种方式管理所使用的软件和组件，用户无需打开或关闭应用软件。

e) IETM 互操作性体系结构应保证方便地在互联网上和在离线或单机环境下使用搜索引擎访问 IETM。IETM 互操作性体系结构不指定特定的搜索引擎。

4.2.2 IETM 创作者维护的 IETM 互操作性体系架构特性

IETM 创作者维护的 IETM 互操作性体系结构特性包括：

a) IETM 互操作性体系结构显示设备所需的软件组件可以方便地在网络服务器端与数据文件封装成浏览包，然后自动提交给用户，用于访问 IETM。

b) IETM 互操作性体系结构推荐的面向对象的方法便于 IETM 创作者自行选择所偏爱的创作和开发环境。IETM 互操作性体系结构既不规定 IETM 怎样去开发，也不规定 IETM 对象的内部格式。IETM 外部接口是指定的，但它们与大多数现代电子文档创作环境一致，能迅速在互联网上使用，以及在适合 IETM 互操作性体系结构的内联网上也同样可以使用。

c) 把所有 IETM 组件捆绑成单一数据包，便于使用基于 Web 的商业化软件产品。

4.3 IETM 互操作性体系结构配置

除了使用互联网的事实标准，如 Internet 使用的 HTTP、FTP 和 TCP/IP 网络协议，IETM 互操作性体系结构在以下四个部分有特殊的功能和接口建议。

4.3.1 Web 浏览器

便携式电子传输设备和单个工作站的用户需使用 Web 浏览器。浏览器软件组件不包含在 IETM 浏览包中，应预先安装在用户设备上。浏览器是使用和维修人员在 IETM 互操作性体系结构终端获取 IETM 信息的界面，它加装在终端的工作站或便携式计算机上，它不用专门针对 IETM 开发，可以采用 Web 浏览器(例如 IE 浏览器)，但要注意浏览器的版本是否符合 IETM 的最低配置要求。IETM 的创作者要以通用的浏览器为基准进行创作，保证在任何 IETM 互操作性体系结构的网络上用户可以浏览所有的 IETM，从而实现 IETM 在用户级上的互操作性。

4.3.2 对象封装和组件接口

对象封装是为了定义 IETM 浏览包(包含软件组件和 IETM 数据)的结构和传输要求，其中还应包含多个组件间的接口(当组件存在时)，及将 IETM 传输到 Web 浏览器的机制。创作者能以一个单独的封装对象浏览包 VP 发布 IETM 信息，以利于信息的获取。浏览包可以以多种形式传递，只要遵循 IETM 互操作性体系结构框架，就可以用多种方式发布(网络或是 CD-ROM)。在网络中，分发封装的 IETM 浏览包是自动执行的，不需要使用者进行特殊的操作。

4.3.3 电子地址

IETM 互操作性体系结构通过信息单元电子地址进行信息定位。通过电子地址和 IETM 内容链接可以将不同 IETM 的信息集成到一起,对每一个外部实体进行 URL 地址化,通过地址的链接实现不同 IETM 的互操作性。任何一个合法的 URL 字符串将在 IETM 应用程序中被自动制作为热点,只要在热点上单击或者双击鼠标就会启动一个 Web 浏览程序对目标进行搜索,最终定位到由 URL 引用的文件,并且将它显示在用户的显示屏幕上。电子地址除了需要使用标准的语法外,还要求所有 IETM 的服务提供者必须发布和维护一个它所开发的 IETM 的注册表,并且一旦发布,这个有效的 URL 就决不能再被改变。

4.3.4 网络服务器和数据库服务器接口

IETM 互操作性体系结构需要 Web 服务器和数据库服务器提供支持,它要求终端用户网络设施的构建者和 IETM 供应商相互协作,并且 IETM 的供应商负责提供适合 Web 服务器的扩展软件及相关协议。

4.4 通信安全要求

4.4.1 通信安全的应用要求

所有为适合 IETM 互操作性体系结构而设计的 IETM 在互联网上使用时应符合国家信息化建设在通信安全和信息保证区域的应用要求。

4.4.2 IETM 应符合通信安全规定的准则

IETM 的基础设施和配置(如浏览器配置和设置及 Web 服务器)应符合通信安全的规定。

4.5 单机环境下 IETM 的应用

典型 IETM 互操作性体系结构的网络应具有把便携式显示设备作为单机设备进行操作的能力。便携式设备很可能在 IETM 用于维修保障任务时不连接到任何网络。在许多实例中,为了接收需要的信息或配置管理,便携式用户设备可随时连接到网络。

4.5.1 在线更新的用户设备

利用单一设备,通过在便携式设备上安装个人 Web 服务器,可以实现分布式网络的所有功能。对于高级 IETM,应能够安装所需要添加的服务器。当设备在单机模式下使用时,对于一些面向数据库的 IETM 应用程序,提供数据库服务器功能的数据库管理系统应安装在便携式设备上。

4.5.2 双模式 IETM

在未安装 Web 服务器的便携式设备上浏览 IETM 可以考虑以下两种选择模式:

a) 第一种选择是在不使用服务器的情况下,利用 Web 浏览器(如 IE 浏览器)可直接在本地计算机上访问文件系统(包括计算机文件系统上的 CD-ROM),这种方式通常称为"磁盘网"。相同 IETM 系统在这种模式下可以安装在适合 IETM 互操作性体系结构的服务器或本地计算机的文件系统上。

b) 第二种选择是显示传统的数据格式。在 IETM 互操作性体系结构下,开发 Web 调用的显示组件时,不需要更改网络上用于显示的原始电子信息。在这种模式下,相同的信息仍能够在原始单机阅读器或 IETM 互操作性体系结构浏览器上显示。

5 浏览器组件

5.1 概述

Web 浏览器是 IETM 互操作性体系结构的综合软件组件,存在于系统的客户端中,支持服务器端所需的各种特性。目前,主流的浏览器如 IE 浏览器都支持 IETM 的显示。然而,当引入更高级的脚本时,可能不兼容。开发 IETM 系统时,必须检查客户使用的浏览器类型,以及提供适当的代码以支持特殊浏览器。

5.2 Web浏览器配置要求

Web浏览器的配置要求如下：

a) 平台，Web浏览器应在互联网上运行。

b) 环境，Web浏览器可在各种通用基础设施的操作环境上运行。

c) 体系结构的适用性，图2表示IETM体系结构构建模块，描述了影响IETM互操作性体系结构的部分终端用户。

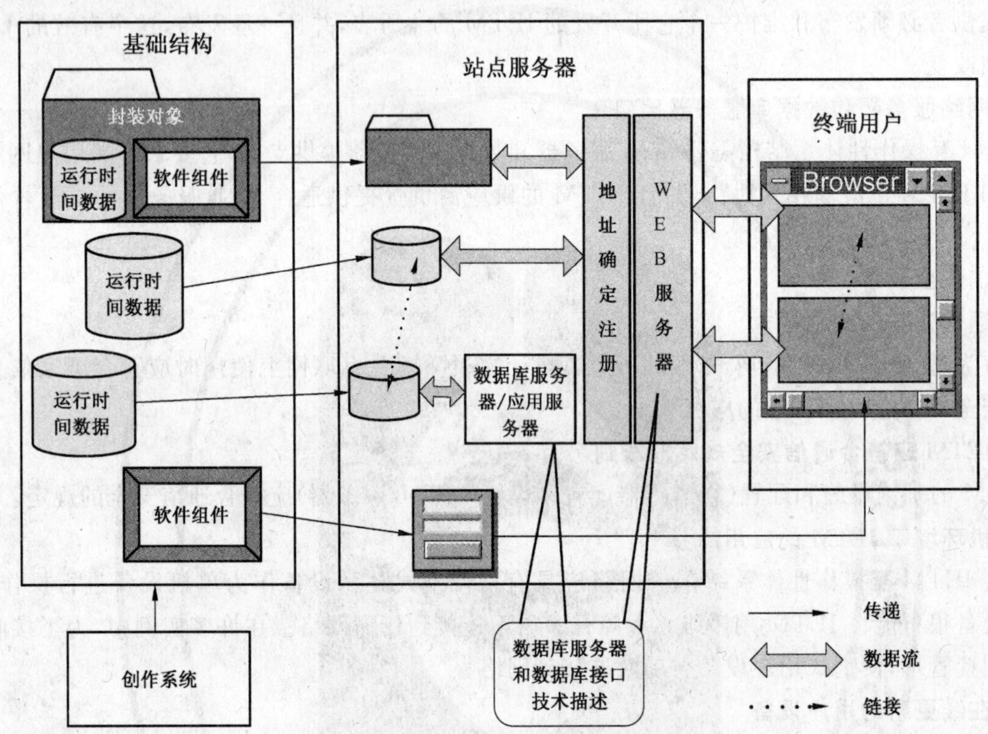

图2 IETM体系结构构建模块

5.3 基本性能

Web浏览器支持下列最低特征：

a) 瘦客户/服务器模式；

b) 商业上定义的对象模式；

c) 浏览器可把自身看成服务器；

d) 一般用于互联网传输和地址协议；

e) 窗口；

f) 可扩充组件；

g) 用户界面；

h) 离线浏览；

i) HTML；

j) 安全；

k) Java；

l) 支持数据类型；

m) 多媒体。

5.3.1 瘦客户/服务器模式

浏览器是一个瘦客户，有必要实施传输控制协议(TCP)/互联网协议(IP)互连，确保IETM数据不需要永久地储存在客户机中。

5.3.2 商业定义对象模式

浏览器至少支持一个商业上定义的对象模式(即组件对象模式(COM)/分布式COM(DCOM)、公共对象请求代理体系结构(CORBA))。

5.3.3 通用互联网传输和地址协议

a) 文件传送协议(FTP);

b) 超文本传送协议(HTTP)1.0/1.1;

c) 统一资源定位器(URL)。

5.3.4 窗口

浏览器支持多窗口浏览,使得信息的多层演示能在单一的屏幕中同时进行。

5.3.5 可扩充组件

浏览器支持可扩充控制和外挂式组件,处理原来不支持的数据类型。

5.3.6 用户界面

用户界面见GB/T 24463.2,浏览器支持下列用户界面性能:

a) 菜单允许用户使用浏览器的所有特性和选项;

b) 工具条按钮具有对用户的提示;

c) 可配置工具栏。

5.3.7 离线浏览

在没有与网络建立固定连接的情况下,提供在客户端浏览数据信息的能力。

5.3.8 HTML支持

HTML支持下列用户界面性能:

a) HTML 3.2/4.0,支持CSS;

b) 动态HTML尽可能使用JavaScript;

c) 全屏模式;

d) 可使用样式表分层。

5.3.9 安全性

Web浏览器根据公钥基础设施政策,为证书、加密电子邮件和数字签名提供安全保障。

a) 个人证书:Web浏览器提供证书支持以免受骗;

b) 加密:Web浏览器支持数据加密以便在提交时保护数据;

c) 数字签名:Web浏览器应通过支持数字签名来确认提供者。

5.3.10 Java要求

对Web浏览器关于Java的要求如下:

a) Web浏览器支持Java虚拟机;

b) Web浏览器有选择地支持JIT编译器以改进Java程序的执行速度。

5.3.11 支持数据类型

Web浏览器至少支持下列数据类型,原有的或使用外挂式组件:

a) 超文本标记语言(HTML);

b) 标准通用标记语言(SGML);

c) 可扩展标记语言(XML);

d) 可移植文档格式(PDF);

e) 计算机图形元文件(CGM);

f) 联合图像专家组文件格式(JPEG);

g) 计算机辅助设计文件格式(DWG);

h) 标签图像文件格式(TIFF)。

5.3.12 多媒体

IETM提供支持多媒体(如音频、视频、动画)所需的组件和插件,而不通过浏览器提供。

5.4 可扩展标记语言(XML)

XML是互联网协会推出的新一代数据交换标准,用来定义Web页面上的文档元素和商业文档,在互联网体系结构中发挥重要作用。流行的Web浏览器实现了XML 1.0,并支持可扩展样式语言(XSL)。本部分采用GB/T 18793作为交互式电子技术手册数据信息的交换标准。

6 对象封装

6.1 核心对象封装

IETM互操作性体系结构使用对象封装技术,将IETM内容、显示组件和软件封装到通用的VP,发布到网络上或是存储在高密度盘中(如CD-ROM),用户通过Web浏览器(如IE浏览器)就可以获取由任何开发者创建的任何格式的IETM,从而使IETM在用户级达到互操作的目的。

IETM VP是符合工业标准的二进制文件的集合,在传递过程中可以看成是基于文件的数据,在服务器中仅被当成一个简单的对象来处理。VP本质上是交互式文档元文件(Metafile for Interactive Documents,MID)。MID是以元文件混合的方式来定义信息内容编码的模板。采用的方法是建立一系列元素,然后用这些元素来描述特定的内容信息,形成完整的信息显示和交互流程。MID不仅使用元素来定义信息的链接,而且使用它来定义信息转换的结构和信息逻辑流的结构。采用MID解决互操作性的方法是通过一种基于XML的通用交换结构,接受创作者的数据,将它转换为能够在不同显示系统上显示的数据,使得不同的用户可以通过通用的浏览和解释程序访问IETM内容,同时减少人为的干预。

图3显示的是基于IETM互操作性体系结构的IETM相关信息存取过程的典型应用,其中IETM显示组件可以和IETM数据内容一起传递,也可以预先安装到浏览器中。

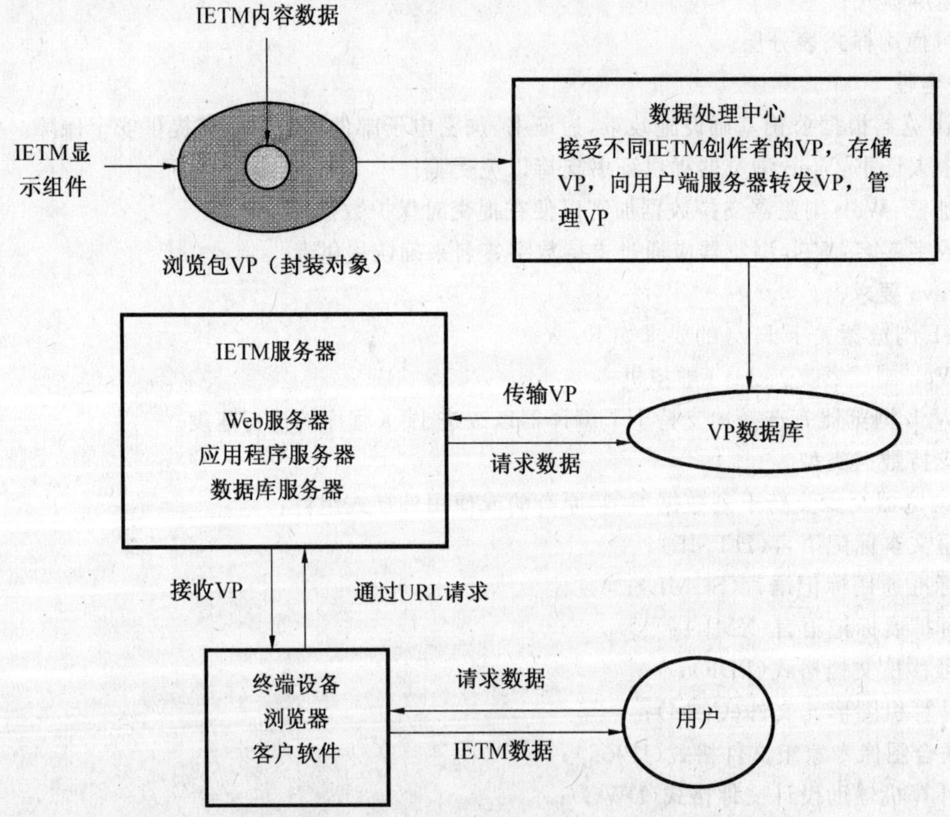

图3 基于互操作性体系结构的IETM相关信息获取流程

6.2 各种 IETM 互操作性体系结构类型的对象封装

在实施 IETM 互操作性体系结构的应用中，根据对象封装的复杂性和集成度，IETM 互操作性体系结构分为 4 类，表 1 给出这些类型体系结构的定义。

6.2.1 基于客户端的体系结构属性

表 1 所示的四种类型的体系结构中，C1 型和 C2 型是核心体系结构，它们都是以客户端为中心的(即胖客户机型)，各种组件都在浏览器端，服务器端不需要安装和运行任何特别的软件，只负责对信息进行管理和分发。这种类型仅需要浏览器和普通的基于 Web 的 HTTP 服务器。

表 1 IETM 体系结构类型

类　型	特　点	举　例
类型 C1： 基本 HTML/XML 页面	HTML/XML 和常驻浏览器的组件； 不需要组件认证； 大部分工作在浏览器上	带 Javascript，GIF，JPEG 的 HTML； 采用 XML+CSS 或 XSL 样式单
类型 C2： 简单可下载的组件	特定浏览数据集合与可自动下载的非 HTML 页面浏览组件； 客户端和服务器都可以处理信息	.doc 文件+MS Wordview 控件； 原有系统可在标准浏览器的内部框架中操作
类型 S1： HTML+应用程序服务器	两层结构：其中 Web 页包含服务器应用程序的引用，HTML 页面须经 HTTP 服务器处理再传到客户端； 服务器管理数据和部件； 客户端和服务器都可以处理信息	MS Front Page Webs，CGI 服务器应用程序，动态 Web
类型 S2： HTML+数据库服务器	三层结构。可请求数据库管理系统，提供定制的功能。需要数据库管理系统服务器(如，Oracle)和 HTTP 服务器； 客户端和服务器都可以处理信息	GIAS 1.0，ASP+ODBC

C1 型和 C2 型的服务器只负责管理和分发信息。就对象封装而言，C2 型浏览包既有内容又有相关软件组件，在第一次访问 IETM 信息时，从服务器下载到浏览器端；而 C1 型浏览包中只有内容没有软件组件，这些组件已预先安装到符合 IETM 互操作性体系结构的浏览器中。C1 型和 C2 型可以利用当前任何的 HTTP 服务器，不用关心它是何种操作系统，并且这两种类型的体系结构实现 IETM 互操作性的风险非常低。C1 型和 C2 型的体系结构如图 4 所示。

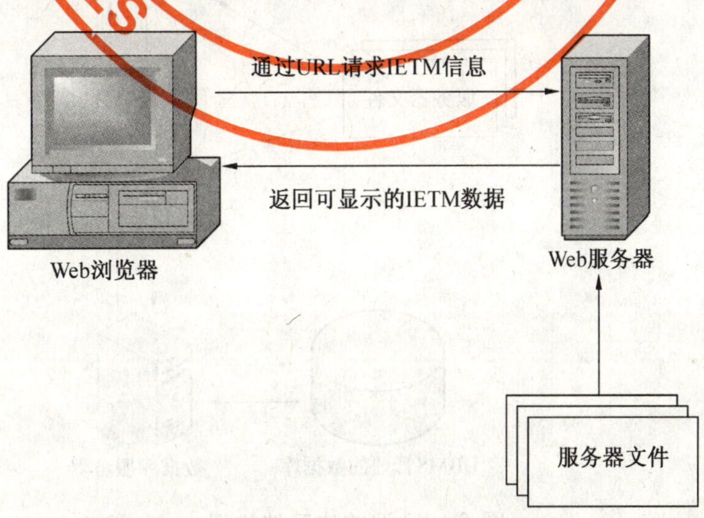

图 4 C1 型和 C2 型的体系结构图

6.2.2 基于服务器的体系结构属性

S1 型和 S2 型是扩展体系结构,这两种类型是以服务器为中心的。IETM 软件和 IETM 技术信息在站点服务器上完成计算处理,浏览器仅负责显示。

图 5、图 6 分别给出了 S1 型和 S2 型的结构图。S2 型包含了 S1 型的功能,需要一个应用程序服务器处理 Web 服务器和数据库服务器之间的信息访问和请求对话。两者的不同点是:主要信息内容存储的地方不同,S1 型是文件服务器,S2 型是数据库管理系统管理的数据库。

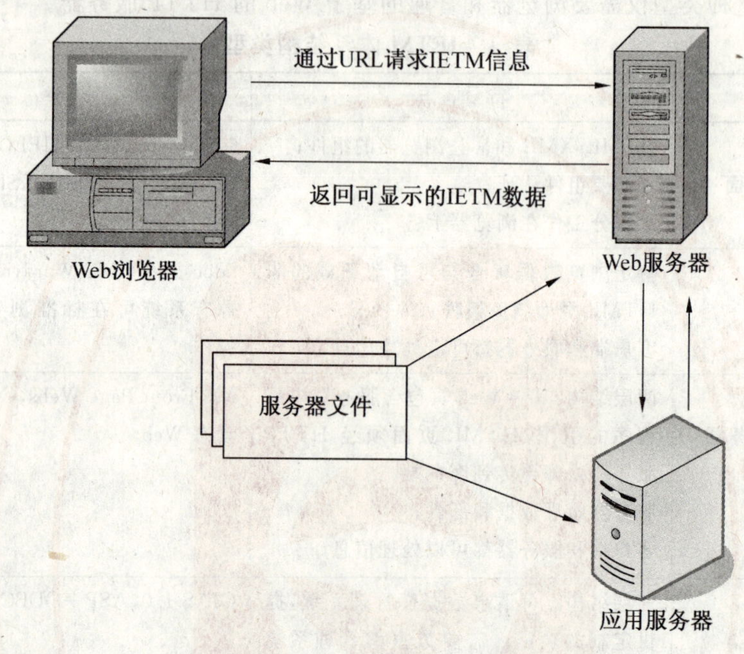

图 5　S1 型的体系结构图

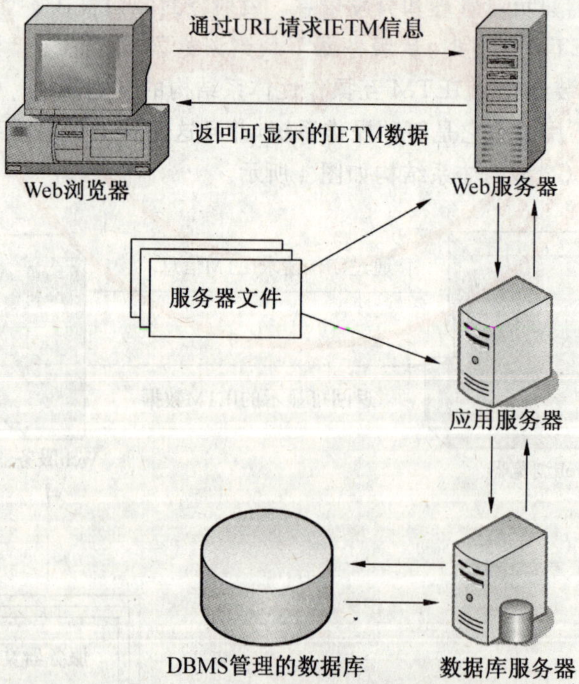

通过URL请求IETM信息
返回可显示的IETM数据
Web浏览器
Web服务器
服务器文件
应用服务器
DBMS管理的数据库
数据库服务器

图 6　S2 型的体系结构图

6.2.3 不同类型体系结构的适用范围

IETM 创作者根据其自身情况，以及不同结构的适用范围进行选择应用。

C1 型较其他类型问题少、性能优，特别是在 IETM 包含静态信息时，表现尤为明显。

C2 型采用下载方式使用 IETM 系统，容易受到计算机病毒的感染，在下载前需要通过病毒扫描和数字签名审查。

S1 型比较适合原有 IETM 系统的转化。

S2 型用一个 DBMS 管理信息，具有真正的交互性和信息安全的特点，最适合开发大型产品系统的 IETM。

总的来说，C1 型和 S2 型适合用来开发新的 IETM，C2 型和 S1 型则适合现有系统的转换。可根据需求选用不同类型的体系结构。

7 IETM 寻址

7.1 概述

IETM 寻址指识别 IETM 运行时对象组件的位置，以确保引用 IETM 页面中超链接的有效性，其内容包括：

a) 遵循指定的命名惯例；

b) 确保对信息链接的有效性；

c) 确保访问正确版本的 IETM 组件。

7.2 性能要求

为在终端用户级别上提供 IETM 的交互性，IETM 地址需要：

a) 说明外部实体(资源)，如文件、程序、图表、故障隔离树、修理零件和专用工具清单、示意图、零件分解图册和工作包；

b) 允许创作人员识别存储在非本地目录中 IETM 实体，包括下列情况。

如果 IETM 是网络的，地址应指向外部实体：

1) 在相同的服务器上，但在不同的文件或目录中；

2) 在不同的服务器，相同的 Internet 域中；

3) 在不同的服务器，不同的 Internet 域中。

如果 IETM 是单机的，地址应指向外部实体：

1) 在不同的文件或目录或固定的媒体(硬盘驱动)中；

2) 在不同的文件或目录，相同或不同的可移动媒体(如 CD-ROM)上。

7.3 操作环境规范

寻址软件的操作环境包括：

a) 网络环境；

b) 在线更新网络的环境；

c) 单机环境。

7.4 安全环境

寻址机制可连接到非密的和涉密的信息对象。经由 Internet 访问时，安全参数应包括：

a) 客户和服务器的标识；

b) 客户、服务器和 IETM 实体的认证；

c) 数据保护和保密。

7.5 寿命周期维护

在寻址软件的执行过程中，应尽可能少地修改地址。

7.6 外部实体寻址的实现

用户选择、参照和调用其他 IETM 的具体实施，通过使用嵌入的 IETM 的外部实体地址实现。

7.7 外部实体地址描述规范

外部实体地址规范见表 2。

表 2 外部实体地址规范

属　性	规　范
统一资源定位器(URL)	IETF RFC 1738
相对 URL	IETF RFC 1808
XML 公用实体	互联网协会(W3C)XML 1.0 建议(REC-XML-20060816)
XML 链接语言	W3C XML 工作组
XML 指示语言	W3C XML 工作组

附 录 A
（规范性附录）
Web 服务器/客户/单机技术实现指南

A.1 概述

A.1.1 IETM 互操作性体系结构

为在交互式电子技术手册(IETM)之间实现互操作性，IETM 互操作性体系结构使用 Web 技术提供了一个框架。IETM 互操作性体系结构能够在几个级别上实现互操作性。这些级别包括：

a) 在 Web 浏览器上显示 IETM 数据；

b) 支持在 Web 浏览器接口中不同的数据结构和格式；

c) 支持合成来自不同方面的 IETM 和分布式资源；

d) 多个应用中单个 IETM 组件的交互和重用。

本附录通过描述 Web 服务器和数据库服务器的配置来实施 IETM 互操作性体系结构，以实现互操作性目标。IETM 互操作性体系结构的结构特征参见正文图 2。

A.1.2 IETM 的连接方式

IETM 的终端用户平台的连接方式有三种：始终连接、在线更新连接、从不连接到网络。为这些终端用户平台开发的 IETM 应用系统，其体系结构应用类型包括：

a) 网络客户/服务器应用；

b) 在线更新的应用；

c) 单机应用。

A.1.3 现成 Web 服务器

对于 IETM 互操作性体系结构而言，实现互操作性的方法是使用带有丰富服务扩展的现成 Web 服务器。

A.1.4 传统 IETM 系统

一些传统 IETM 系统需要附加的、定制的服务器扩展和数据库接口组件。同时还要考虑在单机和在线更新的网络配置上同时运行 Web 服务器和数据库服务器的可能性。

A.2 联网的客户/服务器模式 IETM 应用

A.2.1 Web 服务器支持和技术实现

A.2.1.1 联网的途径

联网的客户/服务器模式 IETM 应用中，每台服务器应负责提供一个或以上通向 IETM 应用的网络路径。网络配置的优势在于，采用 IETM 互操作性体系结构的浏览器的单一用户设备，能够访问多变的和分布式的 IETM 数据源。

IETM 互操作性体系结构的目标是为 Web 服务器向客户端的软件组件提供 IETM 数据，在 IETM 互操作性体系结构的浏览器上实现系统的功能。此外，联网的客户/服务器配置使用户应用能够动态转变适应 IETM 互操作性体系结构显示的特殊数据格式和数据库数据。为了实现 IETM 互操作性体系结构目标，Web 服务器负责直接，或通过接口连接应用地址。

A.2.1.2 定制服务器的应用与扩展的使用

使用定制服务器应用和/或扩展(如公共网关接口(CGI)、scripts、Internet 信息服务器应用程序接口(ISAPI)应用或 FrontPage 扩展)限制了在不同 Web 服务器和操作系统中 IETM 数据的可移植性。使用商业现货(COTS)Web 服务器开发的 IETM，在没有客户扩展的情况下，通常具有较高级别的可移植性。为了将可移植性置于服务器平台之上，构建 IETM 时，应使得需要的所有执行逻辑都传递给客户。

A.2.1.3 联网的客户/服务器配置特性

在联网的客户/服务器配置特征中，建议下列特征作为IETM互操作性体系结构中网络服务器的最低配置：

a） 使用主机头值把多重域名与单一网际协议(IP)捆绑；

b） 支持超文本传输协议(HTTP)1.1或更高版本，支持多端口；

c） 支持自动URL重定向，支持搜索引擎；

d） 当文件更改、添加或删除时自动重新索引；

e） 支持文件传输协议(FTP)；

f） 密码/身份验证，数字证书认证；

g） 加密套接字协议层(SSL)3.0，CGI和/或(Windows公共网关接口)WinCGI；

h） Netscape服务器应用编程接口(NSAPI)或Internet信息服务器应用编程接口(ISAPI)；

i） 支持服务器端脚本语言(如，活动服务器页面(ASP))和/或Java servlets。

A.2.2 数据库驱动的IETM应用

联网的客户/服务器IETM应用方案是支持和提供访问多种数据库驱动IETM的理想办法。该网络配置考虑将IETM数据存储在网络相连的物理位置上，这种方式优于将其储存在IETM自身的终端用户设备上。为支持IETM互操作性体系结构目标，最低限度应构建这些网络数据库驱动IETM应用使得其能在适合IETM互操作性体系结构的Web浏览器中显示，并利用IETM互操作性体系结构链接和寻址。IETM互操作性体系结构链接和寻址机制用于链接到内部和外部数据。

注：数据库要求可参见GB/T 24463.3。

A.3 在线更新的IETM应用

在线更新的IETM应用方案，虽然复杂，但却是支持网络和单机IETM运行的理想的办法。该配置能够把部分或所有IETM数据库复制到便携式终端用户设备上，以创建移动数据库。IETM应用能够修改或添加移动IETM数据库并反馈到主数据库上，应包括适当的同步和复制机制以完成该任务。

在线更新的IETM应用方案见图A.1。

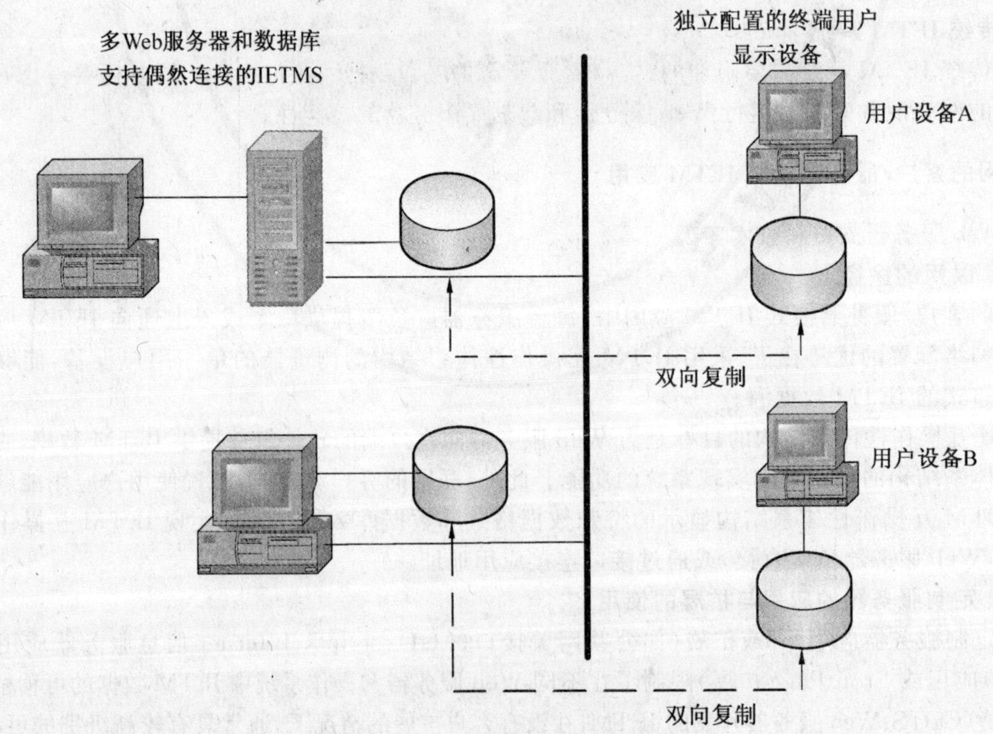

图 A.1 在线更新的模式

A.3.1 Web服务器支持和技术实现

IETM互操作性体系结构建议软件应设计为可在内联网上运行，这意味着在向用户发布IETM时使用Web服务器。在线更新的情况下，软件在连接和不连接网络时都能运行，因此Web服务器也应能够同时在服务器平台和客户计算机上运行。客户端Web服务器使用专门为此目的设计的Web服务器产品实现。此外，IETM从各类分布式服务器平台中访问数据时，需安装多台Web服务器。多台Web服务器使得在不联网时的情况处理变得更为复杂，因此，应尽量减少Web服务器类型和数量。

A.3.2 在线更新模式的地址

按照IETM互操作性体系结构，IETM组件的地址遵循Web技术的URL惯例。URL是固定地址定位器，所以当移动源信息时，要进行地址映射。

A.3.3 在线更新模式的特征

在在线更新的配置中，下列特征作为在IETM互操作性体系结构中使用的安装在服务器或客户硬件上的Web服务器的最低配置：

a) 使用主机头把域名与单一的IP地址捆绑；

b) 支持HTTP1.1或更高版本；

c) 支持多端口；

d) 支持自动URL重定向；

e) 嵌入式搜索引擎；

f) 当文件更改、添加或删除时自动重编索引，支持文件传输协议(FTP)；

g) 密码/身份验证；

h) 数字证书确认；

i) SSL 3.0；

j) CGI和/或WinCGI；

k) NSAPI or ISAPI；

l) 允许SSIs；

m) 支持服务器端脚本语言(如ASP)和/或Java servlets。

A.3.4 在线更新模式的数据库驱动IETM应用

对于网络应用，IETM互操作性体系结构建议最低限度，应构建这样的在线更新的IETM应用，至少应使IETM数据可在适合IETM互操作性体系结构的Web浏览器中显示，并能够实现IETM互操作性体系结构的链接和寻址机制。IETM互操作性体系结构链接和寻址机制应既可用于内部数据，也可用于外部数据。IETM互操作性体系结构链接和寻址方案，也应考虑从外部IETM应用链接到在线更新模式的数据库驱动IETM应用。

A.3.5 应用开发注意事项

A.3.5.1 定制服务器端应用、扩展或数据库

从开发者的观点看，考虑IETM应用能访问多种不同的Web或数据库服务器的需求情况是非常重要的，因此，建议在线更新的IETM应用应避免使用用户定制的服务器端应用、扩展或数据库。

A.3.5.2 数据库的自动复制

当数据库和数据库服务器在IETM中执行时，需考虑数据库的自动复制。

A.4 单机IETM应用

单机数据库驱动IETM应用方案见图A.2。在单机配置中，所有IETM数据可以存储在终端用户设备的硬盘上，也可以存储在一个或多个CD-ROM，DVD-ROM或其他便携式存储设备上。

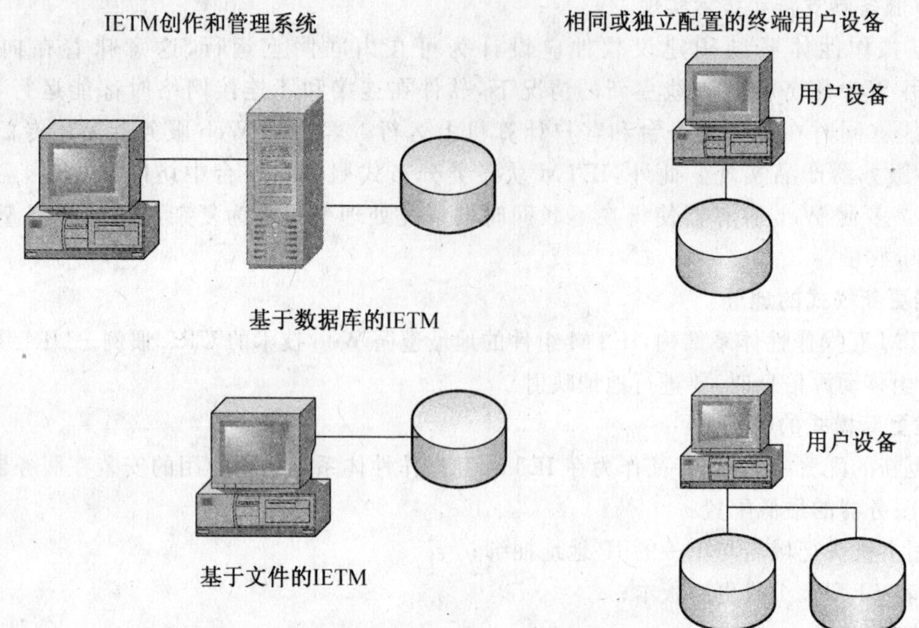

图 A.2 单机 IETM 应用

A.4.1 Web 服务器支持和技术实现

为实现 IETM 互操作性体系结构目标，应用程序要适应单机的链接和寻址机制，并在 IETM 互操作性体系结构浏览器中显示 IETM 数据。可基于一个个具体的实例建立单机用户设备上的 Web 服务器。

A.4.1.1 Web 服务器和单机配置

单机配置中的一个重要问题就是使用 Web 服务器。如果独立开发多 IETM 应用并计划使用 Web 网络服务器(虽然终端用户设备不连接到网络)，则必须安装同时运行的多 Web 服务器。每台 Web 服务器必须注意不同的端口。

这些情况需防止软件冲突，在可用的存储器和处理器负载方面应是资源密集型的。虽然 Web 服务器在单机配置中似乎是多余的，但鉴于更多其他原因 Web 服务器则是必要的。例如，带 Web 服务器接口的应用设计使得能够实现与单机上其他应用未来的连通性和交互性，或最初计划在 IETM 互操作性体系结构网络或在线更新模式中操作的应用的重新使用。

A.4.1.2 单机配置特征

在单机配置中，下列特征是 IETM 互操作性体系结构中 Web 服务器的推荐配置：

a) 使用主机头值把域名与单一的 IP 地址捆绑；

b) 支持 HTTP1.1 或更高版本；

c) 支持多端口；

d) 支持自动 URL 重定向；

e) 支持搜索引擎；

f) 当文件修改、添加或删除时，自动重新索引；

g) 支持 FTP；

h) 密码/身份验证；

i) 数字证书鉴定；

j) SSL 3.0；

k) CGI 和/或 WinCGI；

l) NSAPI 或 ISAPI；

m) 允许 SSIs;

n) 支持服务器端脚本语言(如 ASP)和/或 Java servlets。

A.4.2 单机方式的数据库驱动 IETM 应用

相对于联网的和在线更新的应用来说,IETM 互操作性体系结构建议创建单机 IETM 应用最低限度要使 IETM 数据在适合 IETM 互操作性体系结构的 Web 浏览器中显示,并执行 IETM 互操作性体系结构链接和寻址机制。IETM 互操作性体系结构链接和寻址机制既用于链接到内部数据,也用于链接到外部数据。

IETM 互操作性体系结构链接和寻址模式也应考虑从外部 IETM 应用链接到单机数据库驱动 IETM 应用中。

A.4.3 应用开发注意事项

A.4.3.1 链接和寻址

在单机配置中,链接和寻址机制因为链接到 IETM 需要访问多 CD-ROM 或其他存储装置的事实而变得复杂。在这些事例中,应通知用户插入 CD-ROM(或其他装置)访问数据。

A.4.3.2 多数据库驱动 IETM

单机配置因为个人站点利用多数据库驱动 IETM 的事实而变得复杂。在此实例中,单个终端用户设备支持来自多数据库驱动 IETM 数据的处理和显示数据将会十分困难。这里考虑的是与那些在线更新的配置相似的内容。便携式终端用户设备应有能力运行所有必要的 Web 服务器和数据库服务器软件。

参 考 文 献

［1］ GB/T 19256.1—2003 基于XML的电子商务 第1部分:技术体系结构

［2］ GB/T 19902.1—2005 工业自动化系统与集成 制造软件互操作性能力建规 第1部分:框架(ISO 16100-1:2002,IDT)

［3］ DoD. MIL-HDBK-511. Department of Defense Handbook for Interoperability of Interactive Electronic Technical Manuals (IETM),2000.5

［4］ AeroSpace and Defence Industries Association of Europe. S1000D:International Specification for Technical Publications Utilising A Common Source Data Base(V2.1),2004.2

［5］ DoD. MIL-PRF-87268A. Manuals,Interactive Electronic Technical—General Content,Style, Format,and User—Interaction Requirements,1995.10

［6］ DoD. MIL-PRF-87269A. Database,revisable—Interactive Electronic Technical Manuals,for Support of,1995.10

［7］ MIL-STD-38784. Manuals, Technical: General Style and Format Requirements,1995.7

［8］ ISO/IEC 29363:2008 Information technology—Web Services Interoperability—WS-I Simple SOAP Binding Profile Version 1.0

［9］ ISO/IEC 29362:2008 Information technology—Web Services Interoperability—WS-I Attachments Profile Version 1.0

ICS 35.240.01
L 67

中华人民共和国国家标准

GB/T 24463.2—2009

交互式电子技术手册 第2部分:用户界面与功能要求

Interactive electronic technical manuals—
Part 2:User interface and function requirement

2009-10-15 发布　　2009-12-01 实施

中华人民共和国国家质量监督检验检疫总局
中国国家标准化管理委员会　发布

ICS 35.240.01
L 67

前言

GB/T 24463—2009《交互式电子技术手册》分为以下三个部分：

——第1部分：互操作性体系结构；

——第2部分：用户界面与功能要求；

——第3部分：公共源数据库要求。

本部分为GB/T 24463—2009的第2部分。

本部分的附录A是资料性附录。

本部分由中国标准化研究院提出并归口。

本部分起草单位：装甲兵工程学院、中国标准化研究院、天健志行科技有限公司。

本部分主要起草人：徐宗昌、李文武、周健、张颖、曹冒君、王晓静、雷育生、张文俊、解洪成、安钊、胡梁勇、张卫国、郭红芬、何平、姜巍巍、洪岩。

引　言

随着科学技术的发展，出现了许多大型复杂的高技术装备。为了解决这些装备使用纸质技术手册所存在的费用高、体积与重量大、交付与传递的及时差、易污染、使用不方便等诸多弊端而不能适应装备使用与维修要求的问题，自20世纪80年代中期以来，美国及世界各发达国家在推行CALS（目前，CALS称持续采办与寿命周期保障）信息化策略时，就将交互式电子技术手册（IETM）列为一项重要的关键技术加以推广。随着IETM技术的发展与广泛应用，已愈来愈显示出它在提高装备使用、维修、故障诊断和人员培训的效率与效益方面的巨大优越性，因此，目前IETM已成为包括我国在内的世界各国的军用与民用装备制造业信息化的一项大力推广的技术，其应用前景十分广阔。

该标准主要规定了创作IETM所应遵循的用户界面与功能要求；明确了显示对象由IETM的基本信息单位——数据模块（DM）及其他与数据模块的关联、上下文属性等构成；定义了文本、表格、图形和对话框等基本显示元素，并对基本显示元素、辅助显示元素以及特定信息的显示进行了规范，为用户及创作者提供IETM的功能性需求。

交互式电子技术手册
第2部分:用户界面与功能要求

1 范围

GB/T 24463的本部分规定了IETM的用户界面与功能要求,包括:界面基本显示元素、辅助显示元素、通用界面显示要求、信息元素的显示要求及信息的特定显示要求等内容;以及功能性分类、功能性定义和功能性矩阵的有关内容。

本部分适用于规范基于公共源数据库IETM的用户界面的显示风格和样式,以及规范功能需求。

2 规范性引用文件

下列文件中的条款通过GB/T 24463的本部分的引用而成为本部分的条款。凡是注日期的引用文件,其随后所有的修改单(不包括勘误的内容)或修订版均不适用于本部分,然而,鼓励根据本部分达成协议的各方研究是否可使用这些文件的最新版本。凡是不注日期的引用文件,其最新版本适用于本部分。

GB 2894 安全标志及其使用导则

GB/T 24463.3 交互式电子技术手册 第3部分:公共源数据库要求

3 术语、定义和缩略语

3.1 术语和定义

下列术语和定义适用于GB/T 24463的本部分。

3.1.1

确认事件 confirming events

不是任务或子任务的必要步骤,但对保证任务正确的执行是必要的,确认技术人员动作的正确和装备操作的正确。

3.1.2

公共源数据库 common source database;CSDB

交互式电子技术手册所有信息对象的存储与管理方式。

3.1.3

警告 warning

任何需要人工确认的消息、注意或输出,对基本的操作或维修程序、实践、条件、声明等应引起关注的一个说明,如果不严格执行,将导致人员的伤害、死亡或长期的健康危险。

3.1.4

注意 caution

对基本操作或维修程序、实践、条件、声明等应引起关注的短消息,如果不严格遵守,将导致装备的损坏、毁灭或任务效能的降低。

3.1.5

说明 note

针对一个少见的程序或条件,出于某个原因应引起关注的短消息。

3.1.6

预先定义的故障隔离步骤　predefined fault isolation sequences

根据观察到的故障现象，基于故障隔离手册中的给定故障树，按特定顺序的测试步骤，最终找到可疑故障。

3.1.7

动态生成的故障隔离方案　dynamically generated fault isolation recommendations

依据用户输入和系统信息计算生成的推荐故障隔离建议。

3.1.8

故障隔离技术数据　fault isolation technical data

用于故障排除过程中检测和隔离故障所需的数据。

3.1.9

图层组　graphic overlays

使用组来按逻辑顺序排列图层，可以将组嵌套在其他组内，在显示系统上它们被显示成一张组合图形。

3.1.10

安装位置图　locator graphic

以图解的形式给出特定零部件及其周围环境的关系，能使用户找到文本中提到的专用硬件(例如，零件、开关、控制器、指示器、部件等)。

3.2　缩略语

下列缩略语适用于GB/T 24463的本部分。

CSDB　common source database　公共源数据库

DM　data module　数据模块

EDS　electronic display system　电子显示系统

IETM　interactive electronic technical manual　交互式电子技术手册

ISO　international standard organization　国际标准化组织

RPSTL　repair part and special tool list　维修备件和专用工具清单

SSSN　system/subsystem/sub-subsystem number　系统/子系统/子子系统(科目)编号

4　用户界面要求

4.1　基本显示元素

交互式电子技术手册由出版物模块构建，出版物模块包含基本的信息单位——数据模块(DM)及其他与数据模块的关联(链接)、上下文属性构成。这些数据模块应包括文本、列表、表格、图形、元素链接、上下文、多媒体和对话等基本显示元素，这些元素应符合GB/T 24463.3的规定。

4.2　辅助性显示元素

4.2.1　技术内容的状态信息

用户可以访问与IETM技术内容相关的信息，例如武器系统本身的信息(例如，操作或图表原理)或辅助使用创作过程的某个特性。用户可以访问描述信息，从而得到此技术要点的进一步说明、专用术语的定义以及提供手册中简要步骤的更全面解释。技术内容的状态信息主要包含：管理信息、适用性说明、介绍、目录、如何使用"帮助"信息、IETM效用功能交互说明、缩略语和生僻术语的定义。

4.2.2　警告、注意和说明

警告、注意和说明作为技术信息的补充，主要用于引起用户注意可能导致人员伤亡及装备损坏的时间、程序和情况引起注意；警告用户不要做某一危险动作；需要特殊步骤引导程序的安全执行。当使用危险化学品、危险的装备或处于有损健康的环境时，应使用合适的警告、注意和说明。警告、注意和说明应遵循：

a) 警告、注意和说明对用户要明显，可以提供适当的图形说明，如"警告"的图标、标签或其他视觉说明；

b) 警告、注意和说明信息应非常完整，以此降低或减少危险；

c) 在工作环境中便于阅读和理解。

4.2.2.1 安全守则

当IETM包含多个主要工作程序并且每一个工作程序都独立使用时，每一个主要工作程序要有一个安全守则。

4.2.2.2 警告和注意的内容

警告的内容应该简单、直观，不夸大。内容要完整以便降低或减少危险而不需要参考额外的信息。除避免或纠正危险的步骤外，警告和注意不应包含程序性的步骤。警告和注意的内容应包含下列的信息：

a) 危险的特性；

b) 避免或把危险最小化所采取的步骤；

c) 危险的位置来源；

d) 危险导致的后果。

4.2.2.3 说明的内容

说明的内容应该包含在程序性的步骤中，但不作为一个程序步骤显示，说明仅限于对步骤中的关键信息的提示。所需要的公差和间隙不能以说明的方式给出，它们应该包含在程序性的步骤中。

4.2.3 多个来源的危险

同一种危险可能产生于多种情况，但在每种情况出现之前，都要警示这种危险。

4.2.4 预防危害健康的数据

当工作环境或工作过程中出现危险的化学制品或其他不利的健康因素，技术手册中应给出适当的警告信息。个人防护措施可以出现在工作程序的准备条件、子任务步骤或警告(注意)信息中。

4.2.5 危险品显示标志

危险品显示标志应符合GB 2894的规定。

4.3 通用界面要求

4.3.1 界面尺寸

界面尺寸应根据用户的不同需求提前进行规划。

4.3.2 显示布局

显示界面应包括外框、标题栏与内框，如图1所示。

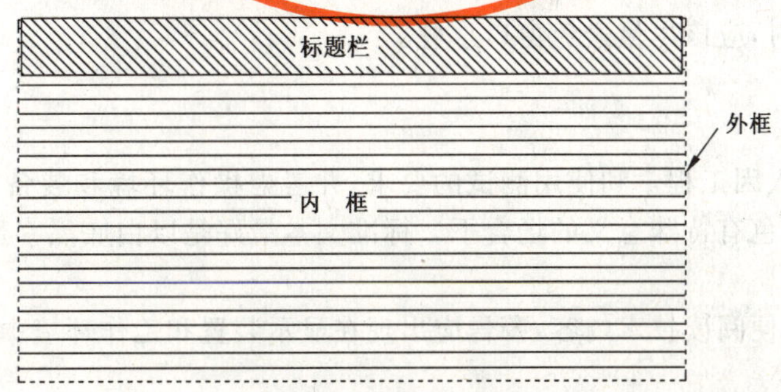

图1 显示界面

4.3.2.1 外框

外框应用于浏览窗口，主要包括标题栏和内框。

4.3.2.2 标题栏

标题栏应位于外框的顶部,包括交互式电子技术手册名称与秘密等级标志及数据模块编码和名称。

4.3.2.3 内框

内框主要为交互式电子技术手册提供主显示区域。

内框必须包含内容列表面板、导航面板和主显示区域,如图2所示。重置区域根据需要进行选择。

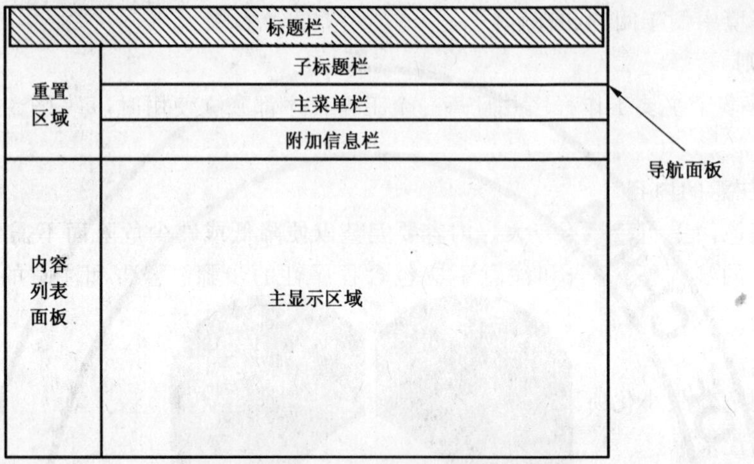

标题栏	
重置区域	子标题栏
	主菜单栏
	附加信息栏
内容列表面板	主显示区域

导航面板

图2 内框布局

4.3.2.4 内容列表面板

内容列表面板应位于主显示区域的左侧,主要用于交互式电子技术手册的导航,如图2所示。内容列表面板内容如下:

a) 提供出版物模块和数据模块的数据列表;

b) 提供数据模块更新的原因和变化情况;

c) 提供图形、表格和列表;

d) 内容列表面板应是大小可改变的,可以展开或隐藏。

4.3.2.5 重置区域

重置区域可使用户返回交互式电子技术手册的默认浏览状态,根据用户操作偏好进行浏览界面设置,应用功能菜单为用户提供不同方式的导航。重置区域能够为用户提供一个功能菜单,此菜单允许用户以不同的方式浏览界面,如文件编号、图形列表等。

重置区域可以提供用户偏好的功能菜单,功能菜单可以对用户提供显示或隐藏界面元素的选项,例如隐藏或显示附加信息栏,重置区域独立于内容列表面板。

4.3.2.6 主要显示区域

主要显示区域用于显示交互式电子技术手册的技术内容,此区域不能被拆分。

4.3.2.7 多窗口显示

多个窗口同时显示时,应该尽量避免窗口重叠。

4.3.3 样式与格式

4.3.3.1 色彩使用

色彩的使用应符合人因工程学和使用测试的要求,并考虑操作环境和装备对颜色的要求。比如在夜间或红光条件下,或颜色有特殊意义的场合下。标准文本最好是以白底黑字形式显示。

4.3.3.2 字符字体

字体应大小适宜,以便阅读技术内容,警告应出现在显示装置和工作环境中。

4.3.4 导航面板

导航面板由子标题栏、主菜单栏和附加信息栏按顺序组成。

导航面板通常位于主显示区域的上侧或下侧。其位置在整个应用程序界面中应该尽可能的保持一致。

4.3.4.1 子标题栏

子标题栏是标题栏的补充，可以用于显示数据模块的状态标志信息，如模块的更改状态或分类。

4.3.4.2 主菜单栏

主菜单栏由基本的功能按钮组成。根据需求，这些功能（或者它们中的一部分）按照工程要求来确定。显示标准功能的方法通常有三种：

a) 基于文本的：功能以文本标签显示；

b) 基于图标的：功能以图标的形式显示；

c) 文本和图标：图标和文本的显示。

主菜单包括的功能如图3所示。

上一步	下一步	锁定	历史	查找	打印	反馈	退出	帮助	状态标识
附加信息栏									

图3 导航面板示例

4.3.4.2.1 上一步

上一步是用于帮助用户以向后的顺序浏览数据信息的导航功能。

4.3.4.2.2 下一步

下一步是用于帮助用户以向前的顺序浏览数据信息的导航功能。

4.3.4.2.3 锁定

用于锁定或隐藏内容列表。

4.3.4.2.4 历史

用于按用户的浏览顺序呈现先前已浏览的数据模块信息的功能。

4.3.4.2.5 查找

为用户提供呈现查找对话框的功能。

4.3.4.2.6 打印

为用户提供打印数据信息的功能。如果信息是带密级的，打印的功能将受到限制。

4.3.4.2.7 反馈

反馈功能指为用户提供对数据模块、技术手册进行意见反馈的功能。

4.3.4.2.8 退出

允许用户退出IETM，此功能具有以下模式：

a) 结束：退出相应的应用程序；

b) 挂起：为用户挂起会话状态。

4.3.4.2.9 帮助

帮助用于为用户显示帮助信息，可包括浏览器的使用信息。

4.3.4.2.10 状态标识

用于显示数据模块或手册的部分或全部状态标识信息的功能。

4.3.4.3 附加信息栏

附加功能可在附加信息栏中显示，如备件的订购功能。它显示在主菜单栏的下面并应具备锁定和隐藏的功能。

4.4 信息元素的显示要求

4.4.1 文本

4.4.1.1 文本的显示

a) 字体

所有标题、插图编号和专用字符应是黑体；叙述性文字是宋体；不同参考观看距离的最小推荐字符高度,应选择合适的字体尺寸。

b) 页边空白

文本框应留有页边空白,避免文本信息被边框或是相邻框的信息遮盖。

c) 自动换行

文本行应能自动换行,避免字符超过文本框的限制或是右侧的页面空白。如果重新调整的字符超过文本框,就会自动显示纵向滚动条。数字、英文单词等换行时应保持意义的完整性。

4.4.1.2 文本选择

屏幕上应有突出可选文本信息的功能(例如,通过颜色改变、亮度差异、图形翻转、字体改变)。通过在文本上定位光标,可以选择突出的文本(即指示为选择的),激活选择的功能。

当显示文本超过文本框的高度,文本应能滚动,并且有视觉提醒(纵向滚动条),通过使用滚动功能可操作显示的文本。使用向上滚动和向下滚动功能可以一次一行的移动文本。

4.4.2 对话框

对话框被用来获取用户输入信息并提供反馈。它尽可能的出现在屏幕中间。对话框的外观应一致。对话框可以包括控件。用户通过命名的控件与对话框交互,典型的控件包括文本输入框、按钮、复选框、单选框和选择框。

控件可以具有信息显示条,用于显示并解释控件的功能。当用户鼠标指针悬停于控件上时出现信息说明条。

4.4.2.1 文本输入框

文本输入框允许终端用户以纯文本或者中性格式进行输入。

4.4.2.2 按钮

按钮实现某一特定功能。如确认按钮、计算按钮、图形按钮和状态标志按钮。对话框拥有5个预先定义的按钮功能并且以如下顺序在对话框底部居中排列。

a) 提交;

b) 取消;

c) 重置;

d) 帮助;

e) 通用按钮。

4.4.2.2.1 提交

对话框上的提交按钮用于向IETM提交数据,关闭对话框并进入下一步。提交按钮可能具有若干不同的文本标签,典型的提交按钮有确认,查找和反馈。

4.4.2.2.2 取消

取消按钮用于取消输入信息,不执行相应的功能并关闭对话框。

4.4.2.2.3 重置

重置按钮激活时用于将对话框上的控件重置为默认状态。重置按钮的一个例子是清除查找对话框中的内容并准备进行新的查找。

4.4.2.2.4 帮助

帮助按钮激活时用于提供对话框的深一层信息。

4.4.2.2.5 通用按钮

通用按钮激活时用于执行一个预先定义的功能。如通用按钮可以激活计算器帮助计算对话框中的答案。

4.4.2.3 复选按钮

复选按钮可以在"确认/取消"开关状态下切换,一次可以在对话框内选择任意数目的复选框,以允许户为同一个属性选择若干个值。

4.4.2.4 单选按钮

单选按钮与复选按钮类似。不同的是,当存在一组单选按钮时,用户只能而且必须选中一个按钮。

4.4.2.5 选择框

选择框用于帮助用户从列表框中选择相应的值,可以设定为帮助用户同时选取多个不同的选项。

4.4.3 列表

列表由标题和内容组成,标题是可选的。列表分为无序列表、有序列表和定义列表。

4.4.4 步骤/程序

步骤/程序与相应说明应当在一起显示。当程序与步骤不可行或影响了用户对界面显示的理解,用户可以在线移动说明或移动图标以便使说明得以显示。步骤的显示应按照这种方式进行,顺序不能够被打乱。

4.4.5 表格

表格信息应以文字或图形的单元显示。当表格包含文本元素时,这些元素要符合文本信息的要求;表格中的图形应符合图形要求。

4.4.5.1 表头和表注

表头应总是可见以便表格行滚动时,相应的表头不会滚动消失。

4.4.5.2 背景

表格背景颜色应为白色,当表格很长时,需要在换行处改变背景颜色以便识别。

4.4.6 超链接

4.4.6.1 超链接显示

超链接的显示应遵循标准网页链接显示格式。蓝色的下划线文本用于指示未访问过的链接,紫色的下划线文本指示已访问过的链接。

4.4.6.2 图形链接(热点)

图形上的热点通常具有以下四种模式:

a) 热点的永久指示;
b) 光标悬停于热点时光标形状或颜色改变;
c) 光标悬停于热点时对象改变形状或颜色;
d) 光标悬停于热点时弹出提示。

4.4.7 警告和注意

警告和注意包括内嵌式和弹出式两种显示方式。

4.4.7.1 内嵌式警告和注意

内嵌式警告和注意出现在上下文特定环境中,与其他技术信息一起显示。警告和注意以及相应的图标应显著地标识在主内容区域,为了引起用户的注意,它们的样式要求应符合 4.4.7.3。警告与注意的显示示例如图 4 所示。

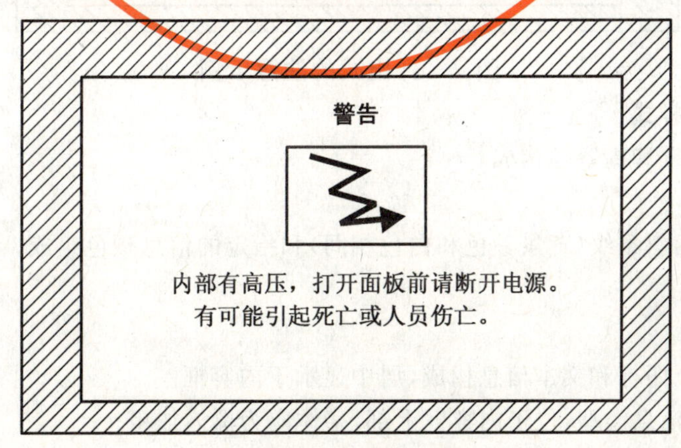

图 4 警告和注意显示示例

4.4.7.2 弹出式警告和注意

弹出式警告和注意应显示于用户屏幕的中心位置，为用户提供一个特殊情形下的警告和提示。弹出式警告和注意分为点击式和自动弹出式两种，点击式警告和注意通常以图标的形式显示，用户通过点击图标浏览警告或注意的内容。自动弹出式警告和注意是工作程序中的一个确认事件，根据步骤要求自动弹出为用户进行信息提示。警告和注意内容对用户必须可见，用户应对警告或注意信息进行确认操作才能进入下一步。典型的点击式警告和注意图标示例如图 5 所示，弹出式警告和注意的内容显示示例如图 6、图 7 所示。

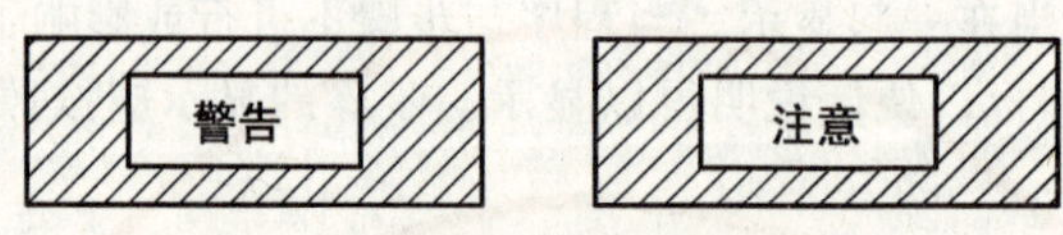

图 5 警告和注意图标的示例

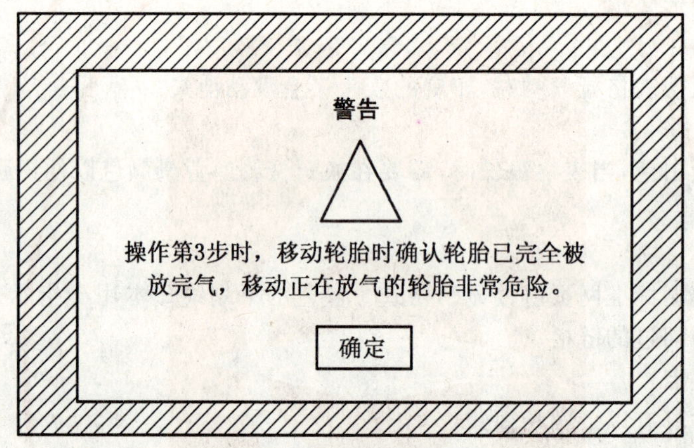

图 6 弹出式的警告示例

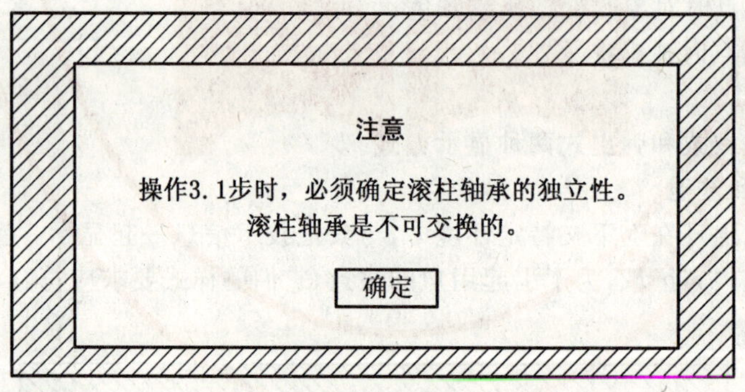

图 7 弹出式的注意示例

4.4.7.3 警告、注意的样式

警告和注意应由边框和内容框构成。

4.4.7.3.1 边框

警告、注意的边框由斜条纹(背景颜色和白色相间)和指定的信息颜色组成。警告应用红色，注意应用黄色。

4.4.7.3.2 内容框

内容框通常由标题、图标和文本信息构成，居中显示于内容框。

a) 标题用于辨别消息类型，位于内容框上部，字体应为黑体加粗；

b) 图标位于标题下方，其使用应符合 GB 2894 的要求；

c) 文本的显示应符合4.4.1.1的要求,多个段落构成的文本,在段落之间应有一空行。

4.4.8 说明

说明通常以独立的注释行或信息提示框形式显示。注释行形式的说明可以以段落、列表、表格等多种形式显示。包括标题和说明内容,标题应单独一行,以黑体加粗顶格显示于文本框中,说明内容另起一行。信息提示框形式的说明通常是隐藏的,当光标悬停于需要提示说明信息的区域时,以提示框和注释行说明显示,提示框颜色应为绿色,此时,注释行说明应居中显示于提示框内部。

4.4.9 更改标记

当需要显示更改标记的时候,要清晰地显示变化的内容。当光标在变化的内容上时,与其相关的链接将被激活,并将显示内容变化的原因。

4.4.10 缩写词和术语

当光标停留在缩写语或术语上时,应具有显示缩写语和术语完整意义的功能。

4.4.11 插图

插图能够以嵌入式或弹出式两种方式在IETM中显示。当使用弹出式插图时,应使用相应图标来指示隐藏的插图。

4.4.11.1 图层组的显示

图层的标注应与组合图形同时显示,用于对特定图形细节的描述。

4.4.11.2 图形的类型

图形有两种类型:静态的和交互式的。静态图形应在提供的图形区域中详细显示,不能进行操作;交互式图形应提供操作能力。

4.4.11.3 比例

图形应按一定的比例显示,至少要与指定的最小尺寸一样大,使得所有基本细节清晰可辨。

4.4.11.4 显示

图形应在显示窗口指定的数据框中显示。如果图形不能在整体上或全细节显示,要采用GB/T 24463的本部分描述的交互式图形技术显示(例如,滚动、缩放)。

4.4.11.5 选择

通过定位点上或点附近的光标和激活选择功能,用户能选择一个点、区域或整个图形。图形的可选区域在视觉上是不同的,并且不会对图形的样子有不利影响。

a) 选择图形中一个图形对象,如零件;

b) 选择图形中的一个点或矩形区域。

4.4.11.6 操作

指定可滚读的图形应有激活滚动、缩放、居中或全屏功能的能力。只要图形超过数据框的尺寸,这些功能就可以使用。

4.4.11.6.1 滚动功能

当必要时,应具有通过使用向上滚动、向下滚动、向左滚动和向右滚动功能滚动图形的能力。当图形显示超过数据框的尺寸,应滚动并有视觉说明(纵向/水平滚动条)。

4.4.11.6.2 缩放功能

应具有放大或缩小显示的图形信息。通过激活放大功能可使图形放大,激活缩小功能可缩小图形。使用缩放功能不会改变数据框的尺寸。

4.4.11.6.3 居中

应提供激活居中功能的能力。居中功能无需滚动就可以重新将图形中心放置到光标指示的点上。

4.4.11.6.4 全屏幕

应具有通过激活全屏幕显示功能使图形放大到工作区的实际尺寸。

4.4.12 音频信息

无论是语言的还是非语言的声音信号出现时,应具有重复声音信号的能力,也要提供开关声音、调节音量的功能。

4.4.13 视频信息

当播放一段动作视频片断时,视频片断应在整个屏幕显示后自动播放。应具有暂停、重播和退出视频片断的功能。

4.4.14 交互式动画

当播放一段交互式动画时,应具有自动播放、暂停、重播和退出动画片断的功能,还应能与用户进行交互。

4.5 信息的特定显示要求

4.5.1 描述性信息

描述性信息按照一般段落和有序段落进行编排显示,其中有序段落的标题应具有段落序号,段落序号应采用阿拉伯数字顺序,按照段落的数量与层次进行编号。

4.5.2 程序信息

程序信息由步骤和子步骤组成,步骤或子步骤的格式应符合以下要求:

4.5.2.1 步骤和子步骤

一个新的程序信息模块应在一个新的显示页上开始。根据内容,每个程序应显示包含完成特定目标的所有步骤和子步骤。

步骤和子步骤标题应包括步骤和子步骤的编号。步骤和子步骤应按整个任务步骤的次序采用阿拉伯数字进行编号。

4.5.2.2 程序模块的适用性

程序模块的适用性信息包括适用性声明、初始化设置等,它应在查看步骤之前显示。

4.5.2.2.1 适用性声明

任何出现的程序信息都应显示程序信息适用的装备模型、范围或顺序。当出现的程序信息不适用于所有装备对象时,要明确其适用的装备或模型范围。

4.5.2.2.2 初始化设置

在需要的地方,初始化设置或输入条件应在每个程序模块开始时提供(如,消耗材料、保障设备)。作为初始化设置的所有数据清单应按照人员、设备、消耗材料等分别进行显示。每个窗口中的信息显示应避免拥挤;如每个初始化设置使用许多框架一样必要。

4.5.3 故障信息

故障信息包括故障报告和隔离步骤,其中,故障报告部分的故障标识、故障状态信息描述以及测试检验过程信息要显示给用户。隔离步骤包括预先定义的故障隔离程序与动态生成的故障隔离程序,其显示应符合以下要求:

a) 预先定义的故障隔离步骤应由一个特定的固定程序和用来隔离检测到故障的测试操作组成。这些预先定义的故障隔离程序代表了人工故障隔离的给定的故障树,并应基于故障现象报告、告警或是前面测试的一个结果。在显示下一步程序、测试或改正维修动作之前,应需要测试或观察结果的输入。

   预先定义的故障隔离信息应以程序信息来表示。程序步骤应包含测试指导、观察要求和改正修理动作。通过对话框说明或页内跳转的方式用来引导操作的动作。

b) 动态故障隔离信息的显示应交互式的显示。系统的动态故障隔离应以典型的形式描述(如,功能模块图、连接模块图或图标形式)。描述显示当前对象及其故障的相关研究与经验信息。系统信息的显示在本质上是分等级的,包括自动访问其他系统的信息,主要有:所有子系统的模块图、整个测试和维修程序、故障现象和零部件。通过显示一系列发现并排除故障信息,为用户提供可选择的选项，诸如：最佳测试和最佳修理清单、在发现并排除故障过程中执行过的动作、测试结果和模块图。

4.5.4 零部件信息

有插图的零件数据(IPD)包括描述零件列表和有部件插图的零件拆装信息，两类数据(类似传统的部件拆装图(IPB)或维修备件和专用工具列表(RPSTL))应是集成使用的。

IETM界面要提供用户在安装位置图、结构功能流程图、信息文本描述、零件其他信息形式描述间跳转，以获取零件信息(例如，储备号码、零件名称、系统/子系统/子子系统编号(SSSN)、构造、功能、性能、描述等)。

4.5.5 维修计划信息

维修计划信息是使技工进行装备的维修，特别是关于预防性检查和维修(计划和非计划)时的必要要求。维修计划信息可以以表格的方式对维修计划的时限、维修/检测任务清单、计划和非计划检查、验收和功能性检测等信息进行显示。

4.5.6 过程信息

过程数据是按照一定的逻辑顺序对其他数据模块进行组织显示的一类信息。逻辑引擎是过程模块执行的后台驱动，一定序列的对话框和数据模块的非线性显示是过程模块的表现形式。

对话框为用户提供变量设置界面，逻辑引擎根据变量值选择各类信息数据模块的显示顺序。各类信息数据模块应在新窗口显示。

4.5.7 人员信息

人员信息是描述操作/维修人员为完成在其岗位要求而进行的各种活动所需要的技术信息。

4.5.8 接线信息

接线信息是指由熟练工人使用的描述电子路线的图表，通过使用标准的电路图能完成电子系统的故障隔离和维修。

5 功能要求

5.1 概述

功能广泛应用于产品交互式电子技术手册的开发，指导用户确定功能性需求，实现产品的交互式电子技术手册的交互性。

5.2 功能性分类

根据交互式电子技术手册功能要求的具体类型可以将功能性划分为以下类型。

5.2.1 访问

访问是允许或限制用户查看具体数据信息的一类功能。

5.2.2 注释

注释是指用户添加相关信息注记的功能。如书签就是一种典型的注释。

5.2.3 传输与发布

传输是将技术信息由承包商向用户传输的方式，而发布是指将技术数据由数据源移向终端用户的方式。选择需要的媒介与网络进行传输与发布会增加开支。

5.2.4 诊断与预测

诊断包括故障鉴定的过程，通过这些诊断可达到正确的维修行为或维修过程。诊断的范围在一般的发现与处理故障的程序和产品与其他维修系统的集成之间。

预测应具有如下功能：预测系统功能下降或系统故障，这些功能要建立在维修与操作数据的输入与实时监测的基础上。在减少维修时间和总体费用方面诊断与预测具有非常明显的优势，然而，在手册的发布中诊断与预测也会使费用增加。

5.2.5 外部过程

外部过程功能指能够在数字环境下实现与外部应用程序获取或传递技术信息的功能。

5.2.6 图形

图形功能是指能够实现图形交互和导航的一类功能。这类功能包括：

a) 指向或点击图形特定位置能够查看图形细节；

b) 可链接到文本或表格信息；

c) 在电路图中标识一个具体的连接；

d) 系统的仿真可用图表形式进行表述。

复杂的图形功能通常需要考虑费用因素或系统硬/软件的需求。

5.2.7 链接

基本的链接功能定义为手册中必要的链接、访问或到数据的链接，如从内容表格到可适用的章节的。交叉引用可能还需要用到其他的链接方式，如链接到外部数据项，这种链接可以跳转到其他相关信息。

5.2.8 导航和跟踪

不同的导航方法能够通过线性和非线性方法访问数据。如下一步和上一步，查找，书签的使用。更加复杂的导航技术还包括对话驱动交互，声控命令和各种过滤技术。

5.2.9 打印

一些手册本来是用于电子环境的，拥有有限的面向任务打印功能和屏幕打印输出。如果将电子文档打印输出的格式转化为类似于纸质技术手册格式时，将会增加开支和复杂度。

5.2.10 特殊内容层

额外的数据类型如音频、视频和动画能够相对简单地被大部分显示系统集成。尽管如此，制作多媒体可能增加开支。同时，由此而导致的性能问题也可能会发生继而增加开支。

5.2.11 更新

有多种不同的影响寿命周期费用的更新方法，包括修订、更改和即时更改。这些可能包括更改标记或其他更改指示。

5.2.12 用户操作模式

用户操作模式功能提供了与基础结构有关的功能，如用户操作的数据源。

5.3 参考

在功能性定义中，使用参考来说明 GB/T 24463 的本部分中相关的功能。当不能使用参考，即功能不是 GB/T 24463 的本部分能直接应用的功能，应该给出标注以指出该功能是视窗、基础结构或外部软件的功能。

5.4 矩阵列

附录 A 功能性矩阵给出了包括：功能、复杂性、需求、全部数据集和信息集等为标题的列表。

5.4.1 复杂性

复杂性因素说明某功能实现的难易程度。

交互式电子技术手册的数据信息以非线性方式呈现。数据信息和用户之间存在交互性，信息显示的顺序是通过用户的输入或外部事件源来决定的。典型的交互式电子技术手册需通过过程数据模块和逻辑引擎实现。

5.4.2 需求

需求项用于描述项目对于特定功能的需求程度。如果需要，产品订购方在决定最后需求之前使用需求项获取、协调并标注反映具体功能对整个工程项目的重要性(例如：应该、最好具有、不需要等)。功能性矩阵为实现这些目的提供了可用的格式。

5.4.3 全部信息集

全部信息集用于指出那些典型的并广泛应用于全部信息集的功能项。这些功能用字母“A”来标识。这些功能区别于特定信息集的功能。

5.4.4 信息集

剩余的功能项被产品开发工程组用于指示特定数据集应该包括的特定功能。

5.5 功能性定义

表1描述了功能性的分类及功能性矩阵中单个功能的具体定义。

表1 功能性分类及定义

功能性分类	功　　能	定　　义	举例和注释
访问	访问权限	根据不同的任务剖面、用户ID、角色和安全等级，提供不同的数据访问权限。	
访问	暂停和重启	IETM维修会话在某一点可以暂停，并提供在这一点上重新启用的功能。这种功能有助于用户交互和保持现场数据。	
注释	划红线	通过使用自由划线实现对图形进行说明的功能。这种功能可以用红线标记来实现。	
注释	全局数据注释	这种功能允许通过局部调整来检查修正并更新要求的数据。但这种功能应限制在一定范围内，需要获得IETM创作者的有效认证，应该说明这个功能是单方向的。全局可接受文件只能添加，而不能删除。	
注释	个人注释	个人注释可以被用户添加或删除，建议在维修会话结束时不予保留。个人注释可能会增加开支，因为要求IETM与之结合在一起需要一个文件存储方法来保证用户与其声明的唯一关联。	
注释	局部数据注释	本功能可允许局部应用数据的存储。这些数据应限制在一定的范围内并要求被局部程序所认可。这个功能允许局部维修活动来补充IETM。它具有单向的特性。	举例：在沙漠环境下，可要求维修工使用额外的过滤器。
传输与发布	CD-ROM	通过只读光盘(CD-ROM)发行和交付。这样的物理发行方法通常需要一个完整数据库来替换正在使用的数据。	
传输与发布	DVD	数字影碟(DVD)发行和交付，除了有更大的容量外，只提供了与CD-ROM方式有多数相同的发行特征。此方式需要一个DVD驱动器。	

表 1（续）

功能性分类	功　能	定　义	举例和注释
传输与发布	网络发布	网络发布形成了一个计算机系统到另一个系统的直接转存。发布活动可通过 FTP、HTTP 或其他的传输协议。强调带宽、安全性和操作等处置的考虑。此功能可以实现近实时的更新。	
诊断与预测	电路/管路系统模拟图	具备在简图或示意图中选择和连续突出显示的功能。	
诊断与预测	诊断—用户决定	故障排除程序的任务通过基本的文本引用来叙述。如果陈述(示例如一盏灯亮着)在叙事中提供选择内容,用户根据文本描述决定维修活动的开始点。	
诊断与预测	诊断—软件驱动	使用推理或逻辑引擎来决定维修活动的开始点。通过对各种从个人或系统中得到的输入以及多种故障编码进行分析,确定这些故障编码、信息与维修活动之间的关系。	
诊断与预测	动态诊断	动态诊断指导故障隔离和故障排除是在武器系统反馈结果的基础上,而不是根据修理工的输入。这种类型的诊断没有预先确定的故障排除和基于模型的路径。	
外部过程	检索	从 IETM 外部资源中请求或收集信息来提高维修会话能力。	例如:保障技术手册、保障技术信息训练数据和媒体、可用零件、接线数据。
外部过程	传输	提供 IETM 与外部资源的信息传输能力。	例如:零备件订货,维修管理系统,训练系统,武器系统动态更新配置数据、缺陷报告、操作者工作报告、资源安排。
外部过程	保障技术数据浏览	包括对常用手册、零件和程序手册、商品名册等的链接,也可包括可用的商用手册。系统管理员也应决定链接的数据源是否要进行局部、网络的维护或通过网络进行链接,可能需要技术手册的专用浏览器。	
外部过程	缺陷报告的传输	为用户提供一种传输错误和 IETM 更正信息的方法。复杂的不同的考虑事项包括改进报告的跟踪、现场基本情况的收集和更新报告的管理。这种情况的复杂度应由缺陷报告系统的综合程度以及报告构造的类型决定。报告构造有:纸记录报告,电子报告、LAN 报告、卫星通过报告。	

表 1（续）

功能性分类	功　能	定　义	举例和注释
外部过程	维修数据的收集	本功能提供捕获和传输技术状态变更数据（如卸下或安装的零件编号信息）。这种更新可以支持外部数据仓库或维修应用程序。	
外部过程	乘员任务报告接收	包括乘员的接触面和用来选择任务分配的维修任务报告系统。也可以包括基于乘员和武器系统输入的维修动作的进展。	
外部过程	零件订货	该功能与保障系统综合在一起。使用链接可在 IETM 显示界面上进行零件订货。这些链接不会代替保障系统。	
外部过程	资源调度	任务计划、资源分配、任务执行、监测和可能的中断可以在联合系统中通过多人员或软件代理（实体）将五者放在同等位置。这些代理与一组约束相对应来提高效益和实现系统用户的最佳目标。	一个发动机修理工的计划维修活动可以从某范围内基于可靠性数据、任务可用性要求和共享可用性数据实现从“检测和修复”至“移除和替换”修正。
图形	图形定位	图形定位是显示一个零部件相对于其他零部件的位置的功能。	
图形	拖动、放缩、扩展、旋转、放大	在图上提供拖动、放缩、扩展、旋转等控制，这是浏览器功能。附加功能可能包括小望远镜视窗、文本查找、图形和窗口的重新恢复。应考虑资源数据的显示质量或限制。	
链接	前言	前言是指传统的纸质技术手册中的序言。前言内容的复杂性、可操作性和可获取性依赖于 IETM 的变化。	可能包括标题信息、更改信息、验证状态、出口控制说明，警告、安全绪言和常用内容表格的信息。可能包括系统或子系统的列表和它们相关的任务、检测、描述信息等等。在一些应用中，也就是内容的列表。这些数据的编辑将提供数据的全部配置状态以及安全信息的范围。
链接	零件数据链接	从维修任务或叙述中建立与在当前或新的窗口中零件显示（插图零件的分解和种类）的链接。	
链接	图、表和照片列表	这些列表允许用户获得图形、表格或照片中的信息。当图形动态建立时，建议不采用这项功能。	

表 1（续）

功能性分类	功　能	定　义	举例和注释
链接	热点参考	显示附加的内容如缩写词、工具说明等。	例如，鼠标放在 IETM 词上时，会弹出一个文本框，指示为“交互式电子手册”。
链接	说明	这些元素应很容易辨认，并且要求专业的操作人员在根据显示的数据行动前得到确认。当涉及到多个步骤时，指定将要突出显示情况的图标，并且很容易通过图标的激活而得到重新查看。警告应包括危险、警告、注意和说明。	L
链接	内部的引用	内部的相互引用可由操作者通过导航图标或链接实现相关数据从一个显示视图到另一个视图。	
链接	热区	图像具有连接到其他信息的功能。	
导航和跟踪	型号系列的过滤	提出一个适合于具体的项目维修的特征信息。这样的过滤功能可能是预定或者动态的，区别型号之间差别是关键之处。	例如：A 型模拟飞机是单座设置，B 型模拟飞机是双座设置，在这个例子中，这两种模型的座舱盖在结构上是不同的。当一名技术人员选择 A 型浏览时，那么提供的将只是 A 型。
导航和跟踪	历史记录	用户追踪和罗列浏览信息的每个位置（链接）。	例如：用户打开 IETM 的前言（A），沿着链接可能通往起落架部件（B），再沿着一个参考链接可以通往一个调整步骤（C）。这样，交叉链接的历史会分别标注为 C，B，A。
导航和跟踪	关键词搜索	允许用户用一个特定的“关键字”来定位信息位置。这提供一个类似于文章资料中索引的优点 。相关的有利特征可能包括：到包含特定词汇的 IETM 部分的连接；一个“词汇跟踪”，用于缩小对于输入对话框的每个单词的搜索焦点；穿过多个数据源搜寻。	例如：一个用户可能想搜索“IFF”词条，关键词搜索会在数据库中定位每一个预先指定条目的位置，这样就会发现所有被预先定义为关键词的“IFF”，并且不会发现普通的文字“IFF”。
导航和跟踪	前进与后退	前进是指按预先定义好的逻辑顺序浏览显示下一个技术数据信息的功能。后退是指按预先定义好的逻辑顺序浏览显示前一个技术数据信息的功能。	例如：在一个无动态的序列中，无论用户采取了怎样的浏览路径，一个当前状态为步骤五的用户可以使用逻辑的前进到达步骤六，使用后退可以返回到步骤四。

表 1（续）

功能性分类	功　　能	定　　义	举例和注释
导航和跟踪	系统/子系统导航	允许用户按照自上而下的路径遍历系统结构的导航特性。用户可以沿着物理或功能结构到达低一级的层次。	例如：一名直升机修理人员可以直接在直升机的层次上开始浏览一个IETM，下一个步骤将进行到机身，从机身机械工可能再到机舱。下一个子系统可能是飞行员座椅，最终主题可能是前后的调整。
导航和跟踪	创建书签	一种允许用户标注数据信息特定的位置以便于随后进行访问的导航特征。	例如：通常做预防检查和服务的维护人员可能需要有相对应任务的书签，乘员可能也要做电机间隙的调整，也需要创建相应任务的书签。
导航和跟踪	修改过滤	按照某类特定的修改信息为用户提供信息列表的特性。	
导航和跟踪	上下文检索	一种允许用户在 IETM 或数据库中通过特定元素进行检索的特性。	
导航和跟踪	全文检索	一种允许用户在 IETM 中检索任何词组或短语的导航特性。这种功能不依赖于关键词的预先定义。	例如，在搜索“IFF”时，用户可能搜索到 IFF、difference、和 TIFF 等等。这要视搜索标准而定。
导航和跟踪	逻辑检索	在依据范围（数据模块、IETM、数据库等）内，允许通过词汇的逻辑关联来缩小检索结果的搜索特性。	通常支持的逻辑包括：X 和 Y 同时出现（逻辑“与”），X 和 Y 都不出现（逻辑“非”）以及 X 和 Y 只有一个出现（逻辑“或”）。
导航和跟踪	技术状态过滤	一种按照技术状态的相关信息为用户提供信息列表的特性。	例如：特种装（设）备增加到武器系统后，在过滤后的技术数据中得到反映。
导航和跟踪	通过唯一标识码过滤	一种允许用户根据唯一标识码浏览显示 IETM 的导航过滤技术。	
导航和跟踪	对话导航	一种允许用户向 IETM 输入特定数据并根据输入信息做出响应的导航特性。	例如：在故障排除的过程中，IETM 会打开一个对话窗口注明“请输入 TP5 显示的电压”如果用户输入 5（一个正常值），IETM 会转向程序的下一个步骤。另一种情况，如果输入的是 0（一个错误值），IETM 会转到相应的移除替换程序。
导航和跟踪	声控命令	一种允许用户通过预先确定的语音命令来浏览 IETM 的特性。这种特征的复杂性依赖于 IETM 中的语音识别拓展程度和语音识别软件的品质。	
导航和跟踪	多个数据库文档搜索	允许用户在几种不同的数据库中进行关键词（默认为通用关键词）或者是全文检索。	

表1(续)

功能性分类	功　　能	定　　义	举例和注释
导航和跟踪	多种内容元素的同步显示	一种同步显示具有关联关系内容元素的功能。	
导航和跟踪	图像导航	通过产品及其组件的图像对IETM实现导航的功能(热键的使用是必要前提)。	例如:从一幅飞机系统概要图中,用户选择了机翼,一幅机翼的图像轮廓被显示出来;用户接着选择,于是一幅襟翼的概要图被显示出来,用户再选择制动器,关于制动器的信息又被显示出来。
导航和跟踪	审查记录	管理所有用户和IETM交互记录的功能。	
打印	屏幕打印	屏幕打印功能指打印用户正在浏览的屏幕内容。	除打印的技术数据之外,应考虑时间/日期标记、失效通知和日期以及失效的安全要求等。
打印	打印相关的数据	这里提供了打印所有与给定任务或位置相关的数据,在此仅限于单层次的链接。与多于一个层次的交叉会大大提高复杂程度,在打印技术数据之外,应用考虑时间/日期印记,销毁通知和日期以及销毁的要求等。	
打印	数据模块或元素的特定打印	这种可以打印超过一屏的能力局限于一种分离的数据模块或元素。除了打印技术数据之外,应用考虑时间/日期印记、销毁通知、销毁日期以及销毁的要求等。	
特殊内容层	敏感内容帮助	关于正在提供的数据库或正在执行的任务的帮助信息通过一个常用界面提供给用户,这种帮助从属于特定学科范围的IETM,比如特定的武器系统。敏感内容帮助是通过弹出的详细的帮助界面或者下拉菜单提供的,例如包括首字母的缩略表。	
特殊内容层	上下文(视窗帮助)帮助	IETM中,右击鼠标或在特定图像或菜单上移动鼠标会引起一个“快捷工具”弹出,对特定的特征提供帮助或描述。	
特殊内容层	图像	图像用于显示实际系统的视觉表示。显示标准(例如文件大小和文件格式)应指定图像的内容与容量。	
更新	完全校订	完全校订是对原有发布数据的完全替换,不包含详细的更改标记。	

表 1（续）

功能性分类	功　　能	定　　义	举例和注释
更新	周期循环/即时更新	周期循环更新是指所有数据信息在周期性间隔时间内的固定更新和发布。即时更新是在周期循环更新周期之间的更新。	
更新	被动更改指示与标记	显示或跟踪更改信息可能会增加开支。被动变化是一种变化数据的集成而不是分散标注或在 IETM 中被识别。	
更新	活动更改指示与标记	显示或跟踪更改信息可能会增加成本。在主动更改中，每一个更改被离散的标记并在 IETM 中能够被识别。需要考虑的包括显示方法和更改的识别以及它们移除或被覆盖的时机。	
更新	准实时更新	当用户被授权后，马上可以迅速升级，这种在发布时间上的削减致使维护者有了更新的数据。	
用户操作模式	可视化 Web 浏览器	主要通过 Web 浏览器来访问技术数据信息。此功能允许 IETM 通过一个小窗 Web 浏览器观看。这可能被直接通过 Web 浏览器或者通过帮助应用程序完成（例如 Adobe Acrobat）或者插件（例如 IsoView）。	注释：在这矩阵上选择的功能性将确定实现一个 Web 能看见的浏览器程序的复杂性和费用。
用户操作模式	单机模式	用户在单机设备上访问硬盘驱动的 IETM 的能力，访问的数据信息是从网络或其他传输媒介如 CD-ROM 或 DVD 中下载的。	此操作模式应该考虑 IETM 的更新能力。
用户操作模式	网络连接	用户通过网络基础设施访问 IETM 的能力。技术数据可以下载到客户端设备上或在客户端设备上进行浏览。主服务器端更改技术数据，网络实时传输数据信息的更新。	技术数据更改包括数据信息整体或部分的更新。

5.6　功能性矩阵

参见附录 A。

附 录 A
（资料性附录）
功能性矩阵

功能性矩阵描述了交互式电子技术手册系统的功能需求。用户可以针对具体的信息集及功能样式，对产品手册提出合理交互功能要求，产品创作者分析特定功能要求，创作出满足用户需求电子技术手册。功能性矩阵的详细内容参见表 A.1。

表 A.1

功能性	复杂性——IETM	需求	全部信息集	人员操作员	描述和操作	维修过程	故障隔离	无损坏测试	腐蚀控制	储存	接线图	带插图的零件数据	维修计划	质量和品质	恢复	装备	武器加载	货物加载	储存加载	角色转换	BDAR	带插图的工具与保障	服务公告	原材料数据	公共信息与数据
访问																									
训练和安全访问	2		A																						
暂停和重启	1		A																						
注释																									
划红线	3		A																						
全局数据注释	2		A																						
个人注释	2		A																						
局部数据注释	1		A																						
传输与发布																									
CD-ROM	5																								
DVD	1																								
网络发布	2																								
诊断与预测																									
电路/管路系统模拟图	1																								
诊断—用户决定	2																								
诊断—软件驱动	5																								
动态诊断	4																								
外部过程																									
检索	3																								
传输	2																								
保障技术数据浏览	3																								
缺陷报告的传输	3		A																						
维修数据的收集	3																								
乘员任务报告接收	3																								
零件订货	3																								
资源调度	5																								
图形																									
图形定位	1		A																						
拖动、放缩、扩展、旋转、放大	1																								
链接																									
前言	2		A																						
零件数据链接	1		A																						

表 A.1(续)

功能性	复杂性——IETM	需求	全部信息集	人员操作员	描述和操作	维修过程	故障隔离	无损坏测试	腐蚀控制	储存	接线图	带插图的零件数据	维修计划	质量和品质	恢复	装备	武器加载	货物加载	储存加载	角色转换	BDAR	带插图的工具与保障	服务公告	原材料数据	公共信息与数据
图、表和照片列表	2		A																						
热点参考	2		A																						
说明	1		A																						
内部的引用	3		A																						
热区	2		A																						
导航与跟踪																									
型号系列的过滤	1		A																						
历史记录	1		A																						
关键词搜索	1		A																						
前进与后退	1		A																						
系统/子系统导航	1		A																						
创建书签	1		A																						
修改过滤	2		A																						
上下文检索	2																								
全文检索	3																								
逻辑检索	3		A																						
技术状态过滤	1		A																						
通过唯一标识码过滤	1		A																						
对话导航	2		A																						
声控命令	2		A																						
多个数据库文档搜索	1																								
多种内容元素的同步显示	1																								
图像导航	1																								
审查记录	2																								
打　印																									
屏幕打印	1		A																						
打印相关的数据	2		A																						
数据模块或元素的特定打印	2		A																						
特殊内容层																									
敏感内容帮助	2		A																						
上下文(视窗帮助)帮助	1		A																						
图像	2		A																						
更　新																									
完全修订	1		A																						
周期循环/即时更新	2		A																						
被动更改指示与标记	1		A																						
活动更改指示与标记	2		A																						
准实时更新	2		A																						
用户操作模式																									
可视化 Web 浏览器	3		A																						
单机模式	1		A																						
网络连接	2		A																						

参 考 文 献

[1] GB/T 18793—2002 信息技术 可扩展置标语言(XML)1.0

[2] ISO 8879—1986 信息处理 文本和办公系统 通用标准标记语言(SGML)

[3] ISO 10744—1998 信息技术 超媒体/基于时间的结构语言(HyTime)

[4] DoD. MIL-HDBK-511. Department of Defense Handbook for Interoperability of Interactive Electronic Technical Manuals (IETM),2000.5

[5] AeroSpace and Defence Industries Association of Europe. S1000D:International Specification for Technical Publications Utilising A Common Source Data Base(V2.1),2004.2

[6] DoD. MIL-PRF-87268A. Manuals,Interactive Electronic Technical—General Content,Style, Format,and User-Interaction Requirements,1995.10

[7] DoD. MIL-PRF-87269A. Database,revisable—Interactive Electronic Technical Manuals,for Support of,1995.10

[8] MIL-STD-38784. Manuals, Technical: General Style and Format Requirements,1995.7

[9] ISO/IEC 29363:2008 Information technology—Web Services Interoperability—WS-I Simple SOAP Binding Profile Version 1.0

[10] ISO/IEC 29362:2008 Information technology—Web Services Interoperability—WS-I Attachments Profile Version 1.0

ICS 35.240.01
L 67

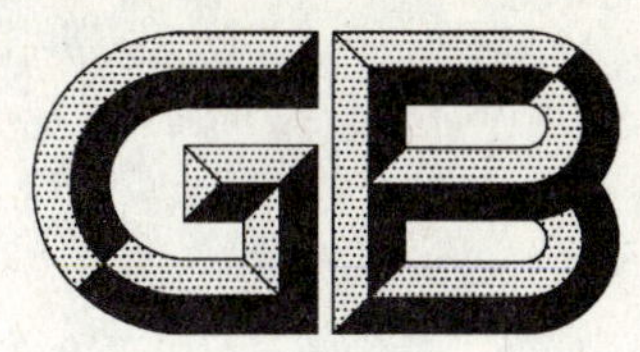

中华人民共和国国家标准

GB/T 24463.3—2009

交互式电子技术手册
第3部分:公共源数据库要求

Interactive electronic technical manuals—
Part 3:Common source database requirement

2009-10-15 发布　　　　2009-12-01 实施

中华人民共和国国家质量监督检验检疫总局
中国国家标准化管理委员会　发布

前 言

GB/T 24463—2009《交互式电子技术手册》分为以下三个部分：

——第 1 部分：互操作性体系结构；

——第 2 部分：用户界面与功能要求；

——第 3 部分：公共源数据库要求。

本部分为 GB/T 24463—2009 的第 3 部分。

本部分的附录 A、附录 B 是规范性附录。

本部分由中国标准化研究院提出并归口。

本部分起草单位：装甲兵工程学院、中国标准化研究院、天健志行科技有限公司。

本部分主要起草人：徐宗昌、李文武、安钊、张文俊、张颖、郭红芬、雷育生、周健、解洪成、曹冒君、胡梁勇、王晓静、张卫国、何平、姜巍巍、洪岩。

引　言

随着科学技术的发展，出现了许多大型复杂的高技术装备。为了解决这些装备使用纸质技术手册所存在的费用高、体积与重量大、交付与传递的及时差、易污染、使用不方便等诸多弊端而不能适应装备使用与维修要求的问题，自20世纪80年代中期以来，美国及世界各发达国家在推行CALS（目前，CALS称持续采办与寿命周期保障）信息化策略时，就将交互式电子技术手册（IETM）列为一项重要的关键技术加以推广。随着IETM技术的发展与广泛应用，已愈来愈显示出它在提高装备使用、维修、故障诊断和人员培训的效率与效益方面的巨大优越性，因此，目前IETM已成为包括我国在内的世界各国的军用与民用装备制造业信息化的一项大力推广的技术，其应用前景十分广阔。

本部分规定了交互式电子技术手册源数据采用公共源数据库的方式进行存储与管理。在公共源数据库方式下，本部分对数据模块，数据模块需求列表模块和出版物模块等内容进行了规范，明确了数据模块代码，插图代码，出版物代码的代码结构和各类数据模块的DTD进行数据模块管理等内容。

交互式电子技术手册
第3部分:公共源数据库要求

1 范围

GB/T 24463的本部分规定了构建交互式电子技术手册公共源数据库的要求,提出了数据模块存储和管理的方式。

本部分适用于交互式电子技术手册技术信息的数据模块化处理。

本部分包含下述内容:

——数据模块;

——数据模块需求列表;

——插图;

——出版物模块;

——数据模块代码编制要求;

——插图代码编制要求;

——出版物模块代码编制要求。

2 规范性引用文件

下列文件中的条款通过GB/T 24463的本部分的引用而成为本部分的条款。凡是注日期的引用文件,其随后所有的修改单(不包括勘误的内容)或修订版均不适用于本部分,然而,鼓励根据本部分达成协议的各方研究是否可使用这些文件的最新版本。凡是不注日期的引用文件,其最新版本适用于本部分。

GB/T 15121.3 信息技术 计算机图形 存储和传送图片描述信息的元文卷 第三部分:二进制代码(GB/T 15121.3—1996,idt ISO/IEC 8632-3:1992)

GB/T 18793 信息技术 可扩展置标语言(XML)1.0

3 术语、定义和缩略语

3.1 术语和定义

下列术语和定义适用于GB/T 24463的本部分。

3.1.1

公共源数据库 common source database;CSDB

交互式电子技术手册的所有信息对象的存储与管理方式。

3.1.2

数据模块 data module

技术手册中最小的、独立的信息单元。数据模块包括文本、图表及其他类型的数据,并且具有通用的结构。

3.1.3

数据模块代码 data module code

数据模块的标准化和结构化的定义,是数据模块的唯一标识。

3.1.4

数据模块需求列表　data module requirement list

标识一个项目所需要的数据模块的工具，支持项目的计划、报告、生产和配置控制。

3.1.5

出版物模块　publication module

满足出版需求的数据模块的集合，是对数据模块对象进行组织的数据单元。

3.2　缩略语

下列缩略语适用于GB/T 24463的本部分。

DTD　document type definition　文档类型定义

DMC　data module code　数据模块代码

DMRL　data module requirement list　数据模块需求列表

EIAC　end item acronym code　成品缩写码

PM　publication module　出版物模块

UOC　usable on code　最终产品使用码

4　通用要求

4.1　概述

交互式电子技术手册的数据存储在公共源数据库(CSDB)中，CSDB的中心内容是数据模块。数据模块(DM)是交互式电子技术手册中最小的、独立的信息单元。数据模块包含文本、表格和其他可解析的数据，插图以及其他格式的数据不直接包含在数据模块中，而通过引用机制进行调用。数据模块的唯一标识是数据模块代码和出版号。

4.2　数据交换要求

按照本部分规定提交的交互式电子技术手册的公共源数据库应按照第5章的内容进行构建和标记，并且应符合GB/T 18793的规定。

4.3　数据模块结构和数据元素命名要求

数据模块应按附录A和附录B中描述的数据字典和DTD进行构建和标记。除非有另外说明，数据模块的类型应与本部分5.2.2保持一致。当编辑实例时，创作者应选择适当的DTD中的元素名称。

4.4　数据的可维护性

数据模块的更新可以在数据模块内进行并标记。交互式电子技术手册的更新是根据项目要求而改变，更新内容应在交互式电子技术手册的前言中进行说明。

5　公共源数据库

5.1　概述

公共源数据库中的数据可以独立存在，也可以采用数据库结构进行管理。通过数据库管理系统产生的数据必须与本部分的要求相一致。描述产品的信息以离散的形式生成并存储在公共源数据库里。公共源数据库包含数据模块、与数据模块相关的插图、模块需求列表和出版物模块等内容。

5.2　数据模块

数据模块的结构分为两个部分：一是标识和状态部分，二是内容部分。在本部分，(M)表示元素为强制使用，(O)表示元素为可选使用，未标记的元素可根据项目选用。

5.2.1　标识和状态部分

标识和状态部分的标记元素为〈idstatus〉(M)。

5.2.1.1　标识

标识部分是强制性的，标记元素是〈dmaddres〉(M)，包括数据模块代码〈dmc〉(M)、数据模块标题

〈dmtitle〉(M)、发布号〈issno〉(M)和发布日期〈issdate〉(M)。

5.2.1.1.1 **数据模块代码**

数据模块代码是数据模块标识的一部分,标记元素是〈dmc〉,所有数据模块都分配一个数据模块代码。具体的代码结构见 6.1。

5.2.1.1.2 **数据模块标题**

数据模块标题是数据模块代码中产品名称部分。标记元素是〈dmtitle〉。标题分为技术名称和信息名称。

5.2.1.1.2.1 **技术名称**

技术名称是产品系统、子系统名称的术语描述。标记元素是〈techname〉(M)。

5.2.1.1.2.2 **信息名称**

信息名称是对产品执行某项保障活动的术语描述。标记元素是〈infoname〉(O)。

5.2.1.1.3 **发布号**

发布号的标记元素是〈issno〉。发布号有以下 3 个属性:

a) 发布号。每个得到发布认可的数据模块须分配一个有连续性的发布号。发布号也是数据模块唯一标识的一部分。一般情况下,初始发布号为“001”,数据模块再发布一次,数值便增加一个数值。

b) 发布类型。发布类型由属性 type 表示,有 4 个值,分别为:

“new”表示数据模块初始发布号应总是“001”,并发布类型值为“new”值。

“deleted”表示数据模块的删除并非在公共源数据库中删除,只是通过把发布类型值设置为“deleted”来表示数据模块已删除。

“changed”数据模块进行了部分的更改,而且进行了标记,则将发布类型的属性设置为 changed。

“revised”数据模块进行了全部的更改,在数据模块中也没有标记更改,则把发布类型值设为“revised”。

c) 工作编号。没有发布的数据模块处理于编辑状态时的编号。它可以在草案中使用。工作编号的初值应设为“01”,数据模块每更改一次便增加一个数值。

5.2.1.1.4 **发布日期**

数据模块的每次发布,无论是最初的编写、修订或是更新,都应以 YYYY-MM-DD 的格式,作为日期的属性分配给发布日期的标记元素〈issdate〉。

5.2.1.2 **状态部分**

数据模块的状态部分提供了与数据模块状态相关的信息。状态部分的标记元素是〈status〉(M)。它包含:

——密级〈security〉(M);

——数据模块约束〈datarest〉;

——解释单位〈rpc〉(M);

——编写单位〈orig〉(M);

——适用性〈applic〉(M);

——质量保证〈qa〉(M);

——更新原因〈rfu〉(O)。

5.2.1.2.1 **密级**

数据模块和插图的密级的标记元素是〈security〉。采用属性值来表示其等级,等级分为绝密、机密、秘密和公开,其属性值由工程项目进行定义。

5.2.1.2.2 数据约束

数据约束是数据模块使用时的相关说明。数据模块约束的标记元素是〈datarest〉。数据约束的子元素有：

——指南〈instruct〉(M)；

——版权〈copyright〉(O)。

5.2.1.2.2.1 指南

指南主要包括项目中所使用数据模块如何处理密级、解除密级以及使用数据模块的一些限制性要求。

5.2.1.2.2.2 版权

版权的标记元素是〈copyright〉。〈holder〉是版权持有人的名字，〈firstyear〉是版权生效年，〈lastyear〉是版权终止年。〈registeredwith〉是注册版权机构的名称，〈govtlicense〉是版权证号，是使用版权的法律许可信息。

5.2.1.2.3 解释单位

解释单位是能够对数据模块内容负责的单位或机构。解释单位的标记元素为〈rpc〉。

5.2.1.2.4 编写单位

编写单位是数据模块的编写或创作单位。编写单位的标记元素为〈orig〉。

5.2.1.2.5 适用性

适用性的标记元素为〈applic〉。适用性是对一个数据模块所适用产品的基本描述。数据模块的适用性由编写人员指定，或在数据模块的编写和更新期间由创作系统生成。

适用性元素包括下列子元素：

——产品类型〈type〉(O)用于描述产品的类型；

——产品型号〈model〉(M)用于描述产品的型号。

产品型号〈model〉包括下列元素：

型别〈version〉(O)用于描述产品的型别；

制造商〈mfc〉(O)用于描述制造商的名字；

维修级别〈level〉用于描述数据模块使用的维修级别；

配置〈config〉(O)用于描述数据模块的配置信息。它包含产品修改状态的信息和任何服务公告信息。

配置〈config〉包括下列元素：

修改〈mod〉(O)用于描述产品是否处于修改状态。

修改标题〈modtitle〉(O)用于描述修改的内容。

服务通告〈sb〉(O)包括被修订的数据模块或 IETM/技术出版物的信息，更改的数据模块包括数据模块中的〈avee〉、发布号〈issno〉、数据模块标题〈dmtitle〉。更改的出版物包括出版物代码〈pubcode〉、出版物标题〈pubtitle〉、出版物日期〈pubdate〉等元素。

5.2.1.2.6 质量保证

质量保证的标记元素为〈qa〉。用于详细说明项目中数据模块的质量保证进程。数据模块分为未经确认的或已确认的质量保证状态。

“未确认的”指编辑的数据模块还没有得到相关单位的审核。元素〈unverif〉用于描述未确认的状态。

“确认”指数据模块得到相关单位的审核。元素〈firstver〉和〈secver〉，分别表示数据模块进行了首次或第二次审核确认。

5.2.1.2.7 更新原因

更新原因元素〈rfu〉是对数据模块更新原因的简要说明。可用在技术手册的发布或研制阶段。

5.2.2 数据模块内容部分

5.2.2.1 数据模块内容部分的通用部分

大部分数据模块中包含着以下同样的元素。下列元素在数据模块内容部分的位置参照DTD结构。

5.2.2.1.1 适用性

整个数据模块的适用性〈applic〉信息放在识别和状态部分〈idstatus〉中。但常常有必要指出数据模块内容部分的差别，因此，在内容的部分需要进一步的描述细节，而采用本元素。

5.2.2.1.2 引用

两种引用在标准中是有效的：

——引用〈refs〉外部引用（如链接到其他数据模块）；

——交叉引用〈xref〉内部引用（如与数据模块的其他位置）。

5.2.2.1.3 警告、注意和说明

警告〈warning〉、注意〈caution〉和说明〈note〉适用于所有的数据模块。警告和注意直接置于相关段落的前面。说明即可以放在相关的段落前面，也可以放在之后。

——警告〈warning〉用于提示能引起人员伤害或死亡的危险信息；

——注意〈caution〉用于提示会引起产品损害的危险信息；

——说明〈note〉用于提示附加的信息，该信息对用户是非常有用的。

5.2.2.1.4 插图

插图包括图本身和图标记线。插图〈figure〉有强制属性 boardno。对属性 boardno 进行赋值，其值取自插图代码 ICN，来定位插图。插图〈figure〉包括子元素〈graphic〉，在子元素图〈graphic〉中包含热点〈hotspot〉。

插图代码（ICN）用于图和插图的生成。ICN 的代码的编制代码规则见6.2。

5.2.2.1.5 准备工作

准备工作元素〈prelreqs〉用于包含实施活动时的所有初步要求。包括以下元素：产品管理数据〈pmd〉、所需条件〈reqconds〉、所需人员〈reqpers〉、保障设备〈supequip〉、供应品〈supplies〉、备品集合〈spares〉、安全要求〈safecond〉。

5.2.2.2 数据模块内容部分的专用部分

5.2.2.2.1 描述信息

描述信息是使维修人员进一步理解产品系统、子系统和单元的结构、功能、操作和控制的技术数据。它应包括相关系统的标识、位置以及重要零部件的综述。描述信息还应包括产品或电路图的示意图。示意图应用尽量详细地描述来补充故障隔离和维修人员对系统操作的理解。

描述信息的 DTD 见附录 B 中的 descript. dtd 文档。描述信息〈descript〉的元素标记见附录 A 数据字典。

5.2.2.2.2 程序信息

程序信息是使维修人员对产品及安装在上面的部件进行维修时所需要的技术信息，它常包括但不限于下列信息：

——连接/断开测试设备和动力源；

——使用任何专用工具和保障设备；

——维修和保养产品及其系统/组件；

——维修活动规程的执行；

——排除故障；

——在最短的时间内拆卸和安装相应的系统/组件。

程序信息的 DTD 见附录 B 中的 procedural. dtd 文档。程序信息〈proced〉的元素标记见附录 A 数

据字典。

5.2.2.2.3 **故障信息**

故障信息是进行故障隔离时所需要技术信息的描述。故障隔离信息应包括下列信息：

——隔离的、查明的和观察到的故障清单；

——故障隔离程序、文本和图表；

——故障隔离任务的保障数据；

——故障代码索引（从信息中获取）；

——维修信息索引（从信息中获取）；

——检查、核对或测试；

——修复行为；

——故障隔离程序。

故障信息来源于：

——产品监视系统；

——使用和维修人员；

——任务完成后检查的结果。

故障信息的DTD见附录B中的fault.dtd文档。故障信息〈fault〉的元素标记见附录A数据字典。

5.2.2.2.4 **维修计划信息**

维修计划信息是保证技工进行产品的维修，特别是关于预防性检查和维修（包括计划和非计划）时的必要要求。维修计划信息将包括下面的内容：

——时限；

——维修/检测任务清单；

——计划和非计划检查；

——验收和功能性检测。

维修计划信息的DTD见附录B中的maitenaince plane.dtd文档。维修计划信息〈schedule〉的元素标记见附录A数据字典。

5.2.2.2.5 **人员信息**

人员信息是描述操作/维修人员为完成在其岗位要求而进行的各种活动所需要的技术信息。

人员信息的DTD见附录B中的crew.dtd文档。人员信息〈crew〉的元素标记见附录A数据字典。

5.2.2.2.6 **零部件信息**

零部件信息是用来获取和描述零部件列表和有插图零部件的技术数据。

零部件信息的DTD见附录B中的part.dtd文档。零部件信息〈part〉的元素标记见附录A数据字典。

5.2.2.2.7 **接线信息**

接线信息是指由熟练工人使用的描述电子路线的图表，通过标准的电路图能完成电子系统的故障隔离和维修。

接线信息DTD的使用不是强制性的。它也可能以表格的形式来准备接线出版物和通过描述性的DTD来准备接线的线路图。

接线信息的DTD见附录B中的wrngdata.dtd文档。接线信息的元素标记见附录A数据字典。

5.2.2.2.8 **过程数据模块**

过程数据模块是对数据模块间逻辑关系的描述。它包括按顺序和以if-then-else分支或循环的方式在数据模块之间进行切换。顺序结构用于不要求变更数据模块自身的数据模块，而且这些数据模块可以在许多顺序模块中进行重用。过程数据模块在静态变量的基础上对数据模块进行过滤，它可以按用户或其他资源的要求抽出状态信息进行分支或过滤。

5.3 插图

插图必须简单、明了,并以适用的格式或样式显示给用户,插图必须能够准确提供意欲完成工作的技术信息。插图必须根据文字和数据模块的其他信息一起进行显示,以使用户接受到最大量的信息,本部分插图在计算机中存储的数据格式应符合 GB/T 15121.3 的规定。

5.4 数据模块需求列表

数据模块需求列表(DMRL)是一个明确工程项目中所需要数据模块的工具。在工作共享环境中,实施 DMRL 是为了实现技术手册生产的计划、报告、生产和配置控制等管理。

一个 DMRL 包括如下的元素:DMRL 标识码、DMRL 状态、DMRL 条目。

5.4.1 数据模块需求状态

数据模块需求状态包括以下元素:

——发布号〈issno〉;

——发布日期〈issdate〉;

——密级〈security〉;

——数据模块约束〈datarest〉;

——数据模块引用〈dmlref〉;

——注释〈remarks〉。

5.4.2 数据模块需求条目

每个数据模块需求条目有属性“new”、“changed”“deleted”,并包括下列元素:

——数据模块地址〈addresdm〉,其包括的子元素见数据模块 DM;

——密级〈security〉;

——解释单位〈rpc〉;

——注释〈Remarks〉。

5.5 出版物模块

出版物模块包括下列内容的一个或多个引用:

——数据模块;

——图表数据模块;

——出版物模块。

6 数据管理

6.1 数据模块代码

数据模块代码(DMC)是一个数据模块的标准化和结构化的定义。它包括在数据模块的标识内。DMC 是数据模块唯一标识的一部分,用于 CSDB 中对数据模块的管理和在电子条件下对数据模块的寻址或转换。

6.1.1 数据模块代码结构

DMC 由两部分组成,分别是硬件标记部分和信息类型部分。硬件部分主要描述产品的特性内容的代码,信息类型主要是产品使用的技术信息的代码。在一个 CSDB 中,数据模块代码的长度应当保持固定,如图 1。

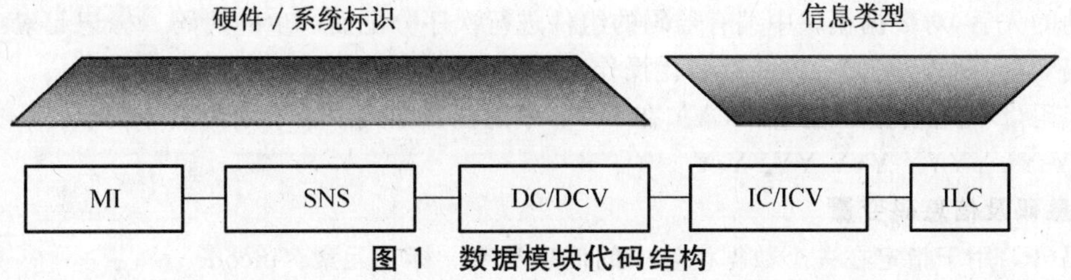

图 1 数据模块代码结构

本部分采用的数据模块代码采用17～37位数字表示。代码可以根据项目的情况改变长度，但需要符合本部分给出的细目结构。以17位数字为例进行代码编制代码的说明，如图2。

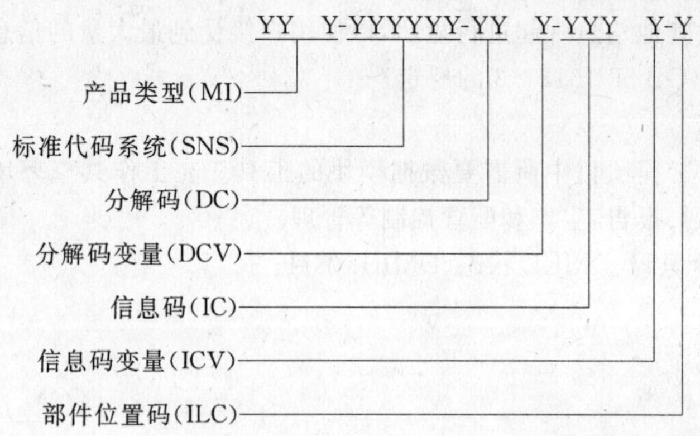

图2　数据模块代码编制说明

代码中“Y”字符范围：“0”…“9”，“A”…“Z”(“O” 和“I”应避免使用)。

“硬件标识”和“信息类型”两个DMC部分划分的细目分别在表1和表2中给出。

表1　硬件标识

组成部分	长　度
产品类型(MI)	3～14位字符
标准编码系统(SNS)	6～13位字符
分解码(DC)	2位数字字符
分解码变量(DCV)	1或3位数字字符

表2　信息类型

组成部分	长　度
信息码(IC)	3位数字字符
信息码变量(ICV)	1位数字字符
部件位置码(ILC)	1位数字字符

6.1.2　产品类型

产品类型(MI)是对产品的名称、型号的描述。当MI与后勤保障分析记录保持一致时，MI是最终产品缩写码(EIAC)和最终产品使用码(UOC)的叠加。标记元素：〈avee〉。

产品类型(MI)代码在DMC中的位置如式中带下划线黑体所示：

YY　Y-YYYYYY-YYY-YYYY-Y

6.1.3　标准编号系统

标准编码系统(SNS)是不仅限于描述产品系统的功能，也可以对产品的物理项目进行分类描述。对于产品的维修任务也可以采用SNS进行描述。标记元素：〈system〉。

标准编码系统(SNS) 在DMC中的位置如式中带下划线黑体所示：

YY　Y -**YYYYYY**-YYY-YYYY-Y

6.1.4　分解代码及分解码变量

分解代码(DC)是组件在产品进行维修活动中的分解层次，是产品维修活动中连续分解的编号。根据维修活动的先后，对数据模块中编有号码的组件进行次序分配而产生的代码。标记元素：〈discode〉。

分解码变量(DCV)是同一产品的替代操作过程的标记。标记元素为〈discodev〉。

分解代码(DC)和分解码变量(DCV) 在DMC中的位置如式中带下划线黑体所示：

YY　Y-YYYYYY-**YYY**-YYYY-Y

6.1.5　信息码及信息码变量

信息码(IC)用于指定在一个数据模块中的信息类型。标记元素：〈incode〉。

信息码变量(ICV)是指信息类型中的其他信息,标记元素:〈incodev〉。

在 DMC 中信息码(IC)和信息码变量(ICV) 在 DMC 中的位置如式中带下划线黑体所示:

YY Y-YYYYYY-YYY-**YYYY**-Y

6.1.6 位置码

位置码(ILC)是识别产品的维修活动在哪里进行或信息在哪里应用的代码。标记元素:〈itemloc〉。

一般情况下,位置码的取值为 A、B、C、D、T,其意义为:

——A 在产品上完成;

——B 在产品拆除部件上完成;

——C 在车间完成;

——D 与 A、B、C 三种情况都相关的信息;

——T 与训练数据相关的信息。

产品位置码(ILC)在 DMC 中的位置如式中带下划线黑体字符所示:

YY-Y-YY-YY-YY-YYY-YYYY-**Y**

6.2 插图及插图代码

插图用来增强文本的表达,插图应与相关文字一起表达技术信息的含意。插图不放置在数据模块中,但是可以被数据模块引用。每个插图应该用一个插图代码(ICN)进行标识。在 CSDB 中,ICN 是唯一的标识,通过 ICN 可以建立一个或多个数据模块的关联。

ICN 由 9 个元素组成,结构如图 3。

ICN-YYY-YYYYYY-Y-YYYYY-NNNNNN-A-XX-X

前缀

产品类型(MI)

标准代码系统(SNS)

解释单位代码(RPC)

编写单位代码(ORIG)

图形序列码(SEQ)

变量码(VC)

发布号(ISSU)

秘密等级(SECU)

图 3 插图代码说明

图中 ICN 为插图代码的特有的前缀,其他代码名称的解释见本部分的相关章条。

6.3 数据模块需求列表标识码

根据本部分生成的数据模块需求列表应给出一个 DMRL 标识码(DMLC)。其标记元素为〈dmlc〉。

代码方式如下式所示:

YYY-YYYYY-A-XXXX-NNN

标识码元素如表 3。

表 3 DMRL 需求列表

DMLC 元素	长 度
产品类型	3~14 位字符
生产厂商	5 位字符
DMRL 类型	1 位英文字母

表 3（续）

DMLC 元素	长　度
发布年限	4 位字符
每年的序列号	3 位有序字符

6.4　出版物模块代码

出版物模块代码(PMC)是一个 IETM/出版物模块或一个最终发布出版物/IETM 的标准和结构标识。它是出版物模块的状态标记元素。PMC 是出版物模块的唯一标识部分。PMC 用于管理 CSDB 中的出版物模块/IETM,用于在一个 IETM 环境中获取它们。PMC 作为一个应用出版物列表的条目及出版物引用。

代码方式如下式所示：

YY-YYYYY-XXXXX-NN。

PMC 由 14 位字母数字字符组成,其构成如表 4。标记元素:〈pmc〉。

表 4　出版物模块代码

PMC 分解	长　度
模块标识码	2～14 位字符
发布单位	5 位数字字符
出版物号	5 位数字字符
卷号	2 位数字字符

附 录 A
(规范性附录)
元素名称字典

元素名称字典是对元素的解释,表 A.1 列出了公共源数据库可能用到的元素的中英文名称及其描述。

表 A.1 元素名称字典

英文名称	英文描述	中文名称	说 明
abbrev	LRU short designation	LRU 的简写	外场可更换单元的简写名称
accpnl	Access Panel	通道面板	接触到部件的途径说明的面板
acrodef	acronym definition	缩写词解释	对首字母缩写词的全文解释
acronym	Acronym Term and Definition	缩写词	缩写词包括缩写词解释和简写词两元素
acroterm	Acronym Term	简写词	
acrw	All Crew Content	人员信息	
action	Action to be performed	动作	完成某一种维修活动的动作
add		和运算	表达式中的和运算
afi	All Fault Isolation	故障隔离	
afiref	All Fault Isolation Reference	故障隔离引用	
afr	All Fault Reporting	故障报告	
age	Aircraft Ground Equipment	地面设备	飞机的地面保障设备
airpwr	indicate the status of any air supplies	气动力	气动力的情况
and	and	与运算	
answer	answer	答案	
applic	Applicability	适用性	适用条件的描述
asp	Attaching, Storage or shipping Part	连接,存储或者运输	连接,存储或者运输的描述
asrequir	As Required	要求	asrequir 是为了在界面上产生一个“要求”的提示图标
assertion	assertion	声明	
avee	Air Vehicle, Engines, Equipment	飞机机载设备	
avehcfg	All Vehicle Required Conditions	要求条件	是 PMD 中的一个元素,PMD 用来包括计划或任务准备的基本的必要的信息。AVEHCFG 表示产品要求的条件
boolean	boolean	布尔函数	表达式中的布尔运算
can	Change Authority Number	改变授权号	改变授权号
capbody	Caption Group Body	标示体	指示牌的全部称呼
capentry	Caption Group Entry	标示牌条目	条目(作为多个标签的容器)
capgrp	Caption Group	标示组	由多个标签组成的表盘
capline	Caption line of text	标示	标示盘内标示的具体内容(常用缩略词)

表 A.1（续）

英文名称	英文描述	中文名称	说　明
caprow	Row of Captions	标示行	标示盘中行的参数
captext	Caption Text [not within a caption box]	标示文本	不包括外框的标题文本（常用在标示组里，有更改属性）
caption	caption	单一标示	表盘上的标示（是多种具体内容的容器，有自身的属性，指的是警报器上的一些指示符号，caption 指的是一行）
case	case	事例	
cat	Category	种类	零部件的类别
caution	caution	注意	一种警告的方式
cbs		零部件位置数据	
challeng	challenge	询问	
challrsp	challenge and response	询问和回答	
change	Change Marker	更改标记	
chapnum		系统代码	SNS 代码中的第一组码
choice	Choice in a Selection List	选择	
cidc		组件标识码	AGE 中的 SNS 的第三组码
closetxt	Close Text	结束	程序中的结束文字
closeup	Close up procedures	停止程序	
cmk	Calibration MarKer	刻度标记	
colspec	Column Specification	列定义	列的各种参数设定
concat	concatenate	字符串加运算	字符串加运算
condit	If,Elseif & Case Condition	条件	If,Elseif & Case 等条件
config	Configuration	配置	包括两种状态：一是修改状态，二是使用状态
content	Content Structure	模块内容	
copyright	copyright	版权	
crew	identify the crew/operator responsible for carrying out an action. It contains occurrences of the element 〈crewmem〉 to identify individual crew/operator member	工作队	负责执行某一任务时的各种职责
crewmem	individual crew/operator member	成员	某一固定人员的职责
csn	Catalog Sequence Number	目录序列号	
csnref	Reference to CSN	引用产品分类号	引用产品分类号
ctl	Category 1 conTainer Location	种类 1 容器地址	
data	Range Of Data To Be Set For Testing	数据	检测设置的数据范围
datacond	Specific Conditions	模块密级变化条件	当不同密级的模块相组合使用时，要采用较高级别的密级

表 A.1（续）

英文名称	英文描述	中文名称	说　明
datarest	Data Restrictions	模块约束	处理数据模块时要满足的条件（如发行、解密、销毁、版权等活动的条件）
def	Definition	定义	在列表中对术语的解释
defined	'True' if variable exists in State Information and does not have a NIL value	界定运算	一元运算中的假设条件
definspec	Inspection Definition	定义检测	
deflist	Definition List	词汇列表	对模块中专用词汇的解释
deftask	Task Definition	任务定义	
descacrw	describe all crew	人员描述信息	
describe	Fault description	描述	有关检测方式、故障等的描述
descript	Descriptive Content	描述信息	
detect	Fault detection	故障检测	
dfault	Detected Fault	检测到的故障	
dfl	Description Of Location	地址描述	
dfp	Description Of Part	零部件描述	
diagnost	Fault Diagnostic	故障诊断	
dialog	Dialog Element	对话框	
dialog-alt	Dialog Alternatives	备选对话框	
disclose	Intended Use or Disclosure	解密要求	模块解密的要求
discode	Disassembly Code	分解码	组件的分解
discodev	Disassembly Code Variant	分解码变量	零部件分解有微小的变化。可使用后勤保障分析中的备用后勤控制码（ALC）
disjoint	disjoint	不相交运算	两个集合不相交的运算
disolate	Fault Location	故障定位	
distrib	Distribution Requirements	发行要求	
divide		除运算	
dmaddres	Data Module Address	模块标识	模块地址包含数据模块的代号、名称等内容
dmc	Data Module Code	模块代码	
dm-else-seq	Else Branch DM Sequence	else 分支	else 分支，采用这个标记是来说明条件在否的结果时采用的逻辑结果
dm-if	If-Then-Else DM Nodes	if 节点	if 节点
dm-loop	Loop Data Module Nodes	loop 节点	loop 节点
dm-node	Data Module Node	模块节点	模块节点
dm-node-alt	DM Node Alternatives	模块可替换节点	模块可替换节点
dmodule	Data Module	数据模块	

表 A.1（续）

英文名称	英文描述	中文名称	说　明
dm-seq	Data Module Sequence	模块序列	
dm-then-seq	Then Branch DM Sequence	then 分支下的模块序列	then 分支下的模块序列
dmtitle	Data Module Title	数据模块标题	模块的技术名称和信息名称
double-bound	Low and High Number Range	上下界	填充框里可接受值的上下界
drill	Flight Drill	训练信息	有关的飞行训练信息
ecscs	Equipment Category & Sub-Category Code	设备种类码	地面设备的种类码
efy	EFfectivitY	效用	
eidc	Equipment Identification Code	设备标识码	
elecpwr	electrical power	电动力	采用电为源动力
elseif	Else If Condition	Else If 条件	
emphasis	Phrase Emphasis	强调显示	文本中需要强调的内容
empty	empty	空集	
endmattr	Drill End Matter	训练总结	训练结束后的一些事情
entfield	Entry out field	输出区域	给用户提供提问 输入的区域
entry	Table Entry	表项	表单元的各种参数
eq	equal	等运算	相等时进行的运算
equip	Equipment	设备	装备及产品
esttime	Estimated Time Spent	工作时间	
exmod	Excluded Modifications	拒绝修订	模块在某技术状态编写时被拒绝修订
exponent	exponent	指数运算	指数运算
Expression	Expression Definition	表达式	定义表达式
FALSE	FALSE	假	假
fault	fault	故障	故障
fcontext	Context For Isolate Proc Determination	故障环境	故障观测到时的环境情况
fcposn	the required status of any controls	控制的要求状态	任何控制的要求状态
fdesc	Fault Description	故障描述	
figure	figure	插图	
fillin	Fill-In-The-Blank Dialog	填充对话框	
firstver	first verification	第一次验证	
firstyear	First Year the Copyright was claimed	版权生效年限	
float	float	浮点运算	
foldout	Foldout	折页	多页图或表
frc	Flight/Operator Reference Cards	飞行操作卡	记录飞行时应进行各种操作的文件
from	Limrange from	起始点	

表 A.1(续)

英文名称	英文描述	中文名称	说　明
ftc	FiTment Code	设备码	
fuel	fuel	油料	进行程序前准备的油料要求
ge		大于等于	
govtlicense	Government License	版权证号	
graphic	Graphic / Image	图	
gt	great than	大于	
handling	Data Handling Requirements	处理要求	数据密级的处理要求,包括存储、模块分类
high-bound	High bound	上界	
holder	Holder	版权持有人	
hotspot	Graphical Hotspot	热点	
hydpwr	hydraulic	液压动力	进行程序前液压动力的准备要求
icy	Interchangeability	互换性	
identno	Identification Number	标识号	通常指制造商的标识信息,有 mfc 和 pnr
idivide	integer divide	整除	
idstatus	Identification and Status Information	标识和状态	
if	if	条件判别	
ifault	Isolated fault	隔离的故障	
ils	Integrated Logistic Support number	综合后勤保障码	
incode	information code	信息码	产品活动的描述,短描述是信息码里的内容
incodev	Information Code Variant	信息码变量	有略微改动情况下信息的描述
index	The index operator supports one or two index-values	幂指数运算	幂指数运算的表达式
index-value		幂值	
indxflag	Index Flag	索引标记	
infoname	information name	信息名称	模块的信息名称
inform	Additional Information	模块约束信息	模块状态中的约束信息,如版权、政策
initialize	Initialize a Variable Value	初值	变量的初值
inspection	inspection	检查	
instruct	Specific Instructions	指南	模块发行的指令性文件
integer	integer	整数	
intersect	Intersection	交集	
ipc	Illustrated Parts Catalog	有插图的零部件目录	
ipp	Initial Provisioning Project	初始供应方案	
ippref	Reference to IPP	初始供应方案引用	
isn	Item Sequence Number	项目序列号	项目序列号

表 A.1（续）

英文名称	英文描述	中文名称	说　明
isoend	Final Step of Isolation Procedure	结束步骤	程序中的结束步骤
isolate	Observe Fault Location	故障定位	
isolatep	Isolation Procedure Core	隔离程序步骤信息	
isoproc	Isolation Procedure	隔离程序	
isostep	Step of Isolation Procedure	隔离程序步骤	
issdate	Issue Date	发布日期	模块或出版物的发布时间
issno	Issue Number	发布号	模块或出版物的发布号
item	List Item	列项	段落中的列项
itemloc	Item Location Code	单元位置码	
jacked	indicate whether the product is to be raised	起重准备	用来说明产品是否需要千斤顶顶起
lastyear	Last Year the Copyright was claimed	版权终止年	
le	less equal	小于等于	
legend	legend	图例	
level	Maintenance level	维修级别	
limit	Time Limit	时间限制	
limittype	Limit Type	限制类型	
limrange	Limit Range	限制范围	
locandrep	LRU location and repair procedure	LRU 定位和修理	LRU 定位和修理
low-bound	low-bound	下界值	
lru	On Line Replaceable Unit	外场可更换单元	
lruitem	Line Replaceable Unit Item	外场可更换单元项	
lt	less than	小于	
mainfunc	Maintenance Function	维修活动	维修活动包含维修中的那些步骤
member	member	成员	
Menu	Menu Choice Dialog	菜单选择框	
Menuchoice	Menu Dialog Choice	菜单选择器	
mfc	Manufacturer	制造商	
mfm	select or Manufacture From range	选择或制造的范围	
minus	minus	减运算	
mod	Modification Order	修改	
model	model	产品型号	
modelic	Model identical code	模块标识符	
modtitle	Modification Title	修改题目	产品所对应的数据模块进行修改的题目
modulus	modulus	绝对值运算	

表 A.1(续)

英文名称	英文描述	中文名称	说　明
mov	Model Version	产品的版本	
ne	negative	负	
neg	negative	否	
nil	Not Illustrated	无插图	
no	no	否	
noassertions	No Assertions	无声明	在菜单选择中没有声明
noclose	No Close Up procedures	程序结束时无活动	程序结束时无活动
noconds	No Required Conditions	没有必要条件	
nomen	Nomenclature	术语	
norefs	No References	无引用	
nosafety	No Safety Conditions	无安全条件	
nospares	No Spares	无零部件	
nosupeq	No Support Equipment	无保障设备	
nosupply	No Supplies	无保障物资	
not	not	非	
note	note	说明	
novalue	no value	无值	表达式或集合中没有数值
num-range	Fill in Dialog Number Range	数值范围	对话框的数值范围
ofault	Observed Fault	观察到的故障	
opndurn	Operation Duration	工序时间	操作过程的总时间
or	or	或运算	表达式中的或运算
orig	Originator	编写单位	
p	Simple Paragraph	简单段落	
para	Paragraph	段落	文档的以段落为基础的节
part		零部件	
para0	used to contain descriptive information as detailed	节	训练或人员的描述性信息
perscat	Personnel Category	技术工种	
perskill	Personnel Skill Level	人员技术等级	人员技术等级
person	Personnel	人员	有特殊技能要求的人员
plus	plus	加运算	表达式中的加运算
pmc	Publication Module Code	出版物模块代码	代码
pmd	Production Management Data	生产管理数据	进行修理生产时需要管理的一些数据
pmissuer	5-character NCAGE Code of Issuing Authority	出版物发行者	

表 A.1（续）

英文名称	英文描述	中文名称	说 明
pmnumber	5-digit Publication Module Number starting at 00001	出版物编号	
pmvolume	2-digit sequential Publication Volume Number (NN), default is 00 for a single B137volume publication	出版物卷号	
polref	Security Policy Document Reference	引用法规	规定模块密级的引用文件
postset	postset	后置条件	
precond	Precondition	前提条件	
prelreqs	Preliminary Requirements	预备要求	在完成工作之前要进行的各项必需的准备活动
preset	Preset a Variable Value	预置条件	对运行节点进行的设置条件
procd	identify a crew/operator procedure	程序	明确一个操作人员的操作程序
proced	Procedural Information	程序信息	
process	Maintenance Process Flow	过程模块	
prompt	Dialog Prompt	提示	
pubcode	Publication code	出版物代码	
pubdate	Publication date	出版日期	
pubtitle	Publication title	出版物标题	
qa	Quality Assurance Status	质量保证	
qna	Quantity per Next higher Assembly	上级组件数量	
qty	Quantity	数量	
question	question	提问	
qui	Quantity per Unit of Issue	发布单元数量	
randlist	Random List	无序列表	没有顺序的列表
rdandrt	Reference Data Modules And Technical Publications	引用模块和出版物	
real	real	实数	
reason	Cause of Failure	原因	故障的原因
refdm	Reference Data Module	引用模块	引用模块
refdms	Reference Data Modules	多个模块引用	
refinspec	Inspection Reference	检测引用	
refs	References	引用	
reftp	Reference Technical Publication	引用技术出版物	
registeredwith	Names the Agencies with which the Copyright has been registered	版权注册机构	
remarks	Remarks	注释	

表 A.1（续）

英文名称	英文描述	中文名称	说　明
remove	remove		
repair	Action To Be Performed For Repair	修理活动	
reqcond	Required Condition	必要条件	
reqcondm	Required Condition Data Modules	必要条件模块	当条件在一个单独的模块里描述时，使用该元素
reqconds	Required Conditions	必要条件信息	
reqcontp	Required Condition Technical Publications	必要条件出版物	当条件在一个单独的出版物里描述时，使用该元素
reqdm	Required Data Module	必要的数据模块	
reqpers	Required Persons	必要的人员	
reqtp	Required Technical Publication	必要的出版物	
response	response	回答	
rfa	Reason For Amendment	修订原因	
rfd	ReFerence Designator	引用目标	
rfs	Reason for Selection	选择原因	
rfu	Reason For Update	更新原因	
row	Row Of Table	行	
rpc	Responsible Partner Company	解释单位	
rtx	Refer To	参考	
safecond	Safety Condition	安全要求	
safedev	the state of any safety devices	安全设施准备	
safety	Safety Conditions	安全要求信息	
sampling	sampling	样本	
sb	Service Bulletin	服务通告	对产品技术信息情况的通告，如技术资料哪些进行了修订，实行的期限，因产品上组件的改动应采用哪些技术文档
schedule	Schedule Information	维修计划	
sdc	system difference code	系统区分码	
section		子系统码	
security	Security Marking	密级	
secver	second verification	第二次验证	
sel-list	Selection List Answer	选择列表	
seqlist	Sequential List	顺序列表	
set		集合	
set-diff	Make a new set which is the difference of the two sets	差集	

表 A.1（续）

英文名称	英文描述	中文名称	说　明
sheet	Figure Sheet	图页	插图页
sizeof	Number of characters in the string or set	字符数	集合或字符串中的字符数
skill	Skill Level	技术等级	数据模块使用人员的技术等级，分三类：基本的、中级、高级。还可以包括工程给定的级别
smf	Select or Manufacture From	选择或制造	
smr	Source Maintenance and Recoverability	资源维护 & 恢复	
spanspec	Span Column Specification	列定义	表中列的一系列规定
spare	Spare Item	备件单品	
spares	spares	备件集合	
sparesli	Spare List	零部件清单	
sru	On Shop Replaceable Unit	内场可更换单元	
sruitem	Shop Replaceable Unit Item	内场可更换单元项	
srv	Service	服务	
status	Status Section	状态部分	数据模块的状态描述
step	Drill or Procedural Step	步骤	训练或程序中的步骤
step1	Procedural Step Level 1	程序步骤 1	
step2	Procedural Step Level 2	程序步骤 2	
step3	Procedural Step Level 3	程序步骤 3	
step4	Procedural Step Level 4	程序步骤 4	
step5	Procedural Step Level 5	程序步骤 5	
str	Special sToRage(storage)	特殊存储	
string	string	字符串	
subdrill	Sub Flight Drill	训练子科目	
subject	subject	单元码	SNS 中的第二部分，若在存在的情况下，是对子系统的进一步划分
subpara1	Sub paragraph1	子段落 1	
subpara2	Sub paragraph2	子段落 2	
subpara3	Sub paragraph3	子段落 3	
subpara4	Sub paragraph4	子段落 4	
subscrpt	Sub scription	下标	字母的下标格式
subsect	sub-section	子子系统码	SNS 中的第二部分，若在存在的情况下，是对子系统的进一步划分
subset	subset	子集	表达式中的子集运算

表 A.1（续）

英文名称	英文描述	中文名称	说　明
substring	substring	子字符串	子字符串
supeqli	Support Equipment List	保障设备清单	
supequi	Support Equipment Item	保障设备项	
supequip	Support Equipment	保障设备	
supeqvc	Support equipment v code	保障设备变量码	地面设备中 DMC 中的代码
supervis	Supervisor	监督级别	
supplies	supplies	供应品	在维修保障活动中消耗的物品
supply	Supply Item	保障物资项	
supplyli	Supply List	保障物资清单	
supscrpt	sup script	上标	
symbol	symbol	图标	在警告、更改、强调、段落中的图标
table	table	表	表元素的总体要求
tabtitle	contain thumb tab text for the drill	表题目	
task	Short Task Description	任务	
taskitem	Task Item	任务项	
tasklist	Task List	任务列表	
tbody	Table Body	表格体	
techname	technical standard	技术名称	数据模块标题中的物理技术名称
techpub	Technical Publication	技术出版物	
term	Term	术语	数据列表中的术语或词汇
test	test	测试	
testdesc	Test Description	测试描述	
testnomen	Test Designation	测试指定	
testproc	Test Procedure	测试程序	
text	text	文本	在提示、对话框中的文本元素
tfoot	Table Footer	表尾	
tgroup	Table Group	表格组	一组或多组表格
thead	Table Header	表头	
thi	Threshold Interval	临界区间	到达临界值的时间
threshold	Threshold Inspection	临界检查值	
time	time	时间	
timelimit	Time Limit	时间限制	
title	title	标题	列表、图、表的标题
to	Limrange to	限制	
tolerance	Tolerance Value	公差值	

表 A.1（续）

英文名称	英文描述	中文名称	说明
trade	Personnel Trade Code	人员从业代码	
trigger	trigger	触发	
TRUE	TRUE	真	布尔函数的真值
trunc	truncate	取整	表达式中的取整运算
type	type	产品类型	
uca	Usable on Code Assembly	组件使用码	
uce	Usable on Code Equipment	设备使用码	
union	union	并集	
unverif	Unverified	未验证	没有进行质量保证验证
uoi	Unit Of Issue	发行单元	
value	value	值	
variable	variable	变量	
variable-declarations	Variable declarations	变量声明	
variable-ref	Variable reference	引用变量	
version	version	版本信息(产品型别)	
versrank	Version Rank	版本范围	
warning	warning	警告	
water		水的准备	
xor	Identical and different	异或	
xref	Cross Reference	交叉引用	数据模块中的交叉引用。双向链接
yes	yes	是	
yesno	Yes or No Answer	是与否	
zone	zone	分区信息	

附 录 B
（规范性附录）
数据模块的 DTD

本附录描述的是各类数据模块的DTD。依据GB/T 24463的本部分产生的数据应按照本附录和附录A的规定。

B.1 人员信息 DTD

本文件包含了人员内容DTD。它标识了所有与人员有关的元素和它们之间的关系。

```
<? xml version="1.0" encoding="UTF-8"?>
<! ELEMENT dmodule (rdf:Description?,idstatus,content)>
<! ATTLIST dmodule
  id    ID    #IMPLIED
  %RDFDCATT;>
<! ELEMENT idstatus (dmaddres,srcdmaddres?,status)>
<! ELEMENT dmaddres (dmcextension?,dmc,dmtitle,issno,issdate)>
<! ELEMENT dmcextension (dmeproducer,dmecode)>
<! ELEMENT dmeproducer (#PCDATA)>
<! ELEMENT dmecode (#PCDATA)>
<! ELEMENT dmc (age | avee)>
<! ELEMENT age (modelic,supeqvc,ecscs,eidc,cidc,discode,discodev,incode,incodev,itemloc)>
<! ELEMENT modelic (#PCDATA)>
<! ELEMENT supeqvc (#PCDATA)>
<! ELEMENT ecscs (#PCDATA)>
<! ELEMENT eidc (#PCDATA)>
<! ELEMENT cidc (#PCDATA)>
<! ELEMENT discode (#PCDATA)>
<! ELEMENT discodev (#PCDATA)>
<! ELEMENT incode (#PCDATA)>
<! ELEMENT incodev (#PCDATA)>
<! ELEMENT itemloc (#PCDATA)>
<! ELEMENT avee (modelic, sdc, chapnum, section, subsect, subject, discode, discodev, incode, incodev,
itemloc)>
<! ELEMENT sdc (#PCDATA)>
<! ELEMENT chapnum (#PCDATA)>
<! ELEMENT section (#PCDATA)>
<! ELEMENT subsect (#PCDATA)>
<! ELEMENT subject (#PCDATA)>
<! ELEMENT dmtitle (techname,infoname?)>
<! ELEMENT techname (#PCDATA)>
<! ELEMENT infoname (#PCDATA)>
<! ELEMENT issno EMPTY>
<! ATTLIST issno
   issno     NMTOKEN     #REQUIRED
   inwork    NMTOKEN     #IMPLIED
   type (new | changed | deleted | revised | status | rinstate-changed | rinstate-revised |
rinstate-status)    "new"
>
<! ELEMENT issdate EMPTY>
<! ATTLIST issdate
   year    NMTOKEN    #REQUIRED
   month   NMTOKEN    #REQUIRED
   day     NMTOKEN    #REQUIRED
>
<! ELEMENT srcdmaddres (dmcextension?,dmc,dmtitle,issno,issdate)>
```

```
<!ELEMENT status (security,datarest*,rpc,orig,applic,inlineapplics?,brexref,qa+,(ein)*),rfu*,
remarks*)>
<!ATTLIST status
    id    ID    #IMPLIED
>
<!ELEMENT security EMPTY>
<!ATTLIST security
    class    (01 | 02 | 03 | 04 | 05 | 06 | 07 | 08 | 09 | 10 | 11 | 12 | 13 | 14 | 15 | 16 | 17
| 18 | 19 | 20 | 21 | 22 | 23 | 24 | 25 | 26 | 27 | 28 | 29 | 30 | 31 | 32 | 33 | 34 | 35 | 36 |
37 | 38 | 39 | 40 | 41 | 42 | 43 | 44 | 45 | 46 | 47 | 48 | 49 | 50 | 51 | 52 | 53 | 54 | 55 | 56
| 57 | 58 | 59 | 60 | 61 | 62 | 63 | 64 | 65 | 66 | 67 | 68 | 69 | 70 | 71 | 72 | 73 | 74 | 75 |
76 | 77 | 78 | 79 | 80 | 81 | 82 | 83 | 84 | 85 | 86 | 87 | 88 | 89 | 90 | 91 | 92 | 93 | 94 | 95
| 96 | 97 | 98 | 99)    #REQUIRED

    commcls    (cc01 | cc02 | cc03 | cc04 | cc05 | cc06 | cc07 | cc08 | cc09 | cc10 | cc11 | cc12
| cc13 | cc14 | cc15 | cc16 | cc17 | cc18 | cc19 | cc20 | cc21 | cc22 | cc23 | cc24 | cc25 | cc26
| cc27 | cc28 | cc29 | cc30 | cc31 | cc32 | cc33 | cc34 | cc35 | cc36 | cc37 | cc38 | cc39 | cc40
| cc41 | cc42 | cc43 | cc44 | cc45 | cc46 | cc47 | cc48 | cc49 | cc50 | cc51 | cc52 | cc53 | cc54
| cc55 | cc56 | cc57 | cc58 | cc59 | cc60 | cc61 | cc62 | cc63 | cc64 | cc65 | cc66 | cc67 | cc68
| cc69 | cc70 | cc71 | cc72 | cc73 | cc74 | cc75 | cc76 | cc77 | cc78 | cc79 | cc80 | cc81 | cc82
| cc83 | cc84 | cc85 | cc86 | cc87 | cc88 | cc89 | cc90 | cc91 | cc92 | cc93 | cc94 | cc95 | cc96
| cc97 | cc98 | cc99)    #IMPLIED
    caveat    (cv01 | cv02 | cv03 | cv04 | cv05 | cv06 | cv07 | cv08 | cv09 | cv10 | cv11 | cv12
| cv13 | cv14 | cv15 | cv16 | cv17 | cv18 | cv19 | cv20 | cv21 | cv22 | cv23 | cv24 | cv25 | cv26
| cv27 | cv28 | cv29 | cv30 | cv31 | cv32 | cv33 | cv34 | cv35 | cv36 | cv37 | cv38 | cv39 | cv40
| cv41 | cv42 | cv43 | cv44 | cv45 | cv46 | cv47 | cv48 | cv49 | cv50 | cv51 | cv52 | cv53 | cv54
| cv55 | cv56 | cv57 | cv58 | cv59 | cv60 | cv61 | cv62 | cv63 | cv64 | cv65 | cv66 | cv67 | cv68
| cv69 | cv70 | cv71 | cv72 | cv73 | cv74 | cv75 | cv76 | cv77 | cv78 | cv79 | cv80 | cv81 | cv82
| cv83 | cv84 | cv85 | cv86 | cv87 | cv88 | cv89 | cv90 | cv91 | cv92 | cv93 | cv94 | cv95 | cv96
| cv97 | cv98 | cv99)    #IMPLIED
>
<!ELEMENT datarest (applic?,instruct,inform?)>
<!ATTLIST datarest
    refapplic    IDREF    #IMPLIED
    id    ID    #IMPLIED
    level    NMTOKEN    #IMPLIED
    mark    NMTOKEN    #IMPLIED
    change    (add | delete | modify)    #IMPLIED
    rfc    CDATA    #IMPLIED
>
<!ELEMENT applic (type?,model*)>
<!ATTLIST applic
    applicconf    (allowed | built | designed | installed | manufactured | supported)
    #IMPLIED
    id    ID    #IMPLIED
    level    NMTOKEN    #IMPLIED
    mark    NMTOKEN    #IMPLIED
    change    (add | delete | modify)    #IMPLIED
    rfc    CDATA    #IMPLIED
>
<!ELEMENT type (#PCDATA)>
<!ELEMENT model (version*,((csnref | (mfc))*),maintlevel?,techconds*,opconds*)>
<!ATTLIST model
    model    CDATA    #REQUIRED
>
<!ELEMENT version (versrank*)>
<!ATTLIST version
    version CDATA    #REQUIRED
    id    ID    #IMPLIED
>
```

```
<! ELEMENT versrank ((single | range) + )>
<! ATTLIST versrank
    verstatus    CDATA      # IMPLIED
    id    ID     # IMPLIED
    level    NMTOKEN      # IMPLIED
    mark     NMTOKEN      # IMPLIED
    change      (add | delete | modify)      # IMPLIED
    rfc      CDATA      # IMPLIED
>
<! ELEMENT single ( # PCDATA)>
<! ELEMENT range EMPTY>
<! ATTLIST range
    from     CDATA      # REQUIRED
    to       CDATA      # REQUIRED
>
<! ELEMENT csnref EMPTY>
<! ATTLIST csnref
    refcsn   CDATA      # REQUIRED
    refisn   CDATA      # IMPLIED
    refipp   CDATA      # IMPLIED
    refrpc   CDATA      # IMPLIED
    id    ID     # IMPLIED
    level    NMTOKEN      # IMPLIED
    mark     NMTOKEN      # IMPLIED
    change      (add | delete | modify)      # IMPLIED
    rfc      CDATA      # IMPLIED
    % XLINKATT2;
>
<! ELEMENT mfc ( # PCDATA)>
<! ATTLIST mfc
    id     ID      # IMPLIED
    level    NMTOKEN      # IMPLIED
    mark     NMTOKEN      # IMPLIED
    change      (add | delete | modify)      # IMPLIED
    rfc      CDATA      # IMPLIED
>
<! ELEMENT pnr ( # PCDATA)>
<! ATTLIST pnr
    id     ID      # IMPLIED
    level    NMTOKEN      # IMPLIED
    mark     NMTOKEN      # IMPLIED
    change      (add | delete | modify)      # IMPLIED
    rfc      CDATA      # IMPLIED
>
<! ELEMENT serialno ((single | range) + )>
<! ELEMENT maintlevel (mntlvl + )>
<! ELEMENT mntlvl EMPTY>
<! ATTLIST mntlvl
    mntlvl      (ml01 | ml02 | ml03 | ml04 | ml05 | ml06 | ml07 | ml08 | ml09 | ml10 | ml11 | ml12
| ml13 | ml14 | ml15 | ml16 | ml17 | ml18 | ml19 | ml20 | ml21 | ml22 | ml23 | ml24 | ml25 | ml26
| ml27 | ml28 | ml29 | ml30 | ml31 | ml32 | ml33 | ml34 | ml35 | ml36 | ml37 | ml38 | ml39 | ml40
| ml41 | ml42 | ml43 | ml44 | ml45 | ml46 | ml47 | ml48 | ml49 | ml50 | ml51 | ml52 | ml53 | ml54
| ml55 | ml56 | ml57 | ml58 | ml59 | ml60 | ml61 | ml62 | ml63 | ml64 | ml65 | ml66 | ml67 | ml68
| ml69 | ml70 | ml71 | ml72 | ml73 | ml74 | ml75 | ml76 | ml77 | ml78 | ml79 | ml80 | ml81 | ml82
| ml83 | ml84 | ml85 | ml86 | ml87 | ml88 | ml89 | ml90 | ml91 | ml92 | ml93 | ml94 | ml95 | ml96
| ml97 | ml98 | ml99)     # REQUIRED
>
<! ELEMENT techconds (textual-desc?,techcond * )>
<! ATTLIST techconds
    id    ID     # IMPLIED
```

```
    level   NMTOKEN     #IMPLIED
    mark    NMTOKEN     #IMPLIED
    change      (add | delete | modify)      #IMPLIED
    rfc     CDATA     #IMPLIED
>
<! ELEMENT textual-desc (#PCDATA)>
<! ATTLIST textual-desc
    id     ID     #IMPLIED
    level   NMTOKEN     #IMPLIED
    mark    NMTOKEN     #IMPLIED
    change      (add | delete | modify)      #IMPLIED
    rfc     CDATA     #IMPLIED
>
<! ELEMENT techcond (((((age | avee), issno?, dmtitle?) | (pubcode, pubtitle?, pubdate?) |
condtitle)?),scheduled?,embodied?))
<! ATTLIST techcond
    tccode      (tc01 | tc02 | tc03 | tc04 | tc05 | tc06 | tc07 | tc08 | tc09 | tc10 | tc11 | tc12
| tc13 | tc14 | tc15 | tc16 | tc17 | tc18 | tc19 | tc20 | tc21 | tc22 | tc23 | tc24 | tc25 | tc26
| tc27 | tc28 | tc29 | tc30 | tc31 | tc32 | tc33 | tc34 | tc35 | tc36 | tc37 | tc38 | tc39 | tc40
| tc41 | tc42 | tc43 | tc44 | tc45 | tc46 | tc47 | tc48 | tc49 | tc50 | tc51 | tc52 | tc53 | tc54
| tc55 | tc56 | tc57 | tc58 | tc59 | tc60 | tc61 | tc62 | tc63 | tc64 | tc65 | tc66 | tc67 | tc68
| tc69 | tc70 | tc71 | tc72 | tc73 | tc74 | tc75 | tc76 | tc77 | tc78 | tc79 | tc80 | tc81 | tc82
| tc83 | tc84 | tc85 | tc86 | tc87 | tc88 | tc89 | tc90 | tc91 | tc92 | tc93 | tc94 | tc95 | tc96
| tc97 | tc98 | tc99)     #REQUIRED
    tcno    CDATA     #IMPLIED
    tctype      (pre | post | preandpo)      #REQUIRED
    mfc     CDATA     #IMPLIED
    id     ID     #IMPLIED
    level   NMTOKEN     #IMPLIED
    mark    NMTOKEN     #IMPLIED
    change      (add | delete | modify)     #IMPLIED
    rfc     CDATA     #IMPLIED
>
<! ELEMENT pubcode (#PCDATA | pmc)*>
<! ATTLIST pubcode
    pubcodsy     CDATA     #IMPLIED
>
<! ELEMENT pmc (modelic,pmissuer,pmnumber,pmvolume)>
<! ELEMENT pmissuer (#PCDATA)>
<! ELEMENT pmnumber (#PCDATA)>
<! ELEMENT pmvolume (#PCDATA)>
<! ELEMENT pubtitle (#PCDATA)>
<! ELEMENT pubdate EMPTY>
<! ATTLIST pubdate
    year    NMTOKEN     #REQUIRED
    month   NMTOKEN     #REQUIRED
    day     NMTOKEN     #REQUIRED
>
<! ELEMENT condtitle (#PCDATA)>
<! ATTLIST condtitle
    id     ID     #IMPLIED
    level   NMTOKEN     #IMPLIED
    mark    NMTOKEN     #IMPLIED
    change      (add | delete | modify)   #IMPLIED
    rfc     CDATA     #IMPLIED
>
<! ELEMENT scheduled ((single | range)+)>
<! ATTLIST scheduled
    id     ID     #IMPLIED
    level   NMTOKEN     #IMPLIED
```

```
    mark    NMTOKEN      #IMPLIED
    change     (add | delete | modify)     #IMPLIED
    rfc    CDATA     #IMPLIED
>
<!ELEMENT embodied ((single | range)+)>
<!ATTLIST embodied
    id    ID      #IMPLIED
    level    NMTOKEN      #IMPLIED
    mark    NMTOKEN      #IMPLIED
    change     (add | delete | modify)     #IMPLIED
    rfc    CDATA     #IMPLIED
>
<!ELEMENT opconds (textual-desc?,opcond*)>
<!ATTLIST opconds
    id    ID      #IMPLIED
    level    NMTOKEN      #IMPLIED
    mark    NMTOKEN      #IMPLIED
    change     (add | delete | modify)     #IMPLIED
    rfc    CDATA     #IMPLIED
>
<!ELEMENT opcond (#PCDATA)>
<!ATTLIST opcond
    opcno       NMTOKEN      #IMPLIED
    opccode CDATA     #IMPLIED
    confirmed NMTOKEN      #IMPLIED
    id    ID     #IMPLIED
    level    NMTOKEN      #IMPLIED
    mark    NMTOKEN      #IMPLIED
    change     (add | delete | modify)     #IMPLIED
    rfc    CDATA     #IMPLIED
>
<!ELEMENT instruct (distrib,handling?)>
<!ATTLIST instruct
    id    ID     #IMPLIED
    level    NMTOKEN      #IMPLIED
    mark    NMTOKEN      #IMPLIED
    change     (add | delete | modify)     #IMPLIED
    rfc    CDATA     #IMPLIED
>
<!ELEMENT distrib (#PCDATA)>
<!ATTLIST distrib
    id    ID     #IMPLIED
    level    NMTOKEN      #IMPLIED
    mark    NMTOKEN      #IMPLIED
    change     (add | delete | modify)     #IMPLIED
    rfc    CDATA     #IMPLIED
>
<!ELEMENT handling (#PCDATA)>
<!ATTLIST handling
    id    ID     #IMPLIED
    level    NMTOKEN      #IMPLIED
    mark    NMTOKEN      #IMPLIED
    change     (add | delete | modify)     #IMPLIED
    rfc    CDATA     #IMPLIED
>
<!ELEMENT inform (copyright)>
<!ATTLIST inform
    id    ID     #IMPLIED
    level    NMTOKEN      #IMPLIED
    mark    NMTOKEN      #IMPLIED
```

```
    change    (add | delete | modify)    #IMPLIED
    rfc    CDATA    #IMPLIED
>
<!ELEMENT copyright (para+)>
<!ATTLIST copyright
    id    ID    #IMPLIED
    level    NMTOKEN    #IMPLIED
    mark    NMTOKEN    #IMPLIED
    change    (add | delete | modify)    #IMPLIED
    rfc    CDATA    #IMPLIED
>
<!ELEMENT para (#PCDATA | applic | ein | cb | parasigdata | quantity | xref | indxflag | change
| emphasis | symbol | subscrpt | supscrpt | refdm | reftp | ftnote | ftnref | acronym | acroterm
| capgrp | caption | seqlist | randlist | deflist)*>
<!ATTLIST para
    refapplic    IDREF    #IMPLIED
    id    ID    #IMPLIED
    level    NMTOKEN    #IMPLIED
    mark    NMTOKEN    #IMPLIED
    change    (add | delete | modify)    #IMPLIED
    rfc    CDATA    #IMPLIED
    class    (01 | 02 | 03 | 04 | 05 | 06 | 07 | 08 | 09 | 10 | 11 | 12 | 13 | 14 | 15 | 16 | 17
| 18 | 19 | 20 | 21 | 22 | 23 | 24 | 25 | 26 | 27 | 28 | 29 | 30 | 31 | 32 | 33 | 34 | 35 | 36 |
37 | 38 | 39 | 40 | 41 | 42 | 43 | 44 | 45 | 46 | 47 | 48 | 49 | 50 | 51 | 52 | 53 | 54 | 55 | 56
| 57 | 58 | 59 | 60 | 61 | 62 | 63 | 64 | 65 | 66 | 67 | 68 | 69 | 70 | 71 | 72 | 73 | 74 | 75 |
76 | 77 | 78 | 79 | 80 | 81 | 82 | 83 | 84 | 85 | 86 | 87 | 88 | 89 | 90 | 91 | 92 | 93 | 94 | 95
| 96 | 97 | 98 | 99)    #IMPLIED
    commcls    (cc01 | cc02 | cc03 | cc04 | cc05 | cc06 | cc07 | cc08 | cc09 | cc10 | cc11 | cc12
| cc13 | cc14 | cc15 | cc16 | cc17 | cc18 | cc19 | cc20 | cc21 | cc22 | cc23 | cc24 | cc25 | cc26
| cc27 | cc28 | cc29 | cc30 | cc31 | cc32 | cc33 | cc34 | cc35 | cc36 | cc37 | cc38 | cc39 | cc40
| cc41 | cc42 | cc43 | cc44 | cc45 | cc46 | cc47 | cc48 | cc49 | cc50 | cc51 | cc52 | cc53 | cc54
| cc55 | cc56 | cc57 | cc58 | cc59 | cc60 | cc61 | cc62 | cc63 | cc64 | cc65 | cc66 | cc67 | cc68
| cc69 | cc70 | cc71 | cc72 | cc73 | cc74 | cc75 | cc76 | cc77 | cc78 | cc79 | cc80 | cc81 | cc82
| cc83 | cc84 | cc85 | cc86 | cc87 | cc88 | cc89 | cc90 | cc91 | cc92 | cc93 | cc94 | cc95 | cc96
| cc97 | cc98 | cc99)    #IMPLIED
    caveat    (cv01 | cv02 | cv03 | cv04 | cv05 | cv06 | cv07 | cv08 | cv09 | cv10 | cv11 | cv12
| cv13 | cv14 | cv15 | cv16 | cv17 | cv18 | cv19 | cv20 | cv21 | cv22 | cv23 | cv24 | cv25 | cv26
| cv27 | cv28 | cv29 | cv30 | cv31 | cv32 | cv33 | cv34 | cv35 | cv36 | cv37 | cv38 | cv39 | cv40
| cv41 | cv42 | cv43 | cv44 | cv45 | cv46 | cv47 | cv48 | cv49 | cv50 | cv51 | cv52 | cv53 | cv54
| cv55 | cv56 | cv57 | cv58 | cv59 | cv60 | cv61 | cv62 | cv63 | cv64 | cv65 | cv66 | cv67 | cv68
| cv69 | cv70 | cv71 | cv72 | cv73 | cv74 | cv75 | cv76 | cv77 | cv78 | cv79 | cv80 | cv81 | cv82
| cv83 | cv84 | cv85 | cv86 | cv87 | cv88 | cv89 | cv90 | cv91 | cv92 | cv93 | cv94 | cv95 | cv96
| cv97 | cv98 | cv99)    #IMPLIED
>
<!ELEMENT ein (nomen?,refs?)>
<!ATTLIST ein
    einnbr    CDATA    #REQUIRED
    eintype    (exact | family)    #IMPLIED
    mfc    CDATA    #IMPLIED
    id    ID    #IMPLIED
    level    NMTOKEN    #IMPLIED
    mark    NMTOKEN    #IMPLIED
    change    (add | delete | modify)    #IMPLIED
    rfc    CDATA    #IMPLIED
>
<!ELEMENT nomen (#PCDATA)>
<!ATTLIST nomen
    level    NMTOKEN    #IMPLIED
    mark    NMTOKEN    #IMPLIED
    change    (add | delete | modify)    #IMPLIED
```

```
    rfc      CDATA      # IMPLIED
  〉
〈! ELEMENT refs ((refdm + ,reftp * ) | reftp + )〉
〈! ELEMENT refdm ((applic?,dmcextension?,(age | avee),issno?,dmtitle?) | (( % XLINKEXT;) * ))〉
〈! ATTLIST refdm
    target   CDATA      # IMPLIED
    refapplic     IDREF     # IMPLIED
    id     ID      # IMPLIED
    level    NMTOKEN      # IMPLIED
    mark     NMTOKEN      # IMPLIED
    change     (add | delete | modify)     # IMPLIED
    rfc     CDATA      # IMPLIED
    % XLINKATT;
〉
〈! ELEMENT reftp ( # PCDATA | applic | xref | indxflag | symbol | subscrpt | supscrpt | ftnref |
acronym | acroterm | capgrp | caption | pubcode | pubtitle | pubdate | % XLINKEXT;) * 〉
〈! ATTLIST reftp
    refapplic     IDREF     # IMPLIED
    id     ID      # IMPLIED
    level    NMTOKEN      # IMPLIED
    mark     NMTOKEN      # IMPLIED
    change     (add | delete | modify)     # IMPLIED
    rfc     CDATA      # IMPLIED
    % XLINKATT4;
〉
〈! ELEMENT xref ( # PCDATA | applic | subscrpt | supscrpt) * 〉
〈! ATTLIST xref
    xrefid     IDREF     # IMPLIED
    xidtype     (figure | table | multimedia | supply | supequip | spares | para | step | sheet |
multimediaobject | hotspot | param | other)     # IMPLIED
    target     CDATA     # IMPLIED
    destitle     CDATA     # IMPLIED
    pretext     CDATA     # IMPLIED
    posttext     CDATA     # IMPLIED
    refapplic     IDREF     # IMPLIED
    % XLINKATT3;
〉
〈! ELEMENT subscrpt ( # PCDATA)〉
〈! ELEMENT supscrpt ( # PCDATA)〉
〈! ELEMENT indxflag EMPTY〉
〈! ATTLIST indxflag
    ref1     CDATA     # IMPLIED
    ref2     CDATA     # IMPLIED
    ref3     CDATA     # IMPLIED
    ref4     CDATA     # IMPLIED
〉
〈! ELEMENT symbol (applic?)〉
〈! ATTLIST symbol
    boardno     ENTITY     # REQUIRED
    id     ID     # IMPLIED
    reprowid   CDATA     # IMPLIED
    reprohgt   CDATA     # IMPLIED
    reproscl.  CDATA     # IMPLIED
    refapplic     IDREF     # IMPLIED
    % XLINKATT1;
〉
〈! ELEMENT ftnref EMPTY〉
〈! ATTLIST ftnref
    xrefid     IDREF     # IMPLIED
〉
```

```
<! ELEMENT acronym (acroterm,acrodef)>
<! ATTLIST acronym
    acrotype   (at01 | at02 | at03 | at04 | at05 | at06 | at07 | at08 | at09 | at10 | at11 | at12
| at13 | at14 | at15 | at16 | at17 | at18 | at19 | at20 | at21 | at22 | at23 | at24 | at25 | at26
| at27 | at28 | at29 | at30 | at31 | at32 | at33 | at34 | at35 | at36 | at37 | at38 | at39 | at40
| at41 | at42 | at43 | at44 | at45 | at46 | at47 | at48 | at49 | at50 | at51 | at52 | at53 | at54
| at55 | at56 | at57 | at58 | at59 | at60 | at61 | at62 | at63 | at64 | at65 | at66 | at67 | at68
| at69 | at70 | at71 | at72 | at73 | at74 | at75 | at76 | at77 | at78 | at79 | at80 | at81 | at82
| at83 | at84 | at85 | at86 | at87 | at88 | at89 | at90 | at91 | at92 | at93 | at94 | at95 | at96
| at97 | at98 | at99)    "at01"
    id    ID    #IMPLIED
    level   NMTOKEN    #IMPLIED
    mark   NMTOKEN    #IMPLIED
    change    (add | delete | modify)    #IMPLIED
    rfc    CDATA    #IMPLIED
>
<! ELEMENT acroterm (#PCDATA | subscrpt | supscrpt)*>
<! ATTLIST acroterm
    xrefid    IDREF    #IMPLIED
>
<! ELEMENT acrodef (#PCDATA | subscrpt | supscrpt)*>
<! ATTLIST acrodef
    id    ID    #IMPLIED
    level   NMTOKEN    #IMPLIED
    mark   NMTOKEN    #IMPLIED
    change    (add | delete | modify)    #IMPLIED
    rfc    CDATA    #IMPLIED
>
<! ELEMENT capgrp (applic?,colspec*,spanspec*,capbody)>
<! ATTLIST capgrp
    cols   NMTOKEN    #REQUIRED
    align    (left | right | center)    "left"
    toctype    (none | redtoc | comdtoc | ambertoc | greentoc | yelowtoc)    "none"
    colsep  NMTOKEN    #IMPLIED
    rowsep  NMTOKEN    #IMPLIED
    refapplic    IDREF    #IMPLIED
    id    ID    #IMPLIED
    level   NMTOKEN    #IMPLIED
    mark   NMTOKEN    #IMPLIED
    change    (add | delete | modify)    #IMPLIED
    rfc    CDATA    #IMPLIED
>
<! ELEMENT colspec EMPTY>
<! ATTLIST colspec
    colnum    NMTOKEN    #IMPLIED
    colname   NMTOKEN    #IMPLIED
    align    (left | right | center | justify | char)    #IMPLIED
    charoff    CDATA    #IMPLIED
    char    CDATA    #IMPLIED
    colwidth  CDATA    #IMPLIED
    colsep    NMTOKEN    #IMPLIED
    rowsep    NMTOKEN    #IMPLIED
>
<! ELEMENT spanspec EMPTY>
<! ATTLIST spanspec
    namest    NMTOKEN    #REQUIRED
    nameend   NMTOKEN    #REQUIRED
    spanname  NMTOKEN    #REQUIRED
    align    (left | right | center | justify | char)    "center"
    charoff CDATA    #IMPLIED
```

```
    char    CDATA       #IMPLIED
    colsep  NMTOKEN     #IMPLIED
    rowsep  NMTOKEN     #IMPLIED
>
<! ELEMENT capbody (applic?,caprow+)>
<! ATTLIST capbody
    valign     (top | bottom | middle)  "top"
    refapplic    IDREF     #IMPLIED
>
<! ELEMENT caprow ((applic?,capentry)+)>
<! ATTLIST caprow
    rowsep  NMTOKEN     #IMPLIED
    refapplic    IDREF     #IMPLIED
    id    ID      #IMPLIED
    level   NMTOKEN     #IMPLIED
    mark    NMTOKEN     #IMPLIED
    change     (add | delete | modify)     #IMPLIED
    rfc      CDATA     #IMPLIED
>
<! ELEMENT capentry (applic?,((caption | captext)?))>
<! ATTLIST capentry
    colname    NMTOKEN  #IMPLIED
    namest     NMTOKEN  #IMPLIED
    nameend    NMTOKEN  #IMPLIED
    spanname   NMTOKEN  #IMPLIED
    morerows   NMTOKEN     "0"
    colsep     NMTOKEN     #IMPLIED
    rowsep     NMTOKEN     #IMPLIED
    valign     (top | bottom | middle)  "top"
    align     (left | right | center | justify)     #IMPLIED
    refapplic     IDREF     #IMPLIED
>
<! ELEMENT caption (applic?,capline+)>
<! ATTLIST caption
    colour      (co00 | co01 | co02 | co03 | co04 | co05 | co06 | co07 | co08 | co09 | co10 | co11
| co12 | co13 | co14 | co15 | co16 | co17 | co18 | co19 | co20 | co21 | co22 | co23 | co24 | co25
| co26 | co27 | co28 | co29 | co30 | co31 | co32 | co33 | co34 | co35 | co36 | co37 | co38 | co39
| co40 | co41 | co42 | co43 | co44 | co45 | co46 | co47 | co48 | co49 | co50 | co51 | co52 | co53
| co54 | co55 | co56 | co57 | co58 | co59 | co60 | co61 | co62 | co63 | co64 | co65 | co66 | co67
| co68 | co69 | co70 | co71 | co72 | co73 | co74 | co75 | co76 | co77 | co78 | co79 | co80 | co81
| co82 | co83 | co84 | co85 | co86 | co87 | co88 | co89 | co90 | co91 | co92 | co93 | co94 | co95
| co96 | co97 | co98 | co99)    "co09"
    width  CDATA    #IMPLIED
    height  CDATA    #IMPLIED
    sysid   CDATA    #IMPLIED
    align    (left | right | center | justify)       "center"
    toctype     (none | redtoc | comdtoc | ambertoc | greentoc | yelowtoc)       "none"
    type   (primary | secondary)    "primary"
    refapplic    IDREF     #IMPLIED
    id    ID     #IMPLIED
    level    NMTOKEN     #IMPLIED
    mark     NMTOKEN     #IMPLIED
    change     (add | delete | modify)     #IMPLIED
    rfc     CDATA    #IMPLIED
>
<! ELEMENT capline (#PCDATA | acroterm)*>
<! ELEMENT captext (#PCDATA | xref | indxflag | change | emphasis | subscrpt | supscrpt | refdm |
reftp | acronym | acroterm)*>
<! ATTLIST captext
    level   NMTOKEN     #IMPLIED
```

```
    mark    NMTOKEN     # IMPLIED
    change    (add | delete | modify)    # IMPLIED
    rfc    CDATA    # IMPLIED
〉
〈! ELEMENT change ( # PCDATA | ein | cb | parasigdata | quantity | xref | indxflag | change |
emphasis | symbol | subscrpt | supscrpt | refdm | reftp | ftnote | ftnref | acronym | acroterm |
capgrp | caption) * 〉
〈! ATTLIST change
    id    ID    # IMPLIED
    level    NMTOKEN    # IMPLIED
    mark    NMTOKEN    # IMPLIED
    change    (add | delete | modify)    # IMPLIED
    rfc    CDATA    # IMPLIED
〉
〈! ELEMENT emphasis ( # PCDATA | ein | cb | parasigdata | quantity | xref | indxflag | change |
emphasis | symbol | subscrpt | supscrpt | refdm | reftp | ftnote | ftnref | acronym | acroterm |
capgrp | caption) * 〉
〈! ATTLIST emphasis
    emph(em01 | em02 | em03 | em04 | em05 | em06 | em07 | em08 | em09 | em10 | em11 | em12 | em13
 | em14 | em15 | em16 | em17 | em18 | em19 | em20 | em21 | em22 | em23 | em24 | em25 | em26 | em27
 | em28 | em29 | em30 | em31 | em32 | em33 | em34 | em35 | em36 | em37 | em38 | em39 | em40 | em41
 | em42 | em43 | em44 | em45 | em46 | em47 | em48 | em49 | em50 | em51 | em52 | em53 | em54 | em55
 | em56 | em57 | em58 | em59 | em60 | em61 | em62 | em63 | em64 | em65 | em66 | em67 | em68 | em69
 | em70 | em71 | em72 | em73 | em74 | em75 | em76 | em77 | em78 | em79 | em80 | em81 | em82 | em83
 | em84 | em85 | em86 | em87 | em88 | em89 | em90 | em91 | em92 | em93 | em94 | em95 | em96 | em97
 | em98 | em99)    "em01"
〉
〈! ELEMENT cb (nomen?,refs?)〉
〈! ATTLIST cb
    cbnbr    CDATA    # REQUIRED
    cbtype    (eltro | elmec | clip)    # IMPLIED
    cbaction    (open | close | verif-open | verif-close)    # IMPLIED
    checksum  CDATA    # IMPLIED
    id    ID    # IMPLIED
    level  NMTOKEN    # IMPLIED
    mark  NMTOKEN    # IMPLIED
    change    (add | delete | modify)    # IMPLIED
    rfc    CDATA    # IMPLIED
〉
〈! ELEMENT parasigdata (# PCDATA)〉
〈! ATTLIST parasigdata
    psdtype (psd01 | psd02 | psd03 | psd04 | psd05 | psd06 | psd07 | psd08 | psd09 | psd10 | psd11
 | psd12 | psd13 | psd14 | psd15 | psd16 | psd17 | psd18 | psd19 | psd20 | psd21 | psd22 | psd23
 | psd24 | psd25 | psd26 | psd27 | psd28 | psd29 | psd30 | psd31 | psd32 | psd33 | psd34 | psd35
 | psd36 | psd37 | psd38 | psd39 | psd40 | psd41 | psd42 | psd43 | psd44 | psd45 | psd46 | psd47
 | psd40 | psd49 | psd50 | psd51 | psd52 | psd53 | psd54 | psd55 | psd56 | psd57 | psd58 | psd59
 | psd60 | psd61 | psd62 | psd63 | psd64 | psd65 | psd66 | psd67 | psd68 | psd69 | psd70 | psd71
 | psd72 | psd73 | psd74 | psd75 | psd76 | psd77 | psd78 | psd79 | psd80 | psd81 | psd82 | psd83
 | psd84 | psd85 | psd86 | psd87 | psd88 | psd89 | psd90 | psd91 | psd92 | psd93 | psd94 | psd95
 | psd96 | psd97 | psd98 | psd99)    # REQUIRED
〉
〈! ELEMENT quantity ( # PCDATA | qtygrp) * 〉
〈! ATTLIST quantity
    qtytype (qty01 | qty02 | qty03 | qty04 | qty05 | qty06 | qty07 | qty08 | qty09 | qty10 | qty11
 | qty12 | qty13 | qty14 | qty15 | qty16 | qty17 | qty18 | qty19 | qty20 | qty21 | qty22 | qty23
 | qty24 | qty25 | qty26 | qty27 | qty28 | qty29 | qty30 | qty31 | qty32 | qty33 | qty34 | qty35
 | qty36 | qty37 | qty38 | qty39 | qty40 | qty41 | qty42 | qty43 | qty44 | qty45 | qty46 | qty47
 | qty48 | qty49 | qty50 | qty51 | qty52 | qty53 | qty54 | qty55 | qty56 | qty57 | qty58 | qty59
 | qty60 | qty61 | qty62 | qty63 | qty64 | qty65 | qty66 | qty67 | qty68 | qty69 | qty70 | qty71
 | qty72 | qty73 | qty74 | qty75 | qty76 | qty77 | qty78 | qty79 | qty80 | qty81 | qty82 | qty83
```

```
| qty84 | qty85 | qty86 | qty87 | qty88 | qty89 | qty90 | qty91 | qty92 | qty93 | qty94 | qty95
| qty96 | qty97 | qty98 | qty99)     #IMPLIED
>
<!ELEMENT qtygrp ((qtyvalue+,qtytolerance*) | (qtytolerance+))>
<!ATTLIST qtygrp
    qtygrptype    (nominal | minimum | maximum)    "nominal"
    qtyuom   CDATA      #IMPLIED
>
<!ELEMENT qtyvalue (#PCDATA)>
<!ATTLIST qtyvalue
    qtyuom   CDATA      #IMPLIED
>
<!ELEMENT qtytolerance (#PCDATA)>
<!ATTLIST qtytolerance
    qtytoltype    (plus | minus | plusorminus)    "plusorminus"
    qtyuom   CDATA      #IMPLIED
>
<!ELEMENT ftnote (applic?,para+)>
<!ATTLIST ftnote
    ftnmark      (num | sym | alpha)      "num"
    refapplic      IDREF       #IMPLIED
    id     ID       #IMPLIED
    level    NMTOKEN       #IMPLIED
    mark     NMTOKEN       #IMPLIED
    change     (add | delete | modify)      #IMPLIED
    rfc      CDATA      #IMPLIED
    class      (01 | 02 | 03 | 04 | 05 | 06 | 07 | 08 | 09 | 10 | 11 | 12 | 13 | 14 | 15 | 16 | 17
| 18 | 19 | 20 | 21 | 22 | 23 | 24 | 25 | 26 | 27 | 28 | 29 | 30 | 31 | 32 | 33 | 34 | 35 | 36 |
37 | 38 | 39 | 40 | 41 | 42 | 43 | 44 | 45 | 46 | 47 | 48 | 49 | 50 | 51 | 52 | 53 | 54 | 55 | 56
| 57 | 58 | 59 | 60 | 61 | 62 | 63 | 64 | 65 | 66 | 67 | 68 | 69 | 70 | 71 | 72 | 73 | 74 | 75 |
76 | 77 | 78 | 79 | 80 | 81 | 82 | 83 | 84 | 85 | 86 | 87 | 88 | 89 | 90 | 91 | 92 | 93 | 94 | 95
| 96 | 97 | 98 | 99)     #IMPLIED
    commcls     (cc01 | cc02 | cc03 | cc04 | cc05 | cc06 | cc07 | cc08 | cc09 | cc10 | cc11 | cc12
| cc13 | cc14 | cc15 | cc16 | cc17 | cc18 | cc19 | cc20 | cc21 | cc22 | cc23 | cc24 | cc25 | cc26
| cc27 | cc28 | cc29 | cc30 | cc31 | cc32 | cc33 | cc34 | cc35 | cc36 | cc37 | cc38 | cc39 | cc40
| cc41 | cc42 | cc43 | cc44 | cc45 | cc46 | cc47 | cc48 | cc49 | cc50 | cc51 | cc52 | cc53 | cc54
| cc55 | cc56 | cc57 | cc58 | cc59 | cc60 | cc61 | cc62 | cc63 | cc64 | cc65 | cc66 | cc67 | cc68
| cc69 | cc70 | cc71 | cc72 | cc73 | cc74 | cc75 | cc76 | cc77 | cc78 | cc79 | cc80 | cc81 | cc82
| cc83 | cc84 | cc85 | cc86 | cc87 | cc88 | cc89 | cc90 | cc91 | cc92 | cc93 | cc94 | cc95 | cc96
| cc97 | cc98 | cc99)     #IMPLIED
    caveat     (cv01 | cv02 | cv03 | cv04 | cv05 | cv06 | cv07 | cv08 | cv09 | cv10 | cv11 | cv12
| cv13 | cv14 | cv15 | cv16 | cv17 | cv18 | cv19 | cv20 | cv21 | cv22 | cv23 | cv24 | cv25 | cv26
| cv27 | cv28 | cv29 | cv30 | cv31 | cv32 | cv33 | cv34 | cv35 | cv36 | cv37 | cv38 | cv39 | cv40
| cv41 | cv42 | cv43 | cv44 | cv45 | cv46 | cv47 | cv48 | cv49 | cv50 | cv51 | cv52 | cv53 | cv54
| cv55 | cv56 | cv57 | cv58 | cv59 | cv60 | cv61 | cv62 | cv63 | cv64 | cv65 | cv66 | cv67 | cv68
| cv69 | cv70 | cv71 | cv72 | cv73 | cv74 | cv75 | cv76 | cv77 | cv78 | cv79 | cv80 | cv81 | cv82
| cv83 | cv84 | cv85 | cv86 | cv87 | cv88 | cv89 | cv90 | cv91 | cv92 | cv93 | cv94 | cv95 | cv96
| cv97 | cv98 | cv99)     #IMPLIED
>
<!ELEMENT seqlist (applic?,title?,item+)>
<!ATTLIST seqlist
    refapplic      IDREF       #IMPLIED
    id     ID       #IMPLIED
    level    NMTOKEN       #IMPLIED
    mark     NMTOKEN       #IMPLIED
    change     (add | delete | modify)      #IMPLIED
    rfc      CDATA      #IMPLIED
    class      (01 | 02 | 03 | 04 | 05 | 06 | 07 | 08 | 09 | 10 | 11 | 12 | 13 | 14 | 15 | 16 | 17
| 18 | 19 | 20 | 21 | 22 | 23 | 24 | 25 | 26 | 27 | 28 | 29 | 30 | 31 | 32 | 33 | 34 | 35 | 36 |
37 | 38 | 39 | 40 | 41 | 42 | 43 | 44 | 45 | 46 | 47 | 48 | 49 | 50 | 51 | 52 | 53 | 54 | 55 | 56
```

```
| 57 | 58 | 59 | 60 | 61 | 62 | 63 | 64 | 65 | 66 | 67 | 68 | 69 | 70 | 71 | 72 | 73 | 74 | 75 |
76 | 77 | 78 | 79 | 80 | 81 | 82 | 83 | 84 | 85 | 86 | 87 | 88 | 89 | 90 | 91 | 92 | 93 | 94 | 95
| 96 | 97 | 98 | 99)    #IMPLIED
   commcls    (cc01 | cc02 | cc03 | cc04 | cc05 | cc06 | cc07 | cc08 | cc09 | cc10 | cc11 | cc12
| cc13 | cc14 | cc15 | cc16 | cc17 | cc18 | cc19 | cc20 | cc21 | cc22 | cc23 | cc24 | cc25 | cc26
| cc27 | cc28 | cc29 | cc30 | cc31 | cc32 | cc33 | cc34 | cc35 | cc36 | cc37 | cc38 | cc39 | cc40
| cc41 | cc42 | cc43 | cc44 | cc45 | cc46 | cc47 | cc48 | cc49 | cc50 | cc51 | cc52 | cc53 | cc54
| cc55 | cc56 | cc57 | cc58 | cc59 | cc60 | cc61 | cc62 | cc63 | cc64 | cc65 | cc66 | cc67 | cc68
| cc69 | cc70 | cc71 | cc72 | cc73 | cc74 | cc75 | cc76 | cc77 | cc78 | cc79 | cc80 | cc81 | cc82
| cc83 | cc84 | cc85 | cc86 | cc87 | cc88 | cc89 | cc90 | cc91 | cc92 | cc93 | cc94 | cc95 | cc96
| cc97 | cc98 | cc99)    #IMPLIED
   caveat    (cv01 | cv02 | cv03 | cv04 | cv05 | cv06 | cv07 | cv08 | cv09 | cv10 | cv11 | cv12
| cv13 | cv14 | cv15 | cv16 | cv17 | cv18 | cv19 | cv20 | cv21 | cv22 | cv23 | cv24 | cv25 | cv26
| cv27 | cv28 | cv29 | cv30 | cv31 | cv32 | cv33 | cv34 | cv35 | cv36 | cv37 | cv38 | cv39 | cv40
| cv41 | cv42 | cv43 | cv44 | cv45 | cv46 | cv47 | cv48 | cv49 | cv50 | cv51 | cv52 | cv53 | cv54
| cv55 | cv56 | cv57 | cv58 | cv59 | cv60 | cv61 | cv62 | cv63 | cv64 | cv65 | cv66 | cv67 | cv68
| cv69 | cv70 | cv71 | cv72 | cv73 | cv74 | cv75 | cv76 | cv77 | cv78 | cv79 | cv80 | cv81 | cv82
| cv83 | cv84 | cv85 | cv86 | cv87 | cv88 | cv89 | cv90 | cv91 | cv92 | cv93 | cv94 | cv95 | cv96
| cv97 | cv98 | cv99)    #IMPLIED
〉
〈! ELEMENT title (#PCDATA | ein | cb | parasigdata | quantity | xref | indxflag | change | emphasis
| symbol | subscrpt | supscrpt | refdm | reftp | ftnote | ftnref | acronym | acroterm | capgrp |
caption) * 〉
〈! ATTLIST title
   class    (01 | 02 | 03 | 04 | 05 | 06 | 07 | 08 | 09 | 10 | 11 | 12 | 13 | 14 | 15 | 16 | 17
| 18 | 19 | 20 | 21 | 22 | 23 | 24 | 25 | 26 | 27 | 28 | 29 | 30 | 31 | 32 | 33 | 34 | 35 | 36 |
37 | 38 | 39 | 40 | 41 | 42 | 43 | 44 | 45 | 46 | 47 | 48 | 49 | 50 | 51 | 52 | 53 | 54 | 55 | 56
| 57 | 58 | 59 | 60 | 61 | 62 | 63 | 64 | 65 | 66 | 67 | 68 | 69 | 70 | 71 | 72 | 73 | 74 | 75 |
76 | 77 | 78 | 79 | 80 | 81 | 82 | 83 | 84 | 85 | 86 | 87 | 88 | 89 | 90 | 91 | 92 | 93 | 94 | 95
| 96 | 97 | 98 | 99)    #IMPLIED
   commcls    (cc01 | cc02 | cc03 | cc04 | cc05 | cc06 | cc07 | cc08 | cc09 | cc10 | cc11 | cc12
| cc13 | cc14 | cc15 | cc16 | cc17 | cc18 | cc19 | cc20 | cc21 | cc22 | cc23 | cc24 | cc25 | cc26
| cc27 | cc28 | cc29 | cc30 | cc31 | cc32 | cc33 | cc34 | cc35 | cc36 | cc37 | cc38 | cc39 | cc40
| cc41 | cc42 | cc43 | cc44 | cc45 | cc46 | cc47 | cc48 | cc49 | cc50 | cc51 | cc52 | cc53 | cc54
| cc55 | cc56 | cc57 | cc58 | cc59 | cc60 | cc61 | cc62 | cc63 | cc64 | cc65 | cc66 | cc67 | cc68
| cc69 | cc70 | cc71 | cc72 | cc73 | cc74 | cc75 | cc76 | cc77 | cc78 | cc79 | cc80 | cc81 | cc82
| cc83 | cc84 | cc85 | cc86 | cc87 | cc88 | cc89 | cc90 | cc91 | cc92 | cc93 | cc94 | cc95 | cc96
| cc97 | cc98 | cc99)    #IMPLIED
   caveat    (cv01 | cv02 | cv03 | cv04 | cv05 | cv06 | cv07 | cv08 | cv09 | cv10 | cv11 | cv12
| cv13 | cv14 | cv15 | cv16 | cv17 | cv18 | cv19 | cv20 | cv21 | cv22 | cv23 | cv24 | cv25 | cv26
| cv27 | cv28 | cv29 | cv30 | cv31 | cv32 | cv33 | cv34 | cv35 | cv36 | cv37 | cv38 | cv39 | cv40
| cv41 | cv42 | cv43 | cv44 | cv45 | cv46 | cv47 | cv48 | cv49 | cv50 | cv51 | cv52 | cv53 | cv54
| cv55 | cv56 | cv57 | cv58 | cv59 | cv60 | cv61 | cv62 | cv63 | cv64 | cv65 | cv66 | cv67 | cv68
| cv69 | cv70 | cv71 | cv72 | cv73 | cv74 | cv75 | cv76 | cv77 | cv78 | cv79 | cv80 | cv81 | cv82
| cv83 | cv84 | cv85 | cv86 | cv87 | cv88 | cv89 | cv90 | cv91 | cv92 | cv93 | cv94 | cv95 | cv96
| cv97 | cv90 | cv99)    #IMPLIED
〉
〈! ELEMENT item (#PCDATA | applic | note | para | ein | cb | parasigdata | quantity | xref | indxflag
| change | emphasis | symbol | subscrpt | supscrpt | refdm | reftp | ftnote | ftnref | acronym |
acroterm | capgrp | caption | seqlist | randlist | deflist) * 〉
〈! ATTLIST item
   refapplic    IDREF    #IMPLIED
   id    ID    #IMPLIED
   level    NMTOKEN    #IMPLIED
   mark    NMTOKEN    #IMPLIED
   change    (add | delete | modify)    #IMPLIED
   rfc    CDATA    #IMPLIED
〉
〈! ELEMENT note (applic?,((symbol | para | (seqlist | randlist | deflist)) + )))
〈! ATTLIST note
```

```
    type   CDATA   #IMPLIED
    refapplic   IDREF     #IMPLIED
    xrefid   IDREF     #IMPLIED
    id   ID   #IMPLIED
    level   NMTOKEN     #IMPLIED
    mark    NMTOKEN     #IMPLIED
    change     (add | delete | modify)    #IMPLIED
    rfc     CDATA   #IMPLIED
〉
〈! ELEMENT randlist (applic?,title?,item+)〉
〈! ATTLIST randlist
    prefix     (pf01 | pf02 | pf03 | pf04 | pf05 | pf06 | pf07 | pf08 | pf09 | pf10 | pf11 | pf12
| pf13 | pf14 | pf15 | pf16 | pf17 | pf18 | pf19 | pf20 | pf21 | pf22 | pf23 | pf24 | pf25 | pf26
| pf27 | pf28 | pf29 | pf30 | pf31 | pf32 | pf33 | pf34 | pf35 | pf36 | pf37 | pf38 | pf39 | pf40
| pf41 | pf42 | pf43 | pf44 | pf45 | pf46 | pf47 | pf48 | pf49 | pf50 | pf51 | pf52 | pf53 | pf54
| pf55 | pf56 | pf57 | pf58 | pf59 | pf60 | pf61 | pf62 | pf63 | pf64 | pf65 | pf66 | pf67 | pf68
| pf69 | pf70 | pf71 | pf72 | pf73 | pf74 | pf75 | pf76 | pf77 | pf78 | pf79 | pf80 | pf81 | pf82
| pf83 | pf84 | pf85 | pf86 | pf87 | pf88 | pf89 | pf90 | pf91 | pf92 | pf93 | pf94 | pf95 | pf96
| pf97 | pf98 | pf99)     "pf02"
    refapplic   IDREF     #IMPLIED
    id   ID   #IMPLIED
    level   NMTOKEN     #IMPLIED
    mark    NMTOKEN     #IMPLIED
    change     (add | delete | modify)     #IMPLIED
    rfc     CDATA   #IMPLIED
    class     (01 | 02 | 03 | 04 | 05 | 06 | 07 | 08 | 09 | 10 | 11 | 12 | 13 | 14 | 15 | 16 | 17
| 18 | 19 | 20 | 21 | 22 | 23 | 24 | 25 | 26 | 27 | 28 | 29 | 30 | 31 | 32 | 33 | 34 | 35 | 36 |
37 | 38 | 39 | 40 | 41 | 42 | 43 | 44 | 45 | 46 | 47 | 48 | 49 | 50 | 51 | 52 | 53 | 54 | 55 | 56
| 57 | 58 | 59 | 60 | 61 | 62 | 63 | 64 | 65 | 66 | 67 | 68 | 69 | 70 | 71 | 72 | 73 | 74 | 75 |
76 | 77 | 78 | 79 | 80 | 81 | 82 | 83 | 84 | 85 | 86 | 87 | 88 | 89 | 90 | 91 | 92 | 93 | 94 | 95
| 96 | 97 | 98 | 99)  #IMPLIED
    commcls    (cc01 | cc02 | cc03 | cc04 | cc05 | cc06 | cc07 | cc08 | cc09 | cc10 | cc11 | cc12
| cc13 | cc14 | cc15 | cc16 | cc17 | cc18 | cc19 | cc20 | cc21 | cc22 | cc23 | cc24 | cc25 | cc26
| cc27 | cc28 | cc29 | cc30 | cc31 | cc32 | cc33 | cc34 | cc35 | cc36 | cc37 | cc38 | cc39 | cc40
| cc41 | cc42 | cc43 | cc44 | cc45 | cc46 | cc47 | cc48 | cc49 | cc50 | cc51 | cc52 | cc53 | cc54
| cc55 | cc56 | cc57 | cc58 | cc59 | cc60 | cc61 | cc62 | cc63 | cc64 | cc65 | cc66 | cc67 | cc68
| cc69 | cc70 | cc71 | cc72 | cc73 | cc74 | cc75 | cc76 | cc77 | cc78 | cc79 | cc80 | cc81 | cc82
| cc83 | cc84 | cc85 | cc86 | cc87 | cc88 | cc89 | cc90 | cc91 | cc92 | cc93 | cc94 | cc95 | cc96
| cc97 | cc98 | cc99)     #IMPLIED
    caveat     (cv01 | cv02 | cv03 | cv04 | cv05 | cv06 | cv07 | cv08 | cv09 | cv10 | cv11 | cv12
| cv13 | cv14 | cv15 | cv16 | cv17 | cv18 | cv19 | cv20 | cv21 | cv22 | cv23 | cv24 | cv25 | cv26
| cv27 | cv28 | cv29 | cv30 | cv31 | cv32 | cv33 | cv34 | cv35 | cv36 | cv37 | cv38 | cv39 | cv40
| cv41 | cv42 | cv43 | cv44 | cv45 | cv46 | cv47 | cv48 | cv49 | cv50 | cv51 | cv52 | cv53 | cv54
| cv55 | cv56 | cv57 | cv58 | cv59 | cv60 | cv61 | cv62 | cv63 | cv64 | cv65 | cv66 | cv67 | cv68
| cv69 | cv70 | cv71 | cv72 | cv73 | cv74 | cv75 | cv76 | cv77 | cv78 | cv79 | cv80 | cv81 | cv82
| cv83 | cv84 | cv85 | cv86 | cv87 | cv88 | cv89 | cv90 | cv91 | cv92 | cv93 | cv94 | cv95 | cv96
| cv97 | cv98 | cv99)     #IMPLIED
〉
〈! ELEMENT deflist (applic?,title?,((term,def)+))〉
〈! ATTLIST deflist
    refapplic   IDREF     #IMPLIED
    id   ID   #IMPLIED
    level   NMTOKEN     #IMPLIED
    mark    NMTOKEN     #IMPLIED
    change     (add | delete | modify)     #IMPLIED
    rfc     CDATA   #IMPLIED
    class     (01 | 02 | 03 | 04 | 05 | 06 | 07 | 08 | 09 | 10 | 11 | 12 | 13 | 14 | 15 | 16 | 17
| 18 | 19 | 20 | 21 | 22 | 23 | 24 | 25 | 26 | 27 | 28 | 29 | 30 | 31 | 32 | 33 | 34 | 35 | 36 |
37 | 38 | 39 | 40 | 41 | 42 | 43 | 44 | 45 | 46 | 47 | 48 | 49 | 50 | 51 | 52 | 53 | 54 | 55 | 56
| 57 | 58 | 59 | 60 | 61 | 62 | 63 | 64 | 65 | 66 | 67 | 68 | 69 | 70 | 71 | 72 | 73 | 74 | 75 |
```

```
76 | 77 | 78 | 79 | 80 | 81 | 82 | 83 | 84 | 85 | 86 | 87 | 88 | 89 | 90 | 91 | 92 | 93 | 94 | 95
| 96 | 97 | 98 | 99)    #IMPLIED
    commcls    (cc01 | cc02 | cc03 | cc04 | cc05 | cc06 | cc07 | cc08 | cc09 | cc10 | cc11 | cc12
| cc13 | cc14 | cc15 | cc16 | cc17 | cc18 | cc19 | cc20 | cc21 | cc22 | cc23 | cc24 | cc25 | cc26
| cc27 | cc28 | cc29 | cc30 | cc31 | cc32 | cc33 | cc34 | cc35 | cc36 | cc37 | cc38 | cc39 | cc40
| cc41 | cc42 | cc43 | cc44 | cc45 | cc46 | cc47 | cc48 | cc49 | cc50 | cc51 | cc52 | cc53 | cc54
| cc55 | cc56 | cc57 | cc58 | cc59 | cc60 | cc61 | cc62 | cc63 | cc64 | cc65 | cc66 | cc67 | cc68
| cc69 | cc70 | cc71 | cc72 | cc73 | cc74 | cc75 | cc76 | cc77 | cc78 | cc79 | cc80 | cc81 | cc82
| cc83 | cc84 | cc85 | cc86 | cc87 | cc88 | cc89 | cc90 | cc91 | cc92 | cc93 | cc94 | cc95 | cc96
| cc97 | cc98 | cc99)    #IMPLIED
    caveat    (cv01 | cv02 | cv03 | cv04 | cv05 | cv06 | cv07 | cv08 | cv09 | cv10 | cv11 | cv12
| cv13 | cv14 | cv15 | cv16 | cv17 | cv18 | cv19 | cv20 | cv21 | cv22 | cv23 | cv24 | cv25 | cv26
| cv27 | cv28 | cv29 | cv30 | cv31 | cv32 | cv33 | cv34 | cv35 | cv36 | cv37 | cv38 | cv39 | cv40
| cv41 | cv42 | cv43 | cv44 | cv45 | cv46 | cv47 | cv48 | cv49 | cv50 | cv51 | cv52 | cv53 | cv54
| cv55 | cv56 | cv57 | cv58 | cv59 | cv60 | cv61 | cv62 | cv63 | cv64 | cv65 | cv66 | cv67 | cv68
| cv69 | cv70 | cv71 | cv72 | cv73 | cv74 | cv75 | cv76 | cv77 | cv78 | cv79 | cv80 | cv81 | cv82
| cv83 | cv84 | cv85 | cv86 | cv87 | cv88 | cv89 | cv90 | cv91 | cv92 | cv93 | cv94 | cv95 | cv96
| cv97 | cv98 | cv99)    #IMPLIED
〉
〈! ELEMENT term (#PCDATA | applic | ein | cb | parasigdata | quantity | xref | indxflag | change |
emphasis | symbol | subscrpt | supscrpt | refdm | reftp | ftnote | ftnref | acronym | acroterm |
capgrp | caption)*〉
〈! ATTLIST term
    refapplic    IDREF    #IMPLIED
    id    ID    #IMPLIED
    level    NMTOKEN    #IMPLIED
    mark    NMTOKEN    #IMPLIED
    change    (add | delete | modify)    #IMPLIED
    rfc    CDATA    #IMPLIED
〉
〈! ELEMENT def (#PCDATA | applic | para | ein | cb | parasigdata | quantity | xref | indxflag |
change | emphasis | symbol | subscrpt | supscrpt | refdm | reftp | ftnote | ftnref | acronym |
acroterm | capgrp | caption | seqlist | randlist | deflist)*〉
〈! ATTLIST def
    refapplic    IDREF    #IMPLIED
    id    ID    #IMPLIED
    level    NMTOKEN    #IMPLIED
    mark    NMTOKEN    #IMPLIED
    change    (add | delete | modify)    #IMPLIED
    rfc    CDATA    #IMPLIED
〉
〈! ELEMENT rpc (#PCDATA)〉
〈! ATTLIST rpc
    rpcname CDATA    #IMPLIED
    id    ID    #IMPLIED
〉
〈! ELEMENT orig (#PCDATA)〉
〈! ATTLIST orig
    origname    CDATA    #IMPLIED
    id    ID    #IMPLIED
〉
〈! ELEMENT inlineapplics (applic+)〉
〈! ELEMENT brexref (refdm)〉
〈! ELEMENT qa (applic?,(unverif | (firstver,secver?)))〉
〈! ATTLIST qa
    refapplic    IDREF    #IMPLIED
〉
〈! ELEMENT unverif EMPTY〉
〈! ELEMENT firstver EMPTY〉
〈! ATTLIST firstver
```

```
    type     (tabtop | onobject | ttandoo)     #REQUIRED
〉
〈! ELEMENT secver EMPTY〉
〈! ATTLIST secver
    type     (tabtop | onobject | ttandoo)     #REQUIRED
〉
〈! ELEMENT rfu (#PCDATA | applic | p)*〉
〈! ATTLIST rfu
    refapplic     IDREF     #IMPLIED
〉
〈! ELEMENT p (#PCDATA | subscrpt | supscrpt)*〉
〈! ATTLIST p
    id     ID     #IMPLIED
    level     NMTOKEN     #IMPLIED
    mark     NMTOKEN     #IMPLIED
    change     (add | delete | modify)     #IMPLIED
    rfc     CDATA     #IMPLIED
〉
〈! ELEMENT remarks (#PCDATA | applic | p)*〉
〈! ATTLIST remarks
    refapplic     IDREF     #IMPLIED
〉
〈! ELEMENT content (refs?,acrw)〉
〈! ATTLIST content
    id     ID     #IMPLIED
〉
〈! ELEMENT acrw (frc | descacrw)〉
〈! ATTLIST acrw
    id     ID     #IMPLIED
    class     (01 | 02 | 03 | 04 | 05 | 06 | 07 | 08 | 09 | 10 | 11 | 12 | 13 | 14 | 15 | 16 | 17
| 18 | 19 | 20 | 21 | 22 | 23 | 24 | 25 | 26 | 27 | 28 | 29 | 30 | 31 | 32 | 33 | 34 | 35 | 36 |
37 | 38 | 39 | 40 | 41 | 42 | 43 | 44 | 45 | 46 | 47 | 48 | 49 | 50 | 51 | 52 | 53 | 54 | 55 | 56
| 57 | 58 | 59 | 60 | 61 | 62 | 63 | 64 | 65 | 66 | 67 | 68 | 69 | 70 | 71 | 72 | 73 | 74 | 75 |
76 | 77 | 78 | 79 | 80 | 81 | 82 | 83 | 84 | 85 | 86 | 87 | 88 | 89 | 90 | 91 | 92 | 93 | 94 | 95
| 96 | 97 | 98 | 99)     #IMPLIED
    commcls     (cc01 | cc02 | cc03 | cc04 | cc05 | cc06 | cc07 | cc08 | cc09 | cc10 | cc11 | cc12
| cc13 | cc14 | cc15 | cc16 | cc17 | cc18 | cc19 | cc20 | cc21 | cc22 | cc23 | cc24 | cc25 | cc26
| cc27 | cc28 | cc29 | cc30 | cc31 | cc32 | cc33 | cc34 | cc35 | cc36 | cc37 | cc38 | cc39 | cc40
| cc41 | cc42 | cc43 | cc44 | cc45 | cc46 | cc47 | cc48 | cc49 | cc50 | cc51 | cc52 | cc53 | cc54
| cc55 | cc56 | cc57 | cc58 | cc59 | cc60 | cc61 | cc62 | cc63 | cc64 | cc65 | cc66 | cc67 | cc68
| cc69 | cc70 | cc71 | cc72 | cc73 | cc74 | cc75 | cc76 | cc77 | cc78 | cc79 | cc80 | cc81 | cc82
| cc83 | cc84 | cc85 | cc86 | cc87 | cc88 | cc89 | cc90 | cc91 | cc92 | cc93 | cc94 | cc95 | cc96
| cc97 | cc98 | cc99)     #IMPLIED
    caveat     (cv01 | cv02 | cv03 | cv04 | cv05 | cv06 | cv07 | cv08 | cv09 | cv10 | cv11 | cv12
| cv13 | cv14 | cv15 | cv16 | cv17 | cv18 | cv19 | cv20 | cv21 | cv22 | cv23 | cv24 | cv25 | cv26
| cv27 | cv28 | cv29 | cv30 | cv31 | cv32 | cv33 | cv34 | cv35 | cv36 | cv37 | cv38 | cv39 | cv40
| cv41 | cv42 | cv43 | cv44 | cv45 | cv46 | cv47 | cv48 | cv49 | cv50 | cv51 | cv52 | cv53 | cv54
| cv55 | cv56 | cv57 | cv58 | cv59 | cv60 | cv61 | cv62 | cv63 | cv64 | cv65 | cv66 | cv67 | cv68
| cv69 | cv70 | cv71 | cv72 | cv73 | cv74 | cv75 | cv76 | cv77 | cv78 | cv79 | cv80 | cv81 | cv82
| cv83 | cv84 | cv85 | cv86 | cv87 | cv88 | cv89 | cv90 | cv91 | cv92 | cv93 | cv94 | cv95 | cv96
| cv97 | cv98 | cv99)     #IMPLIED
〉
〈! ELEMENT frc (((title?,(((warning*,caution*),note*)?),para*,drill+) | ((figure | multimedia
| foldout | table)?)) +)〉
〈! ATTLIST frc
    class     (01 | 02 | 03 | 04 | 05 | 06 | 07 | 08 | 09 | 10 | 11 | 12 | 13 | 14 | 15 | 16 | 17
| 18 | 19 | 20 | 21 | 22 | 23 | 24 | 25 | 26 | 27 | 28 | 29 | 30 | 31 | 32 | 33 | 34 | 35 | 36 |
37 | 38 | 39 | 40 | 41 | 42 | 43 | 44 | 45 | 46 | 47 | 48 | 49 | 50 | 51 | 52 | 53 | 54 | 55 | 56
| 57 | 58 | 59 | 60 | 61 | 62 | 63 | 64 | 65 | 66 | 67 | 68 | 69 | 70 | 71 | 72 | 73 | 74 | 75 |
76 | 77 | 78 | 79 | 80 | 81 | 82 | 83 | 84 | 85 | 86 | 87 | 88 | 89 | 90 | 91 | 92 | 93 | 94 | 95
```

```
| 96 | 97 | 98 | 99)    #IMPLIED
    commcls    (cc01 | cc02 | cc03 | cc04 | cc05 | cc06 | cc07 | cc08 | cc09 | cc10 | cc11 | cc12
| cc13 | cc14 | cc15 | cc16 | cc17 | cc18 | cc19 | cc20 | cc21 | cc22 | cc23 | cc24 | cc25 | cc26
| cc27 | cc28 | cc29 | cc30 | cc31 | cc32 | cc33 | cc34 | cc35 | cc36 | cc37 | cc38 | cc39 | cc40
| cc41 | cc42 | cc43 | cc44 | cc45 | cc46 | cc47 | cc48 | cc49 | cc50 | cc51 | cc52 | cc53 | cc54
| cc55 | cc56 | cc57 | cc58 | cc59 | cc60 | cc61 | cc62 | cc63 | cc64 | cc65 | cc66 | cc67 | cc68
| cc69 | cc70 | cc71 | cc72 | cc73 | cc74 | cc75 | cc76 | cc77 | cc78 | cc79 | cc80 | cc81 | cc82
| cc83 | cc84 | cc85 | cc86 | cc87 | cc88 | cc89 | cc90 | cc91 | cc92 | cc93 | cc94 | cc95 | cc96
| cc97 | cc98 | cc99)    #IMPLIED
    caveat    (cv01 | cv02 | cv03 | cv04 | cv05 | cv06 | cv07 | cv08 | cv09 | cv10 | cv11 | cv12
| cv13 | cv14 | cv15 | cv16 | cv17 | cv18 | cv19 | cv20 | cv21 | cv22 | cv23 | cv24 | cv25 | cv26
| cv27 | cv28 | cv29 | cv30 | cv31 | cv32 | cv33 | cv34 | cv35 | cv36 | cv37 | cv38 | cv39 | cv40
| cv41 | cv42 | cv43 | cv44 | cv45 | cv46 | cv47 | cv48 | cv49 | cv50 | cv51 | cv52 | cv53 | cv54
| cv55 | cv56 | cv57 | cv58 | cv59 | cv60 | cv61 | cv62 | cv63 | cv64 | cv65 | cv66 | cv67 | cv68
| cv69 | cv70 | cv71 | cv72 | cv73 | cv74 | cv75 | cv76 | cv77 | cv78 | cv79 | cv80 | cv81 | cv82
| cv83 | cv84 | cv85 | cv86 | cv87 | cv88 | cv89 | cv90 | cv91 | cv92 | cv93 | cv94 | cv95 | cv96
| cv97 | cv98 | cv99)    #IMPLIED
〉
〈! ELEMENT warning (applic?,((symbol | para | (seqlist | randlist | deflist)) + ))〉
〈! ATTLIST warning
    type    CDATA    #IMPLIED
    xrefid    IDREF    #IMPLIED
    vital    NMTOKEN    #IMPLIED
    refapplic    IDREF    #IMPLIED
    id    ID    #IMPLIED
    level    NMTOKEN    #IMPLIED
    mark    NMTOKEN    #IMPLIED
    change    (add | delete | modify)    #IMPLIED
    rfc    CDATA    #IMPLIED
〉
〈! ELEMENT caution (applic?,((symbol | para | (seqlist | randlist | deflist)) + ))〉
〈! ATTLIST caution
    type    CDATA    #IMPLIED
    xrefid    IDREF    #IMPLIED
    refapplic    IDREF    #IMPLIED
    id    ID    #IMPLIED
    level    NMTOKEN    #IMPLIED
    mark    NMTOKEN    #IMPLIED
    change    (add | delete | modify)    #IMPLIED
    rfc    CDATA    #IMPLIED
〉
〈! ELEMENT drill (((applic?, title?), tabtitle?, ((warning * , caution * ), note * ), crew * , ((para |
(figure | multimedia | foldout | table)) * )), (((step | ((if, elseif * ) | case)) | subdrill) * ),
endmattr?)〉
〈! ATTLIST drill
    drilltyp    (dt00 | dt01 | dt02 | dt03 | dt04 | dt05 | dt06 | dt07 | dt08 | dt09 | dt10 | dt11
| dt12 | dt13 | dt14 | dt15 | dt16 | dt17 | dt18 | dt19 | dt20 | dt21 | dt22 | dt23 | dt24 | dt25
| dt26 | dt27 | dt28 | dt29 | dt30 | dt31 | dt32 | dt33 | dt34 | dt35 | dt36 | dt37 | dt38 | dt39
| dt40 | dt41 | dt42 | dt43 | dt44 | dt45 | dt46 | dt47 | dt48 | dt49 | dt50 | dt51 | dt52 | dt53
| dt54 | dt55 | dt56 | dt57 | dt58 | dt59 | dt60 | dt61 | dt62 | dt63 | dt64 | dt65 | dt66 | dt67
| dt68 | dt69 | dt70 | dt71 | dt72 | dt73 | dt74 | dt75 | dt76 | dt77 | dt78 | dt79 | dt80 | dt81
| dt82 | dt83 | dt84 | dt85 | dt86 | dt87 | dt88 | dt89 | dt90 | dt91 | dt92 | dt93 | dt94 | dt95
| dt96 | dt97 | dt98 | dt99)    "dt00"
    ordered    (on | off)    "on"
    refapplic    IDREF    #IMPLIED
    id    ID    #IMPLIED
    level    NMTOKEN    #IMPLIED
    mark    NMTOKEN    #IMPLIED
    change    (add | delete | modify)    #IMPLIED
    rfc    CDATA    #IMPLIED
```

```
    class     (01 | 02 | 03 | 04 | 05 | 06 | 07 | 08 | 09 | 10 | 11 | 12 | 13 | 14 | 15 | 16 | 17
| 18 | 19 | 20 | 21 | 22 | 23 | 24 | 25 | 26 | 27 | 28 | 29 | 30 | 31 | 32 | 33 | 34 | 35 | 36 |
37 | 38 | 39 | 40 | 41 | 42 | 43 | 44 | 45 | 46 | 47 | 48 | 49 | 50 | 51 | 52 | 53 | 54 | 55 | 56
| 57 | 58 | 59 | 60 | 61 | 62 | 63 | 64 | 65 | 66 | 67 | 68 | 69 | 70 | 71 | 72 | 73 | 74 | 75 |
76 | 77 | 78 | 79 | 80 | 81 | 82 | 83 | 84 | 85 | 86 | 87 | 88 | 89 | 90 | 91 | 92 | 93 | 94 | 95
| 96 | 97 | 98 | 99)   #IMPLIED
    commcls    (cc01 | cc02 | cc03 | cc04 | cc05 | cc06 | cc07 | cc08 | cc09 | cc10 | cc11 | cc12
| cc13 | cc14 | cc15 | cc16 | cc17 | cc18 | cc19 | cc20 | cc21 | cc22 | cc23 | cc24 | cc25 | cc26
| cc27 | cc28 | cc29 | cc30 | cc31 | cc32 | cc33 | cc34 | cc35 | cc36 | cc37 | cc38 | cc39 | cc40
| cc41 | cc42 | cc43 | cc44 | cc45 | cc46 | cc47 | cc48 | cc49 | cc50 | cc51 | cc52 | cc53 | cc54
| cc55 | cc56 | cc57 | cc58 | cc59 | cc60 | cc61 | cc62 | cc63 | cc64 | cc65 | cc66 | cc67 | cc68
| cc69 | cc70 | cc71 | cc72 | cc73 | cc74 | cc75 | cc76 | cc77 | cc78 | cc79 | cc80 | cc81 | cc82
| cc83 | cc84 | cc85 | cc86 | cc87 | cc88 | cc89 | cc90 | cc91 | cc92 | cc93 | cc94 | cc95 | cc96
| cc97 | cc98 | cc99)  #IMPLIED
    caveat     (cv01 | cv02 | cv03 | cv04 | cv05 | cv06 | cv07 | cv08 | cv09 | cv10 | cv11 | cv12
| cv13 | cv14 | cv15 | cv16 | cv17 | cv18 | cv19 | cv20 | cv21 | cv22 | cv23 | cv24 | cv25 | cv26
| cv27 | cv28 | cv29 | cv30 | cv31 | cv32 | cv33 | cv34 | cv35 | cv36 | cv37 | cv38 | cv39 | cv40
| cv41 | cv42 | cv43 | cv44 | cv45 | cv46 | cv47 | cv48 | cv49 | cv50 | cv51 | cv52 | cv53 | cv54
| cv55 | cv56 | cv57 | cv58 | cv59 | cv60 | cv61 | cv62 | cv63 | cv64 | cv65 | cv66 | cv67 | cv68
| cv69 | cv70 | cv71 | cv72 | cv73 | cv74 | cv75 | cv76 | cv77 | cv78 | cv79 | cv80 | cv81 | cv82
| cv83 | cv84 | cv85 | cv86 | cv87 | cv88 | cv89 | cv90 | cv91 | cv92 | cv93 | cv94 | cv95 | cv96
| cv97 | cv98 | cv99)  #IMPLIED
    check  CDATA   #IMPLIED
    skill      (sk01 | sk02 | sk03 | sk04 | sk05 | sk06 | sk07 | sk08 | sk09 | sk10 | sk11 | sk12
| sk13 | sk14 | sk15 | sk16 | sk17 | sk18 | sk19 | sk20 | sk21 | sk22 | sk23 | sk24 | sk25 | sk26
| sk27 | sk28 | sk29 | sk30 | sk31 | sk32 | sk33 | sk34 | sk35 | sk36 | sk37 | sk38 | sk39 | sk40
| sk41 | sk42 | sk43 | sk44 | sk45 | sk46 | sk47 | sk48 | sk49 | sk50 | sk51 | sk52 | sk53 | sk54
| sk55 | sk56 | sk57 | sk58 | sk59 | sk60 | sk61 | sk62 | sk63 | sk64 | sk65 | sk66 | sk67 | sk68
| sk69 | sk70 | sk71 | sk72 | sk73 | sk74 | sk75 | sk76 | sk77 | sk78 | sk79 | sk80 | sk81 | sk82
| sk83 | sk84 | sk85 | sk86 | sk87 | sk88 | sk89 | sk90 | sk91 | sk92 | sk93 | sk94 | sk95 | sk96
| sk97 | sk98 | sk99)   #IMPLIED
>
<!ELEMENT tabtitle (#PCDATA | xref | indxflag | symbol | subscrpt | supscrpt | ftnref | acronym
| acroterm | capgrp | caption)* >
<!ATTLIST tabtitle
    level   NMTOKEN     #IMPLIED
    mark    NMTOKEN     #IMPLIED
    change     (add | delete | modify)    #IMPLIED
    rfc     CDATA     #IMPLIED
>
<!ELEMENT crew (applic?,crewmem+)>
<!ATTLIST crew
    response     (all | any)    "all"
    refapplic    IDREF     #IMPLIED
>
<!ELEMENT crewmem (applic?)>
<!ATTLIST crewmem
    crewmem    (cm01 | cm02 | cm03 | cm04 | cm05 | cm06 | cm07 | cm08 | cm09 | cm10 | cm11 | cm12
| cm13 | cm14 | cm15 | cm16 | cm17 | cm18 | cm19 | cm20 | cm21 | cm22 | cm23 | cm24 | cm25 | cm26
| cm27 | cm28 | cm29 | cm30 | cm31 | cm32 | cm33 | cm34 | cm35 | cm36 | cm37 | cm38 | cm39 | cm40
| cm41 | cm42 | cm43 | cm44 | cm45 | cm46 | cm47 | cm48 | cm49 | cm50 | cm51 | cm52 | cm53 | cm54
| cm55 | cm56 | cm57 | cm58 | cm59 | cm60 | cm61 | cm62 | cm63 | cm64 | cm65 | cm66 | cm67 | cm68
| cm69 | cm70 | cm71 | cm72 | cm73 | cm74 | cm75 | cm76 | cm77 | cm78 | cm79 | cm80 | cm81 | cm82
| cm83 | cm84 | cm85 | cm86 | cm87 | cm88 | cm89 | cm90 | cm91 | cm92 | cm93 | cm94 | cm95 | cm96
| cm97 | cm98 | cm99)    #REQUIRED
    refapplic    IDREF     #IMPLIED
>
<!ELEMENT figure ((applic?,title),((graphic,rfa*) | ((applic?,sheet,graphic,rfa*)+)),legend?)>
<!ATTLIST figure
    refapplic    IDREF     #IMPLIED
```

```
    id    ID    #IMPLIED
    level    NMTOKEN    #IMPLIED
    mark    NMTOKEN    #IMPLIED
    change    (add | delete | modify)    #IMPLIED
    rfc    CDATA    #IMPLIED
    class    (01 | 02 | 03 | 04 | 05 | 06 | 07 | 08 | 09 | 10 | 11 | 12 | 13 | 14 | 15 | 16 | 17
| 18 | 19 | 20 | 21 | 22 | 23 | 24 | 25 | 26 | 27 | 28 | 29 | 30 | 31 | 32 | 33 | 34 | 35 | 36 |
37 | 38 | 39 | 40 | 41 | 42 | 43 | 44 | 45 | 46 | 47 | 48 | 49 | 50 | 51 | 52 | 53 | 54 | 55 | 56
| 57 | 58 | 59 | 60 | 61 | 62 | 63 | 64 | 65 | 66 | 67 | 68 | 69 | 70 | 71 | 72 | 73 | 74 | 75 |
76 | 77 | 78 | 79 | 80 | 81 | 82 | 83 | 84 | 85 | 86 | 87 | 88 | 89 | 90 | 91 | 92 | 93 | 94 | 95
| 96 | 97 | 98 | 99)    #IMPLIED
    commcls    (cc01 | cc02 | cc03 | cc04 | cc05 | cc06 | cc07 | cc08 | cc09 | cc10 | cc11 | cc12
| cc13 | cc14 | cc15 | cc16 | cc17 | cc18 | cc19 | cc20 | cc21 | cc22 | cc23 | cc24 | cc25 | cc26
| cc27 | cc28 | cc29 | cc30 | cc31 | cc32 | cc33 | cc34 | cc35 | cc36 | cc37 | cc38 | cc39 | cc40
| cc41 | cc42 | cc43 | cc44 | cc45 | cc46 | cc47 | cc48 | cc49 | cc50 | cc51 | cc52 | cc53 | cc54
| cc55 | cc56 | cc57 | cc58 | cc59 | cc60 | cc61 | cc62 | cc63 | cc64 | cc65 | cc66 | cc67 | cc68
| cc69 | cc70 | cc71 | cc72 | cc73 | cc74 | cc75 | cc76 | cc77 | cc78 | cc79 | cc80 | cc81 | cc82
| cc83 | cc84 | cc85 | cc86 | cc87 | cc88 | cc89 | cc90 | cc91 | cc92 | cc93 | cc94 | cc95 | cc96
| cc97 | cc98 | cc99)    #IMPLIED
    caveat    (cv01 | cv02 | cv03 | cv04 | cv05 | cv06 | cv07 | cv08 | cv09 | cv10 | cv11 | cv12
| cv13 | cv14 | cv15 | cv16 | cv17 | cv18 | cv19 | cv20 | cv21 | cv22 | cv23 | cv24 | cv25 | cv26
| cv27 | cv28 | cv29 | cv30 | cv31 | cv32 | cv33 | cv34 | cv35 | cv36 | cv37 | cv38 | cv39 | cv40
| cv41 | cv42 | cv43 | cv44 | cv45 | cv46 | cv47 | cv48 | cv49 | cv50 | cv51 | cv52 | cv53 | cv54
| cv55 | cv56 | cv57 | cv58 | cv59 | cv60 | cv61 | cv62 | cv63 | cv64 | cv65 | cv66 | cv67 | cv68
| cv69 | cv70 | cv71 | cv72 | cv73 | cv74 | cv75 | cv76 | cv77 | cv78 | cv79 | cv80 | cv81 | cv82
| cv83 | cv84 | cv85 | cv86 | cv87 | cv88 | cv89 | cv90 | cv91 | cv92 | cv93 | cv94 | cv95 | cv96
| cv97 | cv98 | cv99)    #IMPLIED
〉
〈! ELEMENT graphic (hotspot * )〉
〈! ATTLIST graphic
    boardno    ENTITY    #REQUIRED
    id    ID    #IMPLIED
    reprowid    CDATA    #IMPLIED
    reprohgt    CDATA    #IMPLIED
    reproscl    CDATA    #IMPLIED
    %XLINKATT0;
〉
〈! ELEMENT hotspot (applic?,((hotspot | xref | refdm | csnref) * ))〉
〈! ATTLIST hotspot
    id    ID    #IMPLIED
    apsid    CDATA    #IMPLIED
    apsname    CDATA    #IMPLIED
    type    CDATA    #IMPLIED
    title    CDATA    #IMPLIED
    descript    CDATA    #IMPLIED
    coords    CDATA    #IMPLIED
    visibility    (visible | hidden)    "visible"
    refapplic    IDREF    #IMPLIED
〉
〈! ELEMENT rfa (#PCDATA | applic | ein | cb | parasigdata | quantity | xref | indxflag | change |
emphasis | symbol | subscrpt | supscrpt | refdm | reftp | ftnote | ftnref | acronym | acroterm |
capgrp | caption) * 〉
〈! ATTLIST rfa
    refapplic    IDREF    #IMPLIED
〉
〈! ELEMENT sheet EMPTY〉
〈! ATTLIST sheet
    sheetno NMTOKEN    #REQUIRED
    total    NMTOKEN    #REQUIRED
    id    ID    #IMPLIED
```

```
    level     NMTOKEN     #IMPLIED
    mark      NMTOKEN     #IMPLIED
    change    (add | delete | modify)     #IMPLIED
    rfc       CDATA    #IMPLIED
    refapplic     IDREF     #IMPLIED
>
<! ELEMENT legend (deflist)>
<! ATTLIST legend
    id     ID     #IMPLIED
    level     NMTOKEN     #IMPLIED
    mark      NMTOKEN     #IMPLIED
    change    (add | delete | modify)     #IMPLIED
    rfc       CDATA     #IMPLIED
>
<! ELEMENT multimedia (((applic?,title)?),rfa*,multimediaobject+))
<! ATTLIST multimedia
    refapplic     IDREF     #IMPLIED
    id     ID     #IMPLIED
    level     NMTOKEN     #IMPLIED
    mark      NMTOKEN     #IMPLIED
    change    (add | delete | modify)     #IMPLIED
    rfc       CDATA     #IMPLIED
    class     (01 | 02 | 03 | 04 | 05 | 06 | 07 | 08 | 09 | 10 | 11 | 12 | 13 | 14 | 15 | 16 | 17
| 18 | 19 | 20 | 21 | 22 | 23 | 24 | 25 | 26 | 27 | 28 | 29 | 30 | 31 | 32 | 33 | 34 | 35 | 36
37 | 38 | 39 | 40 | 41 | 42 | 43 | 44 | 45 | 46 | 47 | 48 | 49 | 50 | 51 | 52 | 53 | 54 | 55 | 56
| 57 | 58 | 59 | 60 | 61 | 62 | 63 | 64 | 65 | 66 | 67 | 68 | 69 | 70 | 71 | 72 | 73 | 74 | 75 |
76 | 77 | 78 | 79 | 80 | 81 | 82 | 83 | 84 | 85 | 86 | 87 | 88 | 89 | 90 | 91 | 92 | 93 | 94 | 95
| 96 | 97 | 98 | 99)     #IMPLIED
    commcls     (cc01 | cc02 | cc03 | cc04 | cc05 | cc06 | cc07 | cc08 | cc09 | cc10 | cc11 | cc12
| cc13 | cc14 | cc15 | cc16 | cc17 | cc18 | cc19 | cc20 | cc21 | cc22 | cc23 | cc24 | cc25 | cc26
| cc27 | cc28 | cc29 | cc30 | cc31 | cc32 | cc33 | cc34 | cc35 | cc36 | cc37 | cc38 | cc39 | cc40
| cc41 | cc42 | cc43 | cc44 | cc45 | cc46 | cc47 | cc48 | cc49 | cc50 | cc51 | cc52 | cc53 | cc54
| cc55 | cc56 | cc57 | cc58 | cc59 | cc60 | cc61 | cc62 | cc63 | cc64 | cc65 | cc66 | cc67 | cc68
| cc69 | cc70 | cc71 | cc72 | cc73 | cc74 | cc75 | cc76 | cc77 | cc78 | cc79 | cc80 | cc81 | cc82
| cc83 | cc84 | cc85 | cc86 | cc87 | cc88 | cc89 | cc90 | cc91 | cc92 | cc93 | cc94 | cc95 | cc96
| cc97 | cc98 | cc99)     #IMPLIED
    caveat     (cv01 | cv02 | cv03 | cv04 | cv05 | cv06 | cv07 | cv08 | cv09 | cv10 | cv11 | cv12
| cv13 | cv14 | cv15 | cv16 | cv17 | cv18 | cv19 | cv20 | cv21 | cv22 | cv23 | cv24 | cv25 | cv26
| cv27 | cv28 | cv29 | cv30 | cv31 | cv32 | cv33 | cv34 | cv35 | cv36 | cv37 | cv38 | cv39 | cv40
| cv41 | cv42 | cv43 | cv44 | cv45 | cv46 | cv47 | cv48 | cv49 | cv50 | cv51 | cv52 | cv53 | cv54
| cv55 | cv56 | cv57 | cv58 | cv59 | cv60 | cv61 | cv62 | cv63 | cv64 | cv65 | cv66 | cv67 | cv68
| cv69 | cv70 | cv71 | cv72 | cv73 | cv74 | cv75 | cv76 | cv77 | cv78 | cv79 | cv80 | cv81 | cv82
| cv83 | cv84 | cv85 | cv86 | cv87 | cv88 | cv89 | cv90 | cv91 | cv92 | cv93 | cv94 | cv95 | cv96
| cv97 | cv98 | cv99)     #IMPLIED
>
<! ELEMENT multimediaobject ((param)*)>
<! ATTLIST multimediaobject
    id     ID     #IMPLIED
    autoplay     NMTOKEN     #IMPLIED
    fullscrn     NMTOKEN     #IMPLIED
    boardno      ENTITY      #REQUIRED
    multimediaclass     (3D | audio | video | other)     #REQUIRED
    controls     (hide | show)     #IMPLIED
    duration     NMTOKEN     #IMPLIED
    width      CDATA     #IMPLIED
    height     CDATA     #IMPLIED
    %XLINKATT0;
>
<! ELEMENT param EMPTY>
<! ATTLIST param
```

```
    id      ID      #REQUIRED
    paramid      CDATA      #IMPLIED
    paramvalue   CDATA      #IMPLIED
    paramname    CDATA      #IMPLIED
〉
〈! ELEMENT foldout (figure | table)〉
〈! ELEMENT table (applic?,title?,(tgroup+ | graphic+))〉
〈! ATTLIST table
    tabstyle     NMTOKEN      #IMPLIED
    tocentry     NMTOKEN      "1"
    frame     (top | bottom | topbot | all | sides | none)     #IMPLIED
    colsep       NMTOKEN      #IMPLIED
    rowsep       NMTOKEN      #IMPLIED
    orient     (port | land)     #IMPLIED
    pgwide       NMTOKEN      #IMPLIED
    refapplic     IDREF      #IMPLIED
    id      ID      #IMPLIED
    level    NMTOKEN      #IMPLIED
    mark     NMTOKEN      #IMPLIED
    change     (add | delete | modify)     #IMPLIED
    rfc      CDATA      #IMPLIED
    class     (01 | 02 | 03 | 04 | 05 | 06 | 07 | 08 | 09 | 10 | 11 | 12 | 13 | 14 | 15 | 16 | 17
| 18 | 19 | 20 | 21 | 22 | 23 | 24 | 25 | 26 | 27 | 28 | 29 | 30 | 31 | 32 | 33 | 34 | 35 | 36 |
37 | 38 | 39 | 40 | 41 | 42 | 43 | 44 | 45 | 46 | 47 | 48 | 49 | 50 | 51 | 52 | 53 | 54 | 55 | 56
| 57 | 58 | 59 | 60 | 61 | 62 | 63 | 64 | 65 | 66 | 67 | 68 | 69 | 70 | 71 | 72 | 73 | 74 | 75 |
76 | 77 | 78 | 79 | 80 | 81 | 82 | 83 | 84 | 85 | 86 | 87 | 88 | 89 | 90 | 91 | 92 | 93 | 94 | 95
| 96 | 97 | 98 | 99)     #IMPLIED
    commcls     (cc01 | cc02 | cc03 | cc04 | cc05 | cc06 | cc07 | cc08 | cc09 | cc10 | cc11 | cc12
| cc13 | cc14 | cc15 | cc16 | cc17 | cc18 | cc19 | cc20 | cc21 | cc22 | cc23 | cc24 | cc25 | cc26
| cc27 | cc28 | cc29 | cc30 | cc31 | cc32 | cc33 | cc34 | cc35 | cc36 | cc37 | cc38 | cc39 | cc40
| cc41 | cc42 | cc43 | cc44 | cc45 | cc46 | cc47 | cc48 | cc49 | cc50 | cc51 | cc52 | cc53 | cc54
| cc55 | cc56 | cc57 | cc58 | cc59 | cc60 | cc61 | cc62 | cc63 | cc64 | cc65 | cc66 | cc67 | cc68
| cc69 | cc70 | cc71 | cc72 | cc73 | cc74 | cc75 | cc76 | cc77 | cc78 | cc79 | cc80 | cc81 | cc82
| cc83 | cc84 | cc85 | cc86 | cc87 | cc88 | cc89 | cc90 | cc91 | cc92 | cc93 | cc94 | cc95 | cc96
| cc97 | cc98 | cc99)     #IMPLIED
    caveat     (cv01 | cv02 | cv03 | cv04 | cv05 | cv06 | cv07 | cv08 | cv09 | cv10 | cv11 | cv12
| cv13 | cv14 | cv15 | cv16 | cv17 | cv18 | cv19 | cv20 | cv21 | cv22 | cv23 | cv24 | cv25 | cv26
| cv27 | cv28 | cv29 | cv30 | cv31 | cv32 | cv33 | cv34 | cv35 | cv36 | cv37 | cv38 | cv39 | cv40
| cv41 | cv42 | cv43 | cv44 | cv45 | cv46 | cv47 | cv48 | cv49 | cv50 | cv51 | cv52 | cv53 | cv54
| cv55 | cv56 | cv57 | cv58 | cv59 | cv60 | cv61 | cv62 | cv63 | cv64 | cv65 | cv66 | cv67 | cv68
| cv69 | cv70 | cv71 | cv72 | cv73 | cv74 | cv75 | cv76 | cv77 | cv78 | cv79 | cv80 | cv81 | cv82
| cv83 | cv84 | cv85 | cv86 | cv87 | cv88 | cv89 | cv90 | cv91 | cv92 | cv93 | cv94 | cv95 | cv96
| cv97 | cv98 | cv99)     #IMPLIED
〉
〈! ELEMENT tgroup (applic?,colspec*,spanspec*,thead?,tfoot?,tbody)〉
〈! ATTLIST tgroup
    refapplic     IDREF     #IMPLIED
    cols      NMTOKEN     #REQUIRED
    tgstyle   NMTOKEN     #IMPLIED
    colsep    NMTOKEN     #IMPLIED
    rowsep    NMTOKEN     #IMPLIED
    align     (left | right | center | justify | char)     "left"
    charoff CDATA     #IMPLIED
    char     CDATA     #IMPLIED
〉
〈! ELEMENT thead (colspec*,row+)〉
〈! ATTLIST thead
    valign     (top | bottom | middle)     "bottom"
〉
〈! ELEMENT row (applic?,((entry)+))〉
```

```
<! ATTLIST row
    refapplic  IDREF   #IMPLIED
    rowsep  NMTOKEN   #IMPLIED
    id   ID   #IMPLIED
    level  NMTOKEN   #IMPLIED
    mark   NMTOKEN   #IMPLIED
    change   (add | delete | modify)   #IMPLIED
    rfc   CDATA   #IMPLIED
>
<! ELEMENT entry (#PCDATA | applic | para | warning | caution | note | legend | ein | cb | parasigdata |
quantity | xref | indxflag | change | emphasis | symbol | subscrpt | supscrpt | refdm | reftp |
ftnote | ftnref | acronym | acroterm | capgrp | caption | seqlist | randlist | deflist) * >
<! ATTLIST entry
    refapplic   IDREF   #IMPLIED
    colname   NMTOKEN  #IMPLIED
    namest   NMTOKEN  #IMPLIED
    nameend   NMTOKEN  #IMPLIED
    spanname  NMTOKEN  #IMPLIED
    morerows  NMTOKEN  "0"
    colsep   NMTOKEN   #IMPLIED
    rowsep   NMTOKEN   #IMPLIED
    rotate   NMTOKEN   "0"
    valign   (top | bottom | middle)   "top"
    align   (left | right | center | justify | char)   #IMPLIED
    charoff CDATA   #IMPLIED
    char   CDATA   #IMPLIED
    id   ID   #IMPLIED
>
<! ELEMENT tfoot (colspec * ,row + )>
<! ATTLIST tfoot
    valign   (top | bottom | middle)   "top"
>
<! ELEMENT tbody (row + )>
<! ATTLIST tbody
    valign   (top | bottom | middle)   "top"
>
<! ELEMENT step (((applic?,title?),(warning * ,caution * ),(((((note | para) | (figure | multimedia
| foldout | table)) * ) | (crew * ,procd) | challrsp) * )),((step | ((if,elseif * ) | case)) * ))>
<! ATTLIST step
    label  CDATA   #IMPLIED
    memorize   (yes | no)   "no"
    dotline   (dot | line | none)   "dot"
    ordered   (on | off)   "on"
    refapplic   IDREF   #IMPLIED
    check  CDATA   #IMPLIED
    skill   (sk01 | sk02 | sk03 | sk04 | sk05 | sk06 | sk07 | sk08 | sk09 | sk10 | sk11 | sk12
| sk13 | sk14 | sk15 | sk16 | sk17 | sk18 | sk19 | sk20 | sk21 | sk22 | sk23 | sk24 | sk25 | sk26
| sk27 | sk28 | sk29 | sk30 | sk31 | sk32 | sk33 | sk34 | sk35 | sk36 | sk37 | sk38 | sk39 | sk40
| sk41 | sk42 | sk43 | sk44 | sk45 | sk46 | sk47 | sk48 | sk49 | sk50 | sk51 | sk52 | sk53 | sk54
| sk55 | sk56 | sk57 | sk58 | sk59 | sk60 | sk61 | sk62 | sk63 | sk64 | sk65 | sk66 | sk67 | sk68
| sk69 | sk70 | sk71 | sk72 | sk73 | sk74 | sk75 | sk76 | sk77 | sk78 | sk79 | sk80 | sk81 | sk82
| sk83 | sk84 | sk85 | sk86 | sk87 | sk88 | sk89 | sk90 | sk91 | sk92 | sk93 | sk94 | sk95 | sk96
| sk97 | sk98 | sk99)   #IMPLIED
    id  ID   #IMPLIED
    level  NMTOKEN   #IMPLIED
    mark  NMTOKEN   #IMPLIED
    change   (add | delete | modify)   #IMPLIED
    rfc  CDATA   #IMPLIED
    class   (01 | 02 | 03 | 04 | 05 | 06 | 07 | 08 | 09 | 10 | 11 | 12 | 13 | 14 | 15 | 16 | 17
| 18 | 19 | 20 | 21 | 22 | 23 | 24 | 25 | 26 | 27 | 28 | 29 | 30 | 31 | 32 | 33 | 34 | 35 | 36 |
```

```
37 | 38 | 39 | 40 | 41 | 42 | 43 | 44 | 45 | 46 | 47 | 48 | 49 | 50 | 51 | 52 | 53 | 54 | 55 | 56
| 57 | 58 | 59 | 60 | 61 | 62 | 63 | 64 | 65 | 66 | 67 | 68 | 69 | 70 | 71 | 72 | 73 | 74 | 75 |
76 | 77 | 78 | 79 | 80 | 81 | 82 | 83 | 84 | 85 | 86 | 87 | 88 | 89 | 90 | 91 | 92 | 93 | 94 | 95
| 96 | 97 | 98 | 99)    #IMPLIED
    commcls    (cc01 | cc02 | cc03 | cc04 | cc05 | cc06 | cc07 | cc08 | cc09 | cc10 | cc11 | cc12
| cc13 | cc14 | cc15 | cc16 | cc17 | cc18 | cc19 | cc20 | cc21 | cc22 | cc23 | cc24 | cc25 | cc26
| cc27 | cc28 | cc29 | cc30 | cc31 | cc32 | cc33 | cc34 | cc35 | cc36 | cc37 | cc38 | cc39 | cc40
| cc41 | cc42 | cc43 | cc44 | cc45 | cc46 | cc47 | cc48 | cc49 | cc50 | cc51 | cc52 | cc53 | cc54
| cc55 | cc56 | cc57 | cc58 | cc59 | cc60 | cc61 | cc62 | cc63 | cc64 | cc65 | cc66 | cc67 | cc68
| cc69 | cc70 | cc71 | cc72 | cc73 | cc74 | cc75 | cc76 | cc77 | cc78 | cc79 | cc80 | cc81 | cc82
| cc83 | cc84 | cc85 | cc86 | cc87 | cc88 | cc89 | cc90 | cc91 | cc92 | cc93 | cc94 | cc95 | cc96
| cc97 | cc98 | cc99)    #IMPLIED
    caveat    (cv01 | cv02 | cv03 | cv04 | cv05 | cv06 | cv07 | cv08 | cv09 | cv10 | cv11 | cv12
| cv13 | cv14 | cv15 | cv16 | cv17 | cv18 | cv19 | cv20 | cv21 | cv22 | cv23 | cv24 | cv25 | cv26
| cv27 | cv28 | cv29 | cv30 | cv31 | cv32 | cv33 | cv34 | cv35 | cv36 | cv37 | cv38 | cv39 | cv40
| cv41 | cv42 | cv43 | cv44 | cv45 | cv46 | cv47 | cv48 | cv49 | cv50 | cv51 | cv52 | cv53 | cv54
| cv55 | cv56 | cv57 | cv58 | cv59 | cv60 | cv61 | cv62 | cv63 | cv64 | cv65 | cv66 | cv67 | cv68
| cv69 | cv70 | cv71 | cv72 | cv73 | cv74 | cv75 | cv76 | cv77 | cv78 | cv79 | cv80 | cv81 | cv82
| cv83 | cv84 | cv85 | cv86 | cv87 | cv88 | cv89 | cv90 | cv91 | cv92 | cv93 | cv94 | cv95 | cv96
| cv97 | cv98 | cv99)    #IMPLIED
>
<! ELEMENT procd (applic?,((para | (figure | multimedia | foldout | table)) + ))>
<! ATTLIST procd
    refapplic    IDREF    #IMPLIED
>
<! ELEMENT challrsp (challeng,((crew * ,response) + ))>
<! ELEMENT challeng (applic?,((para | (figure | multimedia | foldout | table)) + ))>
<! ATTLIST challeng
    refapplic    IDREF    #IMPLIED
>
<! ELEMENT response (applic?,((para | (figure | multimedia | foldout | table)) + ))>
<! ATTLIST response
    refapplic    IDREF    #IMPLIED
>
<! ELEMENT if (applic?,condit,((step | ((if,elseif * ) | case)) + ))>
<! ATTLIST if
    refapplic    IDREF    #IMPLIED
    id    ID    #IMPLIED
    level    NMTOKEN    #IMPLIED
    mark    NMTOKEN    #IMPLIED
    change    (add | delete | modify)    #IMPLIED
    rfc    CDATA    #IMPLIED
>
<! ELEMENT condit (#PCDATA | ein | cb | parasigdata | quantity | xref | indxflag | change | emphasis |
symbol | subscrpt | supscrpt | refdm | reftp | ftnote | ftnref | acronym | acroterm | capgrp |
caption) * )
<! ATTLIST condit
    class    (01 | 02 | 03 | 04 | 05 | 06 | 07 | 08 | 09 | 10 | 11 | 12 | 13 | 14 | 15 | 16 | 17
| 18 | 19 | 20 | 21 | 22 | 23 | 24 | 25 | 26 | 27 | 28 | 29 | 30 | 31 | 32 | 33 | 34 | 35 | 36 |
37 | 38 | 39 | 40 | 41 | 42 | 43 | 44 | 45 | 46 | 47 | 48 | 49 | 50 | 51 | 52 | 53 | 54 | 55 | 56
| 57 | 58 | 59 | 60 | 61 | 62 | 63 | 64 | 65 | 66 | 67 | 68 | 69 | 70 | 71 | 72 | 73 | 74 | 75 |
76 | 77 | 78 | 79 | 80 | 81 | 82 | 83 | 84 | 85 | 86 | 87 | 88 | 89 | 90 | 91 | 92 | 93 | 94 | 95
| 96 | 97 | 98 | 99)    #IMPLIED
    commcls    (cc01 | cc02 | cc03 | cc04 | cc05 | cc06 | cc07 | cc08 | cc09 | cc10 | cc11 | cc12
| cc13 | cc14 | cc15 | cc16 | cc17 | cc18 | cc19 | cc20 | cc21 | cc22 | cc23 | cc24 | cc25 | cc26
| cc27 | cc28 | cc29 | cc30 | cc31 | cc32 | cc33 | cc34 | cc35 | cc36 | cc37 | cc38 | cc39 | cc40
| cc41 | cc42 | cc43 | cc44 | cc45 | cc46 | cc47 | cc48 | cc49 | cc50 | cc51 | cc52 | cc53 | cc54
| cc55 | cc56 | cc57 | cc58 | cc59 | cc60 | cc61 | cc62 | cc63 | cc64 | cc65 | cc66 | cc67 | cc68
| cc69 | cc70 | cc71 | cc72 | cc73 | cc74 | cc75 | cc76 | cc77 | cc78 | cc79 | cc80 | cc81 | cc82
| cc83 | cc84 | cc85 | cc86 | cc87 | cc88 | cc89 | cc90 | cc91 | cc92 | cc93 | cc94 | cc95 | cc96
```

```
| cc97 | cc98 | cc99)      # IMPLIED
    caveat     (cv01 | cv02 | cv03 | cv04 | cv05 | cv06 | cv07 | cv08 | cv09 | cv10 | cv11 | cv12
| cv13 | cv14 | cv15 | cv16 | cv17 | cv18 | cv19 | cv20 | cv21 | cv22 | cv23 | cv24 | cv25 | cv26
| cv27 | cv28 | cv29 | cv30 | cv31 | cv32 | cv33 | cv34 | cv35 | cv36 | cv37 | cv38 | cv39 | cv40
| cv41 | cv42 | cv43 | cv44 | cv45 | cv46 | cv47 | cv48 | cv49 | cv50 | cv51 | cv52 | cv53 | cv54
| cv55 | cv56 | cv57 | cv58 | cv59 | cv60 | cv61 | cv62 | cv63 | cv64 | cv65 | cv66 | cv67 | cv68
| cv69 | cv70 | cv71 | cv72 | cv73 | cv74 | cv75 | cv76 | cv77 | cv78 | cv79 | cv80 | cv81 | cv82
| cv83 | cv84 | cv85 | cv86 | cv87 | cv88 | cv89 | cv90 | cv91 | cv92 | cv93 | cv94 | cv95 | cv96
| cv97 | cv98 | cv99)      # IMPLIED
〉
〈! ELEMENT elseif (applic?,condit,((step | ((if,elseif * ) | case)) + ))〉
〈! ATTLIST elseif
    refapplic    IDREF     # IMPLIED
    id     ID     # IMPLIED
    level    NMTOKEN    # IMPLIED
    mark    NMTOKEN    # IMPLIED
    change     (add | delete | modify)     # IMPLIED
    rfc     CDATA     # IMPLIED
〉
〈! ELEMENT case (applic?,condit,((step | ((if,elseif * ) | case)) + ))〉
〈! ATTLIST case
    refapplic    IDREF     # IMPLIED
    id     ID     # IMPLIED
    level    NMTOKEN    # IMPLIED
    mark    NMTOKEN    # IMPLIED
    change     (add | delete | modify)     # IMPLIED
    rfc     CDATA     # IMPLIED
〉
〈! ELEMENT subdrill (((applic?,title?),tabtitle?,((warning * ,caution * ),note * ),crew * ,((para
| (figure | multimedia | foldout | table)) * )),((step | ((if,elseif * ) | case)) * ))〉
〈! ATTLIST subdrill
    ordered     (on | off)     "on"
    refapplic    IDREF     # IMPLIED
    id     ID     # IMPLIED
    level    NMTOKEN    # IMPLIED
    mark    NMTOKEN    # IMPLIED
    change     (add | delete | modify)     # IMPLIED
    rfc     CDATA     # IMPLIED
    class     (01 | 02 | 03 | 04 | 05 | 06 | 07 | 08 | 09 | 10 | 11 | 12 | 13 | 14 | 15 | 16 | 17
| 18 | 19 | 20 | 21 | 22 | 23 | 24 | 25 | 26 | 27 | 28 | 29 | 30 | 31 | 32 | 33 | 34 | 35 | 36 |
37 | 38 | 39 | 40 | 41 | 42 | 43 | 44 | 45 | 46 | 47 | 48 | 49 | 50 | 51 | 52 | 53 | 54 | 55 | 56
| 57 | 58 | 59 | 60 | 61 | 62 | 63 | 64 | 65 | 66 | 67 | 68 | 69 | 70 | 71 | 72 | 73 | 74 | 75 |
76 | 77 | 78 | 79 | 80 | 81 | 82 | 83 | 84 | 85 | 86 | 87 | 88 | 89 | 90 | 91 | 92 | 93 | 94 | 95
| 96 | 97 | 98 | 99)     # IMPLIED
    commcls     (cc01 | cc02 | cc03 | cc04 | cc05 | cc06 | cc07 | cc08 | cc09 | cc10 | cc11 | cc12
| cc13 | cc14 | cc15 | cc16 | cc17 | cc18 | cc19 | cc20 | cc21 | cc22 | cc23 | cc24 | cc25 | cc26
| cc27 | cc28 | cc29 | cc30 | cc31 | cc32 | cc33 | cc34 | cc35 | cc36 | cc37 | cc38 | cc39 | cc40
| cc41 | cc42 | cc43 | cc44 | cc45 | cc46 | cc47 | cc48 | cc49 | cc50 | cc51 | cc52 | cc53 | cc54
| cc55 | cc56 | cc57 | cc58 | cc59 | cc60 | cc61 | cc62 | cc63 | cc64 | cc65 | cc66 | cc67 | cc68
| cc69 | cc70 | cc71 | cc72 | cc73 | cc74 | cc75 | cc76 | cc77 | cc78 | cc79 | cc80 | cc81 | cc82
| cc83 | cc84 | cc85 | cc86 | cc87 | cc88 | cc89 | cc90 | cc91 | cc92 | cc93 | cc94 | cc95 | cc96
| cc97 | cc98 | cc99)     # IMPLIED
    caveat     (cv01 | cv02 | cv03 | cv04 | cv05 | cv06 | cv07 | cv08 | cv09 | cv10 | cv11 | cv12
| cv13 | cv14 | cv15 | cv16 | cv17 | cv18 | cv19 | cv20 | cv21 | cv22 | cv23 | cv24 | cv25 | cv26
| cv27 | cv28 | cv29 | cv30 | cv31 | cv32 | cv33 | cv34 | cv35 | cv36 | cv37 | cv38 | cv39 | cv40
| cv41 | cv42 | cv43 | cv44 | cv45 | cv46 | cv47 | cv48 | cv49 | cv50 | cv51 | cv52 | cv53 | cv54
| cv55 | cv56 | cv57 | cv58 | cv59 | cv60 | cv61 | cv62 | cv63 | cv64 | cv65 | cv66 | cv67 | cv68
| cv69 | cv70 | cv71 | cv72 | cv73 | cv74 | cv75 | cv76 | cv77 | cv78 | cv79 | cv80 | cv81 | cv82
| cv83 | cv84 | cv85 | cv86 | cv87 | cv88 | cv89 | cv90 | cv91 | cv92 | cv93 | cv94 | cv95 | cv96
| cv97 | cv98 | cv99)     # IMPLIED
```

```
    check   CDATA    #IMPLIED
    skill     (sk01 | sk02 | sk03 | sk04 | sk05 | sk06 | sk07 | sk08 | sk09 | sk10 | sk11 | sk12
| sk13 | sk14 | sk15 | sk16 | sk17 | sk18 | sk19 | sk20 | sk21 | sk22 | sk23 | sk24 | sk25 | sk26
| sk27 | sk28 | sk29 | sk30 | sk31 | sk32 | sk33 | sk34 | sk35 | sk36 | sk37 | sk38 | sk39 | sk40
| sk41 | sk42 | sk43 | sk44 | sk45 | sk46 | sk47 | sk48 | sk49 | sk50 | sk51 | sk52 | sk53 | sk54
| sk55 | sk56 | sk57 | sk58 | sk59 | sk60 | sk61 | sk62 | sk63 | sk64 | sk65 | sk66 | sk67 | sk68
| sk69 | sk70 | sk71 | sk72 | sk73 | sk74 | sk75 | sk76 | sk77 | sk78 | sk79 | sk80 | sk81 | sk82
| sk83 | sk84 | sk85 | sk86 | sk87 | sk88 | sk89 | sk90 | sk91 | sk92 | sk93 | sk94 | sk95 | sk96
| sk97 | sk98 | sk99)    #IMPLIED
〉
〈! ELEMENT endmattr (applic?,((para | (figure | multimedia | foldout | table)) + ))〉
〈! ATTLIST endmattr
    refapplic    IDREF     #IMPLIED
〉
〈! ELEMENT descacrw (((((warning * ,caution * ),note * ),para0 * ) | (figure | multimedia | foldout |
table)) * )〉
〈! ATTLIST descacrw
    class     (01 | 02 | 03 | 04 | 05 | 06 | 07 | 08 | 09 | 10 | 11 | 12 | 13 | 14 | 15 | 16 | 17
| 18 | 19 | 20 | 21 | 22 | 23 | 24 | 25 | 26 | 27 | 28 | 29 | 30 | 31 | 32 | 33 | 34 | 35 | 36 |
37 | 38 | 39 | 40 | 41 | 42 | 43 | 44 | 45 | 46 | 47 | 48 | 49 | 50 | 51 | 52 | 53 | 54 | 55 | 56
| 57 | 58 | 59 | 60 | 61 | 62 | 63 | 64 | 65 | 66 | 67 | 68 | 69 | 70 | 71 | 72 | 73 | 74 | 75 |
76 | 77 | 78 | 79 | 80 | 81 | 82 | 83 | 84 | 85 | 86 | 87 | 88 | 89 | 90 | 91 | 92 | 93 | 94 | 95
| 96 | 97 | 98 | 99)    #IMPLIED
    commcls    (cc01 | cc02 | cc03 | cc04 | cc05 | cc06 | cc07 | cc08 | cc09 | cc10 | cc11 | cc12
| cc13 | cc14 | cc15 | cc16 | cc17 | cc18 | cc19 | cc20 | cc21 | cc22 | cc23 | cc24 | cc25 | cc26
| cc27 | cc28 | cc29 | cc30 | cc31 | cc32 | cc33 | cc34 | cc35 | cc36 | cc37 | cc38 | cc39 | cc40
| cc41 | cc42 | cc43 | cc44 | cc45 | cc46 | cc47 | cc48 | cc49 | cc50 | cc51 | cc52 | cc53 | cc54
| cc55 | cc56 | cc57 | cc58 | cc59 | cc60 | cc61 | cc62 | cc63 | cc64 | cc65 | cc66 | cc67 | cc68
| cc69 | cc70 | cc71 | cc72 | cc73 | cc74 | cc75 | cc76 | cc77 | cc78 | cc79 | cc80 | cc81 | cc82
| cc83 | cc84 | cc85 | cc86 | cc87 | cc88 | cc89 | cc90 | cc91 | cc92 | cc93 | cc94 | cc95 | cc96
| cc97 | cc98 | cc99)    #IMPLIED
    caveat     (cv01 | cv02 | cv03 | cv04 | cv05 | cv06 | cv07 | cv08 | cv09 | cv10 | cv11 | cv12
| cv13 | cv14 | cv15 | cv16 | cv17 | cv18 | cv19 | cv20 | cv21 | cv22 | cv23 | cv24 | cv25 | cv26
| cv27 | cv28 | cv29 | cv30 | cv31 | cv32 | cv33 | cv34 | cv35 | cv36 | cv37 | cv38 | cv39 | cv40
| cv41 | cv42 | cv43 | cv44 | cv45 | cv46 | cv47 | cv48 | cv49 | cv50 | cv51 | cv52 | cv53 | cv54
| cv55 | cv56 | cv57 | cv58 | cv59 | cv60 | cv61 | cv62 | cv63 | cv64 | cv65 | cv66 | cv67 | cv68
| cv69 | cv70 | cv71 | cv72 | cv73 | cv74 | cv75 | cv76 | cv77 | cv78 | cv79 | cv80 | cv81 | cv82
| cv83 | cv84 | cv85 | cv86 | cv87 | cv88 | cv89 | cv90 | cv91 | cv92 | cv93 | cv94 | cv95 | cv96
| cv97 | cv98 | cv99)    #IMPLIED
〉
〈! ELEMENT para0 ((((((applic?,title?))?),(((warning * ,caution * ),(((note | para) | (figure |
multimedia | foldout | table)) * ),drill?)))?),subpara1 * )〉
〈! ATTLIST para0
    refapplic    IDREF     #IMPLIED
    id   ID    #IMPLIED
    level   NMTOKEN    #IMPLIED
    mark   NMTOKEN    #IMPLIED
    change    (add | delete | modify)    #IMPLIED
    rfc   CDATA    #IMPLIED
    class     (01 | 02 | 03 | 04 | 05 | 06 | 07 | 08 | 09 | 10 | 11 | 12 | 13 | 14 | 15 | 16 | 17
| 18 | 19 | 20 | 21 | 22 | 23 | 24 | 25 | 26 | 27 | 28 | 29 | 30 | 31 | 32 | 33 | 34 | 35 | 36 |
37 | 38 | 39 | 40 | 41 | 42 | 43 | 44 | 45 | 46 | 47 | 48 | 49 | 50 | 51 | 52 | 53 | 54 | 55 | 56
| 57 | 58 | 59 | 60 | 61 | 62 | 63 | 64 | 65 | 66 | 67 | 68 | 69 | 70 | 71 | 72 | 73 | 74 | 75 |
76 | 77 | 78 | 79 | 80 | 81 | 82 | 83 | 84 | 85 | 86 | 87 | 88 | 89 | 90 | 91 | 92 | 93 | 94 | 95
| 96 | 97 | 98 | 99)    #IMPLIED
    commcls    (cc01 | cc02 | cc03 | cc04 | cc05 | cc06 | cc07 | cc08 | cc09 | cc10 | cc11 | cc12
| cc13 | cc14 | cc15 | cc16 | cc17 | cc18 | cc19 | cc20 | cc21 | cc22 | cc23 | cc24 | cc25 | cc26
| cc27 | cc28 | cc29 | cc30 | cc31 | cc32 | cc33 | cc34 | cc35 | cc36 | cc37 | cc38 | cc39 | cc40
| cc41 | cc42 | cc43 | cc44 | cc45 | cc46 | cc47 | cc48 | cc49 | cc50 | cc51 | cc52 | cc53 | cc54
| cc55 | cc56 | cc57 | cc58 | cc59 | cc60 | cc61 | cc62 | cc63 | cc64 | cc65 | cc66 | cc67 | cc68
```

```
| cc69 | cc70 | cc71 | cc72 | cc73 | cc74 | cc75 | cc76 | cc77 | cc78 | cc79 | cc80 | cc81 | cc82
| cc83 | cc84 | cc85 | cc86 | cc87 | cc88 | cc89 | cc90 | cc91 | cc92 | cc93 | cc94 | cc95 | cc96
| cc97 | cc98 | cc99)  #IMPLIED
  caveat    (cv01 | cv02 | cv03 | cv04 | cv05 | cv06 | cv07 | cv08 | cv09 | cv10 | cv11 | cv12
| cv13 | cv14 | cv15 | cv16 | cv17 | cv18 | cv19 | cv20 | cv21 | cv22 | cv23 | cv24 | cv25 | cv26
| cv27 | cv28 | cv29 | cv30 | cv31 | cv32 | cv33 | cv34 | cv35 | cv36 | cv37 | cv38 | cv39 | cv40
| cv41 | cv42 | cv43 | cv44 | cv45 | cv46 | cv47 | cv48 | cv49 | cv50 | cv51 | cv52 | cv53 | cv54
| cv55 | cv56 | cv57 | cv58 | cv59 | cv60 | cv61 | cv62 | cv63 | cv64 | cv65 | cv66 | cv67 | cv68
| cv69 | cv70 | cv71 | cv72 | cv73 | cv74 | cv75 | cv76 | cv77 | cv78 | cv79 | cv80 | cv81 | cv82
| cv83 | cv84 | cv85 | cv86 | cv87 | cv88 | cv89 | cv90 | cv91 | cv92 | cv93 | cv94 | cv95 | cv96
| cv97 | cv98 | cv99)  #IMPLIED
〉
〈! ELEMENT subpara1 ((((((applic?,title?))?),(((warning*,caution*),(((note | para) | (figure |
multimedia | foldout | table))*),drill?)?))?),subpara2*)〉
〈! ATTLIST subpara1
  refapplic   IDREF   #IMPLIED
  id   ID  #IMPLIED
  level   NMTOKEN   #IMPLIED
  mark   NMTOKEN   #IMPLIED
  change   (add | delete | modify)   #IMPLIED
  rfc   CDATA   #IMPLIED
  class   (01 | 02 | 03 | 04 | 05 | 06 | 07 | 08 | 09 | 10 | 11 | 12 | 13 | 14 | 15 | 16 | 17
| 18 | 19 | 20 | 21 | 22 | 23 | 24 | 25 | 26 | 27 | 28 | 29 | 30 | 31 | 32 | 33 | 34 | 35 | 36 |
37 | 38 | 39 | 40 | 41 | 42 | 43 | 44 | 45 | 46 | 47 | 48 | 49 | 50 | 51 | 52 | 53 | 54 | 55 | 56
| 57 | 58 | 59 | 60 | 61 | 62 | 63 | 64 | 65 | 66 | 67 | 68 | 69 | 70 | 71 | 72 | 73 | 74 | 75 |
76 | 77 | 78 | 79 | 80 | 81 | 82 | 83 | 84 | 85 | 86 | 87 | 88 | 89 | 90 | 91 | 92 | 93 | 94 | 95
| 96 | 97 | 98 | 99)  #IMPLIED
  commcls   (cc01 | cc02 | cc03 | cc04 | cc05 | cc06 | cc07 | cc08 | cc09 | cc10 | cc11 | cc12
| cc13 | cc14 | cc15 | cc16 | cc17 | cc18 | cc19 | cc20 | cc21 | cc22 | cc23 | cc24 | cc25 | cc26
| cc27 | cc28 | cc29 | cc30 | cc31 | cc32 | cc33 | cc34 | cc35 | cc36 | cc37 | cc38 | cc39 | cc40
| cc41 | cc42 | cc43 | cc44 | cc45 | cc46 | cc47 | cc48 | cc49 | cc50 | cc51 | cc52 | cc53 | cc54
| cc55 | cc56 | cc57 | cc58 | cc59 | cc60 | cc61 | cc62 | cc63 | cc64 | cc65 | cc66 | cc67 | cc68
| cc69 | cc70 | cc71 | cc72 | cc73 | cc74 | cc75 | cc76 | cc77 | cc78 | cc79 | cc80 | cc81 | cc82
| cc83 | cc84 | cc85 | cc86 | cc87 | cc88 | cc89 | cc90 | cc91 | cc92 | cc93 | cc94 | cc95 | cc96
| cc97 | cc98 | cc99)  #IMPLIED
  caveat   (cv01 | cv02 | cv03 | cv04 | cv05 | cv06 | cv07 | cv08 | cv09 | cv10 | cv11 | cv12
| cv13 | cv14 | cv15 | cv16 | cv17 | cv18 | cv19 | cv20 | cv21 | cv22 | cv23 | cv24 | cv25 | cv26
| cv27 | cv28 | cv29 | cv30 | cv31 | cv32 | cv33 | cv34 | cv35 | cv36 | cv37 | cv38 | cv39 | cv40
| cv41 | cv42 | cv43 | cv44 | cv45 | cv46 | cv47 | cv48 | cv49 | cv50 | cv51 | cv52 | cv53 | cv54
| cv55 | cv56 | cv57 | cv58 | cv59 | cv60 | cv61 | cv62 | cv63 | cv64 | cv65 | cv66 | cv67 | cv68
| cv69 | cv70 | cv71 | cv72 | cv73 | cv74 | cv75 | cv76 | cv77 | cv78 | cv79 | cv80 | cv81 | cv82
| cv83 | cv84 | cv85 | cv86 | cv87 | cv88 | cv89 | cv90 | cv91 | cv92 | cv93 | cv94 | cv95 | cv96
| cv97 | cv98 | cv99)  #IMPLIED
〉
〈! ELEMENT subpara2 ((((((applic?,title?))?),(((warning*,caution*),(((note | para) | (figure |
multimedia | foldout | table))*),drill?)?))?),subpara3*)〉
〈! ATTLIST subpara2
  refapplic   IDREF   #IMPLIED
  id   ID  #IMPLIED
  level   NMTOKEN   #IMPLIED
  mark   NMTOKEN   #IMPLIED
  change   (add | delete | modify)   #IMPLIED
  rfc   CDATA   #IMPLIED
  class   (01 | 02 | 03 | 04 | 05 | 06 | 07 | 08 | 09 | 10 | 11 | 12 | 13 | 14 | 15 | 16 | 17
| 18 | 19 | 20 | 21 | 22 | 23 | 24 | 25 | 26 | 27 | 28 | 29 | 30 | 31 | 32 | 33 | 34 | 35 | 36 |
37 | 38 | 39 | 40 | 41 | 42 | 43 | 44 | 45 | 46 | 47 | 48 | 49 | 50 | 51 | 52 | 53 | 54 | 55 | 56
| 57 | 58 | 59 | 60 | 61 | 62 | 63 | 64 | 65 | 66 | 67 | 68 | 69 | 70 | 71 | 72 | 73 | 74 | 75 |
76 | 77 | 78 | 79 | 80 | 81 | 82 | 83 | 84 | 85 | 86 | 87 | 88 | 89 | 90 | 91 | 92 | 93 | 94 | 95
| 96 | 97 | 98 | 99)  #IMPLIED
  commcls   (cc01 | cc02 | cc03 | cc04 | cc05 | cc06 | cc07 | cc08 | cc09 | cc10 | cc11 | cc12
```

```
| cc13 | cc14 | cc15 | cc16 | cc17 | cc18 | cc19 | cc20 | cc21 | cc22 | cc23 | cc24 | cc25 | cc26
| cc27 | cc28 | cc29 | cc30 | cc31 | cc32 | cc33 | cc34 | cc35 | cc36 | cc37 | cc38 | cc39 | cc40
| cc41 | cc42 | cc43 | cc44 | cc45 | cc46 | cc47 | cc48 | cc49 | cc50 | cc51 | cc52 | cc53 | cc54
| cc55 | cc56 | cc57 | cc58 | cc59 | cc60 | cc61 | cc62 | cc63 | cc64 | cc65 | cc66 | cc67 | cc68
| cc69 | cc70 | cc71 | cc72 | cc73 | cc74 | cc75 | cc76 | cc77 | cc78 | cc79 | cc80 | cc81 | cc82
| cc83 | cc84 | cc85 | cc86 | cc87 | cc88 | cc89 | cc90 | cc91 | cc92 | cc93 | cc94 | cc95 | cc96
| cc97 | cc98 | cc99)   #IMPLIED
    caveat    (cv01 | cv02 | cv03 | cv04 | cv05 | cv06 | cv07 | cv08 | cv09 | cv10 | cv11 | cv12
| cv13 | cv14 | cv15 | cv16 | cv17 | cv18 | cv19 | cv20 | cv21 | cv22 | cv23 | cv24 | cv25 | cv26
| cv27 | cv28 | cv29 | cv30 | cv31 | cv32 | cv33 | cv34 | cv35 | cv36 | cv37 | cv38 | cv39 | cv40
| cv41 | cv42 | cv43 | cv44 | cv45 | cv46 | cv47 | cv48 | cv49 | cv50 | cv51 | cv52 | cv53 | cv54
| cv55 | cv56 | cv57 | cv58 | cv59 | cv60 | cv61 | cv62 | cv63 | cv64 | cv65 | cv66 | cv67 | cv68
| cv69 | cv70 | cv71 | cv72 | cv73 | cv74 | cv75 | cv76 | cv77 | cv78 | cv79 | cv80 | cv81 | cv82
| cv83 | cv84 | cv85 | cv86 | cv87 | cv88 | cv89 | cv90 | cv91 | cv92 | cv93 | cv94 | cv95 | cv96
| cv97 | cv98 | cv99)    #IMPLIED
〉
〈! ELEMENT subpara3 (((((applic?,title?))?),(((warning*,caution*),(((note | para) | (figure |
multimedia | foldout | table))*),drill?)?))?),subpara4*)〉
〈! ATTLIST subpara3
    refapplic    IDREF    #IMPLIED
    id    ID    #IMPLIED
    level    NMTOKEN    #IMPLIED
    mark    NMTOKEN    #IMPLIED
    change    (add | delete | modify)    #IMPLIED
    rfc    CDATA    #IMPLIED
    class    (01 | 02 | 03 | 04 | 05 | 06 | 07 | 08 | 09 | 10 | 11 | 12 | 13 | 14 | 15 | 16 | 17
| 18 | 19 | 20 | 21 | 22 | 23 | 24 | 25 | 26 | 27 | 28 | 29 | 30 | 31 | 32 | 33 | 34 | 35 | 36 |
37 | 38 | 39 | 40 | 41 | 42 | 43 | 44 | 45 | 46 | 47 | 48 | 49 | 50 | 51 | 52 | 53 | 54 | 55 | 56
| 57 | 58 | 59 | 60 | 61 | 62 | 63 | 64 | 65 | 66 | 67 | 68 | 69 | 70 | 71 | 72 | 73 | 74 | 75 |
76 | 77 | 78 | 79 | 80 | 81 | 82 | 83 | 84 | 85 | 86 | 87 | 88 | 89 | 90 | 91 | 92 | 93 | 94 | 95
| 96 | 97 | 98 | 99)   #IMPLIED
    commcls    (cc01 | cc02 | cc03 | cc04 | cc05 | cc06 | cc07 | cc08 | cc09 | cc10 | cc11 | cc12
| cc13 | cc14 | cc15 | cc16 | cc17 | cc18 | cc19 | cc20 | cc21 | cc22 | cc23 | cc24 | cc25 | cc26
| cc27 | cc28 | cc29 | cc30 | cc31 | cc32 | cc33 | cc34 | cc35 | cc36 | cc37 | cc38 | cc39 | cc40
| cc41 | cc42 | cc43 | cc44 | cc45 | cc46 | cc47 | cc48 | cc49 | cc50 | cc51 | cc52 | cc53 | cc54
| cc55 | cc56 | cc57 | cc58 | cc59 | cc60 | cc61 | cc62 | cc63 | cc64 | cc65 | cc66 | cc67 | cc68
| cc69 | cc70 | cc71 | cc72 | cc73 | cc74 | cc75 | cc76 | cc77 | cc78 | cc79 | cc80 | cc81 | cc82
| cc83 | cc84 | cc85 | cc86 | cc87 | cc88 | cc89 | cc90 | cc91 | cc92 | cc93 | cc94 | cc95 | cc96
| cc97 | cc98 | cc99)   #IMPLIED
    caveat    (cv01 | cv02 | cv03 | cv04 | cv05 | cv06 | cv07 | cv08 | cv09 | cv10 | cv11 | cv12
| cv13 | cv14 | cv15 | cv16 | cv17 | cv18 | cv19 | cv20 | cv21 | cv22 | cv23 | cv24 | cv25 | cv26
| cv27 | cv28 | cv29 | cv30 | cv31 | cv32 | cv33 | cv34 | cv35 | cv36 | cv37 | cv38 | cv39 | cv40
| cv41 | cv42 | cv43 | cv44 | cv45 | cv46 | cv47 | cv48 | cv49 | cv50 | cv51 | cv52 | cv53 | cv54
| cv55 | cv56 | cv57 | cv58 | cv59 | cv60 | cv61 | cv62 | cv63 | cv64 | cv65 | cv66 | cv67 | cv68
| cv69 | cv70 | cv71 | cv72 | cv73 | cv74 | cv75 | cv76 | cv77 | cv78 | cv79 | cv80 | cv81 | cv82
| cv83 | cv84 | cv85 | cv86 | cv87 | cv88 | cv89 | cv90 | cv91 | cv92 | cv93 | cv94 | cv95 | cv96
| cv97 | cv98 | cv99)    #IMPLIED
〉
〈! ELEMENT subpara4 (((((applic?,title?))?),(((warning*,caution*),(((note | para) | (figure |
multimedia | foldout | table))*),drill?)?))?),subpara5*)〉
〈! ATTLIST subpara4
    refapplic    IDREF    #IMPLIED
    id    ID    #IMPLIED
    level    NMTOKEN    #IMPLIED
    mark    NMTOKEN    #IMPLIED
    change    (add | delete | modify)    #IMPLIED
    rfc    CDATA    #IMPLIED
    class    (01 | 02 | 03 | 04 | 05 | 06 | 07 | 08 | 09 | 10 | 11 | 12 | 13 | 14 | 15 | 16 | 17
| 18 | 19 | 20 | 21 | 22 | 23 | 24 | 25 | 26 | 27 | 28 | 29 | 30 | 31 | 32 | 33 | 34 | 35 | 36 |
37 | 38 | 39 | 40 | 41 | 42 | 43 | 44 | 45 | 46 | 47 | 48 | 49 | 50 | 51 | 52 | 53 | 54 | 55 | 56
```

```
| 57 | 58 | 59 | 60 | 61 | 62 | 63 | 64 | 65 | 66 | 67 | 68 | 69 | 70 | 71 | 72 | 73 | 74 | 75 |
76 | 77 | 78 | 79 | 80 | 81 | 82 | 83 | 84 | 85 | 86 | 87 | 88 | 89 | 90 | 91 | 92 | 93 | 94 | 95
| 96 | 97 | 98 | 99)    #IMPLIED
    commcls    (cc01 | cc02 | cc03 | cc04 | cc05 | cc06 | cc07 | cc08 | cc09 | cc10 | cc11 | cc12
| cc13 | cc14 | cc15 | cc16 | cc17 | cc18 | cc19 | cc20 | cc21 | cc22 | cc23 | cc24 | cc25 | cc26
| cc27 | cc28 | cc29 | cc30 | cc31 | cc32 | cc33 | cc34 | cc35 | cc36 | cc37 | cc38 | cc39 | cc40
| cc41 | cc42 | cc43 | cc44 | cc45 | cc46 | cc47 | cc48 | cc49 | cc50 | cc51 | cc52 | cc53 | cc54
| cc55 | cc56 | cc57 | cc58 | cc59 | cc60 | cc61 | cc62 | cc63 | cc64 | cc65 | cc66 | cc67 | cc68
| cc69 | cc70 | cc71 | cc72 | cc73 | cc74 | cc75 | cc76 | cc77 | cc78 | cc79 | cc80 | cc81 | cc82
| cc83 | cc84 | cc85 | cc86 | cc87 | cc88 | cc89 | cc90 | cc91 | cc92 | cc93 | cc94 | cc95 | cc96
| cc97 | cc98 | cc99)    #IMPLIED
    caveat    (cv01 | cv02 | cv03 | cv04 | cv05 | cv06 | cv07 | cv08 | cv09 | cv10 | cv11 | cv12
| cv13 | cv14 | cv15 | cv16 | cv17 | cv18 | cv19 | cv20 | cv21 | cv22 | cv23 | cv24 | cv25 | cv26
| cv27 | cv28 | cv29 | cv30 | cv31 | cv32 | cv33 | cv34 | cv35 | cv36 | cv37 | cv38 | cv39 | cv40
| cv41 | cv42 | cv43 | cv44 | cv45 | cv46 | cv47 | cv48 | cv49 | cv50 | cv51 | cv52 | cv53 | cv54
| cv55 | cv56 | cv57 | cv58 | cv59 | cv60 | cv61 | cv62 | cv63 | cv64 | cv65 | cv66 | cv67 | cv68
| cv69 | cv70 | cv71 | cv72 | cv73 | cv74 | cv75 | cv76 | cv77 | cv78 | cv79 | cv80 | cv81 | cv82
| cv83 | cv84 | cv85 | cv86 | cv87 | cv88 | cv89 | cv90 | cv91 | cv92 | cv93 | cv94 | cv95 | cv96
| cv97 | cv98 | cv99)    #IMPLIED
>
<! ELEMENT subpara5 ((((((applic?,title?))?),(((warning *,caution *),(((note | para) | (figure |
multimedia | foldout | table)) *),drill?)?))?),subpara6 *)>
<! ATTLIST subpara5
    refapplic    IDREF    #IMPLIED
    id    ID    #IMPLIED
    level    NMTOKEN    #IMPLIED
    mark    NMTOKEN    #IMPLIED
    change    (add | delete | modify)    #IMPLIED
    rfc    CDATA    #IMPLIED
    class    (01 | 02 | 03 | 04 | 05 | 06 | 07 | 08 | 09 | 10 | 11 | 12 | 13 | 14 | 15 | 16 | 17
| 18 | 19 | 20 | 21 | 22 | 23 | 24 | 25 | 26 | 27 | 28 | 29 | 30 | 31 | 32 | 33 | 34 | 35 | 36 |
37 | 38 | 39 | 40 | 41 | 42 | 43 | 44 | 45 | 46 | 47 | 48 | 49 | 50 | 51 | 52 | 53 | 54 | 55 | 56
| 57 | 58 | 59 | 60 | 61 | 62 | 63 | 64 | 65 | 66 | 67 | 68 | 69 | 70 | 71 | 72 | 73 | 74 | 75 |
76 | 77 | 78 | 79 | 80 | 81 | 82 | 83 | 84 | 85 | 86 | 87 | 88 | 89 | 90 | 91 | 92 | 93 | 94 | 95
| 96 | 97 | 98 | 99)    #IMPLIED
    commcls    (cc01 | cc02 | cc03 | cc04 | cc05 | cc06 | cc07 | cc08 | cc09 | cc10 | cc11 | cc12
| cc13 | cc14 | cc15 | cc16 | cc17 | cc18 | cc19 | cc20 | cc21 | cc22 | cc23 | cc24 | cc25 | cc26
| cc27 | cc28 | cc29 | cc30 | cc31 | cc32 | cc33 | cc34 | cc35 | cc36 | cc37 | cc38 | cc39 | cc40
| cc41 | cc42 | cc43 | cc44 | cc45 | cc46 | cc47 | cc48 | cc49 | cc50 | cc51 | cc52 | cc53 | cc54
| cc55 | cc56 | cc57 | cc58 | cc59 | cc60 | cc61 | cc62 | cc63 | cc64 | cc65 | cc66 | cc67 | cc68
| cc69 | cc70 | cc71 | cc72 | cc73 | cc74 | cc75 | cc76 | cc77 | cc78 | cc79 | cc80 | cc81 | cc82
| cc83 | cc84 | cc85 | cc86 | cc87 | cc88 | cc89 | cc90 | cc91 | cc92 | cc93 | cc94 | cc95 | cc96
| cc97 | cc98 | cc99)    #IMPLIED
    caveat    (cv01 | cv02 | cv03 | cv04 | cv05 | cv06 | cv07 | cv08 | cv09 | cv10 | cv11 | cv12
| cv13 | cv14 | cv15 | cv16 | cv17 | cv18 | cv19 | cv20 | cv21 | cv22 | cv23 | cv24 | cv25 | cv26
| cv27 | cv28 | cv29 | cv30 | cv31 | cv32 | cv33 | cv34 | cv35 | cv36 | cv37 | cv38 | cv39 | cv40
| cv41 | cv42 | cv43 | cv44 | cv45 | cv46 | cv47 | cv48 | cv49 | cv50 | cv51 | cv52 | cv53 | cv54
| cv55 | cv56 | cv57 | cv58 | cv59 | cv60 | cv61 | cv62 | cv63 | cv64 | cv65 | cv66 | cv67 | cv68
| cv69 | cv70 | cv71 | cv72 | cv73 | cv74 | cv75 | cv76 | cv77 | cv78 | cv79 | cv80 | cv81 | cv82
| cv83 | cv84 | cv85 | cv86 | cv87 | cv88 | cv89 | cv90 | cv91 | cv92 | cv93 | cv94 | cv95 | cv96
| cv97 | cv98 | cv99)    #IMPLIED
>
<! ELEMENT subpara6 ((((((applic?,title?))?),(((warning *,caution *),(((note | para) | (figure |
multimedia | foldout | table)) *),drill?)?))?),subpara7 *)>
<! ATTLIST subpara6
    refapplic    IDREF    #IMPLIED
    id    ID    #IMPLIED
    level    NMTOKEN    #IMPLIED
    mark    NMTOKEN    #IMPLIED
    change    (add | delete | modify)    #IMPLIED
```

```
    rfc      CDATA      #IMPLIED
    class      (01 | 02 | 03 | 04 | 05 | 06 | 07 | 08 | 09 | 10 | 11 | 12 | 13 | 14 | 15 | 16 | 17
| 18 | 19 | 20 | 21 | 22 | 23 | 24 | 25 | 26 | 27 | 28 | 29 | 30 | 31 | 32 | 33 | 34 | 35 | 36 |
37 | 38 | 39 | 40 | 41 | 42 | 43 | 44 | 45 | 46 | 47 | 48 | 49 | 50 | 51 | 52 | 53 | 54 | 55 | 56
| 57 | 58 | 59 | 60 | 61 | 62 | 63 | 64 | 65 | 66 | 67 | 68 | 69 | 70 | 71 | 72 | 73 | 74 | 75 |
76 | 77 | 78 | 79 | 80 | 81 | 82 | 83 | 84 | 85 | 86 | 87 | 88 | 89 | 90 | 91 | 92 | 93 | 94 | 95
| 96 | 97 | 98 | 99)      #IMPLIED
    commcls     (cc01 | cc02 | cc03 | cc04 | cc05 | cc06 | cc07 | cc08 | cc09 | cc10 | cc11 | cc12
| cc13 | cc14 | cc15 | cc16 | cc17 | cc18 | cc19 | cc20 | cc21 | cc22 | cc23 | cc24 | cc25 | cc26
| cc27 | cc28 | cc29 | cc30 | cc31 | cc32 | cc33 | cc34 | cc35 | cc36 | cc37 | cc38 | cc39 | cc40
| cc41 | cc42 | cc43 | cc44 | cc45 | cc46 | cc47 | cc48 | cc49 | cc50 | cc51 | cc52 | cc53 | cc54
| cc55 | cc56 | cc57 | cc58 | cc59 | cc60 | cc61 | cc62 | cc63 | cc64 | cc65 | cc66 | cc67 | cc68
| cc69 | cc70 | cc71 | cc72 | cc73 | cc74 | cc75 | cc76 | cc77 | cc78 | cc79 | cc80 | cc81 | cc82
| cc83 | cc84 | cc85 | cc86 | cc87 | cc88 | cc89 | cc90 | cc91 | cc92 | cc93 | cc94 | cc95 | cc96
| cc97 | cc98 | cc99)      #IMPLIED
    caveat     (cv01 | cv02 | cv03 | cv04 | cv05 | cv06 | cv07 | cv08 | cv09 | cv10 | cv11 | cv12
| cv13 | cv14 | cv15 | cv16 | cv17 | cv18 | cv19 | cv20 | cv21 | cv22 | cv23 | cv24 | cv25 | cv26
| cv27 | cv28 | cv29 | cv30 | cv31 | cv32 | cv33 | cv34 | cv35 | cv36 | cv37 | cv38 | cv39 | cv40
| cv41 | cv42 | cv43 | cv44 | cv45 | cv46 | cv47 | cv48 | cv49 | cv50 | cv51 | cv52 | cv53 | cv54
| cv55 | cv56 | cv57 | cv58 | cv59 | cv60 | cv61 | cv62 | cv63 | cv64 | cv65 | cv66 | cv67 | cv68
| cv69 | cv70 | cv71 | cv72 | cv73 | cv74 | cv75 | cv76 | cv77 | cv78 | cv79 | cv80 | cv81 | cv82
| cv83 | cv84 | cv85 | cv86 | cv87 | cv88 | cv89 | cv90 | cv91 | cv92 | cv93 | cv94 | cv95 | cv96
| cv97 | cv98 | cv99)      #IMPLIED
>
<! ELEMENT subpara7 (((((applic?,title?))?),(((warning*,caution*),(((note | para) | (figure |
multimedia | foldout | table))*),drill?)?))?)>
<! ATTLIST subpara7
    refapplic      IDREF      #IMPLIED
    id      ID      #IMPLIED
    level      NMTOKEN      #IMPLIED
    mark      NMTOKEN      #IMPLIED
    change      (add | delete | modify)      #IMPLIED
    rfc      CDATA      #IMPLIED
    class      (01 | 02 | 03 | 04 | 05 | 06 | 07 | 08 | 09 | 10 | 11 | 12 | 13 | 14 | 15 | 16 | 17
| 18 | 19 | 20 | 21 | 22 | 23 | 24 | 25 | 26 | 27 | 28 | 29 | 30 | 31 | 32 | 33 | 34 | 35 | 36 |
37 | 38 | 39 | 40 | 41 | 42 | 43 | 44 | 45 | 46 | 47 | 48 | 49 | 50 | 51 | 52 | 53 | 54 | 55 | 56
| 57 | 58 | 59 | 60 | 61 | 62 | 63 | 64 | 65 | 66 | 67 | 68 | 69 | 70 | 71 | 72 | 73 | 74 | 75 |
76 | 77 | 78 | 79 | 80 | 81 | 82 | 83 | 84 | 85 | 86 | 87 | 88 | 89 | 90 | 91 | 92 | 93 | 94 | 95
| 96 | 97 | 98 | 99)      #IMPLIED
    commcls     (cc01 | cc02 | cc03 | cc04 | cc05 | cc06 | cc07 | cc08 | cc09 | cc10 | cc11 | cc12
| cc13 | cc14 | cc15 | cc16 | cc17 | cc18 | cc19 | cc20 | cc21 | cc22 | cc23 | cc24 | cc25 | cc26
| cc27 | cc28 | cc29 | cc30 | cc31 | cc32 | cc33 | cc34 | cc35 | cc36 | cc37 | cc38 | cc39 | cc40
| cc41 | cc42 | cc43 | cc44 | cc45 | cc46 | cc47 | cc48 | cc49 | cc50 | cc51 | cc52 | cc53 | cc54
| cc55 | cc56 | cc57 | cc58 | cc59 | cc60 | cc61 | cc62 | cc63 | cc64 | cc65 | cc66 | cc67 | cc68
| cc69 | cc70 | cc71 | cc72 | cc73 | cc74 | cc75 | cc76 | cc77 | cc78 | cc79 | cc80 | cc81 | cc82
| cc83 | cc84 | cc85 | cc86 | cc87 | cc88 | cc89 | cc90 | cc91 | cc92 | cc93 | cc94 | cc95 | cc96
| cc97 | cc98 | cc99)      #IMPLIED
    caveat     (cv01 | cv02 | cv03 | cv04 | cv05 | cv06 | cv07 | cv08 | cv09 | cv10 | cv11 | cv12
| cv13 | cv14 | cv15 | cv16 | cv17 | cv18 | cv19 | cv20 | cv21 | cv22 | cv23 | cv24 | cv25 | cv26
| cv27 | cv28 | cv29 | cv30 | cv31 | cv32 | cv33 | cv34 | cv35 | cv36 | cv37 | cv38 | cv39 | cv40
| cv41 | cv42 | cv43 | cv44 | cv45 | cv46 | cv47 | cv48 | cv49 | cv50 | cv51 | cv52 | cv53 | cv54
| cv55 | cv56 | cv57 | cv58 | cv59 | cv60 | cv61 | cv62 | cv63 | cv64 | cv65 | cv66 | cv67 | cv68
| cv69 | cv70 | cv71 | cv72 | cv73 | cv74 | cv75 | cv76 | cv77 | cv78 | cv79 | cv80 | cv81 | cv82
| cv83 | cv84 | cv85 | cv86 | cv87 | cv88 | cv89 | cv90 | cv91 | cv92 | cv93 | cv94 | cv95 | cv96
| cv97 | cv98 | cv99)      #IMPLIED
>
```

B.2 描述信息 DTD

本文件包含了描述内容 DTD。它标识了所有与描述信息有关的元素和它们之间的关系。

```
<?xml version="1.0" encoding="UTF-8"?>
<!ELEMENT dmodule (rdf:Description?,idstatus,content)>
<!ATTLIST dmodule
    id    ID    #IMPLIED
    %RDFDCATT;
>
<!ELEMENT idstatus (dmaddres,srcdmaddres?,status)>
<!ELEMENT dmaddres (dmcextension?,dmc,dmtitle,issno,issdate)>
<!ELEMENT dmcextension (dmeproducer,dmecode)>
<!ELEMENT dmeproducer (#PCDATA)>
<!ELEMENT dmecode (#PCDATA)>
<!ELEMENT dmc (age | avee)>
<!ELEMENT age (modelic,supeqvc,ecscs,eidc,cidc,discode,discodev,incode,incodev,itemloc)>
<!ELEMENT modelic (#PCDATA)>
<!ELEMENT supeqvc (#PCDATA)>
<!ELEMENT ecscs (#PCDATA)>
<!ELEMENT eidc (#PCDATA)>
<!ELEMENT cidc (#PCDATA)>
<!ELEMENT discode (#PCDATA)>
<!ELEMENT discodev (#PCDATA)>
<!ELEMENT incode (#PCDATA)>
<!ELEMENT incodev (#PCDATA)>
<!ELEMENT itemloc (#PCDATA)>
<!ELEMENT avee (modelic, sdc, chapnum, section, subsect, subject, discode, discodev, incode, incodev,
itemloc)>
<!ELEMENT sdc (#PCDATA)>
<!ELEMENT chapnum (#PCDATA)>
<!ELEMENT section (#PCDATA)>
<!ELEMENT subsect (#PCDATA)>
<!ELEMENT subject (#PCDATA)>
<!ELEMENT dmtitle (techname,infoname?)>
<!ELEMENT techname (#PCDATA)>
<!ELEMENT infoname (#PCDATA)>
<!ELEMENT issno EMPTY>
<!ATTLIST issno
    issno    NMTOKEN    #REQUIRED
    inwork   NMTOKEN    #IMPLIED
    type     (new | changed | deleted | revised | status | rinstate-changed | rinstate-revised |
rinstate-status)    "new"
>
<!ELEMENT issdate EMPTY>
<!ATTLIST issdate
    year     NMTOKEN    #REQUIRED
    month    NMTOKEN    #REQUIRED
    day      NMTOKEN    #REQUIRED
>
<!ELEMENT srcdmaddres (dmcextension?,dmc,dmtitle,issno,issdate)>
<!ELEMENT status (security,datarest*,rpc,orig,applic,inlineapplics?,brexref,qa+,((ein)*),rfu*,
remarks*)>
<!ATTLIST status
    id    ID    #IMPLIED
>
<!ELEMENT security EMPTY>
<!ATTLIST security
    class    (01 | 02 | 03 | 04 | 05 | 06 | 07 | 08 | 09 | 10 | 11 | 12 | 13 | 14 | 15 | 16 | 17
| 18 | 19 | 20 | 21 | 22 | 23 | 24 | 25 | 26 | 27 | 28 | 29 | 30 | 31 | 32 | 33 | 34 | 35 | 36 |
37 | 38 | 39 | 40 | 41 | 42 | 43 | 44 | 45 | 46 | 47 | 48 | 49 | 50 | 51 | 52 | 53 | 54 | 55 | 56
| 57 | 58 | 59 | 60 | 61 | 62 | 63 | 64 | 65 | 66 | 67 | 68 | 69 | 70 | 71 | 72 | 73 | 74 | 75 |
76 | 77 | 78 | 79 | 80 | 81 | 82 | 83 | 84 | 85 | 86 | 87 | 88 | 89 | 90 | 91 | 92 | 93 | 94 | 95
| 96 | 97 | 98 | 99)    #REQUIRED
```

```
  commcls    (cc01 | cc02 | cc03 | cc04 | cc05 | cc06 | cc07 | cc08 | cc09 | cc10 | cc11 | cc12
| cc13 | cc14 | cc15 | cc16 | cc17 | cc18 | cc19 | cc20 | cc21 | cc22 | cc23 | cc24 | cc25 | cc26
| cc27 | cc28 | cc29 | cc30 | cc31 | cc32 | cc33 | cc34 | cc35 | cc36 | cc37 | cc38 | cc39 | cc40
| cc41 | cc42 | cc43 | cc44 | cc45 | cc46 | cc47 | cc48 | cc49 | cc50 | cc51 | cc52 | cc53 | cc54
| cc55 | cc56 | cc57 | cc58 | cc59 | cc60 | cc61 | cc62 | cc63 | cc64 | cc65 | cc66 | cc67 | cc68
| cc69 | cc70 | cc71 | cc72 | cc73 | cc74 | cc75 | cc76 | cc77 | cc78 | cc79 | cc80 | cc81 | cc82
| cc83 | cc84 | cc85 | cc86 | cc87 | cc88 | cc89 | cc90 | cc91 | cc92 | cc93 | cc94 | cc95 | cc96
| cc97 | cc98 | cc99)    # IMPLIED
  caveat    (cv01 | cv02 | cv03 | cv04 | cv05 | cv06 | cv07 | cv08 | cv09 | cv10 | cv11 | cv12
| cv13 | cv14 | cv15 | cv16 | cv17 | cv18 | cv19 | cv20 | cv21 | cv22 | cv23 | cv24 | cv25 | cv26
| cv27 | cv28 | cv29 | cv30 | cv31 | cv32 | cv33 | cv34 | cv35 | cv36 | cv37 | cv38 | cv39 | cv40
| cv41 | cv42 | cv43 | cv44 | cv45 | cv46 | cv47 | cv48 | cv49 | cv50 | cv51 | cv52 | cv53 | cv54
| cv55 | cv56 | cv57 | cv58 | cv59 | cv60 | cv61 | cv62 | cv63 | cv64 | cv65 | cv66 | cv67 | cv68
| cv69 | cv70 | cv71 | cv72 | cv73 | cv74 | cv75 | cv76 | cv77 | cv78 | cv79 | cv80 | cv81 | cv82
| cv83 | cv84 | cv85 | cv86 | cv87 | cv88 | cv89 | cv90 | cv91 | cv92 | cv93 | cv94 | cv95 | cv96
| cv97 | cv98 | cv99)    # IMPLIED
〉
〈! ELEMENT datarest (applic?,instruct,inform?)〉
〈! ATTLIST datarest
  refapplic    IDREF    # IMPLIED
  id    ID    # IMPLIED
  level    NMTOKEN    # IMPLIED
  mark    NMTOKEN    # IMPLIED
  change    (add | delete | modify)    # IMPLIED
  rfc    CDATA    # IMPLIED
〉
〈! ELEMENT applic (type?,model * )〉
〈! ATTLIST applic
  applicconf    (allowed | built | designed | installed | manufactured | supported)
  # IMPLIED
  id    ID    # IMPLIED
  level    NMTOKEN    # IMPLIED
  mark    NMTOKEN    # IMPLIED
  change    (add | delete | modify)    # IMPLIED
  rfc    CDATA    # IMPLIED
〉
〈! ELEMENT type (# PCDATA)〉
〈! ELEMENT model (version * ,((csnref | (mfc) * ),maintlevel?,techconds * ,opconds * )〉
〈! ATTLIST model
  model    CDATA    # REQUIRED
〉
〈! ELEMENT version (versrank * )〉
〈! ATTLIST version
  version CDATA    # REQUIRED
  id    ID    # IMPLIED
〉
〈! ELEMENT versrank ((single | range) + )〉
〈! ATTLIST versrank
  verstatus CDATA    # IMPLIED
  id    ID    # IMPLIED
  level    NMTOKEN    # IMPLIED
  mark    NMTOKEN    # IMPLIED
  change    (add | delete | modify)    # IMPLIED
  rfc    CDATA    # IMPLIED
〉
〈! ELEMENT single (# PCDATA)〉
〈! ELEMENT range EMPTY〉
〈! ATTLIST range
  from    CDATA    # REQUIRED
  to    CDATA    # REQUIRED
```

```
>
<! ELEMENT csnref EMPTY>
<! ATTLIST csnref
    refcsn  CDATA     #REQUIRED
    refisn  CDATA     #IMPLIED
    refipp  CDATA     #IMPLIED
    refrpc  CDATA     #IMPLIED
    id      ID      #IMPLIED
    level    NMTOKEN     #IMPLIED
    mark     NMTOKEN     #IMPLIED
    change      (add | delete | modify)      #IMPLIED
    rfc      CDATA     #IMPLIED
     %XLINKATT2;
>
<! ELEMENT mfc (#PCDATA)>
<! ATTLIST mfc
    id      ID      #IMPLIED
    level    NMTOKEN     #IMPLIED
    mark     NMTOKEN     #IMPLIED
    change      (add | delete | modify)      #IMPLIED
    rfc      CDATA     #IMPLIED
>
<! ELEMENT maintlevel (mntlvl+)>
<! ELEMENT mntlvl EMPTY>
<! ATTLIST mntlvl
    mntlvl      (ml01 | ml02 | ml03 | ml04 | ml05 | ml06 | ml07 | ml08 | ml09 | ml10 | ml11 | ml12
| ml13 | ml14 | ml15 | ml16 | ml17 | ml18 | ml19 | ml20 | ml21 | ml22 | ml23 | ml24 | ml25 | ml26
| ml27 | ml28 | ml29 | ml30 | ml31 | ml32 | ml33 | ml34 | ml35 | ml36 | ml37 | ml38 | ml39 | ml40
| ml41 | ml42 | ml43 | ml44 | ml45 | ml46 | ml47 | ml48 | ml49 | ml50 | ml51 | ml52 | ml53 | ml54
| ml55 | ml56 | ml57 | ml58 | ml59 | ml60 | ml61 | ml62 | ml63 | ml64 | ml65 | ml66 | ml67 | ml68
| ml69 | ml70 | ml71 | ml72 | ml73 | ml74 | ml75 | ml76 | ml77 | ml78 | ml79 | ml80 | ml81 | ml82
| ml83 | ml84 | ml85 | ml86 | ml87 | ml88 | ml89 | ml90 | ml91 | ml92 | ml93 | ml94 | ml95 | ml96
| ml97 | ml98 | ml99)     #REQUIRED
>
<! ELEMENT techconds (textual-desc?,techcond*)>
<! ATTLIST techconds
    id      ID      #IMPLIED
    level    NMTOKEN     #IMPLIED
    mark     NMTOKEN     #IMPLIED
    change      (add | delete | modify)      #IMPLIED
    rfc      CDATA     #IMPLIED
>
<! ELEMENT textual-desc (#PCDATA)>
<! ATTLIST textual-desc
    id      ID      #IMPLIED
    level    NMTOKEN     #IMPLIED
    mark     NMTOKEN     #IMPLIED
    change      (add | delete | modify)      #IMPLIED
    rfc      CDATA     #IMPLIED
>
<! ELEMENT techcond (((((age | avee), issno?, dmtitle?) | (pubcode, pubtitle?, pubdate?) |
condtitle)?),scheduled?,embodied?)>
<! ATTLIST techcond
    tccode      (tc01 | tc02 | tc03 | tc04 | tc05 | tc06 | tc07 | tc08 | tc09 | tc10 | tc11 | tc12
| tc13 | tc14 | tc15 | tc16 | tc17 | tc18 | tc19 | tc20 | tc21 | tc22 | tc23 | tc24 | tc25 | tc26
| tc27 | tc28 | tc29 | tc30 | tc31 | tc32 | tc33 | tc34 | tc35 | tc36 | tc37 | tc38 | tc39 | tc40
| tc41 | tc42 | tc43 | tc44 | tc45 | tc46 | tc47 | tc48 | tc49 | tc50 | tc51 | tc52 | tc53 | tc54
| tc55 | tc56 | tc57 | tc58 | tc59 | tc60 | tc61 | tc62 | tc63 | tc64 | tc65 | tc66 | tc67 | tc68
| tc69 | tc70 | tc71 | tc72 | tc73 | tc74 | tc75 | tc76 | tc77 | tc78 | tc79 | tc80 | tc81 | tc82
| tc83 | tc84 | tc85 | tc86 | tc87 | tc88 | tc89 | tc90 | tc91 | tc92 | tc93 | tc94 | tc95 | tc96
```

```
| tc97 | tc98 | tc99)      #REQUIRED
    tcno    CDATA     #IMPLIED
    tctype     (pre | post | preandpo)     #REQUIRED
    mfc     CDATA     #IMPLIED
    id    ID     #IMPLIED
    level   NMTOKEN     #IMPLIED
    mark    NMTOKEN     #IMPLIED
    change     (add | delete | modify)     #IMPLIED
    rfc     CDATA     #IMPLIED
>
<! ELEMENT pubcode (#PCDATA | pmc) * >
<! ATTLIST pubcode
    pubcodsy  CDATA     #IMPLIED
>
<! ELEMENT pmc (modelic,pmissuer,pmnumber,pmvolume)>
<! ELEMENT pmissuer (#PCDATA)>
<! ELEMENT pmnumber (#PCDATA)>
<! ELEMENT pmvolume (#PCDATA)>
<! ELEMENT pubtitle (#PCDATA)>
<! ELEMENT pubdate EMPTY>
<! ATTLIST pubdate
    year    NMTOKEN     #REQUIRED
    month   NMTOKEN     #REQUIRED
    day     NMTOKEN     #REQUIRED
>
<! ELEMENT condtitle (#PCDATA)>
<! ATTLIST condtitle
    id    ID     #IMPLIED
    level   NMTOKEN     #IMPLIED
    mark    NMTOKEN     #IMPLIED
    change     (add | delete | modify)     #IMPLIED
    rfc     CDATA     #IMPLIED
>
<! ELEMENT scheduled ((single | range) + )>
<! ATTLIST scheduled
    id    ID     #IMPLIED
    level   NMTOKEN     #IMPLIED
    mark    NMTOKEN     #IMPLIED
    change     (add | delete | modify)     #IMPLIED
    rfc     CDATA     #IMPLIED
>
<! ELEMENT embodied ((single | range) + )>
<! ATTLIST embodied
    id    ID     #IMPLIED
    level   NMTOKEN     #IMPLIED
    mark    NMTOKEN     #IMPLIED
    change     (add | delete | modify)     #IMPLIED
    rfc     CDATA     #IMPLIED
>
<! ELEMENT opconds (textual-desc?,opcond * )>
<! ATTLIST opconds
    id    ID     #IMPLIED
    level   NMTOKEN     #IMPLIED
    mark    NMTOKEN     #IMPLIED
    change     (add | delete | modify)     #IMPLIED
    rfc     CDATA     #IMPLIED
>
<! ELEMENT opcond (#PCDATA)>
<! ATTLIST opcond
    opcno   NMTOKEN     #IMPLIED
```

```
    opccode  CDATA      # IMPLIED
    confirmed NMTOKEN   # IMPLIED
    id     ID      # IMPLIED
    level   NMTOKEN      # IMPLIED
    mark    NMTOKEN      # IMPLIED
    change    (add | delete | modify)     # IMPLIED
    rfc    CDATA      # IMPLIED
〉
〈! ELEMENT instruct (distrib,  handling?)〉
〈! ATTLIST instruct
    id    ID      # IMPLIED
    level   NMTOKEN      # IMPLIED
    mark    NMTOKEN      # IMPLIED
    change    (add | delete | modify)     # IMPLIED
    rfc     CDATA      # IMPLIED
〉
〈! ELEMENT distrib (# PCDATA)〉
〈! ATTLIST distrib
    id     ID      # IMPLIED
    level   NMTOKEN      # IMPLIED
    mark    NMTOKEN      # IMPLIED
    change     (add | delete | modify)     # IMPLIED
    rfc     CDATA      # IMPLIED
〉
〈! ELEMENT handling (# PCDATA)〉
〈! ATTLIST handling
    id     ID      # IMPLIED
    level   NMTOKEN      # IMPLIED
    mark    NMTOKEN      # IMPLIED
    change     (add | delete | modify)     # IMPLIED
    rfc     CDATA      # IMPLIED
〉
〈! ELEMENT inform (copyright,polref?,datacond?)〉
〈! ATTLIST inform
    id     ID      # IMPLIED
    level   NMTOKEN      # IMPLIED
    mark    NMTOKEN      # IMPLIED
    change     (add | delete | modify)     # IMPLIED
    rfc     CDATA      # IMPLIED
〉
〈! ELEMENT copyright (para + )〉
〈! ATTLIST copyright
    id     ID      # IMPLIED
    level   NMTOKEN      # IMPLIED
    mark    NMTOKEN      # IMPLIED
    change     (add | delete | modify)     # IMPLIED
    rfc     CDATA      # IMPLIED
〉
〈! ELEMENT para (# PCDATA | applic | ein | cb | parasigdata | quantity | zone | accpnl | identno |
xref | indxflag | change | emphasis | symbol | subscrpt | supscrpt | refdm | reftp | ftnote | ftnref
| acronym | acroterm | capgrp | caption | verbatim | seqlist | randlist | deflist) * 〉
〈! ATTLIST para
    refapplic     IDREF      # IMPLIED
    id    ID      # IMPLIED
    level   NMTOKEN      # IMPLIED
    mark    NMTOKEN      # IMPLIED
    change     (add | delete | modify)     # IMPLIED
    rfc     CDATA      # IMPLIED
    class      (01 | 02 | 03 | 04 | 05 | 06 | 07 | 08 | 09 | 10 | 11 | 12 | 13 | 14 | 15 | 16 | 17
| 18 | 19 | 20 | 21 | 22 | 23 | 24 | 25 | 26 | 27 | 28 | 29 | 30 | 31 | 32 | 33 | 34 | 35 | 36 |
```

```
37 | 38 | 39 | 40 | 41 | 42 | 43 | 44 | 45 | 46 | 47 | 48 | 49 | 50 | 51 | 52 | 53 | 54 | 55 | 56
| 57 | 58 | 59 | 60 | 61 | 62 | 63 | 64 | 65 | 66 | 67 | 68 | 69 | 70 | 71 | 72 | 73 | 74 | 75 |
76 | 77 | 78 | 79 | 80 | 81 | 82 | 83 | 84 | 85 | 86 | 87 | 88 | 89 | 90 | 91 | 92 | 93 | 94 | 95
| 96 | 97 | 98 | 99)    #IMPLIED
   commcls    (cc01 | cc02 | cc03 | cc04 | cc05 | cc06 | cc07 | cc08 | cc09 | cc10 | cc11 | cc12
| cc13 | cc14 | cc15 | cc16 | cc17 | cc18 | cc19 | cc20 | cc21 | cc22 | cc23 | cc24 | cc25 | cc26
| cc27 | cc28 | cc29 | cc30 | cc31 | cc32 | cc33 | cc34 | cc35 | cc36 | cc37 | cc38 | cc39 | cc40
| cc41 | cc42 | cc43 | cc44 | cc45 | cc46 | cc47 | cc48 | cc49 | cc50 | cc51 | cc52 | cc53 | cc54
| cc55 | cc56 | cc57 | cc58 | cc59 | cc60 | cc61 | cc62 | cc63 | cc64 | cc65 | cc66 | cc67 | cc68
| cc69 | cc70 | cc71 | cc72 | cc73 | cc74 | cc75 | cc76 | cc77 | cc78 | cc79 | cc80 | cc81 | cc82
| cc83 | cc84 | cc85 | cc86 | cc87 | cc88 | cc89 | cc90 | cc91 | cc92 | cc93 | cc94 | cc95 | cc96
| cc97 | cc98 | cc99)    #IMPLIED
   caveat    (cv01 | cv02 | cv03 | cv04 | cv05 | cv06 | cv07 | cv08 | cv09 | cv10 | cv11 | cv12
| cv13 | cv14 | cv15 | cv16 | cv17 | cv18 | cv19 | cv20 | cv21 | cv22 | cv23 | cv24 | cv25 | cv26
| cv27 | cv28 | cv29 | cv30 | cv31 | cv32 | cv33 | cv34 | cv35 | cv36 | cv37 | cv38 | cv39 | cv40
| cv41 | cv42 | cv43 | cv44 | cv45 | cv46 | cv47 | cv48 | cv49 | cv50 | cv51 | cv52 | cv53 | cv54
| cv55 | cv56 | cv57 | cv58 | cv59 | cv60 | cv61 | cv62 | cv63 | cv64 | cv65 | cv66 | cv67 | cv68
| cv69 | cv70 | cv71 | cv72 | cv73 | cv74 | cv75 | cv76 | cv77 | cv78 | cv79 | cv80 | cv81 | cv82
| cv83 | cv84 | cv85 | cv86 | cv87 | cv88 | cv89 | cv90 | cv91 | cv92 | cv93 | cv94 | cv95 | cv96
| cv97 | cv98 | cv99)    #IMPLIED
>
<!ELEMENT ein (nomen?,refs?)>
<!ATTLIST ein
   einnbr  CDATA    #REQUIRED
   eintype    (exact | family)    #IMPLIED
   mfc    CDATA    #IMPLIED
   id    ID    #IMPLIED
   level    NMTOKEN    #IMPLIED
   mark    NMTOKEN    #IMPLIED
   change    (add | delete | modify)    #IMPLIED
   rfc    CDATA    #IMPLIED
>
<!ELEMENT nomen (#PCDATA)>
<!ATTLIST nomen
   level    NMTOKEN    #IMPLIED
   mark    NMTOKEN    #IMPLIED
   change    (add | delete | modify)    #IMPLIED
   rfc    CDATA    #IMPLIED
>
<!ELEMENT refs ((refdm+,reftp*) | reftp+)>
<!ELEMENT refdm ((applic?,dmcextension?,(age | avee),issno?,dmtitle?) | ((%XLINKEXT;)*))>
<!ATTLIST refdm
   target  CDATA    #IMPLIED
   refapplic    IDREF    #IMPLIED
   id    ID    #IMPLIED
   level    NMTOKEN    #IMPLIED
   mark    NMTOKEN    #IMPLIED
   change    (add | delete | modify)    #IMPLIED
   rfc    CDATA    #IMPLIED
   %XLINKATT;
>
<!ELEMENT reftp (#PCDATA | applic | xref | indxflag | symbol | subscrpt | supscrpt | ftnref |
acronym | acroterm | caption | pubcode | pubtitle | pubdate | %XLINKEXT;)*>
<!ATTLIST reftp
   refapplic    IDREF    #IMPLIED
   id    ID    #IMPLIED
   level    NMTOKEN    #IMPLIED
   mark    NMTOKEN    #IMPLIED
   change    (add | delete | modify)    #IMPLIED
   rfc    CDATA    #IMPLIED
```

```
    %XLINKATT4;
>
<!ELEMENT xref (#PCDATA | applic | subscrpt | supscrpt)*>
<!ATTLIST xref
    xrefid    IDREF    #IMPLIED
    xidtype   (figure | table | multimedia | supply | supequip | spares | para | step | sheet |
multimediaobject | hotspot | param | other)    #IMPLIED
    target    CDATA    #IMPLIED
    destitle  CDATA    #IMPLIED
    pretext   CDATA    #IMPLIED
    posttext  CDATA    #IMPLIED
    refapplic IDREF    #IMPLIED
    %XLINKATT3;
>
<!ELEMENT subscrpt (#PCDATA)>
<!ELEMENT supscrpt (#PCDATA)>
<!ELEMENT indxflag EMPTY>
<!ATTLIST indxflag
    ref1    CDATA    #IMPLIED
    ref2    CDATA    #IMPLIED
    ref3    CDATA    #IMPLIED
    ref4    CDATA    #IMPLIED
>
<!ELEMENT symbol (applic?)>
<!ATTLIST symbol
    boardno    ENTITY    #REQUIRED
    id    ID    #IMPLIED
    reprowid  CDATA    #IMPLIED
    reprohgt  CDATA    #IMPLIED
    reproscl  CDATA    #IMPLIED
    refapplic IDREF    #IMPLIED
    %XLINKATT1;
>
<!ELEMENT ftnref EMPTY>
<!ATTLIST ftnref
    xrefid    IDREF    #IMPLIED
>
<!ELEMENT acronym (acroterm,acrodef)>
<!ATTLIST acronym
    acrotype    (at01 | at02 | at03 | at04 | at05 | at06 | at07 | at08 | at09 | at10 | at11 | at12
| at13 | at14 | at15 | at16 | at17 | at18 | at19 | at20 | at21 | at22 | at23 | at24 | at25 | at26
| at27 | at28 | at29 | at30 | at31 | at32 | at33 | at34 | at35 | at36 | at37 | at38 | at39 | at40
| at41 | at42 | at43 | at44 | at45 | at46 | at47 | at48 | at49 | at50 | at51 | at52 | at53 | at54
| at55 | at56 | at57 | at58 | at59 | at60 | at61 | at62 | at63 | at64 | at65 | at66 | at67 | at68
| at69 | at70 | at71 | at72 | at73 | at74 | at75 | at76 | at77 | at78 | at79 | at80 | at81 | at82
| at83 | at84 | at85 | at86 | at87 | at88 | at89 | at90 | at91 | at92 | at93 | at94 | at95 | at96
| at97 | at98 | at99)    "at01"
    id    ID    #IMPLIED
    level    NMTOKEN    #IMPLIED
    mark    NMTOKEN    #IMPLIED
    change    (add | delete | modify)    #IMPLIED
    rfc    CDATA    #IMPLIED
>
<!ELEMENT acroterm (#PCDATA | subscrpt | supscrpt)*>
<!ATTLIST acroterm
    xrefid    IDREF    #IMPLIED
>
<!ELEMENT acrodef (#PCDATA | subscrpt | supscrpt)*>
<!ATTLIST acrodef
    id    ID    #IMPLIED
```

```
    level    NMTOKEN     #IMPLIED
    mark     NMTOKEN     #IMPLIED
    change     (add | delete | modify)     #IMPLIED
    rfc     CDATA     #IMPLIED
>
<!ELEMENT caption (applic?,capline+)>
<!ATTLIST caption
    colour     (co00 | co01 | co02 | co03 | co04 | co05 | co06 | co07 | co08 | co09 | co10 | co11
| co12 | co13 | co14 | co15 | co16 | co17 | co18 | co19 | co20 | co21 | co22 | co23 | co24 | co25
| co26 | co27 | co28 | co29 | co30 | co31 | co32 | co33 | co34 | co35 | co36 | co37 | co38 | co39
| co40 | co41 | co42 | co43 | co44 | co45 | co46 | co47 | co48 | co49 | co50 | co51 | co52 | co53
| co54 | co55 | co56 | co57 | co58 | co59 | co60 | co61 | co62 | co63 | co64 | co65 | co66 | co67
| co68 | co69 | co70 | co71 | co72 | co73 | co74 | co75 | co76 | co77 | co78 | co79 | co80 | co81
| co82 | co83 | co84 | co85 | co86 | co87 | co88 | co89 | co90 | co91 | co92 | co93 | co94 | co95
| co96 | co97 | co98 | co99)     "co09"
    width    CDATA     #IMPLIED
    height   CDATA     #IMPLIED
    sysid    CDATA     #IMPLIED
    align     (left | right | center | justify)     "center"
    toctype     (none | redtoc | comdtoc | ambertoc | greentoc | yelowtoc)     "none"
    type     (primary | secondary)     "primary"
    refapplic     IDREF     #IMPLIED
    id     ID     #IMPLIED
    level    NMTOKEN     #IMPLIED
    mark     NMTOKEN     #IMPLIED
    change     (add | delete | modify)     #IMPLIED
    rfc     CDATA     #IMPLIED
>
<!ELEMENT capline (#PCDATA | acroterm)*>
<!ELEMENT cb (nomen?,refs?)>
<!ATTLIST cb
    cbnbr    CDATA     #REQUIRED
    cbtype     (eltro | elmec | clip)     #IMPLIED
    cbaction     (open | close | verif-open | verif-close)     #IMPLIED
    checksum   CDATA     #IMPLIED
    id     ID     #IMPLIED
    level    NMTOKEN     #IMPLIED
    mark     NMTOKEN     #IMPLIED
    change     (add | delete | modify)     #IMPLIED
    rfc     CDATA     #IMPLIED
>
<!ELEMENT parasigdata (#PCDATA)>
<!ATTLIST parasigdata
    psdtype (psd01 | psd02 | psd03 | psd04 | psd05 | psd06 | psd07 | psd08 | psd09 | psd10 | psd11
| psd12 | psd13 | psd14 | psd15 | psd16 | psd17 | psd18 | psd19 | psd20 | psd21 | psd22 | psd23
| psd24 | psd25 | psd26 | psd27 | psd28 | psd29 | psd30 | psd31 | psd32 | psd33 | psd34 | psd35
| psd36 | psd37 | psd38 | psd39 | psd40 | psd41 | psd42 | psd43 | psd44 | psd45 | psd46 | psd47
| psd48 | psd49 | psd50 | psd51 | psd52 | psd53 | psd54 | psd55 | psd56 | psd57 | psd58 | psd59
| psd60 | psd61 | psd62 | psd63 | psd64 | psd65 | psd66 | psd67 | psd68 | psd69 | psd70 | psd71
| psd72 | psd73 | psd74 | psd75 | psd76 | psd77 | psd78 | psd79 | psd80 | psd81 | psd82 | psd83
| psd84 | psd85 | psd86 | psd87 | psd88 | psd89 | psd90 | psd91 | psd92 | psd93 | psd94 | psd95
| psd96 | psd97 | psd98 | psd99)     #REQUIRED
>
<!ELEMENT quantity (#PCDATA | qtygrp)*>
<!ATTLIST quantity
    qtytype (qty01 | qty02 | qty03 | qty04 | qty05 | qty06 | qty07 | qty08 | qty09 | qty10 | qty11
| qty12 | qty13 | qty14 | qty15 | qty16 | qty17 | qty18 | qty19 | qty20 | qty21 | qty22 | qty23
| qty24 | qty25 | qty26 | qty27 | qty28 | qty29 | qty30 | qty31 | qty32 | qty33 | qty34 | qty35
| qty36 | qty37 | qty38 | qty39 | qty40 | qty41 | qty42 | qty43 | qty44 | qty45 | qty46 | qty47
| qty48 | qty49 | qty50 | qty51 | qty52 | qty53 | qty54 | qty55 | qty56 | qty57 | qty58 | qty59
```

```
| qty60 | qty61 | qty62 | qty63 | qty64 | qty65 | qty66 | qty67 | qty68 | qty69 | qty70 | qty71
| qty72 | qty73 | qty74 | qty75 | qty76 | qty77 | qty78 | qty79 | qty80 | qty81 | qty82 | qty83
| qty84 | qty85 | qty86 | qty87 | qty88 | qty89 | qty90 | qty91 | qty92 | qty93 | qty94 | qty95
| qty96 | qty97 | qty98 | qty99)    #IMPLIED
〉
〈! ELEMENT qtygrp ((qtyvalue+,qtytolerance*) | (qtytolerance+))〉
〈! ATTLIST qtygrp
   qtygrptype    (nominal | minimum | maximum)    "nominal"
   qtyuom  CDATA     #IMPLIED
〉
〈! ELEMENT qtyvalue (#PCDATA)〉
〈! ATTLIST qtyvalue
   qtyuom  CDATA     #IMPLIED
〉
〈! ELEMENT qtytolerance (#PCDATA)〉
〈! ATTLIST qtytolerance
   qtytoltype    (plus | minus | plusorminus)    "plusorminus"
   qtyuom  CDATA     #IMPLIED
〉
〈! ELEMENT zone (nomen?,refs?)〉
〈! ATTLIST zone
   zonenbr CDATA     #IMPLIED
   id   ID    #IMPLIED
   level    NMTOKEN     #IMPLIED
   mark     NMTOKEN     #IMPLIED
   change     (add | delete | modify)     #IMPLIED
   rfc      CDATA     #IMPLIED
〉
〈! ELEMENT accpnl (nomen?,refs?)〉
〈! ATTLIST accpnl
   accpnlnbr CDATA      #IMPLIED
   accpnltype       (accpnl01 | accpnl02 | accpnl03 | accpnl04 | accpnl05 | accpnl06 | accpnl07 |
 accpnl08 | accpnl09 | accpnl10 | accpnl11 | accpnl12 | accpnl13 | accpnl14 | accpnl15 | accpnl16
| accpnl17 | accpnl18 | accpnl19 | accpnl20 | accpnl21 | accpnl22 | accpnl23 | accpnl24 | accpnl25
| accpnl26 | accpnl27 | accpnl28 | accpnl29 | accpnl30 | accpnl31 | accpnl32 | accpnl33 | accpnl34
| accpnl35 | accpnl36 | accpnl37 | accpnl38 | accpnl39 | accpnl40 | accpnl41 | accpnl42 | accpnl43
| accpnl44 | accpnl45 | accpnl46 | accpnl47 | accpnl48 | accpnl49 | accpnl50 | accpnl51 | accpnl52
| accpnl53 | accpnl54 | accpnl55 | accpnl56 | accpnl57 | accpnl58 | accpnl59 | accpnl60 | accpnl61
| accpnl62 | accpnl63 | accpnl64 | accpnl65 | accpnl66 | accpnl67 | accpnl68 | accpnl69 | accpnl70
| accpnl71 | accpnl72 | accpnl73 | accpnl74 | accpnl75 | accpnl76 | accpnl77 | accpnl78 | accpnl79
| accpnl80 | accpnl81 | accpnl82 | accpnl83 | accpnl84 | accpnl85 | accpnl86 | accpnl87 | accpnl88
| accpnl89 | accpnl90 | accpnl91 | accpnl92 | accpnl93 | accpnl94 | accpnl95 | accpnl96 | accpnl97
| accpnl98 | accpnl99)    #IMPLIED
   id   ID    #IMPLIED
   level    NMTOKEN     #IMPLIED
   mark     NMTOKEN     #IMPLIED
   change     (add | delete | modify)     #IMPLIED
   rfc      CDATA     #IMPLIED
〉
〈! ELEMENT identno (mfc,((pnr,serialno*)*))〉
〈! ATTLIST identno
   level    NMTOKEN     #IMPLIED
   mark     NMTOKEN     #IMPLIED
   change     (add | delete | modify)     #IMPLIED
   rfc      CDATA     #IMPLIED
〉
〈! ELEMENT change (#PCDATA | ein | cb | parasigdata | quantity | zone | accpnl | identno | xref |
indxflag | change | emphasis | symbol | subscrpt | supscrpt | refdm | reftp | ftnote | ftnref |
acronym | acroterm | capgrp | caption | verbatim)*〉
〈! ATTLIST change
```

```
    id    ID    #IMPLIED
    level    NMTOKEN    #IMPLIED
    mark    NMTOKEN    #IMPLIED
    change    (add | delete | modify)    #IMPLIED
    rfc    CDATA    #IMPLIED
〉
〈! ELEMENT emphasis (#PCDATA | ein | cb | parasigdata | quantity | zone | accpnl | identno | xref |
indxflag | change | emphasis | symbol | subscrpt | supscrpt | refdm | reftp | ftnote | ftnref |
acronym | acroterm | capgrp | caption | verbatim) * 〉
〈! ATTLIST emphasis
    emph (em01 | em02 | em03 | em04 | em05 | em06 | em07 | em08 | em09 | em10 | em11 | em12 | em13
| em14 | em15 | em16 | em17 | em18 | em19 | em20 | em21 | em22 | em23 | em24 | em25 | em26 | em27
| em28 | em29 | em30 | em31 | em32 | em33 | em34 | em35 | em36 | em37 | em38 | em39 | em40 | em41
| em42 | em43 | em44 | em45 | em46 | em47 | em48 | em49 | em50 | em51 | em52 | em53 | em54 | em55
| em56 | em57 | em58 | em59 | em60 | em61 | em62 | em63 | em64 | em65 | em66 | em67 | em68 | em69
| em70 | em71 | em72 | em73 | em74 | em75 | em76 | em77 | em78 | em79 | em80 | em81 | em82 | em83
| em84 | em85 | em86 | em87 | em88 | em89 | em90 | em91 | em92 | em93 | em94 | em95 | em96 | em97
| em98 | em99)    "em01"
〉
〈! ELEMENT ftnote (applic?,para+)〉
〈! ATTLIST ftnote
    ftnmark    (num | sym | alpha)    "num"
    refapplic    IDREF    #IMPLIED
    id    ID    #IMPLIED
    level    NMTOKEN    #IMPLIED
    mark    NMTOKEN    #IMPLIED
    change    (add | delete | modify)    #IMPLIED
    rfc    CDATA    #IMPLIED
    class    (01 | 02 | 03 | 04 | 05 | 06 | 07 | 08 | 09 | 10 | 11 | 12 | 13 | 14 | 15 | 16 | 17
| 18 | 19 | 20 | 21 | 22 | 23 | 24 | 25 | 26 | 27 | 28 | 29 | 30 | 31 | 32 | 33 | 34 | 35 | 36 |
37 | 38 | 39 | 40 | 41 | 42 | 43 | 44 | 45 | 46 | 47 | 48 | 49 | 50 | 51 | 52 | 53 | 54 | 55 | 56
| 57 | 58 | 59 | 60 | 61 | 62 | 63 | 64 | 65 | 66 | 67 | 68 | 69 | 70 | 71 | 72 | 73 | 74 | 75 |
76 | 77 | 78 | 79 | 80 | 81 | 82 | 83 | 84 | 85 | 86 | 87 | 88 | 89 | 90 | 91 | 92 | 93 | 94 | 95
| 96 | 97 | 98 | 99)    #IMPLIED
    commcls    (cc01 | cc02 | cc03 | cc04 | cc05 | cc06 | cc07 | cc08 | cc09 | cc10 | cc11 | cc12
| cc13 | cc14 | cc15 | cc16 | cc17 | cc18 | cc19 | cc20 | cc21 | cc22 | cc23 | cc24 | cc25 | cc26
| cc27 | cc28 | cc29 | cc30 | cc31 | cc32 | cc33 | cc34 | cc35 | cc36 | cc37 | cc38 | cc39 | cc40
| cc41 | cc42 | cc43 | cc44 | cc45 | cc46 | cc47 | cc48 | cc49 | cc50 | cc51 | cc52 | cc53 | cc54
| cc55 | cc56 | cc57 | cc58 | cc59 | cc60 | cc61 | cc62 | cc63 | cc64 | cc65 | cc66 | cc67 | cc68
| cc69 | cc70 | cc71 | cc72 | cc73 | cc74 | cc75 | cc76 | cc77 | cc78 | cc79 | cc80 | cc81 | cc82
| cc83 | cc84 | cc85 | cc86 | cc87 | cc88 | cc89 | cc90 | cc91 | cc92 | cc93 | cc94 | cc95 | cc96
| cc97 | cc98 | cc99)    #IMPLIED
    caveat    (cv01 | cv02 | cv03 | cv04 | cv05 | cv06 | cv07 | cv08 | cv09 | cv10 | cv11 | cv12
| cv13 | cv14 | cv15 | cv16 | cv17 | cv18 | cv19 | cv20 | cv21 | cv22 | cv23 | cv24 | cv25 | cv26
| cv27 | cv28 | cv29 | cv30 | cv31 | cv32 | cv33 | cv34 | cv35 | cv36 | cv37 | cv38 | cv39 | cv40
| cv41 | cv42 | cv43 | cv44 | cv45 | cv46 | cv47 | cv48 | cv49 | cv50 | cv51 | cv52 | cv53 | cv54
| cv55 | cv56 | cv57 | cv58 | cv59 | cv60 | cv61 | cv62 | cv63 | cv64 | cv65 | cv66 | cv67 | cv68
| cv69 | cv70 | cv71 | cv72 | cv73 | cv74 | cv75 | cv76 | cv77 | cv78 | cv79 | cv80 | cv81 | cv82
| cv83 | cv84 | cv85 | cv86 | cv87 | cv88 | cv89 | cv90 | cv91 | cv92 | cv93 | cv94 | cv95 | cv96
| cv97 | cv98 | cv99)    #IMPLIED
〉
〈! ELEMENT capgrp (applic?,colspec*,spanspec*,capbody)〉
〈! ATTLIST capgrp
    cols    NMTOKEN    #REQUIRED
    align    (left | right | center)    "left"
    toctype    (none | redtoc | comdtoc | ambertoc | greentoc | yelowtoc)    "none"
    colsep NMTOKEN    #IMPLIED
    rowsep NMTOKEN    #IMPLIED
    refapplic    IDREF    #IMPLIED
    id    ID    #IMPLIED
```

```
    level    NMTOKEN      # IMPLIED
    mark     NMTOKEN      # IMPLIED
    change      (add | delete | modify)      # IMPLIED
    rfc      CDATA      # IMPLIED
〉
〈! ELEMENT colspec EMPTY〉
〈! ATTLIST colspec
    colnum   NMTOKEN      # IMPLIED
    colname  NMTOKEN      # IMPLIED
    align     (left | right | center | justify | char)      # IMPLIED
    charoff   CDATA       # IMPLIED
    char      CDATA       # IMPLIED
    colwidth  CDATA       # IMPLIED
    colsep    NMTOKEN     # IMPLIED
    rowsep    NMTOKEN     # IMPLIED
〉
〈! ELEMENT spanspec EMPTY〉
〈! ATTLIST spanspec
    namest      NMTOKEN      # REQUIRED
    nameend     NMTOKEN      # REQUIRED
    spanname    NMTOKEN      # REQUIRED
    align      (left | right | center | justify | char)      "center"
    charoff     CDATA        # IMPLIED
    char        CDATA        # IMPLIED
    colsep      NMTOKEN      # IMPLIED
    rowsep      NMTOKEN      # IMPLIED
〉
〈! ELEMENT capbody (applic?,caprow + )〉
〈! ATTLIST capbody
    valign       (top | bottom | middle)   "top"
    refapplic     IDREF       # IMPLIED
〉
〈! ELEMENT caprow ((applic?,capentry) + )〉
〈! ATTLIST caprow
    rowsep   NMTOKEN      # IMPLIED
    refapplic     IDREF    # IMPLIED
    id     ID     # IMPLIED
    level    NMTOKEN      # IMPLIED
    mark     NMTOKEN      # IMPLIED
    change     (add | delete | modify)      # IMPLIED
    rfc      CDATA      # IMPLIED
〉
〈! ELEMENT capentry (applic?,((caption | captext)?))〉
〈! ATTLIST capentry
    colname    NMTOKEN      # IMPLIED
    namest     NMTOKEN      # IMPLIED
    nameend    NMTOKEN      # IMPLIED
    spanname   NMTOKEN      # IMPLIED
    morerows   NMTOKEN      "0"
    colsep     NMTOKEN      # IMPLIED
    rowsep     NMTOKEN      # IMPLIED
    valign     (top | bottom | middle)   "top"
    align     (left | right | center | justify)      # IMPLIED
    refapplic     IDREF      # IMPLIED
〉
〈! ELEMENT captext ( # PCDATA | xref | indxflag | change | emphasis | subscrpt | supscrpt | refdm |
reftp | acronym | acroterm) * 〉
〈! ATTLIST captext
    level    NMTOKEN      # IMPLIED
    mark     NMTOKEN      # IMPLIED
```

```
    change     (add | delete | modify)     #IMPLIED
    rfc      CDATA       #IMPLIED
〉
〈! ELEMENT verbatim (#PCDATA)〉
〈! ATTLIST verbatim
    vstyle     (vs01 | vs02 | vs03 | vs04 | vs05 | vs06 | vs07 | vs08 | vs09 | vs10 | vs11 | vs12
| vs13 | vs14 | vs15 | vs16 | vs17 | vs18 | vs19 | vs20 | vs21 | vs22 | vs23 | vs24 | vs25 | vs26
| vs27 | vs28 | vs29 | vs30 | vs31 | vs32 | vs33 | vs34 | vs35 | vs36 | vs37 | vs38 | vs39 | vs40
| vs41 | vs42 | vs43 | vs44 | vs45 | vs46 | vs47 | vs48 | vs49 | vs50 | vs51 | vs52 | vs53 | vs54
| vs55 | vs56 | vs57 | vs58 | vs59 | vs60 | vs61 | vs62 | vs63 | vs64 | vs65 | vs66 | vs67 | vs68
| vs69 | vs70 | vs71 | vs72 | vs73 | vs74 | vs75 | vs76 | vs77 | vs78 | vs79 | vs80 | vs81 | vs82
| vs83 | vs84 | vs85 | vs86 | vs87 | vs88 | vs89 | vs90 | vs91 | vs92 | vs93 | vs94 | vs95 | vs96
| vs97 | vs98 | vs99)     #IMPLIED
    id     ID      #IMPLIED
    level    NMTOKEN      #IMPLIED
    mark     NMTOKEN      #IMPLIED
    change     (add | delete | modify)     #IMPLIED
    rfc      CDATA      #IMPLIED
〉
〈! ELEMENT seqlist (applic?,title?,item+)〉
〈! ATTLIST seqlist
    refapplic     IDREF      #IMPLIED
    id     ID      #IMPLIED
    level     NMTOKEN      #IMPLIED
    mark     NMTOKEN      #IMPLIED
    change     (add | delete | modify)     #IMPLIED
    rfc      CDATA      #IMPLIED
    class     (01 | 02 | 03 | 04 | 05 | 06 | 07 | 08 | 09 | 10 | 11 | 12 | 13 | 14 | 15 | 16 | 17
| 18 | 19 | 20 | 21 | 22 | 23 | 24 | 25 | 26 | 27 | 28 | 29 | 30 | 31 | 32 | 33 | 34 | 35 | 36 |
37 | 38 | 39 | 40 | 41 | 42 | 43 | 44 | 45 | 46 | 47 | 48 | 49 | 50 | 51 | 52 | 53 | 54 | 55 | 56
| 57 | 58 | 59 | 60 | 61 | 62 | 63 | 64 | 65 | 66 | 67 | 68 | 69 | 70 | 71 | 72 | 73 | 74 | 75 |
76 | 77 | 78 | 79 | 80 | 81 | 82 | 83 | 84 | 85 | 86 | 87 | 88 | 89 | 90 | 91 | 92 | 93 | 94 | 95
| 96 | 97 | 98 | 99)     #IMPLIED
    commcls     (cc01 | cc02 | cc03 | cc04 | cc05 | cc06 | cc07 | cc08 | cc09 | cc10 | cc11 | cc12
| cc13 | cc14 | cc15 | cc16 | cc17 | cc18 | cc19 | cc20 | cc21 | cc22 | cc23 | cc24 | cc25 | cc26
| cc27 | cc28 | cc29 | cc30 | cc31 | cc32 | cc33 | cc34 | cc35 | cc36 | cc37 | cc38 | cc39 | cc40
| cc41 | cc42 | cc43 | cc44 | cc45 | cc46 | cc47 | cc48 | cc49 | cc50 | cc51 | cc52 | cc53 | cc54
| cc55 | cc56 | cc57 | cc58 | cc59 | cc60 | cc61 | cc62 | cc63 | cc64 | cc65 | cc66 | cc67 | cc68
| cc69 | cc70 | cc71 | cc72 | cc73 | cc74 | cc75 | cc76 | cc77 | cc78 | cc79 | cc80 | cc81 | cc82
| cc83 | cc84 | cc85 | cc86 | cc87 | cc88 | cc89 | cc90 | cc91 | cc92 | cc93 | cc94 | cc95 | cc96
| cc97 | cc98 | cc99)     #IMPLIED
    caveat     (cv01 | cv02 | cv03 | cv04 | cv05 | cv06 | cv07 | cv08 | cv09 | cv10 | cv11 | cv12
| cv13 | cv14 | cv15 | cv16 | cv17 | cv18 | cv19 | cv20 | cv21 | cv22 | cv23 | cv24 | cv25 | cv26
| cv27 | cv28 | cv29 | cv30 | cv31 | cv32 | cv33 | cv34 | cv35 | cv36 | cv37 | cv38 | cv39 | cv40
| cv41 | cv42 | cv43 | cv44 | cv45 | cv46 | cv47 | cv48 | cv49 | cv50 | cv51 | cv52 | cv53 | cv54
| cv55 | cv56 | cv57 | cv58 | cv59 | cv60 | cv61 | cv62 | cv63 | cv64 | cv65 | cv66 | cv67 | cv68
| cv69 | cv70 | cv71 | cv72 | cv73 | cv74 | cv75 | cv76 | cv77 | cv78 | cv79 | cv80 | cv81 | cv82
| cv83 | cv84 | cv85 | cv86 | cv87 | cv88 | cv89 | cv90 | cv91 | cv92 | cv93 | cv94 | cv95 | cv96
| cv97 | cv98 | cv99)     #IMPLIED
〉
〈! ELEMENT title (#PCDATA | ein | cb | parasigdata | quantity | zone | accpnl | identno | xref |
indxflag | change | emphasis | symbol | subscrpt | supscrpt | refdm | reftp | ftnote | ftnref |
acronym | acroterm | capgrp | caption | verbatim) * 〉
〈! ATTLIST title
    class     (01 | 02 | 03 | 04 | 05 | 06 | 07 | 08 | 09 | 10 | 11 | 12 | 13 | 14 | 15 | 16 | 17
| 18 | 19 | 20 | 21 | 22 | 23 | 24 | 25 | 26 | 27 | 28 | 29 | 30 | 31 | 32 | 33 | 34 | 35 | 36 |
37 | 38 | 39 | 40 | 41 | 42 | 43 | 44 | 45 | 46 | 47 | 48 | 49 | 50 | 51 | 52 | 53 | 54 | 55 | 56
| 57 | 58 | 59 | 60 | 61 | 62 | 63 | 64 | 65 | 66 | 67 | 68 | 69 | 70 | 71 | 72 | 73 | 74 | 75 |
76 | 77 | 78 | 79 | 80 | 81 | 82 | 83 | 84 | 85 | 86 | 87 | 88 | 89 | 90 | 91 | 92 | 93 | 94 | 95
| 96 | 97 | 98 | 99)     #IMPLIED
```

```
    commcls    (cc01 | cc02 | cc03 | cc04 | cc05 | cc06 | cc07 | cc08 | cc09 | cc10 | cc11 | cc12
| cc13 | cc14 | cc15 | cc16 | cc17 | cc18 | cc19 | cc20 | cc21 | cc22 | cc23 | cc24 | cc25 | cc26
| cc27 | cc28 | cc29 | cc30 | cc31 | cc32 | cc33 | cc34 | cc35 | cc36 | cc37 | cc38 | cc39 | cc40
| cc41 | cc42 | cc43 | cc44 | cc45 | cc46 | cc47 | cc48 | cc49 | cc50 | cc51 | cc52 | cc53 | cc54
| cc55 | cc56 | cc57 | cc58 | cc59 | cc60 | cc61 | cc62 | cc63 | cc64 | cc65 | cc66 | cc67 | cc68
| cc69 | cc70 | cc71 | cc72 | cc73 | cc74 | cc75 | cc76 | cc77 | cc78 | cc79 | cc80 | cc81 | cc82
| cc83 | cc84 | cc85 | cc86 | cc87 | cc88 | cc89 | cc90 | cc91 | cc92 | cc93 | cc94 | cc95 | cc96
| cc97 | cc98 | cc99)    #IMPLIED
    caveat    (cv01 | cv02 | cv03 | cv04 | cv05 | cv06 | cv07 | cv08 | cv09 | cv10 | cv11 | cv12
| cv13 | cv14 | cv15 | cv16 | cv17 | cv18 | cv19 | cv20 | cv21 | cv22 | cv23 | cv24 | cv25 | cv26
| cv27 | cv28 | cv29 | cv30 | cv31 | cv32 | cv33 | cv34 | cv35 | cv36 | cv37 | cv38 | cv39 | cv40
| cv41 | cv42 | cv43 | cv44 | cv45 | cv46 | cv47 | cv48 | cv49 | cv50 | cv51 | cv52 | cv53 | cv54
| cv55 | cv56 | cv57 | cv58 | cv59 | cv60 | cv61 | cv62 | cv63 | cv64 | cv65 | cv66 | cv67 | cv68
| cv69 | cv70 | cv71 | cv72 | cv73 | cv74 | cv75 | cv76 | cv77 | cv78 | cv79 | cv80 | cv81 | cv82
| cv83 | cv84 | cv85 | cv86 | cv87 | cv88 | cv89 | cv90 | cv91 | cv92 | cv93 | cv94 | cv95 | cv96
| cv97 | cv98 | cv99)    #IMPLIED
>
<!ELEMENT item (#PCDATA | applic | note | para | ein | cb | parasigdata | quantity | zone | accpnl
| identno | xref | indxflag | change | emphasis | symbol | subscrpt | supscrpt | refdm | reftp |
ftnote | ftnref | acronym | acroterm | capgrp | caption | verbatim | seqlist | randlist | deflist)*>
<!ATTLIST item
    refapplic    IDREF    #IMPLIED
    id    ID    #IMPLIED
    level    NMTOKEN    #IMPLIED
    mark    NMTOKEN    #IMPLIED
    change    (add | delete | modify)    #IMPLIED
    rfc    CDATA    #IMPLIED
>
<!ELEMENT note (applic?,((symbol | para | (seqlist | randlist | deflist))+))>
<!ATTLIST note
    type    CDATA    #IMPLIED
    refapplic    IDREF    #IMPLIED
    xrefid    IDREF    #IMPLIED
    id    ID    #IMPLIED
    level    NMTOKEN    #IMPLIED
    mark    NMTOKEN    #IMPLIED
    change    (add | delete | modify)    #IMPLIED
    rfc    CDATA    #IMPLIED
>
<!ELEMENT randlist (applic?,title?,item+)>
<!ATTLIST randlist
    prefix    (pf01 | pf02 | pf03 | pf04 | pf05 | pf06 | pf07 | pf08 | pf09 | pf10 | pf11 | pf12
| pf13 | pf14 | pf15 | pf16 | pf17 | pf18 | pf19 | pf20 | pf21 | pf22 | pf23 | pf24 | pf25 | pf26
| pf27 | pf28 | pf29 | pf30 | pf31 | pf32 | pf33 | pf34 | pf35 | pf36 | pf37 | pf38 | pf39 | pf40
| pf41 | pf42 | pf43 | pf44 | pf45 | pf46 | pf47 | pf48 | pf49 | pf50 | pf51 | pf52 | pf53 | pf54
| pf55 | pf56 | pf57 | pf58 | pf59 | pf60 | pf61 | pf62 | pf63 | pf64 | pf65 | pf66 | pf67 | pf68
| pf69 | pf70 | pf71 | pf72 | pf73 | pf74 | pf75 | pf76 | pf77 | pf78 | pf79 | pf80 | pf81 | pf82
| pf83 | pf84 | pf85 | pf86 | pf87 | pf88 | pf89 | pf90 | pf91 | pf92 | pf93 | pf94 | pf95 | pf96
| pf97 | pf98 | pf99)    "pf02"
    refapplic    IDREF    #IMPLIED
    id    ID    #IMPLIED
    level    NMTOKEN    #IMPLIED
    mark    NMTOKEN    #IMPLIED
    change    (add | delete | modify)    #IMPLIED
    rfc    CDATA    #IMPLIED
    class    (01 | 02 | 03 | 04 | 05 | 06 | 07 | 08 | 09 | 10 | 11 | 12 | 13 | 14 | 15 | 16 | 17
| 18 | 19 | 20 | 21 | 22 | 23 | 24 | 25 | 26 | 27 | 28 | 29 | 30 | 31 | 32 | 33 | 34 | 35 | 36 |
37 | 38 | 39 | 40 | 41 | 42 | 43 | 44 | 45 | 46 | 47 | 48 | 49 | 50 | 51 | 52 | 53 | 54 | 55 | 56
| 57 | 58 | 59 | 60 | 61 | 62 | 63 | 64 | 65 | 66 | 67 | 68 | 69 | 70 | 71 | 72 | 73 | 74 | 75 |
76 | 77 | 78 | 79 | 80 | 81 | 82 | 83 | 84 | 85 | 86 | 87 | 88 | 89 | 90 | 91 | 92 | 93 | 94 | 95
```

```
| 96 | 97 | 98 | 99)    #IMPLIED
   commcls     (cc01 | cc02 | cc03 | cc04 | cc05 | cc06 | cc07 | cc08 | cc09 | cc10 | cc11 | cc12
| cc13 | cc14 | cc15 | cc16 | cc17 | cc18 | cc19 | cc20 | cc21 | cc22 | cc23 | cc24 | cc25 | cc26
| cc27 | cc28 | cc29 | cc30 | cc31 | cc32 | cc33 | cc34 | cc35 | cc36 | cc37 | cc38 | cc39 | cc40
| cc41 | cc42 | cc43 | cc44 | cc45 | cc46 | cc47 | cc48 | cc49 | cc50 | cc51 | cc52 | cc53 | cc54
| cc55 | cc56 | cc57 | cc58 | cc59 | cc60 | cc61 | cc62 | cc63 | cc64 | cc65 | cc66 | cc67 | cc68
| cc69 | cc70 | cc71 | cc72 | cc73 | cc74 | cc75 | cc76 | cc77 | cc78 | cc79 | cc80 | cc81 | cc82
| cc83 | cc84 | cc85 | cc86 | cc87 | cc88 | cc89 | cc90 | cc91 | cc92 | cc93 | cc94 | cc95 | cc96
| cc97 | cc98 | cc99)    #IMPLIED
   caveat     (cv01 | cv02 | cv03 | cv04 | cv05 | cv06 | cv07 | cv08 | cv09 | cv10 | cv11 | cv12
| cv13 | cv14 | cv15 | cv16 | cv17 | cv18 | cv19 | cv20 | cv21 | cv22 | cv23 | cv24 | cv25 | cv26
| cv27 | cv28 | cv29 | cv30 | cv31 | cv32 | cv33 | cv34 | cv35 | cv36 | cv37 | cv38 | cv39 | cv40
| cv41 | cv42 | cv43 | cv44 | cv45 | cv46 | cv47 | cv48 | cv49 | cv50 | cv51 | cv52 | cv53 | cv54
| cv55 | cv56 | cv57 | cv58 | cv59 | cv60 | cv61 | cv62 | cv63 | cv64 | cv65 | cv66 | cv67 | cv68
| cv69 | cv70 | cv71 | cv72 | cv73 | cv74 | cv75 | cv76 | cv77 | cv78 | cv79 | cv80 | cv81 | cv82
| cv83 | cv84 | cv85 | cv86 | cv87 | cv88 | cv89 | cv90 | cv91 | cv92 | cv93 | cv94 | cv95 | cv96
| cv97 | cv98 | cv99)    #IMPLIED
>
<! ELEMENT deflist (applic?,title?,((term,def)+))>
<! ATTLIST deflist
   refapplic    IDREF     #IMPLIED
   id    ID    #IMPLIED
   level    NMTOKEN    #IMPLIED
   mark    NMTOKEN    #IMPLIED
   change    (add | delete | modify)    #IMPLIED
   rfc    CDATA    #IMPLIED
   class    (01 | 02 | 03 | 04 | 05 | 06 | 07 | 08 | 09 | 10 | 11 | 12 | 13 | 14 | 15 | 16 | 17
| 18 | 19 | 20 | 21 | 22 | 23 | 24 | 25 | 26 | 27 | 28 | 29 | 30 | 31 | 32 | 33 | 34 | 35 | 36 |
37 | 38 | 39 | 40 | 41 | 42 | 43 | 44 | 45 | 46 | 47 | 48 | 49 | 50 | 51 | 52 | 53 | 54 | 55 | 56
| 57 | 58 | 59 | 60 | 61 | 62 | 63 | 64 | 65 | 66 | 67 | 68 | 69 | 70 | 71 | 72 | 73 | 74 | 75 |
76 | 77 | 78 | 79 | 80 | 81 | 82 | 83 | 84 | 85 | 86 | 87 | 88 | 89 | 90 | 91 | 92 | 93 | 94 | 95
| 96 | 97 | 98 | 99)    #IMPLIED
   commcls    (cc01 | cc02 | cc03 | cc04 | cc05 | cc06 | cc07 | cc08 | cc09 | cc10 | cc11 | cc12
| cc13 | cc14 | cc15 | cc16 | cc17 | cc18 | cc19 | cc20 | cc21 | cc22 | cc23 | cc24 | cc25 | cc26
| cc27 | cc28 | cc29 | cc30 | cc31 | cc32 | cc33 | cc34 | cc35 | cc36 | cc37 | cc38 | cc39 | cc40
| cc41 | cc42 | cc43 | cc44 | cc45 | cc46 | cc47 | cc48 | cc49 | cc50 | cc51 | cc52 | cc53 | cc54
| cc55 | cc56 | cc57 | cc58 | cc59 | cc60 | cc61 | cc62 | cc63 | cc64 | cc65 | cc66 | cc67 | cc68
| cc69 | cc70 | cc71 | cc72 | cc73 | cc74 | cc75 | cc76 | cc77 | cc78 | cc79 | cc80 | cc81 | cc82
| cc83 | cc84 | cc85 | cc86 | cc87 | cc88 | cc89 | cc90 | cc91 | cc92 | cc93 | cc94 | cc95 | cc96
| cc97 | cc98 | cc99)    #IMPLIED
   caveat    (cv01 | cv02 | cv03 | cv04 | cv05 | cv06 | cv07 | cv08 | cv09 | cv10 | cv11 | cv12
| cv13 | cv14 | cv15 | cv16 | cv17 | cv18 | cv19 | cv20 | cv21 | cv22 | cv23 | cv24 | cv25 | cv26
| cv27 | cv28 | cv29 | cv30 | cv31 | cv32 | cv33 | cv34 | cv35 | cv36 | cv37 | cv38 | cv39 | cv40
| cv41 | cv42 | cv43 | cv44 | cv45 | cv46 | cv47 | cv48 | cv49 | cv50 | cv51 | cv52 | cv53 | cv54
| cv55 | cv56 | cv57 | cv58 | cv59 | cv60 | cv61 | cv62 | cv63 | cv64 | cv65 | cv66 | cv67 | cv68
| cv69 | cv70 | cv71 | cv72 | cv73 | cv74 | cv75 | cv76 | cv77 | cv78 | cv79 | cv80 | cv81 | cv82
| cv83 | cv84 | cv85 | cv86 | cv87 | cv88 | cv89 | cv90 | cv91 | cv92 | cv93 | cv94 | cv95 | cv96
| cv97 | cv98 | cv99)  #IMPLIED
>
<! ELEMENT term (#PCDATA | applic | ein | cb | parasigdata | quantity | zone | accpnl | identno |
xref | indxflag | change | emphasis | symbol | subscrpt | supscrpt | refdm | reftp | ftnote | ftnref
| acronym | acroterm | capgrp | caption | verbatim)*>
<! ATTLIST term
   refapplic    IDREF    #IMPLIED
   id    ID    #IMPLIED
   level    NMTOKEN    #IMPLIED
   mark    NMTOKEN    #IMPLIED
   change    (add | delete | modify)    #IMPLIED
   rfc    CDATA    #IMPLIED
>
```

```
〈! ELEMENT def (#PCDATA | applic | para | ein | cb | parasigdata | quantity | zone | accpnl |
identno | xref | indxflag | change | emphasis | symbol | subscrpt | supscrpt | refdm | reftp |
ftnote | ftnref | acronym | acroterm | capgrp | caption | verbatim | seqlist | randlist | deflist) * 〉
〈! ATTLIST def
    refapplic    IDREF    #IMPLIED
    id    ID    #IMPLIED
    level    NMTOKEN    #IMPLIED
    mark    NMTOKEN    #IMPLIED
    change    (add | delete | modify)    #IMPLIED
    rfc    CDATA    #IMPLIED
〉
〈! ELEMENT polref (#PCDATA)〉
〈! ATTLIST polref
    id    ID    #IMPLIED
    level    NMTOKEN    #IMPLIED
    mark    NMTOKEN    #IMPLIED
    change    (add | delete | modify)    #IMPLIED
    rfc    CDATA    #IMPLIED
〉
〈! ELEMENT datacond (#PCDATA)〉
〈! ATTLIST datacond
    id    ID    #IMPLIED
    level    NMTOKEN    #IMPLIED
    mark    NMTOKEN    #IMPLIED
    change    (add | delete | modify)    #IMPLIED
    rfc    CDATA    #IMPLIED
〉
〈! ELEMENT rpc (#PCDATA)〉
〈! ATTLIST rpc
    rpcname CDATA    #IMPLIED
    id    ID    #IMPLIED
〉
〈! ELEMENT orig (#PCDATA)〉
〈! ATTLIST orig
    origname    CDATA    #IMPLIED
    id    ID    #IMPLIED
〉
〈! ELEMENT inlineapplics (applic+)〉
〈! ELEMENT brexref (refdm)〉
〈! ELEMENT qa (applic?,(unverif | (firstver,secver?)))〉
〈! ATTLIST qa
    refapplic    IDREF    #IMPLIED
〉
〈! ELEMENT unverif EMPTY〉
〈! ELEMENT firstver EMPTY〉
〈! ATTLIST firstver
    type    (tabtop | onobject | ttandoo)    #REQUIRED
〉
〈! ELEMENT secver EMPTY〉
〈! ATTLIST secver
    type    (tabtop | onobject | ttandoo)    #REQUIRED
〉
〈! ELEMENT rfu (#PCDATA | applic | p) * 〉
〈! ATTLIST rfu
    refapplic    IDREF    #IMPLIED
〉
〈! ELEMENT p (#PCDATA | subscrpt | supscrpt) * 〉
〈! ATTLIST p
    id    ID    #IMPLIED
    level    NMTOKEN    #IMPLIED
```

```
    mark    NMTOKEN    #IMPLIED
    change    (add | delete | modify)   #IMPLIED
    rfc    CDATA    #IMPLIED
>
<! ELEMENT remarks (#PCDATA | applic | p) * >
<! ATTLIST remarks
    refapplic    IDREF    #IMPLIED
>
<! ELEMENT content (refs?,descript)>
<! ATTLIST content
    id    ID    #IMPLIED
>
<! ELEMENT descript (((para * ,((warning * ,caution * ),note * ),para0 * ) | ((figure | multimedia |
foldout | table) | caption)) * )>
<! ELEMENT warning (applic?,((symbol | para | (seqlist | randlist | deflist)) + ))>
<! ATTLIST warning
    type    CDATA    #IMPLIED
    xrefid    IDREF    #IMPLIED
    vital    NMTOKEN    #IMPLIED
    refapplic    IDREF    #IMPLIED
    id    ID    #IMPLIED
    level    NMTOKEN    #IMPLIED
    mark    NMTOKEN    #IMPLIED
    change    (add | delete | modify)    #IMPLIED
    rfc    CDATA    #IMPLIED
>
<! ELEMENT caution (applic?,((symbol | para | (seqlist | randlist | deflist)) + ))>
<! ATTLIST caution
    type    CDATA    #IMPLIED
    xrefid    IDREF    #IMPLIED
    refapplic    IDREF    #IMPLIED
    id    ID    #IMPLIED
    level    NMTOKEN    #IMPLIED
    mark    NMTOKEN    #IMPLIED
    change    (add | delete | modify)    #IMPLIED
    rfc    CDATA    #IMPLIED
>
<! ELEMENT para0 ((((((applic?,title?),capgrp?)?),(((warning * ,caution * ),(((note | cblst | para)
| (figure | multimedia | foldout | table) | caption) * ))?))?),subpara1 * )>
<! ATTLIST para0
    refapplic    IDREF    #IMPLIED
    id    ID    #IMPLIED
    level    NMTOKEN    #IMPLIED
    mark    NMTOKEN    #IMPLIED
    change    (add | delete | modify)    #IMPLIED
    rfc    CDATA    #IMPLIED
    class    (01 | 02 | 03 | 04 | 05 | 06 | 07 | 08 | 09 | 10 | 11 | 12 | 13 | 14 | 15 | 16 | 17
| 18 | 19 | 20 | 21 | 22 | 23 | 24 | 25 | 26 | 27 | 28 | 29 | 30 | 31 | 32 | 33 | 34 | 35 | 36 |
37 | 38 | 39 | 40 | 41 | 42 | 43 | 44 | 45 | 46 | 47 | 48 | 49 | 50 | 51 | 52 | 53 | 54 | 55 | 56
| 57 | 58 | 59 | 60 | 61 | 62 | 63 | 64 | 65 | 66 | 67 | 68 | 69 | 70 | 71 | 72 | 73 | 74 | 75 |
76 | 77 | 78 | 79 | 80 | 81 | 82 | 83 | 84 | 85 | 86 | 87 | 88 | 89 | 90 | 91 | 92 | 93 | 94 | 95
| 96 | 97 | 98 | 99)    #IMPLIED
    commcls    (cc01 | cc02 | cc03 | cc04 | cc05 | cc06 | cc07 | cc08 | cc09 | cc10 | cc11 | cc12
| cc13 | cc14 | cc15 | cc16 | cc17 | cc18 | cc19 | cc20 | cc21 | cc22 | cc23 | cc24 | cc25 | cc26
| cc27 | cc28 | cc29 | cc30 | cc31 | cc32 | cc33 | cc34 | cc35 | cc36 | cc37 | cc38 | cc39 | cc40
| cc41 | cc42 | cc43 | cc44 | cc45 | cc46 | cc47 | cc48 | cc49 | cc50 | cc51 | cc52 | cc53 | cc54
| cc55 | cc56 | cc57 | cc58 | cc59 | cc60 | cc61 | cc62 | cc63 | cc64 | cc65 | cc66 | cc67 | cc68
| cc69 | cc70 | cc71 | cc72 | cc73 | cc74 | cc75 | cc76 | cc77 | cc78 | cc79 | cc80 | cc81 | cc82
| cc83 | cc84 | cc85 | cc86 | cc87 | cc88 | cc89 | cc90 | cc91 | cc92 | cc93 | cc94 | cc95 | cc96
| cc97 | cc98 | cc99)    #IMPLIED
```

```
    caveat    (cv01 | cv02 | cv03 | cv04 | cv05 | cv06 | cv07 | cv08 | cv09 | cv10 | cv11 | cv12
| cv13 | cv14 | cv15 | cv16 | cv17 | cv18 | cv19 | cv20 | cv21 | cv22 | cv23 | cv24 | cv25 | cv26
| cv27 | cv28 | cv29 | cv30 | cv31 | cv32 | cv33 | cv34 | cv35 | cv36 | cv37 | cv38 | cv39 | cv40
| cv41 | cv42 | cv43 | cv44 | cv45 | cv46 | cv47 | cv48 | cv49 | cv50 | cv51 | cv52 | cv53 | cv54
| cv55 | cv56 | cv57 | cv58 | cv59 | cv60 | cv61 | cv62 | cv63 | cv64 | cv65 | cv66 | cv67 | cv68
| cv69 | cv70 | cv71 | cv72 | cv73 | cv74 | cv75 | cv76 | cv77 | cv78 | cv79 | cv80 | cv81 | cv82
| cv83 | cv84 | cv85 | cv86 | cv87 | cv88 | cv89 | cv90 | cv91 | cv92 | cv93 | cv94 | cv95 | cv96
| cv97 | cv98 | cv99)    #IMPLIED
>
<! ELEMENT cblst (applic?,((cbsublst+)+))>
<! ATTLIST cblst
    refapplic    IDREF    #IMPLIED
    cbaction    (open | close | verif-open | verif-close)    #IMPLIED
    checksum  CDATA    #IMPLIED
    id    ID    #IMPLIED
    level   NMTOKEN    #IMPLIED
    mark    NMTOKEN    #IMPLIED
    change    (add | delete | modify)    #IMPLIED
    rfc    CDATA    #IMPLIED
>
<! ELEMENT cbsublst (applic?,ein*,(cbdata+))>
<! ATTLIST cbsublst
    cbaction    (open | close | verif-open | verif-close)    #IMPLIED
    checksum  CDATA    #IMPLIED
    refapplic    IDREF    #IMPLIED
    id    ID    #IMPLIED
    level    NMTOKEN    #IMPLIED
    mark    NMTOKEN    #IMPLIED
    change    (add | delete | modify)    #IMPLIED
    rfc    CDATA    #IMPLIED
>
<! ELEMENT cbdata (applic?,cb,nomen,((xref | accpnl)?),cbloc?)>
<! ATTLIST cbdata
    refapplic    IDREF    #IMPLIED
    id    ID    #IMPLIED
    level    NMTOKEN    #IMPLIED
    mark    NMTOKEN    #IMPLIED
    change    (add | delete | modify)    #IMPLIED
    rfc    CDATA    #IMPLIED
>
<! ELEMENT cbloc (#PCDATA)>
<! ATTLIST cbloc
    id    ID    #IMPLIED
    level    NMTOKEN    #IMPLIED
    mark    NMTOKEN    #IMPLIED
    change    (add | delete | modify)    #IMPLIED
    rfc    CDATA    #IMPLIED
>
<! ELEMENT figure ((applic?,title),((graphic,rfa*) | ((applic?,sheet,graphic,rfa*)+)),legend?)>
<! ATTLIST figure
    refapplic    IDREF    #IMPLIED
    id    ID    #IMPLIED
    level    NMTOKEN    #IMPLIED
    mark    NMTOKEN    #IMPLIED
    change    (add | delete | modify)    #IMPLIED
    rfc    CDATA    #IMPLIED
    class    (01 | 02 | 03 | 04 | 05 | 06 | 07 | 08 | 09 | 10 | 11 | 12 | 13 | 14 | 15 | 16 | 17
| 18 | 19 | 20 | 21 | 22 | 23 | 24 | 25 | 26 | 27 | 28 | 29 | 30 | 31 | 32 | 33 | 34 | 35 | 36 |
37 | 38 | 39 | 40 | 41 | 42 | 43 | 44 | 45 | 46 | 47 | 48 | 49 | 50 | 51 | 52 | 53 | 54 | 55 | 56
| 57 | 58 | 59 | 60 | 61 | 62 | 63 | 64 | 65 | 66 | 67 | 68 | 69 | 70 | 71 | 72 | 73 | 74 | 75 |
```

```
76 | 77 | 78 | 79 | 80 | 81 | 82 | 83 | 84 | 85 | 86 | 87 | 88 | 89 | 90 | 91 | 92 | 93 | 94 | 95
| 96 | 97 | 98 | 99)   #IMPLIED
   commcls    (cc01 | cc02 | cc03 | cc04 | cc05 | cc06 | cc07 | cc08 | cc09 | cc10 | cc11 | cc12
| cc13 | cc14 | cc15 | cc16 | cc17 | cc18 | cc19 | cc20 | cc21 | cc22 | cc23 | cc24 | cc25 | cc26
| cc27 | cc28 | cc29 | cc30 | cc31 | cc32 | cc33 | cc34 | cc35 | cc36 | cc37 | cc38 | cc39 | cc40
| cc41 | cc42 | cc43 | cc44 | cc45 | cc46 | cc47 | cc48 | cc49 | cc50 | cc51 | cc52 | cc53 | cc54
| cc55 | cc56 | cc57 | cc58 | cc59 | cc60 | cc61 | cc62 | cc63 | cc64 | cc65 | cc66 | cc67 | cc68
| cc69 | cc70 | cc71 | cc72 | cc73 | cc74 | cc75 | cc76 | cc77 | cc78 | cc79 | cc80 | cc81 | cc82
| cc83 | cc84 | cc85 | cc86 | cc87 | cc88 | cc89 | cc90 | cc91 | cc92 | cc93 | cc94 | cc95 | cc96
| cc97 | cc98 | cc99)   #IMPLIED
   caveat    (cv01 | cv02 | cv03 | cv04 | cv05 | cv06 | cv07 | cv08 | cv09 | cv10 | cv11 | cv12
| cv13 | cv14 | cv15 | cv16 | cv17 | cv18 | cv19 | cv20 | cv21 | cv22 | cv23 | cv24 | cv25 | cv26
| cv27 | cv28 | cv29 | cv30 | cv31 | cv32 | cv33 | cv34 | cv35 | cv36 | cv37 | cv38 | cv39 | cv40
| cv41 | cv42 | cv43 | cv44 | cv45 | cv46 | cv47 | cv48 | cv49 | cv50 | cv51 | cv52 | cv53 | cv54
| cv55 | cv56 | cv57 | cv58 | cv59 | cv60 | cv61 | cv62 | cv63 | cv64 | cv65 | cv66 | cv67 | cv68
| cv69 | cv70 | cv71 | cv72 | cv73 | cv74 | cv75 | cv76 | cv77 | cv78 | cv79 | cv80 | cv81 | cv82
| cv83 | cv84 | cv85 | cv86 | cv87 | cv88 | cv89 | cv90 | cv91 | cv92 | cv93 | cv94 | cv95 | cv96
| cv97 | cv98 | cv99)   #IMPLIED
>
<! ELEMENT graphic (hotspot * )>
<! ATTLIST graphic
   boardno    ENTITY    #REQUIRED
   id    ID    #IMPLIED
   reprowid  CDATA    #IMPLIED
   reprohgt  CDATA    #IMPLIED
   reproscl  CDATA    #IMPLIED
   %XLINKATT0;
>
<! ELEMENT hotspot (applic?,((hotspot | xref | refdm | csnref) * ))>
<! ATTLIST hotspot
   id    ID    #IMPLIED
   apsid     CDATA    #IMPLIED
   apsname   CDATA    #IMPLIED
   type      CDATA    #IMPLIED
   title     CDATA    #IMPLIED
   descript  CDATA    #IMPLIED
   coords    CDATA    #IMPLIED
   visibility    (visible | hidden)    "visible"
   refapplic    IDREF    #IMPLIED
>
<! ELEMENT rfa (#PCDATA | applic | ein | cb | parasigdata | quantity | zone | accpnl | identno |
xref | indxflag | change | emphasis | symbol | subscrpt | supscrpt | refdm | reftp | ftnote | ftnref
| acronym | acroterm | capgrp | caption | verbatim) * >
<! ATTLIST rfa
   refapplic    IDREF    #IMPLIED
>
<! ELEMENT sheet EMPTY>
<! ATTLIST sheet
   sheetno NMTOKEN   #REQUIRED
   total   NMTOKEN   #REQUIRED
   id    ID    #IMPLIED
   level    NMTOKEN    #IMPLIED
   mark     NMTOKEN    #IMPLIED
   change    (add | delete | modify)    #IMPLIED
   rfc    CDATA    #IMPLIED
   refapplic    IDREF    #IMPLIED
>
<! ELEMENT legend (deflist)> ,
<! ATTLIST legend
   id    ID    #IMPLIED
```

```
    level    NMTOKEN     #IMPLIED
    mark     NMTOKEN     #IMPLIED
    change     (add | delete | modify)     #IMPLIED
    rfc      CDATA     #IMPLIED
>
<! ELEMENT multimedia (((applic?,title)?),rfa*,multimediaobject+))
<! ATTLIST multimedia
    refapplic    IDREF     #IMPLIED
    id     ID     #IMPLIED
    level    NMTOKEN     #IMPLIED
    mark     NMTOKEN     #IMPLIED
    change     (add | delete | modify)     #IMPLIED
    rfc      CDATA     #IMPLIED
    class      (01 | 02 | 03 | 04 | 05 | 06 | 07 | 08 | 09 | 10 | 11 | 12 | 13 | 14 | 15 | 16 | 17
| 18 | 19 | 20 | 21 | 22 | 23 | 24 | 25 | 26 | 27 | 28 | 29 | 30 | 31 | 32 | 33 | 34 | 35 | 36 |
37 | 38 | 39 | 40 | 41 | 42 | 43 | 44 | 45 | 46 | 47 | 48 | 49 | 50 | 51 | 52 | 53 | 54 | 55 | 56
| 57 | 58 | 59 | 60 | 61 | 62 | 63 | 64 | 65 | 66 | 67 | 68 | 69 | 70 | 71 | 72 | 73 | 74 | 75 |
76 | 77 | 78 | 79 | 80 | 81 | 82 | 83 | 84 | 85 | 86 | 87 | 88 | 89 | 90 | 91 | 92 | 93 | 94 | 95
| 96 | 97 | 98 | 99)     #IMPLIED
    commcls     (cc01 | cc02 | cc03 | cc04 | cc05 | cc06 | cc07 | cc08 | cc09 | cc10 | cc11 | cc12
| cc13 | cc14 | cc15 | cc16 | cc17 | cc18 | cc19 | cc20 | cc21 | cc22 | cc23 | cc24 | cc25 | cc26
| cc27 | cc28 | cc29 | cc30 | cc31 | cc32 | cc33 | cc34 | cc35 | cc36 | cc37 | cc38 | cc39 | cc40
| cc41 | cc42 | cc43 | cc44 | cc45 | cc46 | cc47 | cc48 | cc49 | cc50 | cc51 | cc52 | cc53 | cc54
| cc55 | cc56 | cc57 | cc58 | cc59 | cc60 | cc61 | cc62 | cc63 | cc64 | cc65 | cc66 | cc67 | cc68
| cc69 | cc70 | cc71 | cc72 | cc73 | cc74 | cc75 | cc76 | cc77 | cc78 | cc79 | cc80 | cc81 | cc82
| cc83 | cc84 | cc85 | cc86 | cc87 | cc88 | cc89 | cc90 | cc91 | cc92 | cc93 | cc94 | cc95 | cc96
| cc97 | cc98 | cc99)     #IMPLIED
    caveat     (cv01 | cv02 | cv03 | cv04 | cv05 | cv06 | cv07 | cv08 | cv09 | cv10 | cv11 | cv12
| cv13 | cv14 | cv15 | cv16 | cv17 | cv18 | cv19 | cv20 | cv21 | cv22 | cv23 | cv24 | cv25 | cv26
| cv27 | cv28 | cv29 | cv30 | cv31 | cv32 | cv33 | cv34 | cv35 | cv36 | cv37 | cv38 | cv39 | cv40
| cv41 | cv42 | cv43 | cv44 | cv45 | cv46 | cv47 | cv48 | cv49 | cv50 | cv51 | cv52 | cv53 | cv54
| cv55 | cv56 | cv57 | cv58 | cv59 | cv60 | cv61 | cv62 | cv63 | cv64 | cv65 | cv66 | cv67 | cv68
| cv69 | cv70 | cv71 | cv72 | cv73 | cv74 | cv75 | cv76 | cv77 | cv78 | cv79 | cv80 | cv81 | cv82
| cv83 | cv84 | cv85 | cv86 | cv87 | cv88 | cv89 | cv90 | cv91 | cv92 | cv93 | cv94 | cv95 | cv96
| cv97 | cv98 | cv99)     #IMPLIED
>
<! ELEMENT multimediaobject ((param)*))
<! ATTLIST multimediaobject
    id     ID     #IMPLIED
    autoplay   NMTOKEN     #IMPLIED
    fullscrn   NMTOKEN     #IMPLIED
    boardno    ENTITY     #REQUIRED
    multimediaclass     (3D | audio | video | other)     #REQUIRED
    controls     (hide | show)     #IMPLIED
    duration   NMTOKEN     #IMPLIED
    width      CDATA     #IMPLIED
    height     CDATA     #IMPLIED
    %XLINKATT0;
>
<! ELEMENT param EMPTY>
<! ATTLIST param
    id     ID     #REQUIRED
    paramid      CDATA     #IMPLIED
    paramvalue   CDATA     #IMPLIED
    paramname    CDATA     #IMPLIED
>
<! ELEMENT foldout (figure | table)>
<! ELEMENT table (applic?,title?,(tgroup+ | graphic+)))
<! ATTLIST table
    tabstyle   NMTOKEN     #IMPLIED
```

```
    tocentry  NMTOKEN    "1"
    frame   (top | bottom | topbot | all | sides | none)    #IMPLIED
    colsep   NMTOKEN    #IMPLIED
    rowsep   NMTOKEN    #IMPLIED
    orient   (port | land)    #IMPLIED
    pgwide   NMTOKEN    #IMPLIED
    refapplic   IDREF    #IMPLIED
    id   ID   #IMPLIED
    level   NMTOKEN    #IMPLIED
    mark   NMTOKEN    #IMPLIED
    change   (add | delete | modify)    #IMPLIED
    rfc    CDATA    #IMPLIED
    class    (01 | 02 | 03 | 04 | 05 | 06 | 07 | 08 | 09 | 10 | 11 | 12 | 13 | 14 | 15 | 16 | 17
| 18 | 19 | 20 | 21 | 22 | 23 | 24 | 25 | 26 | 27 | 28 | 29 | 30 | 31 | 32 | 33 | 34 | 35 | 36 |
37 | 38 | 39 | 40 | 41 | 42 | 43 | 44 | 45 | 46 | 47 | 48 | 49 | 50 | 51 | 52 | 53 | 54 | 55 | 56
| 57 | 58 | 59 | 60 | 61 | 62 | 63 | 64 | 65 | 66 | 67 | 68 | 69 | 70 | 71 | 72 | 73 | 74 | 75 |
76 | 77 | 78 | 79 | 80 | 81 | 82 | 83 | 84 | 85 | 86 | 87 | 88 | 89 | 90 | 91 | 92 | 93 | 94 | 95
| 96 | 97 | 98 | 99)  #IMPLIED
    commcls    (cc01 | cc02 | cc03 | cc04 | cc05 | cc06 | cc07 | cc08 | cc09 | cc10 | cc11 | cc12
| cc13 | cc14 | cc15 | cc16 | cc17 | cc18 | cc19 | cc20 | cc21 | cc22 | cc23 | cc24 | cc25 | cc26
| cc27 | cc28 | cc29 | cc30 | cc31 | cc32 | cc33 | cc34 | cc35 | cc36 | cc37 | cc38 | cc39 | cc40
| cc41 | cc42 | cc43 | cc44 | cc45 | cc46 | cc47 | cc48 | cc49 | cc50 | cc51 | cc52 | cc53 | cc54
| cc55 | cc56 | cc57 | cc58 | cc59 | cc60 | cc61 | cc62 | cc63 | cc64 | cc65 | cc66 | cc67 | cc68
| cc69 | cc70 | cc71 | cc72 | cc73 | cc74 | cc75 | cc76 | cc77 | cc78 | cc79 | cc80 | cc81 | cc82
| cc83 | cc84 | cc85 | cc86 | cc87 | cc88 | cc89 | cc90 | cc91 | cc92 | cc93 | cc94 | cc95 | cc96
| cc97 | cc98 | cc99)   #IMPLIED
    caveat    (cv01 | cv02 | cv03 | cv04 | cv05 | cv06 | cv07 | cv08 | cv09 | cv10 | cv11 | cv12
| cv13 | cv14 | cv15 | cv16 | cv17 | cv18 | cv19 | cv20 | cv21 | cv22 | cv23 | cv24 | cv25 | cv26
| cv27 | cv28 | cv29 | cv30 | cv31 | cv32 | cv33 | cv34 | cv35 | cv36 | cv37 | cv38 | cv39 | cv40
| cv41 | cv42 | cv43 | cv44 | cv45 | cv46 | cv47 | cv48 | cv49 | cv50 | cv51 | cv52 | cv53 | cv54
| cv55 | cv56 | cv57 | cv58 | cv59 | cv60 | cv61 | cv62 | cv63 | cv64 | cv65 | cv66 | cv67 | cv68
| cv69 | cv70 | cv71 | cv72 | cv73 | cv74 | cv75 | cv76 | cv77 | cv78 | cv79 | cv80 | cv81 | cv82
| cv83 | cv84 | cv85 | cv86 | cv87 | cv88 | cv89 | cv90 | cv91 | cv92 | cv93 | cv94 | cv95 | cv96
| cv97 | cv98 | cv99)  #IMPLIED
>
<! ELEMENT tgroup (applic?,colspec*,spanspec*,thead?,tfoot?,tbody)>
<! ATTLIST tgroup
    refapplic    IDREF    #IMPLIED
    cols    NMTOKEN    #REQUIRED
    tgstyle   NMTOKEN    #IMPLIED
    colsep   NMTOKEN    #IMPLIED
    rowsep   NMTOKEN    #IMPLIED
    align   (left | right | center | justify | char)    "left"
    charoff   CDATA    #IMPLIED
    char    CDATA    #IMPLIED
>
<! ELEMENT thead (colspec*,row+)>
<! ATTLIST thead
    valign   (top | bottom | middle)   "bottom"
>
<! ELEMENT row (applic?,((entry)+))>
<! ATTLIST row
    refapplic    IDREF    #IMPLIED
    rowsep  NMTOKEN    #IMPLIED
    id   ID   #IMPLIED
    level   NMTOKEN    #IMPLIED
    mark   NMTOKEN    #IMPLIED
    change   (add | delete | modify)    #IMPLIED
    rfc    CDATA   #IMPLIED
>
```

```
〈! ELEMENT entry (#PCDATA | applic | para | warning | caution | note | legend | ein | cb | parasigdata |
quantity | zone | accpnl | identno | xref | indxflag | change | emphasis | symbol | subscrpt |
supscrpt | refdm | reftp | ftnote | ftnref | acronym | acroterm | capgrp | caption | verbatim |
seqlist | randlist | deflist) * 〉
〈! ATTLIST entry
    refapplic   IDREF      #IMPLIED
    colname     NMTOKEN    #IMPLIED
    namest      NMTOKEN    #IMPLIED
    nameend     NMTOKEN    #IMPLIED
    spanname    NMTOKEN    #IMPLIED
    morerows    NMTOKEN    "0"
    colsep      NMTOKEN    #IMPLIED
    rowsep      NMTOKEN    #IMPLIED
    rotate      NMTOKEN    "0"
    valign      (top | bottom | middle)    "top"
    align       (left | right | center | justify | char)    #IMPLIED
    charoff     CDATA    #IMPLIED
    char        CDATA    #IMPLIED
    id      ID      #IMPLIED
〉
〈! ELEMENT tfoot (colspec * ,row + )〉
〈! ATTLIST tfoot
    valign      (top | bottom | middle)    "top"
〉
〈! ELEMENT tbody (row + )〉
〈! ATTLIST tbody
    valign      (top | bottom | middle)    "top"
〉
〈! ELEMENT subpara1 ((((((applic?,title?),capgrp?)?),(((warning * , caution * ),(((note | cblst |
para) | (figure | multimedia | foldout | table) | caption) * ))?))?)?),subpara2 * )〉
〈! ATTLIST subpara1
    refapplic    IDREF     #IMPLIED
    id     ID    #IMPLIED
    level    NMTOKEN     #IMPLIED
    mark     NMTOKEN     #IMPLIED
    change      (add | delete | modify)     #IMPLIED
    rfc     CDATA     #IMPLIED
    class      (01 | 02 | 03 | 04 | 05 | 06 | 07 | 08 | 09 | 10 | 11 | 12 | 13 | 14 | 15 | 16 | 17
| 18 | 19 | 20 | 21 | 22 | 23 | 24 | 25 | 26 | 27 | 28 | 29 | 30 | 31 | 32 | 33 | 34 | 35 | 36 |
37 | 38 | 39 | 40 | 41 | 42 | 43 | 44 | 45 | 46 | 47 | 48 | 49 | 50 | 51 | 52 | 53 | 54 | 55 | 56
| 57 | 58 | 59 | 60 | 61 | 62 | 63 | 64 | 65 | 66 | 67 | 68 | 69 | 70 | 71 | 72 | 73 | 74 | 75 |
76 | 77 | 78 | 79 | 80 | 81 | 82 | 83 | 84 | 85 | 86 | 87 | 88 | 89 | 90 | 91 | 92 | 93 | 94 | 95
| 96 | 97 | 98 | 99)     #IMPLIED
    commcls     (cc01 | cc02 | cc03 | cc04 | cc05 | cc06 | cc07 | cc08 | cc09 | cc10 | cc11 | cc12
| cc13 | cc14 | cc15 | cc16 | cc17 | cc18 | cc19 | cc20 | cc21 | cc22 | cc23 | cc24 | cc25 | cc26
| cc27 | cc28 | cc29 | cc30 | cc31 | cc32 | cc33 | cc34 | cc35 | cc36 | cc37 | cc38 | cc39 | cc40
| cc41 | cc42 | cc43 | cc44 | cc45 | cc46 | cc47 | cc48 | cc49 | cc50 | cc51 | cc52 | cc53 | cc54
| cc55 | cc56 | cc57 | cc58 | cc59 | cc60 | cc61 | cc62 | cc63 | cc64 | cc65 | cc66 | cc67 | cc68
| cc69 | cc70 | cc71 | cc72 | cc73 | cc74 | cc75 | cc76 | cc77 | cc78 | cc79 | cc80 | cc81 | cc82
| cc83 | cc84 | cc85 | cc86 | cc87 | cc88 | cc89 | cc90 | cc91 | cc92 | cc93 | cc94 | cc95 | cc96
| cc97 | cc98 | cc99)     #IMPLIED
    caveat     (cv01 | cv02 | cv03 | cv04 | cv05 | cv06 | cv07 | cv08 | cv09 | cv10 | cv11 | cv12
| cv13 | cv14 | cv15 | cv16 | cv17 | cv18 | cv19 | cv20 | cv21 | cv22 | cv23 | cv24 | cv25 | cv26
| cv27 | cv28 | cv29 | cv30 | cv31 | cv32 | cv33 | cv34 | cv35 | cv36 | cv37 | cv38 | cv39 | cv40
| cv41 | cv42 | cv43 | cv44 | cv45 | cv46 | cv47 | cv48 | cv49 | cv50 | cv51 | cv52 | cv53 | cv54
| cv55 | cv56 | cv57 | cv58 | cv59 | cv60 | cv61 | cv62 | cv63 | cv64 | cv65 | cv66 | cv67 | cv68
| cv69 | cv70 | cv71 | cv72 | cv73 | cv74 | cv75 | cv76 | cv77 | cv78 | cv79 | cv80 | cv81 | cv82
| cv83 | cv84 | cv85 | cv86 | cv87 | cv88 | cv89 | cv90 | cv91 | cv92 | cv93 | cv94 | cv95 | cv96
| cv97 | cv98 | cv99)     #IMPLIED
〉
```

```
〈! ELEMENT subpara2 ((((((applic?,title?),capgrp?)?),(((warning *,caution *),(((note | cblst |
para) | (figure | multimedia | foldout | table) | caption) *))?))?),subpara3 *)〉
〈! ATTLIST subpara2
    refapplic     IDREF      # IMPLIED
    id     ID     # IMPLIED
    level     NMTOKEN     # IMPLIED
    mark     NMTOKEN     # IMPLIED
    change     (add | delete | modify)     # IMPLIED
    rfc     CDATA     # IMPLIED
    class     (01 | 02 | 03 | 04 | 05 | 06 | 07 | 08 | 09 | 10 | 11 | 12 | 13 | 14 | 15 | 16 | 17
| 18 | 19 | 20 | 21 | 22 | 23 | 24 | 25 | 26 | 27 | 28 | 29 | 30 | 31 | 32 | 33 | 34 | 35 | 36 |
37 | 38 | 39 | 40 | 41 | 42 | 43 | 44 | 45 | 46 | 47 | 48 | 49 | 50 | 51 | 52 | 53 | 54 | 55 | 56
| 57 | 58 | 59 | 60 | 61 | 62 | 63 | 64 | 65 | 66 | 67 | 68 | 69 | 70 | 71 | 72 | 73 | 74 | 75 |
76 | 77 | 78 | 79 | 80 | 81 | 82 | 83 | 84 | 85 | 86 | 87 | 88 | 89 | 90 | 91 | 92 | 93 | 94 | 95
| 96 | 97 | 98 | 99)     # IMPLIED
    commcls     (cc01 | cc02 | cc03 | cc04 | cc05 | cc06 | cc07 | cc08 | cc09 | cc10 | cc11 | cc12
| cc13 | cc14 | cc15 | cc16 | cc17 | cc18 | cc19 | cc20 | cc21 | cc22 | cc23 | cc24 | cc25 | cc26
| cc27 | cc28 | cc29 | cc30 | cc31 | cc32 | cc33 | cc34 | cc35 | cc36 | cc37 | cc38 | cc39 | cc40
| cc41 | cc42 | cc43 | cc44 | cc45 | cc46 | cc47 | cc48 | cc49 | cc50 | cc51 | cc52 | cc53 | cc54
| cc55 | cc56 | cc57 | cc58 | cc59 | cc60 | cc61 | cc62 | cc63 | cc64 | cc65 | cc66 | cc67 | cc68
| cc69 | cc70 | cc71 | cc72 | cc73 | cc74 | cc75 | cc76 | cc77 | cc78 | cc79 | cc80 | cc81 | cc82
| cc83 | cc84 | cc85 | cc86 | cc87 | cc88 | cc89 | cc90 | cc91 | cc92 | cc93 | cc94 | cc95 | cc96
| cc97 | cc98 | cc99)     # IMPLIED
    caveat     (cv01 | cv02 | cv03 | cv04 | cv05 | cv06 | cv07 | cv08 | cv09 | cv10 | cv11 | cv12
| cv13 | cv14 | cv15 | cv16 | cv17 | cv18 | cv19 | cv20 | cv21 | cv22 | cv23 | cv24 | cv25 | cv26
| cv27 | cv28 | cv29 | cv30 | cv31 | cv32 | cv33 | cv34 | cv35 | cv36 | cv37 | cv38 | cv39 | cv40
| cv41 | cv42 | cv43 | cv44 | cv45 | cv46 | cv47 | cv48 | cv49 | cv50 | cv51 | cv52 | cv53 | cv54
| cv55 | cv56 | cv57 | cv58 | cv59 | cv60 | cv61 | cv62 | cv63 | cv64 | cv65 | cv66 | cv67 | cv68
| cv69 | cv70 | cv71 | cv72 | cv73 | cv74 | cv75 | cv76 | cv77 | cv78 | cv79 | cv80 | cv81 | cv82
| cv83 | cv84 | cv85 | cv86 | cv87 | cv88 | cv89 | cv90 | cv91 | cv92 | cv93 | cv94 | cv95 | cv96
| cv97 | cv98 | cv99)     # IMPLIED
〉
〈! ELEMENT subpara3 ((((((applic?,title?),capgrp?)?),(((warning *,caution *),(((note | cblst |
para) | (figure | multimedia | foldout | table) | caption) *))?))?),subpara4 *)〉
〈! ATTLIST subpara3
    refapplic     IDREF      # IMPLIED
    id     ID     # IMPLIED
    level     NMTOKEN     # IMPLIED
    mark     NMTOKEN     # IMPLIED
    change     (add | delete | modify)     # IMPLIED
    rfc     CDATA     # IMPLIED
    class     (01 | 02 | 03 | 04 | 05 | 06 | 07 | 08 | 09 | 10 | 11 | 12 | 13 | 14 | 15 | 16 | 17
| 18 | 19 | 20 | 21 | 22 | 23 | 24 | 25 | 26 | 27 | 28 | 29 | 30 | 31 | 32 | 33 | 34 | 35 | 36 |
37 | 38 | 39 | 40 | 41 | 42 | 43 | 44 | 45 | 46 | 47 | 48 | 49 | 50 | 51 | 52 | 53 | 54 | 55 | 56
| 57 | 58 | 59 | 60 | 61 | 62 | 63 | 64 | 65 | 66 | 67 | 68 | 69 | 70 | 71 | 72 | 73 | 74 | 75 |
76 | 77 | 78 | 79 | 80 | 81 | 82 | 83 | 84 | 85 | 86 | 87 | 88 | 89 | 90 | 91 | 92 | 93 | 94 | 95
| 96 | 97 | 98 | 99)     # IMPLIED
    commcls     (cc01 | cc02 | cc03 | cc04 | cc05 | cc06 | cc07 | cc08 | cc09 | cc10 | cc11 | cc12
| cc13 | cc14 | cc15 | cc16 | cc17 | cc18 | cc19 | cc20 | cc21 | cc22 | cc23 | cc24 | cc25 | cc26
| cc27 | cc28 | cc29 | cc30 | cc31 | cc32 | cc33 | cc34 | cc35 | cc36 | cc37 | cc38 | cc39 | cc40
| cc41 | cc42 | cc43 | cc44 | cc45 | cc46 | cc47 | cc48 | cc49 | cc50 | cc51 | cc52 | cc53 | cc54
| cc55 | cc56 | cc57 | cc58 | cc59 | cc60 | cc61 | cc62 | cc63 | cc64 | cc65 | cc66 | cc67 | cc68
| cc69 | cc70 | cc71 | cc72 | cc73 | cc74 | cc75 | cc76 | cc77 | cc78 | cc79 | cc80 | cc81 | cc82
| cc83 | cc84 | cc85 | cc86 | cc87 | cc88 | cc89 | cc90 | cc91 | cc92 | cc93 | cc94 | cc95 | cc96
| cc97 | cc98 | cc99)     # IMPLIED
    caveat     (cv01 | cv02 | cv03 | cv04 | cv05 | cv06 | cv07 | cv08 | cv09 | cv10 | cv11 | cv12
| cv13 | cv14 | cv15 | cv16 | cv17 | cv18 | cv19 | cv20 | cv21 | cv22 | cv23 | cv24 | cv25 | cv26
| cv27 | cv28 | cv29 | cv30 | cv31 | cv32 | cv33 | cv34 | cv35 | cv36 | cv37 | cv38 | cv39 | cv40
| cv41 | cv42 | cv43 | cv44 | cv45 | cv46 | cv47 | cv48 | cv49 | cv50 | cv51 | cv52 | cv53 | cv54
| cv55 | cv56 | cv57 | cv58 | cv59 | cv60 | cv61 | cv62 | cv63 | cv64 | cv65 | cv66 | cv67 | cv68
```

```
| cv69 | cv70 | cv71 | cv72 | cv73 | cv74 | cv75 | cv76 | cv77 | cv78 | cv79 | cv80 | cv81 | cv82
| cv83 | cv84 | cv85 | cv86 | cv87 | cv88 | cv89 | cv90 | cv91 | cv92 | cv93 | cv94 | cv95 | cv96
| cv97 | cv98 | cv99)    # IMPLIED
〉
〈! ELEMENT subpara4 ((((((applic?,title?),capgrp?)?),(((warning * ,caution * ),(((note | cblst |
para) | (figure | multimedia | foldout | table) | caption) * ))?))?),subpara5 * )〉
〈! ATTLIST subpara4
    refapplic    IDREF    # IMPLIED
    id   ID  # IMPLIED
    level    NMTOKEN    # IMPLIED
    mark    NMTOKEN    # IMPLIED
    change    (add | delete | modify)    # IMPLIED
    rfc    CDATA    # IMPLIED
    class    (01 | 02 | 03 | 04 | 05 | 06 | 07 | 08 | 09 | 10 | 11 | 12 | 13 | 14 | 15 | 16 | 17
| 18 | 19 | 20 | 21 | 22 | 23 | 24 | 25 | 26 | 27 | 28 | 29 | 30 | 31 | 32 | 33 | 34 | 35 | 36 |
37 | 38 | 39 | 40 | 41 | 42 | 43 | 44 | 45 | 46 | 47 | 48 | 49 | 50 | 51 | 52 | 53 | 54 | 55 | 56
| 57 | 58 | 59 | 60 | 61 | 62 | 63 | 64 | 65 | 66 | 67 | 68 | 69 | 70 | 71 | 72 | 73 | 74 | 75 |
76 | 77 | 78 | 79 | 80 | 81 | 82 | 83 | 84 | 85 | 86 | 87 | 88 | 89 | 90 | 91 | 92 | 93 | 94 | 95
| 96 | 97 | 98 | 99)    # IMPLIED
    commcls    (cc01 | cc02 | cc03 | cc04 | cc05 | cc06 | cc07 | cc08 | cc09 | cc10 | cc11 | cc12
| cc13 | cc14 | cc15 | cc16 | cc17 | cc18 | cc19 | cc20 | cc21 | cc22 | cc23 | cc24 | cc25 | cc26
| cc27 | cc28 | cc29 | cc30 | cc31 | cc32 | cc33 | cc34 | cc35 | cc36 | cc37 | cc38 | cc39 | cc40
| cc41 | cc42 | cc43 | cc44 | cc45 | cc46 | cc47 | cc48 | cc49 | cc50 | cc51 | cc52 | cc53 | cc54
| cc55 | cc56 | cc57 | cc58 | cc59 | cc60 | cc61 | cc62 | cc63 | cc64 | cc65 | cc66 | cc67 | cc68
| cc69 | cc70 | cc71 | cc72 | cc73 | cc74 | cc75 | cc76 | cc77 | cc78 | cc79 | cc80 | cc81 | cc82
| cc83 | cc84 | cc85 | cc86 | cc87 | cc88 | cc89 | cc90 | cc91 | cc92 | cc93 | cc94 | cc95 | cc96
| cc97 | cc98 | cc99)    # IMPLIED
    caveat    (cv01 | cv02 | cv03 | cv04 | cv05 | cv06 | cv07 | cv08 | cv09 | cv10 | cv11 | cv12
| cv13 | cv14 | cv15 | cv16 | cv17 | cv18 | cv19 | cv20 | cv21 | cv22 | cv23 | cv24 | cv25 | cv26
| cv27 | cv28 | cv29 | cv30 | cv31 | cv32 | cv33 | cv34 | cv35 | cv36 | cv37 | cv38 | cv39 | cv40
| cv41 | cv42 | cv43 | cv44 | cv45 | cv46 | cv47 | cv48 | cv49 | cv50 | cv51 | cv52 | cv53 | cv54
| cv55 | cv56 | cv57 | cv58 | cv59 | cv60 | cv61 | cv62 | cv63 | cv64 | cv65 | cv66 | cv67 | cv68
| cv69 | cv70 | cv71 | cv72 | cv73 | cv74 | cv75 | cv76 | cv77 | cv78 | cv79 | cv80 | cv81 | cv82
| cv83 | cv84 | cv85 | cv86 | cv87 | cv88 | cv89 | cv90 | cv91 | cv92 | cv93 | cv94 | cv95 | cv96
| cv97 | cv98 | cv99)    # IMPLIED
〉
〈! ELEMENT subpara5 ((((((applic?,title?),capgrp?)?),(((warning * ,caution * ),(((note | cblst |
para) | (figure | multimedia | foldout | table) | caption) * ))?))?),subpara6 * )〉
〈! ATTLIST subpara5
    refapplic    IDREF    # IMPLIED
    id   ID  # IMPLIED
    level    NMTOKEN    # IMPLIED
    mark    NMTOKEN    # IMPLIED
    change    (add | delete | modify)    # IMPLIED
    rfc    CDATA    # IMPLIED
    class    (01 | 02 | 03 | 04 | 05 | 06 | 07 | 08 | 09 | 10 | 11 | 12 | 13 | 14 | 15 | 16 | 17
| 18 | 19 | 20 | 21 | 22 | 23 | 24 | 25 | 26 | 27 | 28 | 29 | 30 | 31 | 32 | 33 | 34 | 35 | 36 |
37 | 38 | 39 | 40 | 41 | 42 | 43 | 44 | 45 | 46 | 47 | 48 | 49 | 50 | 51 | 52 | 53 | 54 | 55 | 56
| 57 | 58 | 59 | 60 | 61 | 62 | 63 | 64 | 65 | 66 | 67 | 68 | 69 | 70 | 71 | 72 | 73 | 74 | 75 |
76 | 77 | 78 | 79 | 80 | 81 | 82 | 83 | 84 | 85 | 86 | 87 | 88 | 89 | 90 | 91 | 92 | 93 | 94 | 95
| 96 | 97 | 98 | 99)    # IMPLIED
    commcls    (cc01 | cc02 | cc03 | cc04 | cc05 | cc06 | cc07 | cc08 | cc09 | cc10 | cc11 | cc12
| cc13 | cc14 | cc15 | cc16 | cc17 | cc18 | cc19 | cc20 | cc21 | cc22 | cc23 | cc24 | cc25 | cc26
| cc27 | cc28 | cc29 | cc30 | cc31 | cc32 | cc33 | cc34 | cc35 | cc36 | cc37 | cc38 | cc39 | cc40
| cc41 | cc42 | cc43 | cc44 | cc45 | cc46 | cc47 | cc48 | cc49 | cc50 | cc51 | cc52 | cc53 | cc54
| cc55 | cc56 | cc57 | cc58 | cc59 | cc60 | cc61 | cc62 | cc63 | cc64 | cc65 | cc66 | cc67 | cc68
| cc69 | cc70 | cc71 | cc72 | cc73 | cc74 | cc75 | cc76 | cc77 | cc78 | cc79 | cc80 | cc81 | cc82
| cc83 | cc84 | cc85 | cc86 | cc87 | cc88 | cc89 | cc90 | cc91 | cc92 | cc93 | cc94 | cc95 | cc96
| cc97 | cc98 | cc99)    # IMPLIED
    caveat    (cv01 | cv02 | cv03 | cv04 | cv05 | cv06 | cv07 | cv08 | cv09 | cv10 | cv11 | cv12
```

```
| cv13 | cv14 | cv15 | cv16 | cv17 | cv18 | cv19 | cv20 | cv21 | cv22 | cv23 | cv24 | cv25 | cv26
| cv27 | cv28 | cv29 | cv30 | cv31 | cv32 | cv33 | cv34 | cv35 | cv36 | cv37 | cv38 | cv39 | cv40
| cv41 | cv42 | cv43 | cv44 | cv45 | cv46 | cv47 | cv48 | cv49 | cv50 | cv51 | cv52 | cv53 | cv54
| cv55 | cv56 | cv57 | cv58 | cv59 | cv60 | cv61 | cv62 | cv63 | cv64 | cv65 | cv66 | cv67 | cv68
| cv69 | cv70 | cv71 | cv72 | cv73 | cv74 | cv75 | cv76 | cv77 | cv78 | cv79 | cv80 | cv81 | cv82
| cv83 | cv84 | cv85 | cv86 | cv87 | cv88 | cv89 | cv90 | cv91 | cv92 | cv93 | cv94 | cv95 | cv96
| cv97 | cv98 | cv99)    #IMPLIED
>
<! ELEMENT subpara6 ((((((applic?, title?), capgrp?)?), (((warning *, caution *), (((note | cblst |
para) | (figure | multimedia | foldout | table) | caption) *))?))?), subpara7 *)>
<! ATTLIST subpara6
    refapplic    IDREF      #IMPLIED
    id    ID     #IMPLIED
    level   NMTOKEN     #IMPLIED
    mark    NMTOKEN    #IMPLIED
    change    (add | delete | modify)     #IMPLIED
    rfc     CDATA     #IMPLIED
    class     (01 | 02 | 03 | 04 | 05 | 06 | 07 | 08 | 09 | 10 | 11 | 12 | 13 | 14 | 15 | 16 | 17
| 18 | 19 | 20 | 21 | 22 | 23 | 24 | 25 | 26 | 27 | 28 | 29 | 30 | 31 | 32 | 33 | 34 | 35 | 36 |
37 | 38 | 39 | 40 | 41 | 42 | 43 | 44 | 45 | 46 | 47 | 48 | 49 | 50 | 51 | 52 | 53 | 54 | 55 | 56
| 57 | 58 | 59 | 60 | 61 | 62 | 63 | 64 | 65 | 66 | 67 | 68 | 69 | 70 | 71 | 72 | 73 | 74 | 75 |
76 | 77 | 78 | 79 | 80 | 81 | 82 | 83 | 84 | 85 | 86 | 87 | 88 | 89 | 90 | 91 | 92 | 93 | 94 | 95
| 96 | 97 | 98 | 99)    #IMPLIED
    commcls     (cc01 | cc02 | cc03 | cc04 | cc05 | cc06 | cc07 | cc08 | cc09 | cc10 | cc11 | cc12
| cc13 | cc14 | cc15 | cc16 | cc17 | cc18 | cc19 | cc20 | cc21 | cc22 | cc23 | cc24 | cc25 | cc26
| cc27 | cc28 | cc29 | cc30 | cc31 | cc32 | cc33 | cc34 | cc35 | cc36 | cc37 | cc38 | cc39 | cc40
| cc41 | cc42 | cc43 | cc44 | cc45 | cc46 | cc47 | cc48 | cc49 | cc50 | cc51 | cc52 | cc53 | cc54
| cc55 | cc56 | cc57 | cc58 | cc59 | cc60 | cc61 | cc62 | cc63 | cc64 | cc65 | cc66 | cc67 | cc68
| cc69 | cc70 | cc71 | cc72 | cc73 | cc74 | cc75 | cc76 | cc77 | cc78 | cc79 | cc80 | cc81 | cc82
| cc83 | cc84 | cc85 | cc86 | cc87 | cc88 | cc89 | cc90 | cc91 | cc92 | cc93 | cc94 | cc95 | cc96
| cc97 | cc98 | cc99)    #IMPLIED
    caveat     (cv01 | cv02 | cv03 | cv04 | cv05 | cv06 | cv07 | cv08 | cv09 | cv10 | cv11 | cv12
| cv13 | cv14 | cv15 | cv16 | cv17 | cv18 | cv19 | cv20 | cv21 | cv22 | cv23 | cv24 | cv25 | cv26
| cv27 | cv28 | cv29 | cv30 | cv31 | cv32 | cv33 | cv34 | cv35 | cv36 | cv37 | cv38 | cv39 | cv40
| cv41 | cv42 | cv43 | cv44 | cv45 | cv46 | cv47 | cv48 | cv49 | cv50 | cv51 | cv52 | cv53 | cv54
| cv55 | cv56 | cv57 | cv58 | cv59 | cv60 | cv61 | cv62 | cv63 | cv64 | cv65 | cv66 | cv67 | cv68
| cv69 | cv70 | cv71 | cv72 | cv73 | cv74 | cv75 | cv76 | cv77 | cv78 | cv79 | cv80 | cv81 | cv82
| cv83 | cv84 | cv85 | cv86 | cv87 | cv88 | cv89 | cv90 | cv91 | cv92 | cv93 | cv94 | cv95 | cv96
| cv97 | cv98 | cv99)    #IMPLIED
>
<! ELEMENT subpara7 (((((applic?, title?), capgrp?)?), (((warning *, caution *), (((note | cblst |
para) | (figure | multimedia | foldout | table) | caption) *))?))?)>
<! ATTLIST subpara7
    refapplic    IDREF      #IMPLIED
    id    ID     #IMPLIED
    level   NMTOKEN     #IMPLIED
    mark    NMTOKEN    #IMPLIED
    change    (add | delete | modify)     #IMPLIED
    rfc     CDATA     #IMPLIED
    class     (01 | 02 | 03 | 04 | 05 | 06 | 07 | 08 | 09 | 10 | 11 | 12 | 13 | 14 | 15 | 16 | 17
| 18 | 19 | 20 | 21 | 22 | 23 | 24 | 25 | 26 | 27 | 28 | 29 | 30 | 31 | 32 | 33 | 34 | 35 | 36 |
37 | 38 | 39 | 40 | 41 | 42 | 43 | 44 | 45 | 46 | 47 | 48 | 49 | 50 | 51 | 52 | 53 | 54 | 55 | 56
| 57 | 58 | 59 | 60 | 61 | 62 | 63 | 64 | 65 | 66 | 67 | 68 | 69 | 70 | 71 | 72 | 73 | 74 | 75 |
76 | 77 | 78 | 79 | 80 | 81 | 82 | 83 | 84 | 85 | 86 | 87 | 88 | 89 | 90 | 91 | 92 | 93 | 94 | 95
| 96 | 97 | 98 | 99)    #IMPLIED
    commcls     (cc01 | cc02 | cc03 | cc04 | cc05 | cc06 | cc07 | cc08 | cc09 | cc10 | cc11 | cc12
| cc13 | cc14 | cc15 | cc16 | cc17 | cc18 | cc19 | cc20 | cc21 | cc22 | cc23 | cc24 | cc25 | cc26
| cc27 | cc28 | cc29 | cc30 | cc31 | cc32 | cc33 | cc34 | cc35 | cc36 | cc37 | cc38 | cc39 | cc40
| cc41 | cc42 | cc43 | cc44 | cc45 | cc46 | cc47 | cc48 | cc49 | cc50 | cc51 | cc52 | cc53 | cc54
| cc55 | cc56 | cc57 | cc58 | cc59 | cc60 | cc61 | cc62 | cc63 | cc64 | cc65 | cc66 | cc67 | cc68
```

```
| cc69 | cc70 | cc71 | cc72 | cc73 | cc74 | cc75 | cc76 | cc77 | cc78 | cc79 | cc80 | cc81 | cc82
| cc83 | cc84 | cc85 | cc86 | cc87 | cc88 | cc89 | cc90 | cc91 | cc92 | cc93 | cc94 | cc95 | cc96
| cc97 | cc98 | cc99)    #IMPLIED
   caveat    (cv01 | cv02 | cv03 | cv04 | cv05 | cv06 | cv07 | cv08 | cv09 | cv10 | cv11 | cv12
| cv13 | cv14 | cv15 | cv16 | cv17 | cv18 | cv19 | cv20 | cv21 | cv22 | cv23 | cv24 | cv25 | cv26
| cv27 | cv28 | cv29 | cv30 | cv31 | cv32 | cv33 | cv34 | cv35 | cv36 | cv37 | cv38 | cv39 | cv40
| cv41 | cv42 | cv43 | cv44 | cv45 | cv46 | cv47 | cv48 | cv49 | cv50 | cv51 | cv52 | cv53 | cv54
| cv55 | cv56 | cv57 | cv58 | cv59 | cv60 | cv61 | cv62 | cv63 | cv64 | cv65 | cv66 | cv67 | cv68
| cv69 | cv70 | cv71 | cv72 | cv73 | cv74 | cv75 | cv76 | cv77 | cv78 | cv79 | cv80 | cv81 | cv82
| cv83 | cv84 | cv85 | cv86 | cv87 | cv88 | cv89 | cv90 | cv91 | cv92 | cv93 | cv94 | cv95 | cv96
| cv97 | cv98 | cv99)    #IMPLIED
>
```

B.3 故障信息 DTD

本文件包含了故障内容 DTD。它标识了所有与故障有关的元素和它们之间的关系。

```
<?xml version="1.0" encoding="UTF-8"?>
<!ELEMENT dmodule (rdf:Description?,idstatus,content)>
<!ATTLIST dmodule
   id    ID    #IMPLIED
   %RDFDCATT;
>
<!ELEMENT idstatus (dmaddres,srcdmaddres?,status)>
<!ELEMENT dmaddres (dmcextension?,dmc,dmtitle,issno,issdate)>
<!ELEMENT dmcextension (dmeproducer,dmecode)>
<!ELEMENT dmeproducer (#PCDATA)>
<!ELEMENT dmecode (#PCDATA)>
<!ELEMENT dmc (age | avee)>
<!ELEMENT age (modelic,supeqvc,ecscs,eidc,cidc,discode,discodev,incode,incodev,itemloc)>
<!ELEMENT modelic (#PCDATA)>
<!ELEMENT supeqvc (#PCDATA)>
<!ELEMENT ecscs (#PCDATA)>
<!ELEMENT eidc (#PCDATA)>
<!ELEMENT cidc (#PCDATA)>
<!ELEMENT discode (#PCDATA)>
<!ELEMENT discodev (#PCDATA)>
<!ELEMENT incode (#PCDATA)>
<!ELEMENT incodev (#PCDATA)>
<!ELEMENT itemloc (#PCDATA)>
<!ELEMENT avee (modelic, sdc, chapnum, section, subsect, subject, discode, discodev, incode, incodev,
itemloc)>
<!ELEMENT sdc (#PCDATA)>
<!ELEMENT chapnum (#PCDATA)>
<!ELEMENT section (#PCDATA)>
<!ELEMENT subsect (#PCDATA)>
<!ELEMENT subject (#PCDATA)>
<!ELEMENT dmtitle (techname,infoname?)>
<!ELEMENT techname (#PCDATA)>
<!ELEMENT infoname (#PCDATA)>
<!ELEMENT issno EMPTY>
<!ATTLIST issno
   issno   NMTOKEN    #REQUIRED
   inwork  NMTOKEN    #IMPLIED
   type    (new | changed | deleted | revised | status | rinstate-changed | rinstate-revised |
rinstate-status)    "new"
>
<!ELEMENT issdate EMPTY>
<!ATTLIST issdate
   year    NMTOKEN    #REQUIRED
```

```
    month   NMTOKEN     #REQUIRED
    day   NMTOKEN     #REQUIRED
>
<! ELEMENT srcdmaddres (dmcextension?,dmc,dmtitle,issno,issdate)>
<! ELEMENT status (security,datarest *,dmsize?,rpc,orig,applic,inlineapplics?,techstd?,brexref,
qa+,((sbc | fic | ein)*), rfu*,remarks*)>
<! ATTLIST status
    id   ID   #IMPLIED
>
<! ELEMENT security EMPTY>
<! ATTLIST security
    class     (01 | 02 | 03 | 04 | 05 | 06 | 07 | 08 | 09 | 10 | 11 | 12 | 13 | 14 | 15 | 16 | 17
| 18 | 19 | 20 | 21 | 22 | 23 | 24 | 25 | 26 | 27 | 28 | 29 | 30 | 31 | 32 | 33 | 34 | 35 | 36 |
37 | 38 | 39 | 40 | 41 | 42 | 43 | 44 | 45 | 46 | 47 | 48 | 49 | 50 | 51 | 52 | 53 | 54 | 55 | 56
| 57 | 58 | 59 | 60 | 61 | 62 | 63 | 64 | 65 | 66 | 67 | 68 | 69 | 70 | 71 | 72 | 73 | 74 | 75 |
76 | 77 | 78 | 79 | 80 | 81 | 82 | 83 | 84 | 85 | 86 | 87 | 88 | 89 | 90 | 91 | 92 | 93 | 94 | 95
| 96 | 97 | 98 | 99)     #REQUIRED

    commcls     (cc01 | cc02 | cc03 | cc04 | cc05 | cc06 | cc07 | cc08 | cc09 | cc10 | cc11 | cc12
| cc13 | cc14 | cc15 | cc16 | cc17 | cc18 | cc19 | cc20 | cc21 | cc22 | cc23 | cc24 | cc25 | cc26
| cc27 | cc28 | cc29 | cc30 | cc31 | cc32 | cc33 | cc34 | cc35 | cc36 | cc37 | cc38 | cc39 | cc40
| cc41 | cc42 | cc43 | cc44 | cc45 | cc46 | cc47 | cc48 | cc49 | cc50 | cc51 | cc52 | cc53 | cc54
| cc55 | cc56 | cc57 | cc58 | cc59 | cc60 | cc61 | cc62 | cc63 | cc64 | cc65 | cc66 | cc67 | cc68
| cc69 | cc70 | cc71 | cc72 | cc73 | cc74 | cc75 | cc76 | cc77 | cc78 | cc79 | cc80 | cc81 | cc82
| cc83 | cc84 | cc85 | cc86 | cc87 | cc88 | cc89 | cc90 | cc91 | cc92 | cc93 | cc94 | cc95 | cc96
| cc97 | cc98 | cc99)     #IMPLIED
    caveat     (cv01 | cv02 | cv03 | cv04 | cv05 | cv06 | cv07 | cv08 | cv09 | cv10 | cv11 | cv12
| cv13 | cv14 | cv15 | cv16 | cv17 | cv18 | cv19 | cv20 | cv21 | cv22 | cv23 | cv24 | cv25 | cv26
| cv27 | cv28 | cv29 | cv30 | cv31 | cv32 | cv33 | cv34 | cv35 | cv36 | cv37 | cv38 | cv39 | cv40
| cv41 | cv42 | cv43 | cv44 | cv45 | cv46 | cv47 | cv48 | cv49 | cv50 | cv51 | cv52 | cv53 | cv54
| cv55 | cv56 | cv57 | cv58 | cv59 | cv60 | cv61 | cv62 | cv63 | cv64 | cv65 | cv66 | cv67 | cv68
| cv69 | cv70 | cv71 | cv72 | cv73 | cv74 | cv75 | cv76 | cv77 | cv78 | cv79 | cv80 | cv81 | cv82
| cv83 | cv84 | cv85 | cv86 | cv87 | cv88 | cv89 | cv90 | cv91 | cv92 | cv93 | cv94 | cv95 | cv96
| cv97 | cv98 | cv99)     #IMPLIED
>
<! ELEMENT datarest (applic?,instruct,inform?)>
<! ATTLIST datarest
    refapplic     IDREF     #IMPLIED
    id     ID     #IMPLIED
    level   NMTOKEN     #IMPLIED
    mark     NMTOKEN     #IMPLIED
    change     (add | delete | modify)     #IMPLIED
    rfc     CDATA     #IMPLIED
>
<! ELEMENT applic (type?,model*)>
<! ATTLIST applic
    applicconf     (allowed | built | designed | installed | manufactured | supported)     #IMPLIED
    id     ID     #IMPLIED
    level     NMTOKEN     #IMPLIED
    mark     NMTOKEN     #IMPLIED
    change     (add | delete | modify)     #IMPLIED
    rfc     CDATA     #IMPLIED
>
<! ELEMENT type (#PCDATA)>
<! ELEMENT model (version*,((csnref |(mfc,((pnr,serialno*)*)))*),maintlevel?,techconds*,op-
conds*)>
<! ATTLIST model
    model   CDATA     #REQUIRED
>
<! ELEMENT version (versrank*)>
```

```
<!ATTLIST version
    version CDATA     #REQUIRED
    id      ID    #IMPLIED
>
<!ELEMENT versrank ((single | range)+)>
<!ATTLIST versrank
    verstatus CDATA      #IMPLIED
    id      ID    #IMPLIED
    level    NMTOKEN     #IMPLIED
    mark     NMTOKEN     #IMPLIED
    change     (add | delete | modify)     #IMPLIED
    rfc      CDATA     #IMPLIED
>
<!ELEMENT single (#PCDATA)>
<!ELEMENT range EMPTY>
<!ATTLIST range
    from     CDATA     #REQUIRED
    to       CDATA     #REQUIRED
>
<!ELEMENT csnref EMPTY>
<!ATTLIST csnref
    refcsn  CDATA      #REQUIRED
    refisn  CDATA      #IMPLIED
    refipp  CDATA      #IMPLIED
    refrpc  CDATA      #IMPLIED
    id      ID    #IMPLIED
    level    NMTOKEN     #IMPLIED
    mark     NMTOKEN     #IMPLIED
    change     (add | delete | modify)     #IMPLIED
    rfc      CDATA     #IMPLIED
    %XLINKATT2;
>
<!ELEMENT mfc (#PCDATA)>
<!ATTLIST mfc
    id      ID    #IMPLIED
    level    NMTOKEN     #IMPLIED
    mark     NMTOKEN     #IMPLIED
    change     (add | delete | modify)     #IMPLIED
    rfc      CDATA     #IMPLIED
>
<!ELEMENT pnr (#PCDATA)>
<!ATTLIST pnr
    id      ID    #IMPLIED
    level    NMTOKEN     #IMPLIED
    mark     NMTOKEN     #IMPLIED
    change     (add | delete | modify)     #IMPLIED
    rfc      CDATA     #IMPLIED
>
<!ELEMENT serialno ((single | range)+)>
<!ELEMENT maintlevel (mntlvl+)>
<!ELEMENT mntlvl EMPTY>
<!ATTLIST mntlvl
    mntlvl      (ml01 | ml02 | ml03 | ml04 | ml05 | ml06 | ml07 | ml08 | ml09 | ml10 | ml11 | ml12
| ml13 | ml14 | ml15 | ml16 | ml17 | ml18 | ml19 | ml20 | ml21 | ml22 | ml23 | ml24 | ml25 | ml26
| ml27 | ml28 | ml29 | ml30 | ml31 | ml32 | ml33 | ml34 | ml35 | ml36 | ml37 | ml38 | ml39 | ml40
| ml41 | ml42 | ml43 | ml44 | ml45 | ml46 | ml47 | ml48 | ml49 | ml50 | ml51 | ml52 | ml53 | ml54
| ml55 | ml56 | ml57 | ml58 | ml59 | ml60 | ml61 | ml62 | ml63 | ml64 | ml65 | ml66 | ml67 | ml68
| ml69 | ml70 | ml71 | ml72 | ml73 | ml74 | ml75 | ml76 | ml77 | ml78 | ml79 | ml80 | ml81 | ml82
| ml83 | ml84 | ml85 | ml86 | ml87 | ml88 | ml89 | ml90 | ml91 | ml92 | ml93 | ml94 | ml95 | ml96
| ml97 | ml98 | ml99)    #REQUIRED
```

```
〉
〈! ELEMENT techconds (textual-desc?,techcond * )〉
〈! ATTLIST techconds
    id    ID    # IMPLIED
    level    NMTOKEN    # IMPLIED
    mark    NMTOKEN    # IMPLIED
    change    (add | delete | modify)    # IMPLIED
    rfc    CDATA    # IMPLIED
〉
〈! ELEMENT textual-desc (# PCDATA)〉
〈! ATTLIST textual-desc
    id    ID    # IMPLIED
    level    NMTOKEN    # IMPLIED
    mark    NMTOKEN    # IMPLIED
    change    (add | delete | modify)    # IMPLIED
    rfc    CDATA    # IMPLIED
〉
〈! ELEMENT techcond (((((age | avee),issno?,dmtitle?) | (pubcode,pubtitle?,pubdate?) | condtitle)?),
scheduled?,embodied?)〉
〈! ATTLIST techcond
    tccode    (tc01 | tc02 | tc03 | tc04 | tc05 | tc06 | tc07 | tc08 | tc09 | tc10 | tc11 | tc12
| tc13 | tc14 | tc15 | tc16 | tc17 | tc18 | tc19 | tc20 | tc21 | tc22 | tc23 | tc24 | tc25 | tc26
| tc27 | tc28 | tc29 | tc30 | tc31 | tc32 | tc33 | tc34 | tc35 | tc36 | tc37 | tc38 | tc39 | tc40
| tc41 | tc42 | tc43 | tc44 | tc45 | tc46 | tc47 | tc48 | tc49 | tc50 | tc51 | tc52 | tc53 | tc54
| tc55 | tc56 | tc57 | tc58 | tc59 | tc60 | tc61 | tc62 | tc63 | tc64 | tc65 | tc66 | tc67 | tc68
| tc69 | tc70 | tc71 | tc72 | tc73 | tc74 | tc75 | tc76 | tc77 | tc78 | tc79 | tc80 | tc81 | tc82
| tc83 | tc84 | tc85 | tc86 | tc87 | tc88 | tc89 | tc90 | tc91 | tc92 | tc93 | tc94 | tc95 | tc96
| tc97 | tc98 | tc99)    # REQUIRED
    tcno    CDATA    # IMPLIED
    tctype    (pre | post | preandpo)    # REQUIRED
    mfc    CDATA    # IMPLIED
    id    ID    # IMPLIED
    level    NMTOKEN    # IMPLIED
    mark    NMTOKEN    # IMPLIED
    change    (add | delete | modify)    # IMPLIED
    rfc    CDATA    # IMPLIED
〉
〈! ELEMENT pubcode (# PCDATA | pmc) * 〉
〈! ATTLIST pubcode
    pubcodsy  CDATA    # IMPLIED
〉
〈! ELEMENT pmc (modelic,pmissuer,pmnumber,pmvolume)〉
〈! ELEMENT pmissuer (# PCDATA)〉
〈! ELEMENT pmnumber (# PCDATA)〉
〈! ELEMENT pmvolume (# PCDATA)〉
〈! ELEMENT pubtitle (# PCDATA)〉
〈! ELEMENT pubdate EMPTY〉
〈! ATTLIST pubdate
    year    NMTOKEN    # REQUIRED
    month    NMTOKEN    # REQUIRED
    day    NMTOKEN    # REQUIRED
〉
〈! ELEMENT condtitle (# PCDATA)〉
〈! ATTLIST condtitle
    id    ID    # IMPLIED
    level    NMTOKEN    # IMPLIED
    mark    NMTOKEN    # IMPLIED
    change    (add | delete | modify)    # IMPLIED
    rfc    CDATA    # IMPLIED
〉
```

```
〈! ELEMENT scheduled ((single | range) + )〉
〈! ATTLIST scheduled
    id      ID      # IMPLIED
    level   NMTOKEN     # IMPLIED
    mark    NMTOKEN     # IMPLIED
    change     (add | delete | modify)     # IMPLIED
    rfc     CDATA     # IMPLIED
〉
〈! ELEMENT embodied ((single | range) + )〉
〈! ATTLIST embodied
    id      ID      # IMPLIED
    level   NMTOKEN     # IMPLIED
    mark    NMTOKEN     # IMPLIED
    change     (add | delete | modify)     # IMPLIED
    rfc     CDATA     # IMPLIED
〉
〈! ELEMENT opconds (textual-desc?,opcond * )〉
〈! ATTLIST opconds
    id      ID      # IMPLIED
    level   NMTOKEN     # IMPLIED
    mark    NMTOKEN     # IMPLIED
    change     (add | delete | modify)     # IMPLIED
    rfc     CDATA     # IMPLIED
〉
〈! ELEMENT opcond ( # PCDATA)〉
〈! ATTLIST opcond
    opcno       NMTOKEN     # IMPLIED
    opccode   CDATA       # IMPLIED
    confirmed NMTOKEN     # IMPLIED
    id      ID      # IMPLIED
    level       NMTOKEN     # IMPLIED
    mark        NMTOKEN     # IMPLIED
    change     (add | delete | modify)     # IMPLIED
    rfc     CDATA     # IMPLIED
〉
〈! ELEMENT instruct (distrib,handling?)〉
〈! ATTLIST instruct
    id      ID      # IMPLIED
    level   NMTOKEN     # IMPLIED
    mark    NMTOKEN     # IMPLIED
    change     (add | delete | modify)     # IMPLIED
    rfc     CDATA     # IMPLIED
〉
〈! ELEMENT distrib ( # PCDATA)〉
〈! ATTLIST distrib
    id      ID      # IMPLIED
    level   NMTOKEN     # IMPLIED
    mark    NMTOKEN     # IMPLIED
    change     (add | delete | modify)     # IMPLIED
    rfc     CDATA     # IMPLIED
〉
〈! ELEMENT handling ( # PCDATA)〉
〈! ATTLIST handling
    id      ID      # IMPLIED
    level   NMTOKEN     # IMPLIED
    mark    NMTOKEN     # IMPLIED
    change     (add | delete | modify)     # IMPLIED
    rfc     CDATA     # IMPLIED
〉
〈! ELEMENT inform (copyright)〉
```

```
〈! ATTLIST inform
    id    ID    # IMPLIED
    level    NMTOKEN    # IMPLIED
    mark    NMTOKEN    # IMPLIED
    change    (add | delete | modify)    # IMPLIED
    rfc    CDATA    # IMPLIED
〉
〈! ELEMENT copyright (para + )〉
〈! ATTLIST copyright
    id    ID    # IMPLIED
    level    NMTOKEN    # IMPLIED
    mark    NMTOKEN    # IMPLIED
    change    (add | delete | modify)    # IMPLIED
    rfc    CDATA    # IMPLIED
〉
〈! ELEMENT para ( # PCDATA | applic | ein | cb | parasigdata | quantity | xref | indxflag | change |
emphasis | symbol | subscrpt | supscrpt | refdm | reftp | ftnote | ftnref | acronym | acroterm |
seqlist | randlist | deflist) * 〉
〈! ATTLIST para
    refapplic    IDREF    # IMPLIED
    id    ID    # IMPLIED
    level    NMTOKEN    # IMPLIED
    mark    NMTOKEN    # IMPLIED
    change    (add | delete | modify)    # IMPLIED
    rfc    CDATA    # IMPLIED
    class    (01 | 02 | 03 | 04 | 05 | 06 | 07 | 08 | 09 | 10 | 11 | 12 | 13 | 14 | 15 | 16 | 17
| 18 | 19 | 20 | 21 | 22 | 23 | 24 | 25 | 26 | 27 | 28 | 29 | 30 | 31 | 32 | 33 | 34 | 35 | 36 |
37 | 38 | 39 | 40 | 41 | 42 | 43 | 44 | 45 | 46 | 47 | 48 | 49 | 50 | 51 | 52 | 53 | 54 | 55 | 56
| 57 | 58 | 59 | 60 | 61 | 62 | 63 | 64 | 65 | 66 | 67 | 68 | 69 | 70 | 71 | 72 | 73 | 74 | 75 |
76 | 77 | 78 | 79 | 80 | 81 | 82 | 83 | 84 | 85 | 86 | 87 | 88 | 89 | 90 | 91 | 92 | 93 | 94 | 95
| 96 | 97 | 98 | 99)    # IMPLIED
    commcls    (cc01 | cc02 | cc03 | cc04 | cc05 | cc06 | cc07 | cc08 | cc09 | cc10 | cc11 | cc12
| cc13 | cc14 | cc15 | cc16 | cc17 | cc18 | cc19 | cc20 | cc21 | cc22 | cc23 | cc24 | cc25 | cc26
| cc27 | cc28 | cc29 | cc30 | cc31 | cc32 | cc33 | cc34 | cc35 | cc36 | cc37 | cc38 | cc39 | cc40
| cc41 | cc42 | cc43 | cc44 | cc45 | cc46 | cc47 | cc48 | cc49 | cc50 | cc51 | cc52 | cc53 | cc54
| cc55 | cc56 | cc57 | cc58 | cc59 | cc60 | cc61 | cc62 | cc63 | cc64 | cc65 | cc66 | cc67 | cc68
| cc69 | cc70 | cc71 | cc72 | cc73 | cc74 | cc75 | cc76 | cc77 | cc78 | cc79 | cc80 | cc81 | cc82
| cc83 | cc84 | cc85 | cc86 | cc87 | cc88 | cc89 | cc90 | cc91 | cc92 | cc93 | cc94 | cc95 | cc96
| cc97 | cc98 | cc99)    # IMPLIED
    caveat    (cv01 | cv02 | cv03 | cv04 | cv05 | cv06 | cv07 | cv08 | cv09 | cv10 | cv11 | cv12
| cv13 | cv14 | cv15 | cv16 | cv17 | cv18 | cv19 | cv20 | cv21 | cv22 | cv23 | cv24 | cv25 | cv26
| cv27 | cv28 | cv29 | cv30 | cv31 | cv32 | cv33 | cv34 | cv35 | cv36 | cv37 | cv38 | cv39 | cv40
| cv41 | cv42 | cv43 | cv44 | cv45 | cv46 | cv47 | cv48 | cv49 | cv50 | cv51 | cv52 | cv53 | cv54
| cv55 | cv56 | cv57 | cv58 | cv59 | cv60 | cv61 | cv62 | cv63 | cv64 | cv65 | cv66 | cv67 | cv68
| cv69 | cv70 | cv71 | cv72 | cv73 | cv74 | cv75 | cv76 | cv77 | cv78 | cv79 | cv80 | cv81 | cv82
| cv83 | cv84 | cv85 | cv86 | cv87 | cv88 | cv89 | cv90 | cv91 | cv92 | cv93 | cv94 | cv95 | cv96
| cv97 | cv98 | cv99)    # IMPLIED
〉
〈! ELEMENT ein (nomen?,refs?)〉
〈! ATTLIST ein
    einnbr    CDATA    # REQUIRED
    eintype    (exact | family)    # IMPLIED
    mfc    CDATA    # IMPLIED
    id    ID    # IMPLIED
    level    NMTOKEN    # IMPLIED
    mark    NMTOKEN    # IMPLIED
    change    (add | delete | modify)    # IMPLIED
    rfc    CDATA    # IMPLIED
〉
〈! ELEMENT nomen ( # PCDATA)〉
```

```
〈! ATTLIST nomen
    level    NMTOKEN    # IMPLIED
    mark     NMTOKEN    # IMPLIED
    change     (add | delete | modify)     # IMPLIED
    rfc      CDATA    # IMPLIED
〉
〈! ELEMENT refs ((refdm + ,reftp * ) | reftp + )〉
〈! ELEMENT refdm ((applic?,dmcextension?,(age | avee),issno?,dmtitle?) | (( % XLINKEXT;) * ))〉
〈! ATTLIST refdm
    target   CDATA     # IMPLIED
    refapplic    IDREF     # IMPLIED
    id    ID     # IMPLIED
    level    NMTOKEN     # IMPLIED
    mark     NMTOKEN     # IMPLIED
    change     (add | delete | modify)     # IMPLIED
    rfc      CDATA     # IMPLIED
    % XLINKATT;
〉
〈! ELEMENT reftp ( # PCDATA | applic | xref | indxflag | symbol | subscrpt | supscrpt | ftnref |
acronym | acroterm | pubcode | pubtitle | pubdate | % XLINKEXT;) * 〉
〈! ATTLIST reftp
    refapplic    IDREF     # IMPLIED
    id    ID     # IMPLIED
    level    NMTOKEN     # IMPLIED
    mark     NMTOKEN     # IMPLIED
    change     (add | delete | modify)     # IMPLIED
    rfc      CDATA     # IMPLIED
    % XLINKATT4;
〉
〈! ELEMENT xref ( # PCDATA | applic | subscrpt | supscrpt) * 〉
〈! ATTLIST xref
    xrefid     IDREF     # IMPLIED
    xidtype     (figure | table | multimedia | supply | supequip | spares | para | step | sheet |
multimediaobject | hotspot | param | other)     # IMPLIED
    target     CDATA     # IMPLIED
    destitle   CDATA     # IMPLIED
    pretext    CDATA     # IMPLIED
    posttext   CDATA     # IMPLIED
    refapplic  IDREF     # IMPLIED
    % XLINKATT3;
〉
〈! ELEMENT subscrpt ( # PCDATA)〉
〈! ELEMENT supscrpt ( # PCDATA)〉
〈! ELEMENT indxflag EMPTY〉
〈! ATTLIST indxflag
    ref1     CDATA     # IMPLIED
    ref2     CDATA     # IMPLIED
    ref3     CDATA     # IMPLIED
    ref4     CDATA     # IMPLIED
〉
〈! ELEMENT symbol (applic?)〉
〈! ATTLIST symbol
    boardno     ENTITY     # REQUIRED
    id    ID     # IMPLIED
    reprowid   CDATA     # IMPLIED
    reprohgt   CDATA     # IMPLIED
    reproscl   CDATA     # IMPLIED
    refapplic  IDREF     # IMPLIED
    % XLINKATT1;
〉
```

```
<! ELEMENT ftnref EMPTY>
<! ATTLIST ftnref
    xrefid    IDREF    #IMPLIED
>
<! ELEMENT acronym (acroterm,acrodef)>
<! ATTLIST acronym
    acrotype    (at01 | at02 | at03 | at04 | at05 | at06 | at07 | at08 | at09 | at10 | at11 | at12
| at13 | at14 | at15 | at16 | at17 | at18 | at19 | at20 | at21 | at22 | at23 | at24 | at25 | at26
| at27 | at28 | at29 | at30 | at31 | at32 | at33 | at34 | at35 | at36 | at37 | at38 | at39 | at40
| at41 | at42 | at43 | at44 | at45 | at46 | at47 | at48 | at49 | at50 | at51 | at52 | at53 | at54
| at55 | at56 | at57 | at58 | at59 | at60 | at61 | at62 | at63 | at64 | at65 | at66 | at67 | at68
| at69 | at70 | at71 | at72 | at73 | at74 | at75 | at76 | at77 | at78 | at79 | at80 | at81 | at82
| at83 | at84 | at85 | at86 | at87 | at88 | at89 | at90 | at91 | at92 | at93 | at94 | at95 | at96
| at97 | at98 | at99)    "at01"
    id    ID    #IMPLIED
    level    NMTOKEN    #IMPLIED
    mark    NMTOKEN    #IMPLIED
    change    (add | delete | modify)    #IMPLIED
    rfc    CDATA    #IMPLIED
>
<! ELEMENT acroterm (#PCDATA | subscrpt | supscrpt) * >
<! ATTLIST acroterm
    xrefid    IDREF    #IMPLIED
>
<! ELEMENT acrodef (#PCDATA | subscrpt | supscrpt) * >
<! ATTLIST acrodef
    id    ID    #IMPLIED
    level    NMTOKEN    #IMPLIED
    mark    NMTOKEN    #IMPLIED
    change    (add | delete | modify)    #IMPLIED
    rfc    CDATA    #IMPLIED
>
<! ELEMENT cb (nomen?,refs?)>
<! ATTLIST cb
    cbnbr    CDATA    #REQUIRED
    cbtype    (eltro | elmec | clip)    #IMPLIED
    cbaction    (open | close | verif-open | verif-close)    #IMPLIED
    checksum    CDATA    #IMPLIED
    id    ID    #IMPLIED
    level    NMTOKEN    #IMPLIED
    mark    NMTOKEN    #IMPLIED
    change    (add | delete | modify)    #IMPLIED
    rfc    CDATA    #IMPLIED
>
<! ELEMENT parasigdata (#PCDATA)>
<! ATTLIST parasigdata
    psdtype (psd01 | psd02 | psd03 | psd04 | psd05 | psd06 | psd07 | psd08 | psd09 | psd10 | psd11
| psd12 | psd13 | psd14 | psd15 | psd16 | psd17 | psd18 | psd19 | psd20 | psd21 | psd22 | psd23
| psd24 | psd25 | psd26 | psd27 | psd28 | psd29 | psd30 | psd31 | psd32 | psd33 | psd34 | psd35
| psd36 | psd37 | psd38 | psd39 | psd40 | psd41 | psd42 | psd43 | psd44 | psd45 | psd46 | psd47
| psd48 | psd49 | psd50 | psd51 | psd52 | psd53 | psd54 | psd55 | psd56 | psd57 | psd58 | psd59
| psd60 | psd61 | psd62 | psd63 | psd64 | psd65 | psd66 | psd67 | psd68 | psd69 | psd70 | psd71
| psd72 | psd73 | psd74 | psd75 | psd76 | psd77 | psd78 | psd79 | psd80 | psd81 | psd82 | psd83
| psd84 | psd85 | psd86 | psd87 | psd88 | psd89 | psd90 | psd91 | psd92 | psd93 | psd94 | psd95
| psd96 | psd97 | psd98 | psd99)    #REQUIRED
>
<! ELEMENT quantity (#PCDATA | qtygrp) * >
<! ATTLIST quantity
    qtytype (qty01 | qty02 | qty03 | qty04 | qty05 | qty06 | qty07 | qty08 | qty09 | qty10 | qty11
| qty12 | qty13 | qty14 | qty15 | qty16 | qty17 | qty18 | qty19 | qty20 | qty21 | qty22 | qty23
```

```
| qty24 | qty25 | qty26 | qty27 | qty28 | qty29 | qty30 | qty31 | qty32 | qty33 | qty34 | qty35
| qty36 | qty37 | qty38 | qty39 | qty40 | qty41 | qty42 | qty43 | qty44 | qty45 | qty46 | qty47
| qty48 | qty49 | qty50 | qty51 | qty52 | qty53 | qty54 | qty55 | qty56 | qty57 | qty58 | qty59
| qty60 | qty61 | qty62 | qty63 | qty64 | qty65 | qty66 | qty67 | qty68 | qty69 | qty70 | qty71
| qty72 | qty73 | qty74 | qty75 | qty76 | qty77 | qty78 | qty79 | qty80 | qty81 | qty82 | qty83
| qty84 | qty85 | qty86 | qty87 | qty88 | qty89 | qty90 | qty91 | qty92 | qty93 | qty94 | qty95
| qty96 | qty97 | qty98 | qty99)    #IMPLIED
>
<! ELEMENT qtygrp ((qtyvalue+,qtytolerance*) | (qtytolerance+))>
<! ATTLIST qtygrp
   qtygrptype    (nominal | minimum | maximum)    "nominal"
   qtyuom  CDATA    #IMPLIED
>
<! ELEMENT qtyvalue (#PCDATA)>
<! ATTLIST qtyvalue
   qtyuom  CDATA    #IMPLIED
>
<! ELEMENT qtytolerance (#PCDATA)>
<! ATTLIST qtytolerance
   qtytoltype    (plus | minus | plusorminus)    "plusorminus"
   qtyuom  CDATA    #IMPLIED
>
<! ELEMENT change (#PCDATA | ein | cb | parasigdata | quantity | xref | indxflag | change |
emphasis | symbol | subscrpt | supscrpt | refdm | reftp | ftnote | ftnref | acronym | acroterm)*>
<! ATTLIST change
   id    ID    #IMPLIED
   level    NMTOKEN    #IMPLIED
   mark    NMTOKEN    #IMPLIED
   change    (add | delete | modify)    #IMPLIED
   rfc    CDATA    #IMPLIED
>
<! ELEMENT emphasis (#PCDATA | ein | cb | parasigdata | quantity | xref | indxflag | change |
emphasis | symbol | subscrpt | supscrpt | refdm | reftp | ftnote | ftnref | acronym | acroterm)*>
<! ATTLIST emphasis
   emph (em01 | em02 | em03 | em04 | em05 | em06 | em07 | em08 | em09 | em10 | em11 | em12 | em13
| em14 | em15 | em16 | em17 | em18 | em19 | em20 | em21 | em22 | em23 | em24 | em25 | em26 | em27
| em28 | em29 | em30 | em31 | em32 | em33 | em34 | em35 | em36 | em37 | em38 | em39 | em40 | em41
| em42 | em43 | em44 | em45 | em46 | em47 | em48 | em49 | em50 | em51 | em52 | em53 | em54 | em55
| em56 | em57 | em58 | em59 | em60 | em61 | em62 | em63 | em64 | em65 | em66 | em67 | em68 | em69
| em70 | em71 | em72 | em73 | em74 | em75 | em76 | em77 | em78 | em79 | em80 | em81 | em82 | em83
| em84 | em85 | em86 | em87 | em88 | em89 | em90 | em91 | em92 | em93 | em94 | em95 | em96 | em97
| em98 | em99)    "em01"
>
<! ELEMENT ftnote (applic?,para+)>
<! ATTLIST ftnote
   ftnmark    (num | sym | alpha)    "num"
   refapplic    IDREF    #IMPLIED
   id    ID    #IMPLIED
   level    NMTOKEN    #IMPLIED
   mark    NMTOKEN    #IMPLIED
   change    (add | delete | modify)    #IMPLIED
   rfc    CDATA    #IMPLIED
   class    (01 | 02 | 03 | 04 | 05 | 06 | 07 | 08 | 09 | 10 | 11 | 12 | 13 | 14 | 15 | 16 | 17
| 18 | 19 | 20 | 21 | 22 | 23 | 24 | 25 | 26 | 27 | 28 | 29 | 30 | 31 | 32 | 33 | 34 | 35 | 36 |
37 | 38 | 39 | 40 | 41 | 42 | 43 | 44 | 45 | 46 | 47 | 48 | 49 | 50 | 51 | 52 | 53 | 54 | 55 | 56
| 57 | 58 | 59 | 60 | 61 | 62 | 63 | 64 | 65 | 66 | 67 | 68 | 69 | 70 | 71 | 72 | 73 | 74 | 75 |
76 | 77 | 78 | 79 | 80 | 81 | 82 | 83 | 84 | 85 | 86 | 87 | 88 | 89 | 90 | 91 | 92 | 93 | 94 | 95
| 96 | 97 | 98 | 99)    #IMPLIED
   commcls    (cc01 | cc02 | cc03 | cc04 | cc05 | cc06 | cc07 | cc08 | cc09 | cc10 | cc11 | cc12
| cc13 | cc14 | cc15 | cc16 | cc17 | cc18 | cc19 | cc20 | cc21 | cc22 | cc23 | cc24 | cc25 | cc26
```

```
| cc27 | cc28 | cc29 | cc30 | cc31 | cc32 | cc33 | cc34 | cc35 | cc36 | cc37 | cc38 | cc39 | cc40
| cc41 | cc42 | cc43 | cc44 | cc45 | cc46 | cc47 | cc48 | cc49 | cc50 | cc51 | cc52 | cc53 | cc54
| cc55 | cc56 | cc57 | cc58 | cc59 | cc60 | cc61 | cc62 | cc63 | cc64 | cc65 | cc66 | cc67 | cc68
| cc69 | cc70 | cc71 | cc72 | cc73 | cc74 | cc75 | cc76 | cc77 | cc78 | cc79 | cc80 | cc81 | cc82
| cc83 | cc84 | cc85 | cc86 | cc87 | cc88 | cc89 | cc90 | cc91 | cc92 | cc93 | cc94 | cc95 | cc96
| cc97 | cc98 | cc99)  #IMPLIED
  caveat    (cv01 | cv02 | cv03 | cv04 | cv05 | cv06 | cv07 | cv08 | cv09 | cv10 | cv11 | cv12
| cv13 | cv14 | cv15 | cv16 | cv17 | cv18 | cv19 | cv20 | cv21 | cv22 | cv23 | cv24 | cv25 | cv26
| cv27 | cv28 | cv29 | cv30 | cv31 | cv32 | cv33 | cv34 | cv35 | cv36 | cv37 | cv38 | cv39 | cv40
| cv41 | cv42 | cv43 | cv44 | cv45 | cv46 | cv47 | cv48 | cv49 | cv50 | cv51 | cv52 | cv53 | cv54
| cv55 | cv56 | cv57 | cv58 | cv59 | cv60 | cv61 | cv62 | cv63 | cv64 | cv65 | cv66 | cv67 | cv68
| cv69 | cv70 | cv71 | cv72 | cv73 | cv74 | cv75 | cv76 | cv77 | cv78 | cv79 | cv80 | cv81 | cv82
| cv83 | cv84 | cv85 | cv86 | cv87 | cv88 | cv89 | cv90 | cv91 | cv92 | cv93 | cv94 | cv95 | cv96
| cv97 | cv98 | cv99)  #IMPLIED
>
<! ELEMENT seqlist (applic?,title?,item+)>
<! ATTLIST seqlist
  refapplic   IDREF   #IMPLIED
  id   ID   #IMPLIED
  level   NMTOKEN   #IMPLIED
  mark   NMTOKEN   #IMPLIED
  change   (add | delete | modify)   #IMPLIED
  rfc   CDATA   #IMPLIED
  class   (01 | 02 | 03 | 04 | 05 | 06 | 07 | 08 | 09 | 10 | 11 | 12 | 13 | 14 | 15 | 16 | 17
| 18 | 19 | 20 | 21 | 22 | 23 | 24 | 25 | 26 | 27 | 28 | 29 | 30 | 31 | 32 | 33 | 34 | 35 | 36 |
37 | 38 | 39 | 40 | 41 | 42 | 43 | 44 | 45 | 46 | 47 | 48 | 49 | 50 | 51 | 52 | 53 | 54 | 55 | 56
| 57 | 58 | 59 | 60 | 61 | 62 | 63 | 64 | 65 | 66 | 67 | 68 | 69 | 70 | 71 | 72 | 73 | 74 | 75 |
76 | 77 | 78 | 79 | 80 | 81 | 82 | 83 | 84 | 85 | 86 | 87 | 88 | 89 | 90 | 91 | 92 | 93 | 94 | 95
| 96 | 97 | 98 | 99)  #IMPLIED
  commcls   (cc01 | cc02 | cc03 | cc04 | cc05 | cc06 | cc07 | cc08 | cc09 | cc10 | cc11 | cc12
| cc13 | cc14 | cc15 | cc16 | cc17 | cc18 | cc19 | cc20 | cc21 | cc22 | cc23 | cc24 | cc25 | cc26
| cc27 | cc28 | cc29 | cc30 | cc31 | cc32 | cc33 | cc34 | cc35 | cc36 | cc37 | cc38 | cc39 | cc40
| cc41 | cc42 | cc43 | cc44 | cc45 | cc46 | cc47 | cc48 | cc49 | cc50 | cc51 | cc52 | cc53 | cc54
| cc55 | cc56 | cc57 | cc58 | cc59 | cc60 | cc61 | cc62 | cc63 | cc64 | cc65 | cc66 | cc67 | cc68
| cc69 | cc70 | cc71 | cc72 | cc73 | cc74 | cc75 | cc76 | cc77 | cc78 | cc79 | cc80 | cc81 | cc82
| cc83 | cc84 | cc85 | cc86 | cc87 | cc88 | cc89 | cc90 | cc91 | cc92 | cc93 | cc94 | cc95 | cc96
| cc97 | cc98 | cc99)  #IMPLIED
  caveat   (cv01 | cv02 | cv03 | cv04 | cv05 | cv06 | cv07 | cv08 | cv09 | cv10 | cv11 | cv12
| cv13 | cv14 | cv15 | cv16 | cv17 | cv18 | cv19 | cv20 | cv21 | cv22 | cv23 | cv24 | cv25 | cv26
| cv27 | cv28 | cv29 | cv30 | cv31 | cv32 | cv33 | cv34 | cv35 | cv36 | cv37 | cv38 | cv39 | cv40
| cv41 | cv42 | cv43 | cv44 | cv45 | cv46 | cv47 | cv48 | cv49 | cv50 | cv51 | cv52 | cv53 | cv54
| cv55 | cv56 | cv57 | cv58 | cv59 | cv60 | cv61 | cv62 | cv63 | cv64 | cv65 | cv66 | cv67 | cv68
| cv69 | cv70 | cv71 | cv72 | cv73 | cv74 | cv75 | cv76 | cv77 | cv78 | cv79 | cv80 | cv81 | cv82
| cv83 | cv84 | cv85 | cv86 | cv87 | cv88 | cv89 | cv90 | cv91 | cv92 | cv93 | cv94 | cv95 | cv96
| cv97 | cv98 | cv99)  #IMPLIED
>
<! ELEMENT title (#PCDATA | ein | cb | parasigdata | quantity | xref | indxflag | change | emphasis
| symbol | subscrpt | supscrpt | refdm | reftp | ftnote | ftnref | acronym | acroterm)*>
<! ATTLIST title
  class   (01 | 02 | 03 | 04 | 05 | 06 | 07 | 08 | 09 | 10 | 11 | 12 | 13 | 14 | 15 | 16 | 17
| 18 | 19 | 20 | 21 | 22 | 23 | 24 | 25 | 26 | 27 | 28 | 29 | 30 | 31 | 32 | 33 | 34 | 35 | 36 |
37 | 38 | 39 | 40 | 41 | 42 | 43 | 44 | 45 | 46 | 47 | 48 | 49 | 50 | 51 | 52 | 53 | 54 | 55 | 56
| 57 | 58 | 59 | 60 | 61 | 62 | 63 | 64 | 65 | 66 | 67 | 68 | 69 | 70 | 71 | 72 | 73 | 74 | 75 |
76 | 77 | 78 | 79 | 80 | 81 | 82 | 83 | 84 | 85 | 86 | 87 | 88 | 89 | 90 | 91 | 92 | 93 | 94 | 95
| 96 | 97 | 98 | 99)  #IMPLIED
  commcls   (cc01 | cc02 | cc03 | cc04 | cc05 | cc06 | cc07 | cc08 | cc09 | cc10 | cc11 | cc12
| cc13 | cc14 | cc15 | cc16 | cc17 | cc18 | cc19 | cc20 | cc21 | cc22 | cc23 | cc24 | cc25 | cc26
| cc27 | cc28 | cc29 | cc30 | cc31 | cc32 | cc33 | cc34 | cc35 | cc36 | cc37 | cc38 | cc39 | cc40
| cc41 | cc42 | cc43 | cc44 | cc45 | cc46 | cc47 | cc48 | cc49 | cc50 | cc51 | cc52 | cc53 | cc54
| cc55 | cc56 | cc57 | cc58 | cc59 | cc60 | cc61 | cc62 | cc63 | cc64 | cc65 | cc66 | cc67 | cc68
```

```
| cc69 | cc70 | cc71 | cc72 | cc73 | cc74 | cc75 | cc76 | cc77 | cc78 | cc79 | cc80 | cc81 | cc82
| cc83 | cc84 | cc85 | cc86 | cc87 | cc88 | cc89 | cc90 | cc91 | cc92 | cc93 | cc94 | cc95 | cc96
| cc97 | cc98 | cc99)    #IMPLIED
  caveat    (cv01 | cv02 | cv03 | cv04 | cv05 | cv06 | cv07 | cv08 | cv09 | cv10 | cv11 | cv12
| cv13 | cv14 | cv15 | cv16 | cv17 | cv18 | cv19 | cv20 | cv21 | cv22 | cv23 | cv24 | cv25 | cv26
| cv27 | cv28 | cv29 | cv30 | cv31 | cv32 | cv33 | cv34 | cv35 | cv36 | cv37 | cv38 | cv39 | cv40
| cv41 | cv42 | cv43 | cv44 | cv45 | cv46 | cv47 | cv48 | cv49 | cv50 | cv51 | cv52 | cv53 | cv54
| cv55 | cv56 | cv57 | cv58 | cv59 | cv60 | cv61 | cv62 | cv63 | cv64 | cv65 | cv66 | cv67 | cv68
| cv69 | cv70 | cv71 | cv72 | cv73 | cv74 | cv75 | cv76 | cv77 | cv78 | cv79 | cv80 | cv81 | cv82
| cv83 | cv84 | cv85 | cv86 | cv87 | cv88 | cv89 | cv90 | cv91 | cv92 | cv93 | cv94 | cv95 | cv96
| cv97 | cv98 | cv99)    #IMPLIED
>
<! ELEMENT item (#PCDATA | applic | note | para | ein | cb | parasigdata | quantity | xref |
indxflag | change | emphasis | symbol | subscrpt | supscrpt | refdm | reftp | ftnote | ftnref |
acronym | acroterm | seqlist | randlist | deflist) * >
<! ATTLIST item
  refapplic    IDREF    #IMPLIED
  id    ID    #IMPLIED
  level    NMTOKEN    #IMPLIED
  mark    NMTOKEN    #IMPLIED
  change    (add | delete | modify)    #IMPLIED
  rfc    CDATA    #IMPLIED
>
<! ELEMENT note (applic?,((symbol | para | (seqlist | randlist | deflist)) + )))
<! ATTLIST note
  type    CDATA    #IMPLIED
  refapplic    IDREF    #IMPLIED
  xrefid    IDREF    #IMPLIED
  id    ID    #IMPLIED
  level    NMTOKEN    #IMPLIED
  mark    NMTOKEN    #IMPLIED
  change    (add | delete | modify)    #IMPLIED
  rfc    CDATA    #IMPLIED
>
<! ELEMENT randlist (applic?,title?,item + ))
<! ATTLIST randlist
  prefix    (pf01 | pf02 | pf03 | pf04 | pf05 | pf06 | pf07 | pf08 | pf09 | pf10 | pf11 | pf12
| pf13 | pf14 | pf15 | pf16 | pf17 | pf18 | pf19 | pf20 | pf21 | pf22 | pf23 | pf24 | pf25 | pf26
| pf27 | pf28 | pf29 | pf30 | pf31 | pf32 | pf33 | pf34 | pf35 | pf36 | pf37 | pf38 | pf39 | pf40
| pf41 | pf42 | pf43 | pf44 | pf45 | pf46 | pf47 | pf48 | pf49 | pf50 | pf51 | pf52 | pf53 | pf54
| pf55 | pf56 | pf57 | pf58 | pf59 | pf60 | pf61 | pf62 | pf63 | pf64 | pf65 | pf66 | pf67 | pf68
| pf69 | pf70 | pf71 | pf72 | pf73 | pf74 | pf75 | pf76 | pf77 | pf78 | pf79 | pf80 | pf81 | pf82
| pf83 | pf84 | pf85 | pf86 | pf87 | pf88 | pf89 | pf90 | pf91 | pf92 | pf93 | pf94 | pf95 | pf96
| pf97 | pf98 | pf99)    "pf02"
  refapplic    IDREF    #IMPLIED
  id    ID    #IMPLIED
  level    NMTOKEN    #IMPLIED
  mark    NMTOKEN    #IMPLIED
  change    (add | delete | modify)    #IMPLIED
  rfc    CDATA    #IMPLIED
  class    (01 | 02 | 03 | 04 | 05 | 06 | 07 | 08 | 09 | 10 | 11 | 12 | 13 | 14 | 15 | 16 | 17
| 18 | 19 | 20 | 21 | 22 | 23 | 24 | 25 | 26 | 27 | 28 | 29 | 30 | 31 | 32 | 33 | 34 | 35 | 36 |
37 | 38 | 39 | 40 | 41 | 42 | 43 | 44 | 45 | 46 | 47 | 48 | 49 | 50 | 51 | 52 | 53 | 54 | 55 | 56
| 57 | 58 | 59 | 60 | 61 | 62 | 63 | 64 | 65 | 66 | 67 | 68 | 69 | 70 | 71 | 72 | 73 | 74 | 75 |
76 | 77 | 78 | 79 | 80 | 81 | 82 | 83 | 84 | 85 | 86 | 87 | 88 | 89 | 90 | 91 | 92 | 93 | 94 | 95
| 96 | 97 | 98 | 99)    #IMPLIED
  commcls    (cc01 | cc02 | cc03 | cc04 | cc05 | cc06 | cc07 | cc08 | cc09 | cc10 | cc11 | cc12
| cc13 | cc14 | cc15 | cc16 | cc17 | cc18 | cc19 | cc20 | cc21 | cc22 | cc23 | cc24 | cc25 | cc26
| cc27 | cc28 | cc29 | cc30 | cc31 | cc32 | cc33 | cc34 | cc35 | cc36 | cc37 | cc38 | cc39 | cc40
| cc41 | cc42 | cc43 | cc44 | cc45 | cc46 | cc47 | cc48 | cc49 | cc50 | cc51 | cc52 | cc53 | cc54
```

```
| cc55 | cc56 | cc57 | cc58 | cc59 | cc60 | cc61 | cc62 | cc63 | cc64 | cc65 | cc66 | cc67 | cc68
| cc69 | cc70 | cc71 | cc72 | cc73 | cc74 | cc75 | cc76 | cc77 | cc78 | cc79 | cc80 | cc81 | cc82
| cc83 | cc84 | cc85 | cc86 | cc87 | cc88 | cc89 | cc90 | cc91 | cc92 | cc93 | cc94 | cc95 | cc96
| cc97 | cc98 | cc99)  #IMPLIED
   caveat   (cv01 | cv02 | cv03 | cv04 | cv05 | cv06 | cv07 | cv08 | cv09 | cv10 | cv11 | cv12
| cv13 | cv14 | cv15 | cv16 | cv17 | cv18 | cv19 | cv20 | cv21 | cv22 | cv23 | cv24 | cv25 | cv26
| cv27 | cv28 | cv29 | cv30 | cv31 | cv32 | cv33 | cv34 | cv35 | cv36 | cv37 | cv38 | cv39 | cv40
| cv41 | cv42 | cv43 | cv44 | cv45 | cv46 | cv47 | cv48 | cv49 | cv50 | cv51 | cv52 | cv53 | cv54
| cv55 | cv56 | cv57 | cv58 | cv59 | cv60 | cv61 | cv62 | cv63 | cv64 | cv65 | cv66 | cv67 | cv68
| cv69 | cv70 | cv71 | cv72 | cv73 | cv74 | cv75 | cv76 | cv77 | cv78 | cv79 | cv80 | cv81 | cv82
| cv83 | cv84 | cv85 | cv86 | cv87 | cv88 | cv89 | cv90 | cv91 | cv92 | cv93 | cv94 | cv95 | cv96
| cv97 | cv98 | cv99)   #IMPLIED
>
<! ELEMENT deflist (applic?,title?,((term,def)+))>
<! ATTLIST deflist
   refapplic   IDREF   #IMPLIED
   id   ID   #IMPLIED
   level   NMTOKEN   #IMPLIED
   mark   NMTOKEN   #IMPLIED
   change   (add | delete | modify)   #IMPLIED
   rfc   CDATA   #IMPLIED
   class   (01 | 02 | 03 | 04 | 05 | 06 | 07 | 08 | 09 | 10 | 11 | 12 | 13 | 14 | 15 | 16 | 17
| 18 | 19 | 20 | 21 | 22 | 23 | 24 | 25 | 26 | 27 | 28 | 29 | 30 | 31 | 32 | 33 | 34 | 35 | 36 |
37 | 38 | 39 | 40 | 41 | 42 | 43 | 44 | 45 | 46 | 47 | 48 | 49 | 50 | 51 | 52 | 53 | 54 | 55 | 56
| 57 | 58 | 59 | 60 | 61 | 62 | 63 | 64 | 65 | 66 | 67 | 68 | 69 | 70 | 71 | 72 | 73 | 74 | 75 |
76 | 77 | 78 | 79 | 80 | 81 | 82 | 83 | 84 | 85 | 86 | 87 | 88 | 89 | 90 | 91 | 92 | 93 | 94 | 95
| 96 | 97 | 98 | 99)   #IMPLIED
   commcls   (cc01 | cc02 | cc03 | cc04 | cc05 | cc06 | cc07 | cc08 | cc09 | cc10 | cc11 | cc12
| cc13 | cc14 | cc15 | cc16 | cc17 | cc18 | cc19 | cc20 | cc21 | cc22 | cc23 | cc24 | cc25 | cc26
| cc27 | cc28 | cc29 | cc30 | cc31 | cc32 | cc33 | cc34 | cc35 | cc36 | cc37 | cc38 | cc39 | cc40
| cc41 | cc42 | cc43 | cc44 | cc45 | cc46 | cc47 | cc48 | cc49 | cc50 | cc51 | cc52 | cc53 | cc54
| cc55 | cc56 | cc57 | cc58 | cc59 | cc60 | cc61 | cc62 | cc63 | cc64 | cc65 | cc66 | cc67 | cc68
| cc69 | cc70 | cc71 | cc72 | cc73 | cc74 | cc75 | cc76 | cc77 | cc78 | cc79 | cc80 | cc81 | cc82
| cc83 | cc84 | cc85 | cc86 | cc87 | cc88 | cc89 | cc90 | cc91 | cc92 | cc93 | cc94 | cc95 | cc96
| cc97 | cc98 | cc99)   #IMPLIED
   caveat   (cv01 | cv02 | cv03 | cv04 | cv05 | cv06 | cv07 | cv08 | cv09 | cv10 | cv11 | cv12
| cv13 | cv14 | cv15 | cv16 | cv17 | cv18 | cv19 | cv20 | cv21 | cv22 | cv23 | cv24 | cv25 | cv26
| cv27 | cv28 | cv29 | cv30 | cv31 | cv32 | cv33 | cv34 | cv35 | cv36 | cv37 | cv38 | cv39 | cv40
| cv41 | cv42 | cv43 | cv44 | cv45 | cv46 | cv47 | cv48 | cv49 | cv50 | cv51 | cv52 | cv53 | cv54
| cv55 | cv56 | cv57 | cv58 | cv59 | cv60 | cv61 | cv62 | cv63 | cv64 | cv65 | cv66 | cv67 | cv68
| cv69 | cv70 | cv71 | cv72 | cv73 | cv74 | cv75 | cv76 | cv77 | cv78 | cv79 | cv80 | cv81 | cv82
| cv83 | cv84 | cv85 | cv86 | cv87 | cv88 | cv89 | cv90 | cv91 | cv92 | cv93 | cv94 | cv95 | cv96
| cv97 | cv98 | cv99)   #IMPLIED
>
<! ELEMENT term (#PCDATA | applic | ein | cb | parasigdata | quantity | xref | indxflag | change |
emphasis | symbol | subscrpt | supscrpt | refdm | reftp | ftnote | ftnref | acronym | acroterm)*>
<! ATTLIST term
   refapplic   IDREF   #IMPLIED
   id   ID   #IMPLIED
   level   NMTOKEN   #IMPLIED
   mark   NMTOKEN   #IMPLIED
   change   (add | delete | modify)   #IMPLIED
   rfc   CDATA   #IMPLIED
>
<! ELEMENT def (#PCDATA | applic | para | ein | cb | parasigdata | quantity | xref | indxflag |
change | emphasis | symbol | subscrpt | supscrpt | refdm | reftp | ftnote | ftnref | acronym |
acroterm | seqlist | randlist | deflist)*>
<! ATTLIST def
   refapplic   IDREF   #IMPLIED
   id   ID   #IMPLIED
```

```
    level   NMTOKEN     #IMPLIED
    mark    NMTOKEN     #IMPLIED
    change     (add | delete | modify)    #IMPLIED
    rfc     CDATA     #IMPLIED
  >
  <! ELEMENT rpc (#PCDATA)>
  <! ATTLIST rpc
    rpcname CDATA     #IMPLIED
    id    ID     #IMPLIED
  >
  <! ELEMENT orig (#PCDATA)>
  <! ATTLIST orig
    origname  CDATA     #IMPLIED
    id    ID     #IMPLIED
  >
  <! ELEMENT inlineapplics (applic+)>
  <! ELEMENT brexref (refdm)>
  <! ELEMENT qa (applic?,(unverif | (firstver,secver?)))>
  <! ATTLIST qa
    refapplic    IDREF     #IMPLIED
  >
  <! ELEMENT unverif EMPTY>
  <! ELEMENT firstver EMPTY>
  <! ATTLIST firstver
    type     (tabtop | onobject | ttandoo)    #REQUIRED
  >
  <! ELEMENT secver EMPTY>
  <! ATTLIST secver
    type     (tabtop | onobject | ttandoo)    #REQUIRED
  >
  <! ELEMENT rfu (#PCDATA | applic | p)* >
  <! ATTLIST rfu
    refapplic    IDREF     #IMPLIED
  >
  <! ELEMENT p (#PCDATA | subscrpt | supscrpt)* >
  <! ATTLIST p
    id    ID     #IMPLIED
    level   NMTOKEN     #IMPLIED
    mark    NMTOKEN     #IMPLIED
    change     (add | delete | modify)    #IMPLIED
    rfc     CDATA     #IMPLIED
  >
  <! ELEMENT remarks (#PCDATA | applic | p)* >
  <! ATTLIST remarks
    refapplic    IDREF     #IMPLIED
  >
  <! ELEMENT content (refs?,(afr | afi))>
  <! ATTLIST content
    id    ID     #IMPLIED
  >
  <! ELEMENT afr (ifault+ | dfault+ | ofault+ | cfault+)>
  <! ELEMENT ifault (applic?,describe,detect?,locandrep,remarks?)>
  <! ATTLIST ifault
    id    ID     #REQUIRED
    fcode   CDATA     #REQUIRED
    refapplic    IDREF     #IMPLIED
    level   NMTOKEN     #IMPLIED
    mark    NMTOKEN     #IMPLIED
    change     (add | delete | modify)    #IMPLIED
    rfc     CDATA     #IMPLIED
```

```
〉
〈! ELEMENT describe (fdesc?,detail-fdesc?,refs?)〉
〈! ATTLIST describe
    id    ID      # IMPLIED
    level   NMTOKEN      # IMPLIED
    mark    NMTOKEN      # IMPLIED
    change     (add | delete | modify)     # IMPLIED
    rfc     CDATA     # IMPLIED
〉
〈! ELEMENT fdesc (# PCDATA)〉
〈! ELEMENT detail-fdesc (page-loc?, sys-loc?, sys-name, subsys-name?, sys-ident?, sys-pos?, fequipment?,
findication?,fbasicdesc,fcondition?)〉
〈! ATTLIST detail-fdesc
    id    ID      # IMPLIED
    level   NMTOKEN      # IMPLIED
    mark    NMTOKEN      # IMPLIED
    change     (add | delete | modify)     # IMPLIED
    rfc     CDATA     # IMPLIED
〉
〈! ELEMENT page-loc (# PCDATA)〉
〈! ATTLIST page-loc
    id    ID      # IMPLIED
    level   NMTOKEN      # IMPLIED
    mark    NMTOKEN      # IMPLIED
    change     (add | delete | modify)     # IMPLIED
    rfc     CDATA     # IMPLIED
〉
〈! ELEMENT sys-loc (# PCDATA)〉
〈! ATTLIST sys-loc
    id    ID      # IMPLIED
    level   NMTOKEN      # IMPLIED
    mark    NMTOKEN      # IMPLIED
    change     (add | delete | modify)     # IMPLIED
    rfc     CDATA     # IMPLIED
〉
〈! ELEMENT sys-name (# PCDATA)〉
〈! ATTLIST sys-name
    id    ID      # IMPLIED
    level   NMTOKEN      # IMPLIED
    mark    NMTOKEN      # IMPLIED
    change     (add | delete | modify)     # IMPLIED
    rfc     CDATA     # IMPLIED
〉
〈! ELEMENT subsys-name (# PCDATA)〉
〈! ATTLIST subsys-name
    id    ID    # IMPLIED
    level   NMTOKEN      # IMPLIED
    mark    NMTOKEN      # IMPLIED
    change     (add | delete | modify)     # IMPLIED
    rfc     CDATA     # IMPLIED
〉
〈! ELEMENT sys-ident (# PCDATA)〉
〈! ATTLIST sys-ident
    id    ID      # IMPLIED
    level   NMTOKEN      # IMPLIED
    mark    NMTOKEN      # IMPLIED
    change     (add | delete | modify)     # IMPLIED
    rfc     CDATA     # IMPLIED
〉
〈! ELEMENT sys-pos (# PCDATA)〉
```

```
〈! ATTLIST sys-pos
    id      ID       # IMPLIED
    level   NMTOKEN      # IMPLIED
    mark    NMTOKEN      # IMPLIED
    change     (add | delete | modify)     # IMPLIED
    rfc     CDATA      # IMPLIED
〉
〈! ELEMENT fequipment (# PCDATA)〉
〈! ATTLIST fequipment
    id      ID       # IMPLIED
    level   NMTOKEN      # IMPLIED
    mark    NMTOKEN      # IMPLIED
    change     (add | delete | modify)     # IMPLIED
    rfc     CDATA      # IMPLIED
〉
〈! ELEMENT findication (# PCDATA)〉
〈! ATTLIST findication
    id      ID       # IMPLIED
    level   NMTOKEN      # IMPLIED
    mark    NMTOKEN      # IMPLIED
    change     (add | delete | modify)     # IMPLIED
    rfc     CDATA      # IMPLIED
〉
〈! ELEMENT fbasicdesc (# PCDATA | ein) * 〉
〈! ATTLIST fbasicdesc
    id      ID       # IMPLIED
    level   NMTOKEN      # IMPLIED
    mark    NMTOKEN      # IMPLIED
    change     (add | delete | modify)     # IMPLIED
    rfc     CDATA      # IMPLIED
〉
〈! ELEMENT fcondition (# PCDATA)〉
〈! ATTLIST fcondition
    id      ID       # IMPLIED
    level   NMTOKEN      # IMPLIED
    mark    NMTOKEN      # IMPLIED
    change     (add | delete | modify)     # IMPLIED
    rfc     CDATA      # IMPLIED
〉
〈! ELEMENT detect (delruitem)〉
〈! ATTLIST detect
    type    CDATA        # IMPLIED
    level   NMTOKEN      # IMPLIED
    mark    NMTOKEN      # IMPLIED
    change     (add | delete | modify)     # IMPLIED
    rfc     CDATA        # IMPLIED
〉
〈! ELEMENT delruitem (lru,remarks?,desruitem?)〉
〈! ATTLIST delruitem
    probfac CDATA      # IMPLIED
    id      ID       # IMPLIED
    level   NMTOKEN      # IMPLIED
    mark    NMTOKEN      # IMPLIED
    change     (add | delete | modify)     # IMPLIED
    rfc     CDATA      # IMPLIED
〉
〈! ELEMENT lru (nomen?,  ((identno | csnref | ein) * ),abbrev?)〉
〈! ATTLIST lru
    id      ID       # IMPLIED
    level   NMTOKEN      # IMPLIED
```

```
    mark     NMTOKEN      #IMPLIED
    change     (add | delete | modify)     #IMPLIED
    rfc     CDATA     #IMPLIED
>
<! ELEMENT identno (mfc,((pnr,serialno*)*))>
<! ATTLIST identno
    level    NMTOKEN      #IMPLIED
    mark     NMTOKEN      #IMPLIED
    change     (add | delete | modify)     #IMPLIED
    rfc     CDATA     #IMPLIED
>
<! ELEMENT abbrev (#PCDATA)>
<! ATTLIST abbrev
    id     ID     #IMPLIED
    level    NMTOKEN      #IMPLIED
    mark     NMTOKEN      #IMPLIED
    change     (add | delete | modify)     #IMPLIED
    rfc     CDATA     #IMPLIED
>
<! ELEMENT desruitem (sru,remarks?)>
<! ATTLIST desruitem
    probfac CDATA     #IMPLIED
    id     ID     #IMPLIED
    level    NMTOKEN      #IMPLIED
    mark     NMTOKEN      #IMPLIED
    change     (add | delete | modify)     #IMPLIED
    rfc     CDATA     #IMPLIED
>
<! ELEMENT sru (nomen?,((identno | csnref | ein)*),abbrev?)>
<! ATTLIST sru
    id     ID     #IMPLIED
    level    NMTOKEN      #IMPLIED
    mark     NMTOKEN      #IMPLIED
    change     (add | delete | modify)     #IMPLIED
    rfc     CDATA     #IMPLIED
>
<! ELEMENT locandrep (lrlruitem)>
<! ELEMENT lrlruitem (lru,repair?,remarks?,lrsruitem?)>
<! ATTLIST lrlruitem
    probfac CDATA     #IMPLIED
    id     ID     #IMPLIED
    level    NMTOKEN      #IMPLIED
    mark     NMTOKEN      #IMPLIED
    change     (add | delete | modify)     #IMPLIED
    rfc     CDATA     #IMPLIED
>
<! ELEMENT repair (refs)>
<! ELEMENT lrsruitem (sru,repair?,remarks?)>
<! ATTLIST lrsruitem
    probfac CDATA     #IMPLIED
    id     ID     #IMPLIED
    level    NMTOKEN      #IMPLIED
    mark     NMTOKEN      #IMPLIED
    change     (add | delete | modify)     #IMPLIED
    rfc     CDATA     #IMPLIED
>
<! ELEMENT dfault (applic?,describe,detect?,disolate?,remarks?)>
<! ATTLIST dfault
    id     ID     #REQUIRED
    fcode    CDATA     #REQUIRED
```

```
    level    NMTOKEN      #IMPLIED
    mark     NMTOKEN      #IMPLIED
    change      (add | delete | modify)      #IMPLIED
    rfc      CDATA      #IMPLIED
    refapplic      IDREF      #IMPLIED
>
<! ELEMENT disolate (afiref | lruitem + )>
<! ELEMENT afiref (refs)>
<! ELEMENT lruitem (lru,test * ,repair?,remarks?,sruitem?)>
<! ATTLIST lruitem
    probfac CDATA      #IMPLIED
    id     ID     #IMPLIED
    level    NMTOKEN      #IMPLIED
    mark     NMTOKEN      #IMPLIED
    change      (add | delete | modify)      #IMPLIED
    rfc      CDATA      #IMPLIED
>
<! ELEMENT test (testdesc?,data * ,testproc?)>
<! ATTLIST test
    type     CDATA      #REQUIRED
    code     CDATA      #REQUIRED
    id     ID     #IMPLIED
    level    NMTOKEN      #IMPLIED
    mark     NMTOKEN      #IMPLIED
    change      (add | delete | modify)      #IMPLIED
    rfc      CDATA      #IMPLIED
>
<! ELEMENT testdesc (testnomen,refs?)>
<! ELEMENT testnomen ( #PCDATA)>
<! ELEMENT data EMPTY>
<! ATTLIST data
    from     CDATA      #IMPLIED
    to       CDATA      #IMPLIED
    uom      CDATA      #IMPLIED
    level    NMTOKEN      #IMPLIED
    mark     NMTOKEN      #IMPLIED
    change      (add | delete | modify)      #IMPLIED
    rfc      CDATA      #IMPLIED
>
<! ELEMENT testproc (refs)>
<! ELEMENT sruitem ((sru,test * ,repair?,remarks?) + )>
<! ATTLIST sruitem
    probfac CDATA      #IMPLIED
    id     ID     #IMPLIED
    level    NMTOKEN      #IMPLIED
    mark     NMTOKEN      #IMPLIED
    change      (add | delete | modify)      #IMPLIED
    rfc      CDATA      #IMPLIED
>
<! ELEMENT ofault (applic?,describe,((fcontext?,isolate) + ),remarks?)>
<! ATTLIST ofault
    id     ID     #REQUIRED
    fcode    CDATA      #IMPLIED
    ftype    CDATA      #IMPLIED
    refapplic      IDREF      #IMPLIED
    level    NMTOKEN      #IMPLIED
    mark     NMTOKEN      #IMPLIED
    change      (add | delete | modify)      #IMPLIED
    rfc      CDATA      #IMPLIED
>
```

```
<!ELEMENT fcontext (#PCDATA)>
<!ELEMENT isolate (afiref | diagnost | lruitem+)>
<!ELEMENT diagnost ((reason,repair) | lrlruitem)>
<!ELEMENT reason (#PCDATA)>
<!ELEMENT cfault (applic?,msg-wmlf-desc,disolate,remarks?)>
<!ATTLIST cfault
    refapplic    IDREF    #IMPLIED
    id    ID    #IMPLIED
    level    NMTOKEN    #IMPLIED
    mark    NMTOKEN    #IMPLIED
    change    (add | delete | modify)    #IMPLIED
    rfc    CDATA    #IMPLIED
>
<!ELEMENT msg-wmlf-desc (((wmlfdesc*,wmlf2desc*)*),msgdesc*)>
<!ATTLIST msg-wmlf-desc
    id    ID    #IMPLIED
    level    NMTOKEN    #IMPLIED
    mark    NMTOKEN    #IMPLIED
    change    (add | delete | modify)    #IMPLIED
    rfc    CDATA    #IMPLIED
>
<!ELEMENT wmlfdesc (applic?,fault,((refdm?,describe?,detect?)?))>
<!ATTLIST wmlfdesc
    categ    CDATA    #IMPLIED
    subcategCDATA    #IMPLIED
    refapplic    IDREF    #IMPLIED
    id    ID    #IMPLIED
    level    NMTOKEN    #IMPLIED
    mark    NMTOKEN    #IMPLIED
    change    (add | delete | modify)    #IMPLIED
    rfc    CDATA    #IMPLIED
>
<!ELEMENT fault EMPTY>
<!ATTLIST fault
    fcode    CDATA    #REQUIRED
>
<!ELEMENT wmlf2desc (applic?,fault,((refdm?,describe?,detect?)?))>
<!ATTLIST wmlf2desc
    categ    CDATA    #IMPLIED
    subcategCDATA    #IMPLIED
    refapplic    IDREF    #IMPLIED
    id    ID    #IMPLIED
    level    NMTOKEN    #IMPLIED
    mark    NMTOKEN    #IMPLIED
    change    (add | delete | modify)    #IMPLIED
    rfc    CDATA    #IMPLIED
>
<!ELEMENT msgdesc (applic?,fault,((refdm?,describe?,detect?)?))>
<!ATTLIST msgdesc
    categ    CDATA    #IMPLIED
    subcategCDATA    #IMPLIED
    refapplic    IDREF    #IMPLIED
    id    ID    #IMPLIED
    level    NMTOKEN    #IMPLIED
    mark    NMTOKEN    #IMPLIED
    change    (add | delete | modify)    #IMPLIED
    rfc    CDATA    #IMPLIED
>
<!ELEMENT afi ((afi-proc)+)>
<!ATTLIST afi
```

```
   id    ID    #IMPLIED
   level   NMTOKEN    #IMPLIED
   mark    NMTOKEN    #IMPLIED
   change    (add | delete | modify)    #IMPLIED
   rfc   CDATA    #IMPLIED
>
<! ELEMENT afi-proc (applic?,((fault,describe)?),isoproc)>
<! ATTLIST afi-proc
   refapplic    IDREF    #IMPLIED
   id    ID    #IMPLIED
   level    NMTOKEN    #IMPLIED
   mark    NMTOKEN    #IMPLIED
   change    (add | delete | modify)    #IMPLIED
   rfc    CDATA    #IMPLIED
>
<! ELEMENT isoproc (prelreqs,isolatep,closetxt?)>
<! ATTLIST isoproc
   id    ID    #IMPLIED
   level    NMTOKEN    #IMPLIED
   mark    NMTOKEN    #IMPLIED
   change    (add | delete | modify)    #IMPLIED
   rfc    CDATA    #IMPLIED
   check    CDATA    #IMPLIED
   skill    (sk01 | sk02 | sk03 | sk04 | sk05 | sk06 | sk07 | sk08 | sk09 | sk10 | sk11 | sk12
 | sk13 | sk14 | sk15 | sk16 | sk17 | sk18 | sk19 | sk20 | sk21 | sk22 | sk23 | sk24 | sk25 | sk26
 | sk27 | sk28 | sk29 | sk30 | sk31 | sk32 | sk33 | sk34 | sk35 | sk36 | sk37 | sk38 | sk39 | sk40
 | sk41 | sk42 | sk43 | sk44 | sk45 | sk46 | sk47 | sk48 | sk49 | sk50 | sk51 | sk52 | sk53 | sk54
 | sk55 | sk56 | sk57 | sk58 | sk59 | sk60 | sk61 | sk62 | sk63 | sk64 | sk65 | sk66 | sk67 | sk68
 | sk69 | sk70 | sk71 | sk72 | sk73 | sk74 | sk75 | sk76 | sk77 | sk78 | sk79 | sk80 | sk81 | sk82
 | sk83 | sk84 | sk85 | sk86 | sk87 | sk88 | sk89 | sk90 | sk91 | sk92 | sk93 | sk94 | sk95 | sk96
 | sk97 | sk98 | sk99)    #IMPLIED
>
<! ELEMENT prelreqs (pmd * ,reqconds,reqpers * ,supequip,supplies,spares,safety)>
<! ELEMENT pmd (applic?,thi * ,zone * ,accpnl * ,avehcfg?,opndurn?)>
<! ATTLIST pmd
   refapplic    IDREF    #IMPLIED
>
<! ELEMENT thi (#PCDATA)>
<! ATTLIST thi
   uom  (th01 | th02 | th03 | th04 | th05 | th06 | th07 | th08 | th09 | th10 | th11 | th12 | th13
 | th14 | th15 | th16 | th17 | th18 | th19 | th20 | th21 | th22 | th23 | th24 | th25 | th26 | th27
 | th28 | th29 | th30 | th31 | th32 | th33 | th34 | th35 | th36 | th37 | th38 | th39 | th40 | th41
 | th42 | th43 | th44 | th45 | th46 | th47 | th48 | th49 | th50 | th51 | th52 | th53 | th54 | th55
 | th56 | th57 | th58 | th59 | th60 | th61 | th62 | th63 | th64 | th65 | th66 | th67 | th68 | th69
 | th70 | th71 | th72 | th73 | th74 | th75 | th76 | th77 | th78 | th79 | th80 | th81 | th82 | th83
 | th84 | th85 | th86 | th87 | th88 | th89 | th90 | th91 | th92 | th93 | th94 | th95 | th96 | th97
 | th98 | th99)    #REQUIRED
>
<! ELEMENT zone (nomen?,refs?)>
<! ATTLIST zone
   zonenbr CDATA    #IMPLIED
   id    ID    #IMPLIED
   level    NMTOKEN    #IMPLIED
   mark    NMTOKEN    #IMPLIED
   change    (add | delete | modify)    #IMPLIED
   rfc    CDATA    #IMPLIED
>
<! ELEMENT accpnl (nomen?,refs?)>
<! ATTLIST accpnl
   accpnlnbr CDATA    #IMPLIED
```

```
    accpnltype     (accpnl01 | accpnl02 | accpnl03 | accpnl04 | accpnl05 | accpnl06 | accpnl07 |
accpnl08 | accpnl09 | accpnl10 | accpnl11 | accpnl12 | accpnl13 | accpnl14 | accpnl15 | accpnl16
| accpnl17 | accpnl18 | accpnl19 | accpnl20 | accpnl21 | accpnl22 | accpnl23 | accpnl24 | accpnl25
| accpnl26 | accpnl27 | accpnl28 | accpnl29 | accpnl30 | accpnl31 | accpnl32 | accpnl33 | accpnl34
| accpnl35 | accpnl36 | accpnl37 | accpnl38 | accpnl39 | accpnl40 | accpnl41 | accpnl42 | accpnl43
| accpnl44 | accpnl45 | accpnl46 | accpnl47 | accpnl48 | accpnl49 | accpnl50 | accpnl51 | accpnl52
| accpnl53 | accpnl54 | accpnl55 | accpnl56 | accpnl57 | accpnl58 | accpnl59 | accpnl60 | accpnl61
| accpnl62 | accpnl63 | accpnl64 | accpnl65 | accpnl66 | accpnl67 | accpnl68 | accpnl69 | accpnl70
| accpnl71 | accpnl72 | accpnl73 | accpnl74 | accpnl75 | accpnl76 | accpnl77 | accpnl78 | accpnl79
| accpnl80 | accpnl81 | accpnl82 | accpnl83 | accpnl84 | accpnl85 | accpnl86 | accpnl87 | accpnl88
| accpnl89 | accpnl90 | accpnl91 | accpnl92 | accpnl93 | accpnl94 | accpnl95 | accpnl96 | accpnl97
| accpnl98 | accpnl99)    #IMPLIED
    id    ID    #IMPLIED
    level    NMTOKEN    #IMPLIED
    mark    NMTOKEN    #IMPLIED
    change    (add | delete | modify)    #IMPLIED
    rfc    CDATA    #IMPLIED
〉
〈! ELEMENT avehcfg (jacked,safedev,elecpwr,hydpwr,airpwr,fuel,water,fcposn)〉
〈! ELEMENT jacked EMPTY〉
〈! ATTLIST jacked
    status    (yes | no | indiffer | na)    #REQUIRED
    power    (engine | apu | external | internal | indifferent | notapplic)    #REQUIRED
〉
〈! ELEMENT safedev EMPTY〉
〈! ATTLIST safedev
    status    (yes | no | indiffer | na)    #REQUIRED
    power    (engine | apu | external | internal | indifferent | notapplic)    #REQUIRED
〉
〈! ELEMENT elecpwr EMPTY〉
〈! ATTLIST elecpwr
    status    (yes | no | indiffer | na)    #REQUIRED
    power    (engine | apu | external | internal | indifferent | notapplic)    #REQUIRED
〉
〈! ELEMENT hydpwr EMPTY〉
〈! ATTLIST hydpwr
    status    (yes | no | indiffer | na)    #REQUIRED
    power    (engine | apu | external | internal | indifferent | notapplic)    #REQUIRED
〉
〈! ELEMENT airpwr EMPTY〉
〈! ATTLIST airpwr
    status    (yes | no | indiffer | na)    #REQUIRED
    power    (engine | apu | external | internal | indifferent | notapplic)    #REQUIRED
〉
〈! ELEMENT fuel EMPTY〉
〈! ATTLIST fuel
    status    (yes | no | indiffer | na)    #REQUIRED
    power    (engine | apu | external | internal | indifferent | notapplic)    #REQUIRED
〉
〈! ELEMENT water EMPTY〉
〈! ATTLIST water
    status    (yes | no | indiffer | na)    #REQUIRED
    power    (engine | apu | external | internal | indifferent | notapplic)    #REQUIRED
〉
〈! ELEMENT fcposn EMPTY〉
〈! ATTLIST fcposn
    status    (yes | no | indiffer | na)    #REQUIRED
    power    (engine | apu | external | internal | indifferent | notapplic)    #REQUIRED
〉
〈! ELEMENT opndurn EMPTY〉
```

```
<! ATTLIST opndurn
    prelreqs   CDATA     #REQUIRED
    proced     CDATA     #REQUIRED
    closeup    CDATA     #REQUIRED
    id     ID     #IMPLIED
>
<! ELEMENT reqconds (noconds | ((reqcond | reqcondm | reqcblst | reqcontp) + ))>
<! ELEMENT noconds EMPTY>
<! ELEMENT reqcond (#PCDATA | applic | xref | indxflag | symbol | subscrpt | supscrpt | ftnref |
acronym | acroterm) * >
<! ATTLIST reqcond
    refapplic     IDREF     #IMPLIED
>
<! ELEMENT reqcondm (applic?,((reqcond,refdm) + ))>
<! ATTLIST reqcondm
    refapplic     IDREF     #IMPLIED
>
<! ELEMENT reqcblst (applic?,(reqcond,cblst))>
<! ATTLIST reqcblst
    refapplic     IDREF     #IMPLIED
    id     ID     #IMPLIED
    level    NMTOKEN     #IMPLIED
    mark     NMTOKEN     #IMPLIED
    change     (add | delete | modify)     #IMPLIED
    rfc     CDATA     #IMPLIED
>
<! ELEMENT cblst (applic?,((cbsublst + ) + ))>
<! ATTLIST cblst
    refapplic     IDREF     #IMPLIED
    cbaction     (open | close | verif-open | verif-close)     #IMPLIED
    checksum   CDATA     #IMPLIED
    id     ID     #IMPLIED
    level    NMTOKEN     #IMPLIED
    mark     NMTOKEN     #IMPLIED
    change     (add | delete | modify)     #IMPLIED
    rfc     CDATA     #IMPLIED
>
<! ELEMENT cbsublst (applic?,ein * ,(cbdata + ))>
<! ATTLIST cbsublst
    cbaction     (open | close | verif-open | verif-close)  #IMPLIED
    checksum   CDATA     #IMPLIED
    refapplic     IDREF     #IMPLIED
    id     ID     #IMPLIED
    level    NMTOKEN     #IMPLIED
    mark     NMTOKEN     #IMPLIED
    change     (add | delete | modify)     #IMPLIED
    rfc     CDATA     #IMPLIED
>
<! ELEMENT cbdata (applic?,cb,nomen,((xref | accpnl)?),cbloc?)>
<! ATTLIST cbdata
    refapplic     IDREF     #IMPLIED
    id     ID     #IMPLIED
    level    NMTOKEN     #IMPLIED
    mark     NMTOKEN     #IMPLIED
    change     (add | delete | modify)     #IMPLIED
    rfc     CDATA     #IMPLIED
>
<! ELEMENT cbloc (#PCDATA))
<! ATTLIST cbloc
    id     ID     #IMPLIED
```

```
    level    NMTOKEN    # IMPLIED
    mark    NMTOKEN    # IMPLIED
    change    (add | delete | modify)    # IMPLIED
    rfc    CDATA    # IMPLIED
>
<! ELEMENT reqcontp (applic?,((reqcond,reftp) + ))>
<! ATTLIST reqcontp
    refapplic    IDREF    # IMPLIED
>
<! ELEMENT reqpers (applic?,(((asrequir | person),((perscat,perskill?,trade?,esttime?)?)) + ))>
<! ATTLIST reqpers
    refapplic    IDREF    # IMPLIED
    id    ID    # IMPLIED
    level    NMTOKEN    # IMPLIED
    mark    NMTOKEN    # IMPLIED
    change    (add | delete | modify)    # IMPLIED
    rfc    CDATA    # IMPLIED
>
<! ELEMENT asrequir EMPTY>
<! ELEMENT person EMPTY>
<! ATTLIST person
    man    NMTOKEN    # REQUIRED
    id    ID    # IMPLIED
    level    NMTOKEN    # IMPLIED
    mark    NMTOKEN    # IMPLIED
    change    (add | delete | modify)    # IMPLIED
    rfc    CDATA    # IMPLIED
>
<! ELEMENT perscat EMPTY>
<! ATTLIST perscat
    category  CDATA    # REQUIRED
    id    ID    # IMPLIED
    level    NMTOKEN    # IMPLIED
    mark    NMTOKEN    # IMPLIED
    change    (add | delete | modify)    # IMPLIED
    rfc    CDATA    # IMPLIED
>
<! ELEMENT perskill EMPTY>
<! ATTLIST perskill
    skill    (sk01 | sk02 | sk03 | sk04 | sk05 | sk06 | sk07 | sk08 | sk09 | sk10 | sk11 | sk12
| sk13 | sk14 | sk15 | sk16 | sk17 | sk18 | sk19 | sk20 | sk21 | sk22 | sk23 | sk24 | sk25 | sk26
| sk27 | sk28 | sk29 | sk30 | sk31 | sk32 | sk33 | sk34 | sk35 | sk36 | sk37 | sk38 | sk39 | sk40
| sk41 | sk42 | sk43 | sk44 | sk45 | sk46 | sk47 | sk48 | sk49 | sk50 | sk51 | sk52 | sk53 | sk54
| sk55 | sk56 | sk57 | sk58 | sk59 | sk60 | sk61 | sk62 | sk63 | sk64 | sk65 | sk66 | sk67 | sk68
| sk69 | sk70 | sk71 | sk72 | sk73 | sk74 | sk75 | sk76 | sk77 | sk78 | sk79 | sk80 | sk81 | sk82
| sk83 | sk84 | sk85 | sk86 | sk87 | sk88 | sk89 | sk90 | sk91 | sk92 | sk93 | sk94 | sk95 | sk96
| sk97 | sk98 | sk99)    # REQUIRED
    id    ID    # IMPLIED
    level    NMTOKEN    # IMPLIED
    mark    NMTOKEN    # IMPLIED
    change    (add | delete | modify)    # IMPLIED
    rfc    CDATA    # IMPLIED
>
<! ELEMENT trade (# PCDATA)>
<! ATTLIST trade
    id    ID    # IMPLIED
    level    NMTOKEN    # IMPLIED
    mark    NMTOKEN    # IMPLIED
    change    (add | delete | modify)    # IMPLIED
    rfc    CDATA    # IMPLIED
```

```
>
<! ELEMENT esttime (#PCDATA)>
<! ATTLIST esttime
   id     ID     #IMPLIED
   level   NMTOKEN    #IMPLIED
   mark    NMTOKEN    #IMPLIED
   change    (add | delete | modify)    #IMPLIED
   rfc    CDATA    #IMPLIED
>
<! ELEMENT supequip (nosupeq | supeqli)>
<! ELEMENT nosupeq EMPTY>
<! ELEMENT supeqli (supequi+)>
<! ELEMENT supequi (applic?,nomen?,(((csnref | identno | tool),refs?)+),qty,remarks?)>
<! ATTLIST supequi
   refapplic    IDREF    #IMPLIED
   id    ID    #IMPLIED
   level   NMTOKEN    #IMPLIED
   mark    NMTOKEN    #IMPLIED
   change    (add | delete | modify)    #IMPLIED
   rfc    CDATA    #IMPLIED
>
<! ELEMENT tool (refs?)>
<! ATTLIST tool
   toolnbr CDATA    #REQUIRED
   mfc    CDATA    #IMPLIED
   specific NMTOKEN    "1"
   alternate NMTOKEN    "0"
   id    ID    #IMPLIED
   level   NMTOKEN    #IMPLIED
   mark    NMTOKEN    #IMPLIED
   change    (add | delete | modify)    #IMPLIED
   rfc    CDATA    #IMPLIED
>
<! ELEMENT qty (#PCDATA)>
<! ATTLIST qty
   uom    CDATA    #IMPLIED
   level   NMTOKEN    #IMPLIED
   mark    NMTOKEN    #IMPLIED
   change    (add | delete | modify)    #IMPLIED
   rfc    CDATA    #IMPLIED
>
<! ELEMENT supplies (nosupply | supplyli)>
<! ELEMENT nosupply EMPTY>
<! ELEMENT supplyli (supply+)>
<! ELEMENT supply (applic?,nomen?,(((csnref | identno | con),refs?)+),qty,remarks?)>
<! ATTLIST supply
   refapplic    IDREF    #IMPLIED
   id    ID    #IMPLIED
   level   NMTOKEN    #IMPLIED
   mark    NMTOKEN    #IMPLIED
   change    (add | delete | modify)    #IMPLIED
   rfc    CDATA    #IMPLIED
>
<! ELEMENT con (refs?)>
<! ATTLIST con
   connbr  CDATA    #REQUIRED
   id    ID    #IMPLIED
   level   NMTOKEN    #IMPLIED
   mark    NMTOKEN    #IMPLIED
   change    (add | delete | modify)    #IMPLIED
```

```
    rfc      CDATA     #IMPLIED
〉
〈! ELEMENT spares (nospares | sparesli)〉
〈! ELEMENT nospares EMPTY〉
〈! ELEMENT sparesli (spare+)〉
〈! ELEMENT spare (applic?,nomen?,(((csnref | identno | ein),refs?)+),qty,remarks?)〉
〈! ATTLIST spare
    refapplic     IDREF      #IMPLIED
    id     ID     #IMPLIED
    level    NMTOKEN    #IMPLIED
    mark    NMTOKEN    #IMPLIED
    change     (add | delete | modify)     #IMPLIED
    rfc      CDATA     #IMPLIED
〉
〈! ELEMENT safety (nosafety | safecond)〉
〈! ELEMENT nosafety EMPTY〉
〈! ELEMENT safecond ((warning*,caution*),note*)〉
〈! ATTLIST safecond
    id     ID     #IMPLIED
〉
〈! ELEMENT warning (applic?,((symbol | para | (seqlist | randlist | deflist))+))〉
〈! ATTLIST warning
    type      CDATA     #IMPLIED
    xrefid    IDREF     #IMPLIED
    vital    NMTOKEN    #IMPLIED
    refapplic     IDREF      #IMPLIED
    id     ID     #IMPLIED
    level    NMTOKEN    #IMPLIED
    mark    NMTOKEN    #IMPLIED
    change     (add | delete | modify)     #IMPLIED
    rfc      CDATA     #IMPLIED
〉
〈! ELEMENT caution (applic?,((symbol | para | (seqlist | randlist | deflist))+))〉
〈! ATTLIST caution
    type     CDATA     #IMPLIED
    xrefid    IDREF     #IMPLIED
    refapplic     IDREF      #IMPLIED
    id     ID     #IMPLIED
    level    NMTOKEN    #IMPLIED
    mark    NMTOKEN    #IMPLIED
    change     (add | delete | modify)     #IMPLIED
    rfc      CDATA     #IMPLIED
〉
〈! ELEMENT isolatep (((isostep | isoend | (figure | multimedia | foldout | table))+))〉
〈! ELEMENT isostep (((applic?, title?), (warning*, caution*)),((((note | action | (figure |
multimedia | foldout | table))*),question,answer)?))〉
〈! ATTLIST isostep
    refapplic     IDREF      #IMPLIED
    id     ID     #REQUIRED
    check    CDATA     #IMPLIED
    skill      (sk01 | sk02 | sk03 | sk04 | sk05 | sk06 | sk07 | sk08 | sk09 | sk10 | sk11 | sk12
 | sk13 | sk14 | sk15 | sk16 | sk17 | sk18 | sk19 | sk20 | sk21 | sk22 | sk23 | sk24 | sk25 | sk26
 | sk27 | sk28 | sk29 | sk30 | sk31 | sk32 | sk33 | sk34 | sk35 | sk36 | sk37 | sk38 | sk39 | sk40
 | sk41 | sk42 | sk43 | sk44 | sk45 | sk46 | sk47 | sk48 | sk49 | sk50 | sk51 | sk52 | sk53 | sk54
 | sk55 | sk56 | sk57 | sk58 | sk59 | sk60 | sk61 | sk62 | sk63 | sk64 | sk65 | sk66 | sk67 | sk68
 | sk69 | sk70 | sk71 | sk72 | sk73 | sk74 | sk75 | sk76 | sk77 | sk78 | sk79 | sk80 | sk81 | sk82
 | sk83 | sk84 | sk85 | sk86 | sk87 | sk88 | sk89 | sk90 | sk91 | sk92 | sk93 | sk94 | sk95 | sk96
 | sk97 | sk98 | sk99)     #IMPLIED
〉
〈! ELEMENT action (#PCDATA | ein | cb | parasigdata | quantity | xref | indxflag | change | emphasis |
```

```
symbol | subscrpt | supscrpt | refdm | reftp | ftnote | ftnref | acronym | acroterm) * >
<! ATTLIST action
    id    ID    # IMPLIED
    level   NMTOKEN    # IMPLIED
    mark    NMTOKEN    # IMPLIED
    change    (add | delete | modify)    # IMPLIED
    rfc    CDATA    # IMPLIED
>
<! ELEMENT figure ((applic?,title),((graphic,rfa * ) | ((applic?,sheet,graphic,rfa * ) + )),legend?))
<! ATTLIST figure
    refapplic    IDREF    # IMPLIED
    id    ID    # IMPLIED
    level   NMTOKEN    # IMPLIED
    mark    NMTOKEN    # IMPLIED
    change    (add | delete | modify)    # IMPLIED
    rfc    CDATA    # IMPLIED
    class    (01 | 02 | 03 | 04 | 05 | 06 | 07 | 08 | 09 | 10 | 11 | 12 | 13 | 14 | 15 | 16 | 17
| 18 | 19 | 20 | 21 | 22 | 23 | 24 | 25 | 26 | 27 | 28 | 29 | 30 | 31 | 32 | 33 | 34 | 35 | 36
37 | 38 | 39 | 40 | 41 | 42 | 43 | 44 | 45 | 46 | 47 | 48 | 49 | 50 | 51 | 52 | 53 | 54 | 55 | 56
| 57 | 58 | 59 | 60 | 61 | 62 | 63 | 64 | 65 | 66 | 67 | 68 | 69 | 70 | 71 | 72 | 73 | 74 | 75 |
76 | 77 | 78 | 79 | 80 | 81 | 82 | 83 | 84 | 85 | 86 | 87 | 88 | 89 | 90 | 91 | 92 | 93 | 94 | 95
| 96 | 97 | 98 | 99)    # IMPLIED
    commcls    (cc01 | cc02 | cc03 | cc04 | cc05 | cc06 | cc07 | cc08 | cc09 | cc10 | cc11 | cc12
| cc13 | cc14 | cc15 | cc16 | cc17 | cc18 | cc19 | cc20 | cc21 | cc22 | cc23 | cc24 | cc25 | cc26
| cc27 | cc28 | cc29 | cc30 | cc31 | cc32 | cc33 | cc34 | cc35 | cc36 | cc37 | cc38 | cc39 | cc40
| cc41 | cc42 | cc43 | cc44 | cc45 | cc46 | cc47 | cc48 | cc49 | cc50 | cc51 | cc52 | cc53 | cc54
| cc55 | cc56 | cc57 | cc58 | cc59 | cc60 | cc61 | cc62 | cc63 | cc64 | cc65 | cc66 | cc67 | cc68
| cc69 | cc70 | cc71 | cc72 | cc73 | cc74 | cc75 | cc76 | cc77 | cc78 | cc79 | cc80 | cc81 | cc82
| cc83 | cc84 | cc85 | cc86 | cc87 | cc88 | cc89 | cc90 | cc91 | cc92 | cc93 | cc94 | cc95 | cc96
| cc97 | cc98 | cc99)    # IMPLIED
    caveat    (cv01 | cv02 | cv03 | cv04 | cv05 | cv06 | cv07 | cv08 | cv09 | cv10 | cv11 | cv12
| cv13 | cv14 | cv15 | cv16 | cv17 | cv18 | cv19 | cv20 | cv21 | cv22 | cv23 | cv24 | cv25 | cv26
| cv27 | cv28 | cv29 | cv30 | cv31 | cv32 | cv33 | cv34 | cv35 | cv36 | cv37 | cv38 | cv39 | cv40
| cv41 | cv42 | cv43 | cv44 | cv45 | cv46 | cv47 | cv48 | cv49 | cv50 | cv51 | cv52 | cv53 | cv54
| cv55 | cv56 | cv57 | cv58 | cv59 | cv60 | cv61 | cv62 | cv63 | cv64 | cv65 | cv66 | cv67 | cv68
| cv69 | cv70 | cv71 | cv72 | cv73 | cv74 | cv75 | cv76 | cv77 | cv78 | cv79 | cv80 | cv81 | cv82
| cv83 | cv84 | cv85 | cv86 | cv87 | cv88 | cv89 | cv90 | cv91 | cv92 | cv93 | cv94 | cv95 | cv96
| cv97 | cv98 | cv99)    # IMPLIED
>
<! ELEMENT graphic (hotspot * )>
<! ATTLIST graphic
    boardno    ENTITY    # REQUIRED
    id    ID    # IMPLIED
    reprowid    CDATA    # IMPLIED
    reprohgt    CDATA    # IMPLIED
    reproscl    CDATA    # IMPLIED
    % XLINKATT0;
>
<! ELEMENT hotspot (applic?,((hotspot | xref | refdm | csnref) * ))>
<! ATTLIST hotspot
    id    ID    # IMPLIED
    apsid    CDATA    # IMPLIED
    apsname    CDATA    # IMPLIED
    type    CDATA    # IMPLIED
    title    CDATA    # IMPLIED
    descript    CDATA    # IMPLIED
    coords    CDATA    # IMPLIED
    visibility    (visible | hidden)    "visible"
    refapplic    IDREF    # IMPLIED
>
```

```
〈! ELEMENT rfa (#PCDATA | applic | ein | cb | parasigdata | quantity | xref | indxflag | change |
emphasis | symbol | subscrpt | supscrpt | refdm | reftp | ftnote | ftnref | acronym | acroterm) *〉
〈! ATTLIST rfa
    refapplic    IDREF    #IMPLIED
〉
〈! ELEMENT sheet EMPTY〉
〈! ATTLIST sheet
    sheetno NMTOKEN    #REQUIRED
    total  NMTOKEN  #REQUIRED
    id   ID   #IMPLIED
    level  NMTOKEN    #IMPLIED
    mark   NMTOKEN    #IMPLIED
    change    (add | delete | modify)    #IMPLIED
    rfc    CDATA    #IMPLIED
    refapplic    IDREF    #IMPLIED
〉
〈! ELEMENT legend (deflist)〉
〈! ATTLIST legend
    id   ID   #IMPLIED
    level  NMTOKEN    #IMPLIED
    mark   NMTOKEN    #IMPLIED
    change    (add | delete | modify)    #IMPLIED
    rfc    CDATA    #IMPLIED
〉
〈! ELEMENT multimedia (((applic?,title)?),rfa *,multimediaobject + )〉
〈! ATTLIST multimedia
    refapplic    IDREF    #IMPLIED
    id   ID   #IMPLIED
    level  NMTOKEN    #IMPLIED
    mark   NMTOKEN    #IMPLIED
    change    (add | delete | modify)    #IMPLIED
    rfc    CDATA    #IMPLIED
    class    (01 | 02 | 03 | 04 | 05 | 06 | 07 | 08 | 09 | 10 | 11 | 12 | 13 | 14 | 15 | 16 | 17
| 18 | 19 | 20 | 21 | 22 | 23 | 24 | 25 | 26 | 27 | 28 | 29 | 30 | 31 | 32 | 33 | 34 | 35 | 36 |
37 | 38 | 39 | 40 | 41 | 42 | 43 | 44 | 45 | 46 | 47 | 48 | 49 | 50 | 51 | 52 | 53 | 54 | 55 | 56
| 57 | 58 | 59 | 60 | 61 | 62 | 63 | 64 | 65 | 66 | 67 | 68 | 69 | 70 | 71 | 72 | 73 | 74 | 75 |
76 | 77 | 78 | 79 | 80 | 81 | 82 | 83 | 84 | 85 | 86 | 87 | 88 | 89 | 90 | 91 | 92 | 93 | 94 | 95
| 96 | 97 | 98 | 99)    #IMPLIED
    commcls    (cc01 | cc02 | cc03 | cc04 | cc05 | cc06 | cc07 | cc08 | cc09 | cc10 | cc11 | cc12
| cc13 | cc14 | cc15 | cc16 | cc17 | cc18 | cc19 | cc20 | cc21 | cc22 | cc23 | cc24 | cc25 | cc26
| cc27 | cc28 | cc29 | cc30 | cc31 | cc32 | cc33 | cc34 | cc35 | cc36 | cc37 | cc38 | cc39 | cc40
| cc41 | cc42 | cc43 | cc44 | cc45 | cc46 | cc47 | cc48 | cc49 | cc50 | cc51 | cc52 | cc53 | cc54
| cc55 | cc56 | cc57 | cc58 | cc59 | cc60 | cc61 | cc62 | cc63 | cc64 | cc65 | cc66 | cc67 | cc68
| cc69 | cc70 | cc71 | cc72 | cc73 | cc74 | cc75 | cc76 | cc77 | cc78 | cc79 | cc80 | cc81 | cc82
| cc83 | cc84 | cc85 | cc86 | cc87 | cc88 | cc89 | cc90 | cc91 | cc92 | cc93 | cc94 | cc95 | cc96
| cc97 | cc98 | cc99)    #IMPLIED
    caveat    (cv01 | cv02 | cv03 | cv04 | cv05 | cv06 | cv07 | cv08 | cv09 | cv10 | cv11 | cv12
| cv13 | cv14 | cv15 | cv16 | cv17 | cv18 | cv19 | cv20 | cv21 | cv22 | cv23 | cv24 | cv25 | cv26
| cv27 | cv28 | cv29 | cv30 | cv31 | cv32 | cv33 | cv34 | cv35 | cv36 | cv37 | cv38 | cv39 | cv40
| cv41 | cv42 | cv43 | cv44 | cv45 | cv46 | cv47 | cv48 | cv49 | cv50 | cv51 | cv52 | cv53 | cv54
| cv55 | cv56 | cv57 | cv58 | cv59 | cv60 | cv61 | cv62 | cv63 | cv64 | cv65 | cv66 | cv67 | cv68
| cv69 | cv70 | cv71 | cv72 | cv73 | cv74 | cv75 | cv76 | cv77 | cv78 | cv79 | cv80 | cv81 | cv82
| cv83 | cv84 | cv85 | cv86 | cv87 | cv88 | cv89 | cv90 | cv91 | cv92 | cv93 | cv94 | cv95 | cv96
| cv97 | cv98 | cv99)    #IMPLIED
〉
〈! ELEMENT multimediaobject ((param) *)〉
〈! ATTLIST multimediaobject
    id   ID   #IMPLIED
    autoplay  NMTOKEN    #IMPLIED
    fullscrn  NMTOKEN    #IMPLIED
```

```
    boardno    ENTITY     #REQUIRED
    multimediaclass     (3D | audio | video | other)   #REQUIRED
    controls     (hide | show)    #IMPLIED
    duration   NMTOKEN   #IMPLIED
    width      CDATA     #IMPLIED
    height     CDATA     #IMPLIED
    %XLINKATTO;
〉
〈! ELEMENT param EMPTY〉
〈! ATTLIST param
    id     ID     #REQUIRED
    paramid      CDATA      #IMPLIED
    paramvalue   CDATA      #IMPLIED
    paramname    CDATA      #IMPLIED
〉
〈! ELEMENT foldout (figure | table)〉
〈! ELEMENT table (applic?,title?,(tgroup+ | graphic+))〉
〈! ATTLIST table
    tabstyle  NMTOKEN     #IMPLIED
    tocentry  NMTOKEN     "1"
    frame     (top | bottom | topbot | all | sides | none)    #IMPLIED
    colsep    NMTOKEN     #IMPLIED
    rowsep    NMTOKEN     #IMPLIED
    orient     (port | land)    #IMPLIED
    pgwide    NMTOKEN     #IMPLIED
    refapplic     IDREF    #IMPLIED
    id     ID     #IMPLIED
    level    NMTOKEN     #IMPLIED
    mark     NMTOKEN     #IMPLIED
    change      (add | delete | modify)     #IMPLIED
    rfc      CDATA     #IMPLIED
    class      (01 | 02 | 03 | 04 | 05 | 06 | 07 | 08 | 09 | 10 | 11 | 12 | 13 | 14 | 15 | 16 | 17
| 18 | 19 | 20 | 21 | 22 | 23 | 24 | 25 | 26 | 27 | 28 | 29 | 30 | 31 | 32 | 33 | 34 | 35 | 36 |
37 | 38 | 39 | 40 | 41 | 42 | 43 | 44 | 45 | 46 | 47 | 48 | 49 | 50 | 51 | 52 | 53 | 54 | 55 | 56
| 57 | 58 | 59 | 60 | 61 | 62 | 63 | 64 | 65 | 66 | 67 | 68 | 69 | 70 | 71 | 72 | 73 | 74 | 75 |
76 | 77 | 78 | 79 | 80 | 81 | 82 | 83 | 84 | 85 | 86 | 87 | 88 | 89 | 90 | 91 | 92 | 93 | 94 | 95
| 96 | 97 | 98 | 99)  #IMPLIED
    commcls     (cc01 | cc02 | cc03 | cc04 | cc05 | cc06 | cc07 | cc08 | cc09 | cc10 | cc11 | cc12
| cc13 | cc14 | cc15 | cc16 | cc17 | cc18 | cc19 | cc20 | cc21 | cc22 | cc23 | cc24 | cc25 | cc26
| cc27 | cc28 | cc29 | cc30 | cc31 | cc32 | cc33 | cc34 | cc35 | cc36 | cc37 | cc38 | cc39 | cc40
| cc41 | cc42 | cc43 | cc44 | cc45 | cc46 | cc47 | cc48 | cc49 | cc50 | cc51 | cc52 | cc53 | cc54
| cc55 | cc56 | cc57 | cc58 | cc59 | cc60 | cc61 | cc62 | cc63 | cc64 | cc65 | cc66 | cc67 | cc68
| cc69 | cc70 | cc71 | cc72 | cc73 | cc74 | cc75 | cc76 | cc77 | cc78 | cc79 | cc80 | cc81 | cc82
| cc83 | cc84 | cc85 | cc86 | cc87 | cc88 | cc89 | cc90 | cc91 | cc92 | cc93 | cc94 | cc95 | cc96
| cc97 | cc98 | cc99)     #IMPLIED
    caveat     (cv01 | cv02 | cv03 | cv04 | cv05 | cv06 | cv07 | cv08 | cv09 | cv10 | cv11 | cv12
| cv13 | cv14 | cv15 | cv16 | cv17 | cv18 | cv19 | cv20 | cv21 | cv22 | cv23 | cv24 | cv25 | cv26
| cv27 | cv28 | cv29 | cv30 | cv31 | cv32 | cv33 | cv34 | cv35 | cv36 | cv37 | cv38 | cv39 | cv40
| cv41 | cv42 | cv43 | cv44 | cv45 | cv46 | cv47 | cv48 | cv49 | cv50 | cv51 | cv52 | cv53 | cv54
| cv55 | cv56 | cv57 | cv58 | cv59 | cv60 | cv61 | cv62 | cv63 | cv64 | cv65 | cv66 | cv67 | cv68
| cv69 | cv70 | cv71 | cv72 | cv73 | cv74 | cv75 | cv76 | cv77 | cv78 | cv79 | cv80 | cv81 | cv82
| cv83 | cv84 | cv85 | cv86 | cv87 | cv88 | cv89 | cv90 | cv91 | cv92 | cv93 | cv94 | cv95 | cv96
| cv97 | cv98 | cv99)     #IMPLIED
〉
〈! ELEMENT tgroup (applic?,colspec*,spanspec*,thead?,tfoot?,tbody)〉
〈! ATTLIST tgroup
    refapplic     IDREF     #IMPLIED
    cols       NMTOKEN     #REQUIRED
    tgstyle    NMTOKEN     #IMPLIED
    colsep     NMTOKEN     #IMPLIED
```

```
    rowsep    NMTOKEN    #IMPLIED
    align    (left | right | center | justify | char)    "left"
    charoff    CDATA    #IMPLIED
    char    CDATA    #IMPLIED
〉
〈! ELEMENT colspec EMPTY〉
〈! ATTLIST colspec
    colnum    NMTOKEN    #IMPLIED
    colname    NMTOKEN    #IMPLIED
    align    (left | right | center | justify | char)    #IMPLIED
    charoff    CDATA    #IMPLIED
    char    CDATA    #IMPLIED
    colwidth    CDATA    #IMPLIED
    colsep    NMTOKEN    #IMPLIED
    rowsep    NMTOKEN    #IMPLIED
〉
〈! ELEMENT spanspec EMPTY〉
〈! ATTLIST spanspec
    namest    NMTOKEN    #REQUIRED
    nameend    NMTOKEN    #REQUIRED
    spanname    NMTOKEN    #REQUIRED
    align    (left | right | center | justify | char)    "center"
    charoff    CDATA    #IMPLIED
    char    CDATA    #IMPLIED
    colsep    NMTOKEN    #IMPLIED
    rowsep    NMTOKEN    #IMPLIED
〉
〈! ELEMENT thead (colspec* ,row+)〉
〈! ATTLIST thead
    valign    (top | bottom | middle)    "bottom"
〉
〈! ELEMENT row (applic?,((entry)+))〉
〈! ATTLIST row
    refapplic    IDREF    #IMPLIED
    rowsep    NMTOKEN    #IMPLIED
    id    ID    #IMPLIED
    level    NMTOKEN    #IMPLIED
    mark    NMTOKEN    #IMPLIED
    change    (add | delete | modify)    #IMPLIED
    rfc    CDATA    #IMPLIED
〉
〈! ELEMENT entry (#PCDATA | applic | para | warning | caution | note | legend | ein | cb | parasig-
data | quantity | xref | indxflag | change | emphasis | symbol | subscrpt | supscrpt | refdm | reftp
| ftnote | ftnref | acronym | acroterm | seqlist | randlist | deflist)*〉
〈! ATTLIST entry
    refapplic    IDREF    #IMPLIED
    colname    NMTOKEN    #IMPLIED
    namest    NMTOKEN    #IMPLIED
    nameend    NMTOKEN    #IMPLIED
    spanname    NMTOKEN    #IMPLIED
    morerows    NMTOKEN    "0"
    colsep    NMTOKEN    #IMPLIED
    rowsep    NMTOKEN    #IMPLIED
    rotate    NMTOKEN    "0"
    valign    (top | bottom | middle)    "top"
    align    (left | right | center | justify | char)    #IMPLIED
    charoff    CDATA    #IMPLIED
    char    CDATA    #IMPLIED
    id    ID    #IMPLIED
〉
```

```
〈! ELEMENT tfoot (colspec*,row+)〉
〈! ATTLIST tfoot
    valign    (top | bottom | middle)    "top"
〉
〈! ELEMENT tbody (row+)〉
〈! ATTLIST tbody
    valign    (top | bottom | middle)    "top"
〉
〈! ELEMENT question (#PCDATA)〉
〈! ELEMENT answer (yesno | sel-list | entfield)〉
〈! ATTLIST answer
    id    ID    #IMPLIED
    level    NMTOKEN    #IMPLIED
    mark    NMTOKEN    #IMPLIED
    change    (add | delete | modify)    #IMPLIED
    rfc    CDATA    #IMPLIED
〉
〈! ELEMENT yesno (yes,no)〉
〈! ELEMENT yes EMPTY〉
〈! ATTLIST yes
    refid    IDREF    #REQUIRED
〉
〈! ELEMENT no EMPTY〉
〈! ATTLIST no
    refid    IDREF    #REQUIRED
〉
〈! ELEMENT sel-list (choice+)〉
〈! ELEMENT choice (#PCDATA)〉
〈! ATTLIST choice
    refid    IDREF    #REQUIRED
〉
〈! ELEMENT entfield EMPTY〉
〈! ATTLIST entfield
    refid    IDREF    #REQUIRED
〉
〈! ELEMENT isoend (((applic?,title?),(warning*,caution*)),((note | action | (figure | multimedia
| foldout | table))*))〉
〈! ATTLIST isoend
    refapplic    IDREF    #IMPLIED
    id    ID    #REQUIRED
    check    CDATA    #IMPLIED
    skill    (sk01 | sk02 | sk03 | sk04 | sk05 | sk06 | sk07 | sk08 | sk09 | sk10 | sk11 | sk12
| sk13 | sk14 | sk15 | sk16 | sk17 | sk18 | sk19 | sk20 | sk21 | sk22 | sk23 | sk24 | sk25 | sk26
| sk27 | sk28 | sk29 | sk30 | sk31 | sk32 | sk33 | sk34 | sk35 | sk36 | sk37 | sk38 | sk39 | sk40
| sk41 | sk42 | sk43 | sk44 | sk45 | sk46 | sk47 | sk48 | sk49 | sk50 | sk51 | sk52 | sk53 | sk54
| sk55 | sk56 | sk57 | sk58 | sk59 | sk60 | sk61 | sk62 | sk63 | sk64 | sk65 | sk66 | sk67 | sk68
| sk69 | sk70 | sk71 | sk72 | sk73 | sk74 | sk75 | sk76 | sk77 | sk78 | sk79 | sk80 | sk81 | sk82
| sk83 | sk84 | sk85 | sk86 | sk87 | sk88 | sk89 | sk90 | sk91 | sk92 | sk93 | sk94 | sk95 | sk96
| sk97 | sk98 | sk99)    #IMPLIED
〉
〈! ELEMENT closetxt (#PCDATA | ein | cb | parasigdata | quantity | xref | indxflag | change | emphasis
| symbol | subscrpt | supscrpt | refdm | reftp | ftnote | ftnref | acronym | acroterm | para)*〉
```

B.4 零部件信息 DTD

本文件包含了零部件内容 DTD。它标识了所有与零部件有关的元素和它们之间的关系。

```
〈? xml version="1.0" encoding="UTF-8"?〉
〈! ELEMENT dmodule (rdf:Description?,idstatus,content)〉
〈! ATTLIST dmodule
```

```
    id      ID      #IMPLIED
    %RDFDCATT;
〉
〈! ELEMENT idstatus (dmaddres,srcdmaddres?,status)〉
〈! ELEMENT dmaddres (dmcextension?,dmc,dmtitle,issno,issdate)〉
〈! ELEMENT dmcextension (dmeproducer,dmecode)〉
〈! ELEMENT dmeproducer (#PCDATA)〉
〈! ELEMENT dmecode (#PCDATA)〉
〈! ELEMENT dmc (age | avee)〉
〈! ELEMENT age (modelic,supeqvc,ecscs,eidc,cidc,discode,discodev,incode,incodev,itemloc)〉
〈! ELEMENT modelic (#PCDATA)〉
〈! ELEMENT supeqvc (#PCDATA)〉
〈! ELEMENT ecscs (#PCDATA)〉
〈! ELEMENT eidc (#PCDATA)〉
〈! ELEMENT cidc (#PCDATA)〉
〈! ELEMENT discode (#PCDATA)〉
〈! ELEMENT discodev (#PCDATA)〉
〈! ELEMENT incode (#PCDATA)〉
〈! ELEMENT incodev (#PCDATA)〉
〈! ELEMENT itemloc (#PCDATA)〉
〈! ELEMENT avee (modelic, sdc, chapnum, section, subsect, subject, discode, discodev, incode, incodev,
itemloc)〉
〈! ELEMENT sdc (#PCDATA)〉
〈! ELEMENT chapnum (#PCDATA)〉
〈! ELEMENT section (#PCDATA)〉
〈! ELEMENT subsect (#PCDATA)〉
〈! ELEMENT subject (#PCDATA)〉
〈! ELEMENT dmtitle (techname,infoname?)〉
〈! ELEMENT techname (#PCDATA)〉
〈! ELEMENT infoname (#PCDATA)〉
〈! ELEMENT issno EMPTY〉
〈! ATTLIST issno
    issno    NMTOKEN    #REQUIRED
    inwork   NMTOKEN    #IMPLIED
    type     (new | changed | deleted | revised | status | rinstate-changed | rinstate-revised |
rinstate-status)   "new"
〉
〈! ELEMENT issdate EMPTY〉
〈! ATTLIST issdate
    year     NMTOKEN    #REQUIRED
    month    NMTOKEN    #REQUIRED
    day      NMTOKEN    #REQUIRED
〉
〈! ELEMENT srcdmaddres (dmcextension?,dmc,dmtitle,issno,issdate)〉
〈! ELEMENT status (security,datarest*,rpc,orig,applic,inlineapplics?,  brexref,qa+,((ein)*),
rfu*,remarks*)〉
〈! ATTLIST status
    id      ID      #IMPLIED
〉
〈! ELEMENT security EMPTY〉
〈! ATTLIST security
    class    (01 | 02 | 03 | 04 | 05 | 06 | 07 | 08 | 09 | 10 | 11 | 12 | 13 | 14 | 15 | 16 | 17
| 18 | 19 | 20 | 21 | 22 | 23 | 24 | 25 | 26 | 27 | 28 | 29 | 30 | 31 | 32 | 33 | 34 | 35 | 36 |
37 | 38 | 39 | 40 | 41 | 42 | 43 | 44 | 45 | 46 | 47 | 48 | 49 | 50 | 51 | 52 | 53 | 54 | 55 | 56
| 57 | 58 | 59 | 60 | 61 | 62 | 63 | 64 | 65 | 66 | 67 | 68 | 69 | 70 | 71 | 72 | 73 | 74 | 75 |
76 | 77 | 78 | 79 | 80 | 81 | 82 | 83 | 84 | 85 | 86 | 87 | 88 | 89 | 90 | 91 | 92 | 93 | 94 | 95
| 96 | 97 | 98 | 99)    #REQUIRED

    commcls    (cc01 | cc02 | cc03 | cc04 | cc05 | cc06 | cc07 | cc08 | cc09 | cc10 | cc11 | cc12
| cc13 | cc14 | cc15 | cc16 | cc17 | cc18 | cc19 | cc20 | cc21 | cc22 | cc23 | cc24 | cc25 | cc26
```

```
| cc27 | cc28 | cc29 | cc30 | cc31 | cc32 | cc33 | cc34 | cc35 | cc36 | cc37 | cc38 | cc39 | cc40
| cc41 | cc42 | cc43 | cc44 | cc45 | cc46 | cc47 | cc48 | cc49 | cc50 | cc51 | cc52 | cc53 | cc54
| cc55 | cc56 | cc57 | cc58 | cc59 | cc60 | cc61 | cc62 | cc63 | cc64 | cc65 | cc66 | cc67 | cc68
| cc69 | cc70 | cc71 | cc72 | cc73 | cc74 | cc75 | cc76 | cc77 | cc78 | cc79 | cc80 | cc81 | cc82
| cc83 | cc84 | cc85 | cc86 | cc87 | cc88 | cc89 | cc90 | cc91 | cc92 | cc93 | cc94 | cc95 | cc96
| cc97 | cc98 | cc99)    #IMPLIED
  caveat    (cv01 | cv02 | cv03 | cv04 | cv05 | cv06 | cv07 | cv08 | cv09 | cv10 | cv11 | cv12
| cv13 | cv14 | cv15 | cv16 | cv17 | cv18 | cv19 | cv20 | cv21 | cv22 | cv23 | cv24 | cv25 | cv26
| cv27 | cv28 | cv29 | cv30 | cv31 | cv32 | cv33 | cv34 | cv35 | cv36 | cv37 | cv38 | cv39 | cv40
| cv41 | cv42 | cv43 | cv44 | cv45 | cv46 | cv47 | cv48 | cv49 | cv50 | cv51 | cv52 | cv53 | cv54
| cv55 | cv56 | cv57 | cv58 | cv59 | cv60 | cv61 | cv62 | cv63 | cv64 | cv65 | cv66 | cv67 | cv68
| cv69 | cv70 | cv71 | cv72 | cv73 | cv74 | cv75 | cv76 | cv77 | cv78 | cv79 | cv80 | cv81 | cv82
| cv83 | cv84 | cv85 | cv86 | cv87 | cv88 | cv89 | cv90 | cv91 | cv92 | cv93 | cv94 | cv95 | cv96
| cv97 | cv98 | cv99)    #IMPLIED
〉
〈! ELEMENT datarest (applic?,instruct,inform?)〉
〈! ATTLIST datarest
  refapplic    IDREF    #IMPLIED
  id    ID    #IMPLIED
  level    NMTOKEN    #IMPLIED
  mark    NMTOKEN    #IMPLIED
  change    (add | delete | modify)    #IMPLIED
  rfc    CDATA    #IMPLIED
〉
〈! ELEMENT applic (type?,model*)〉
〈! ATTLIST applic
  applicconf    (allowed | built | designed | installed | manufactured | supported)    #IMPLIED
  id    ID    #IMPLIED
  level    NMTOKEN    #IMPLIED
  mark    NMTOKEN    #IMPLIED
  change    (add | delete | modify)    #IMPLIED
  rfc    CDATA    #IMPLIED
〉
〈! ELEMENT type (#PCDATA)〉
〈! ELEMENT model (version*,((csnref | (mfc))*),maintlevel?,techconds*,opconds*)〉
〈! ATTLIST model
  model    CDATA    #REQUIRED
〉
〈! ELEMENT version (versrank*)〉
〈! ATTLIST version
  version    CDATA    #REQUIRED
  id    ID    #IMPLIED
〉
〈! ELEMENT versrank ((single | range)+)〉
〈! ATTLIST versrank
  verstatus    CDATA    #IMPLIED
  id    ID    #IMPLIED
  level    NMTOKEN    #IMPLIED
  mark    NMTOKEN    #IMPLIED
  change    (add | delete | modify)    #IMPLIED
  rfc    CDATA    #IMPLIED
〉
〈! ELEMENT single (#PCDATA)〉
〈! ELEMENT range EMPTY〉
〈! ATTLIST range
  from    CDATA    #REQUIRED
  to    CDATA    #REQUIRED
〉
〈! ELEMENT csnref EMPTY〉
〈! ATTLIST csnref
```

```
    refcsn  CDATA    #REQUIRED
    refisn  CDATA    #IMPLIED
    refipp  CDATA    #IMPLIED
    refrpc  CDATA    #IMPLIED
    id  ID  #IMPLIED
    level   NMTOKEN     #IMPLIED
    mark    NMTOKEN   #IMPLIED
    change    (add | delete | modify)    #IMPLIED
    rfc    CDATA    #IMPLIED
    %XLINKATT2;
>
<! ELEMENT mfc (#PCDATA)>
<! ATTLIST mfc
    id    ID    #IMPLIED
    level    NMTOKEN    #IMPLIED
    mark     NMTOKEN    #IMPLIED
    change    (add | delete | modify)    #IMPLIED
    rfc     CDATA    #IMPLIED
>
<! ELEMENT maintlevel (mntlvl+)>
<! ELEMENT mntlvl EMPTY>
<! ATTLIST mntlvl
    mntlvl    (ml01 | ml02 | ml03 | ml04 | ml05 | ml06 | ml07 | ml08 | ml09 | ml10 | ml11 | ml12
| ml13 | ml14 | ml15 | ml16 | ml17 | ml18 | ml19 | ml20 | ml21 | ml22 | ml23 | ml24 | ml25 | ml26
| ml27 | ml28 | ml29 | ml30 | ml31 | ml32 | ml33 | ml34 | ml35 | ml36 | ml37 | ml38 | ml39 | ml40
| ml41 | ml42 | ml43 | ml44 | ml45 | ml46 | ml47 | ml48 | ml49 | ml50 | ml51 | ml52 | ml53 | ml54
| ml55 | ml56 | ml57 | ml58 | ml59 | ml60 | ml61 | ml62 | ml63 | ml64 | ml65 | ml66 | ml67 | ml68
| ml69 | ml70 | ml71 | ml72 | ml73 | ml74 | ml75 | ml76 | ml77 | ml78 | ml79 | ml80 | ml81 | ml82
| ml83 | ml84 | ml85 | ml86 | ml87 | ml88 | ml89 | ml90 | ml91 | ml92 | ml93 | ml94 | ml95 | ml96
| ml97 | ml98 | ml99)    #REQUIRED
>
<! ELEMENT techconds (textual-desc?,techcond*)>
<! ATTLIST techconds
    id    ID    #IMPLIED
    level    NMTOKEN    #IMPLIED
    mark    NMTOKEN    #IMPLIED
    change    (add | delete | modify)    #IMPLIED
    rfc    CDATA    #IMPLIED
>
<! ELEMENT textual-desc (#PCDATA)>
<! ATTLIST textual-desc
    id    ID    #IMPLIED
    level    NMTOKEN    #IMPLIED
    mark    NMTOKEN    #IMPLIED
    change    (add | delete | modify)    #IMPLIED
    rfc    CDATA    #IMPLIED
>
<! ELEMENT techcond (((((age | avee),issno?,dmtitle?) | (pubcode,pubtitle?,pubdate?) | condtitle)?),
scheduled?,embodied?)>
<! ATTLIST techcond
    tccode    (tc01 | tc02 | tc03 | tc04 | tc05 | tc06 | tc07 | tc08 | tc09 | tc10 | tc11 | tc12
| tc13 | tc14 | tc15 | tc16 | tc17 | tc18 | tc19 | tc20 | tc21 | tc22 | tc23 | tc24 | tc25 | tc26
| tc27 | tc28 | tc29 | tc30 | tc31 | tc32 | tc33 | tc34 | tc35 | tc36 | tc37 | tc38 | tc39 | tc40
| tc41 | tc42 | tc43 | tc44 | tc45 | tc46 | tc47 | tc48 | tc49 | tc50 | tc51 | tc52 | tc53 | tc54
| tc55 | tc56 | tc57 | tc58 | tc59 | tc60 | tc61 | tc62 | tc63 | tc64 | tc65 | tc66 | tc67 | tc68
| tc69 | tc70 | tc71 | tc72 | tc73 | tc74 | tc75 | tc76 | tc77 | tc78 | tc79 | tc80 | tc81 | tc82
| tc83 | tc84 | tc85 | tc86 | tc87 | tc88 | tc89 | tc90 | tc91 | tc92 | tc93 | tc94 | tc95 | tc96
| tc97 | tc98 | tc99)    #REQUIRED
    tcno    CDATA    #IMPLIED
    tctype    (pre | post | preandpo)    #REQUIRED
```

```
    mfc      CDATA      #IMPLIED
    id    ID     #IMPLIED
    level    NMTOKEN      #IMPLIED
    mark     NMTOKEN      #IMPLIED
    change     (add | delete | modify)      #IMPLIED
    rfc      CDATA      #IMPLIED
>
<!ELEMENT pubcode (#PCDATA | pmc)*>
<!ATTLIST pubcode
    pubcodsy CDATA      #IMPLIED
>
<!ELEMENT pmc (modelic,pmissuer,pmnumber,pmvolume)>
<!ELEMENT pmissuer (#PCDATA)>
<!ELEMENT pmnumber (#PCDATA)>
<!ELEMENT pmvolume (#PCDATA)>
<!ELEMENT pubtitle (#PCDATA)>
<!ELEMENT pubdate EMPTY>
<!ATTLIST pubdate
    year      NMTOKEN      #REQUIRED
    month     NMTOKEN      #REQUIRED
    day       NMTOKEN      #REQUIRED
>
<!ELEMENT condtitle (#PCDATA)>
<!ATTLIST condtitle
    id    ID     #IMPLIED
    level    NMTOKEN      #IMPLIED
    mark     NMTOKEN      #IMPLIED
    change     (add | delete | modify)      #IMPLIED
    rfc      CDATA      #IMPLIED
>
<!ELEMENT scheduled ((single | range)+)>
<!ATTLIST scheduled
    id    ID     #IMPLIED
    level    NMTOKEN      #IMPLIED
    mark     NMTOKEN      #IMPLIED
    change     (add | delete | modify)      #IMPLIED
    rfc      CDATA      #IMPLIED
>
<!ELEMENT embodied ((single | range)+)>
<!ATTLIST embodied
    id    ID     #IMPLIED
    level    NMTOKEN      #IMPLIED
    mark     NMTOKEN      #IMPLIED
    change     (add | delete | modify)      #IMPLIED
    rfc      CDATA      #IMPLIED
>
<!ELEMENT opconds (textual-desc?,opcond*)>
<!ATTLIST opconds
    id    ID     #IMPLIED
    level    NMTOKEN      #IMPLIED
    mark     NMTOKEN      #IMPLIED
    change     (add | delete | modify)      #IMPLIED
    rfc      CDATA      #IMPLIED
>
<!ELEMENT opcond (#PCDATA)>
<!ATTLIST opcond
    opcno      NMTOKEN      #IMPLIED
    opccode    CDATA      #IMPLIED
    confirmed NMTOKEN      #IMPLIED
    id    ID     #IMPLIED
```

```
    level     NMTOKEN      #IMPLIED
    mark      NMTOKEN      #IMPLIED
    change      (add | delete | modify)      #IMPLIED
    rfc       CDATA      #IMPLIED
>
<!ELEMENT instruct (distrib,  handling?)>
<!ATTLIST instruct
    id    ID      #IMPLIED
    level     NMTOKEN      #IMPLIED
    mark      NMTOKEN      #IMPLIED
    change      (add | delete | modify)      #IMPLIED
    rfc       CDATA      #IMPLIED
>
<!ELEMENT distrib (#PCDATA)>
<!ATTLIST distrib
    id    ID      #IMPLIED
    level     NMTOKEN      #IMPLIED
    mark      NMTOKEN      #IMPLIED
    change      (add | delete | modify)      #IMPLIED
    rfc       CDATA      #IMPLIED
>
<!ELEMENT handling (#PCDATA)>
<!ATTLIST handling
    id    ID      #IMPLIED
    level     NMTOKEN      #IMPLIED
    mark      NMTOKEN      #IMPLIED
    change      (add | delete | modify)      #IMPLIED
    rfc       CDATA      #IMPLIED
>
<!ELEMENT inform (copyright)>
<!ATTLIST inform
    id    ID      #IMPLIED
    level     NMTOKEN      #IMPLIED
    mark      NMTOKEN      #IMPLIED
    change      (add | delete | modify)      #IMPLIED
    rfc       CDATA      #IMPLIED
>
<!ELEMENT copyright (para+)>
<!ATTLIST copyright
    id    ID      #IMPLIED
    level     NMTOKEN      #IMPLIED
    mark      NMTOKEN      #IMPLIED
    change      (add | delete | modify)      #IMPLIED
    rfc       CDATA      #IMPLIED
>
<!ELEMENT para (#PCDATA | applic | ein | cb | parasigdata | quantity | xref | indxflag | change |
emphasis | symbol | subscrpt | supscrpt | refdm | reftp | ftnote | ftnref | acronym | acroterm |
seqlist | randlist | deflist)*>
<!ATTLIST para
    refapplic    IDREF      #IMPLIED
    id    ID      #IMPLIED
    level     NMTOKEN      #IMPLIED
    mark      NMTOKEN      #IMPLIED
    change      (add | delete | modify)      #IMPLIED
    rfc       CDATA      #IMPLIED
    class     (01 | 02 | 03 | 04 | 05 | 06 | 07 | 08 | 09 | 10 | 11 | 12 | 13 | 14 | 15 | 16 | 17
 | 18 | 19 | 20 | 21 | 22 | 23 | 24 | 25 | 26 | 27 | 28 | 29 | 30 | 31 | 32 | 33 | 34 | 35 | 36 |
37 | 38 | 39 | 40 | 41 | 42 | 43 | 44 | 45 | 46 | 47 | 48 | 49 | 50 | 51 | 52 | 53 | 54 | 55 | 56
 | 57 | 58 | 59 | 60 | 61 | 62 | 63 | 64 | 65 | 66 | 67 | 68 | 69 | 70 | 71 | 72 | 73 | 74 | 75 |
76 | 77 | 78 | 79 | 80 | 81 | 82 | 83 | 84 | 85 | 86 | 87 | 88 | 89 | 90 | 91 | 92 | 93 | 94 | 95
```

```
| 96 | 97 | 98 | 99)     # IMPLIED
  commcls    (cc01 | cc02 | cc03 | cc04 | cc05 | cc06 | cc07 | cc08 | cc09 | cc10 | cc11 | cc12
| cc13 | cc14 | cc15 | cc16 | cc17 | cc18 | cc19 | cc20 | cc21 | cc22 | cc23 | cc24 | cc25 | cc26
| cc27 | cc28 | cc29 | cc30 | cc31 | cc32 | cc33 | cc34 | cc35 | cc36 | cc37 | cc38 | cc39 | cc40
| cc41 | cc42 | cc43 | cc44 | cc45 | cc46 | cc47 | cc48 | cc49 | cc50 | cc51 | cc52 | cc53 | cc54
| cc55 | cc56 | cc57 | cc58 | cc59 | cc60 | cc61 | cc62 | cc63 | cc64 | cc65 | cc66 | cc67 | cc68
| cc69 | cc70 | cc71 | cc72 | cc73 | cc74 | cc75 | cc76 | cc77 | cc78 | cc79 | cc80 | cc81 | cc82
| cc83 | cc84 | cc85 | cc86 | cc87 | cc88 | cc89 | cc90 | cc91 | cc92 | cc93 | cc94 | cc95 | cc96
| cc97 | cc98 | cc99)     # IMPLIED
  caveat     (cv01 | cv02 | cv03 | cv04 | cv05 | cv06 | cv07 | cv08 | cv09 | cv10 | cv11 | cv12
| cv13 | cv14 | cv15 | cv16 | cv17 | cv18 | cv19 | cv20 | cv21 | cv22 | cv23 | cv24 | cv25 | cv26
| cv27 | cv28 | cv29 | cv30 | cv31 | cv32 | cv33 | cv34 | cv35 | cv36 | cv37 | cv38 | cv39 | cv40
| cv41 | cv42 | cv43 | cv44 | cv45 | cv46 | cv47 | cv48 | cv49 | cv50 | cv51 | cv52 | cv53 | cv54
| cv55 | cv56 | cv57 | cv58 | cv59 | cv60 | cv61 | cv62 | cv63 | cv64 | cv65 | cv66 | cv67 | cv68
| cv69 | cv70 | cv71 | cv72 | cv73 | cv74 | cv75 | cv76 | cv77 | cv78 | cv79 | cv80 | cv81 | cv82
| cv83 | cv84 | cv85 | cv86 | cv87 | cv88 | cv89 | cv90 | cv91 | cv92 | cv93 | cv94 | cv95 | cv96
| cv97 | cv98 | cv99)     # IMPLIED
〉
〈! ELEMENT ein (nomen?,refs?)〉
〈! ATTLIST ein
  einnbr    CDATA     # REQUIRED
  eintype     (exact | family)     # IMPLIED
  mfc      CDATA     # IMPLIED
  id    ID     # IMPLIED
  level     NMTOKEN     # IMPLIED
  mark      NMTOKEN     # IMPLIED
  change     (add | delete | modify)     # IMPLIED
  rfc       CDATA     # IMPLIED
〉
〈! ELEMENT nomen (# PCDATA)〉
〈! ATTLIST nomen
  level     NMTOKEN     # IMPLIED
  mark      NMTOKEN     # IMPLIED
  change     (add | delete | modify)     # IMPLIED
  rfc       CDATA     # IMPLIED
〉
〈! ELEMENT refs ((refdm + ,reftp * ) | reftp + )〉
〈! ELEMENT refdm ((applic?,dmcextension?,(age | avee),issno?,dmtitle?) | (( % XLINKEXT;) * ))〉
〈! ATTLIST refdm
  target    CDATA     # IMPLIED
  refapplic     IDREF     # IMPLIED
  id    ID     # IMPLIED
  level     NMTOKEN     # IMPLIED
  mark      NMTOKEN     # IMPLIED
  change     (add | delete | modify)     # IMPLIED
  rfc       CDATA     # IMPLIED
  % XLINKATT;
〉
〈! ELEMENT reftp (# PCDATA | applic | xref | indxflag | symbol | subscrpt | supscrpt | ftnref |
acronym | acroterm | capgrp | caption | pubcode | pubtitle | pubdate | % XLINKEXT;) * 〉
〈! ATTLIST reftp
  refapplic     IDREF     # IMPLIED
  id    ID     # IMPLIED
  level     NMTOKEN     # IMPLIED
  mark      NMTOKEN     # IMPLIED
  change     (add | delete | modify)     # IMPLIED
  rfc       CDATA     # IMPLIED
  % XLINKATT4;
〉
〈! ELEMENT xref (# PCDATA | applic | subscrpt | supscrpt) * 〉
```

```
<! ATTLIST xref
    xrefid    IDREF    #IMPLIED
    xidtype    (figure | table | multimedia | supply | supequip | spares | para | step | sheet |
multimediaobject | hotspot | param | other)   #IMPLIED
    target    CDATA    #IMPLIED
    destitle    CDATA    #IMPLIED
    pretext    CDATA    #IMPLIED
    posttext    CDATA    #IMPLIED
    refapplic   IDREF    #IMPLIED
    %XLINKATT3;
>
<! ELEMENT subscrpt (#PCDATA)>
<! ELEMENT supscrpt (#PCDATA)>
<! ELEMENT indxflag EMPTY>
<! ATTLIST indxflag
    ref1    CDATA    #IMPLIED
    ref2    CDATA    #IMPLIED
    ref3    CDATA    #IMPLIED
    ref4    CDATA    #IMPLIED
>
<! ELEMENT symbol (applic?)>
<! ATTLIST symbol
    boardno    ENTITY    #REQUIRED
    id    ID    #IMPLIED
    reprowid CDATA    #IMPLIED
    reprohgt CDATA    #IMPLIED
    reproscl CDATA    #IMPLIED
    refapplic    IDREF    #IMPLIED
    %XLINKATT1;
>
<! ELEMENT ftnref EMPTY>
<! ATTLIST ftnref
    xrefid    IDREF    #IMPLIED
>
<! ELEMENT acronym (acroterm,acrodef)>
<! ATTLIST acronym
    acrotype    (at01 | at02 | at03 | at04 | at05 | at06 | at07 | at08 | at09 | at10 | at11 | at12
 | at13 | at14 | at15 | at16 | at17 | at18 | at19 | at20 | at21 | at22 | at23 | at24 | at25 | at26
 | at27 | at28 | at29 | at30 | at31 | at32 | at33 | at34 | at35 | at36 | at37 | at38 | at39 | at40
 | at41 | at42 | at43 | at44 | at45 | at46 | at47 | at48 | at49 | at50 | at51 | at52 | at53 | at54
 | at55 | at56 | at57 | at58 | at59 | at60 | at61 | at62 | at63 | at64 | at65 | at66 | at67 | at68
 | at69 | at70 | at71 | at72 | at73 | at74 | at75 | at76 | at77 | at78 | at79 | at80 | at81 | at82
 | at83 | at84 | at85 | at86 | at87 | at88 | at89 | at90 | at91 | at92 | at93 | at94 | at95 | at96
 | at97 | at98 | at99)    "at01"
    id    ID    #IMPLIED
    level    NMTOKEN    #IMPLIED
    mark    NMTOKEN    #IMPLIED
    change    (add | delete | modify)    #IMPLIED
    rfc    CDATA    #IMPLIED
>
<! ELEMENT acroterm (#PCDATA | subscrpt | supscrpt)* >
<! ATTLIST acroterm
    xrefid    IDREF    #IMPLIED
>
<! ELEMENT acrodef (#PCDATA | subscrpt | supscrpt)* >
<! ATTLIST acrodef
    id    ID    #IMPLIED
    level    NMTOKEN    #IMPLIED
    mark    NMTOKEN    #IMPLIED
    change    (add | delete | modify)    #IMPLIED
```

```
    rfc      CDATA     #IMPLIED
  〉
〈! ELEMENT capgrp (applic?,colspec*,spanspec*,capbody)〉
〈! ATTLIST capgrp
    cols      NMTOKEN     #REQUIRED
    align     (left | right | center)     "left"
    toctype   (none | redtoc | comdtoc | ambertoc | greentoc | yelowtoc)   "none"
    colsep    NMTOKEN     #IMPLIED
    rowsep    NMTOKEN     #IMPLIED
    refapplic  IDREF      #IMPLIED
    id     ID     #IMPLIED
    level     NMTOKEN     #IMPLIED
    mark      NMTOKEN     #IMPLIED
    change    (add | delete | modify)     #IMPLIED
    rfc       CDATA     #IMPLIED
  〉
〈! ELEMENT colspec EMPTY〉
〈! ATTLIST colspec
    colnum    NMTOKEN     #IMPLIED
    colname   NMTOKEN     #IMPLIED
    align     (left | right | center | justify | char)     #IMPLIED
    charoff   CDATA       #IMPLIED
    char      CDATA       #IMPLIED
    colwidth  CDATA       #IMPLIED
    colsep    NMTOKEN     #IMPLIED
    rowsep    NMTOKEN     #IMPLIED
  〉
〈! ELEMENT spanspec EMPTY〉
〈! ATTLIST spanspec
    namest    NMTOKEN     #REQUIRED
    nameend   NMTOKEN     #REQUIRED
    spanname  NMTOKEN     #REQUIRED
    align     (left | right | center | justify | char)     "center"
    charoff   CDATA       #IMPLIED
    char      CDATA       #IMPLIED
    colsep    NMTOKEN     #IMPLIED
    rowsep    NMTOKEN     #IMPLIED
  〉
〈! ELEMENT capbody (applic?,caprow+)〉
〈! ATTLIST capbody
    valign    (top | bottom | middle)     "top"
    refapplic     IDREF     #IMPLIED
  〉
〈! ELEMENT caprow ((applic?,capentry)+)〉
〈! ATTLIST caprow
    rowsep    NMTOKEN     #IMPLIED
    refapplic  IDREF      #IMPLIED
    id     ID     #IMPLIED
    level     NMTOKEN     #IMPLIED
    mark      NMTOKEN     #IMPLIED
    change    (add | delete | modify)     #IMPLIED
    rfc       CDATA     #IMPLIED
  〉
〈! ELEMENT capentry (applic?,((caption | captext)?))〉
〈! ATTLIST capentry
    colname   NMTOKEN     #IMPLIED
    namest    NMTOKEN     #IMPLIED
    nameend   NMTOKEN     #IMPLIED
    spanname  NMTOKEN     #IMPLIED
    morerows  NMTOKEN     "0"
```

```
    colsep   NMTOKEN      #IMPLIED
    rowsep   NMTOKEN      #IMPLIED
    valign     (top | bottom | middle) "top"
    align     (left | right | center | justify)     #IMPLIED
    refapplic     IDREF     #IMPLIED
>
<! ELEMENT caption (applic?,capline+))
<! ATTLIST caption
    colour     (co00 | co01 | co02 | co03 | co04 | co05 | co06 | co07 | co08 | co09 | co10 | co11
| co12 | co13 | co14 | co15 | co16 | co17 | co18 | co19 | co20 | co21 | co22 | co23 | co24 | co25
| co26 | co27 | co28 | co29 | co30 | co31 | co32 | co33 | co34 | co35 | co36 | co37 | co38 | co39
| co40 | co41 | co42 | co43 | co44 | co45 | co46 | co47 | co48 | co49 | co50 | co51 | co52 | co53
| co54 | co55 | co56 | co57 | co58 | co59 | co60 | co61 | co62 | co63 | co64 | co65 | co66 | co67
| co68 | co69 | co70 | co71 | co72 | co73 | co74 | co75 | co76 | co77 | co78 | co79 | co80 | co81
| co82 | co83 | co84 | co85 | co86 | co87 | co88 | co89 | co90 | co91 | co92 | co93 | co94 | co95
| co96 | co97 | co98 | co99)    "co09"
    width    CDATA     #IMPLIED
    height   CDATA     #IMPLIED
    sysid    CDATA     #IMPLIED
    align     (left | right | center | justify)     "center"
    toctype     (none | redtoc | comdtoc | ambertoc | greentoc | yelowtoc)     "none"
    type    (primary | secondary)    "primary"
    refapplic     IDREF     #IMPLIED
    id    ID     #IMPLIED
    level    NMTOKEN      #IMPLIED
    mark     NMTOKEN      #IMPLIED
    change     (add | delete | modify)     #IMPLIED
    rfc      CDATA      #IMPLIED
>
<! ELEMENT capline (#PCDATA | acroterm) * >
<! ELEMENT captext (#PCDATA | xref | indxflag | change | emphasis | subscrpt | supscrpt | refdm |
reftp | acronym | acroterm) * >
<! ATTLIST captext
    level     NMTOKEN      #IMPLIED
    mark      NMTOKEN      #IMPLIED
    change     (add | delete | modify)     #IMPLIED
    rfc       CDATA      #IMPLIED
>
<! ELEMENT change (#PCDATA | ein | cb | parasigdata | quantity | xref | indxflag | change | emphasis |
symbol | subscrpt | supscrpt | refdm | reftp | ftnote | ftnref | acronym | acroterm) * >
<! ATTLIST change
    id     ID     #IMPLIED
    level     NMTOKEN      #IMPLIED
    mark     NMTOKEN      #IMPLIED
    change     (add | delete | modify)     #IMPLIED
    rfc      CDATA      #IMPLIED
>
<! ELEMENT emphasis (#PCDATA | ein | cb | parasigdata | quantity | xref | indxflag | change |
emphasis | symbol | subscrpt | supscrpt | refdm | reftp | ftnote | ftnref | acronym | acroterm) * >
<! ATTLIST emphasis
    emph (em01 | em02 | em03 | em04 | em05 | em06 | em07 | em08 | em09 | em10 | em11 | em12 | em13
| em14 | em15 | em16 | em17 | em18 | em19 | em20 | em21 | em22 | em23 | em24 | em25 | em26 | em27
| em28 | em29 | em30 | em31 | em32 | em33 | em34 | em35 | em36 | em37 | em38 | em39 | em40 | em41
| em42 | em43 | em44 | em45 | em46 | em47 | em48 | em49 | em50 | em51 | em52 | em53 | em54 | em55
| em56 | em57 | em58 | em59 | em60 | em61 | em62 | em63 | em64 | em65 | em66 | em67 | em68 | em69
| em70 | em71 | em72 | em73 | em74 | em75 | em76 | em77 | em78 | em79 | em80 | em81 | em82 | em83
| em84 | em85 | em86 | em87 | em88 | em89 | em90 | em91 | em92 | em93 | em94 | em95 | em96 | em97
| em98 | em99)    "em01"
>
<! ELEMENT cb (nomen?,refs?)>
```

```
〈! ATTLIST cb
    cbnbr   CDATA   #REQUIRED
    cbtype    (eltro | elmec | clip)    #IMPLIED
    cbaction    (open | close | verif-open | verif-close)    #IMPLIED
    checksum CDATA    #IMPLIED
    id    ID    #IMPLIED
    level    NMTOKEN    #IMPLIED
    mark    NMTOKEN    #IMPLIED
    change    (add | delete | modify)    #IMPLIED
    rfc    CDATA    #IMPLIED
〉
〈! ELEMENT parasigdata (#PCDATA)〉
〈! ATTLIST parasigdata
    psdtype (psd01 | psd02 | psd03 | psd04 | psd05 | psd06 | psd07 | psd08 | psd09 | psd10 | psd11
| psd12 | psd13 | psd14 | psd15 | psd16 | psd17 | psd18 | psd19 | psd20 | psd21 | psd22 | psd23
| psd24 | psd25 | psd26 | psd27 | psd28 | psd29 | psd30 | psd31 | psd32 | psd33 | psd34 | psd35
| psd36 | psd37 | psd38 | psd39 | psd40 | psd41 | psd42 | psd43 | psd44 | psd45 | psd46 | psd47
| psd48 | psd49 | psd50 | psd51 | psd52 | psd53 | psd54 | psd55 | psd56 | psd57 | psd58 | psd59
| psd60 | psd61 | psd62 | psd63 | psd64 | psd65 | psd66 | psd67 | psd68 | psd69 | psd70 | psd71
| psd72 | psd73 | psd74 | psd75 | psd76 | psd77 | psd78 | psd79 | psd80 | psd81 | psd82 | psd83
| psd84 | psd85 | psd86 | psd87 | psd88 | psd89 | psd90 | psd91 | psd92 | psd93 | psd94 | psd95
| psd96 | psd97 | psd98 | psd99)    #REQUIRED
〉
〈! ELEMENT quantity (#PCDATA | qtygrp)*〉
〈! ATTLIST quantity
    qtytype (qty01 | qty02 | qty03 | qty04 | qty05 | qty06 | qty07 | qty08 | qty09 | qty10 | qty11
| qty12 | qty13 | qty14 | qty15 | qty16 | qty17 | qty18 | qty19 | qty20 | qty21 | qty22 | qty23
| qty24 | qty25 | qty26 | qty27 | qty28 | qty29 | qty30 | qty31 | qty32 | qty33 | qty34 | qty35
| qty36 | qty37 | qty38 | qty39 | qty40 | qty41 | qty42 | qty43 | qty44 | qty45 | qty46 | qty47
| qty48 | qty49 | qty50 | qty51 | qty52 | qty53 | qty54 | qty55 | qty56 | qty57 | qty58 | qty59
| qty60 | qty61 | qty62 | qty63 | qty64 | qty65 | qty66 | qty67 | qty68 | qty69 | qty70 | qty71
| qty72 | qty73 | qty74 | qty75 | qty76 | qty77 | qty78 | qty79 | qty80 | qty81 | qty82 | qty83
| qty84 | qty85 | qty86 | qty87 | qty88 | qty89 | qty90 | qty91 | qty92 | qty93 | qty94 | qty95
| qty96 | qty97 | qty98 | qty99)    #IMPLIED
〉
〈! ELEMENT qtygrp ((qtyvalue+,qtytolerance*) | (qtytolerance+))〉
〈! ATTLIST qtygrp
    qtygrptype    (nominal | minimum | maximum)    "nominal"
    qtyuom    CDATA    #IMPLIED
〉
〈! ELEMENT qtyvalue (#PCDATA)〉
〈! ATTLIST qtyvalue
    qtyuom    CDATA    #IMPLIED
〉
〈! ELEMENT qtytolerance (#PCDATA)〉
〈! ATTLIST qtytolerance
    qtytoltype    (plus | minus | plusorminus)    "plusorminus"
    qtyuom    CDATA    #IMPLIED
〉
〈! ELEMENT ftnote (applic?,para+)〉
〈! ATTLIST ftnote
    ftnmark    (num | sym | alpha)    "num"
    refapplic    IDREF    #IMPLIED
    id    ID    #IMPLIED
    level    NMTOKEN    #IMPLIED
    mark    NMTOKEN    #IMPLIED
    change    (add | delete | modify)    #IMPLIED
    rfc    CDATA    #IMPLIED
    class    (01 | 02 | 03 | 04 | 05 | 06 | 07 | 08 | 09 | 10 | 11 | 12 | 13 | 14 | 15 | 16 | 17
| 18 | 19 | 20 | 21 | 22 | 23 | 24 | 25 | 26 | 27 | 28 | 29 | 30 | 31 | 32 | 33 | 34 | 35 | 36 |
```

```
37 | 38 | 39 | 40 | 41 | 42 | 43 | 44 | 45 | 46 | 47 | 48 | 49 | 50 | 51 | 52 | 53 | 54 | 55 | 56
| 57 | 58 | 59 | 60 | 61 | 62 | 63 | 64 | 65 | 66 | 67 | 68 | 69 | 70 | 71 | 72 | 73 | 74 | 75 |
76 | 77 | 78 | 79 | 80 | 81 | 82 | 83 | 84 | 85 | 86 | 87 | 88 | 89 | 90 | 91 | 92 | 93 | 94 | 95
| 96 | 97 | 98 | 99)    #IMPLIED
  commcls   (cc01 | cc02 | cc03 | cc04 | cc05 | cc06 | cc07 | cc08 | cc09 | cc10 | cc11 | cc12
| cc13 | cc14 | cc15 | cc16 | cc17 | cc18 | cc19 | cc20 | cc21 | cc22 | cc23 | cc24 | cc25 | cc26
| cc27 | cc28 | cc29 | cc30 | cc31 | cc32 | cc33 | cc34 | cc35 | cc36 | cc37 | cc38 | cc39 | cc40
| cc41 | cc42 | cc43 | cc44 | cc45 | cc46 | cc47 | cc48 | cc49 | cc50 | cc51 | cc52 | cc53 | cc54
| cc55 | cc56 | cc57 | cc58 | cc59 | cc60 | cc61 | cc62 | cc63 | cc64 | cc65 | cc66 | cc67 | cc68
| cc69 | cc70 | cc71 | cc72 | cc73 | cc74 | cc75 | cc76 | cc77 | cc78 | cc79 | cc80 | cc81 | cc82
| cc83 | cc84 | cc85 | cc86 | cc87 | cc88 | cc89 | cc90 | cc91 | cc92 | cc93 | cc94 | cc95 | cc96
| cc97 | cc98 | cc99)    #IMPLIED
  caveat   (cv01 | cv02 | cv03 | cv04 | cv05 | cv06 | cv07 | cv08 | cv09 | cv10 | cv11 | cv12
| cv13 | cv14 | cv15 | cv16 | cv17 | cv18 | cv19 | cv20 | cv21 | cv22 | cv23 | cv24 | cv25 | cv26
| cv27 | cv28 | cv29 | cv30 | cv31 | cv32 | cv33 | cv34 | cv35 | cv36 | cv37 | cv38 | cv39 | cv40
| cv41 | cv42 | cv43 | cv44 | cv45 | cv46 | cv47 | cv48 | cv49 | cv50 | cv51 | cv52 | cv53 | cv54
| cv55 | cv56 | cv57 | cv58 | cv59 | cv60 | cv61 | cv62 | cv63 | cv64 | cv65 | cv66 | cv67 | cv68
| cv69 | cv70 | cv71 | cv72 | cv73 | cv74 | cv75 | cv76 | cv77 | cv78 | cv79 | cv80 | cv81 | cv82
| cv83 | cv84 | cv85 | cv86 | cv87 | cv88 | cv89 | cv90 | cv91 | cv92 | cv93 | cv94 | cv95 | cv96
| cv97 | cv98 | cv99)    #IMPLIED
>
<! ELEMENT seqlist (applic?,title?,item+)>
<! ATTLIST seqlist
  refapplic   IDREF   #IMPLIED
  id   ID   #IMPLIED
  level   NMTOKEN   #IMPLIED
  mark   NMTOKEN   #IMPLIED
  change   (add | delete | modify)   #IMPLIED
  rfc   CDATA   #IMPLIED
  class   (01 | 02 | 03 | 04 | 05 | 06 | 07 | 08 | 09 | 10 | 11 | 12 | 13 | 14 | 15 | 16 | 17
| 18 | 19 | 20 | 21 | 22 | 23 | 24 | 25 | 26 | 27 | 28 | 29 | 30 | 31 | 32 | 33 | 34 | 35 | 36 |
37 | 38 | 39 | 40 | 41 | 42 | 43 | 44 | 45 | 46 | 47 | 48 | 49 | 50 | 51 | 52 | 53 | 54 | 55 | 56
| 57 | 58 | 59 | 60 | 61 | 62 | 63 | 64 | 65 | 66 | 67 | 68 | 69 | 70 | 71 | 72 | 73 | 74 | 75 |
76 | 77 | 78 | 79 | 80 | 81 | 82 | 83 | 84 | 85 | 86 | 87 | 88 | 89 | 90 | 91 | 92 | 93 | 94 | 95
| 96 | 97 | 98 | 99)    #IMPLIED
  commcls   (cc01 | cc02 | cc03 | cc04 | cc05 | cc06 | cc07 | cc08 | cc09 | cc10 | cc11 | cc12
| cc13 | cc14 | cc15 | cc16 | cc17 | cc18 | cc19 | cc20 | cc21 | cc22 | cc23 | cc24 | cc25 | cc26
| cc27 | cc28 | cc29 | cc30 | cc31 | cc32 | cc33 | cc34 | cc35 | cc36 | cc37 | cc38 | cc39 | cc40
| cc41 | cc42 | cc43 | cc44 | cc45 | cc46 | cc47 | cc48 | cc49 | cc50 | cc51 | cc52 | cc53 | cc54
| cc55 | cc56 | cc57 | cc58 | cc59 | cc60 | cc61 | cc62 | cc63 | cc64 | cc65 | cc66 | cc67 | cc68
| cc69 | cc70 | cc71 | cc72 | cc73 | cc74 | cc75 | cc76 | cc77 | cc78 | cc79 | cc80 | cc81 | cc82
| cc83 | cc84 | cc85 | cc86 | cc87 | cc88 | cc89 | cc90 | cc91 | cc92 | cc93 | cc94 | cc95 | cc96
| cc97 | cc98 | cc99)    #IMPLIED
  caveat   (cv01 | cv02 | cv03 | cv04 | cv05 | cv06 | cv07 | cv08 | cv09 | cv10 | cv11 | cv12
| cv13 | cv14 | cv15 | cv16 | cv17 | cv18 | cv19 | cv20 | cv21 | cv22 | cv23 | cv24 | cv25 | cv26
| cv27 | cv28 | cv29 | cv30 | cv31 | cv32 | cv33 | cv34 | cv35 | cv36 | cv37 | cv38 | cv39 | cv40
| cv41 | cv42 | cv43 | cv44 | cv45 | cv46 | cv47 | cv48 | cv49 | cv50 | cv51 | cv52 | cv53 | cv54
| cv55 | cv56 | cv57 | cv58 | cv59 | cv60 | cv61 | cv62 | cv63 | cv64 | cv65 | cv66 | cv67 | cv68
| cv69 | cv70 | cv71 | cv72 | cv73 | cv74 | cv75 | cv76 | cv77 | cv78 | cv79 | cv80 | cv81 | cv82
| cv83 | cv84 | cv85 | cv86 | cv87 | cv88 | cv89 | cv90 | cv91 | cv92 | cv93 | cv94 | cv95 | cv96
| cv97 | cv98 | cv99)    #IMPLIED
>
<! ELEMENT title (#PCDATA | ein | cb | parasigdata | quantity | xref | indxflag | change | emphasis
| symbol | subscrpt | supscrpt | refdm | reftp | ftnote | ftnref | acronym | acroterm)*>
<! ATTLIST title
  class   (01 | 02 | 03 | 04 | 05 | 06 | 07 | 08 | 09 | 10 | 11 | 12 | 13 | 14 | 15 | 16 | 17
| 18 | 19 | 20 | 21 | 22 | 23 | 24 | 25 | 26 | 27 | 28 | 29 | 30 | 31 | 32 | 33 | 34 | 35 | 36 |
37 | 38 | 39 | 40 | 41 | 42 | 43 | 44 | 45 | 46 | 47 | 48 | 49 | 50 | 51 | 52 | 53 | 54 | 55 | 56
| 57 | 58 | 59 | 60 | 61 | 62 | 63 | 64 | 65 | 66 | 67 | 68 | 69 | 70 | 71 | 72 | 73 | 74 | 75 |
76 | 77 | 78 | 79 | 80 | 81 | 82 | 83 | 84 | 85 | 86 | 87 | 88 | 89 | 90 | 91 | 92 | 93 | 94 | 95
```

```
| 96 | 97 | 98 | 99)    #IMPLIED
    commcls    (cc01 | cc02 | cc03 | cc04 | cc05 | cc06 | cc07 | cc08 | cc09 | cc10 | cc11 | cc12
| cc13 | cc14 | cc15 | cc16 | cc17 | cc18 | cc19 | cc20 | cc21 | cc22 | cc23 | cc24 | cc25 | cc26
| cc27 | cc28 | cc29 | cc30 | cc31 | cc32 | cc33 | cc34 | cc35 | cc36 | cc37 | cc38 | cc39 | cc40
| cc41 | cc42 | cc43 | cc44 | cc45 | cc46 | cc47 | cc48 | cc49 | cc50 | cc51 | cc52 | cc53 | cc54
| cc55 | cc56 | cc57 | cc58 | cc59 | cc60 | cc61 | cc62 | cc63 | cc64 | cc65 | cc66 | cc67 | cc68
| cc69 | cc70 | cc71 | cc72 | cc73 | cc74 | cc75 | cc76 | cc77 | cc78 | cc79 | cc80 | cc81 | cc82
| cc83 | cc84 | cc85 | cc86 | cc87 | cc88 | cc89 | cc90 | cc91 | cc92 | cc93 | cc94 | cc95 | cc96
| cc97 | cc98 | cc99)    #IMPLIED
    caveat    (cv01 | cv02 | cv03 | cv04 | cv05 | cv06 | cv07 | cv08 | cv09 | cv10 | cv11 | cv12
| cv13 | cv14 | cv15 | cv16 | cv17 | cv18 | cv19 | cv20 | cv21 | cv22 | cv23 | cv24 | cv25 | cv26
| cv27 | cv28 | cv29 | cv30 | cv31 | cv32 | cv33 | cv34 | cv35 | cv36 | cv37 | cv38 | cv39 | cv40
| cv41 | cv42 | cv43 | cv44 | cv45 | cv46 | cv47 | cv48 | cv49 | cv50 | cv51 | cv52 | cv53 | cv54
| cv55 | cv56 | cv57 | cv58 | cv59 | cv60 | cv61 | cv62 | cv63 | cv64 | cv65 | cv66 | cv67 | cv68
| cv69 | cv70 | cv71 | cv72 | cv73 | cv74 | cv75 | cv76 | cv77 | cv78 | cv79 | cv80 | cv81 | cv82
| cv83 | cv84 | cv85 | cv86 | cv87 | cv88 | cv89 | cv90 | cv91 | cv92 | cv93 | cv94 | cv95 | cv96
| cv97 | cv98 | cv99)    #IMPLIED
>
<! ELEMENT item (#PCDATA | applic | note | para | ein | cb | parasigdata | quantity | xref | indxflag |
change | emphasis | symbol | subscrpt | supscrpt | refdm | reftp | ftnote | ftnref | acronym |
acroterm | seqlist | randlist | deflist) * >
<! ATTLIST item
    refapplic    IDREF    #IMPLIED
    id    ID    #IMPLIED
    level    NMTOKEN    #IMPLIED
    mark    NMTOKEN    #IMPLIED
    change    (add | delete | modify)    #IMPLIED
    rfc    CDATA    #IMPLIED
>
<! ELEMENT note (applic?,((symbol | para | (seqlist | randlist | deflist)) + ))>
<! ATTLIST note
    type    CDATA    #IMPLIED
    refapplic    IDREF    #IMPLIED
    xrefid    IDREF    #IMPLIED
    id    ID    #IMPLIED
    level    NMTOKEN    #IMPLIED
    mark    NMTOKEN    #IMPLIED
    change    (add | delete | modify)    #IMPLIED
    rfc    CDATA    #IMPLIED
>
<! ELEMENT randlist (applic?,title?,item + )>
<! ATTLIST randlist
    prefix    (pf01 | pf02 | pf03 | pf04 | pf05 | pf06 | pf07 | pf08 | pf09 | pf10 | pf11 | pf12
| pf13 | pf14 | pf15 | pf16 | pf17 | pf18 | pf19 | pf20 | pf21 | pf22 | pf23 | pf24 | pf25 | pf26
| pf27 | pf28 | pf29 | pf30 | pf31 | pf32 | pf33 | pf34 | pf35 | pf36 | pf37 | pf38 | pf39 | pf40
| pf41 | pf42 | pf43 | pf44 | pf45 | pf46 | pf47 | pf48 | pf49 | pf50 | pf51 | pf52 | pf53 | pf54
| pf55 | pf56 | pf57 | pf58 | pf59 | pf60 | pf61 | pf62 | pf63 | pf64 | pf65 | pf66 | pf67 | pf68
| pf69 | pf70 | pf71 | pf72 | pf73 | pf74 | pf75 | pf76 | pf77 | pf78 | pf79 | pf80 | pf81 | pf82
| pf83 | pf84 | pf85 | pf86 | pf87 | pf88 | pf89 | pf90 | pf91 | pf92 | pf93 | pf94 | pf95 | pf96
| pf97 | pf98 | pf99)    "pf02"
    refapplic    IDREF    #IMPLIED
    id    ID    #IMPLIED
    level    NMTOKEN    #IMPLIED
    mark    NMTOKEN    #IMPLIED
    change    (add | delete | modify)    #IMPLIED
    rfc    CDATA    #IMPLIED
    class    (01 | 02 | 03 | 04 | 05 | 06 | 07 | 08 | 09 | 10 | 11 | 12 | 13 | 14 | 15 | 16 | 17
| 18 | 19 | 20 | 21 | 22 | 23 | 24 | 25 | 26 | 27 | 28 | 29 | 30 | 31 | 32 | 33 | 34 | 35 | 36 |
37 | 38 | 39 | 40 | 41 | 42 | 43 | 44 | 45 | 46 | 47 | 48 | 49 | 50 | 51 | 52 | 53 | 54 | 55 | 56
| 57 | 58 | 59 | 60 | 61 | 62 | 63 | 64 | 65 | 66 | 67 | 68 | 69 | 70 | 71 | 72 | 73 | 74 | 75 |
```

```
76 | 77 | 78 | 79 | 80 | 81 | 82 | 83 | 84 | 85 | 86 | 87 | 88 | 89 | 90 | 91 | 92 | 93 | 94 | 95
| 96 | 97 | 98 | 99) #IMPLIED
    commcls (cc01 | cc02 | cc03 | cc04 | cc05 | cc06 | cc07 | cc08 | cc09 | cc10 | cc11 | cc12
| cc13 | cc14 | cc15 | cc16 | cc17 | cc18 | cc19 | cc20 | cc21 | cc22 | cc23 | cc24 | cc25 | cc26
| cc27 | cc28 | cc29 | cc30 | cc31 | cc32 | cc33 | cc34 | cc35 | cc36 | cc37 | cc38 | cc39 | cc40
| cc41 | cc42 | cc43 | cc44 | cc45 | cc46 | cc47 | cc48 | cc49 | cc50 | cc51 | cc52 | cc53 | cc54
| cc55 | cc56 | cc57 | cc58 | cc59 | cc60 | cc61 | cc62 | cc63 | cc64 | cc65 | cc66 | cc67 | cc68
| cc69 | cc70 | cc71 | cc72 | cc73 | cc74 | cc75 | cc76 | cc77 | cc78 | cc79 | cc80 | cc81 | cc82
| cc83 | cc84 | cc85 | cc86 | cc87 | cc88 | cc89 | cc90 | cc91 | cc92 | cc93 | cc94 | cc95 | cc96
| cc97 | cc98 | cc99) #IMPLIED
    caveat (cv01 | cv02 | cv03 | cv04 | cv05 | cv06 | cv07 | cv08 | cv09 | cv10 | cv11 | cv12
| cv13 | cv14 | cv15 | cv16 | cv17 | cv18 | cv19 | cv20 | cv21 | cv22 | cv23 | cv24 | cv25 | cv26
| cv27 | cv28 | cv29 | cv30 | cv31 | cv32 | cv33 | cv34 | cv35 | cv36 | cv37 | cv38 | cv39 | cv40
| cv41 | cv42 | cv43 | cv44 | cv45 | cv46 | cv47 | cv48 | cv49 | cv50 | cv51 | cv52 | cv53 | cv54
| cv55 | cv56 | cv57 | cv58 | cv59 | cv60 | cv61 | cv62 | cv63 | cv64 | cv65 | cv66 | cv67 | cv68
| cv69 | cv70 | cv71 | cv72 | cv73 | cv74 | cv75 | cv76 | cv77 | cv78 | cv79 | cv80 | cv81 | cv82
| cv83 | cv84 | cv85 | cv86 | cv87 | cv88 | cv89 | cv90 | cv91 | cv92 | cv93 | cv94 | cv95 | cv96
| cv97 | cv98 | cv99) #IMPLIED
>
<! ELEMENT deflist (applic?,title?,((term,def)+))>
<! ATTLIST deflist
    refapplic IDREF #IMPLIED
    id ID #IMPLIED
    level NMTOKEN #IMPLIED
    mark NMTOKEN #IMPLIED
    change (add | delete | modify) #IMPLIED
    rfc CDATA #IMPLIED
    class (01 | 02 | 03 | 04 | 05 | 06 | 07 | 08 | 09 | 10 | 11 | 12 | 13 | 14 | 15 | 16 | 17
| 18 | 19 | 20 | 21 | 22 | 23 | 24 | 25 | 26 | 27 | 28 | 29 | 30 | 31 | 32 | 33 | 34 | 35 | 36 |
37 | 38 | 39 | 40 | 41 | 42 | 43 | 44 | 45 | 46 | 47 | 48 | 49 | 50 | 51 | 52 | 53 | 54 | 55 | 56
| 57 | 58 | 59 | 60 | 61 | 62 | 63 | 64 | 65 | 66 | 67 | 68 | 69 | 70 | 71 | 72 | 73 | 74 | 75 |
76 | 77 | 78 | 79 | 80 | 81 | 82 | 83 | 84 | 85 | 86 | 87 | 88 | 89 | 90 | 91 | 92 | 93 | 94 | 95
| 96 | 97 | 98 | 99) #IMPLIED
    commcls (cc01 | cc02 | cc03 | cc04 | cc05 | cc06 | cc07 | cc08 | cc09 | cc10 | cc11 | cc12
| cc13 | cc14 | cc15 | cc16 | cc17 | cc18 | cc19 | cc20 | cc21 | cc22 | cc23 | cc24 | cc25 | cc26
| cc27 | cc28 | cc29 | cc30 | cc31 | cc32 | cc33 | cc34 | cc35 | cc36 | cc37 | cc38 | cc39 | cc40
| cc41 | cc42 | cc43 | cc44 | cc45 | cc46 | cc47 | cc48 | cc49 | cc50 | cc51 | cc52 | cc53 | cc54
| cc55 | cc56 | cc57 | cc58 | cc59 | cc60 | cc61 | cc62 | cc63 | cc64 | cc65 | cc66 | cc67 | cc68
| cc69 | cc70 | cc71 | cc72 | cc73 | cc74 | cc75 | cc76 | cc77 | cc78 | cc79 | cc80 | cc81 | cc82
| cc83 | cc84 | cc85 | cc86 | cc87 | cc88 | cc89 | cc90 | cc91 | cc92 | cc93 | cc94 | cc95 | cc96
| cc97 | cc98 | cc99) #IMPLIED
    caveat (cv01 | cv02 | cv03 | cv04 | cv05 | cv06 | cv07 | cv08 | cv09 | cv10 | cv11 | cv12
| cv13 | cv14 | cv15 | cv16 | cv17 | cv18 | cv19 | cv20 | cv21 | cv22 | cv23 | cv24 | cv25 | cv26
| cv27 | cv28 | cv29 | cv30 | cv31 | cv32 | cv33 | cv34 | cv35 | cv36 | cv37 | cv38 | cv39 | cv40
| cv41 | cv42 | cv43 | cv44 | cv45 | cv46 | cv47 | cv48 | cv49 | cv50 | cv51 | cv52 | cv53 | cv54
| cv55 | cv56 | cv57 | cv58 | cv59 | cv60 | cv61 | cv62 | cv63 | cv64 | cv65 | cv66 | cv67 | cv68
| cv69 | cv70 | cv71 | cv72 | cv73 | cv74 | cv75 | cv76 | cv77 | cv78 | cv79 | cv80 | cv81 | cv82
| cv83 | cv84 | cv85 | cv86 | cv87 | cv88 | cv89 | cv90 | cv91 | cv92 | cv93 | cv94 | cv95 | cv96
| cv97 | cv98 | cv99) #IMPLIED
>
<! ELEMENT term (#PCDATA | applic | ein | cb | parasigdata | quantity | xref | indxflag | change |
emphasis | symbol | subscrpt | supscrpt | refdm | reftp | ftnote | ftnref | acronym | acroterm)*>
<! ATTLIST term
    refapplic IDREF #IMPLIED
    id ID #IMPLIED
    level NMTOKEN #IMPLIED
    mark NMTOKEN #IMPLIED
    change (add | delete | modify) #IMPLIED
    rfc CDATA #IMPLIED
>
```

```
〈! ELEMENT def (# PCDATA | applic | para | ein | cb | parasigdata | quantity | xref | indxflag |
change | emphasis | symbol | subscrpt | supscrpt | refdm | reftp | ftnote | ftnref | acronym |
acroterm | seqlist | randlist | deflist) * 〉
〈! ATTLIST def
    refapplic    IDREF    # IMPLIED
    id    ID    # IMPLIED
    level    NMTOKEN    # IMPLIED
    mark    NMTOKEN    # IMPLIED
    change    (add | delete | modify)    # IMPLIED
    rfc    CDATA    # IMPLIED
〉
〈! ELEMENT rpc (# PCDATA)〉
〈! ATTLIST rpc
    rpcname  CDATA    # IMPLIED
    id    ID    # IMPLIED
〉
〈! ELEMENT orig (# PCDATA)〉
〈! ATTLIST orig
    origname CDATA    # IMPLIED
    id    ID    # IMPLIED
〉
〈! ELEMENT inlineapplics (applic + )〉
〈! ELEMENT brexref (refdm)〉
〈! ELEMENT qa (applic?,(unverif | (firstver,secver?)))〉
〈! ATTLIST qa
    refapplic    IDREF    # IMPLIED
〉
〈! ELEMENT unverif EMPTY〉
〈! ELEMENT firstver EMPTY〉
〈! ATTLIST firstver
    type    (tabtop | onobject | ttandoo)    # REQUIRED
〉
〈! ELEMENT secver EMPTY〉
〈! ATTLIST secver
    type    (tabtop | onobject | ttandoo)    # REQUIRED
〉
〈! ELEMENT rfu (# PCDATA | applic | p) * 〉
〈! ATTLIST rfu
    refapplic    IDREF    # IMPLIED
〉
〈! ELEMENT p (# PCDATA | subscrpt | supscrpt) * 〉
〈! ATTLIST p
    id    ID    # IMPLIED
    level    NMTOKEN    # IMPLIED
    mark    NMTOKEN    # IMPLIED
    change    (add | delete | modify)    # IMPLIED
    rfc    CDATA    # IMPLIED
〉
〈! ELEMENT remarks (# PCDATA | applic | p) * 〉
〈! ATTLIST remarks
    refapplic    IDREF  # IMPLIED
〉
〈! ELEMENT content (refs?,ipc)〉
〈! ATTLIST content
    id    ID    # IMPLIED
〉
〈! ELEMENT ipc (figure?,multimedia?,ipp?,zones?,csn + )〉
〈! ELEMENT figure ((applic?,title),((graphic,rfa * ) | ((applic?,sheet,graphic,rfa * ) + )),legend?)〉
〈! ATTLIST figure
    refapplic    IDREF    # IMPLIED
```

```
    id    ID    #IMPLIED
    level    NMTOKEN    #IMPLIED
    mark    NMTOKEN    #IMPLIED
    change    (add | delete | modify)    #IMPLIED
    rfc    CDATA    #IMPLIED
    class    (01 | 02 | 03 | 04 | 05 | 06 | 07 | 08 | 09 | 10 | 11 | 12 | 13 | 14 | 15 | 16 | 17
| 18 | 19 | 20 | 21 | 22 | 23 | 24 | 25 | 26 | 27 | 28 | 29 | 30 | 31 | 32 | 33 | 34 | 35 | 36 |
37 | 38 | 39 | 40 | 41 | 42 | 43 | 44 | 45 | 46 | 47 | 48 | 49 | 50 | 51 | 52 | 53 | 54 | 55 | 56
| 57 | 58 | 59 | 60 | 61 | 62 | 63 | 64 | 65 | 66 | 67 | 68 | 69 | 70 | 71 | 72 | 73 | 74 | 75 |
76 | 77 | 78 | 79 | 80 | 81 | 82 | 83 | 84 | 85 | 86 | 87 | 88 | 89 | 90 | 91 | 92 | 93 | 94 | 95
| 96 | 97 | 98 | 99)    #IMPLIED
    commcls    (cc01 | cc02 | cc03 | cc04 | cc05 | cc06 | cc07 | cc08 | cc09 | cc10 | cc11 | cc12
| cc13 | cc14 | cc15 | cc16 | cc17 | cc18 | cc19 | cc20 | cc21 | cc22 | cc23 | cc24 | cc25 | cc26
| cc27 | cc28 | cc29 | cc30 | cc31 | cc32 | cc33 | cc34 | cc35 | cc36 | cc37 | cc38 | cc39 | cc40
| cc41 | cc42 | cc43 | cc44 | cc45 | cc46 | cc47 | cc48 | cc49 | cc50 | cc51 | cc52 | cc53 | cc54
| cc55 | cc56 | cc57 | cc58 | cc59 | cc60 | cc61 | cc62 | cc63 | cc64 | cc65 | cc66 | cc67 | cc68
| cc69 | cc70 | cc71 | cc72 | cc73 | cc74 | cc75 | cc76 | cc77 | cc78 | cc79 | cc80 | cc81 | cc82
| cc83 | cc84 | cc85 | cc86 | cc87 | cc88 | cc89 | cc90 | cc91 | cc92 | cc93 | cc94 | cc95 | cc96
| cc97 | cc98 | cc99)    #IMPLIED
    caveat    (cv01 | cv02 | cv03 | cv04 | cv05 | cv06 | cv07 | cv08 | cv09 | cv10 | cv11 | cv12
| cv13 | cv14 | cv15 | cv16 | cv17 | cv18 | cv19 | cv20 | cv21 | cv22 | cv23 | cv24 | cv25 | cv26
| cv27 | cv28 | cv29 | cv30 | cv31 | cv32 | cv33 | cv34 | cv35 | cv36 | cv37 | cv38 | cv39 | cv40
| cv41 | cv42 | cv43 | cv44 | cv45 | cv46 | cv47 | cv48 | cv49 | cv50 | cv51 | cv52 | cv53 | cv54
| cv55 | cv56 | cv57 | cv58 | cv59 | cv60 | cv61 | cv62 | cv63 | cv64 | cv65 | cv66 | cv67 | cv68
| cv69 | cv70 | cv71 | cv72 | cv73 | cv74 | cv75 | cv76 | cv77 | cv78 | cv79 | cv80 | cv81 | cv82
| cv83 | cv84 | cv85 | cv86 | cv87 | cv88 | cv89 | cv90 | cv91 | cv92 | cv93 | cv94 | cv95 | cv96
| cv97 | cv98 | cv99)    #IMPLIED
>
<!ELEMENT graphic (hotspot*)>
<!ATTLIST graphic
    boardno    ENTITY    #REQUIRED
    id    ID    #IMPLIED
    reprowid CDATA    #IMPLIED
    reprohgt CDATA    #IMPLIED
    reproscl CDATA    #IMPLIED
    %XLINKATT0;
>
<!ELEMENT hotspot (applic?,((hotspot | xref | refdm | csnref)*))>
<!ATTLIST hotspot
    id    ID    #IMPLIED
    apsid    CDATA    #IMPLIED
    apsname  CDATA    #IMPLIED
    type    CDATA    #IMPLIED
    title    CDATA    #IMPLIED
    descript CDATA    #IMPLIED
    coords    CDATA    #IMPLIED
    visibility    (visible | hidden)    "visible"
    refapplic    IDREF    #IMPLIED
>
<!ELEMENT rfa (#PCDATA | applic | ein | cb | parasigdata | quantity | xref | indxflag | change |
emphasis | symbol | subscrpt | supscrpt | refdm | reftp | ftnote | ftnref | acronym | acroterm)*>
<!ATTLIST rfa
    refapplic    IDREF    #IMPLIED
>
<!ELEMENT sheet EMPTY>
<!ATTLIST sheet
    sheetno  NMTOKEN    #REQUIRED
    total    NMTOKEN    #REQUIRED
    id    ID    #IMPLIED
    level    NMTOKEN    #IMPLIED
```

```
    mark      NMTOKEN      # IMPLIED
    change      (add | delete | modify)      # IMPLIED
    rfc      CDATA      # IMPLIED
    refapplic      IDREF      # IMPLIED
〉
〈! ELEMENT legend (deflist)〉
〈! ATTLIST legend
    id      ID      # IMPLIED
    level      NMTOKEN      # IMPLIED
    mark      NMTOKEN      # IMPLIED
    change      (add | delete | modify)      # IMPLIED
    rfc      CDATA      # IMPLIED
〉
〈! ELEMENT multimedia (((applic?,title)?),rfa * ,multimediaobject + )〉
〈! ATTLIST multimedia
    refapplic      IDREF      # IMPLIED
    id      ID      # IMPLIED
    level      NMTOKEN      # IMPLIED
    mark      NMTOKEN      # IMPLIED
    change      (add | delete | modify)      # IMPLIED
    rfc      CDATA      # IMPLIED
    class      (01 | 02 | 03 | 04 | 05 | 06 | 07 | 08 | 09 | 10 | 11 | 12 | 13 | 14 | 15 | 16 | 17
| 18 | 19 | 20 | 21 | 22 | 23 | 24 | 25 | 26 | 27 | 28 | 29 | 30 | 31 | 32 | 33 | 34 | 35 | 36 |
37 | 38 | 39 | 40 | 41 | 42 | 43 | 44 | 45 | 46 | 47 | 48 | 49 | 50 | 51 | 52 | 53 | 54 | 55 | 56
| 57 | 58 | 59 | 60 | 61 | 62 | 63 | 64 | 65 | 66 | 67 | 68 | 69 | 70 | 71 | 72 | 73 | 74 | 75 |
76 | 77 | 78 | 79 | 80 | 81 | 82 | 83 | 84 | 85 | 86 | 87 | 88 | 89 | 90 | 91 | 92 | 93 | 94 | 95
| 96 | 97 | 98 | 99)      # IMPLIED
    commcls      (cc01 | cc02 | cc03 | cc04 | cc05 | cc06 | cc07 | cc08 | cc09 | cc10 | cc11 | cc12
| cc13 | cc14 | cc15 | cc16 | cc17 | cc18 | cc19 | cc20 | cc21 | cc22 | cc23 | cc24 | cc25 | cc26
| cc27 | cc28 | cc29 | cc30 | cc31 | cc32 | cc33 | cc34 | cc35 | cc36 | cc37 | cc38 | cc39 | cc40
| cc41 | cc42 | cc43 | cc44 | cc45 | cc46 | cc47 | cc48 | cc49 | cc50 | cc51 | cc52 | cc53 | cc54
| cc55 | cc56 | cc57 | cc58 | cc59 | cc60 | cc61 | cc62 | cc63 | cc64 | cc65 | cc66 | cc67 | cc68
| cc69 | cc70 | cc71 | cc72 | cc73 | cc74 | cc75 | cc76 | cc77 | cc78 | cc79 | cc80 | cc81 | cc82
| cc83 | cc84 | cc85 | cc86 | cc87 | cc88 | cc89 | cc90 | cc91 | cc92 | cc93 | cc94 | cc95 | cc96
| cc97 | cc98 | cc99)      # IMPLIED
    caveat      (cv01 | cv02 | cv03 | cv04 | cv05 | cv06 | cv07 | cv08 | cv09 | cv10 | cv11 | cv12
| cv13 | cv14 | cv15 | cv16 | cv17 | cv18 | cv19 | cv20 | cv21 | cv22 | cv23 | cv24 | cv25 | cv26
| cv27 | cv28 | cv29 | cv30 | cv31 | cv32 | cv33 | cv34 | cv35 | cv36 | cv37 | cv38 | cv39 | cv40
| cv41 | cv42 | cv43 | cv44 | cv45 | cv46 | cv47 | cv48 | cv49 | cv50 | cv51 | cv52 | cv53 | cv54
| cv55 | cv56 | cv57 | cv58 | cv59 | cv60 | cv61 | cv62 | cv63 | cv64 | cv65 | cv66 | cv67 | cv68
| cv69 | cv70 | cv71 | cv72 | cv73 | cv74 | cv75 | cv76 | cv77 | cv78 | cv79 | cv80 | cv81 | cv82
| cv83 | cv84 | cv85 | cv86 | cv87 | cv88 | cv89 | cv90 | cv91 | cv92 | cv93 | cv94 | cv95 | cv96
| cv97 | cv98 | cv99)      # IMPLIED
〉
〈! ELEMENT multimediaobject ((param) * )〉
〈! ATTLIST multimediaobject
    id      ID      # IMPLIED
    autoplay      NMTOKEN      # IMPLIED
    fullscrn      NMTOKEN      # IMPLIED
    boardno      ENTITY      # REQUIRED
    multimediaclass      (3D | audio | video | other)      # REQUIRED
    controls      (hide | show)      # IMPLIED
    duration NMTOKEN      # IMPLIED
    width      CDATA      # IMPLIED
    height      CDATA      # IMPLIED
    % XLINKATT0;
〉
〈! ELEMENT param EMPTY〉
〈! ATTLIST param
    id      ID      # REQUIRED
```

```
    paramid     CDATA      #IMPLIED
    paramvalue  CDATA      #IMPLIED
    paramname   CDATA      #IMPLIED
>
<! ELEMENT ipp (vas*)>
<! ATTLIST ipp
    ippn      CDATA      #REQUIRED
    ips       CDATA      #REQUIRED
    fid      (s | t)     #IMPLIED
    lge       CDATA      #IMPLIED
    id     ID     #IMPLIED
    level     NMTOKEN     #IMPLIED
    mark      NMTOKEN     #IMPLIED
    change     (add | delete | modify)     #IMPLIED
    rfc       CDATA      #IMPLIED
>
<! ELEMENT vas (sid)>
<! ELEMENT sid (mfc,pnr)>
<! ELEMENT zones (#PCDATA | zone)*>
<! ELEMENT zone (nomen?,refs?)>
<! ATTLIST zone
    zonenbr   CDATA      #IMPLIED
    id     ID     #IMPLIED
    level     NMTOKEN     #IMPLIED
    mark      NMTOKEN     #IMPLIED
    change     (add | delete | modify)     #IMPLIED
    rfc       CDATA      #IMPLIED
>
<! ELEMENT csn (((ein+ | accpnl+)?),isn+)>
<! ATTLIST csn
    csn       CDATA      #IMPLIED
    ind       NMTOKEN     #REQUIRED
    item      CDATA      #IMPLIED
    id     ID     #IMPLIED
    level     NMTOKEN     #IMPLIED
    mark      NMTOKEN     #IMPLIED
    change     (add | delete | modify)     #IMPLIED
    rfc       CDATA      #IMPLIED
>
<! ELEMENT accpnl (nomen?,refs?)>
<! ATTLIST accpnl
    accpnlnbr   CDATA      #IMPLIED
    accpnltype     (accpnl01 | accpnl02 | accpnl03 | accpnl04 | accpnl05 | accpnl06 | accpnl07 |
  accpnl08 | accpnl09 | accpnl10 | accpnl11 | accpnl12 | accpnl13 | accpnl14 | accpnl15 | accpnl16
  | accpnl17 | accpnl18 | accpnl19 | accpnl20 | accpnl21 | accpnl22 | accpnl23 | accpnl24 | accpnl25
  | accpnl26 | accpnl27 | accpnl28 | accpnl29 | accpnl30 | accpnl31 | accpnl32 | accpnl33 | accpnl34
  | accpnl35 | accpnl36 | accpnl37 | accpnl38 | accpnl39 | accpnl40 | accpnl41 | accpnl42 | accpnl43
  | accpnl44 | accpnl45 | accpnl46 | accpnl47 | accpnl48 | accpnl49 | accpnl50 | accpnl51 | accpnl52
  | accpnl53 | accpnl54 | accpnl55 | accpnl56 | accpnl57 | accpnl58 | accpnl59 | accpnl60 | accpnl61
  | accpnl62 | accpnl63 | accpnl64 | accpnl65 | accpnl66 | accpnl67 | accpnl68 | accpnl69 | accpnl70
  | accpnl71 | accpnl72 | accpnl73 | accpnl74 | accpnl75 | accpnl76 | accpnl77 | accpnl78 | accpnl79
  | accpnl80 | accpnl81 | accpnl82 | accpnl83 | accpnl84 | accpnl85 | accpnl86 | accpnl87 | accpnl88
  | accpnl89 | accpnl90 | accpnl91 | accpnl92 | accpnl93 | accpnl94 | accpnl95 | accpnl96 | accpnl97
  | accpnl98 | accpnl99)     #IMPLIED
    id     ID     #IMPLIED
    level     NMTOKEN     #IMPLIED
    mark      NMTOKEN     #IMPLIED
    change     (add | delete | modify)     #IMPLIED
    rfc       CDATA      #IMPLIED
>
```

```
<! ELEMENT isn (rfs?,qna,mfc,pnr,pas*, cbs?,ccs?,ctl?,(applics | ces+),rfd*,ils*,can*,n2d?)>
<! ATTLIST isn
    isn         CDATA       #REQUIRED
    refapplics      IDREFS      #IMPLIED
    id      ID      #IMPLIED
    level       NMTOKEN     #IMPLIED
    mark        NMTOKEN     #IMPLIED
    change      (add | delete | modify)     #IMPLIED
    rfc         CDATA       #IMPLIED
>
<! ELEMENT rfs EMPTY>
<! ATTLIST rfs
    value       (0 | 1 | 2 | 3 | 4 | 5 | 6 | 7 | 8 | 9)     #REQUIRED
    id      ID      #IMPLIED
    level       NMTOKEN     #IMPLIED
    mark        NMTOKEN     #IMPLIED
    change      (add | delete | modify)     #IMPLIED
    rfc         CDATA       #IMPLIED
>
<! ELEMENT qna (#PCDATA)>
<! ATTLIST qna
    level       NMTOKEN     #IMPLIED
    mark        NMTOKEN     #IMPLIED
    change      (add | delete | modify)     #IMPLIED
    rfc         CDATA       #IMPLIED
>
<! ELEMENT pas (dfp,uoi?,pcs?,str?,ftc?,psc?,cmk?)>
<! ELEMENT dfp (#PCDATA)>
<! ATTLIST dfp
    level       NMTOKEN     #IMPLIED
    mark        NMTOKEN     #IMPLIED
    change      (add | delete | modify)     #IMPLIED
    rfc         CDATA       #IMPLIED
>
<! ELEMENT uoi (#PCDATA)>
<! ATTLIST uoi
    level       NMTOKEN     #IMPLIED
    mark        NMTOKEN     #IMPLIED
    change      (add | delete | modify)     #IMPLIED
    rfc         CDATA       #IMPLIED
>
<! ELEMENT pcs (qui?)>
<! ATTLIST pcs
    uom         CDATA       #REQUIRED
    level       NMTOKEN     #IMPLIED
    mark        NMTOKEN     #IMPLIED
    change      (add | delete | modify)     #IMPLIED
    rfc         CDATA       #IMPLIED
>
<! ELEMENT qui (#PCDATA)>
<! ELEMENT str (#PCDATA)>
<! ATTLIST str
    level       NMTOKEN     #IMPLIED
    mark        NMTOKEN     #IMPLIED
    change      (add | delete | modify)     #IMPLIED
    rfc         CDATA       #IMPLIED
>
<! ELEMENT ftc EMPTY>
<! ATTLIST ftc
    value       (1 | m)     #REQUIRED
```

```
    level     NMTOKEN     #IMPLIED
    mark      NMTOKEN     #IMPLIED
    change      (add | delete | modify)     #IMPLIED
    rfc       CDATA     #IMPLIED
>
<! ELEMENT psc (#PCDATA)>
<! ATTLIST psc
    level     NMTOKEN     #IMPLIED
    mark      NMTOKEN     #IMPLIED
    change      (add | delete | modify)     #IMPLIED
    rfc       CDATA     #IMPLIED
>
<! ELEMENT cmk (#PCDATA)>
<! ATTLIST cmk
    level     NMTOKEN     #IMPLIED
    mark      NMTOKEN     #IMPLIED
    change      (add | delete | modify)     #IMPLIED
    rfc       CDATA       #IMPLIED
>
<! ELEMENT cbs (asp?,nil?,rtx*,smf?,dfl?)>
<! ELEMENT asp EMPTY>
<! ATTLIST asp
    asp      (1 | 2 | 3)     #REQUIRED
    id    ID    #IMPLIED
    level     NMTOKEN     #IMPLIED
    mark      NMTOKEN     #IMPLIED
    change      (add | delete | modify)     #IMPLIED
    rfc       CDATA       #IMPLIED
>
<! ELEMENT nil (#PCDATA)>
<! ATTLIST nil
    level     NMTOKEN     #IMPLIED
    mark      NMTOKEN     #IMPLIED
    change      (add | delete | modify)     #IMPLIED
    rfc       CDATA       #IMPLIED
>
<! ELEMENT rtx (ippref+ | csnref+)>
<! ATTLIST rtx
    reftype      (nha | det)     #IMPLIED
    id    ID    #IMPLIED
    level     NMTOKEN     #IMPLIED
    mark      NMTOKEN     #IMPLIED
    change      (add | delete | modify)     #IMPLIED
    rfc       CDATA     #IMPLIED
>
<! ELEMENT ippref EMPTY>
<! ATTLIST ippref
    refipp    CDATA     #REQUIRED
    id    ID    #IMPLIED
    level     NMTOKEN     #IMPLIED
    mark      NMTOKEN     #IMPLIED
    change      (add | delete | modify)     #IMPLIED
    rfc       CDATA     #IMPLIED
>
<! ELEMENT smf (mfm?)>
<! ATTLIST smf
    value     (f | t | m | r | p)     #REQUIRED
    id    ID    #IMPLIED
    level     NMTOKEN     #IMPLIED
    mark      NMTOKEN     #IMPLIED
```

```
    change    (add | delete | modify)    #IMPLIED
    rfc    CDATA    #IMPLIED
>
<! ELEMENT mfm (#PCDATA)>
<! ATTLIST mfm
    level    NMTOKEN    #IMPLIED
    mark    NMTOKEN    #IMPLIED
    change    (add | delete | modify)    #IMPLIED
    rfc    CDATA    #IMPLIED
>
<! ELEMENT dfl (#PCDATA)>
<! ATTLIST dfl
    level    NMTOKEN    #IMPLIED
    mark    NMTOKEN    #IMPLIED
    change    (add | delete | modify)    #IMPLIED
    rfc    CDATA    #IMPLIED
>
<! ELEMENT ccs (uce?,uca?,icy?)>
<! ELEMENT uce (#PCDATA)>
<! ATTLIST uce
    id    ID    #IMPLIED
    level    NMTOKEN    #IMPLIED
    mark    NMTOKEN    #IMPLIED
    change    (add | delete | modify)    #IMPLIED
    rfc    CDATA    #IMPLIED
>
<! ELEMENT uca (#PCDATA)>
<! ATTLIST uca
    id    ID    #IMPLIED
    level    NMTOKEN    #IMPLIED
    mark    NMTOKEN    #IMPLIED
    change    (add | delete | modify)    #IMPLIED
    rfc    CDATA    #IMPLIED
>
<! ELEMENT icy (#PCDATA)>
<! ATTLIST icy
    id    ID    #IMPLIED
    level    NMTOKEN    #IMPLIED
    mark    NMTOKEN    #IMPLIED
    change    (add | delete | modify)    #IMPLIED
    rfc    CDATA    #IMPLIED
>
<! ELEMENT ctl EMPTY>
<! ATTLIST ctl
    refcsn    CDATA    #REQUIRED
    refisn    CDATA    #IMPLIED
    id    ID    #IMPLIED
    level    NMTOKEN    #IMPLIED
    mark    NMTOKEN    #IMPLIED
    change    (add | delete | modify)    #IMPLIED
    rfc    CDATA    #IMPLIED
>
<! ELEMENT applics (applic+)>
<! ELEMENT ces ((srv,smr,mov*)+)>
<! ELEMENT srv (#PCDATA)>
<! ATTLIST srv
    id    ID    #IMPLIED
    level    NMTOKEN    #IMPLIED
    mark    NMTOKEN    #IMPLIED
    change    (add | delete | modify)    #IMPLIED
```

```
    rfc      CDATA       #IMPLIED
〉
〈! ELEMENT smr (#PCDATA)〉
〈! ATTLIST smr
    id    ID      #IMPLIED
    level    NMTOKEN      #IMPLIED
    mark     NMTOKEN      #IMPLIED
    change    (add | delete | modify)    #IMPLIED
    rfc      CDATA       #IMPLIED
〉
〈! ELEMENT mov (efy*)〉
〈! ATTLIST mov
    mov      CDATA       #REQUIRED
    level    NMTOKEN      #IMPLIED
    mark     NMTOKEN      #IMPLIED
    change    (add | delete | modify)    #IMPLIED
    rfc      CDATA       #IMPLIED
〉
〈! ELEMENT efy (#PCDATA)〉
〈! ATTLIST efy
    level    NMTOKEN      #IMPLIED
    mark     NMTOKEN      #IMPLIED
    change    (add | delete | modify)    #IMPLIED
    rfc      CDATA       #IMPLIED
〉
〈! ELEMENT rfd (#PCDATA)〉
〈! ATTLIST rfd
    id    ID      #IMPLIED
    level    NMTOKEN      #IMPLIED
    mark     NMTOKEN      #IMPLIED
    change    (add | delete | modify)    #IMPLIED
    rfc      CDATA       #IMPLIED
    contextidCDATA       #IMPLIED
    mfc      CDATA       #IMPLIED
    originator    (orig01 | orig02 | orig03 | orig04 | orig05 | orig06 | orig07 | orig08 | orig09
| orig10 | orig11 | orig12 | orig13 | orig14 | orig15 | orig16 | orig17 | orig18 | orig19 | orig20
| orig21 | orig22 | orig23 | orig24 | orig25 | orig26 | orig27 | orig28 | orig29 | orig30 | orig31
| orig32 | orig33 | orig34 | orig35 | orig36 | orig37 | orig38 | orig39 | orig40 | orig41 | orig42
| orig43 | orig44 | orig45 | orig46 | orig47 | orig48 | orig49 | orig50 | orig51 | orig52 | orig53
| orig54 | orig55 | orig56 | orig57 | orig58 | orig59 | orig60 | orig61 | orig62 | orig63 | orig64
| orig65 | orig66 | orig67 | orig68 | orig69 | orig70 | orig71 | orig72 | orig73 | orig74 | orig75
| orig76 | orig77 | orig78 | orig79 | orig80 | orig81 | orig82 | orig83 | orig84 | orig85 | orig86
| orig87 | orig88 | orig89 | orig90 | orig91 | orig92 | orig93 | orig94 | orig95 | orig96 | orig97
| orig98 | orig99)    #IMPLIED
〉
〈! ELEMENT ils (#PCDATA)〉
〈! ATTLIST ils
    id    ID      #IMPLIED
    level    NMTOKEN      #IMPLIED
    mark     NMTOKEN      #IMPLIED
    change    (add | delete | modify)    #IMPLIED
    rfc      CDATA       #IMPLIED
〉
〈! ELEMENT can (#PCDATA)〉
〈! ATTLIST can
    id    ID      #IMPLIED
    level    NMTOKEN      #IMPLIED
    mark     NMTOKEN      #IMPLIED
    change    (add | delete | modify)    #IMPLIED
    rfc      CDATA       #IMPLIED
```

```
〉
〈! ELEMENT n2d (n2ddata+)〉
〈! ELEMENT n2ddata (n2dvalue)〉
〈! ATTLIST n2ddata
    n2did    CDATA    #REQUIRED
〉
〈! ELEMENT n2dvalue (#PCDATA)〉
```

B.5 程序信息 DTD

本文件包含了程序内容 DTD。它标识了所有与程序有关的元素和它们之间的关系。

```
〈? xml version="1.0" encoding="UTF-8"?〉
〈! ELEMENT dmodule (rdf:Description?,idstatus,content)〉
〈! ATTLIST dmodule
    id    ID    #IMPLIED
    %RDFDCATT;
〉
〈! ELEMENT idstatus (dmaddres,srcdmaddres?,status)〉
〈! ELEMENT dmaddres (dmcextension?,dmc,dmtitle,issno,issdate)〉
〈! ELEMENT dmcextension (dmeproducer,dmecode)〉
〈! ELEMENT dmeproducer (#PCDATA)〉
〈! ELEMENT dmecode (#PCDATA)〉
〈! ELEMENT dmc (age | avee)〉
〈! ELEMENT age (modelic,supeqvc,ecscs,eidc,cidc,discode,discodev,incode,incodev,itemloc)〉
〈! ELEMENT modelic (#PCDATA)〉
〈! ELEMENT supeqvc (#PCDATA)〉
〈! ELEMENT ecscs (#PCDATA)〉
〈! ELEMENT eidc (#PCDATA)〉
〈! ELEMENT cidc (#PCDATA)〉
〈! ELEMENT discode (#PCDATA)〉
〈! ELEMENT discodev (#PCDATA)〉
〈! ELEMENT incode (#PCDATA)〉
〈! ELEMENT incodev (#PCDATA)〉
〈! ELEMENT itemloc (#PCDATA)〉
〈! ELEMENT avee (modelic,sdc,chapnum,section,subsect,subject,discode,discodev,incode,incodev,item-
loc)〉
〈! ELEMENT sdc (#PCDATA)〉
〈! ELEMENT chapnum (#PCDATA)〉
〈! ELEMENT section (#PCDATA)〉
〈! ELEMENT subsect (#PCDATA)〉
〈! ELEMENT subject (#PCDATA)〉
〈! ELEMENT dmtitle (techname,infoname?)〉
〈! ELEMENT techname (#PCDATA)〉
〈! ELEMENT infoname (#PCDATA)〉
〈! ELEMENT issno EMPTY〉
〈! ATTLIST issno
    issno    NMTOKEN    #REQUIRED
    inwork   NMTOKEN    #IMPLIED
    type     (new | changed | deleted | revised | status | rinstate-changed | rinstate-revised |
rinstate-status)    "new"
〉
〈! ELEMENT issdate EMPTY〉
〈! ATTLIST issdate
    year     NMTOKEN    #REQUIRED
    month    NMTOKEN    #REQUIRED
    day      NMTOKEN    #REQUIRED
〉
〉
〈! ELEMENT srcdmaddres (dmcextension?,dmc,dmtitle,issno,issdate)〉
```

```
〈! ELEMENT status (security,datarest*,rpc,orig,applic,inlineapplics?,brexref,qa+,rfu*,remarks*)〉
〈! ATTLIST status
    id    ID    #IMPLIED
〉
〈! ELEMENT security EMPTY〉
〈! ATTLIST security
    class    (01 | 02 | 03 | 04 | 05 | 06 | 07 | 08 | 09 | 10 | 11 | 12 | 13 | 14 | 15 | 16 | 17
| 18 | 19 | 20 | 21 | 22 | 23 | 24 | 25 | 26 | 27 | 28 | 29 | 30 | 31 | 32 | 33 | 34 | 35 | 36 |
37 | 38 | 39 | 40 | 41 | 42 | 43 | 44 | 45 | 46 | 47 | 48 | 49 | 50 | 51 | 52 | 53 | 54 | 55 | 56
| 57 | 58 | 59 | 60 | 61 | 62 | 63 | 64 | 65 | 66 | 67 | 68 | 69 | 70 | 71 | 72 | 73 | 74 | 75 |
76 | 77 | 78 | 79 | 80 | 81 | 82 | 83 | 84 | 85 | 86 | 87 | 88 | 89 | 90 | 91 | 92 | 93 | 94 | 95
| 96 | 97 | 98 | 99)    #REQUIRED

    commcls    (cc01 | cc02 | cc03 | cc04 | cc05 | cc06 | cc07 | cc08 | cc09 | cc10 | cc11 | cc12
| cc13 | cc14 | cc15 | cc16 | cc17 | cc18 | cc19 | cc20 | cc21 | cc22 | cc23 | cc24 | cc25 | cc26
| cc27 | cc28 | cc29 | cc30 | cc31 | cc32 | cc33 | cc34 | cc35 | cc36 | cc37 | cc38 | cc39 | cc40
| cc41 | cc42 | cc43 | cc44 | cc45 | cc46 | cc47 | cc48 | cc49 | cc50 | cc51 | cc52 | cc53 | cc54
| cc55 | cc56 | cc57 | cc58 | cc59 | cc60 | cc61 | cc62 | cc63 | cc64 | cc65 | cc66 | cc67 | cc68
| cc69 | cc70 | cc71 | cc72 | cc73 | cc74 | cc75 | cc76 | cc77 | cc78 | cc79 | cc80 | cc81 | cc82
| cc83 | cc84 | cc85 | cc86 | cc87 | cc88 | cc89 | cc90 | cc91 | cc92 | cc93 | cc94 | cc95 | cc96
| cc97 | cc98 | cc99)    #IMPLIED
    caveat    (cv01 | cv02 | cv03 | cv04 | cv05 | cv06 | cv07 | cv08 | cv09 | cv10 | cv11 | cv12
| cv13 | cv14 | cv15 | cv16 | cv17 | cv18 | cv19 | cv20 | cv21 | cv22 | cv23 | cv24 | cv25 | cv26
| cv27 | cv28 | cv29 | cv30 | cv31 | cv32 | cv33 | cv34 | cv35 | cv36 | cv37 | cv38 | cv39 | cv40
| cv41 | cv42 | cv43 | cv44 | cv45 | cv46 | cv47 | cv48 | cv49 | cv50 | cv51 | cv52 | cv53 | cv54
| cv55 | cv56 | cv57 | cv58 | cv59 | cv60 | cv61 | cv62 | cv63 | cv64 | cv65 | cv66 | cv67 | cv68
| cv69 | cv70 | cv71 | cv72 | cv73 | cv74 | cv75 | cv76 | cv77 | cv78 | cv79 | cv80 | cv81 | cv82
| cv83 | cv84 | cv85 | cv86 | cv87 | cv88 | cv89 | cv90 | cv91 | cv92 | cv93 | cv94 | cv95 | cv96
| cv97 | cv98 | cv99)    #IMPLIED
〉
〈! ELEMENT datarest (applic?,instruct,inform?)〉
〈! ATTLIST datarest
    refapplic    IDREF    #IMPLIED
    id    ID    #IMPLIED
    level    NMTOKEN    #IMPLIED
    mark    NMTOKEN    #IMPLIED
    change    (add | delete | modify)    #IMPLIED
    rfc    CDATA    #IMPLIED
〉
〈! ELEMENT applic (type?,model*)〉
〈! ATTLIST applic
    applicconf    (allowed | built | designed | installed | manufactured | supported)    #IMPLIED
    id    ID    #IMPLIED
    level    NMTOKEN    #IMPLIED
    mark    NMTOKEN    #IMPLIED
    change    (add | delete | modify)    #IMPLIED
    rfc    CDATA    #IMPLIED
〉
〈! ELEMENT type (#PCDATA)〉
〈! ELEMENT model (version*,((csnref | (mfc)*),maintlevel?,techconds*,opconds*))
〈! ATTLIST model
    model    CDATA    #REQUIRED
〉
〈! ELEMENT version (versrank*)〉
〈! ATTLIST version
    version  CDATA    #REQUIRED
    id    ID    #IMPLIED
〉
〈! ELEMENT versrank ((single | range)+)〉
〈! ATTLIST versrank
```

```
    verstatus CDATA      #IMPLIED
    id    ID    #IMPLIED
    level     NMTOKEN     #IMPLIED
    mark      NMTOKEN     #IMPLIED
    change     (add | delete | modify)     #IMPLIED
    rfc       CDATA       #IMPLIED
>
<! ELEMENT single (#PCDATA)>
<! ELEMENT range EMPTY>
<! ATTLIST range
    from      CDATA     #REQUIRED
    to        CDATA     #REQUIRED
>
<! ELEMENT csnref EMPTY>
<! ATTLIST csnref
    refcsn    CDATA       #REQUIRED
    refisn    CDATA       #IMPLIED
    refipp    CDATA       #IMPLIED
    refrpc    CDATA       #IMPLIED
    id     ID      #IMPLIED
    level     NMTOKEN     #IMPLIED
    mark      NMTOKEN     #IMPLIED
    change     (add | delete | modify)     #IMPLIED
    rfc       CDATA       #IMPLIED
    %XLINKATT2;
>
<! ELEMENT mfc (#PCDATA)>
<! ATTLIST mfc
    id     ID      #IMPLIED
    level     NMTOKEN     #IMPLIED
    mark      NMTOKEN     #IMPLIED
    change     (add | delete | modify)     #IMPLIED
    rfc       CDATA       #IMPLIED
>
<! ELEMENT pnr (#PCDATA)>
<! ELEMENT maintlevel (mntlvl+)>
<! ELEMENT mntlvl EMPTY>
<! ATTLIST mntlvl
    mntlvl      (ml01 | ml02 | ml03 | ml04 | ml05 | ml06 | ml07 | ml08 | ml09 | ml10 | ml11 | ml12
| ml13 | ml14 | ml15 | ml16 | ml17 | ml18 | ml19 | ml20 | ml21 | ml22 | ml23 | ml24 | ml25 | ml26
| ml27 | ml28 | ml29 | ml30 | ml31 | ml32 | ml33 | ml34 | ml35 | ml36 | ml37 | ml38 | ml39 | ml40
| ml41 | ml42 | ml43 | ml44 | ml45 | ml46 | ml47 | ml48 | ml49 | ml50 | ml51 | ml52 | ml53 | ml54
| ml55 | ml56 | ml57 | ml58 | ml59 | ml60 | ml61 | ml62 | ml63 | ml64 | ml65 | ml66 | ml67 | ml68
| ml69 | ml70 | ml71 | ml72 | ml73 | ml74 | ml75 | ml76 | ml77 | ml78 | ml79 | ml80 | ml81 | ml82
| ml83 | ml84 | ml85 | ml86 | ml87 | ml88 | ml89 | ml90 | ml91 | ml92 | ml93 | ml94 | ml95 | ml96
| ml97 | ml98 | ml99)    #REQUIRED
>
<! ELEMENT techconds (textual-desc?,techcond*)>
<! ATTLIST techconds
    id     ID     #IMPLIED
    level     NMTOKEN     #IMPLIED
    mark      NMTOKEN     #IMPLIED
    change     (add | delete | modify)     #IMPLIED
    rfc       CDATA       #IMPLIED
>
<! ELEMENT textual-desc (#PCDATA)>
<! ATTLIST textual-desc
    id     ID     #IMPLIED
    level     NMTOKEN     #IMPLIED
    mark      NMTOKEN     #IMPLIED
```

```
    change     (add | delete | modify)     #IMPLIED
    rfc        CDATA        #IMPLIED
〉
〈! ELEMENT techcond (((((age | avee),issno?,dmtitle?) | (pubcode,pubtitle?,pubdate?) | condtitle)?),
scheduled?,embodied?)〉
〈! ATTLIST techcond
    tccode      (tc01 | tc02 | tc03 | tc04 | tc05 | tc06 | tc07 | tc08 | tc09 | tc10 | tc11 | tc12
| tc13 | tc14 | tc15 | tc16 | tc17 | tc18 | tc19 | tc20 | tc21 | tc22 | tc23 | tc24 | tc25 | tc26
| tc27 | tc28 | tc29 | tc30 | tc31 | tc32 | tc33 | tc34 | tc35 | tc36 | tc37 | tc38 | tc39 | tc40
| tc41 | tc42 | tc43 | tc44 | tc45 | tc46 | tc47 | tc48 | tc49 | tc50 | tc51 | tc52 | tc53 | tc54
| tc55 | tc56 | tc57 | tc58 | tc59 | tc60 | tc61 | tc62 | tc63 | tc64 | tc65 | tc66 | tc67 | tc68
| tc69 | tc70 | tc71 | tc72 | tc73 | tc74 | tc75 | tc76 | tc77 | tc78 | tc79 | tc80 | tc81 | tc82
| tc83 | tc84 | tc85 | tc86 | tc87 | tc88 | tc89 | tc90 | tc91 | tc92 | tc93 | tc94 | tc95 | tc96
| tc97 | tc98 | tc99)     #REQUIRED
    tcno       CDATA        #IMPLIED
    tctype     (pre | post | preandpo)     #REQUIRED
    mfc        CDATA        #IMPLIED
    id     ID     #IMPLIED
    level      NMTOKEN      #IMPLIED
    mark       NMTOKEN      #IMPLIED
    change     (add | delete | modify)     #IMPLIED
    rfc         CDATA        #IMPLIED
〉
〈! ELEMENT pubcode (#PCDATA | pmc)*〉
〈! ATTLIST pubcode
    pubcodsy    CDATA        #IMPLIED
〉
〈! ELEMENT pmc (modelic,pmissuer,pmnumber,pmvolume)〉
〈! ELEMENT pmissuer (#PCDATA)〉
〈! ELEMENT pmnumber (#PCDATA)〉
〈! ELEMENT pmvolume (#PCDATA)〉
〈! ELEMENT pubtitle (#PCDATA)〉
〈! ELEMENT pubdate EMPTY〉
〈! ATTLIST pubdate
    year       NMTOKEN      #REQUIRED
    month      NMTOKEN      #REQUIRED
    day        NMTOKEN      #REQUIRED
〉
〈! ELEMENT condtitle (#PCDATA)〉
〈! ATTLIST condtitle
    id     ID     #IMPLIED
    level      NMTOKEN      #IMPLIED
    mark       NMTOKEN      #IMPLIED
    change     (add | delete | modify)  #IMPLIED
    rfc        CDATA        #IMPLIED
〉
〈! ELEMENT scheduled ((single | range)+)〉
〈! ATTLIST scheduled
    id     ID     #IMPLIED
    level      NMTOKEN      #IMPLIED
    mark       NMTOKEN      #IMPLIED
    change     (add | delete | modify)     #IMPLIED
    rfc        CDATA        #IMPLIED
〉
〈! ELEMENT embodied ((single | range)+)〉
〈! ATTLIST embodied
    id     ID     #IMPLIED
    level      NMTOKEN      #IMPLIED
    mark       NMTOKEN      #IMPLIED
    change     (add | delete | modify)     #IMPLIED
```

```
    rfc        CDATA        #IMPLIED
〉
〈! ELEMENT opconds (textual-desc?,opcond*)〉
〈! ATTLIST opconds
    id     ID      #IMPLIED
    level      NMTOKEN      #IMPLIED
    mark       NMTOKEN      #IMPLIED
    change     (add | delete | modify)     #IMPLIED
    rfc        CDATA        #IMPLIED
〉
〈! ELEMENT opcond (#PCDATA)〉
〈! ATTLIST opcond
    opcno        NMTOKEN      #IMPLIED
    opccode      CDATA        #IMPLIED
    confirmed    NMTOKEN      #IMPLIED
    id     ID      #IMPLIED
    level        NMTOKEN      #IMPLIED
    mark         NMTOKEN      #IMPLIED
    change     (add | delete | modify)     #IMPLIED
    rfc          CDATA        #IMPLIED
〉
〈! ELEMENT instruct (distrib,handling?)〉
〈! ATTLIST instruct
    id     ID      #IMPLIED
    level      NMTOKEN      #IMPLIED
    mark       NMTOKEN      #IMPLIED
    change     (add | delete | modify)     #IMPLIED
    rfc        CDATA        #IMPLIED
〉
〈! ELEMENT distrib (#PCDATA)〉
〈! ATTLIST distrib
    id     ID      #IMPLIED
    level      NMTOKEN      #IMPLIED
    mark       NMTOKEN      #IMPLIED
    change     (add | delete | modify)     #IMPLIED
    rfc        CDATA        #IMPLIED
〉
〈! ELEMENT handling (#PCDATA)〉
〈! ATTLIST handling
    id     ID      #IMPLIED
    level      NMTOKEN      #IMPLIED
    mark       NMTOKEN      #IMPLIED
    change     (add | delete | modify)     #IMPLIED
    rfc        CDATA        #IMPLIED
〉
〈! ELEMENT inform (copyright)〉
〈! ATTLIST inform
    id     ID      #IMPLIED
    level      NMTOKEN      #IMPLIED
    mark       NMTOKEN      #IMPLIED
    change     (add | delete | modify)     #IMPLIED
    rfc        CDATA        #IMPLIED
〉
〈! ELEMENT copyright (para+)〉
〈! ATTLIST copyright
    id     ID      #IMPLIED
    level      NMTOKEN      #IMPLIED
    mark       NMTOKEN      #IMPLIED
    change     (add | delete | modify)     #IMPLIED
    rfc        CDATA        #IMPLIED
```

```
〉
〈! ELEMENT para (#PCDATA | applic | ein | cb | parasigdata | quantity | xref | indxflag | change |
emphasis | symbol | subscrpt | supscrpt | refdm | reftp | ftnote | ftnref | acronym | acroterm |
capgrp | seqlist | randlist | deflist) * 〉
〈! ATTLIST para
    refapplic    IDREF    #IMPLIED
    id    ID    #IMPLIED
    level    NMTOKEN    #IMPLIED
    mark    NMTOKEN    #IMPLIED
    change    (add | delete | modify)    #IMPLIED
    rfc    CDATA    #IMPLIED
    class    (01 | 02 | 03 | 04 | 05 | 06 | 07 | 08 | 09 | 10 | 11 | 12 | 13 | 14 | 15 | 16 | 17
| 18 | 19 | 20 | 21 | 22 | 23 | 24 | 25 | 26 | 27 | 28 | 29 | 30 | 31 | 32 | 33 | 34 | 35 | 36 |
37 | 38 | 39 | 40 | 41 | 42 | 43 | 44 | 45 | 46 | 47 | 48 | 49 | 50 | 51 | 52 | 53 | 54 | 55 | 56
| 57 | 58 | 59 | 60 | 61 | 62 | 63 | 64 | 65 | 66 | 67 | 68 | 69 | 70 | 71 | 72 | 73 | 74 | 75 |
76 | 77 | 78 | 79 | 80 | 81 | 82 | 83 | 84 | 85 | 86 | 87 | 88 | 89 | 90 | 91 | 92 | 93 | 94 | 95
| 96 | 97 | 98 | 99)    #IMPLIED
    commcls    (cc01 | cc02 | cc03 | cc04 | cc05 | cc06 | cc07 | cc08 | cc09 | cc10 | cc11 | cc12
| cc13 | cc14 | cc15 | cc16 | cc17 | cc18 | cc19 | cc20 | cc21 | cc22 | cc23 | cc24 | cc25 | cc26
| cc27 | cc28 | cc29 | cc30 | cc31 | cc32 | cc33 | cc34 | cc35 | cc36 | cc37 | cc38 | cc39 | cc40
| cc41 | cc42 | cc43 | cc44 | cc45 | cc46 | cc47 | cc48 | cc49 | cc50 | cc51 | cc52 | cc53 | cc54
| cc55 | cc56 | cc57 | cc58 | cc59 | cc60 | cc61 | cc62 | cc63 | cc64 | cc65 | cc66 | cc67 | cc68
| cc69 | cc70 | cc71 | cc72 | cc73 | cc74 | cc75 | cc76 | cc77 | cc78 | cc79 | cc80 | cc81 | cc82
| cc83 | cc84 | cc85 | cc86 | cc87 | cc88 | cc89 | cc90 | cc91 | cc92 | cc93 | cc94 | cc95 | cc96
| cc97 | cc98 | cc99)    #IMPLIED
    caveat    (cv01 | cv02 | cv03 | cv04 | cv05 | cv06 | cv07 | cv08 | cv09 | cv10 | cv11 | cv12
| cv13 | cv14 | cv15 | cv16 | cv17 | cv18 | cv19 | cv20 | cv21 | cv22 | cv23 | cv24 | cv25 | cv26
| cv27 | cv28 | cv29 | cv30 | cv31 | cv32 | cv33 | cv34 | cv35 | cv36 | cv37 | cv38 | cv39 | cv40
| cv41 | cv42 | cv43 | cv44 | cv45 | cv46 | cv47 | cv48 | cv49 | cv50 | cv51 | cv52 | cv53 | cv54
| cv55 | cv56 | cv57 | cv58 | cv59 | cv60 | cv61 | cv62 | cv63 | cv64 | cv65 | cv66 | cv67 | cv68
| cv69 | cv70 | cv71 | cv72 | cv73 | cv74 | cv75 | cv76 | cv77 | cv78 | cv79 | cv80 | cv81 | cv82
| cv83 | cv84 | cv85 | cv86 | cv87 | cv88 | cv89 | cv90 | cv91 | cv92 | cv93 | cv94 | cv95 | cv96
| cv97 | cv98 | cv99)    #IMPLIED
〉
〈! ELEMENT ein (nomen?,refs?)〉
〈! ATTLIST ein
    einnbr    CDATA    #REQUIRED
    eintype    (exact | family)    #IMPLIED
    mfc    CDATA    #IMPLIED
    id    ID    #IMPLIED
    level    NMTOKEN    #IMPLIED
    mark    NMTOKEN    #IMPLIED
    change    (add | delete | modify)    #IMPLIED
    rfc    CDATA    #IMPLIED
〉
〈! ELEMENT nomen (#PCDATA)〉
〈! ATTLIST nomen
    level    NMTOKEN    #IMPLIED
    mark    NMTOKEN    #IMPLIED
    change    (add | delete | modify)    #IMPLIED
    rfc    CDATA    #IMPLIED
〉
〈! ELEMENT refs ((refdm+,reftp*) | reftp+)〉
〈! ELEMENT refdm ((applic?,dmcextension?,(age | avee),issno?,dmtitle?,) | ((%XLINKEXT;)*))〉
〈! ATTLIST refdm
    target    CDATA    #IMPLIED
    refapplic    IDREF    #IMPLIED
    id    ID    #IMPLIED
    level    NMTOKEN    #IMPLIED
    mark    NMTOKEN    #IMPLIED
```

```
    change      (add | delete | modify)      # IMPLIED
    rfc      CDATA      # IMPLIED
    % XLINKATT;
〉
〈! ELEMENT reftp (# PCDATA | applic | xref | indxflag | symbol | subscrpt | supscrpt | ftnref |
acronym | acroterm | pubcode | pubtitle | pubdate | % XLINKEXT;) * 〉
〈! ATTLIST reftp
    refapplic      IDREF      # IMPLIED
    id      ID      # IMPLIED
    level      NMTOKEN      # IMPLIED
    mark      NMTOKEN      # IMPLIED
    change      (add | delete | modify)      # IMPLIED
    rfc      CDATA      # IMPLIED
    % XLINKATT4;
〉
〈! ELEMENT xref (# PCDATA | applic | subscrpt | supscrpt) * 〉
〈! ATTLIST xref
    xrefid      IDREF      # IMPLIED
    xidtype      (figure | table | multimedia | supply | supequip | spares | para | step | sheet |
multimediaobject | hotspot | param | other)      # IMPLIED
    target      CDATA      # IMPLIED
    destitle      CDATA      # IMPLIED
    pretext      CDATA      # IMPLIED
    posttext      CDATA      # IMPLIED
    refapplic      IDREF      # IMPLIED
    % XLINKATT3;
〉
〈! ELEMENT subscrpt (# PCDATA)〉
〈! ELEMENT supscrpt (# PCDATA)〉
〈! ELEMENT indxflag EMPTY〉
〈! ATTLIST indxflag
    ref1      CDATA      # IMPLIED
    ref2      CDATA      # IMPLIED
    ref3      CDATA      # IMPLIED
    ref4      CDATA      # IMPLIED
〉
〈! ELEMENT symbol (applic?)〉
〈! ATTLIST symbol
    boardno      ENTITY      # REQUIRED
    id      ID      # IMPLIED
    reprowid      CDATA      # IMPLIED
    reprohgt      CDATA      # IMPLIED
    reproscl      CDATA      # IMPLIED
    refapplic      IDREF      # IMPLIED
    % XLINKATT1;
〉
〈! ELEMENT ftnref EMPTY〉
〈! ATTLIST ftnref
    xrefid      IDREF      # IMPLIED
〉
〈! ELEMENT acronym (acroterm,acrodef)〉
〈! ATTLIST acronym
    acrotype      (at01 | at02 | at03 | at04 | at05 | at06 | at07 | at08 | at09 | at10 | at11 | at12
| at13 | at14 | at15 | at16 | at17 | at18 | at19 | at20 | at21 | at22 | at23 | at24 | at25 | at26
| at27 | at28 | at29 | at30 | at31 | at32 | at33 | at34 | at35 | at36 | at37 | at38 | at39 | at40
| at41 | at42 | at43 | at44 | at45 | at46 | at47 | at48 | at49 | at50 | at51 | at52 | at53 | at54
| at55 | at56 | at57 | at58 | at59 | at60 | at61 | at62 | at63 | at64 | at65 | at66 | at67 | at68
| at69 | at70 | at71 | at72 | at73 | at74 | at75 | at76 | at77 | at78 | at79 | at80 | at81 | at82
| at83 | at84 | at85 | at86 | at87 | at88 | at89 | at90 | at91 | at92 | at93 | at94 | at95 | at96
| at97 | at98 | at99)      "at01"
```

```
    id    ID    #IMPLIED
    level    NMTOKEN    #IMPLIED
    mark    NMTOKEN    #IMPLIED
    change    (add | delete | modify)    #IMPLIED
    rfc    CDATA    #IMPLIED
>
<!ELEMENT acroterm (#PCDATA | subscrpt | supscrpt)*>
<!ATTLIST acroterm
    xrefid    IDREF    #IMPLIED
>
<!ELEMENT acrodef (#PCDATA | subscrpt | supscrpt)*>
<!ATTLIST acrodef
    id    ID    #IMPLIED
    level    NMTOKEN    #IMPLIED
    mark    NMTOKEN    #IMPLIED
    change    (add | delete | modify)    #IMPLIED
    rfc    CDATA    #IMPLIED
>
<!ELEMENT cb (nomen?,refs?)>
<!ATTLIST cb
    cbnbr    CDATA    #REQUIRED
    cbtype    (eltro | elmec | clip)    #IMPLIED
    cbaction    (open | close | verif-open | verif-close)    #IMPLIED
    checksum CDATA    #IMPLIED
    id    ID    #IMPLIED
    level    NMTOKEN    #IMPLIED
    mark    NMTOKEN    #IMPLIED
    change    (add | delete | modify)    #IMPLIED
    rfc    CDATA    #IMPLIED
>
<!ELEMENT parasigdata (#PCDATA)>
<!ATTLIST parasigdata
    psdtype (psd01 | psd02 | psd03 | psd04 | psd05 | psd06 | psd07 | psd08 | psd09 | psd10 | psd11
| psd12 | psd13 | psd14 | psd15 | psd16 | psd17 | psd18 | psd19 | psd20 | psd21 | psd22 | psd23
| psd24 | psd25 | psd26 | psd27 | psd28 | psd29 | psd30 | psd31 | psd32 | psd33 | psd34 | psd35
| psd36 | psd37 | psd38 | psd39 | psd40 | psd41 | psd42 | psd43 | psd44 | psd45 | psd46 | psd47
| psd48 | psd49 | psd50 | psd51 | psd52 | psd53 | psd54 | psd55 | psd56 | psd57 | psd58 | psd59
| psd60 | psd61 | psd62 | psd63 | psd64 | psd65 | psd66 | psd67 | psd68 | psd69 | psd70 | psd71
| psd72 | psd73 | psd74 | psd75 | psd76 | psd77 | psd78 | psd79 | psd80 | psd81 | psd82 | psd83
| psd84 | psd85 | psd86 | psd87 | psd88 | psd89 | psd90 | psd91 | psd92 | psd93 | psd94 | psd95
| psd96 | psd97 | psd98 | psd99)    #REQUIRED
>
<!ELEMENT quantity (#PCDATA | qtygrp)*>
<!ATTLIST quantity
    qtytype (qty01 | qty02 | qty03 | qty04 | qty05 | qty06 | qty07 | qty08 | qty09 | qty10 | qty11
| qty12 | qty13 | qty14 | qty15 | qty16 | qty17 | qty18 | qty19 | qty20 | qty21 | qty22 | qty23
| qty24 | qty25 | qty26 | qty27 | qty28 | qty29 | qty30 | qty31 | qty32 | qty33 | qty34 | qty35
| qty36 | qty37 | qty38 | qty39 | qty40 | qty41 | qty42 | qty43 | qty44 | qty45 | qty46 | qty47
| qty48 | qty49 | qty50 | qty51 | qty52 | qty53 | qty54 | qty55 | qty56 | qty57 | qty58 | qty59
| qty60 | qty61 | qty62 | qty63 | qty64 | qty65 | qty66 | qty67 | qty68 | qty69 | qty70 | qty71
| qty72 | qty73 | qty74 | qty75 | qty76 | qty77 | qty78 | qty79 | qty80 | qty81 | qty82 | qty83
| qty84 | qty85 | qty86 | qty87 | qty88 | qty89 | qty90 | qty91 | qty92 | qty93 | qty94 | qty95
| qty96 | qty97 | qty98 | qty99)    #IMPLIED
>
<!ELEMENT qtygrp ((qtyvalue+,qtytolerance*) | (qtytolerance+))>
<!ATTLIST qtygrp
    qtygrptype    (nominal | minimum | maximum)    "nominal"
    qtyuom    CDATA    #IMPLIED
>
<!ELEMENT qtyvalue (#PCDATA)>
```

```
〈! ATTLIST qtyvalue
    qtyuom    CDATA        # IMPLIED
〉
〈! ELEMENT qtytolerance (# PCDATA)〉
〈! ATTLIST qtytolerance
    qtytoltype     (plus | minus | plusorminus)    "plusorminus"
    qtyuom    CDATA        # IMPLIED
〉
〈! ELEMENT change (# PCDATA | ein | cb | parasigdata | quantity | xref | indxflag | change | emphasis |
symbol | subscrpt | supscrpt | refdm | reftp | ftnote | ftnref | acronym | acroterm | capgrp) * 〉
〈! ATTLIST change
    id     ID      # IMPLIED
    level      NMTOKEN      # IMPLIED
    mark      NMTOKEN      # IMPLIED
    change      (add | delete | modify)      # IMPLIED
    rfc      CDATA      # IMPLIED
〉
〈! ELEMENT emphasis (# PCDATA | ein | cb | parasigdata | quantity | xref | indxflag | change |
emphasis | symbol | subscrpt | supscrpt | refdm | reftp | ftnote | ftnref | acronym | acroterm |
capgrp) * 〉
〈! ATTLIST emphasis
    emph (em01 | em02 | em03 | em04 | em05 | em06 | em07 | em08 | em09 | em10 | em11 | em12 | em13
 | em14 | em15 | em16 | em17 | em18 | em19 | em20 | em21 | em22 | em23 | em24 | em25 | em26 | em27
 | em28 | em29 | em30 | em31 | em32 | em33 | em34 | em35 | em36 | em37 | em38 | em39 | em40 | em41
 | em42 | em43 | em44 | em45 | em46 | em47 | em48 | em49 | em50 | em51 | em52 | em53 | em54 | em55
 | em56 | em57 | em58 | em59 | em60 | em61 | em62 | em63 | em64 | em65 | em66 | em67 | em68 | em69
 | em70 | em71 | em72 | em73 | em74 | em75 | em76 | em77 | em78 | em79 | em80 | em81 | em82 | em83
 | em84 | em85 | em86 | em87 | em88 | em89 | em90 | em91 | em92 | em93 | em94 | em95 | em96 | em97
 | em98 | em99)      "em01"
〉
〈! ELEMENT ftnote (applic?,para + )〉
〈! ATTLIST ftnote
    ftnmark      (num | sym | alpha)      "num"
    refapplic      IDREF      # IMPLIED
    id     ID      # IMPLIED
    level      NMTOKEN      # IMPLIED
    mark      NMTOKEN      # IMPLIED
    change      (add | delete | modify)      # IMPLIED
    rfc      CDATA      # IMPLIED
    class      (01 | 02 | 03 | 04 | 05 | 06 | 07 | 08 | 09 | 10 | 11 | 12 | 13 | 14 | 15 | 16 | 17
 | 18 | 19 | 20 | 21 | 22 | 23 | 24 | 25 | 26 | 27 | 28 | 29 | 30 | 31 | 32 | 33 | 34 | 35 | 36 |
37 | 38 | 39 | 40 | 41 | 42 | 43 | 44 | 45 | 46 | 47 | 48 | 49 | 50 | 51 | 52 | 53 | 54 | 55 | 56
 | 57 | 58 | 59 | 60 | 61 | 62 | 63 | 64 | 65 | 66 | 67 | 68 | 69 | 70 | 71 | 72 | 73 | 74 | 75 |
76 | 77 | 78 | 79 | 80 | 81 | 82 | 83 | 84 | 85 | 86 | 87 | 88 | 89 | 90 | 91 | 92 | 93 | 94 | 95
 | 96 | 97 | 98 | 99)      # IMPLIED
    commcls      (cc01 | cc02 | cc03 | cc04 | cc05 | cc06 | cc07 | cc08 | cc09 | cc10 | cc11 | cc12
 | cc13 | cc14 | cc15 | cc16 | cc17 | cc18 | cc19 | cc20 | cc21 | cc22 | cc23 | cc24 | cc25 | cc26
 | cc27 | cc28 | cc29 | cc30 | cc31 | cc32 | cc33 | cc34 | cc35 | cc36 | cc37 | cc38 | cc39 | cc40
 | cc41 | cc42 | cc43 | cc44 | cc45 | cc46 | cc47 | cc48 | cc49 | cc50 | cc51 | cc52 | cc53 | cc54
 | cc55 | cc56 | cc57 | cc58 | cc59 | cc60 | cc61 | cc62 | cc63 | cc64 | cc65 | cc66 | cc67 | cc68
 | cc69 | cc70 | cc71 | cc72 | cc73 | cc74 | cc75 | cc76 | cc77 | cc78 | cc79 | cc80 | cc81 | cc82
 | cc83 | cc84 | cc85 | cc86 | cc87 | cc88 | cc89 | cc90 | cc91 | cc92 | cc93 | cc94 | cc95 | cc96
 | cc97 | cc98 | cc99)      # IMPLIED
    caveat      (cv01 | cv02 | cv03 | cv04 | cv05 | cv06 | cv07 | cv08 | cv09 | cv10 | cv11 | cv12
 | cv13 | cv14 | cv15 | cv16 | cv17 | cv18 | cv19 | cv20 | cv21 | cv22 | cv23 | cv24 | cv25 | cv26
 | cv27 | cv28 | cv29 | cv30 | cv31 | cv32 | cv33 | cv34 | cv35 | cv36 | cv37 | cv38 | cv39 | cv40
 | cv41 | cv42 | cv43 | cv44 | cv45 | cv46 | cv47 | cv48 | cv49 | cv50 | cv51 | cv52 | cv53 | cv54
 | cv55 | cv56 | cv57 | cv58 | cv59 | cv60 | cv61 | cv62 | cv63 | cv64 | cv65 | cv66 | cv67 | cv68
 | cv69 | cv70 | cv71 | cv72 | cv73 | cv74 | cv75 | cv76 | cv77 | cv78 | cv79 | cv80 | cv81 | cv82
 | cv83 | cv84 | cv85 | cv86 | cv87 | cv88 | cv89 | cv90 | cv91 | cv92 | cv93 | cv94 | cv95 | cv96
```

```
| cv97 | cv98 | cv99)    #IMPLIED
>
<! ELEMENT capgrp (applic?,colspec *,spanspec *,capbody)>
<! ATTLIST capgrp
   cols      NMTOKEN     #REQUIRED
   align     (left | right | center)    "left"
   toctype     (none | redtoc | comdtoc | ambertoc | greentoc | yelowtoc)    "none"
   colsep    NMTOKEN     #IMPLIED
   rowsep    NMTOKEN     #IMPLIED
   refapplic    IDREF    #IMPLIED
   id    ID    #IMPLIED
   level    NMTOKEN     #IMPLIED
   mark     NMTOKEN     #IMPLIED
   change     (add | delete | modify)    #IMPLIED
   rfc     CDATA     #IMPLIED
>
<! ELEMENT colspec EMPTY>
<! ATTLIST colspec
   colnum    NMTOKEN     #IMPLIED
   colname   NMTOKEN     #IMPLIED
   align     (left | right | center | justify | char)    #IMPLIED
   charoff CDATA     #IMPLIED
   char     CDATA     #IMPLIED
   colwidth CDATA     #IMPLIED
   colsep    NMTOKEN     #IMPLIED
   rowsep    NMTOKEN     #IMPLIED
>
<! ELEMENT spanspec EMPTY>
<! ATTLIST spanspec
   namest    NMTOKEN     #REQUIRED
   nameend   NMTOKEN     #REQUIRED
   spanname NMTOKEN     #REQUIRED
   align     (left | right | center | justify | char)    "center"
   charoff    CDATA     #IMPLIED
   char     CDATA     #IMPLIED
   colsep    NMTOKEN     #IMPLIED
   rowsep    NMTOKEN     #IMPLIED
>
<! ELEMENT capbody (applic?,caprow+)>
<! ATTLIST capbody
   valign    (top | bottom | middle)    "top"
   refapplic    IDREF    #IMPLIED
>
<! ELEMENT caprow ((applic?,capentry)+)>
<! ATTLIST caprow
   rowsep    NMTOKEN    #IMPLIED
   refapplic    IDREF    #IMPLIED
   id    ID    #IMPLIED
   level    NMTOKEN    #IMPLIED
   mark    NMTOKEN    #IMPLIED
   change    (add | delete | modify)    #IMPLIED
   rfc    CDATA    #IMPLIED
>
<! ELEMENT capentry (applic?,((caption | captext)?))>
<! ATTLIST capentry
   colname   NMTOKEN    #IMPLIED
   namest    NMTOKEN    #IMPLIED
   nameend   NMTOKEN    #IMPLIED
   spanname NMTOKEN    #IMPLIED
   morerows NMTOKEN    "0"
```

```
   colsep   NMTOKEN      #IMPLIED
   rowsep   NMTOKEN      #IMPLIED
   valign      (top | bottom | middle)     "top"
   align     (left | right | center | justify)     #IMPLIED
   refapplic     IDREF     #IMPLIED
〉
〈! ELEMENT caption (applic?,capline+)〉
〈! ATTLIST caption
   colour      (co00 | co01 | co02 | co03 | co04 | co05 | co06 | co07 | co08 | co09 | co10 | co11
| co12 | co13 | co14 | co15 | co16 | co17 | co18 | co19 | co20 | co21 | co22 | co23 | co24 | co25
| co26 | co27 | co28 | co29 | co30 | co31 | co32 | co33 | co34 | co35 | co36 | co37 | co38 | co39
| co40 | co41 | co42 | co43 | co44 | co45 | co46 | co47 | co48 | co49 | co50 | co51 | co52 | co53
| co54 | co55 | co56 | co57 | co58 | co59 | co60 | co61 | co62 | co63 | co64 | co65 | co66 | co67
| co68 | co69 | co70 | co71 | co72 | co73 | co74 | co75 | co76 | co77 | co78 | co79 | co80 | co81
| co82 | co83 | co84 | co85 | co86 | co87 | co88 | co89 | co90 | co91 | co92 | co93 | co94 | co95
| co96 | co97 | co98 | co99)     "co09"
   width    CDATA         #IMPLIED
   height   CDATA         #IMPLIED
   sysid    CDATA         #IMPLIED
   align    (left | right | center | justify)     "center"
   toctype     (none | redtoc | comdtoc | ambertoc | greentoc | yelowtoc)     "none"
   type   (primary | secondary)     "primary"
   refapplic     IDREF     #IMPLIED
   id    ID     #IMPLIED
   level    NMTOKEN       #IMPLIED
   mark     NMTOKEN       #IMPLIED
   change     (add | delete | modify)     #IMPLIED
   rfc      CDATA         #IMPLIED
〉
〈! ELEMENT capline (#PCDATA | acroterm)*〉
〈! ELEMENT captext (#PCDATA | xref | indxflag | change | emphasis | subscrpt | supscrpt | refdm |
reftp | acronym | acroterm)*〉
〈! ATTLIST captext
   level    NMTOKEN       #IMPLIED
   mark     NMTOKEN       #IMPLIED
   change     (add | delete | modify)     #IMPLIED
   rfc      CDATA         #IMPLIED
〉
〈! ELEMENT seqlist (applic?,title?,item+)〉
〈! ATTLIST seqlist
   refapplic     IDREF      #IMPLIED
   id    ID     #IMPLIED
   level    NMTOKEN       #IMPLIED
   mark     NMTOKEN       #IMPLIED
   change      (add | delete | modify)     #IMPLIED
   rfc      CDATA         #IMPLIED
   class      (01 | 02 | 03 | 04 | 05 | 06 | 07 | 08 | 09 | 10 | 11 | 12 | 13 | 14 | 15 | 16 | 17
| 18 | 19 | 20 | 21 | 22 | 23 | 24 | 25 | 26 | 27 | 28 | 29 | 30 | 31 | 32 | 33 | 34 | 35 | 36 |
37 | 38 | 39 | 40 | 41 | 42 | 43 | 44 | 45 | 46 | 47 | 48 | 49 | 50 | 51 | 52 | 53 | 54 | 55 | 56
| 57 | 58 | 59 | 60 | 61 | 62 | 63 | 64 | 65 | 66 | 67 | 68 | 69 | 70 | 71 | 72 | 73 | 74 | 75 |
76 | 77 | 78 | 79 | 80 | 81 | 82 | 83 | 84 | 85 | 86 | 87 | 88 | 89 | 90 | 91 | 92 | 93 | 94 | 95
| 96 | 97 | 98 | 99)     #IMPLIED
   commcls     (cc01 | cc02 | cc03 | cc04 | cc05 | cc06 | cc07 | cc08 | cc09 | cc10 | cc11 | cc12
| cc13 | cc14 | cc15 | cc16 | cc17 | cc18 | cc19 | cc20 | cc21 | cc22 | cc23 | cc24 | cc25 | cc26
| cc27 | cc28 | cc29 | cc30 | cc31 | cc32 | cc33 | cc34 | cc35 | cc36 | cc37 | cc38 | cc39 | cc40
| cc41 | cc42 | cc43 | cc44 | cc45 | cc46 | cc47 | cc48 | cc49 | cc50 | cc51 | cc52 | cc53 | cc54
| cc55 | cc56 | cc57 | cc58 | cc59 | cc60 | cc61 | cc62 | cc63 | cc64 | cc65 | cc66 | cc67 | cc68
| cc69 | cc70 | cc71 | cc72 | cc73 | cc74 | cc75 | cc76 | cc77 | cc78 | cc79 | cc80 | cc81 | cc82
| cc83 | cc84 | cc85 | cc86 | cc87 | cc88 | cc89 | cc90 | cc91 | cc92 | cc93 | cc94 | cc95 | cc96
| cc97 | cc98 | cc99)     #IMPLIED
```

```
    caveat     (cv01 | cv02 | cv03 | cv04 | cv05 | cv06 | cv07 | cv08 | cv09 | cv10 | cv11 | cv12
| cv13 | cv14 | cv15 | cv16 | cv17 | cv18 | cv19 | cv20 | cv21 | cv22 | cv23 | cv24 | cv25 | cv26
| cv27 | cv28 | cv29 | cv30 | cv31 | cv32 | cv33 | cv34 | cv35 | cv36 | cv37 | cv38 | cv39 | cv40
| cv41 | cv42 | cv43 | cv44 | cv45 | cv46 | cv47 | cv48 | cv49 | cv50 | cv51 | cv52 | cv53 | cv54
| cv55 | cv56 | cv57 | cv58 | cv59 | cv60 | cv61 | cv62 | cv63 | cv64 | cv65 | cv66 | cv67 | cv68
| cv69 | cv70 | cv71 | cv72 | cv73 | cv74 | cv75 | cv76 | cv77 | cv78 | cv79 | cv80 | cv81 | cv82
| cv83 | cv84 | cv85 | cv86 | cv87 | cv88 | cv89 | cv90 | cv91 | cv92 | cv93 | cv94 | cv95 | cv96
| cv97 | cv98 | cv99)      #IMPLIED
〉
〈! ELEMENT title (#PCDATA | ein | cb | parasigdata | quantity | xref | indxflag | change | emphasis
| symbol | subscrpt | supscrpt | refdm | reftp | ftnote | ftnref | acronym | acroterm | capgrp)*〉
〈! ATTLIST title
    class     (01 | 02 | 03 | 04 | 05 | 06 | 07 | 08 | 09 | 10 | 11 | 12 | 13 | 14 | 15 | 16 | 17
| 18 | 19 | 20 | 21 | 22 | 23 | 24 | 25 | 26 | 27 | 28 | 29 | 30 | 31 | 32 | 33 | 34 | 35 | 36 |
37 | 38 | 39 | 40 | 41 | 42 | 43 | 44 | 45 | 46 | 47 | 48 | 49 | 50 | 51 | 52 | 53 | 54 | 55 | 56
| 57 | 58 | 59 | 60 | 61 | 62 | 63 | 64 | 65 | 66 | 67 | 68 | 69 | 70 | 71 | 72 | 73 | 74 | 75 |
76 | 77 | 78 | 79 | 80 | 81 | 82 | 83 | 84 | 85 | 86 | 87 | 88 | 89 | 90 | 91 | 92 | 93 | 94 | 95
| 96 | 97 | 98 | 99)      #IMPLIED
    commcls     (cc01 | cc02 | cc03 | cc04 | cc05 | cc06 | cc07 | cc08 | cc09 | cc10 | cc11 | cc12
| cc13 | cc14 | cc15 | cc16 | cc17 | cc18 | cc19 | cc20 | cc21 | cc22 | cc23 | cc24 | cc25 | cc26
| cc27 | cc28 | cc29 | cc30 | cc31 | cc32 | cc33 | cc34 | cc35 | cc36 | cc37 | cc38 | cc39 | cc40
| cc41 | cc42 | cc43 | cc44 | cc45 | cc46 | cc47 | cc48 | cc49 | cc50 | cc51 | cc52 | cc53 | cc54
| cc55 | cc56 | cc57 | cc58 | cc59 | cc60 | cc61 | cc62 | cc63 | cc64 | cc65 | cc66 | cc67 | cc68
| cc69 | cc70 | cc71 | cc72 | cc73 | cc74 | cc75 | cc76 | cc77 | cc78 | cc79 | cc80 | cc81 | cc82
| cc83 | cc84 | cc85 | cc86 | cc87 | cc88 | cc89 | cc90 | cc91 | cc92 | cc93 | cc94 | cc95 | cc96
| cc97 | cc98 | cc99)      #IMPLIED
    caveat     (cv01 | cv02 | cv03 | cv04 | cv05 | cv06 | cv07 | cv08 | cv09 | cv10 | cv11 | cv12
| cv13 | cv14 | cv15 | cv16 | cv17 | cv18 | cv19 | cv20 | cv21 | cv22 | cv23 | cv24 | cv25 | cv26
| cv27 | cv28 | cv29 | cv30 | cv31 | cv32 | cv33 | cv34 | cv35 | cv36 | cv37 | cv38 | cv39 | cv40
| cv41 | cv42 | cv43 | cv44 | cv45 | cv46 | cv47 | cv48 | cv49 | cv50 | cv51 | cv52 | cv53 | cv54
| cv55 | cv56 | cv57 | cv58 | cv59 | cv60 | cv61 | cv62 | cv63 | cv64 | cv65 | cv66 | cv67 | cv68
| cv69 | cv70 | cv71 | cv72 | cv73 | cv74 | cv75 | cv76 | cv77 | cv78 | cv79 | cv80 | cv81 | cv82
| cv83 | cv84 | cv85 | cv86 | cv87 | cv88 | cv89 | cv90 | cv91 | cv92 | cv93 | cv94 | cv95 | cv96
| cv97 | cv98 | cv99)      #IMPLIED
〉
〈! ELEMENT item (#PCDATA | applic | note | para | ein | cb | parasigdata | quantity | xref |
indxflag | change | emphasis | symbol | subscrpt | supscrpt | refdm | reftp | ftnote | ftnref |
acronym | acroterm | capgrp | seqlist | randlist | deflist)*〉
〈! ATTLIST item
    refapplic     IDREF     #IMPLIED
    id     ID     #IMPLIED
    level     NMTOKEN     #IMPLIED
    mark     NMTOKEN     #IMPLIED
    change     (add | delete | modify)     #IMPLIED
    rfc     CDATA     #IMPLIED
〉
〈! ELEMENT note (applic?,((symbol | para | (seqlist | randlist | deflist))+))〉
〈! ATTLIST note
    type     CDATA     #IMPLIED
    refapplic     IDREF     #IMPLIED
    xrefid     IDREF     #IMPLIED
    id     ID     #IMPLIED
    level     NMTOKEN     #IMPLIED
    mark     NMTOKEN     #IMPLIED
    change     (add | delete | modify)     #IMPLIED
    rfc     CDATA     #IMPLIED
〉
〈! ELEMENT randlist (applic?,title?,item+)〉
〈! ATTLIST randlist
    prefix     (pf01 | pf02 | pf03 | pf04 | pf05 | pf06 | pf07 | pf08 | pf09 | pf10 | pf11 | pf12
```

```
| pf13 | pf14 | pf15 | pf16 | pf17 | pf18 | pf19 | pf20 | pf21 | pf22 | pf23 | pf24 | pf25 | pf26
| pf27 | pf28 | pf29 | pf30 | pf31 | pf32 | pf33 | pf34 | pf35 | pf36 | pf37 | pf38 | pf39 | pf40
| pf41 | pf42 | pf43 | pf44 | pf45 | pf46 | pf47 | pf48 | pf49 | pf50 | pf51 | pf52 | pf53 | pf54
| pf55 | pf56 | pf57 | pf58 | pf59 | pf60 | pf61 | pf62 | pf63 | pf64 | pf65 | pf66 | pf67 | pf68
| pf69 | pf70 | pf71 | pf72 | pf73 | pf74 | pf75 | pf76 | pf77 | pf78 | pf79 | pf80 | pf81 | pf82
| pf83 | pf84 | pf85 | pf86 | pf87 | pf88 | pf89 | pf90 | pf91 | pf92 | pf93 | pf94 | pf95 | pf96
| pf97 | pf98 | pf99)     "pf02"
   refapplic  IDREF   #IMPLIED
   id    ID   #IMPLIED
   level     NMTOKEN     #IMPLIED
   mark      NMTOKEN     #IMPLIED
   change     (add | delete | modify)     #IMPLIED
   rfc       CDATA       #IMPLIED
   class     (01 | 02 | 03 | 04 | 05 | 06 | 07 | 08 | 09 | 10 | 11 | 12 | 13 | 14 | 15 | 16 | 17
| 18 | 19 | 20 | 21 | 22 | 23 | 24 | 25 | 26 | 27 | 28 | 29 | 30 | 31 | 32 | 33 | 34 | 35 | 36 |
37 | 38 | 39 | 40 | 41 | 42 | 43 | 44 | 45 | 46 | 47 | 48 | 49 | 50 | 51 | 52 | 53 | 54 | 55 | 56
| 57 | 58 | 59 | 60 | 61 | 62 | 63 | 64 | 65 | 66 | 67 | 68 | 69 | 70 | 71 | 72 | 73 | 74 | 75 |
76 | 77 | 78 | 79 | 80 | 81 | 82 | 83 | 84 | 85 | 86 | 87 | 88 | 89 | 90 | 91 | 92 | 93 | 94 | 95
| 96 | 97 | 98 | 99)     #IMPLIED
   commcls    (cc01 | cc02 | cc03 | cc04 | cc05 | cc06 | cc07 | cc08 | cc09 | cc10 | cc11 | cc12
| cc13 | cc14 | cc15 | cc16 | cc17 | cc18 | cc19 | cc20 | cc21 | cc22 | cc23 | cc24 | cc25 | cc26
| cc27 | cc28 | cc29 | cc30 | cc31 | cc32 | cc33 | cc34 | cc35 | cc36 | cc37 | cc38 | cc39 | cc40
| cc41 | cc42 | cc43 | cc44 | cc45 | cc46 | cc47 | cc48 | cc49 | cc50 | cc51 | cc52 | cc53 | cc54
| cc55 | cc56 | cc57 | cc58 | cc59 | cc60 | cc61 | cc62 | cc63 | cc64 | cc65 | cc66 | cc67 | cc68
| cc69 | cc70 | cc71 | cc72 | cc73 | cc74 | cc75 | cc76 | cc77 | cc78 | cc79 | cc80 | cc81 | cc82
| cc83 | cc84 | cc85 | cc86 | cc87 | cc88 | cc89 | cc90 | cc91 | cc92 | cc93 | cc94 | cc95 | cc96
| cc97 | cc98 | cc99)     #IMPLIED
   caveat     (cv01 | cv02 | cv03 | cv04 | cv05 | cv06 | cv07 | cv08 | cv09 | cv10 | cv11 | cv12
| cv13 | cv14 | cv15 | cv16 | cv17 | cv18 | cv19 | cv20 | cv21 | cv22 | cv23 | cv24 | cv25 | cv26
| cv27 | cv28 | cv29 | cv30 | cv31 | cv32 | cv33 | cv34 | cv35 | cv36 | cv37 | cv38 | cv39 | cv40
| cv41 | cv42 | cv43 | cv44 | cv45 | cv46 | cv47 | cv48 | cv49 | cv50 | cv51 | cv52 | cv53 | cv54
| cv55 | cv56 | cv57 | cv58 | cv59 | cv60 | cv61 | cv62 | cv63 | cv64 | cv65 | cv66 | cv67 | cv68
| cv69 | cv70 | cv71 | cv72 | cv73 | cv74 | cv75 | cv76 | cv77 | cv78 | cv79 | cv80 | cv81 | cv82
| cv83 | cv84 | cv85 | cv86 | cv87 | cv88 | cv89 | cv90 | cv91 | cv92 | cv93 | cv94 | cv95 | cv96
| cv97 | cv98 | cv99)     #IMPLIED
>
<! ELEMENT deflist (applic?,title?,((term,def)+))>
<! ATTLIST deflist
   refapplic     IDREF     #IMPLIED
   id    ID    #IMPLIED
   level     NMTOKEN     #IMPLIED
   mark      NMTOKEN     #IMPLIED
   change     (add | delete | modify)     #IMPLIED
   rfc       CDATA       #IMPLIED
   class     (01 | 02 | 03 | 04 | 05 | 06 | 07 | 08 | 09 | 10 | 11 | 12 | 13 | 14 | 15 | 16 | 17
| 18 | 19 | 20 | 21 | 22 | 23 | 24 | 25 | 26 | 27 | 28 | 29 | 30 | 31 | 32 | 33 | 34 | 35 | 36 |
37 | 38 | 39 | 40 | 41 | 42 | 43 | 44 | 45 | 46 | 47 | 48 | 49 | 50 | 51 | 52 | 53 | 54 | 55 | 56
| 57 | 58 | 59 | 60 | 61 | 62 | 63 | 64 | 65 | 66 | 67 | 68 | 69 | 70 | 71 | 72 | 73 | 74 | 75 |
76 | 77 | 78 | 79 | 80 | 81 | 82 | 83 | 84 | 85 | 86 | 87 | 88 | 89 | 90 | 91 | 92 | 93 | 94 | 95
| 96 | 97 | 98 | 99)     #IMPLIED
   commcls    (cc01 | cc02 | cc03 | cc04 | cc05 | cc06 | cc07 | cc08 | cc09 | cc10 | cc11 | cc12
| cc13 | cc14 | cc15 | cc16 | cc17 | cc18 | cc19 | cc20 | cc21 | cc22 | cc23 | cc24 | cc25 | cc26
| cc27 | cc28 | cc29 | cc30 | cc31 | cc32 | cc33 | cc34 | cc35 | cc36 | cc37 | cc38 | cc39 | cc40
| cc41 | cc42 | cc43 | cc44 | cc45 | cc46 | cc47 | cc48 | cc49 | cc50 | cc51 | cc52 | cc53 | cc54
| cc55 | cc56 | cc57 | cc58 | cc59 | cc60 | cc61 | cc62 | cc63 | cc64 | cc65 | cc66 | cc67 | cc68
| cc69 | cc70 | cc71 | cc72 | cc73 | cc74 | cc75 | cc76 | cc77 | cc78 | cc79 | cc80 | cc81 | cc82
| cc83 | cc84 | cc85 | cc86 | cc87 | cc88 | cc89 | cc90 | cc91 | cc92 | cc93 | cc94 | cc95 | cc96
| cc97 | cc98 | cc99)     #IMPLIED
   caveat     (cv01 | cv02 | cv03 | cv04 | cv05 | cv06 | cv07 | cv08 | cv09 | cv10 | cv11 | cv12
| cv13 | cv14 | cv15 | cv16 | cv17 | cv18 | cv19 | cv20 | cv21 | cv22 | cv23 | cv24 | cv25 | cv26
```

```
| cv27 | cv28 | cv29 | cv30 | cv31 | cv32 | cv33 | cv34 | cv35 | cv36 | cv37 | cv38 | cv39 | cv40
| cv41 | cv42 | cv43 | cv44 | cv45 | cv46 | cv47 | cv48 | cv49 | cv50 | cv51 | cv52 | cv53 | cv54
| cv55 | cv56 | cv57 | cv58 | cv59 | cv60 | cv61 | cv62 | cv63 | cv64 | cv65 | cv66 | cv67 | cv68
| cv69 | cv70 | cv71 | cv72 | cv73 | cv74 | cv75 | cv76 | cv77 | cv78 | cv79 | cv80 | cv81 | cv82
| cv83 | cv84 | cv85 | cv86 | cv87 | cv88 | cv89 | cv90 | cv91 | cv92 | cv93 | cv94 | cv95 | cv96
| cv97 | cv98 | cv99) #IMPLIED
〉
〈! ELEMENT term (#PCDATA | applic | ein | cb | parasigdata | quantity | xref | indxflag | change |
emphasis | symbol | subscrpt | supscrpt | refdm | reftp | ftnote | ftnref | acronym | acroterm |
capgrp) * 〉
〈! ATTLIST term
    refapplic    IDREF    #IMPLIED
    id    ID    #IMPLIED
    level    NMTOKEN    #IMPLIED
    mark    NMTOKEN    #IMPLIED
    change    (add | delete | modify)    #IMPLIED
    rfc    CDATA    #IMPLIED
〉
〈! ELEMENT def (#PCDATA | applic | para | ein | cb | parasigdata | quantity | xref | indxflag |
change | emphasis | symbol | subscrpt | supscrpt | refdm | reftp | ftnote | ftnref | acronym |
acroterm | capgrp | seqlist | randlist | deflist) * 〉
〈! ATTLIST def
    refapplic    IDREF    #IMPLIED
    id    ID    #IMPLIED
    level    NMTOKEN    #IMPLIED
    mark    NMTOKEN    #IMPLIED
    change    (add | delete | modify)    #IMPLIED
    rfc    CDATA    #IMPLIED
〉
〈! ELEMENT orig (#PCDATA)〉
〈! ATTLIST orig
    origname CDATA    #IMPLIED
    id    ID    #IMPLIED
〉
〈! ELEMENT inlineapplics (applic+)〉
〈! ELEMENT autandtp (authblk,tpbase)〉
〈! ELEMENT authblk (#PCDATA)〉
〈! ELEMENT tpbase (#PCDATA)〉
〈! ELEMENT authex (inline?,retrofit?)〉
〈! ELEMENT inline (exmod*,addmod*)〉
〈! ELEMENT exmod (#PCDATA)〉
〈! ELEMENT addmod (#PCDATA)〉
〈! ELEMENT retrofit (mod+)〉
〈! ELEMENT mod (modtitle?)〉
〈! ATTLIST mod
    authno    NMTOKEN    #REQUIRED
    modtype    (pre | post | prandpo)    #REQUIRED
    id    ID    #IMPLIED
    level    NMTOKEN    #IMPLIED
    mark    NMTOKEN    #IMPLIED
    change    (add | delete | modify)    #IMPLIED
    rfc    CDATA    #IMPLIED
〉
〈! ELEMENT modtitle (#PCDATA)〉
〈! ELEMENT notes (#PCDATA)〉
〈! ELEMENT brexref (refdm)〉
〈! ELEMENT qa (applic?,(unverif | (firstver,secver?)))〉
〈! ATTLIST qa
    refapplic    IDREF    #IMPLIED
〉
```

```
〈! ELEMENT unverif EMPTY〉
〈! ELEMENT firstver EMPTY〉
〈! ATTLIST firstver
  type    (tabtop | onobject | ttandoo)   # REQUIRED
〉
〈! ELEMENT secver EMPTY〉
〈! ATTLIST secver
  type    (tabtop | onobject | ttandoo)   # REQUIRED
〉
〈! ELEMENT rfu (# PCDATA | applic | p) * 〉
〈! ATTLIST rfu
  refapplic    IDREF     # IMPLIED
〉
〈! ELEMENT p (# PCDATA | subscrpt | supscrpt) * 〉
〈! ATTLIST p
  id   ID     # IMPLIED
  level    NMTOKEN     # IMPLIED
  mark     NMTOKEN     # IMPLIED
  change     (add | delete | modify)     # IMPLIED
  rfc     CDATA     # IMPLIED
〉
〈! ELEMENT remarks (# PCDATA | applic | p) * 〉
〈! ATTLIST remarks
  refapplic    IDREF     # IMPLIED
〉
〈! ELEMENT content (refs?,proced)〉
〈! ATTLIST content
  id   ID     # IMPLIED
〉
〈! ELEMENT proced (prelreqs,mainfunc,closereqs)〉
〈! ELEMENT prelreqs (pmd * ,reqconds,reqpers * ,supequip,supplies,spares,safety)〉
〈! ELEMENT pmd (applic?,thi * ,zone * ,accpnl * ,avehcfg?,opndurn?)〉
〈! ATTLIST pmd
  refapplic    IDREF     # IMPLIED
〉
〈! ELEMENT thi (# PCDATA)〉
〈! ATTLIST thi
  uom (th01 | th02 | th03 | th04 | th05 | th06 | th07 | th08 | th09 | th10 | th11 | th12 | th13
| th14 | th15 | th16 | th17 | th18 | th19 | th20 | th21 | th22 | th23 | th24 | th25 | th26 | th27
| th28 | th29 | th30 | th31 | th32 | th33 | th34 | th35 | th36 | th37 | th38 | th39 | th40 | th41
| th42 | th43 | th44 | th45 | th46 | th47 | th48 | th49 | th50 | th51 | th52 | th53 | th54 | th55
| th56 | th57 | th58 | th59 | th60 | th61 | th62 | th63 | th64 | th65 | th66 | th67 | th68 | th69
| th70 | th71 | th72 | th73 | th74 | th75 | th76 | th77 | th78 | th79 | th80 | th81 | th82 | th83
| th84 | th85 | th86 | th87 | th88 | th89 | th90 | th91 | th92 | th93 | th94 | th95 | th96 | th97
| th98 | th99)    # REQUIRED
〉
〈! ELEMENT zone (nomen?,refs?)〉
〈! ATTLIST zone
  zonenbr  CDATA          # IMPLIED
  id    ID     # IMPLIED
  level    NMTOKEN   # IMPLIED
  mark     NMTOKEN   # IMPLIED
  change     (add | delete | modify)     # IMPLIED
  rfc     CDATA     # IMPLIED
〉
〈! ELEMENT accpnl (nomen?,refs?)〉
〈! ATTLIST accpnl
  accpnlnbr  CDATA          # IMPLIED
  accpnltype      (accpnl01 | accpnl02 | accpnl03 | accpnl04 | accpnl05 | accpnl06 | accpnl07 |
 accpnl08 | accpnl09 | accpnl10 | accpnl11 | accpnl12 | accpnl13 | accpnl14 | accpnl15 | accpnl16
```

```
| accpnl17 | accpnl18 | accpnl19 | accpnl20 | accpnl21 | accpnl22 | accpnl23 | accpnl24 | accpnl25
| accpnl26 | accpnl27 | accpnl28 | accpnl29 | accpnl30 | accpnl31 | accpnl32 | accpnl33 | accpnl34
| accpnl35 | accpnl36 | accpnl37 | accpnl38 | accpnl39 | accpnl40 | accpnl41 | accpnl42 | accpnl43
| accpnl44 | accpnl45 | accpnl46 | accpnl47 | accpnl48 | accpnl49 | accpnl50 | accpnl51 | accpnl52
| accpnl53 | accpnl54 | accpnl55 | accpnl56 | accpnl57 | accpnl58 | accpnl59 | accpnl60 | accpnl61
| accpnl62 | accpnl63 | accpnl64 | accpnl65 | accpnl66 | accpnl67 | accpnl68 | accpnl69 | accpnl70
| accpnl71 | accpnl72 | accpnl73 | accpnl74 | accpnl75 | accpnl76 | accpnl77 | accpnl78 | accpnl79
| accpnl80 | accpnl81 | accpnl82 | accpnl83 | accpnl84 | accpnl85 | accpnl86 | accpnl87 | accpnl88
| accpnl89 | accpnl90 | accpnl91 | accpnl92 | accpnl93 | accpnl94 | accpnl95 | accpnl96 | accpnl97
| accpnl98 | accpnl99)    #IMPLIED
   id    ID    #IMPLIED
   level    NMTOKEN    #IMPLIED
   mark    NMTOKEN    #IMPLIED
   change    (add | delete | modify)    #IMPLIED
   rfc    CDATA    #IMPLIED
>
<! ELEMENT avehcfg (jacked,safedev,elecpwr,hydpwr,airpwr,fuel,water,fcposn)>
<! ELEMENT jacked EMPTY>
<! ATTLIST jacked
   status    (yes | no | indiffer | na)    #REQUIRED
   power    (engine | apu | external | internal | indifferent | notapplic)    #REQUIRED
>
<! ELEMENT safedev EMPTY>
<! ATTLIST safedev
   status    (yes | no | indiffer | na)    #REQUIRED
   power    (engine | apu | external | internal | indifferent | notapplic)    #REQUIRED
>
<! ELEMENT elecpwr EMPTY>
<! ATTLIST elecpwr
   status    (yes | no | indiffer | na)    #REQUIRED
   power    (engine | apu | external | internal | indifferent | notapplic)    #REQUIRED
>
<! ELEMENT hydpwr EMPTY>
<! ATTLIST hydpwr
   status    (yes | no | indiffer | na)    #REQUIRED
   power    (engine | apu | external | internal | indifferent | notapplic)    #REQUIRED
>
<! ELEMENT airpwr EMPTY>
<! ATTLIST airpwr
   status    (yes | no | indiffer | na)    #REQUIRED
   power    (engine | apu | external | internal | indifferent | notapplic)    #REQUIRED
>
<! ELEMENT fuel EMPTY>
<! ATTLIST fuel
   status    (yes | no | indiffer | na)    #REQUIRED
   power    (engine | apu | external | internal | indifferent | notapplic)    #REQUIRED
>
<! ELEMENT water EMPTY>
<! ATTLIST water
   status    (yes | no | indiffer | na)    #REQUIRED
   power    (engine | apu | external | internal | indifferent | notapplic)    #REQUIRED
>
<! ELEMENT fcposn EMPTY>
<! ATTLIST fcposn
   status    (yes | no | indiffer | na)    #REQUIRED
   power    (engine | apu | external | internal | indifferent | notapplic)    #REQUIRED
>
<! ELEMENT opndurn EMPTY>
<! ATTLIST opndurn
   prelreqs CDATA    #REQUIRED
```

```
    proced   CDATA     # REQUIRED
    closeup  CDATA     # REQUIRED
    id     ID     # IMPLIED
〉
〈! ELEMENT reqconds (noconds | ((reqcond | reqcondm | reqcblst | reqcontp) + )))
〈! ELEMENT noconds EMPTY〉
〈! ELEMENT reqcond (# PCDATA | applic | xref | indxflag | symbol | subscrpt | supscrpt | ftnref |
acronym | acroterm) * 〉
〈! ATTLIST reqcond
    refapplic     IDREF      # IMPLIED
〉
〈! ELEMENT reqcondm (applic?,((reqcond,refdm) + ))〉
〈! ATTLIST reqcondm
    refapplic     IDREF      # IMPLIED
〉
〈! ELEMENT reqcblst (applic?,(reqcond,cblst))〉
〈! ATTLIST reqcblst
    refapplic     IDREF      # IMPLIED
    id     ID     # IMPLIED
    level     NMTOKEN     # IMPLIED
    mark      NMTOKEN     # IMPLIED
    change      (add | delete | modify)      # IMPLIED
    rfc       CDATA       # IMPLIED
〉
〈! ELEMENT cblst (applic?,((cbsublst + ) + ))〉
〈! ATTLIST cblst
    refapplic     IDREF      # IMPLIED
    cbaction      (open | close | verif-open | verif-close)      # IMPLIED
    checksum CDATA      # IMPLIED
    id     ID     # IMPLIED
    level     NMTOKEN     # IMPLIED
    mark      NMTOKEN     # IMPLIED
    change      (add | delete | modify)      # IMPLIED
    rfc       CDATA       # IMPLIED
〉
〈! ELEMENT cbsublst (applic?,ein * ,(cbdata + ))〉
〈! ATTLIST cbsublst
    cbaction      (open | close | verif-open | verif-close)      # IMPLIED
    checksum CDATA      # IMPLIED
    refapplic     IDREF      # IMPLIED
    id     ID     # IMPLIED
    level     NMTOKEN     # IMPLIED
    mark      NMTOKEN     # IMPLIED
    change      (add | delete | modify)      # IMPLIED
    rfc       CDATA       # IMPLIED
〉
〈! ELEMENT cbdata (applic?,cb,nomen,((xref | accpnl)?),cbloc?)〉
〈! ATTLIST cbdata
    refapplic     IDREF      # IMPLIED
    id     ID     # IMPLIED
    level     NMTOKEN     # IMPLIED
    mark      NMTOKEN     # IMPLIED
    change      (add | delete | modify)      # IMPLIED
    rfc       CDATA       # IMPLIED
〉
〈! ELEMENT cbloc (# PCDATA)〉
〈! ATTLIST cbloc
    id     ID     # IMPLIED
    level     NMTOKEN     # IMPLIED
    mark      NMTOKEN     # IMPLIED
```

```
    change     (add | delete | modify)     #IMPLIED
    rfc      CDATA       #IMPLIED
>
<! ELEMENT reqcontp (applic?,((reqcond,reftp)+))>
<! ATTLIST reqcontp
    refapplic    IDREF      #IMPLIED
>
<! ELEMENT reqpers (applic?,(((asrequir | person),((perscat,perskill?,trade?,esttime?)?))+))>
<! ATTLIST reqpers
    refapplic    IDREF      #IMPLIED
    id     ID      #IMPLIED
    level    NMTOKEN      #IMPLIED
    mark     NMTOKEN      #IMPLIED
    change     (add | delete | modify)     #IMPLIED
    rfc      CDATA       #IMPLIED
>
<! ELEMENT asrequir EMPTY>
<! ELEMENT person EMPTY>
<! ATTLIST person
    man      NMTOKEN      #REQUIRED
    id     ID      #IMPLIED
    level    NMTOKEN      #IMPLIED
    mark     NMTOKEN      #IMPLIED
    change     (add | delete | modify)     #IMPLIED
    rfc      CDATA       #IMPLIED
>
<! ELEMENT perscat EMPTY>
<! ATTLIST perscat
    category CDATA      #REQUIRED
    id     ID      #IMPLIED
    level    NMTOKEN      #IMPLIED
    mark     NMTOKEN      #IMPLIED
    change     (add | delete | modify)     #IMPLIED
    rfc      CDATA       #IMPLIED
>
<! ELEMENT perskill EMPTY>
<! ATTLIST perskill
    skill      (sk01 | sk02 | sk03 | sk04 | sk05 | sk06 | sk07 | sk08 | sk09 | sk10 | sk11 | sk12
| sk13 | sk14 | sk15 | sk16 | sk17 | sk18 | sk19 | sk20 | sk21 | sk22 | sk23 | sk24 | sk25 | sk26
| sk27 | sk28 | sk29 | sk30 | sk31 | sk32 | sk33 | sk34 | sk35 | sk36 | sk37 | sk38 | sk39 | sk40
| sk41 | sk42 | sk43 | sk44 | sk45 | sk46 | sk47 | sk48 | sk49 | sk50 | sk51 | sk52 | sk53 | sk54
| sk55 | sk56 | sk57 | sk58 | sk59 | sk60 | sk61 | sk62 | sk63 | sk64 | sk65 | sk66 | sk67 | sk68
| sk69 | sk70 | sk71 | sk72 | sk73 | sk74 | sk75 | sk76 | sk77 | sk78 | sk79 | sk80 | sk81 | sk82
| sk83 | sk84 | sk85 | sk86 | sk87 | sk88 | sk89 | sk90 | sk91 | sk92 | sk93 | sk94 | sk95 | sk96
| sk97 | sk98 | sk99)     #REQUIRED
    id     ID      #IMPLIED
    level    NMTOKEN      #IMPLIED
    mark     NMTOKEN      #IMPLIED
    change     (add | delete | modify)     #IMPLIED
    rfc      CDATA       #IMPLIED
>
<! ELEMENT trade (#PCDATA)>
<! ATTLIST trade
    id     ID      #IMPLIED
    level    NMTOKEN      #IMPLIED
    mark     NMTOKEN      #IMPLIED
    change     (add | delete | modify)     #IMPLIED
    rfc      CDATA       #IMPLIED
>
<! ELEMENT esttime (#PCDATA)>
```

```
〈! ATTLIST esttime
    id    ID     # IMPLIED
    level     NMTOKEN     # IMPLIED
    mark      NMTOKEN     # IMPLIED
    change     (add | delete | modify)     # IMPLIED
    rfc       CDATA       # IMPLIED
〉
〈! ELEMENT supequip (nosupeq | supeqli)〉
〈! ELEMENT nosupeq EMPTY〉
〈! ELEMENT supeqli (supequi + )〉
〈! ELEMENT supequi (applic?,nomen?,(((csnref | identno | tool),refs?) + ),qty,remarks?)〉
〈! ATTLIST supequi
    refapplic     IDREF      # IMPLIED
    id    ID     # IMPLIED
    level     NMTOKEN     # IMPLIED
    mark      NMTOKEN     # IMPLIED
    change     (add | delete | modify)     # IMPLIED
    rfc       CDATA       # IMPLIED
〉
〈! ELEMENT identno (mfc)〉
〈! ATTLIST identno
    level     NMTOKEN     # IMPLIED
    mark      NMTOKEN     # IMPLIED
    change     (add | delete | modify)     # IMPLIED
    rfc       CDATA       # IMPLIED
〉
〈! ELEMENT tool (refs?)〉
〈! ATTLIST tool
    toolnbr     CDATA      # REQUIRED
    mfc         CDATA      # IMPLIED
    specific    NMTOKEN    "1"
    alternate   NMTOKEN    "0"
    id    ID     # IMPLIED
    level       NMTOKEN    # IMPLIED
    mark        NMTOKEN    # IMPLIED
    change     (add | delete | modify)     # IMPLIED
    rfc         CDATA      # IMPLIED
〉
〈! ELEMENT qty (# PCDATA)〉
〈! ATTLIST qty
    uom       CDATA       # IMPLIED
    level     NMTOKEN     # IMPLIED
    mark      NMTOKEN     # IMPLIED
    change     (add | delete | modify)     # IMPLIED
    rfc       CDATA       # IMPLIED
〉
〈! ELEMENT supplies (nosupply | supplyli)〉
〈! ELEMENT nosupply EMPTY〉
〈! ELEMENT supplyli (supply + )〉
〈! ELEMENT supply (applic?,nomen?,(((csnref  | identno | con),refs?) + ),qty,remarks?)〉
〈! ATTLIST supply
    refapplic     IDREF      # IMPLIED
    id    ID     # IMPLIED
    level     NMTOKEN     # IMPLIED
    mark      NMTOKEN     # IMPLIED
    change     (add | delete | modify)     # IMPLIED
    rfc    CDATA      # IMPLIED
〉
〈! ELEMENT con (refs?)〉
〈! ATTLIST con
```

```
    connbr    CDATA     #REQUIRED
    id     ID     #IMPLIED
    level     NMTOKEN     #IMPLIED
    mark     NMTOKEN     #IMPLIED
    change     (add | delete | modify)     #IMPLIED
    rfc     CDATA     #IMPLIED
>
<! ELEMENT spares (nospares | faresli)>
<! ELEMENT nospares EMPTY>
<! ELEMENT sparesli (spare+)>
<! ELEMENT spare (applic?,nomen?,(((csnref | identno | ein),refs?)+),qty,remarks?)>
<! ATTLIST spare
    refapplic     IDREF     #IMPLIED
    id     ID     #IMPLIED
    level     NMTOKEN     #IMPLIED
    mark     NMTOKEN     #IMPLIED
    change     (add | delete | modify)     #IMPLIED
    rfc     CDATA     #IMPLIED
>
<! ELEMENT safety (nosafety | safecond)>
<! ELEMENT nosafety EMPTY>
<! ELEMENT safecond ((warning*,caution*),note*)>
<! ATTLIST safecond
    id     ID     #IMPLIED
>
<! ELEMENT warning (applic?,((symbol | para | (seqlist | randlist | deflist))+))>
<! ATTLIST warning
    type     CDATA     #IMPLIED
    xrefid     IDREF     #IMPLIED
    vital     NMTOKEN     #IMPLIED
    refapplic     IDREF     #IMPLIED
    id     ID     #IMPLIED
    level     NMTOKEN     #IMPLIED
    mark     NMTOKEN     #IMPLIED
    change     (add | delete | modify)     #IMPLIED
    rfc     CDATA     #IMPLIED
>
<! ELEMENT caution (applic?,((symbol | para | (seqlist | randlist | deflist))+))>
<! ATTLIST caution
    type     CDATA     #IMPLIED
    xrefid     IDREF     #IMPLIED
    refapplic     IDREF     #IMPLIED
    id     ID     #IMPLIED
    level     NMTOKEN     #IMPLIED
    mark     NMTOKEN     #IMPLIED
    change     (add | delete | modify)     #IMPLIED
    rfc     CDATA     #IMPLIED
>
<! ELEMENT mainfunc ((step1 | (figure | multimedia | foldout | table))+)>
<! ATTLIST mainfunc
    id     ID     #IMPLIED
    level     NMTOKEN     #IMPLIED
    mark     NMTOKEN     #IMPLIED
    change     (add | delete | modify)     #IMPLIED
    rfc     CDATA     #IMPLIED
    check     CDATA     #IMPLIED
    skill     (sk01 | sk02 | sk03 | sk04 | sk05 | sk06 | sk07 | sk08 | sk09 | sk10 | sk11 | sk12
| sk13 | sk14 | sk15 | sk16 | sk17 | sk18 | sk19 | sk20 | sk21 | sk22 | sk23 | sk24 | sk25 | sk26
| sk27 | sk28 | sk29 | sk30 | sk31 | sk32 | sk33 | sk34 | sk35 | sk36 | sk37 | sk38 | sk39 | sk40
| sk41 | sk42 | sk43 | sk44 | sk45 | sk46 | sk47 | sk48 | sk49 | sk50 | sk51 | sk52 | sk53 | sk54
```

```
| sk55 | sk56 | sk57 | sk58 | sk59 | sk60 | sk61 | sk62 | sk63 | sk64 | sk65 | sk66 | sk67 | sk68
| sk69 | sk70 | sk71 | sk72 | sk73 | sk74 | sk75 | sk76 | sk77 | sk78 | sk79 | sk80 | sk81 | sk82
| sk83 | sk84 | sk85 | sk86 | sk87 | sk88 | sk89 | sk90 | sk91 | sk92 | sk93 | sk94 | sk95 | sk96
| sk97 | sk98 | sk99)    #IMPLIED
〉
〈! ELEMENT step1 (((applic?,title?),(warning*,caution*),(((note | cblst | para) | (figure |
multimedia | foldout | table))*)),((step2)*))〉
〈! ATTLIST step1
    refapplic    IDREF    #IMPLIED
    check    CDATA    #IMPLIED
    skill    (sk01 | sk02 | sk03 | sk04 | sk05 | sk06 | sk07 | sk08 | sk09 | sk10 | sk11 | sk12
| sk13 | sk14 | sk15 | sk16 | sk17 | sk18 | sk19 | sk20 | sk21 | sk22 | sk23 | sk24 | sk25 | sk26
| sk27 | sk28 | sk29 | sk30 | sk31 | sk32 | sk33 | sk34 | sk35 | sk36 | sk37 | sk38 | sk39 | sk40
| sk41 | sk42 | sk43 | sk44 | sk45 | sk46 | sk47 | sk48 | sk49 | sk50 | sk51 | sk52 | sk53 | sk54
| sk55 | sk56 | sk57 | sk58 | sk59 | sk60 | sk61 | sk62 | sk63 | sk64 | sk65 | sk66 | sk67 | sk68
| sk69 | sk70 | sk71 | sk72 | sk73 | sk74 | sk75 | sk76 | sk77 | sk78 | sk79 | sk80 | sk81 | sk82
| sk83 | sk84 | sk85 | sk86 | sk87 | sk88 | sk89 | sk90 | sk91 | sk92 | sk93 | sk94 | sk95 | sk96
| sk97 | sk98 | sk99)    #IMPLIED
    id    ID    #IMPLIED
    level    NMTOKEN    #IMPLIED
    mark    NMTOKEN    #IMPLIED
    change    (add | delete | modify)    #IMPLIED
    rfc    CDATA    #IMPLIED
〉
〈! ELEMENT figure ((applic?,title),((graphic,rfa*) | ((applic?,sheet,graphic,rfa*)+)),legend?)〉
〈! ATTLIST figure
    refapplic    IDREF    #IMPLIED
    id    ID    #IMPLIED
    level    NMTOKEN    #IMPLIED
    mark    NMTOKEN    #IMPLIED
    change    (add | delete | modify)    #IMPLIED
    rfc    CDATA    #IMPLIED
    class    (01 | 02 | 03 | 04 | 05 | 06 | 07 | 08 | 09 | 10 | 11 | 12 | 13 | 14 | 15 | 16 | 17
| 18 | 19 | 20 | 21 | 22 | 23 | 24 | 25 | 26 | 27 | 28 | 29 | 30 | 31 | 32 | 33 | 34 | 35 | 36 |
37 | 38 | 39 | 40 | 41 | 42 | 43 | 44 | 45 | 46 | 47 | 48 | 49 | 50 | 51 | 52 | 53 | 54 | 55 | 56
| 57 | 58 | 59 | 60 | 61 | 62 | 63 | 64 | 65 | 66 | 67 | 68 | 69 | 70 | 71 | 72 | 73 | 74 | 75 |
76 | 77 | 78 | 79 | 80 | 81 | 82 | 83 | 84 | 85 | 86 | 87 | 88 | 89 | 90 | 91 | 92 | 93 | 94 | 95
| 96 | 97 | 98 | 99)    #IMPLIED
    commcls    (cc01 | cc02 | cc03 | cc04 | cc05 | cc06 | cc07 | cc08 | cc09 | cc10 | cc11 | cc12
| cc13 | cc14 | cc15 | cc16 | cc17 | cc18 | cc19 | cc20 | cc21 | cc22 | cc23 | cc24 | cc25 | cc26
| cc27 | cc28 | cc29 | cc30 | cc31 | cc32 | cc33 | cc34 | cc35 | cc36 | cc37 | cc38 | cc39 | cc40
| cc41 | cc42 | cc43 | cc44 | cc45 | cc46 | cc47 | cc48 | cc49 | cc50 | cc51 | cc52 | cc53 | cc54
| cc55 | cc56 | cc57 | cc58 | cc59 | cc60 | cc61 | cc62 | cc63 | cc64 | cc65 | cc66 | cc67 | cc68
| cc69 | cc70 | cc71 | cc72 | cc73 | cc74 | cc75 | cc76 | cc77 | cc78 | cc79 | cc80 | cc81 | cc82
| cc83 | cc84 | cc85 | cc86 | cc87 | cc88 | cc89 | cc90 | cc91 | cc92 | cc93 | cc94 | cc95 | cc96
| cc97 | cc98 | cc99)    #IMPLIED
    caveat    (cv01 | cv02 | cv03 | cv04 | cv05 | cv06 | cv07 | cv08 | cv09 | cv10 | cv11 | cv12
| cv13 | cv14 | cv15 | cv16 | cv17 | cv18 | cv19 | cv20 | cv21 | cv22 | cv23 | cv24 | cv25 | cv26
| cv27 | cv28 | cv29 | cv30 | cv31 | cv32 | cv33 | cv34 | cv35 | cv36 | cv37 | cv38 | cv39 | cv40
| cv41 | cv42 | cv43 | cv44 | cv45 | cv46 | cv47 | cv48 | cv49 | cv50 | cv51 | cv52 | cv53 | cv54
| cv55 | cv56 | cv57 | cv58 | cv59 | cv60 | cv61 | cv62 | cv63 | cv64 | cv65 | cv66 | cv67 | cv68
| cv69 | cv70 | cv71 | cv72 | cv73 | cv74 | cv75 | cv76 | cv77 | cv78 | cv79 | cv80 | cv81 | cv82
| cv83 | cv84 | cv85 | cv86 | cv87 | cv88 | cv89 | cv90 | cv91 | cv92 | cv93 | cv94 | cv95 | cv96
| cv97 | cv98 | cv99)    #IMPLIED
〉
〈! ELEMENT graphic (hotspot*)〉
〈! ATTLIST graphic
    boardno    ENTITY    #REQUIRED
    id    ID    #IMPLIED
    reprowid    CDATA    #IMPLIED
```

```
    reprohgt   CDATA      #IMPLIED
    reproscl   CDATA      #IMPLIED
    %XLINKATT0;
>
<! ELEMENT hotspot (applic?,((hotspot | xref | refdm | csnref)*))>
<! ATTLIST hotspot
    id    ID      #IMPLIED
    apsid      CDATA       #IMPLIED
    apsname    CDATA       #IMPLIED
    type       CDATA       #IMPLIED
    title      CDATA       #IMPLIED
    descript   CDATA       #IMPLIED
    coords     CDATA       #IMPLIED
    visibility    (visible | hidden)    "visible"
    refapplic  IDREF       #IMPLIED
>
<! ELEMENT rfa (#PCDATA | applic | ein | cb | parasigdata | quantity | xref | indxflag | change |
emphasis | symbol | subscrpt | supscrpt | refdm | reftp | ftnote | ftnref | acronym | acroterm |
capgrp)*>
<! ATTLIST rfa
    refapplic    IDREF      #IMPLIED
>
<! ELEMENT sheet EMPTY>
<! ATTLIST sheet
    sheetno  NMTOKEN     #REQUIRED
    total    NMTOKEN     #REQUIRED
    id    ID      #IMPLIED
    level    NMTOKEN     #IMPLIED
    mark     NMTOKEN     #IMPLIED
    change     (add | delete | modify)     #IMPLIED
    rfc      CDATA       #IMPLIED
    refapplic    IDREF      #IMPLIED
>
<! ELEMENT legend (deflist)>
<! ATTLIST legend
    id    ID      #IMPLIED
    level    NMTOKEN     #IMPLIED
    mark     NMTOKEN     #IMPLIED
    change     (add | delete | modify)     #IMPLIED
    rfc      CDATA      #IMPLIED
>
<! ELEMENT multimedia (((applic?,title)?),rfa*,multimediaobject+))
<! ATTLIST multimedia
    refapplic    IDREF      #IMPLIED
    id    ID     #IMPLIED
    level    NMTOKEN      #IMPLIED
    mark     NMTOKEN     #IMPLIED
    change     (add | delete | modify)     #IMPLIED
    rfc     CDATA     #IMPLIED
    class     (01 | 02 | 03 | 04 | 05 | 06 | 07 | 08 | 09 | 10 | 11 | 12 | 13 | 14 | 15 | 16 | 17
| 18 | 19 | 20 | 21 | 22 | 23 | 24 | 25 | 26 | 27 | 28 | 29 | 30 | 31 | 32 | 33 | 34 | 35 | 36 |
37 | 38 | 39 | 40 | 41 | 42 | 43 | 44 | 45 | 46 | 47 | 48 | 49 | 50 | 51 | 52 | 53 | 54 | 55 | 56
| 57 | 58 | 59 | 60 | 61 | 62 | 63 | 64 | 65 | 66 | 67 | 68 | 69 | 70 | 71 | 72 | 73 | 74 | 75 |
76 | 77 | 78 | 79 | 80 | 81 | 82 | 83 | 84 | 85 | 86 | 87 | 88 | 89 | 90 | 91 | 92 | 93 | 94 | 95
| 96 | 97 | 98 | 99)     #IMPLIED
    commcls     (cc01 | cc02 | cc03 | cc04 | cc05 | cc06 | cc07 | cc08 | cc09 | cc10 | cc11 | cc12
| cc13 | cc14 | cc15 | cc16 | cc17 | cc18 | cc19 | cc20 | cc21 | cc22 | cc23 | cc24 | cc25 | cc26
| cc27 | cc28 | cc29 | cc30 | cc31 | cc32 | cc33 | cc34 | cc35 | cc36 | cc37 | cc38 | cc39 | cc40
| cc41 | cc42 | cc43 | cc44 | cc45 | cc46 | cc47 | cc48 | cc49 | cc50 | cc51 | cc52 | cc53 | cc54
| cc55 | cc56 | cc57 | cc58 | cc59 | cc60 | cc61 | cc62 | cc63 | cc64 | cc65 | cc66 | cc67 | cc68
```

```
| cc69 | cc70 | cc71 | cc72 | cc73 | cc74 | cc75 | cc76 | cc77 | cc78 | cc79 | cc80 | cc81 | cc82
| cc83 | cc84 | cc85 | cc86 | cc87 | cc88 | cc89 | cc90 | cc91 | cc92 | cc93 | cc94 | cc95 | cc96
| cc97 | cc98 | cc99)    # IMPLIED
   caveat    (cv01 | cv02 | cv03 | cv04 | cv05 | cv06 | cv07 | cv08 | cv09 | cv10 | cv11 | cv12
| cv13 | cv14 | cv15 | cv16 | cv17 | cv18 | cv19 | cv20 | cv21 | cv22 | cv23 | cv24 | cv25 | cv26
| cv27 | cv28 | cv29 | cv30 | cv31 | cv32 | cv33 | cv34 | cv35 | cv36 | cv37 | cv38 | cv39 | cv40
| cv41 | cv42 | cv43 | cv44 | cv45 | cv46 | cv47 | cv48 | cv49 | cv50 | cv51 | cv52 | cv53 | cv54
| cv55 | cv56 | cv57 | cv58 | cv59 | cv60 | cv61 | cv62 | cv63 | cv64 | cv65 | cv66 | cv67 | cv68
| cv69 | cv70 | cv71 | cv72 | cv73 | cv74 | cv75 | cv76 | cv77 | cv78 | cv79 | cv80 | cv81 | cv82
| cv83 | cv84 | cv85 | cv86 | cv87 | cv88 | cv89 | cv90 | cv91 | cv92 | cv93 | cv94 | cv95 | cv96
| cv97 | cv98 | cv99)    # IMPLIED
〉
〈! ELEMENT multimediaobject ((param) * )〉
〈! ATTLIST multimediaobject
   id    ID    # IMPLIED
   autoplay   NMTOKEN    # IMPLIED
   fullscrn   NMTOKEN    # IMPLIED
   boardno    ENTITY     # REQUIRED
   multimediaclass    (3D | audio | video | other)   # REQUIRED
   controls    (hide | show)    # IMPLIED
   duration   NMTOKEN    # IMPLIED
   width      CDATA      # IMPLIED
   height     CDATA      # IMPLIED
   % XLINKATT0;
〉
〈! ELEMENT param EMPTY〉
〈! ATTLIST param
   id    ID    # REQUIRED
   paramid    CDATA      # IMPLIED
   paramvalue CDATA      # IMPLIED
   paramname  CDATA      # IMPLIED
〉
〈! ELEMENT foldout (figure | table)〉
〈! ELEMENT table (applic?,title?,(tgroup + | graphic + ))〉
〈! ATTLIST table
   tabstyle NMTOKEN    # IMPLIED
   tocentry NMTOKEN    "1"
   frame    (top | bottom | topbot | all | sides | none)   # IMPLIED
   colsep   NMTOKEN    # IMPLIED
   rowsep   NMTOKEN    # IMPLIED
   orient    (port | land)    # IMPLIED
   pgwide   NMTOKEN    # IMPLIED
   refapplic    IDREF    # IMPLIED
   id    ID    # IMPLIED
   level    NMTOKEN    # IMPLIED
   mark     NMTOKEN    # IMPLIED
   change    (add | delete | modify)    # IMPLIED
   rfc      CDATA      # IMPLIED
   class    (01 | 02 | 03 | 04 | 05 | 06 | 07 | 08 | 09 | 10 | 11 | 12 | 13 | 14 | 15 | 16 | 17
| 18 | 19 | 20 | 21 | 22 | 23 | 24 | 25 | 26 | 27 | 28 | 29 | 30 | 31 | 32 | 33 | 34 | 35 | 36 |
37 | 38 | 39 | 40 | 41 | 42 | 43 | 44 | 45 | 46 | 47 | 48 | 49 | 50 | 51 | 52 | 53 | 54 | 55 | 56
| 57 | 58 | 59 | 60 | 61 | 62 | 63 | 64 | 65 | 66 | 67 | 68 | 69 | 70 | 71 | 72 | 73 | 74 | 75 |
76 | 77 | 78 | 79 | 80 | 81 | 82 | 83 | 84 | 85 | 86 | 87 | 88 | 89 | 90 | 91 | 92 | 93 | 94 | 95
| 96 | 97 | 98 | 99)    # IMPLIED
   commcls    (cc01 | cc02 | cc03 | cc04 | cc05 | cc06 | cc07 | cc08 | cc09 | cc10 | cc11 | cc12
| cc13 | cc14 | cc15 | cc16 | cc17 | cc18 | cc19 | cc20 | cc21 | cc22 | cc23 | cc24 | cc25 | cc26
| cc27 | cc28 | cc29 | cc30 | cc31 | cc32 | cc33 | cc34 | cc35 | cc36 | cc37 | cc38 | cc39 | cc40
| cc41 | cc42 | cc43 | cc44 | cc45 | cc46 | cc47 | cc48 | cc49 | cc50 | cc51 | cc52 | cc53 | cc54
| cc55 | cc56 | cc57 | cc58 | cc59 | cc60 | cc61 | cc62 | cc63 | cc64 | cc65 | cc66 | cc67 | cc68
| cc69 | cc70 | cc71 | cc72 | cc73 | cc74 | cc75 | cc76 | cc77 | cc78 | cc79 | cc80 | cc81 | cc82
```

```
| cc83 | cc84 | cc85 | cc86 | cc87 | cc88 | cc89 | cc90 | cc91 | cc92 | cc93 | cc94 | cc95 | cc96
| cc97 | cc98 | cc99) #IMPLIED
   caveat     (cv01 | cv02 | cv03 | cv04 | cv05 | cv06 | cv07 | cv08 | cv09 | cv10 | cv11 | cv12
| cv13 | cv14 | cv15 | cv16 | cv17 | cv18 | cv19 | cv20 | cv21 | cv22 | cv23 | cv24 | cv25 | cv26
| cv27 | cv28 | cv29 | cv30 | cv31 | cv32 | cv33 | cv34 | cv35 | cv36 | cv37 | cv38 | cv39 | cv40
| cv41 | cv42 | cv43 | cv44 | cv45 | cv46 | cv47 | cv48 | cv49 | cv50 | cv51 | cv52 | cv53 | cv54
| cv55 | cv56 | cv57 | cv58 | cv59 | cv60 | cv61 | cv62 | cv63 | cv64 | cv65 | cv66 | cv67 | cv68
| cv69 | cv70 | cv71 | cv72 | cv73 | cv74 | cv75 | cv76 | cv77 | cv78 | cv79 | cv80 | cv81 | cv82
| cv83 | cv84 | cv85 | cv86 | cv87 | cv88 | cv89 | cv90 | cv91 | cv92 | cv93 | cv94 | cv95 | cv96
| cv97 | cv98 | cv99) #IMPLIED
〉
〈! ELEMENT tgroup (applic?,colspec*,spanspec*,thead?,tfoot?,tbody)〉
〈! ATTLIST tgroup
   refapplic  IDREF      #IMPLIED
   cols       NMTOKEN    #REQUIRED
   tgstyle    NMTOKEN    #IMPLIED
   colsep     NMTOKEN    #IMPLIED
   rowsep     NMTOKEN    #IMPLIED
   align      (left | right | center | justify | char)   "left"
   charoff    CDATA      #IMPLIED
   char       CDATA      #IMPLIED
〉
〈! ELEMENT thead (colspec*,row+)〉
〈! ATTLIST thead
   valign     (top | bottom | middle)    "bottom"
〉
〈! ELEMENT row (applic?,((entry)+))〉
〈! ATTLIST row
   refapplic    IDREF      #IMPLIED
   rowsep     NMTOKEN      #IMPLIED
   id     ID     #IMPLIED
   level      NMTOKEN      #IMPLIED
   mark       NMTOKEN      #IMPLIED
   change     (add | delete | modify)     #IMPLIED
   rfc        CDATA        #IMPLIED
〉
〈! ELEMENT entry (#PCDATA | applic | para | warning | caution | note | legend | ein | cb | parasigdata |
quantity | xref | indxflag | change | emphasis | symbol | subscrpt | supscrpt | refdm | reftp |
ftnote | ftnref | acronym | acroterm | capgrp | seqlist | randlist | deflist)*〉
〈! ATTLIST entry
   refapplic  IDREF      #IMPLIED
   colname  NMTOKEN      #IMPLIED
   namest   NMTOKEN      #IMPLIED
   nameend  NMTOKEN      #IMPLIED
   spanname NMTOKEN      #IMPLIED
   morerows NMTOKEN      "0"
   colsep   NMTOKEN      #IMPLIED
   rowsep   NMTOKEN      #IMPLIED
   rotate   NMTOKEN      "0"
   valign   (top | bottom | middle)    "top"
   align    (left | right | center | justify | char)   #IMPLIED
   charoff  CDATA        #IMPLIED
   char     CDATA        #IMPLIED
   id     ID     #IMPLIED
〉
〈! ELEMENT tfoot (colspec*,row+)〉
〈! ATTLIST tfoot
   valign     (top | bottom | middle)    "top"
〉
〈! ELEMENT tbody (row+)〉
```

```
<! ATTLIST tbody
    valign     (top | bottom | middle)     "top"
>
<! ELEMENT step2 (((applic?,title?),(warning *,caution *),(((note | cblst | para) | (figure |
multimedia | foldout | table)) *)),((step3) *)))>
<! ATTLIST step2
    refapplic     IDREF     # IMPLIED
    check     CDATA     # IMPLIED
    skill     (sk01 | sk02 | sk03 | sk04 | sk05 | sk06 | sk07 | sk08 | sk09 | sk10 | sk11 | sk12
| sk13 | sk14 | sk15 | sk16 | sk17 | sk18 | sk19 | sk20 | sk21 | sk22 | sk23 | sk24 | sk25 | sk26
| sk27 | sk28 | sk29 | sk30 | sk31 | sk32 | sk33 | sk34 | sk35 | sk36 | sk37 | sk38 | sk39 | sk40
| sk41 | sk42 | sk43 | sk44 | sk45 | sk46 | sk47 | sk48 | sk49 | sk50 | sk51 | sk52 | sk53 | sk54
| sk55 | sk56 | sk57 | sk58 | sk59 | sk60 | sk61 | sk62 | sk63 | sk64 | sk65 | sk66 | sk67 | sk68
| sk69 | sk70 | sk71 | sk72 | sk73 | sk74 | sk75 | sk76 | sk77 | sk78 | sk79 | sk80 | sk81 | sk82
| sk83 | sk84 | sk85 | sk86 | sk87 | sk88 | sk89 | sk90 | sk91 | sk92 | sk93 | sk94 | sk95 | sk96
| sk97 | sk98 | sk99)     # IMPLIED
    id     ID     # IMPLIED
    level     NMTOKEN     # IMPLIED
    mark     NMTOKEN     # IMPLIED
    change     (add | delete | modify)     # IMPLIED
    rfc     CDATA     # IMPLIED
>
<! ELEMENT step3 (((applic?,title?),(warning *,caution *),(((note | cblst | para) | (figure |
multimedia | foldout | table)) *)),((step4) *)))>
<! ATTLIST step3
    refapplic     IDREF     # IMPLIED
    check     CDATA     # IMPLIED
    skill     (sk01 | sk02 | sk03 | sk04 | sk05 | sk06 | sk07 | sk08 | sk09 | sk10 | sk11 | sk12
| sk13 | sk14 | sk15 | sk16 | sk17 | sk18 | sk19 | sk20 | sk21 | sk22 | sk23 | sk24 | sk25 | sk26
| sk27 | sk28 | sk29 | sk30 | sk31 | sk32 | sk33 | sk34 | sk35 | sk36 | sk37 | sk38 | sk39 | sk40
| sk41 | sk42 | sk43 | sk44 | sk45 | sk46 | sk47 | sk48 | sk49 | sk50 | sk51 | sk52 | sk53 | sk54
| sk55 | sk56 | sk57 | sk58 | sk59 | sk60 | sk61 | sk62 | sk63 | sk64 | sk65 | sk66 | sk67 | sk68
| sk69 | sk70 | sk71 | sk72 | sk73 | sk74 | sk75 | sk76 | sk77 | sk78 | sk79 | sk80 | sk81 | sk82
| sk83 | sk84 | sk85 | sk86 | sk87 | sk88 | sk89 | sk90 | sk91 | sk92 | sk93 | sk94 | sk95 | sk96
| sk97 | sk98 | sk99)     # IMPLIED
    id     ID     # IMPLIED
    level     NMTOKEN     # IMPLIED
    mark     NMTOKEN     # IMPLIED
    change     (add | delete | modify)     # IMPLIED
    rfc     CDATA     # IMPLIED
>
<! ELEMENT step4 (((applic?,title?),(warning *,caution *),(((note | cblst | para) | (figure |
multimedia | foldout | table)) *)),((step5) *)))>
<! ATTLIST step4
    refapplic     IDREF     # IMPLIED
    check     CDATA     # IMPLIED
    skill     (sk01 | sk02 | sk03 | sk04 | sk05 | sk06 | sk07 | sk08 | sk09 | sk10 | sk11 | sk12
| sk13 | sk14 | sk15 | sk16 | sk17 | sk18 | sk19 | sk20 | sk21 | sk22 | sk23 | sk24 | sk25 | sk26
| sk27 | sk28 | sk29 | sk30 | sk31 | sk32 | sk33 | sk34 | sk35 | sk36 | sk37 | sk38 | sk39 | sk40
| sk41 | sk42 | sk43 | sk44 | sk45 | sk46 | sk47 | sk48 | sk49 | sk50 | sk51 | sk52 | sk53 | sk54
| sk55 | sk56 | sk57 | sk58 | sk59 | sk60 | sk61 | sk62 | sk63 | sk64 | sk65 | sk66 | sk67 | sk68
| sk69 | sk70 | sk71 | sk72 | sk73 | sk74 | sk75 | sk76 | sk77 | sk78 | sk79 | sk80 | sk81 | sk82
| sk83 | sk84 | sk85 | sk86 | sk87 | sk88 | sk89 | sk90 | sk91 | sk92 | sk93 | sk94 | sk95 | sk96
| sk97 | sk98 | sk99)     # IMPLIED
    id     ID     # IMPLIED
    level     NMTOKEN     # IMPLIED
    mark     NMTOKEN     # IMPLIED
    change     (add | delete | modify)     # IMPLIED
    rfc     CDATA     # IMPLIED
>
```

```
〈! ELEMENT step5 (((applic?,title?),(warning *,caution *),(((note | cblst | para) | (figure |
multimedia | foldout | table)) *)),((step6) *))〉
〈! ATTLIST step5
    refapplic  IDREF    #IMPLIED
    check      CDATA    #IMPLIED
    skill      (sk01 | sk02 | sk03 | sk04 | sk05 | sk06 | sk07 | sk08 | sk09 | sk10 | sk11 | sk12
| sk13 | sk14 | sk15 | sk16 | sk17 | sk18 | sk19 | sk20 | sk21 | sk22 | sk23 | sk24 | sk25 | sk26
| sk27 | sk28 | sk29 | sk30 | sk31 | sk32 | sk33 | sk34 | sk35 | sk36 | sk37 | sk38 | sk39 | sk40
| sk41 | sk42 | sk43 | sk44 | sk45 | sk46 | sk47 | sk48 | sk49 | sk50 | sk51 | sk52 | sk53 | sk54
| sk55 | sk56 | sk57 | sk58 | sk59 | sk60 | sk61 | sk62 | sk63 | sk64 | sk65 | sk66 | sk67 | sk68
| sk69 | sk70 | sk71 | sk72 | sk73 | sk74 | sk75 | sk76 | sk77 | sk78 | sk79 | sk80 | sk81 | sk82
| sk83 | sk84 | sk85 | sk86 | sk87 | sk88 | sk89 | sk90 | sk91 | sk92 | sk93 | sk94 | sk95 | sk96
| sk97 | sk98 | sk99)    #IMPLIED
    id      ID    #IMPLIED
    level     NMTOKEN    #IMPLIED
    mark      NMTOKEN    #IMPLIED
    change     (add | delete | modify)    #IMPLIED
    rfc      CDATA    #IMPLIED
〉
〈! ELEMENT step6 (((applic?,title?),(warning *,caution *),(((note | cblst | para) | (figure |
multimedia | foldout | table)) *)),((step7) *))〉
〈! ATTLIST step6
    refapplic  IDREF    #IMPLIED
    check      CDATA    #IMPLIED
    skill      (sk01 | sk02 | sk03 | sk04 | sk05 | sk06 | sk07 | sk08 | sk09 | sk10 | sk11 | sk12
| sk13 | sk14 | sk15 | sk16 | sk17 | sk18 | sk19 | sk20 | sk21 | sk22 | sk23 | sk24 | sk25 | sk26
| sk27 | sk28 | sk29 | sk30 | sk31 | sk32 | sk33 | sk34 | sk35 | sk36 | sk37 | sk38 | sk39 | sk40
| sk41 | sk42 | sk43 | sk44 | sk45 | sk46 | sk47 | sk48 | sk49 | sk50 | sk51 | sk52 | sk53 | sk54
| sk55 | sk56 | sk57 | sk58 | sk59 | sk60 | sk61 | sk62 | sk63 | sk64 | sk65 | sk66 | sk67 | sk68
| sk69 | sk70 | sk71 | sk72 | sk73 | sk74 | sk75 | sk76 | sk77 | sk78 | sk79 | sk80 | sk81 | sk82
| sk83 | sk84 | sk85 | sk86 | sk87 | sk88 | sk89 | sk90 | sk91 | sk92 | sk93 | sk94 | sk95 | sk96
| sk97 | sk98 | sk99)    #IMPLIED
    id      ID    #IMPLIED
    level     NMTOKEN    #IMPLIED
    mark      NMTOKEN    #IMPLIED
    change     (add | delete | modify)    #IMPLIED
    rfc      CDATA    #IMPLIED
〉
〈! ELEMENT step7 (((applic?,title?),(warning *,caution *),(((note | cblst | para) | (figure |
multimedia | foldout | table)) *)),((step8) *))〉
〈! ATTLIST step7
    refapplic  IDREF    #IMPLIED
    check      CDATA    #IMPLIED
    skill      (sk01 | sk02 | sk03 | sk04 | sk05 | sk06 | sk07 | sk08 | sk09 | sk10 | sk11 | sk12
| sk13 | sk14 | sk15 | sk16 | sk17 | sk18 | sk19 | sk20 | sk21 | sk22 | sk23 | sk24 | sk25 | sk26
| sk27 | sk28 | sk29 | sk30 | sk31 | sk32 | sk33 | sk34 | sk35 | sk36 | sk37 | sk38 | sk39 | sk40
| sk41 | sk42 | sk43 | sk44 | sk45 | sk46 | sk47 | sk48 | sk49 | sk50 | sk51 | sk52 | sk53 | sk54
| sk55 | sk56 | sk57 | sk58 | sk59 | sk60 | sk61 | sk62 | sk63 | sk64 | sk65 | sk66 | sk67 | sk68
| sk69 | sk70 | sk71 | sk72 | sk73 | sk74 | sk75 | sk76 | sk77 | sk78 | sk79 | sk80 | sk81 | sk82
| sk83 | sk84 | sk85 | sk86 | sk87 | sk88 | sk89 | sk90 | sk91 | sk92 | sk93 | sk94 | sk95 | sk96
| sk97 | sk98 | sk99)    #IMPLIED
    id      ID    #IMPLIED
    level     NMTOKEN    #IMPLIED
    mark      NMTOKEN    #IMPLIED
    change     (add | delete | modify)    #IMPLIED
    rfc      CDATA    #IMPLIED
〉
〈! ELEMENT step8 ((applic?,title?),(warning *,caution *),(((note | cblst | para) | (figure |
multimedia | foldout | table)) *))〉
〈! ATTLIST step8
```

```
    refapplic    IDREF     #IMPLIED
    check    CDATA      #IMPLIED
    skill      (sk01 | sk02 | sk03 | sk04 | sk05 | sk06 | sk07 | sk08 | sk09 | sk10 | sk11 | sk12
  | sk13 | sk14 | sk15 | sk16 | sk17 | sk18 | sk19 | sk20 | sk21 | sk22 | sk23 | sk24 | sk25 | sk26
  | sk27 | sk28 | sk29 | sk30 | sk31 | sk32 | sk33 | sk34 | sk35 | sk36 | sk37 | sk38 | sk39 | sk40
  | sk41 | sk42 | sk43 | sk44 | sk45 | sk46 | sk47 | sk48 | sk49 | sk50 | sk51 | sk52 | sk53 | sk54
  | sk55 | sk56 | sk57 | sk58 | sk59 | sk60 | sk61 | sk62 | sk63 | sk64 | sk65 | sk66 | sk67 | sk68
  | sk69 | sk70 | sk71 | sk72 | sk73 | sk74 | sk75 | sk76 | sk77 | sk78 | sk79 | sk80 | sk81 | sk82
  | sk83 | sk84 | sk85 | sk86 | sk87 | sk88 | sk89 | sk90 | sk91 | sk92 | sk93 | sk94 | sk95 | sk96
  | sk97 | sk98 | sk99)    #IMPLIED
    id    ID     #IMPLIED
    level    NMTOKEN     #IMPLIED
    mark    NMTOKEN     #IMPLIED
    change     (add | delete | modify)     #IMPLIED
    rfc     CDATA      #IMPLIED
  >
〈! ELEMENT closereqs (reqconds)〉
〈! ATTLIST closereqs
    id    ID     #IMPLIED
    level    NMTOKEN     #IMPLIED
    mark    NMTOKEN     #IMPLIED
    change     (add | delete | modify)     #IMPLIED
    rfc     CDATA      #IMPLIED
  >
```

B.6 过程信息 DTD

本文件包含了过程内容 DTD。它标识了所有与过程有关的元素和它们之间的关系。

```
〈? xml version = "1.0" encoding = "UTF-8"?〉
〈! ELEMENT dmodule (rdf:Description?,idstatus,content)〉
〈! ATTLIST dmodule
    id    ID     #IMPLIED
    %RDFDCATT;
  >
〈! ELEMENT idstatus (dmaddres,srcdmaddres?,status)〉
〈! ELEMENT dmaddres (dmcextension?,dmc,dmtitle,issno,issdate)〉
〈! ELEMENT dmcextension (dmeproducer,dmecode)〉
〈! ELEMENT dmeproducer (#PCDATA)〉
〈! ELEMENT dmecode (#PCDATA)〉
〈! ELEMENT dmc (age | avee)〉
〈! ELEMENT age (modelic,supeqvc,ecscs,eidc,cidc,discode,discodev,incode,incodev,itemloc)〉
〈! ELEMENT modelic (#PCDATA)〉
〈! ELEMENT supeqvc (#PCDATA)〉
〈! ELEMENT ecscs (#PCDATA)〉
〈! ELEMENT eidc (#PCDATA)〉
〈! ELEMENT cidc (#PCDATA)〉
〈! ELEMENT discode (#PCDATA)〉
〈! ELEMENT discodev (#PCDATA)〉
〈! ELEMENT incode (#PCDATA)〉
〈! ELEMENT incodev (#PCDATA)〉
〈! ELEMENT itemloc (#PCDATA)〉
〈! ELEMENT avee (modelic, sdc, chapnum, section, subsect, subject, discode, discodev, incode, incodev,
itemloc)〉
〈! ELEMENT sdc (#PCDATA)〉
〈! ELEMENT chapnum (#PCDATA)〉
〈! ELEMENT section (#PCDATA)〉
〈! ELEMENT subsect (#PCDATA)〉
〈! ELEMENT subject (#PCDATA)〉
〈! ELEMENT dmtitle (techname,infoname?)〉
```

```
<! ELEMENT techname (#PCDATA)>
<! ELEMENT infoname (#PCDATA)>
<! ELEMENT issno EMPTY>
<! ATTLIST issno
    issno     NMTOKEN     #REQUIRED
    inwork    NMTOKEN     #IMPLIED
    type      (new | changed | deleted | revised | status | rinstate-changed | rinstate-revised |
rinstate-status) "new"
>
<! ELEMENT issdate EMPTY>
<! ATTLIST issdate
    year      NMTOKEN      #REQUIRED
    month     NMTOKEN      #REQUIRED
    day       NMTOKEN      #REQUIRED
>
>
<! ELEMENT srcdmaddres (dmcextension?,dmc,dmtitle,issno,issdate)>
<! ELEMENT status (security,datarest *, rpc,orig,applic,inlineapplics?,brexref,qa +, rfu *, remarks
*)>
<! ATTLIST status
    id    ID     #IMPLIED
>
<! ELEMENT security EMPTY>
<! ATTLIST security
    class     (01 | 02 | 03 | 04 | 05 | 06 | 07 | 08 | 09 | 10 | 11 | 12 | 13 | 14 | 15 | 16 | 17
| 18 | 19 | 20 | 21 | 22 | 23 | 24 | 25 | 26 | 27 | 28 | 29 | 30 | 31 | 32 | 33 | 34 | 35 | 36 |
37 | 38 | 39 | 40 | 41 | 42 | 43 | 44 | 45 | 46 | 47 | 48 | 49 | 50 | 51 | 52 | 53 | 54 | 55 | 56
| 57 | 58 | 59 | 60 | 61 | 62 | 63 | 64 | 65 | 66 | 67 | 68 | 69 | 70 | 71 | 72 | 73 | 74 | 75 |
76 | 77 | 78 | 79 | 80 | 81 | 82 | 83 | 84 | 85 | 86 | 87 | 88 | 89 | 90 | 91 | 92 | 93 | 94 | 95
| 96 | 97 | 98 | 99)    #REQUIRED

    commcls    (cc01 | cc02 | cc03 | cc04 | cc05 | cc06 | cc07 | cc08 | cc09 | cc10 | cc11 | cc12
| cc13 | cc14 | cc15 | cc16 | cc17 | cc18 | cc19 | cc20 | cc21 | cc22 | cc23 | cc24 | cc25 | cc26
| cc27 | cc28 | cc29 | cc30 | cc31 | cc32 | cc33 | cc34 | cc35 | cc36 | cc37 | cc38 | cc39 | cc40
| cc41 | cc42 | cc43 | cc44 | cc45 | cc46 | cc47 | cc48 | cc49 | cc50 | cc51 | cc52 | cc53 | cc54
| cc55 | cc56 | cc57 | cc58 | cc59 | cc60 | cc61 | cc62 | cc63 | cc64 | cc65 | cc66 | cc67 | cc68
| cc69 | cc70 | cc71 | cc72 | cc73 | cc74 | cc75 | cc76 | cc77 | cc78 | cc79 | cc80 | cc81 | cc82
| cc83 | cc84 | cc85 | cc86 | cc87 | cc88 | cc89 | cc90 | cc91 | cc92 | cc93 | cc94 | cc95 | cc96
| cc97 | cc98 | cc99)    #IMPLIED
    caveat     (cv01 | cv02 | cv03 | cv04 | cv05 | cv06 | cv07 | cv08 | cv09 | cv10 | cv11 | cv12
| cv13 | cv14 | cv15 | cv16 | cv17 | cv18 | cv19 | cv20 | cv21 | cv22 | cv23 | cv24 | cv25 | cv26
| cv27 | cv28 | cv29 | cv30 | cv31 | cv32 | cv33 | cv34 | cv35 | cv36 | cv37 | cv38 | cv39 | cv40
| cv41 | cv42 | cv43 | cv44 | cv45 | cv46 | cv47 | cv48 | cv49 | cv50 | cv51 | cv52 | cv53 | cv54
| cv55 | cv56 | cv57 | cv58 | cv59 | cv60 | cv61 | cv62 | cv63 | cv64 | cv65 | cv66 | cv67 | cv68
| cv69 | cv70 | cv71 | cv72 | cv73 | cv74 | cv75 | cv76 | cv77 | cv78 | cv79 | cv80 | cv81 | cv82
| cv83 | cv84 | cv85 | cv86 | cv87 | cv88 | cv89 | cv90 | cv91 | cv92 | cv93 | cv94 | cv95 | cv96
| cv97 | cv98 | cv99)    #IMPLIED
>
<! ELEMENT datarest (applic?,instruct,inform?)>
<! ATTLIST datarest
    refapplic    IDREF      #IMPLIED
    id    ID      #IMPLIED
    level     NMTOKEN     #IMPLIED
    mark      NMTOKEN     #IMPLIED
    change     (add | delete | modify)     #IMPLIED
    rfc        CDATA       #IMPLIED
>
<! ELEMENT applic (type?,model *)>
<! ATTLIST applic
    applicconf     (allowed | built | designed | installed | manufactured | supported)    #IMPLIED
```

```
    id     ID      #IMPLIED
    level    NMTOKEN      #IMPLIED
    mark     NMTOKEN      #IMPLIED
    change     (add | delete | modify)     #IMPLIED
    rfc      CDATA      #IMPLIED
>
<!ELEMENT type (#PCDATA)>
<!ELEMENT model (version*,((csnref | (mfc)*),maintlevel?,techconds*,opconds*))>
<!ATTLIST model
    model    CDATA      #REQUIRED
>
<!ELEMENT version (versrank*)>
<!ATTLIST version
    version    CDATA      #REQUIRED
    id     ID      #IMPLIED
>
<!ELEMENT versrank ((single | range)+)>
<!ATTLIST versrank
    verstatus    CDATA      #IMPLIED
    id     ID      #IMPLIED
    level    NMTOKEN      #IMPLIED
    mark     NMTOKEN      #IMPLIED
    change     (add | delete | modify)     #IMPLIED
    rfc      CDATA      #IMPLIED
>
<!ELEMENT single (#PCDATA)>
<!ELEMENT range EMPTY>
<!ATTLIST range
    from     CDATA      #REQUIRED
    to       CDATA      #REQUIRED
>
<!ELEMENT csnref EMPTY>
<!ATTLIST csnref
    refcsn    CDATA      #REQUIRED
    refisn    CDATA      #IMPLIED
    refipp    CDATA      #IMPLIED
    refrpc    CDATA      #IMPLIED
    id     ID      #IMPLIED
    level    NMTOKEN      #IMPLIED
    mark     NMTOKEN      #IMPLIED
    change     (add | delete | modify)     #IMPLIED
    rfc      CDATA      #IMPLIED
    %XLINKATT2;
>
<!ELEMENT mfc (#PCDATA)>
<!ATTLIST mfc
    id     ID      #IMPLIED
    level    NMTOKEN      #IMPLIED
    mark     NMTOKEN      #IMPLIED
    change     (add | delete | modify)     #IMPLIED
    rfc      CDATA      #IMPLIED
>
<!ELEMENT pnr (#PCDATA)>
<!ELEMENT maintlevel (mntlvl+)>
<!ELEMENT mntlvl EMPTY>
<!ATTLIST mntlvl
    mntlvl     (ml01 | ml02 | ml03 | ml04 | ml05 | ml06 | ml07 | ml08 | ml09 | ml10 | ml11 | ml12
| ml13 | ml14 | ml15 | ml16 | ml17 | ml18 | ml19 | ml20 | ml21 | ml22 | ml23 | ml24 | ml25 | ml26
| ml27 | ml28 | ml29 | ml30 | ml31 | ml32 | ml33 | ml34 | ml35 | ml36 | ml37 | ml38 | ml39 | ml40
| ml41 | ml42 | ml43 | ml44 | ml45 | ml46 | ml47 | ml48 | ml49 | ml50 | ml51 | ml52 | ml53 | ml54
```

```
| ml55 | ml56 | ml57 | ml58 | ml59 | ml60 | ml61 | ml62 | ml63 | ml64 | ml65 | ml66 | ml67 | ml68
| ml69 | ml70 | ml71 | ml72 | ml73 | ml74 | ml75 | ml76 | ml77 | ml78 | ml79 | ml80 | ml81 | ml82
| ml83 | ml84 | ml85 | ml86 | ml87 | ml88 | ml89 | ml90 | ml91 | ml92 | ml93 | ml94 | ml95 | ml96
| ml97 | ml98 | ml99)    #REQUIRED
>
<! ELEMENT techconds (textual-desc?,techcond*)>
<! ATTLIST techconds
    id    ID      #IMPLIED
    level    NMTOKEN    #IMPLIED
    mark     NMTOKEN    #IMPLIED
    change    (add | delete | modify)    #IMPLIED
    rfc      CDATA      #IMPLIED
>
<! ELEMENT textual-desc (#PCDATA)>
<! ATTLIST textual-desc
    id    ID      #IMPLIED
    level    NMTOKEN    #IMPLIED
    mark     NMTOKEN    #IMPLIED
    change    (add | delete | modify)    #IMPLIED
    rfc      CDATA      #IMPLIED
>
<! ELEMENT techcond (((((age | avee),issno?,dmtitle?) | (pubcode,pubtitle?,pubdate?) | condtitle)?),
scheduled?,embodied?)>
<! ATTLIST techcond
    tccode    (tc01 | tc02 | tc03 | tc04 | tc05 | tc06 | tc07 | tc08 | tc09 | tc10 | tc11 | tc12
| tc13 | tc14 | tc15 | tc16 | tc17 | tc18 | tc19 | tc20 | tc21 | tc22 | tc23 | tc24 | tc25 | tc26
| tc27 | tc28 | tc29 | tc30 | tc31 | tc32 | tc33 | tc34 | tc35 | tc36 | tc37 | tc38 | tc39 | tc40
| tc41 | tc42 | tc43 | tc44 | tc45 | tc46 | tc47 | tc48 | tc49 | tc50 | tc51 | tc52 | tc53 | tc54
| tc55 | tc56 | tc57 | tc58 | tc59 | tc60 | tc61 | tc62 | tc63 | tc64 | tc65 | tc66 | tc67 | tc68
| tc69 | tc70 | tc71 | tc72 | tc73 | tc74 | tc75 | tc76 | tc77 | tc78 | tc79 | tc80 | tc81 | tc82
| tc83 | tc84 | tc85 | tc86 | tc87 | tc88 | tc89 | tc90 | tc91 | tc92 | tc93 | tc94 | tc95 | tc96
| tc97 | tc98 | tc99)    #REQUIRED
    tcno     CDATA      #IMPLIED
    tctype    (pre | post | preandpo)    #REQUIRED
    mfc      CDATA      #IMPLIED
    id    ID      #IMPLIED
    level    NMTOKEN    #IMPLIED
    mark     NMTOKEN    #IMPLIED
    change    (add | delete | modify)    #IMPLIED
    rfc      CDATA      #IMPLIED
>
<! ELEMENT pubcode (#PCDATA | pmc)*>
<! ATTLIST pubcode
    pubcodsy CDATA      #IMPLIED
>
<! ELEMENT pmc (modelic,pmissuer,pmnumber,pmvolume)>
<! ELEMENT pmissuer (#PCDATA)>
<! ELEMENT pmnumber (#PCDATA)>
<! ELEMENT pmvolume (#PCDATA)>
<! ELEMENT pubtitle (#PCDATA)>
<! ELEMENT pubdate EMPTY>
<! ATTLIST pubdate
    year     NMTOKEN    #REQUIRED
    month    NMTOKEN    #REQUIRED
    day      NMTOKEN    #REQUIRED
>
<! ELEMENT condtitle (#PCDATA)>
<! ATTLIST condtitle
    id    ID      #IMPLIED
    level    NMTOKEN    #IMPLIED
```

```
    mark      NMTOKEN      #IMPLIED
    change     (add | delete | modify)     #IMPLIED
    rfc       CDATA        #IMPLIED
〉
〈! ELEMENT scheduled ((single | range)+)〉
〈! ATTLIST scheduled
    id    ID      #IMPLIED
    level     NMTOKEN      #IMPLIED
    mark      NMTOKEN      #IMPLIED
    change     (add | delete | modify)     #IMPLIED
    rfc       CDATA        #IMPLIED
〉
〈! ELEMENT embodied ((single | range)+)〉
〈! ATTLIST embodied
    id    ID      #IMPLIED
    level     NMTOKEN      #IMPLIED
    mark      NMTOKEN      #IMPLIED
    change     (add | delete | modify)     #IMPLIED
    rfc       CDATA        #IMPLIED
〉
〈! ELEMENT opconds (textual-desc?,opcond*)〉
〈! ATTLIST opconds
    id    ID      #IMPLIED
    level     NMTOKEN      #IMPLIED
    mark      NMTOKEN      #IMPLIED
    change     (add | delete | modify)     #IMPLIED
    rfc       CDATA        #IMPLIED
〉
〈! ELEMENT opcond (#PCDATA)〉
〈! ATTLIST opcond
    opcno      NMTOKEN      #IMPLIED
    opccode    CDATA        #IMPLIED
    confirmed  NMTOKEN      #IMPLIED
    id    ID      #IMPLIED
    level      NMTOKEN      #IMPLIED
    mark       NMTOKEN      #IMPLIED
    change     (add | delete | modify)     #IMPLIED
    rfc        CDATA        #IMPLIED
〉
〈! ELEMENT instruct (distrib,handling?)〉
〈! ATTLIST instruct
    id    ID      #IMPLIED
    level     NMTOKEN      #IMPLIED
    mark      NMTOKEN      #IMPLIED
    change     (add | delete | modify)     #IMPLIED
    rfc    CDATA      #IMPLIED
〉
〈! ELEMENT distrib (#PCDATA)〉
〈! ATTLIST distrib
    id    ID      #IMPLIED
    level     NMTOKEN      #IMPLIED
    mark      NMTOKEN      #IMPLIED
    change     (add | delete | modify)     #IMPLIED
    rfc       CDATA        #IMPLIED
〉
〈! ELEMENT handling (#PCDATA)〉
〈! ATTLIST handling
    id    ID      #IMPLIED
    level     NMTOKEN      #IMPLIED
    mark      NMTOKEN      #IMPLIED
```

```
    change     (add | delete | modify)     # IMPLIED
    rfc     CDATA     # IMPLIED
〉
〈! ELEMENT inform (copyright)〉
〈! ATTLIST inform
    id     ID     # IMPLIED
    level     NMTOKEN     # IMPLIED
    mark     NMTOKEN     # IMPLIED
    change     (add | delete | modify)     # IMPLIED
    rfc     CDATA     # IMPLIED
〉
〈! ELEMENT copyright (para + )〉
〈! ATTLIST copyright
    id     ID     # IMPLIED
    level     NMTOKEN     # IMPLIED
    mark     NMTOKEN     # IMPLIED
    change     (add | delete | modify)     # IMPLIED
    rfc     CDATA     # IMPLIED
〉
〈! ELEMENT para (# PCDATA | applic | ein | cb | parasigdata | quantity | xref | indxflag | change |
emphasis | symbol | subscrpt | supscrpt | refdm | reftp | ftnote | ftnref | acronym | acroterm |
capgrp | seqlist | randlist | deflist) * 〉
〈! ATTLIST para
    refapplic     IDREF     # IMPLIED
    id     ID     # IMPLIED
    level     NMTOKEN     # IMPLIED
    mark     NMTOKEN     # IMPLIED
    change     (add | delete | modify)     # IMPLIED
    rfc     CDATA     # IMPLIED
    class     (01 | 02 | 03 | 04 | 05 | 06 | 07 | 08 | 09 | 10 | 11 | 12 | 13 | 14 | 15 | 16 | 17
| 18 | 19 | 20 | 21 | 22 | 23 | 24 | 25 | 26 | 27 | 28 | 29 | 30 | 31 | 32 | 33 | 34 | 35 | 36 |
37 | 38 | 39 | 40 | 41 | 42 | 43 | 44 | 45 | 46 | 47 | 48 | 49 | 50 | 51 | 52 | 53 | 54 | 55 | 56
| 57 | 58 | 59 | 60 | 61 | 62 | 63 | 64 | 65 | 66 | 67 | 68 | 69 | 70 | 71 | 72 | 73 | 74 | 75 |
76 | 77 | 78 | 79 | 80 | 81 | 82 | 83 | 84 | 85 | 86 | 87 | 88 | 89 | 90 | 91 | 92 | 93 | 94 | 95
| 96 | 97 | 98 | 99)     # IMPLIED
    commcls     (cc01 | cc02 | cc03 | cc04 | cc05 | cc06 | cc07 | cc08 | cc09 | cc10 | cc11 | cc12
| cc13 | cc14 | cc15 | cc16 | cc17 | cc18 | cc19 | cc20 | cc21 | cc22 | cc23 | cc24 | cc25 | cc26
| cc27 | cc28 | cc29 | cc30 | cc31 | cc32 | cc33 | cc34 | cc35 | cc36 | cc37 | cc38 | cc39 | cc40
| cc41 | cc42 | cc43 | cc44 | cc45 | cc46 | cc47 | cc48 | cc49 | cc50 | cc51 | cc52 | cc53 | cc54
| cc55 | cc56 | cc57 | cc58 | cc59 | cc60 | cc61 | cc62 | cc63 | cc64 | cc65 | cc66 | cc67 | cc68
| cc69 | cc70 | cc71 | cc72 | cc73 | cc74 | cc75 | cc76 | cc77 | cc78 | cc79 | cc80 | cc81 | cc82
| cc83 | cc84 | cc85 | cc86 | cc87 | cc88 | cc89 | cc90 | cc91 | cc92 | cc93 | cc94 | cc95 | cc96
| cc97 | cc98 | cc99)     # IMPLIED
    caveat     (cv01 | cv02 | cv03 | cv04 | cv05 | cv06 | cv07 | cv08 | cv09 | cv10 | cv11 | cv12
| cv13 | cv14 | cv15 | cv16 | cv17 | cv18 | cv19 | cv20 | cv21 | cv22 | cv23 | cv24 | cv25 | cv26
| cv27 | cv28 | cv29 | cv30 | cv31 | cv32 | cv33 | cv34 | cv35 | cv36 | cv37 | cv38 | cv39 | cv40
| cv41 | cv42 | cv43 | cv44 | cv45 | cv46 | cv47 | cv48 | cv49 | cv50 | cv51 | cv52 | cv53 | cv54
| cv55 | cv56 | cv57 | cv58 | cv59 | cv60 | cv61 | cv62 | cv63 | cv64 | cv65 | cv66 | cv67 | cv68
| cv69 | cv70 | cv71 | cv72 | cv73 | cv74 | cv75 | cv76 | cv77 | cv78 | cv79 | cv80 | cv81 | cv82
| cv83 | cv84 | cv85 | cv86 | cv87 | cv88 | cv89 | cv90 | cv91 | cv92 | cv93 | cv94 | cv95 | cv96
| cv97 | cv98 | cv99)     # IMPLIED
〉
〈! ELEMENT ein (nomen?,refs?)〉
〈! ATTLIST ein
    einnbr     CDATA     # REQUIRED
    eintype     (exact | family)     # IMPLIED
    mfc     CDATA     # IMPLIED
    id     ID     # IMPLIED
    level     NMTOKEN     # IMPLIED
    mark     NMTOKEN     # IMPLIED
```

```
    change     (add | delete | modify)     #IMPLIED
    rfc     CDATA     #IMPLIED
>
<! ELEMENT nomen (#PCDATA)>
<! ATTLIST nomen
    level     NMTOKEN     #IMPLIED
    mark     NMTOKEN     #IMPLIED
    change     (add | delete | modify)     #IMPLIED
    rfc     CDATA     #IMPLIED
>
<! ELEMENT refs ((refdm+,reftp*) | reftp+)>
<! ELEMENT refdm ((applic?,dmcextension?,(age | avee),issno?,dmtitle?,) | ((%XLINKEXT;)*))>
<! ATTLIST refdm
    target     CDATA     #IMPLIED
    refapplic     IDREF     #IMPLIED
    id     ID     #IMPLIED
    level     NMTOKEN     #IMPLIED
    mark     NMTOKEN     #IMPLIED
    change     (add | delete | modify)     #IMPLIED
    rfc     CDATA     #IMPLIED
    %XLINKATT;
>
<! ELEMENT reftp (#PCDATA | applic | xref | indxflag | symbol | subscrpt | supscrpt | ftnref |
acronym | acroterm | pubcode | pubtitle | pubdate | %XLINKEXT;)*>
<! ATTLIST reftp
    refapplic     IDREF     #IMPLIED
    id     ID     #IMPLIED
    level     NMTOKEN     #IMPLIED
    mark     NMTOKEN     #IMPLIED
    change     (add | delete | modify)     #IMPLIED
    rfc     CDATA     #IMPLIED
    %XLINKATT4;
>
<! ELEMENT xref (#PCDATA | applic | subscrpt | supscrpt)*>
<! ATTLIST xref
    xrefid     IDREF     #IMPLIED
    xidtype     (figure | table | multimedia | supply | supequip | spares | para | step | sheet |
multimediaobject | hotspot | param | other)     #IMPLIED
    target     CDATA     #IMPLIED
    destitle     CDATA     #IMPLIED
    pretext     CDATA     #IMPLIED
    posttext     CDATA     #IMPLIED
    refapplic     IDREF     #IMPLIED
    %XLINKATT3;
>
<! ELEMENT subscrpt (#PCDATA)>
<! ELEMENT supscrpt (#PCDATA)>
<! ELEMENT indxflag EMPTY>
<! ATTLIST indxflag
    ref1     CDATA     #IMPLIED
    ref2     CDATA     #IMPLIED
    ref3     CDATA     #IMPLIED
    ref4     CDATA     #IMPLIED
>
<! ELEMENT symbol (applic?)>
<! ATTLIST symbol
    boardno     ENTITY     #REQUIRED
    id     ID     #IMPLIED
    reprowid     CDATA     #IMPLIED
    reprohgt     CDATA     #IMPLIED
```

```
    reproscl    CDATA       #IMPLIED
    refapplic    IDREF      #IMPLIED
    %XLINKATT1;
>
<!ELEMENT ftnref EMPTY>
<!ATTLIST ftnref
    xrefid    IDREF     #IMPLIED
>
<!ELEMENT acronym (acroterm,acrodef)>
<!ATTLIST acronym
    acrotype    (at01 | at02 | at03 | at04 | at05 | at06 | at07 | at08 | at09 | at10 | at11 | at12
| at13 | at14 | at15 | at16 | at17 | at18 | at19 | at20 | at21 | at22 | at23 | at24 | at25 | at26
| at27 | at28 | at29 | at30 | at31 | at32 | at33 | at34 | at35 | at36 | at37 | at38 | at39 | at40
| at41 | at42 | at43 | at44 | at45 | at46 | at47 | at48 | at49 | at50 | at51 | at52 | at53 | at54
| at55 | at56 | at57 | at58 | at59 | at60 | at61 | at62 | at63 | at64 | at65 | at66 | at67 | at68
| at69 | at70 | at71 | at72 | at73 | at74 | at75 | at76 | at77 | at78 | at79 | at80 | at81 | at82
| at83 | at84 | at85 | at86 | at87 | at88 | at89 | at90 | at91 | at92 | at93 | at94 | at95 | at96
| at97 | at98 | at99)    "at01"
    id    ID    #IMPLIED
    level    NMTOKEN    #IMPLIED
    mark    NMTOKEN    #IMPLIED
    change    (add | delete | modify)    #IMPLIED
    rfc    CDATA    #IMPLIED
>
<!ELEMENT acroterm (#PCDATA | subscrpt | supscrpt)*>
<!ATTLIST acroterm
    xrefid    IDREF    #IMPLIED
>
<!ELEMENT acrodef (#PCDATA | subscrpt | supscrpt)*>
<!ATTLIST acrodef
    id    ID    #IMPLIED
    level    NMTOKEN    #IMPLIED
    mark    NMTOKEN    #IMPLIED
    change    (add | delete | modify)    #IMPLIED
    rfc    CDATA    #IMPLIED
>
<!ELEMENT cb (nomen?,refs?)>
<!ATTLIST cb
    cbnbr    CDATA    #REQUIRED
    cbtype    (eltro | elmec | clip)    #IMPLIED
    cbaction    (open | close | verif-open | verif-close)    #IMPLIED
    checksum CDATA    #IMPLIED
    id    ID    #IMPLIED
    level    NMTOKEN    #IMPLIED
    mark    NMTOKEN    #IMPLIED
    change    (add | delete | modify)    #IMPLIED
    rfc    CDATA    #IMPLIED
>
<!ELEMENT parasigdata (#PCDATA)>
<!ATTLIST parasigdata
    psdtype (psd01 | psd02 | psd03 | psd04 | psd05 | psd06 | psd07 | psd08 | psd09 | psd10 | psd11
| psd12 | psd13 | psd14 | psd15 | psd16 | psd17 | psd18 | psd19 | psd20 | psd21 | psd22 | psd23
| psd24 | psd25 | psd26 | psd27 | psd28 | psd29 | psd30 | psd31 | psd32 | psd33 | psd34 | psd35
| psd36 | psd37 | psd38 | psd39 | psd40 | psd41 | psd42 | psd43 | psd44 | psd45 | psd46 | psd47
| psd48 | psd49 | psd50 | psd51 | psd52 | psd53 | psd54 | psd55 | psd56 | psd57 | psd58 | psd59
| psd60 | psd61 | psd62 | psd63 | psd64 | psd65 | psd66 | psd67 | psd68 | psd69 | psd70 | psd71
| psd72 | psd73 | psd74 | psd75 | psd76 | psd77 | psd78 | psd79 | psd80 | psd81 | psd82 | psd83
| psd84 | psd85 | psd86 | psd87 | psd88 | psd89 | psd90 | psd91 | psd92 | psd93 | psd94 | psd95
| psd96 | psd97 | psd98 | psd99)    #REQUIRED
>
```

```
〈! ELEMENT quantity (#PCDATA | qtygrp) * 〉
〈! ATTLIST quantity
    qtytype (qty01 | qty02 | qty03 | qty04 | qty05 | qty06 | qty07 | qty08 | qty09 | qty10 | qty11
| qty12 | qty13 | qty14 | qty15 | qty16 | qty17 | qty18 | qty19 | qty20 | qty21 | qty22 | qty23
| qty24 | qty25 | qty26 | qty27 | qty28 | qty29 | qty30 | qty31 | qty32 | qty33 | qty34 | qty35
| qty36 | qty37 | qty38 | qty39 | qty40 | qty41 | qty42 | qty43 | qty44 | qty45 | qty46 | qty47
| qty48 | qty49 | qty50 | qty51 | qty52 | qty53 | qty54 | qty55 | qty56 | qty57 | qty58 | qty59
| qty60 | qty61 | qty62 | qty63 | qty64 | qty65 | qty66 | qty67 | qty68 | qty69 | qty70 | qty71
| qty72 | qty73 | qty74 | qty75 | qty76 | qty77 | qty78 | qty79 | qty80 | qty81 | qty82 | qty83
| qty84 | qty85 | qty86 | qty87 | qty88 | qty89 | qty90 | qty91 | qty92 | qty93 | qty94 | qty95
| qty96 | qty97 | qty98 | qty99)     #IMPLIED
〉
〈! ELEMENT qtygrp ((qtyvalue+,qtytolerance*) | (qtytolerance+))〉
〈! ATTLIST qtygrp
    qtygrptype     (nominal | minimum | maximum)     "nominal"
    qtyuom    CDATA       #IMPLIED
〉
〈! ELEMENT qtyvalue (#PCDATA)〉
〈! ATTLIST qtyvalue
    qtyuom    CDATA       #IMPLIED
〉
〈! ELEMENT qtytolerance (#PCDATA)〉
〈! ATTLIST qtytolerance
    qtytoltype     (plus | minus | plusorminus)     "plusorminus"
    qtyuom    CDATA       #IMPLIED
〉
〈! ELEMENT change (#PCDATA | ein | cb | parasigdata | quantity | xref | indxflag | change | emphasis |
symbol | subscrpt | supscrpt | refdm | reftp | ftnote | ftnref | acronym | acroterm | capgrp) * 〉
〈! ATTLIST change
    id     ID     #IMPLIED
    level     NMTOKEN     #IMPLIED
    mark     NMTOKEN     #IMPLIED
    change     (add | delete | modify)     #IMPLIED
    rfc     CDATA     #IMPLIED
〉
〈! ELEMENT emphasis (#PCDATA | ein | cb | parasigdata | quantity | xref | indxflag | change | em-
phasis | symbol | subscrpt | supscrpt | refdm | reftp | ftnote | ftnref | acronym | acroterm |
capgrp) * 〉
〈! ATTLIST emphasis
    emph (em01 | em02 | em03 | em04 | em05 | em06 | em07 | em08 | em09 | em10 | em11 | em12 | em13
| em14 | em15 | em16 | em17 | em18 | em19 | em20 | em21 | em22 | em23 | em24 | em25 | em26 | em27
| em28 | em29 | em30 | em31 | em32 | em33 | em34 | em35 | em36 | em37 | em38 | em39 | em40 | em41
| em42 | em43 | em44 | em45 | em46 | em47 | em48 | em49 | em50 | em51 | em52 | em53 | em54 | em55
| em56 | em57 | em58 | em59 | em60 | em61 | em62 | em63 | em64 | em65 | em66 | em67 | em68 | em69
| em70 | em71 | em72 | em73 | em74 | em75 | em76 | em77 | em78 | em79 | em80 | em81 | em82 | em83
| em84 | em85 | em86 | em87 | em88 | em89 | em90 | em91 | em92 | em93 | em94 | em95 | em96 | em97
| em98 | em99)     "em01"
〉
〈! ELEMENT ftnote (applic?,para+)〉
〈! ATTLIST ftnote
    ftnmark     (num | sym | alpha)     "num"
    refapplic     IDREF     #IMPLIED
    id     ID     #IMPLIED
    level     NMTOKEN     #IMPLIED
    mark     NMTOKEN     #IMPLIED
    change     (add | delete | modify)     #IMPLIED
    rfc     CDATA     #IMPLIED
    class     (01 | 02 | 03 | 04 | 05 | 06 | 07 | 08 | 09 | 10 | 11 | 12 | 13 | 14 | 15 | 16 | 17
| 18 | 19 | 20 | 21 | 22 | 23 | 24 | 25 | 26 | 27 | 28 | 29 | 30 | 31 | 32 | 33 | 34 | 35 | 36 |
37 | 38 | 39 | 40 | 41 | 42 | 43 | 44 | 45 | 46 | 47 | 48 | 49 | 50 | 51 | 52 | 53 | 54 | 55 | 56
```

```
| 57 | 58 | 59 | 60 | 61 | 62 | 63 | 64 | 65 | 66 | 67 | 68 | 69 | 70 | 71 | 72 | 73 | 74 | 75 |
76 | 77 | 78 | 79 | 80 | 81 | 82 | 83 | 84 | 85 | 86 | 87 | 88 | 89 | 90 | 91 | 92 | 93 | 94 | 95
| 96 | 97 | 98 | 99)    #IMPLIED
   commcls    (cc01 | cc02 | cc03 | cc04 | cc05 | cc06 | cc07 | cc08 | cc09 | cc10 | cc11 | cc12
| cc13 | cc14 | cc15 | cc16 | cc17 | cc18 | cc19 | cc20 | cc21 | cc22 | cc23 | cc24 | cc25 | cc26
| cc27 | cc28 | cc29 | cc30 | cc31 | cc32 | cc33 | cc34 | cc35 | cc36 | cc37 | cc38 | cc39 | cc40
| cc41 | cc42 | cc43 | cc44 | cc45 | cc46 | cc47 | cc48 | cc49 | cc50 | cc51 | cc52 | cc53 | cc54
| cc55 | cc56 | cc57 | cc58 | cc59 | cc60 | cc61 | cc62 | cc63 | cc64 | cc65 | cc66 | cc67 | cc68
| cc69 | cc70 | cc71 | cc72 | cc73 | cc74 | cc75 | cc76 | cc77 | cc78 | cc79 | cc80 | cc81 | cc82
| cc83 | cc84 | cc85 | cc86 | cc87 | cc88 | cc89 | cc90 | cc91 | cc92 | cc93 | cc94 | cc95 | cc96
| cc97 | cc98 | cc99)    #IMPLIED
   caveat    (cv01 | cv02 | cv03 | cv04 | cv05 | cv06 | cv07 | cv08 | cv09 | cv10 | cv11 | cv12
| cv13 | cv14 | cv15 | cv16 | cv17 | cv18 | cv19 | cv20 | cv21 | cv22 | cv23 | cv24 | cv25 | cv26
| cv27 | cv28 | cv29 | cv30 | cv31 | cv32 | cv33 | cv34 | cv35 | cv36 | cv37 | cv38 | cv39 | cv40
| cv41 | cv42 | cv43 | cv44 | cv45 | cv46 | cv47 | cv48 | cv49 | cv50 | cv51 | cv52 | cv53 | cv54
| cv55 | cv56 | cv57 | cv58 | cv59 | cv60 | cv61 | cv62 | cv63 | cv64 | cv65 | cv66 | cv67 | cv68
| cv69 | cv70 | cv71 | cv72 | cv73 | cv74 | cv75 | cv76 | cv77 | cv78 | cv79 | cv80 | cv81 | cv82
| cv83 | cv84 | cv85 | cv86 | cv87 | cv88 | cv89 | cv90 | cv91 | cv92 | cv93 | cv94 | cv95 | cv96
| cv97 | cv98 | cv99)    #IMPLIED
〉
〈! ELEMENT capgrp (applic?,colspec * ,spanspec * ,capbody)〉
〈! ATTLIST capgrp
   cols    NMTOKEN    #REQUIRED
   align    (left | right | center)    "left"
   toctype    (none | redtoc | comdtoc | ambertoc | greentoc | yelowtoc)    "none"
   colsep   NMTOKEN    #IMPLIED
   rowsep   NMTOKEN    #IMPLIED
   refapplic    IDREF    #IMPLIED
   id    ID    #IMPLIED
   level    NMTOKEN    #IMPLIED
   mark    NMTOKEN    #IMPLIED
   change    (add | delete | modify)    #IMPLIED
   rfc    CDATA    #IMPLIED
〉
〈! ELEMENT colspec EMPTY〉
〈! ATTLIST colspec
   colnum   NMTOKEN    #IMPLIED
   colname  NMTOKEN    #IMPLIED
   align    (left | right | center | justify | char)    #IMPLIED
   charoff  CDATA    #IMPLIED
   char    CDATA    #IMPLIED
   colwidth CDATA    #IMPLIED
   colsep   NMTOKEN    #IMPLIED
   rowsep   NMTOKEN    #IMPLIED
〉
〈! ELEMENT spanspec EMPTY〉
〈! ATTLIST spanspec
   namest   NMTOKEN    #REQUIRED
   nameend  NMTOKEN    #REQUIRED
   spanname NMTOKEN    #REQUIRED
   align    (left | right | center | justify | char)    "center"
   charoff  CDATA    #IMPLIED
   char    CDATA    #IMPLIED
   colsep   NMTOKEN    #IMPLIED
   rowsep   NMTOKEN    #IMPLIED
〉
〈! ELEMENT capbody (applic?,caprow + )〉
〈! ATTLIST capbody
   valign    (top | bottom | middle)    "top"
   refapplic    IDREF    #IMPLIED
```

```
>
<! ELEMENT caprow ((applic?,capentry)+)>
<! ATTLIST caprow
    rowsep    NMTOKEN     #IMPLIED
    refapplic    IDREF    #IMPLIED
    id    ID    #IMPLIED
    level    NMTOKEN    #IMPLIED
    mark    NMTOKEN    #IMPLIED
    change    (add | delete | modify)    #IMPLIED
    rfc    CDATA    #IMPLIED
>
<! ELEMENT capentry (applic?,((caption | captext)?))>
<! ATTLIST capentry
    colname  NMTOKEN    #IMPLIED
    namest   NMTOKEN    #IMPLIED
    nameend  NMTOKEN    #IMPLIED
    spanname NMTOKEN    #IMPLIED
    morerows NMTOKEN    "0"
    colsep   NMTOKEN    #IMPLIED
    rowsep   NMTOKEN    #IMPLIED
    valign    (top | bottom | middle)    "top"
    align    (left | right | center | justify)    #IMPLIED
    refapplic    IDREF    #IMPLIED
>
<! ELEMENT caption (applic?,capline+)>
<! ATTLIST caption
    colour    (co00 | co01 | co02 | co03 | co04 | co05 | co06 | co07 | co08 | co09 | co10 | co11
| co12 | co13 | co14 | co15 | co16 | co17 | co18 | co19 | co20 | co21 | co22 | co23 | co24 | co25
| co26 | co27 | co28 | co29 | co30 | co31 | co32 | co33 | co34 | co35 | co36 | co37 | co38 | co39
| co40 | co41 | co42 | co43 | co44 | co45 | co46 | co47 | co48 | co49 | co50 | co51 | co52 | co53
| co54 | co55 | co56 | co57 | co58 | co59 | co60 | co61 | co62 | co63 | co64 | co65 | co66 | co67
| co68 | co69 | co70 | co71 | co72 | co73 | co74 | co75 | co76 | co77 | co78 | co79 | co80 | co81
| co82 | co83 | co84 | co85 | co86 | co87 | co88 | co89 | co90 | co91 | co92 | co93 | co94 | co95
| co96 | co97 | co98 | co99)    "co09"
    width    CDATA    #IMPLIED
    height   CDATA    #IMPLIED
    sysid    CDATA    #IMPLIED
    align    (left | right | center | justify)    "center"
    toctype    (none | redtoc | comdtoc | ambertoc | greentoc | yelowtoc)    "none"
    type    (primary | secondary)    "primary"
    refapplic    IDREF    #IMPLIED
    id    ID    #IMPLIED
    level    NMTOKEN    #IMPLIED
    mark    NMTOKEN    #IMPLIED
    change    (add | delete | modify)    #IMPLIED
    rfc    CDATA    #IMPLIED
>
<! ELEMENT capline (#PCDATA | acroterm)*>
<! ELEMENT captext (#PCDATA | xref | indxflag | change | emphasis | subscrpt | supscrpt | refdm |
reftp | acronym | acroterm)*>
<! ATTLIST captext
    level    NMTOKEN    #IMPLIED
    mark    NMTOKEN    #IMPLIED
    change    (add | delete | modify)    #IMPLIED
    rfc    CDATA    #IMPLIED
>
<! ELEMENT seqlist (applic?,title?,item+)>
<! ATTLIST seqlist
    refapplic    IDREF    #IMPLIED
    id    ID    #IMPLIED
```

```
    level      NMTOKEN      #IMPLIED
    mark       NMTOKEN      #IMPLIED
    change      (add | delete | modify)      #IMPLIED
    rfc        CDATA        #IMPLIED
    class      (01 | 02 | 03 | 04 | 05 | 06 | 07 | 08 | 09 | 10 | 11 | 12 | 13 | 14 | 15 | 16 | 17
| 18 | 19 | 20 | 21 | 22 | 23 | 24 | 25 | 26 | 27 | 28 | 29 | 30 | 31 | 32 | 33 | 34 | 35 | 36 |
37 | 38 | 39 | 40 | 41 | 42 | 43 | 44 | 45 | 46 | 47 | 48 | 49 | 50 | 51 | 52 | 53 | 54 | 55 | 56
| 57 | 58 | 59 | 60 | 61 | 62 | 63 | 64 | 65 | 66 | 67 | 68 | 69 | 70 | 71 | 72 | 73 | 74 | 75 |
76 | 77 | 78 | 79 | 80 | 81 | 82 | 83 | 84 | 85 | 86 | 87 | 88 | 89 | 90 | 91 | 92 | 93 | 94 | 95
| 96 | 97 | 98 | 99)      #IMPLIED
    commcls    (cc01 | cc02 | cc03 | cc04 | cc05 | cc06 | cc07 | cc08 | cc09 | cc10 | cc11 | cc12
| cc13 | cc14 | cc15 | cc16 | cc17 | cc18 | cc19 | cc20 | cc21 | cc22 | cc23 | cc24 | cc25 | cc26
| cc27 | cc28 | cc29 | cc30 | cc31 | cc32 | cc33 | cc34 | cc35 | cc36 | cc37 | cc38 | cc39 | cc40
| cc41 | cc42 | cc43 | cc44 | cc45 | cc46 | cc47 | cc48 | cc49 | cc50 | cc51 | cc52 | cc53 | cc54
| cc55 | cc56 | cc57 | cc58 | cc59 | cc60 | cc61 | cc62 | cc63 | cc64 | cc65 | cc66 | cc67 | cc68
| cc69 | cc70 | cc71 | cc72 | cc73 | cc74 | cc75 | cc76 | cc77 | cc78 | cc79 | cc80 | cc81 | cc82
| cc83 | cc84 | cc85 | cc86 | cc87 | cc88 | cc89 | cc90 | cc91 | cc92 | cc93 | cc94 | cc95 | cc96
| cc97 | cc98 | cc99)      #IMPLIED
    caveat     (cv01 | cv02 | cv03 | cv04 | cv05 | cv06 | cv07 | cv08 | cv09 | cv10 | cv11 | cv12
| cv13 | cv14 | cv15 | cv16 | cv17 | cv18 | cv19 | cv20 | cv21 | cv22 | cv23 | cv24 | cv25 | cv26
| cv27 | cv28 | cv29 | cv30 | cv31 | cv32 | cv33 | cv34 | cv35 | cv36 | cv37 | cv38 | cv39 | cv40
| cv41 | cv42 | cv43 | cv44 | cv45 | cv46 | cv47 | cv48 | cv49 | cv50 | cv51 | cv52 | cv53 | cv54
| cv55 | cv56 | cv57 | cv58 | cv59 | cv60 | cv61 | cv62 | cv63 | cv64 | cv65 | cv66 | cv67 | cv68
| cv69 | cv70 | cv71 | cv72 | cv73 | cv74 | cv75 | cv76 | cv77 | cv78 | cv79 | cv80 | cv81 | cv82
| cv83 | cv84 | cv85 | cv86 | cv87 | cv88 | cv89 | cv90 | cv91 | cv92 | cv93 | cv94 | cv95 | cv96
| cv97 | cv98 | cv99)      #IMPLIED
〉
〈! ELEMENT title (#PCDATA | ein | cb | parasigdata | quantity | xref | indxflag | change | emphasis
| symbol | subscrpt | supscrpt | refdm | reftp | ftnote | ftnref | acronym | acroterm | capgrp) * 〉
〈! ATTLIST title
    class      (01 | 02 | 03 | 04 | 05 | 06 | 07 | 08 | 09 | 10 | 11 | 12 | 13 | 14 | 15 | 16 | 17
| 18 | 19 | 20 | 21 | 22 | 23 | 24 | 25 | 26 | 27 | 28 | 29 | 30 | 31 | 32 | 33 | 34 | 35 | 36 |
37 | 38 | 39 | 40 | 41 | 42 | 43 | 44 | 45 | 46 | 47 | 48 | 49 | 50 | 51 | 52 | 53 | 54 | 55 | 56
| 57 | 58 | 59 | 60 | 61 | 62 | 63 | 64 | 65 | 66 | 67 | 68 | 69 | 70 | 71 | 72 | 73 | 74 | 75 |
76 | 77 | 78 | 79 | 80 | 81 | 82 | 83 | 84 | 85 | 86 | 87 | 88 | 89 | 90 | 91 | 92 | 93 | 94 | 95
| 96 | 97 | 98 | 99)      #IMPLIED
    commcls    (cc01 | cc02 | cc03 | cc04 | cc05 | cc06 | cc07 | cc08 | cc09 | cc10 | cc11 | cc12
| cc13 | cc14 | cc15 | cc16 | cc17 | cc18 | cc19 | cc20 | cc21 | cc22 | cc23 | cc24 | cc25 | cc26
| cc27 | cc28 | cc29 | cc30 | cc31 | cc32 | cc33 | cc34 | cc35 | cc36 | cc37 | cc38 | cc39 | cc40
| cc41 | cc42 | cc43 | cc44 | cc45 | cc46 | cc47 | cc48 | cc49 | cc50 | cc51 | cc52 | cc53 | cc54
| cc55 | cc56 | cc57 | cc58 | cc59 | cc60 | cc61 | cc62 | cc63 | cc64 | cc65 | cc66 | cc67 | cc68
| cc69 | cc70 | cc71 | cc72 | cc73 | cc74 | cc75 | cc76 | cc77 | cc78 | cc79 | cc80 | cc81 | cc82
| cc83 | cc84 | cc85 | cc86 | cc87 | cc88 | cc89 | cc90 | cc91 | cc92 | cc93 | cc94 | cc95 | cc96
| cc97 | cc98 | cc99)      #IMPLIED
    caveat     (cv01 | cv02 | cv03 | cv04 | cv05 | cv06 | cv07 | cv08 | cv09 | cv10 | cv11 | cv12
| cv13 | cv14 | cv15 | cv16 | cv17 | cv18 | cv19 | cv20 | cv21 | cv22 | cv23 | cv24 | cv25 | cv26
| cv27 | cv28 | cv29 | cv30 | cv31 | cv32 | cv33 | cv34 | cv35 | cv36 | cv37 | cv38 | cv39 | cv40
| cv41 | cv42 | cv43 | cv44 | cv45 | cv46 | cv47 | cv48 | cv49 | cv50 | cv51 | cv52 | cv53 | cv54
| cv55 | cv56 | cv57 | cv58 | cv59 | cv60 | cv61 | cv62 | cv63 | cv64 | cv65 | cv66 | cv67 | cv68
| cv69 | cv70 | cv71 | cv72 | cv73 | cv74 | cv75 | cv76 | cv77 | cv78 | cv79 | cv80 | cv81 | cv82
| cv83 | cv84 | cv85 | cv86 | cv87 | cv88 | cv89 | cv90 | cv91 | cv92 | cv93 | cv94 | cv95 | cv96
| cv97 | cv98 | cv99)      #IMPLIED
〉
〈! ELEMENT item (#PCDATA | applic | note | para | ein | cb | parasigdata | quantity | xref | indxflag |
change | emphasis | symbol | subscrpt | supscrpt | refdm | reftp | ftnote | ftnref | acronym |
acroterm | capgrp | seqlist | randlist | deflist) * 〉
〈! ATTLIST item
    refapplic    IDREF      #IMPLIED
    id    ID     #IMPLIED
    level     NMTOKEN      #IMPLIED
```

```
    mark      NMTOKEN      #IMPLIED
    change     (add | delete | modify)     #IMPLIED
    rfc     CDATA      #IMPLIED
〉
〈! ELEMENT note (applic?,((symbol | para | (seqlist | randlist | deflist)) + ))〉
〈! ATTLIST note
    type      CDATA      #IMPLIED
    refapplic     IDREF      #IMPLIED
    xrefid     IDREF      #IMPLIED
    id     ID     #IMPLIED
    level     NMTOKEN      #IMPLIED
    mark      NMTOKEN      #IMPLIED
    change     (add | delete | modify)     #IMPLIED
    rfc     CDATA      #IMPLIED
〉
〈! ELEMENT randlist (applic?,title?,item + )〉
〈! ATTLIST randlist
    prefix     (pf01 | pf02 | pf03 | pf04 | pf05 | pf06 | pf07 | pf08 | pf09 | pf10 | pf11 | pf12
| pf13 | pf14 | pf15 | pf16 | pf17 | pf18 | pf19 | pf20 | pf21 | pf22 | pf23 | pf24 | pf25 | pf26
| pf27 | pf28 | pf29 | pf30 | pf31 | pf32 | pf33 | pf34 | pf35 | pf36 | pf37 | pf38 | pf39 | pf40
| pf41 | pf42 | pf43 | pf44 | pf45 | pf46 | pf47 | pf48 | pf49 | pf50 | pf51 | pf52 | pf53 | pf54
| pf55 | pf56 | pf57 | pf58 | pf59 | pf60 | pf61 | pf62 | pf63 | pf64 | pf65 | pf66 | pf67 | pf68
| pf69 | pf70 | pf71 | pf72 | pf73 | pf74 | pf75 | pf76 | pf77 | pf78 | pf79 | pf80 | pf81 | pf82
| pf83 | pf84 | pf85 | pf86 | pf87 | pf88 | pf89 | pf90 | pf91 | pf92 | pf93 | pf94 | pf95 | pf96
| pf97 | pf98 | pf99)     "pf02"
    refapplic     IDREF      #IMPLIED
    id     ID     #IMPLIED
    level     NMTOKEN      #IMPLIED
    mark      NMTOKEN      #IMPLIED
    change     (add | delete | modify)     #IMPLIED
    rfc     CDATA      #IMPLIED
    class     (01 | 02 | 03 | 04 | 05 | 06 | 07 | 08 | 09 | 10 | 11 | 12 | 13 | 14 | 15 | 16 | 17
| 18 | 19 | 20 | 21 | 22 | 23 | 24 | 25 | 26 | 27 | 28 | 29 | 30 | 31 | 32 | 33 | 34 | 35 | 36 |
37 | 38 | 39 | 40 | 41 | 42 | 43 | 44 | 45 | 46 | 47 | 48 | 49 | 50 | 51 | 52 | 53 | 54 | 55 | 56
| 57 | 58 | 59 | 60 | 61 | 62 | 63 | 64 | 65 | 66 | 67 | 68 | 69 | 70 | 71 | 72 | 73 | 74 | 75 |
76 | 77 | 78 | 79 | 80 | 81 | 82 | 83 | 84 | 85 | 86 | 87 | 88 | 89 | 90 | 91 | 92 | 93 | 94 | 95
| 96 | 97 | 98 | 99)     #IMPLIED
    commcls     (cc01 | cc02 | cc03 | cc04 | cc05 | cc06 | cc07 | cc08 | cc09 | cc10 | cc11 | cc12
| cc13 | cc14 | cc15 | cc16 | cc17 | cc18 | cc19 | cc20 | cc21 | cc22 | cc23 | cc24 | cc25 | cc26
| cc27 | cc28 | cc29 | cc30 | cc31 | cc32 | cc33 | cc34 | cc35 | cc36 | cc37 | cc38 | cc39 | cc40
| cc41 | cc42 | cc43 | cc44 | cc45 | cc46 | cc47 | cc48 | cc49 | cc50 | cc51 | cc52 | cc53 | cc54
| cc55 | cc56 | cc57 | cc58 | cc59 | cc60 | cc61 | cc62 | cc63 | cc64 | cc65 | cc66 | cc67 | cc68
| cc69 | cc70 | cc71 | cc72 | cc73 | cc74 | cc75 | cc76 | cc77 | cc78 | cc79 | cc80 | cc81 | cc82
| cc83 | cc84 | cc85 | cc86 | cc87 | cc88 | cc89 | cc90 | cc91 | cc92 | cc93 | cc94 | cc95 | cc96
| cc97 | cc98 | cc99)     #IMPLIED
    caveat     (cv01 | cv02 | cv03 | cv04 | cv05 | cv06 | cv07 | cv08 | cv09 | cv10 | cv11 | cv12
| cv13 | cv14 | cv15 | cv16 | cv17 | cv18 | cv19 | cv20 | cv21 | cv22 | cv23 | cv24 | cv25 | cv26
| cv27 | cv28 | cv29 | cv30 | cv31 | cv32 | cv33 | cv34 | cv35 | cv36 | cv37 | cv38 | cv39 | cv40
| cv41 | cv42 | cv43 | cv44 | cv45 | cv46 | cv47 | cv48 | cv49 | cv50 | cv51 | cv52 | cv53 | cv54
| cv55 | cv56 | cv57 | cv58 | cv59 | cv60 | cv61 | cv62 | cv63 | cv64 | cv65 | cv66 | cv67 | cv68
| cv69 | cv70 | cv71 | cv72 | cv73 | cv74 | cv75 | cv76 | cv77 | cv78 | cv79 | cv80 | cv81 | cv82
| cv83 | cv84 | cv85 | cv86 | cv87 | cv88 | cv89 | cv90 | cv91 | cv92 | cv93 | cv94 | cv95 | cv96
| cv97 | cv98 | cv99)     #IMPLIED
〉
〈! ELEMENT deflist (applic?,title?,((term,def) + ))〉
〈! ATTLIST deflist
    refapplic     IDREF      #IMPLIED
    id     ID     #IMPLIED
    level     NMTOKEN      #IMPLIED
    mark      NMTOKEN      #IMPLIED
```

```
    change     (add | delete | modify)     # IMPLIED
    rfc      CDATA     # IMPLIED
    class     (01 | 02 | 03 | 04 | 05 | 06 | 07 | 08 | 09 | 10 | 11 | 12 | 13 | 14 | 15 | 16 | 17
| 18 | 19 | 20 | 21 | 22 | 23 | 24 | 25 | 26 | 27 | 28 | 29 | 30 | 31 | 32 | 33 | 34 | 35 | 36 |
37 | 38 | 39 | 40 | 41 | 42 | 43 | 44 | 45 | 46 | 47 | 48 | 49 | 50 | 51 | 52 | 53 | 54 | 55 | 56
| 57 | 58 | 59 | 60 | 61 | 62 | 63 | 64 | 65 | 66 | 67 | 68 | 69 | 70 | 71 | 72 | 73 | 74 | 75 |
76 | 77 | 78 | 79 | 80 | 81 | 82 | 83 | 84 | 85 | 86 | 87 | 88 | 89 | 90 | 91 | 92 | 93 | 94 | 95
| 96 | 97 | 98 | 99)     # IMPLIED
    commcls     (cc01 | cc02 | cc03 | cc04 | cc05 | cc06 | cc07 | cc08 | cc09 | cc10 | cc11 | cc12
| cc13 | cc14 | cc15 | cc16 | cc17 | cc18 | cc19 | cc20 | cc21 | cc22 | cc23 | cc24 | cc25 | cc26
| cc27 | cc28 | cc29 | cc30 | cc31 | cc32 | cc33 | cc34 | cc35 | cc36 | cc37 | cc38 | cc39 | cc40
| cc41 | cc42 | cc43 | cc44 | cc45 | cc46 | cc47 | cc48 | cc49 | cc50 | cc51 | cc52 | cc53 | cc54
| cc55 | cc56 | cc57 | cc58 | cc59 | cc60 | cc61 | cc62 | cc63 | cc64 | cc65 | cc66 | cc67 | cc68
| cc69 | cc70 | cc71 | cc72 | cc73 | cc74 | cc75 | cc76 | cc77 | cc78 | cc79 | cc80 | cc81 | cc82
| cc83 | cc84 | cc85 | cc86 | cc87 | cc88 | cc89 | cc90 | cc91 | cc92 | cc93 | cc94 | cc95 | cc96
| cc97 | cc98 | cc99)     # IMPLIED
    caveat     (cv01 | cv02 | cv03 | cv04 | cv05 | cv06 | cv07 | cv08 | cv09 | cv10 | cv11 | cv12
| cv13 | cv14 | cv15 | cv16 | cv17 | cv18 | cv19 | cv20 | cv21 | cv22 | cv23 | cv24 | cv25 | cv26
| cv27 | cv28 | cv29 | cv30 | cv31 | cv32 | cv33 | cv34 | cv35 | cv36 | cv37 | cv38 | cv39 | cv40
| cv41 | cv42 | cv43 | cv44 | cv45 | cv46 | cv47 | cv48 | cv49 | cv50 | cv51 | cv52 | cv53 | cv54
| cv55 | cv56 | cv57 | cv58 | cv59 | cv60 | cv61 | cv62 | cv63 | cv64 | cv65 | cv66 | cv67 | cv68
| cv69 | cv70 | cv71 | cv72 | cv73 | cv74 | cv75 | cv76 | cv77 | cv78 | cv79 | cv80 | cv81 | cv82
| cv83 | cv84 | cv85 | cv86 | cv87 | cv88 | cv89 | cv90 | cv91 | cv92 | cv93 | cv94 | cv95 | cv96
| cv97 | cv98 | cv99)     # IMPLIED
〉
〈! ELEMENT term (# PCDATA | applic | ein | cb | parasigdata | quantity | xref | indxflag | change |
emphasis | symbol | subscrpt | supscrpt | refdm | reftp | ftnote | ftnref | acronym | acroterm |
capgrp) * 〉
〈! ATTLIST term
    refapplic     IDREF     # IMPLIED
    id     ID     # IMPLIED
    level     NMTOKEN     # IMPLIED
    mark     NMTOKEN     # IMPLIED
    change     (add | delete | modify)     # IMPLIED
    rfc     CDATA     # IMPLIED
〉
〈! ELEMENT def (# PCDATA | applic | para | ein | cb | parasigdata | quantity | xref | indxflag |
change | emphasis | symbol | subscrpt | supscrpt | refdm | reftp | ftnote | ftnref | acronym |
acroterm | capgrp | seqlist | randlist | deflist) * 〉
〈! ATTLIST def
    refapplic     IDREF     # IMPLIED
    id     ID     # IMPLIED
    level     NMTOKEN     # IMPLIED
    mark     NMTOKEN     # IMPLIED
    change     (add | delete | modify)     # IMPLIED
    rfc     CDATA     # IMPLIED
〉
〈! ELEMENT orig (# PCDATA)〉
〈! ATTLIST orig
    origname  CDATA     # IMPLIED
    id     ID     # IMPLIED
〉
〈! ELEMENT inlineapplics (applic + )〉
〈! ELEMENT autandtp (authblk,tpbase)〉
〈! ELEMENT authblk (# PCDATA)〉
〈! ELEMENT tpbase (# PCDATA)〉
〈! ELEMENT authex (inline?,retrofit?)〉
〈! ELEMENT inline (exmod * ,addmod * )〉
〈! ELEMENT exmod (# PCDATA)〉
〈! ELEMENT addmod (# PCDATA)〉
```

```
〈! ELEMENT retrofit (mod+)〉
〈! ELEMENT mod (modtitle?)〉
〈! ATTLIST mod
    authno    NMTOKEN    #REQUIRED
    modtype    (pre | post | prandpo)    #REQUIRED
    id    ID    #IMPLIED
    level    NMTOKEN    #IMPLIED
    mark    NMTOKEN    #IMPLIED
    change    (add | delete | modify)    #IMPLIED
    rfc    CDATA    #IMPLIED
〉
〈! ELEMENT modtitle (#PCDATA)〉
〈! ELEMENT notes (#PCDATA)〉
〈! ELEMENT brexref (refdm)〉
〈! ELEMENT qa (applic?,(unverif | (firstver,secver?)))〉
〈! ATTLIST qa
    refapplic    IDREF    #IMPLIED
〉
〈! ELEMENT unverif EMPTY〉
〈! ELEMENT firstver EMPTY〉
〈! ATTLIST firstver
    type    (tabtop | onobject | ttandoo)    #REQUIRED
〉
〈! ELEMENT secver EMPTY〉
〈! ATTLIST secver
    type    (tabtop | onobject | ttandoo)    #REQUIRED
〉
〈! ELEMENT rfu (#PCDATA | applic | p)*〉
〈! ATTLIST rfu
    refapplic    IDREF    #IMPLIED
〉
〈! ELEMENT p (#PCDATA | subscrpt | supscrpt)*〉
〈! ATTLIST p
    id    ID    #IMPLIED
    level    NMTOKEN    #IMPLIED
    mark    NMTOKEN    #IMPLIED
    change    (add | delete | modify)    #IMPLIED
    rfc    CDATA    #IMPLIED
〉
〈! ELEMENT remarks (#PCDATA | applic | p)*〉
〈! ATTLIST remarks
    refapplic    IDREF    #IMPLIED
〉
〈! ELEMENT content (refs?,proced)〉
〈! ATTLIST content
    id    ID    #IMPLIED
〉
〈! ELEMENT proced (prelreqs,mainfunc,closereqs)〉
〈! ELEMENT prelreqs (pmd*,reqconds,reqpers*,supequip,supplies,spares,safety)〉
〈! ELEMENT pmd (applic?,thi*,zone*,accpnl*,avehcfg?,opndurn?)〉
〈! ATTLIST pmd
    refapplic    IDREF    #IMPLIED
〉
〈! ELEMENT thi (#PCDATA)〉
〈! ATTLIST thi
    uom (th01 | th02 | th03 | th04 | th05 | th06 | th07 | th08 | th09 | th10 | th11 | th12 | th13
| th14 | th15 | th16 | th17 | th18 | th19 | th20 | th21 | th22 | th23 | th24 | th25 | th26 | th27
| th28 | th29 | th30 | th31 | th32 | th33 | th34 | th35 | th36 | th37 | th38 | th39 | th40 | th41
| th42 | th43 | th44 | th45 | th46 | th47 | th48 | th49 | th50 | th51 | th52 | th53 | th54 | th55
| th56 | th57 | th58 | th59 | th60 | th61 | th62 | th63 | th64 | th65 | th66 | th67 | th68 | th69
```

```
| th70 | th71 | th72 | th73 | th74 | th75 | th76 | th77 | th78 | th79 | th80 | th81 | th82 | th83
| th84 | th85 | th86 | th87 | th88 | th89 | th90 | th91 | th92 | th93 | th94 | th95 | th96 | th97
| th98 | th99)   #REQUIRED
>
<! ELEMENT zone (nomen?,refs?)>
<! ATTLIST zone
    zonenbr  CDATA      #IMPLIED
    id     ID     #IMPLIED
    level    NMTOKEN     #IMPLIED
    mark     NMTOKEN     #IMPLIED
    change     (add | delete | modify)     #IMPLIED
    rfc      CDATA      #IMPLIED
>
<! ELEMENT accpnl (nomen?,refs?)>
<! ATTLIST accpnl
    accpnlnbrCDATA      #IMPLIED
    accpnltype     (accpnl01 | accpnl02 | accpnl03 | accpnl04 | accpnl05 | accpnl06 | accpnl07 |
  accpnl08 | accpnl09 | accpnl10 | accpnl11 | accpnl12 | accpnl13 | accpnl14 | accpnl15 | accpnl16
  | accpnl17 | accpnl18 | accpnl19 | accpnl20 | accpnl21 | accpnl22 | accpnl23 | accpnl24 | accpnl25
  | accpnl26 | accpnl27 | accpnl28 | accpnl29 | accpnl30 | accpnl31 | accpnl32 | accpnl33 | accpnl34
  | accpnl35 | accpnl36 | accpnl37 | accpnl38 | accpnl39 | accpnl40 | accpnl41 | accpnl42 | accpnl43
  | accpnl44 | accpnl45 | accpnl46 | accpnl47 | accpnl48 | accpnl49 | accpnl50 | accpnl51 | accpnl52
  | accpnl53 | accpnl54 | accpnl55 | accpnl56 | accpnl57 | accpnl58 | accpnl59 | accpnl60 | accpnl61
  | accpnl62 | accpnl63 | accpnl64 | accpnl65 | accpnl66 | accpnl67 | accpnl68 | accpnl69 | accpnl70
  | accpnl71 | accpnl72 | accpnl73 | accpnl74 | accpnl75 | accpnl76 | accpnl77 | accpnl78 | accpnl79
  | accpnl80 | accpnl81 | accpnl82 | accpnl83 | accpnl84 | accpnl85 | accpnl86 | accpnl87 | accpnl88
  | accpnl89 | accpnl90 | accpnl91 | accpnl92 | accpnl93 | accpnl94 | accpnl95 | accpnl96 | accpnl97
  | accpnl98 | accpnl99)   #IMPLIED
    id     ID     #IMPLIED
    level    NMTOKEN     #IMPLIED
    mark     NMTOKEN     #IMPLIED
    change     (add | delete | modify)     #IMPLIED
    rfc      CDATA      #IMPLIED
>
<! ELEMENT avehcfg (jacked,safedev,elecpwr,hydpwr,airpwr,fuel,water,fcposn)>
<! ELEMENT jacked EMPTY>
<! ATTLIST jacked
    status     (yes | no | indiffer | na)     #REQUIRED
    power    (engine | apu | external | internal | indifferent | notapplic)     #REQUIRED
>
<! ELEMENT safedev EMPTY>
<! ATTLIST safedev
    status     (yes | no | indiffer | na)     #REQUIRED
    power    (engine | apu | external | internal | indifferent | notapplic)     #REQUIRED
>
<! ELEMENT elecpwr EMPTY>
<! ATTLIST elecpwr
    status     (yes | no | indiffer | na)     #REQUIRED
    power    (engine | apu | external | internal | indifferent | notapplic)     #REQUIRED
>
<! ELEMENT hydpwr EMPTY>
<! ATTLIST hydpwr
    status     (yes | no | indiffer | na)     #REQUIRED
    power    (engine | apu | external | internal | indifferent | notapplic)     #REQUIRED
>
<! ELEMENT airpwr EMPTY>
<! ATTLIST airpwr
    status     (yes | no | indiffer | na)     #REQUIRED
    power    (engine | apu | external | internal | indifferent | notapplic)     #REQUIRED
>
```

```
〈! ELEMENT fuel EMPTY〉
〈! ATTLIST fuel
    status    (yes | no | indiffer | na)    # REQUIRED
    power    (engine | apu | external | internal | indifferent | notapplic)    # REQUIRED
〉
〈! ELEMENT water EMPTY〉
〈! ATTLIST water
    status    (yes | no | indiffer | na)    # REQUIRED
    power    (engine | apu | external | internal | indifferent | notapplic)    # REQUIRED
〉
〈! ELEMENT fcposn EMPTY〉
〈! ATTLIST fcposn
    status    (yes | no | indiffer | na)    # REQUIRED
    power    (engine | apu | external | internal | indifferent | notapplic)    # REQUIRED
〉
〈! ELEMENT opndurn EMPTY〉
〈! ATTLIST opndurn
    prelreqs    CDATA    # REQUIRED
    proced    CDATA    # REQUIRED
    closeup    CDATA    # REQUIRED
    id    ID    # IMPLIED
〉
〈! ELEMENT reqconds (noconds | ((reqcond | reqcondm | reqcblst | reqcontp) + ))〉
〈! ELEMENT noconds EMPTY〉
〈! ELEMENT reqcond ( # PCDATA | applic | xref | indxflag | symbol | subscrpt | supscrpt | ftnref |
acronym | acroterm) * 〉
〈! ATTLIST reqcond
    refapplic    IDREF    # IMPLIED
〉
〈! ELEMENT reqcondm (applic?,((reqcond,refdm) + ))〉
〈! ATTLIST reqcondm
    refapplic    IDREF    # IMPLIED
〉
〈! ELEMENT reqcblst (applic?,(reqcond,cblst))〉
〈! ATTLIST reqcblst
    refapplic    IDREF    # IMPLIED
    id    ID    # IMPLIED
    level    NMTOKEN    # IMPLIED
    mark    NMTOKEN    # IMPLIED
    change    (add | delete | modify)    # IMPLIED
    rfc    CDATA    # IMPLIED
〉
〈! ELEMENT cblst (applic?,((cbsublst + ) + ))〉
〈! ATTLIST cblst
    refapplic    IDREF    # IMPLIED
    cbaction    (open | close | verif-open | verif-close)    # IMPLIED
    checksum CDATA    # IMPLIED
    id    ID    # IMPLIED
    level    NMTOKEN    # IMPLIED
    mark    NMTOKEN    # IMPLIED
    change    (add | delete | modify)    # IMPLIED
    rfc    CDATA    # IMPLIED
〉
〈! ELEMENT cbsublst (applic?,ein * ,(cbdata + ))〉
〈! ATTLIST cbsublst
    cbaction    (open | close | verif-open | verif-close)    # IMPLIED
    checksum CDATA    # IMPLIED
    refapplic    IDREF    # IMPLIED
    id    ID    # IMPLIED
    level    NMTOKEN    # IMPLIED
```

```
    mark      NMTOKEN      #IMPLIED
    change     (add | delete | modify)     #IMPLIED
    rfc       CDATA        #IMPLIED
〉
〈! ELEMENT cbdata (applic?,cb,nomen,((xref | accpnl)?),cbloc?)〉
〈! ATTLIST cbdata
    refapplic     IDREF      #IMPLIED
    id     ID     #IMPLIED
    level     NMTOKEN   #IMPLIED
    mark      NMTOKEN      #IMPLIED
    change     (add | delete | modify)     #IMPLIED
    rfc       CDATA        #IMPLIED
〉
〈! ELEMENT cbloc (#PCDATA)〉
〈! ATTLIST cbloc
    id     ID     #IMPLIED
    level     NMTOKEN      #IMPLIED
    mark      NMTOKEN      #IMPLIED
    change     (add | delete | modify)     #IMPLIED
    rfc       CDATA        #IMPLIED
〉
〈! ELEMENT reqcontp (applic?,((reqcond,reftp) + ))〉
〈! ATTLIST reqcontp
    refapplic     IDREF      #IMPLIED
〉
〈! ELEMENT reqpers (applic?,(((asrequir | person),((perscat,perskill?,trade?,esttime?)?)) + ))〉
〈! ATTLIST reqpers
    refapplic     IDREF      #IMPLIED
    id     ID     #IMPLIED
    level     NMTOKEN      #IMPLIED
    mark      NMTOKEN      #IMPLIED
    change     (add | delete | modify)     #IMPLIED
    rfc       CDATA        #IMPLIED
〉
〈! ELEMENT asrequir EMPTY〉
〈! ELEMENT person EMPTY〉
〈! ATTLIST person
    man       NMTOKEN      #REQUIRED
    id     ID     #IMPLIED
    level     NMTOKEN      #IMPLIED
    mark      NMTOKEN      #IMPLIED
    change     (add | delete | modify)     #IMPLIED
    rfc       CDATA        #IMPLIED
〉
〈! ELEMENT perscat EMPTY〉
〈! ATTLIST perscat
    category CDATA      #REQUIRED
    id     ID     #IMPLIED
    level     NMTOKEN      #IMPLIED
    mark      NMTOKEN      #IMPLIED
    change     (add | delete | modify)     #IMPLIED
    rfc       CDATA        #IMPLIED
〉
〈! ELEMENT perskill EMPTY〉
〈! ATTLIST perskill
    skill      (sk01 | sk02 | sk03 | sk04 | sk05 | sk06 | sk07 | sk08 | sk09 | sk10 | sk11 | sk12
| sk13 | sk14 | sk15 | sk16 | sk17 | sk18 | sk19 | sk20 | sk21 | sk22 | sk23 | sk24 | sk25 | sk26
| sk27 | sk28 | sk29 | sk30 | sk31 | sk32 | sk33 | sk34 | sk35 | sk36 | sk37 | sk38 | sk39 | sk40
| sk41 | sk42 | sk43 | sk44 | sk45 | sk46 | sk47 | sk48 | sk49 | sk50 | sk51 | sk52 | sk53 | sk54
| sk55 | sk56 | sk57 | sk58 | sk59 | sk60 | sk61 | sk62 | sk63 | sk64 | sk65 | sk66 | sk67 | sk68
```

```
| sk69 | sk70 | sk71 | sk72 | sk73 | sk74 | sk75 | sk76 | sk77 | sk78 | sk79 | sk80 | sk81 | sk82
| sk83 | sk84 | sk85 | sk86 | sk87 | sk88 | sk89 | sk90 | sk91 | sk92 | sk93 | sk94 | sk95 | sk96
| sk97 | sk98 | sk99)    #REQUIRED
    id    ID    #IMPLIED
    level    NMTOKEN    #IMPLIED
    mark    NMTOKEN    #IMPLIED
    change    (add | delete | modify)    #IMPLIED
    rfc    CDATA    #IMPLIED
>
<! ELEMENT trade (#PCDATA)>
<! ATTLIST trade
    id    ID    #IMPLIED
    level    NMTOKEN    #IMPLIED
    mark    NMTOKEN    #IMPLIED
    change    (add | delete | modify)    #IMPLIED
    rfc    CDATA    #IMPLIED
>
<! ELEMENT esttime (#PCDATA)>
<! ATTLIST esttime
    id    ID    #IMPLIED
    level    NMTOKEN    #IMPLIED
    mark    NMTOKEN    #IMPLIED
    change    (add | delete | modify)    #IMPLIED
    rfc    CDATA    #IMPLIED
>
<! ELEMENT supequip (nosupeq | supeqli)>
<! ELEMENT nosupeq EMPTY>
<! ELEMENT supeqli (supequi+)>
<! ELEMENT supequi (applic?,nomen?,(((csnref | identno | tool),refs?)+),qty,remarks?)>
<! ATTLIST supequi
    refapplic    IDREF    #IMPLIED
    id    ID    #IMPLIED
    level    NMTOKEN    #IMPLIED
    mark    NMTOKEN    #IMPLIED
    change    (add | delete | modify)    #IMPLIED
    rfc    CDATA    #IMPLIED
>
<! ELEMENT identno (mfc)>
<! ATTLIST identno
    level    NMTOKEN    #IMPLIED
    mark    NMTOKEN    #IMPLIED
    change    (add | delete | modify)    #IMPLIED
    rfc    CDATA    #IMPLIED
>
<! ELEMENT tool (refs?)>
<! ATTLIST tool
    toolnbr    CDATA    #REQUIRED
    mfc    CDATA    #IMPLIED
    specific    NMTOKEN    "1"
    alternate    NMTOKEN    "0"
    id    ID    #IMPLIED
    level    NMTOKEN    #IMPLIED
    mark    NMTOKEN    #IMPLIED
    change    (add | delete | modify)    #IMPLIED
    rfc    CDATA    #IMPLIED
>
<! ELEMENT qty (#PCDATA)>
<! ATTLIST qty
    uom    CDATA    #IMPLIED
    level    NMTOKEN    #IMPLIED
```

```
    mark      NMTOKEN     #IMPLIED
    change      (add | delete | modify)     #IMPLIED
    rfc       CDATA        #IMPLIED
>
<! ELEMENT supplies (nosupply | supplyli)>
<! ELEMENT nosupply EMPTY>
<! ELEMENT supplyli (supply+)>
<! ELEMENT supply (applic?,nomen?,(((csnref  | identno | con),refs?)+),qty,remarks?)>
<! ATTLIST supply
    refapplic     IDREF      #IMPLIED
    id     ID     #IMPLIED
    level     NMTOKEN      #IMPLIED
    mark      NMTOKEN      #IMPLIED
    change      (add | delete | modify)     #IMPLIED
    rfc       CDATA        #IMPLIED
>
<! ELEMENT con (refs?)>
<! ATTLIST con
    connbr     CDATA       #REQUIRED
    id     ID      #IMPLIED
    level     NMTOKEN      #IMPLIED
    mark      NMTOKEN      #IMPLIED
    change      (add | delete | modify)     #IMPLIED
    rfc       CDATA        #IMPLIED
>
<! ELEMENT spares (nospares | sparesli)>
<! ELEMENT nospares EMPTY>
<! ELEMENT sparesli (spare+)>
<! ELEMENT spare (applic?,nomen?,(((csnref  | identno | ein),refs?)+),qty,remarks?)>
<! ATTLIST spare
    refapplic     IDREF      #IMPLIED
    id     ID     #IMPLIED
    level     NMTOKEN      #IMPLIED
    mark      NMTOKEN      #IMPLIED
    change      (add | delete | modify)     #IMPLIED
    rfc       CDATA        #IMPLIED
>
<! ELEMENT safety (nosafety | safecond)>
<! ELEMENT nosafety EMPTY>
<! ELEMENT safecond ((warning*,caution*),note*)>
<! ATTLIST safecond
    id     ID     #IMPLIED
>
<! ELEMENT warning (applic?,((symbol | para | (seqlist | randlist | deflist))+))>
<! ATTLIST warning
    type       CDATA       #IMPLIED
    xrefid     IDREF       #IMPLIED
    vital     NMTOKEN      #IMPLIED
    refapplic  IDREF       #IMPLIED
    id     ID     #IMPLIED
    level     NMTOKEN      #IMPLIED
    mark      NMTOKEN      #IMPLIED
    change      (add | delete | modify)     #IMPLIED
    rfc       CDATA        #IMPLIED
>
<! ELEMENT caution (applic?,((symbol | para | (seqlist | randlist | deflist))+))>
<! ATTLIST caution
    type       CDATA       #IMPLIED
    xrefid     IDREF       #IMPLIED
    refapplic  IDREF       #IMPLIED
```

```
    id  ID  #IMPLIED
    level   NMTOKEN   #IMPLIED
    mark    NMTOKEN   #IMPLIED
    change    (add | delete | modify)    #IMPLIED
    rfc     CDATA      #IMPLIED
>
<! ELEMENT mainfunc ((step1 | (figure | multimedia | foldout | table))+)>
<! ATTLIST mainfunc
    id  ID  #IMPLIED
    level   NMTOKEN   #IMPLIED
    mark    NMTOKEN   #IMPLIED
    change    (add | delete | modify)    #IMPLIED
    rfc     CDATA      #IMPLIED
    check   CDATA      #IMPLIED
    skill     (sk01 | sk02 | sk03 | sk04 | sk05 | sk06 | sk07 | sk08 | sk09 | sk10 | sk11 | sk12
| sk13 | sk14 | sk15 | sk16 | sk17 | sk18 | sk19 | sk20 | sk21 | sk22 | sk23 | sk24 | sk25 | sk26
| sk27 | sk28 | sk29 | sk30 | sk31 | sk32 | sk33 | sk34 | sk35 | sk36 | sk37 | sk38 | sk39 | sk40
| sk41 | sk42 | sk43 | sk44 | sk45 | sk46 | sk47 | sk48 | sk49 | sk50 | sk51 | sk52 | sk53 | sk54
| sk55 | sk56 | sk57 | sk58 | sk59 | sk60 | sk61 | sk62 | sk63 | sk64 | sk65 | sk66 | sk67 | sk68
| sk69 | sk70 | sk71 | sk72 | sk73 | sk74 | sk75 | sk76 | sk77 | sk78 | sk79 | sk80 | sk81 | sk82
| sk83 | sk84 | sk85 | sk86 | sk87 | sk88 | sk89 | sk90 | sk91 | sk92 | sk93 | sk94 | sk95 | sk96
| sk97 | sk98 | sk99)    #IMPLIED
>
<! ELEMENT step1 (((applic?,title?),(warning*,caution*),(((note | cblst | para) | (figure |
multimedia | foldout | table))*)),((step2)*))>
<! ATTLIST step1
    refapplic   IDREF    #IMPLIED
    check   CDATA     #IMPLIED
    skill     (sk01 | sk02 | sk03 | sk04 | sk05 | sk06 | sk07 | sk08 | sk09 | sk10 | sk11 | sk12
| sk13 | sk14 | sk15 | sk16 | sk17 | sk18 | sk19 | sk20 | sk21 | sk22 | sk23 | sk24 | sk25 | sk26
| sk27 | sk28 | sk29 | sk30 | sk31 | sk32 | sk33 | sk34 | sk35 | sk36 | sk37 | sk38 | sk39 | sk40
| sk41 | sk42 | sk43 | sk44 | sk45 | sk46 | sk47 | sk48 | sk49 | sk50 | sk51 | sk52 | sk53 | sk54
| sk55 | sk56 | sk57 | sk58 | sk59 | sk60 | sk61 | sk62 | sk63 | sk64 | sk65 | sk66 | sk67 | sk68
| sk69 | sk70 | sk71 | sk72 | sk73 | sk74 | sk75 | sk76 | sk77 | sk78 | sk79 | sk80 | sk81 | sk82
| sk83 | sk84 | sk85 | sk86 | sk87 | sk88 | sk89 | sk90 | sk91 | sk92 | sk93 | sk94 | sk95 | sk96
| sk97 | sk98 | sk99)    #IMPLIED
    id    ID    #IMPLIED
    level    NMTOKEN     #IMPLIED
    mark    NMTOKEN     #IMPLIED
    change    (add | delete | modify)    #IMPLIED
    rfc     CDATA      #IMPLIED
>
<! ELEMENT figure ((applic?,title),((graphic,rfa*) | ((applic?,sheet,graphic,rfa*)+)),legend?)>
<! ATTLIST figure
    refapplic   IDREF    #IMPLIED
    id    ID    #IMPLIED
    level    NMTOKEN     #IMPLIED
    mark    NMTOKEN     #IMPLIED
    change    (add | delete | modify)    #IMPLIED
    rfc     CDATA      #IMPLIED
    class     (01 | 02 | 03 | 04 | 05 | 06 | 07 | 08 | 09 | 10 | 11 | 12 | 13 | 14 | 15 | 16 | 17
| 18 | 19 | 20 | 21 | 22 | 23 | 24 | 25 | 26 | 27 | 28 | 29 | 30 | 31 | 32 | 33 | 34 | 35 | 36 |
37 | 38 | 39 | 40 | 41 | 42 | 43 | 44 | 45 | 46 | 47 | 48 | 49 | 50 | 51 | 52 | 53 | 54 | 55 | 56
| 57 | 58 | 59 | 60 | 61 | 62 | 63 | 64 | 65 | 66 | 67 | 68 | 69 | 70 | 71 | 72 | 73 | 74 | 75 |
76 | 77 | 78 | 79 | 80 | 81 | 82 | 83 | 84 | 85 | 86 | 87 | 88 | 89 | 90 | 91 | 92 | 93 | 94 | 95
| 96 | 97 | 98 | 99)    #IMPLIED
    commcls    (cc01 | cc02 | cc03 | cc04 | cc05 | cc06 | cc07 | cc08 | cc09 | cc10 | cc11 | cc12
| cc13 | cc14 | cc15 | cc16 | cc17 | cc18 | cc19 | cc20 | cc21 | cc22 | cc23 | cc24 | cc25 | cc26
| cc27 | cc28 | cc29 | cc30 | cc31 | cc32 | cc33 | cc34 | cc35 | cc36 | cc37 | cc38 | cc39 | cc40
| cc41 | cc42 | cc43 | cc44 | cc45 | cc46 | cc47 | cc48 | cc49 | cc50 | cc51 | cc52 | cc53 | cc54
```

```
| cc55 | cc56 | cc57 | cc58 | cc59 | cc60 | cc61 | cc62 | cc63 | cc64 | cc65 | cc66 | cc67 | cc68
| cc69 | cc70 | cc71 | cc72 | cc73 | cc74 | cc75 | cc76 | cc77 | cc78 | cc79 | cc80 | cc81 | cc82
| cc83 | cc84 | cc85 | cc86 | cc87 | cc88 | cc89 | cc90 | cc91 | cc92 | cc93 | cc94 | cc95 | cc96
| cc97 | cc98 | cc99)    #IMPLIED
   caveat     (cv01 | cv02 | cv03 | cv04 | cv05 | cv06 | cv07 | cv08 | cv09 | cv10 | cv11 | cv12
| cv13 | cv14 | cv15 | cv16 | cv17 | cv18 | cv19 | cv20 | cv21 | cv22 | cv23 | cv24 | cv25 | cv26
| cv27 | cv28 | cv29 | cv30 | cv31 | cv32 | cv33 | cv34 | cv35 | cv36 | cv37 | cv38 | cv39 | cv40
| cv41 | cv42 | cv43 | cv44 | cv45 | cv46 | cv47 | cv48 | cv49 | cv50 | cv51 | cv52 | cv53 | cv54
| cv55 | cv56 | cv57 | cv58 | cv59 | cv60 | cv61 | cv62 | cv63 | cv64 | cv65 | cv66 | cv67 | cv68
| cv69 | cv70 | cv71 | cv72 | cv73 | cv74 | cv75 | cv76 | cv77 | cv78 | cv79 | cv80 | cv81 | cv82
| cv83 | cv84 | cv85 | cv86 | cv87 | cv88 | cv89 | cv90 | cv91 | cv92 | cv93 | cv94 | cv95 | cv96
| cv97 | cv98 | cv99)    #IMPLIED
〉
〈! ELEMENT graphic (hotspot*)〉
〈! ATTLIST graphic
   boardno    ENTITY  #REQUIRED
   id    ID   #IMPLIED
   reprowid    CDATA    #IMPLIED
   reprohgt    CDATA    #IMPLIED
   reproscl    CDATA    #IMPLIED
   %XLINKATT0;
〉
〈! ELEMENT hotspot (applic?,((hotspot | xref | refdm | csnref)*))〉
〈! ATTLIST hotspot
   id    ID    #IMPLIED
   apsid      CDATA       #IMPLIED
   apsname    CDATA       #IMPLIED
   type       CDATA       #IMPLIED
   title      CDATA       #IMPLIED
   descript   CDATA       #IMPLIED
   coords     CDATA       #IMPLIED
   visibility    (visible | hidden)  "visible"
   refapplic     IDREF    #IMPLIED
〉
〈! ELEMENT rfa (#PCDATA | applic | ein | cb | parasigdata | quantity | xref | indxflag | change |
emphasis | symbol | subscrpt | supscrpt | refdm | reftp | ftnote | ftnref | acronym | acroterm |
capgrp)*〉
〈! ATTLIST rfa
   refapplic     IDREF      #IMPLIED
〉
〈! ELEMENT sheet EMPTY〉
〈! ATTLIST sheet
   sheetno  NMTOKEN    #REQUIRED
   total    NMTOKEN    #REQUIRED
   id     ID     #IMPLIED
   level    NMTOKEN     #IMPLIED
   mark     NMTOKEN     #IMPLIED
   change     (add | delete | modify)    #IMPLIED
   rfc     CDATA       #IMPLIED
   refapplic     IDREF     #IMPLIED
〉
〈! ELEMENT legend (deflist)〉
〈! ATTLIST legend
   id     ID    #IMPLIED
   level    NMTOKEN    #IMPLIED
   mark     NMTOKEN    #IMPLIED
   change     (add | delete | modify)  #IMPLIED
   rfc     CDATA      #IMPLIED
〉
〈! ELEMENT multimedia (((applic?,title)?),rfa*,multimediaobject+)〉
```

```
〈! ATTLIST multimedia
    refapplic    IDREF    # IMPLIED
    id    ID    # IMPLIED
    level    NMTOKEN    # IMPLIED
    mark    NMTOKEN    # IMPLIED
    change    (add | delete | modify)    # IMPLIED
    rfc    CDATA    # IMPLIED
    class    (01 | 02 | 03 | 04 | 05 | 06 | 07 | 08 | 09 | 10 | 11 | 12 | 13 | 14 | 15 | 16 | 17
| 18 | 19 | 20 | 21 | 22 | 23 | 24 | 25 | 26 | 27 | 28 | 29 | 30 | 31 | 32 | 33 | 34 | 35 | 36 |
37 | 38 | 39 | 40 | 41 | 42 | 43 | 44 | 45 | 46 | 47 | 48 | 49 | 50 | 51 | 52 | 53 | 54 | 55 | 56
| 57 | 58 | 59 | 60 | 61 | 62 | 63 | 64 | 65 | 66 | 67 | 68 | 69 | 70 | 71 | 72 | 73 | 74 | 75 |
76 | 77 | 78 | 79 | 80 | 81 | 82 | 83 | 84 | 85 | 86 | 87 | 88 | 89 | 90 | 91 | 92 | 93 | 94 | 95
| 96 | 97 | 98 | 99)    # IMPLIED
    commcls    (cc01 | cc02 | cc03 | cc04 | cc05 | cc06 | cc07 | cc08 | cc09 | cc10 | cc11 | cc12
| cc13 | cc14 | cc15 | cc16 | cc17 | cc18 | cc19 | cc20 | cc21 | cc22 | cc23 | cc24 | cc25 | cc26
| cc27 | cc28 | cc29 | cc30 | cc31 | cc32 | cc33 | cc34 | cc35 | cc36 | cc37 | cc38 | cc39 | cc40
| cc41 | cc42 | cc43 | cc44 | cc45 | cc46 | cc47 | cc48 | cc49 | cc50 | cc51 | cc52 | cc53 | cc54
| cc55 | cc56 | cc57 | cc58 | cc59 | cc60 | cc61 | cc62 | cc63 | cc64 | cc65 | cc66 | cc67 | cc68
| cc69 | cc70 | cc71 | cc72 | cc73 | cc74 | cc75 | cc76 | cc77 | cc78 | cc79 | cc80 | cc81 | cc82
| cc83 | cc84 | cc85 | cc86 | cc87 | cc88 | cc89 | cc90 | cc91 | cc92 | cc93 | cc94 | cc95 | cc96
| cc97 | cc98 | cc99)    # IMPLIED
    caveat    (cv01 | cv02 | cv03 | cv04 | cv05 | cv06 | cv07 | cv08 | cv09 | cv10 | cv11 | cv12
| cv13 | cv14 | cv15 | cv16 | cv17 | cv18 | cv19 | cv20 | cv21 | cv22 | cv23 | cv24 | cv25 | cv26
| cv27 | cv28 | cv29 | cv30 | cv31 | cv32 | cv33 | cv34 | cv35 | cv36 | cv37 | cv38 | cv39 | cv40
| cv41 | cv42 | cv43 | cv44 | cv45 | cv46 | cv47 | cv48 | cv49 | cv50 | cv51 | cv52 | cv53 | cv54
| cv55 | cv56 | cv57 | cv58 | cv59 | cv60 | cv61 | cv62 | cv63 | cv64 | cv65 | cv66 | cv67 | cv68
| cv69 | cv70 | cv71 | cv72 | cv73 | cv74 | cv75 | cv76 | cv77 | cv78 | cv79 | cv80 | cv81 | cv82
| cv83 | cv84 | cv85 | cv86 | cv87 | cv88 | cv89 | cv90 | cv91 | cv92 | cv93 | cv94 | cv95 | cv96
| cv97 | cv98 | cv99)    # IMPLIED
〉
〈! ELEMENT multimediaobject ((param) * )〉
〈! ATTLIST multimediaobject
    id    ID    # IMPLIED
    autoplay    NMTOKEN    # IMPLIED
    fullscrn    NMTOKEN    # IMPLIED
    boardno    ENTITY    # REQUIRED
    multimediaclass    (3D | audio | video | other)    # REQUIRED
    controls    (hide | show)    # IMPLIED
    duration    NMTOKEN    # IMPLIED
    width    CDATA    # IMPLIED
    height    CDATA    # IMPLIED
    % XLINKATT0;
〉
〈! ELEMENT param EMPTY〉
〈! ATTLIST param
    id    ID    # REQUIRED
    paramid    CDATA    # IMPLIED
    paramvalue    CDATA    # IMPLIED
    paramname    CDATA    # IMPLIED
〉
〈! ELEMENT foldout (figure | table)〉
〈! ELEMENT table (applic?,title?,(tgroup + | graphic + ))〉
〈! ATTLIST table
    tabstyle NMTOKEN    # IMPLIED
    tocentry NMTOKEN    "1"
    frame    (top | bottom | topbot | all | sides | none)    # IMPLIED
    colsep    NMTOKEN    # IMPLIED
    rowsep    NMTOKEN    # IMPLIED
    orient    (port | land)    # IMPLIED
    pgwide    NMTOKEN    # IMPLIED
```

```
    refapplic    IDREF      #IMPLIED
    id    ID    #IMPLIED
    level    NMTOKEN      #IMPLIED
    mark     NMTOKEN      #IMPLIED
    change     (add | delete | modify)     #IMPLIED
    rfc      CDATA        #IMPLIED
    class     (01 | 02 | 03 | 04 | 05 | 06 | 07 | 08 | 09 | 10 | 11 | 12 | 13 | 14 | 15 | 16 | 17
| 18 | 19 | 20 | 21 | 22 | 23 | 24 | 25 | 26 | 27 | 28 | 29 | 30 | 31 | 32 | 33 | 34 | 35 | 36 |
37 | 38 | 39 | 40 | 41 | 42 | 43 | 44 | 45 | 46 | 47 | 48 | 49 | 50 | 51 | 52 | 53 | 54 | 55 | 56
| 57 | 58 | 59 | 60 | 61 | 62 | 63 | 64 | 65 | 66 | 67 | 68 | 69 | 70 | 71 | 72 | 73 | 74 | 75 |
76 | 77 | 78 | 79 | 80 | 81 | 82 | 83 | 84 | 85 | 86 | 87 | 88 | 89 | 90 | 91 | 92 | 93 | 94 | 95
| 96 | 97 | 98 | 99)    #IMPLIED
    commcls     (cc01 | cc02 | cc03 | cc04 | cc05 | cc06 | cc07 | cc08 | cc09 | cc10 | cc11 | cc12
| cc13 | cc14 | cc15 | cc16 | cc17 | cc18 | cc19 | cc20 | cc21 | cc22 | cc23 | cc24 | cc25 | cc26
| cc27 | cc28 | cc29 | cc30 | cc31 | cc32 | cc33 | cc34 | cc35 | cc36 | cc37 | cc38 | cc39 | cc40
| cc41 | cc42 | cc43 | cc44 | cc45 | cc46 | cc47 | cc48 | cc49 | cc50 | cc51 | cc52 | cc53 | cc54
| cc55 | cc56 | cc57 | cc58 | cc59 | cc60 | cc61 | cc62 | cc63 | cc64 | cc65 | cc66 | cc67 | cc68
| cc69 | cc70 | cc71 | cc72 | cc73 | cc74 | cc75 | cc76 | cc77 | cc78 | cc79 | cc80 | cc81 | cc82
| cc83 | cc84 | cc85 | cc86 | cc87 | cc88 | cc89 | cc90 | cc91 | cc92 | cc93 | cc94 | cc95 | cc96
| cc97 | cc98 | cc99)    #IMPLIED
    caveat     (cv01 | cv02 | cv03 | cv04 | cv05 | cv06 | cv07 | cv08 | cv09 | cv10 | cv11 | cv12
| cv13 | cv14 | cv15 | cv16 | cv17 | cv18 | cv19 | cv20 | cv21 | cv22 | cv23 | cv24 | cv25 | cv26
| cv27 | cv28 | cv29 | cv30 | cv31 | cv32 | cv33 | cv34 | cv35 | cv36 | cv37 | cv38 | cv39 | cv40
| cv41 | cv42 | cv43 | cv44 | cv45 | cv46 | cv47 | cv48 | cv49 | cv50 | cv51 | cv52 | cv53 | cv54
| cv55 | cv56 | cv57 | cv58 | cv59 | cv60 | cv61 | cv62 | cv63 | cv64 | cv65 | cv66 | cv67 | cv68
| cv69 | cv70 | cv71 | cv72 | cv73 | cv74 | cv75 | cv76 | cv77 | cv78 | cv79 | cv80 | cv81 | cv82
| cv83 | cv84 | cv85 | cv86 | cv87 | cv88 | cv89 | cv90 | cv91 | cv92 | cv93 | cv94 | cv95 | cv96
| cv97 | cv98 | cv99)    #IMPLIED
〉
〈! ELEMENT tgroup (applic?,colspec*,spanspec*,thead?,tfoot?,tbody)〉
〈! ATTLIST tgroup
    refapplic    IDREF      #IMPLIED
    cols     NMTOKEN     #REQUIRED
    tgstyle  NMTOKEN     #IMPLIED
    colsep   NMTOKEN     #IMPLIED
    rowsep   NMTOKEN     #IMPLIED
    align     (left | right | center | justify | char)     "left"
    charoff  CDATA       #IMPLIED
    char     CDATA       #IMPLIED
〉
〈! ELEMENT thead (colspec*,row+)〉
〈! ATTLIST thead
    valign     (top | bottom | middle)     "bottom"
〉
〈! ELEMENT row (applic?,((entry)+))〉
〈! ATTLIST row
    refapplic    IDREF      #IMPLIED
    rowsep   NMTOKEN      #IMPLIED
    id    ID    #IMPLIED
    level    NMTOKEN      #IMPLIED
    mark     NMTOKEN      #IMPLIED
    change     (add | delete | modify)     #IMPLIED
    rfc      CDATA        #IMPLIED
〉
〈! ELEMENT entry (#PCDATA | applic | para | warning | caution | note | legend | ein | cb | parasigdata |
quantity | xref | indxflag | change | emphasis | symbol | subscrpt | supscrpt | refdm | reftp |
ftnote | ftnref | acronym | acroterm | capgrp | seqlist | randlist | deflist)*〉
〈! ATTLIST entry
    refapplic  IDREF      #IMPLIED
    colname  NMTOKEN      #IMPLIED
```

```
    namest   NMTOKEN      #IMPLIED
    nameend  NMTOKEN      #IMPLIED
    spanname NMTOKEN      #IMPLIED
    morerows NMTOKEN      "0"
    colsep   NMTOKEN      #IMPLIED
    rowsep   NMTOKEN      #IMPLIED
    rotate   NMTOKEN      "0"
    valign    (top | bottom | middle)   "top"
    align    (left | right | center | justify | char)    #IMPLIED
    charoff  CDATA        #IMPLIED
    char     CDATA        #IMPLIED
    id    ID    #IMPLIED
〉
〈! ELEMENT tfoot (colspec * ,row + )〉
〈! ATTLIST tfoot
    valign      (top | bottom | middle)     "top"
〉
〈! ELEMENT tbody (row + )〉
〈! ATTLIST tbody
    valign      (top | bottom | middle)     "top"
〉
〈! ELEMENT step2 (((applic?,title?),(warning * ,caution * ),(((note | cblst | para) | (figure |
multimedia | foldout | table)) * )),((step3) * ))〉
〈! ATTLIST step2
    refapplic     IDREF    #IMPLIED
    check   CDATA        #IMPLIED
    skill      (sk01 | sk02 | sk03 | sk04 | sk05 | sk06 | sk07 | sk08 | sk09 | sk10 | sk11 | sk12
| sk13 | sk14 | sk15 | sk16 | sk17 | sk18 | sk19 | sk20 | sk21 | sk22 | sk23 | sk24 | sk25 | sk26
| sk27 | sk28 | sk29 | sk30 | sk31 | sk32 | sk33 | sk34 | sk35 | sk36 | sk37 | sk38 | sk39 | sk40
| sk41 | sk42 | sk43 | sk44 | sk45 | sk46 | sk47 | sk48 | sk49 | sk50 | sk51 | sk52 | sk53 | sk54
| sk55 | sk56 | sk57 | sk58 | sk59 | sk60 | sk61 | sk62 | sk63 | sk64 | sk65 | sk66 | sk67 | sk68
| sk69 | sk70 | sk71 | sk72 | sk73 | sk74 | sk75 | sk76 | sk77 | sk78 | sk79 | sk80 | sk81 | sk82
| sk83 | sk84 | sk85 | sk86 | sk87 | sk88 | sk89 | sk90 | sk91 | sk92 | sk93 | sk94 | sk95 | sk96
| sk97 | sk98 | sk99)     #IMPLIED
    id    ID    #IMPLIED
    level    NMTOKEN     #IMPLIED
    mark     NMTOKEN     #IMPLIED
    change    (add | delete | modify)    #IMPLIED
    rfc      CDATA       #IMPLIED
〉
〈! ELEMENT step3 (((applic?,title?),(warning * ,caution * ),(((note | cblst | para) | (figure | mul-
timedia | foldout | table)) * )),((step4) * ))〉
〈! ATTLIST step3
    refapplic     IDREF    #IMPLIED
    check   CDATA        #IMPLIED
    skill      (sk01 | sk02 | sk03 | sk04 | sk05 | sk06 | sk07 | sk08 | sk09 | sk10 | sk11 | sk12
| sk13 | sk14 | sk15 | sk16 | sk17 | sk18 | sk19 | sk20 | sk21 | sk22 | sk23 | sk24 | sk25 | sk26
| sk27 | sk28 | sk29 | sk30 | sk31 | sk32 | sk33 | sk34 | sk35 | sk36 | sk37 | sk38 | sk39 | sk40
| sk41 | sk42 | sk43 | sk44 | sk45 | sk46 | sk47 | sk48 | sk49 | sk50 | sk51 | sk52 | sk53 | sk54
| sk55 | sk56 | sk57 | sk58 | sk59 | sk60 | sk61 | sk62 | sk63 | sk64 | sk65 | sk66 | sk67 | sk68
| sk69 | sk70 | sk71 | sk72 | sk73 | sk74 | sk75 | sk76 | sk77 | sk78 | sk79 | sk80 | sk81 | sk82
| sk83 | sk84 | sk85 | sk86 | sk87 | sk88 | sk89 | sk90 | sk91 | sk92 | sk93 | sk94 | sk95 | sk96
| sk97 | sk98 | sk99)     #IMPLIED
    id    ID    #IMPLIED
    level    NMTOKEN     #IMPLIED
    mark     NMTOKEN     #IMPLIED
    change    (add | delete | modify)    #IMPLIED
    rfc      CDATA       #IMPLIED
〉
〈! ELEMENT step4 (((applic?,title?),(warning * ,caution * ),(((note | cblst | para) | (figure |
```

```
multimedia | foldout | table))*)),((step5)*)))
<!ATTLIST step4
    refapplic    IDREF     #IMPLIED
    check    CDATA         #IMPLIED
    skill      (sk01 | sk02 | sk03 | sk04 | sk05 | sk06 | sk07 | sk08 | sk09 | sk10 | sk11 | sk12
| sk13 | sk14 | sk15 | sk16 | sk17 | sk18 | sk19 | sk20 | sk21 | sk22 | sk23 | sk24 | sk25 | sk26
| sk27 | sk28 | sk29 | sk30 | sk31 | sk32 | sk33 | sk34 | sk35 | sk36 | sk37 | sk38 | sk39 | sk40
| sk41 | sk42 | sk43 | sk44 | sk45 | sk46 | sk47 | sk48 | sk49 | sk50 | sk51 | sk52 | sk53 | sk54
| sk55 | sk56 | sk57 | sk58 | sk59 | sk60 | sk61 | sk62 | sk63 | sk64 | sk65 | sk66 | sk67 | sk68
| sk69 | sk70 | sk71 | sk72 | sk73 | sk74 | sk75 | sk76 | sk77 | sk78 | sk79 | sk80 | sk81 | sk82
| sk83 | sk84 | sk85 | sk86 | sk87 | sk88 | sk89 | sk90 | sk91 | sk92 | sk93 | sk94 | sk95 | sk96
| sk97 | sk98 | sk99)    #IMPLIED
    id    ID    #IMPLIED
    level    NMTOKEN     #IMPLIED
    mark     NMTOKEN     #IMPLIED
    change     (add | delete | modify)     #IMPLIED
    rfc      CDATA       #IMPLIED
>
<!ELEMENT step5 (((applic?,title?),(warning*,caution*),(((note | cblst | para) | (figure |
multimedia | foldout | table))*)),((step6)*)))
<!ATTLIST step5
    refapplic    IDREF     #IMPLIED
    check    CDATA         #IMPLIED
    skill      (sk01 | sk02 | sk03 | sk04 | sk05 | sk06 | sk07 | sk08 | sk09 | sk10 | sk11 | sk12
| sk13 | sk14 | sk15 | sk16 | sk17 | sk18 | sk19 | sk20 | sk21 | sk22 | sk23 | sk24 | sk25 | sk26
| sk27 | sk28 | sk29 | sk30 | sk31 | sk32 | sk33 | sk34 | sk35 | sk36 | sk37 | sk38 | sk39 | sk40
| sk41 | sk42 | sk43 | sk44 | sk45 | sk46 | sk47 | sk48 | sk49 | sk50 | sk51 | sk52 | sk53 | sk54
| sk55 | sk56 | sk57 | sk58 | sk59 | sk60 | sk61 | sk62 | sk63 | sk64 | sk65 | sk66 | sk67 | sk68
| sk69 | sk70 | sk71 | sk72 | sk73 | sk74 | sk75 | sk76 | sk77 | sk78 | sk79 | sk80 | sk81 | sk82
| sk83 | sk84 | sk85 | sk86 | sk87 | sk88 | sk89 | sk90 | sk91 | sk92 | sk93 | sk94 | sk95 | sk96
| sk97 | sk98 | sk99)    #IMPLIED
    id    ID    #IMPLIED
    level    NMTOKEN     #IMPLIED
    mark     NMTOKEN     #IMPLIED
    change     (add | delete | modify)     #IMPLIED
    rfc      CDATA       #IMPLIED
>
<!ELEMENT step6 (((applic?,title?),(warning*,caution*),(((note | cblst | para) | (figure |
multimedia | foldout | table))*)),((step7)*)))
<!ATTLIST step6
    refapplic    IDREF     #IMPLIED
    check    CDATA         #IMPLIED
    skill      (sk01 | sk02 | sk03 | sk04 | sk05 | sk06 | sk07 | sk08 | sk09 | sk10 | sk11 | sk12
| sk13 | sk14 | sk15 | sk16 | sk17 | sk18 | sk19 | sk20 | sk21 | sk22 | sk23 | sk24 | sk25 | sk26
| sk27 | sk28 | sk29 | sk30 | sk31 | sk32 | sk33 | sk34 | sk35 | sk36 | sk37 | sk38 | sk39 | sk40
| sk41 | sk42 | sk43 | sk44 | sk45 | sk46 | sk47 | sk48 | sk49 | sk50 | sk51 | sk52 | sk53 | sk54
| sk55 | sk56 | sk57 | sk58 | sk59 | sk60 | sk61 | sk62 | sk63 | sk64 | sk65 | sk66 | sk67 | sk68
| sk69 | sk70 | sk71 | sk72 | sk73 | sk74 | sk75 | sk76 | sk77 | sk78 | sk79 | sk80 | sk81 | sk82
| sk83 | sk84 | sk85 | sk86 | sk87 | sk88 | sk89 | sk90 | sk91 | sk92 | sk93 | sk94 | sk95 | sk96
| sk97 | sk98 | sk99)    #IMPLIED
    id    ID    #IMPLIED
    level    NMTOKEN     #IMPLIED
    mark     NMTOKEN     #IMPLIED
    change     (add | delete | modify)     #IMPLIED
    rfc      CDATA       #IMPLIED
>
<!ELEMENT step7 (((applic?,title?),(warning*,caution*),(((note | cblst | para) | (figure |
multimedia | foldout | table))*)),((step8)*)))
<!ATTLIST step7
    refapplic    IDREF     #IMPLIED
```

```
    check     CDATA        #IMPLIED
    skill       (sk01 | sk02 | sk03 | sk04 | sk05 | sk06 | sk07 | sk08 | sk09 | sk10 | sk11 | sk12
| sk13 | sk14 | sk15 | sk16 | sk17 | sk18 | sk19 | sk20 | sk21 | sk22 | sk23 | sk24 | sk25 | sk26
| sk27 | sk28 | sk29 | sk30 | sk31 | sk32 | sk33 | sk34 | sk35 | sk36 | sk37 | sk38 | sk39 | sk40
| sk41 | sk42 | sk43 | sk44 | sk45 | sk46 | sk47 | sk48 | sk49 | sk50 | sk51 | sk52 | sk53 | sk54
| sk55 | sk56 | sk57 | sk58 | sk59 | sk60 | sk61 | sk62 | sk63 | sk64 | sk65 | sk66 | sk67 | sk68
| sk69 | sk70 | sk71 | sk72 | sk73 | sk74 | sk75 | sk76 | sk77 | sk78 | sk79 | sk80 | sk81 | sk82
| sk83 | sk84 | sk85 | sk86 | sk87 | sk88 | sk89 | sk90 | sk91 | sk92 | sk93 | sk94 | sk95 | sk96
| sk97 | sk98 | sk99)      #IMPLIED
    id     ID        #IMPLIED
    level     NMTOKEN      #IMPLIED
    mark      NMTOKEN      #IMPLIED
    change      (add | delete | modify)      #IMPLIED
    rfc       CDATA        #IMPLIED
〉
〈! ELEMENT step8 ((applic?,title?),(warning*,caution*),(((note | cblst | para) | (figure |
multimedia | foldout | table))*)))〉
〈! ATTLIST step8
    refapplic      IDREF      #IMPLIED
    check     CDATA        #IMPLIED
    skill       (sk01 | sk02 | sk03 | sk04 | sk05 | sk06 | sk07 | sk08 | sk09 | sk10 | sk11 | sk12
| sk13 | sk14 | sk15 | sk16 | sk17 | sk18 | sk19 | sk20 | sk21 | sk22 | sk23 | sk24 | sk25 | sk26
| sk27 | sk28 | sk29 | sk30 | sk31 | sk32 | sk33 | sk34 | sk35 | sk36 | sk37 | sk38 | sk39 | sk40
| sk41 | sk42 | sk43 | sk44 | sk45 | sk46 | sk47 | sk48 | sk49 | sk50 | sk51 | sk52 | sk53 | sk54
| sk55 | sk56 | sk57 | sk58 | sk59 | sk60 | sk61 | sk62 | sk63 | sk64 | sk65 | sk66 | sk67 | sk68
| sk69 | sk70 | sk71 | sk72 | sk73 | sk74 | sk75 | sk76 | sk77 | sk78 | sk79 | sk80 | sk81 | sk82
| sk83 | sk84 | sk85 | sk86 | sk87 | sk88 | sk89 | sk90 | sk91 | sk92 | sk93 | sk94 | sk95 | sk96
| sk97 | sk98 | sk99)      #IMPLIED
    id     ID        #IMPLIED
    level     NMTOKEN      #IMPLIED
    mark      NMTOKEN      #IMPLIED
    change      (add | delete | modify)      #IMPLIED
    rfc       CDATA        #IMPLIED
〉
〈! ELEMENT closereqs (reqconds)〉
〈! ATTLIST closereqs
    id     ID        #IMPLIED
    level     NMTOKEN      #IMPLIED
    mark      NMTOKEN      #IMPLIED
    change      (add | delete | modify)      #IMPLIED
    rfc       CDATA        #IMPLIED
〉
```

B.7 维修计划信息 DTD

本文件包含了维修计划内容 DTD。它标识了所有与维修计划有关的元素和它们之间的关系。

```
〈? xml version="1.0" encoding="UTF-8"?〉
〈! ELEMENT dmodule (rdf:Description?,idstatus,content)〉
〈! ATTLIST dmodule
    id     ID        #IMPLIED
    %RDFDCATT;
〉
〈! ELEMENT idstatus (dmaddres,srcdmaddres?,status)〉
〈! ELEMENT dmaddres (dmcextension?,dmc,dmtitle,issno,issdate)〉
〈! ELEMENT dmcextension (dmeproducer,dmecode)〉
〈! ELEMENT dmeproducer (#PCDATA)〉
〈! ELEMENT dmecode (#PCDATA)〉
〈! ELEMENT dmc (age | avee)〉
〈! ELEMENT age (modelic,supeqvc,ecscs,eidc,cidc,discode,discodev,incode,incodev,itemloc)〉
```

```
〈! ELEMENT modelic (#PCDATA)〉
〈! ELEMENT supeqvc (#PCDATA)〉
〈! ELEMENT ecscs (#PCDATA)〉
〈! ELEMENT eidc (#PCDATA)〉
〈! ELEMENT cidc (#PCDATA)〉
〈! ELEMENT discode (#PCDATA)〉
〈! ELEMENT discodev (#PCDATA)〉
〈! ELEMENT incode (#PCDATA)〉
〈! ELEMENT incodev (#PCDATA)〉
〈! ELEMENT itemloc (#PCDATA)〉
〈! ELEMENT avee (modelic, sdc, chapnum, section, subsect, subject, discode, discodev, incode, incodev,
itemloc)〉
〈! ELEMENT sdc (#PCDATA)〉
〈! ELEMENT chapnum (#PCDATA)〉
〈! ELEMENT section (#PCDATA)〉
〈! ELEMENT subsect (#PCDATA)〉
〈! ELEMENT subject (#PCDATA)〉
〈! ELEMENT dmtitle (techname,infoname?)〉
〈! ELEMENT techname (#PCDATA)〉
〈! ELEMENT infoname (#PCDATA)〉
〈! ELEMENT issno EMPTY〉
〈! ATTLIST issno
   issno    NMTOKEN     #REQUIRED
   inwork   NMTOKEN     #IMPLIED
   type     (new | changed | deleted | revised | status | rinstate-changed | rinstate-revised |
rinstate-status)   "new"
〉
〈! ELEMENT issdate EMPTY〉
〈! ATTLIST issdate
   year     NMTOKEN     #REQUIRED
   month    NMTOKEN     #REQUIRED
   day      NMTOKEN     #REQUIRED
〉
〈! ELEMENT srcdmaddres (dmcextension?,dmc,dmtitle,issno,issdate)〉
〈! ELEMENT status (security,datarest*,dmsize?,rpc,orig,applic,inlineapplics?,brexref,qa+,((ein)
*),rfu*,remarks*)〉
〈! ATTLIST status
   id    ID    #IMPLIED
〉
〈! ELEMENT security EMPTY〉
〈! ATTLIST security
   class     (01 | 02 | 03 | 04 | 05 | 06 | 07 | 08 | 09 | 10 | 11 | 12 | 13 | 14 | 15 | 16 | 17
| 18 | 19 | 20 | 21 | 22 | 23 | 24 | 25 | 26 | 27 | 28 | 29 | 30 | 31 | 32 | 33 | 34 | 35 | 36 |
37 | 38 | 39 | 40 | 41 | 42 | 43 | 44 | 45 | 46 | 47 | 48 | 49 | 50 | 51 | 52 | 53 | 54 | 55 | 56
| 57 | 58 | 59 | 60 | 61 | 62 | 63 | 64 | 65 | 66 | 67 | 68 | 69 | 70 | 71 | 72 | 73 | 74 | 75 |
76 | 77 | 78 | 79 | 80 | 81 | 82 | 83 | 84 | 85 | 86 | 87 | 88 | 89 | 90 | 91 | 92 | 93 | 94 | 95
| 96 | 97 | 98 | 99)     #REQUIRED

   commcls    (cc01 | cc02 | cc03 | cc04 | cc05 | cc06 | cc07 | cc08 | cc09 | cc10 | cc11 | cc12
| cc13 | cc14 | cc15 | cc16 | cc17 | cc18 | cc19 | cc20 | cc21 | cc22 | cc23 | cc24 | cc25 | cc26
| cc27 | cc28 | cc29 | cc30 | cc31 | cc32 | cc33 | cc34 | cc35 | cc36 | cc37 | cc38 | cc39 | cc40
| cc41 | cc42 | cc43 | cc44 | cc45 | cc46 | cc47 | cc48 | cc49 | cc50 | cc51 | cc52 | cc53 | cc54
| cc55 | cc56 | cc57 | cc58 | cc59 | cc60 | cc61 | cc62 | cc63 | cc64 | cc65 | cc66 | cc67 | cc68
| cc69 | cc70 | cc71 | cc72 | cc73 | cc74 | cc75 | cc76 | cc77 | cc78 | cc79 | cc80 | cc81 | cc82
| cc83 | cc84 | cc85 | cc86 | cc87 | cc88 | cc89 | cc90 | cc91 | cc92 | cc93 | cc94 | cc95 | cc96
| cc97 | cc98 | cc99)     #IMPLIED
   caveat     (cv01 | cv02 | cv03 | cv04 | cv05 | cv06 | cv07 | cv08 | cv09 | cv10 | cv11 | cv12
| cv13 | cv14 | cv15 | cv16 | cv17 | cv18 | cv19 | cv20 | cv21 | cv22 | cv23 | cv24 | cv25 | cv26
| cv27 | cv28 | cv29 | cv30 | cv31 | cv32 | cv33 | cv34 | cv35 | cv36 | cv37 | cv38 | cv39 | cv40
| cv41 | cv42 | cv43 | cv44 | cv45 | cv46 | cv47 | cv48 | cv49 | cv50 | cv51 | cv52 | cv53 | cv54
```

```
| cv55 | cv56 | cv57 | cv58 | cv59 | cv60 | cv61 | cv62 | cv63 | cv64 | cv65 | cv66 | cv67 | cv68
| cv69 | cv70 | cv71 | cv72 | cv73 | cv74 | cv75 | cv76 | cv77 | cv78 | cv79 | cv80 | cv81 | cv82
| cv83 | cv84 | cv85 | cv86 | cv87 | cv88 | cv89 | cv90 | cv91 | cv92 | cv93 | cv94 | cv95 | cv96
| cv97 | cv98 | cv99)    #IMPLIED
〉
〈! ELEMENT datarest (applic?,instruct,inform?)〉
〈! ATTLIST datarest
   refapplic    IDREF     #IMPLIED
   id     ID     #IMPLIED
   level    NMTOKEN     #IMPLIED
   mark     NMTOKEN     #IMPLIED
   change     (add | delete | modify)     #IMPLIED
   rfc     CDATA     #IMPLIED
〉
〈! ELEMENT applic (type?,model*)〉
〈! ATTLIST applic
   applicconf     (allowed | built | designed | installed | manufactured | supported)     #IMPLIED
   id     ID     #IMPLIED
   level    NMTOKEN     #IMPLIED
   mark     NMTOKEN     #IMPLIED
   change     (add | delete | modify)     #IMPLIED
   rfc     CDATA     #IMPLIED
〉
〈! ELEMENT type (#PCDATA)〉
〈! ELEMENT model (version*,((csnref |  (mfc)*),maintlevel?,techconds*,opconds*)〉
〈! ATTLIST model
   model     CDATA     #REQUIRED
〉
〈! ELEMENT version (versrank*)〉
〈! ATTLIST version
   version   CDATA     #REQUIRED
   id     ID     #IMPLIED
〉
〈! ELEMENT versrank ((single | range)+)〉
〈! ATTLIST versrank
   verstatus   CDATA     #IMPLIED
   id     ID     #IMPLIED
   level    NMTOKEN     #IMPLIED
   mark     NMTOKEN     #IMPLIED
   change     (add | delete | modify)     #IMPLIED
   rfc     CDATA     #IMPLIED
〉
〈! ELEMENT single (#PCDATA)〉
〈! ELEMENT range EMPTY〉
〈! ATTLIST range
   from     CDATA     #REQUIRED
   to     CDATA     #REQUIRED
〉
〈! ELEMENT csnref EMPTY〉
〈! ATTLIST csnref
   refcsn     CDATA     #REQUIRED
   refisn     CDATA     #IMPLIED
   refipp     CDATA     #IMPLIED
   refrpc     CDATA     #IMPLIED
   id     ID     #IMPLIED
   level    NMTOKEN     #IMPLIED
   mark     NMTOKEN     #IMPLIED
   change     (add | delete | modify)     #IMPLIED
   rfc     CDATA     #IMPLIED
   %XLINKATT2;
```

```
〉
〈! ELEMENT mfc (#PCDATA)〉
〈! ATTLIST mfc
    id    ID    #IMPLIED
    level    NMTOKEN    #IMPLIED
    mark    NMTOKEN    #IMPLIED
    change    (add | delete | modify)    #IMPLIED
    rfc    CDATA    #IMPLIED
〉
〈! ELEMENT maintlevel (mntlvl+)〉
〈! ELEMENT mntlvl EMPTY〉
〈! ATTLIST mntlvl
    mntlvl    (ml01 | ml02 | ml03 | ml04 | ml05 | ml06 | ml07 | ml08 | ml09 | ml10 | ml11 | ml12
| ml13 | ml14 | ml15 | ml16 | ml17 | ml18 | ml19 | ml20 | ml21 | ml22 | ml23 | ml24 | ml25 | ml26
| ml27 | ml28 | ml29 | ml30 | ml31 | ml32 | ml33 | ml34 | ml35 | ml36 | ml37 | ml38 | ml39 | ml40
| ml41 | ml42 | ml43 | ml44 | ml45 | ml46 | ml47 | ml48 | ml49 | ml50 | ml51 | ml52 | ml53 | ml54
| ml55 | ml56 | ml57 | ml58 | ml59 | ml60 | ml61 | ml62 | ml63 | ml64 | ml65 | ml66 | ml67 | ml68
| ml69 | ml70 | ml71 | ml72 | ml73 | ml74 | ml75 | ml76 | ml77 | ml78 | ml79 | ml80 | ml81 | ml82
| ml83 | ml84 | ml85 | ml86 | ml87 | ml88 | ml89 | ml90 | ml91 | ml92 | ml93 | ml94 | ml95 | ml96
| ml97 | ml98 | ml99)    #REQUIRED
〉
〈! ELEMENT techconds (textual-desc?,techcond*)〉
〈! ATTLIST techconds
    id    ID    #IMPLIED
    level    NMTOKEN    #IMPLIED
    mark    NMTOKEN    #IMPLIED
    change    (add | delete | modify)    #IMPLIED
    rfc    CDATA    #IMPLIED
〉
〈! ELEMENT textual-desc (#PCDATA)〉
〈! ATTLIST textual-desc
    id    ID    #IMPLIED
    level    NMTOKEN    #IMPLIED
    mark    NMTOKEN    #IMPLIED
    change    (add | delete | modify)    #IMPLIED
    rfc    CDATA    #IMPLIED
〉
〈! ELEMENT techcond (((((age | avee),issno?,dmtitle?) | (pubcode,pubtitle?,pubdate?) | condtitle)?),
scheduled?,embodied?)〉
〈! ATTLIST techcond
    tccode    (tc01 | tc02 | tc03 | tc04 | tc05 | tc06 | tc07 | tc08 | tc09 | tc10 | tc11 | tc12
| tc13 | tc14 | tc15 | tc16 | tc17 | tc18 | tc19 | tc20 | tc21 | tc22 | tc23 | tc24 | tc25 | tc26
| tc27 | tc28 | tc29 | tc30 | tc31 | tc32 | tc33 | tc34 | tc35 | tc36 | tc37 | tc38 | tc39 | tc40
| tc41 | tc42 | tc43 | tc44 | tc45 | tc46 | tc47 | tc48 | tc49 | tc50 | tc51 | tc52 | tc53 | tc54
| tc55 | tc56 | tc57 | tc58 | tc59 | tc60 | tc61 | tc62 | tc63 | tc64 | tc65 | tc66 | tc67 | tc68
| tc69 | tc70 | tc71 | tc72 | tc73 | tc74 | tc75 | tc76 | tc77 | tc78 | tc79 | tc80 | tc81 | tc82
| tc83 | tc84 | tc85 | tc86 | tc87 | tc88 | tc89 | tc90 | tc91 | tc92 | tc93 | tc94 | tc95 | tc96
| tc97 | tc98 | tc99)    #REQUIRED
    tcno    CDATA    #IMPLIED
    tctype    (pre | post | preandpo)    #REQUIRED
    mfc    CDATA    #IMPLIED
    id    ID    #IMPLIED
    level    NMTOKEN    #IMPLIED
    mark    NMTOKEN    #IMPLIED
    change    (add | delete | modify)    #IMPLIED
    rfc    CDATA    #IMPLIED
〉
〈! ELEMENT pubcode (#PCDATA | pmc)*〉
〈! ATTLIST pubcode
    pubcodsy CDATA    #IMPLIED
```

```
>
<! ELEMENT pmc (modelic,pmissuer,pmnumber,pmvolume)>
<! ELEMENT pmissuer (#PCDATA)>
<! ELEMENT pmnumber (#PCDATA)>
<! ELEMENT pmvolume (#PCDATA)>
<! ELEMENT pubtitle (#PCDATA)>
<! ELEMENT pubdate EMPTY>
<! ATTLIST pubdate
    year     NMTOKEN     #REQUIRED
    month    NMTOKEN     #REQUIRED
    day      NMTOKEN     #REQUIRED
>
<! ELEMENT condtitle (#PCDATA)>
<! ATTLIST condtitle
    id      ID      #IMPLIED
    level   NMTOKEN     #IMPLIED
    mark    NMTOKEN     #IMPLIED
    change    (add | delete | modify)     #IMPLIED
    rfc     CDATA       #IMPLIED
>
<! ELEMENT scheduled ((single | range)+)>
<! ATTLIST scheduled
    id      ID      #IMPLIED
    level   NMTOKEN     #IMPLIED
    mark    NMTOKEN     #IMPLIED
    change    (add | delete | modify)     #IMPLIED
    rfc     CDATA       #IMPLIED
>
<! ELEMENT embodied ((single | range)+)>
<! ATTLIST embodied
    id      ID      #IMPLIED
    level   NMTOKEN     #IMPLIED
    mark    NMTOKEN     #IMPLIED
    change    (add | delete | modify)     #IMPLIED
    rfc     CDATA       #IMPLIED
>
<! ELEMENT opconds (textual-desc?,opcond*)>
<! ATTLIST opconds
    id      ID      #IMPLIED
    level   NMTOKEN     #IMPLIED
    mark    NMTOKEN     #IMPLIED
    change    (add | delete | modify)     #IMPLIED
    rfc     CDATA       #IMPLIED
>
<! ELEMENT opcond (#PCDATA)>
<! ATTLIST opcond
    opcno     NMTOKEN     #IMPLIED
    opccode   CDATA       #IMPLIED
    confirmed NMTOKEN     #IMPLIED
    id      ID      #IMPLIED
    level   NMTOKEN     #IMPLIED
    mark    NMTOKEN     #IMPLIED
    change    (add | delete | modify)     #IMPLIED
    rfc     CDATA       #IMPLIED
>
<! ELEMENT instruct (distrib, handling?)>
<! ATTLIST instruct
    id      ID      #IMPLIED
    level   NMTOKEN     #IMPLIED
    mark    NMTOKEN     #IMPLIED
```

```
    change    (add | delete | modify)    #IMPLIED
    rfc       CDATA        #IMPLIED
〉
〈! ELEMENT distrib (#PCDATA)〉
〈! ATTLIST distrib
    id     ID      #IMPLIED
    level     NMTOKEN     #IMPLIED
    mark      NMTOKEN     #IMPLIED
    change    (add | delete | modify)    #IMPLIED
    rfc       CDATA        #IMPLIED
〉
〈! ELEMENT handling (#PCDATA)〉
〈! ATTLIST handling
    id     ID      #IMPLIED
    level     NMTOKEN     #IMPLIED
    mark      NMTOKEN     #IMPLIED
    change    (add | delete | modify)    #IMPLIED
    rfc       CDATA        #IMPLIED
〉
〉
〈! ELEMENT inform (copyright)〉
〈! ATTLIST inform
    id     ID      #IMPLIED
    level     NMTOKEN     #IMPLIED
    mark      NMTOKEN     #IMPLIED
    change    (add | delete | modify)    #IMPLIED
    rfc       CDATA        #IMPLIED
〉
〈! ELEMENT copyright (para+)〉
〈! ATTLIST copyright
    id     ID      #IMPLIED
    level     NMTOKEN     #IMPLIED
    mark      NMTOKEN     #IMPLIED
    change    (add | delete | modify)    #IMPLIED
    rfc       CDATA        #IMPLIED
〉
〈! ELEMENT para (#PCDATA | applic | ein | cb | parasigdata | quantity | xref | indxflag | change |
emphasis | symbol | subscrpt | supscrpt | refdm | reftp | ftnote | ftnref | acronym | acroterm |
seqlist | randlist | deflist)*〉
〈! ATTLIST para
    refapplic     IDREF     #IMPLIED
    id     ID      #IMPLIED
    level     NMTOKEN     #IMPLIED
    mark      NMTOKEN     #IMPLIED
    change    (add | delete | modify)    #IMPLIED
    rfc       CDATA        #IMPLIED
    class     (01 | 02 | 03 | 04 | 05 | 06 | 07 | 08 | 09 | 10 | 11 | 12 | 13 | 14 | 15 | 16 | 17
| 18 | 19 | 20 | 21 | 22 | 23 | 24 | 25 | 26 | 27 | 28 | 29 | 30 | 31 | 32 | 33 | 34 | 35 | 36 |
37 | 38 | 39 | 40 | 41 | 42 | 43 | 44 | 45 | 46 | 47 | 48 | 49 | 50 | 51 | 52 | 53 | 54 | 55 | 56
| 57 | 58 | 59 | 60 | 61 | 62 | 63 | 64 | 65 | 66 | 67 | 68 | 69 | 70 | 71 | 72 | 73 | 74 | 75 |
76 | 77 | 78 | 79 | 80 | 81 | 82 | 83 | 84 | 85 | 86 | 87 | 88 | 89 | 90 | 91 | 92 | 93 | 94 | 95
| 96 | 97 | 98 | 99)    #IMPLIED
    commcls    (cc01 | cc02 | cc03 | cc04 | cc05 | cc06 | cc07 | cc08 | cc09 | cc10 | cc11 | cc12
| cc13 | cc14 | cc15 | cc16 | cc17 | cc18 | cc19 | cc20 | cc21 | cc22 | cc23 | cc24 | cc25 | cc26
| cc27 | cc28 | cc29 | cc30 | cc31 | cc32 | cc33 | cc34 | cc35 | cc36 | cc37 | cc38 | cc39 | cc40
| cc41 | cc42 | cc43 | cc44 | cc45 | cc46 | cc47 | cc48 | cc49 | cc50 | cc51 | cc52 | cc53 | cc54
| cc55 | cc56 | cc57 | cc58 | cc59 | cc60 | cc61 | cc62 | cc63 | cc64 | cc65 | cc66 | cc67 | cc68
| cc69 | cc70 | cc71 | cc72 | cc73 | cc74 | cc75 | cc76 | cc77 | cc78 | cc79 | cc80 | cc81 | cc82
| cc83 | cc84 | cc85 | cc86 | cc87 | cc88 | cc89 | cc90 | cc91 | cc92 | cc93 | cc94 | cc95 | cc96
| cc97 | cc98 | cc99)    #IMPLIED
```

```
    caveat    (cv01 | cv02 | cv03 | cv04 | cv05 | cv06 | cv07 | cv08 | cv09 | cv10 | cv11 | cv12
 | cv13 | cv14 | cv15 | cv16 | cv17 | cv18 | cv19 | cv20 | cv21 | cv22 | cv23 | cv24 | cv25 | cv26
 | cv27 | cv28 | cv29 | cv30 | cv31 | cv32 | cv33 | cv34 | cv35 | cv36 | cv37 | cv38 | cv39 | cv40
 | cv41 | cv42 | cv43 | cv44 | cv45 | cv46 | cv47 | cv48 | cv49 | cv50 | cv51 | cv52 | cv53 | cv54
 | cv55 | cv56 | cv57 | cv58 | cv59 | cv60 | cv61 | cv62 | cv63 | cv64 | cv65 | cv66 | cv67 | cv68
 | cv69 | cv70 | cv71 | cv72 | cv73 | cv74 | cv75 | cv76 | cv77 | cv78 | cv79 | cv80 | cv81 | cv82
 | cv83 | cv84 | cv85 | cv86 | cv87 | cv88 | cv89 | cv90 | cv91 | cv92 | cv93 | cv94 | cv95 | cv96
 | cv97 | cv98 | cv99)    #IMPLIED
〉
〈! ELEMENT ein (nomen?,refs?)〉
〈! ATTLIST ein
    einnbr   CDATA     #REQUIRED
    eintype    (exact | family)    #IMPLIED
    mfc      CDATA       #IMPLIED
    id    ID    #IMPLIED
    level    NMTOKEN     #IMPLIED
    mark     NMTOKEN     #IMPLIED
    change     (add | delete | modify)    #IMPLIED
    rfc      CDATA       #IMPLIED
〉
〈! ELEMENT nomen (#PCDATA)〉
〈! ATTLIST nomen
    level    NMTOKEN     #IMPLIED
    mark     NMTOKEN     #IMPLIED
    change     (add | delete | modify)    #IMPLIED
    rfc      CDATA       #IMPLIED
〉
〈! ELEMENT refs ((refdm+,reftp*) | reftp+)〉
〈! ELEMENT refdm ((applic?,dmcextension?,(age | avee),issno?,dmtitle?) | ((%XLINKEXT;)*))〉
〈! ATTLIST refdm
    target   CDATA     #IMPLIED
    refapplic    IDREF    #IMPLIED
    id    ID    #IMPLIED
    level    NMTOKEN     #IMPLIED
    mark     NMTOKEN     #IMPLIED
    change     (add | delete | modify)    #IMPLIED
    rfc      CDATA       #IMPLIED
    %XLINKATT;
〉
〈! ELEMENT reftp (#PCDATA | applic | xref | indxflag | symbol | subscrpt | supscrpt | ftnref |
acronym | acroterm | pubcode | pubtitle | pubdate | %XLINKEXT;)*〉
〈! ATTLIST reftp
    refapplic    IDREF     #IMPLIED
    id    ID    #IMPLIED
    level    NMTOKEN     #IMPLIED
    mark     NMTOKEN     #IMPLIED
    change     (add | delete | modify)    #IMPLIED
    rfc      CDATA       #IMPLIED
    %XLINKATT4;
〉
〈! ELEMENT xref (#PCDATA | applic | subscrpt | supscrpt)*〉
〈! ATTLIST xref
    xrefid    IDREF     #IMPLIED
    xidtype    (figure | table | multimedia | supply | supequip | spares | para | step | sheet |
multimediaobject | hotspot | param | other)    #IMPLIED
    target    CDATA        #IMPLIED
    destitle  CDATA        #IMPLIED
    pretext   CDATA        #IMPLIED
    posttext  CDATA        #IMPLIED
    refapplic IDREF        #IMPLIED
```

```
%XLINKATT3;
>
<! ELEMENT subscrpt (#PCDATA)>
<! ELEMENT supscrpt (#PCDATA)>
<! ELEMENT indxflag EMPTY>
<! ATTLIST indxflag
  ref1     CDATA     #IMPLIED
  ref2     CDATA     #IMPLIED
  ref3     CDATA     #IMPLIED
  ref4     CDATA     #IMPLIED
>
<! ELEMENT symbol (applic?)>
<! ATTLIST symbol
  boardno     ENTITY     #REQUIRED
  id     ID     #IMPLIED
  reprowid    CDATA     #IMPLIED
  reprohgt    CDATA     #IMPLIED
  reproscl    CDATA     #IMPLIED
  refapplic   IDREF     #IMPLIED
  %XLINKATT1;
>
<! ELEMENT ftnref EMPTY>
<! ATTLIST ftnref
  xrefid     IDREF     #IMPLIED
>
<! ELEMENT acronym (acroterm,acrodef)>
<! ATTLIST acronym
  acrotype   (at01 | at02 | at03 | at04 | at05 | at06 | at07 | at08 | at09 | at10 | at11 | at12
| at13 | at14 | at15 | at16 | at17 | at18 | at19 | at20 | at21 | at22 | at23 | at24 | at25 | at26
| at27 | at28 | at29 | at30 | at31 | at32 | at33 | at34 | at35 | at36 | at37 | at38 | at39 | at40
| at41 | at42 | at43 | at44 | at45 | at46 | at47 | at48 | at49 | at50 | at51 | at52 | at53 | at54
| at55 | at56 | at57 | at58 | at59 | at60 | at61 | at62 | at63 | at64 | at65 | at66 | at67 | at68
| at69 | at70 | at71 | at72 | at73 | at74 | at75 | at76 | at77 | at78 | at79 | at80 | at81 | at82
| at83 | at84 | at85 | at86 | at87 | at88 | at89 | at90 | at91 | at92 | at93 | at94 | at95 | at96
| at97 | at98 | at99)   "at01"
  id     ID     #IMPLIED
  level     NMTOKEN     #IMPLIED
  mark     NMTOKEN     #IMPLIED
  change     (add | delete | modify)     #IMPLIED
  rfc     CDATA     #IMPLIED
>
<! ELEMENT acroterm (#PCDATA | subscrpt | supscrpt) * >
<! ATTLIST acroterm
  xrefid     IDREF     #IMPLIED
>
<! ELEMENT acrodef (#PCDATA | subscrpt | supscrpt) * >
<! ATTLIST acrodef
  id     ID     #IMPLIED
  level     NMTOKEN     #IMPLIED
  mark     NMTOKEN     #IMPLIED
  change     (add | delete | modify)     #IMPLIED
  rfc     CDATA     #IMPLIED
>
<! ELEMENT cb (nomen?,refs?)>
<! ATTLIST cb
  cbnbr     CDATA     #REQUIRED
  cbtype     (eltro | elmec | clip)     #IMPLIED
  cbaction     (open | close | verif-open | verif-close)     #IMPLIED
  checksum CDATA     #IMPLIED
  id     ID     #IMPLIED
```

```
    level    NMTOKEN   #IMPLIED
    mark     NMTOKEN   #IMPLIED
    change     (add | delete | modify)     #IMPLIED
    rfc      CDATA       #IMPLIED
〉
〈! ELEMENT parasigdata (#PCDATA)〉
〈! ATTLIST parasigdata
    psdtype (psd01 | psd02 | psd03 | psd04 | psd05 | psd06 | psd07 | psd08 | psd09 | psd10 | psd11
| psd12 | psd13 | psd14 | psd15 | psd16 | psd17 | psd18 | psd19 | psd20 | psd21 | psd22 | psd23
| psd24 | psd25 | psd26 | psd27 | psd28 | psd29 | psd30 | psd31 | psd32 | psd33 | psd34 | psd35
| psd36 | psd37 | psd38 | psd39 | psd40 | psd41 | psd42 | psd43 | psd44 | psd45 | psd46 | psd47
| psd48 | psd49 | psd50 | psd51 | psd52 | psd53 | psd54 | psd55 | psd56 | psd57 | psd58 | psd59
| psd60 | psd61 | psd62 | psd63 | psd64 | psd65 | psd66 | psd67 | psd68 | psd69 | psd70 | psd71
| psd72 | psd73 | psd74 | psd75 | psd76 | psd77 | psd78 | psd79 | psd80 | psd81 | psd82 | psd83
| psd84 | psd85 | psd86 | psd87 | psd88 | psd89 | psd90 | psd91 | psd92 | psd93 | psd94 | psd95
| psd96 | psd97 | psd98 | psd99)     #REQUIRED
〉
〈! ELEMENT quantity (#PCDATA | qtygrp)*〉
〈! ATTLIST quantity
    qtytype (qty01 | qty02 | qty03 | qty04 | qty05 | qty06 | qty07 | qty08 | qty09 | qty10 | qty11
| qty12 | qty13 | qty14 | qty15 | qty16 | qty17 | qty18 | qty19 | qty20 | qty21 | qty22 | qty23
| qty24 | qty25 | qty26 | qty27 | qty28 | qty29 | qty30 | qty31 | qty32 | qty33 | qty34 | qty35
| qty36 | qty37 | qty38 | qty39 | qty40 | qty41 | qty42 | qty43 | qty44 | qty45 | qty46 | qty47
| qty48 | qty49 | qty50 | qty51 | qty52 | qty53 | qty54 | qty55 | qty56 | qty57 | qty58 | qty59
| qty60 | qty61 | qty62 | qty63 | qty64 | qty65 | qty66 | qty67 | qty68 | qty69 | qty70 | qty71
| qty72 | qty73 | qty74 | qty75 | qty76 | qty77 | qty78 | qty79 | qty80 | qty81 | qty82 | qty83
| qty84 | qty85 | qty86 | qty87 | qty88 | qty89 | qty90 | qty91 | qty92 | qty93 | qty94 | qty95
| qty96 | qty97 | qty98 | qty99)     #IMPLIED
〉
〈! ELEMENT qtygrp ((qtyvalue+,qtytolerance*) | (qtytolerance+))〉
〈! ATTLIST qtygrp
    qtygrptype    (nominal | minimum | maximum)     "nominal"
    qtyuom   CDATA        #IMPLIED
〉
〈! ELEMENT qtyvalue (#PCDATA)〉
〈! ATTLIST qtyvalue
    qtyuom   CDATA        #IMPLIED
〉
〈! ELEMENT qtytolerance (#PCDATA)〉
〈! ATTLIST qtytolerance
    qtytoltype    (plus | minus | plusorminus)     "plusorminus"
    qtyuom   CDATA        #IMPLIED
〉
〈! ELEMENT change (#PCDATA | ein | cb | parasigdata | quantity | xref | indxflag | change | emphasis |
symbol | subscrpt | supscrpt | refdm | reftp | ftnote | ftnref | acronym | acroterm)*〉
〈! ATTLIST change
    id    ID    #IMPLIED
    level    NMTOKEN   #IMPLIED
    mark     NMTOKEN   #IMPLIED
    change     (add | delete | modify)     #IMPLIED
    rfc      CDATA       #IMPLIED
〉
〈! ELEMENT emphasis (#PCDATA | ein | cb | parasigdata | quantity | xref | indxflag | change |
emphasis | symbol | subscrpt | supscrpt | refdm | reftp | ftnote | ftnref | acronym | acroterm)*〉
〈! ATTLIST emphasis
    emph (em01 | em02 | em03 | em04 | em05 | em06 | em07 | em08 | em09 | em10 | em11 | em12 | em13
| em14 | em15 | em16 | em17 | em18 | em19 | em20 | em21 | em22 | em23 | em24 | em25 | em26 | em27
| em28 | em29 | em30 | em31 | em32 | em33 | em34 | em35 | em36 | em37 | em38 | em39 | em40 | em41
| em42 | em43 | em44 | em45 | em46 | em47 | em48 | em49 | em50 | em51 | em52 | em53 | em54 | em55
| em56 | em57 | em58 | em59 | em60 | em61 | em62 | em63 | em64 | em65 | em66 | em67 | em68 | em69
```

```
| em70 | em71 | em72 | em73 | em74 | em75 | em76 | em77 | em78 | em79 | em80 | em81 | em82 | em83
| em84 | em85 | em86 | em87 | em88 | em89 | em90 | em91 | em92 | em93 | em94 | em95 | em96 | em97
| em98 | em99)    "em01"
>
<! ELEMENT ftnote (applic?,para+)>
<! ATTLIST ftnote
    ftnmark    (num | sym | alpha)    "num"
    refapplic    IDREF    #IMPLIED
    id    ID    #IMPLIED
    level    NMTOKEN    #IMPLIED
    mark    NMTOKEN    #IMPLIED
    change    (add | delete | modify)    #IMPLIED
    rfc    CDATA    #IMPLIED
    class    (01 | 02 | 03 | 04 | 05 | 06 | 07 | 08 | 09 | 10 | 11 | 12 | 13 | 14 | 15 | 16 | 17
| 18 | 19 | 20 | 21 | 22 | 23 | 24 | 25 | 26 | 27 | 28 | 29 | 30 | 31 | 32 | 33 | 34 | 35 | 36 |
37 | 38 | 39 | 40 | 41 | 42 | 43 | 44 | 45 | 46 | 47 | 48 | 49 | 50 | 51 | 52 | 53 | 54 | 55 | 56
| 57 | 58 | 59 | 60 | 61 | 62 | 63 | 64 | 65 | 66 | 67 | 68 | 69 | 70 | 71 | 72 | 73 | 74 | 75 |
76 | 77 | 78 | 79 | 80 | 81 | 82 | 83 | 84 | 85 | 86 | 87 | 88 | 89 | 90 | 91 | 92 | 93 | 94 | 95
| 96 | 97 | 98 | 99)    #IMPLIED
    commcls    (cc01 | cc02 | cc03 | cc04 | cc05 | cc06 | cc07 | cc08 | cc09 | cc10 | cc11 | cc12
| cc13 | cc14 | cc15 | cc16 | cc17 | cc18 | cc19 | cc20 | cc21 | cc22 | cc23 | cc24 | cc25 | cc26
| cc27 | cc28 | cc29 | cc30 | cc31 | cc32 | cc33 | cc34 | cc35 | cc36 | cc37 | cc38 | cc39 | cc40
| cc41 | cc42 | cc43 | cc44 | cc45 | cc46 | cc47 | cc48 | cc49 | cc50 | cc51 | cc52 | cc53 | cc54
| cc55 | cc56 | cc57 | cc58 | cc59 | cc60 | cc61 | cc62 | cc63 | cc64 | cc65 | cc66 | cc67 | cc68
| cc69 | cc70 | cc71 | cc72 | cc73 | cc74 | cc75 | cc76 | cc77 | cc78 | cc79 | cc80 | cc81 | cc82
| cc83 | cc84 | cc85 | cc86 | cc87 | cc88 | cc89 | cc90 | cc91 | cc92 | cc93 | cc94 | cc95 | cc96
| cc97 | cc98 | cc99)    #IMPLIED
    caveat    (cv01 | cv02 | cv03 | cv04 | cv05 | cv06 | cv07 | cv08 | cv09 | cv10 | cv11 | cv12
| cv13 | cv14 | cv15 | cv16 | cv17 | cv18 | cv19 | cv20 | cv21 | cv22 | cv23 | cv24 | cv25 | cv26
| cv27 | cv28 | cv29 | cv30 | cv31 | cv32 | cv33 | cv34 | cv35 | cv36 | cv37 | cv38 | cv39 | cv40
| cv41 | cv42 | cv43 | cv44 | cv45 | cv46 | cv47 | cv48 | cv49 | cv50 | cv51 | cv52 | cv53 | cv54
| cv55 | cv56 | cv57 | cv58 | cv59 | cv60 | cv61 | cv62 | cv63 | cv64 | cv65 | cv66 | cv67 | cv68
| cv69 | cv70 | cv71 | cv72 | cv73 | cv74 | cv75 | cv76 | cv77 | cv78 | cv79 | cv80 | cv81 | cv82
| cv83 | cv84 | cv85 | cv86 | cv87 | cv88 | cv89 | cv90 | cv91 | cv92 | cv93 | cv94 | cv95 | cv96
| cv97 | cv98 | cv99)    #IMPLIED
>
<! ELEMENT seqlist (applic?,title?,item+)>
<! ATTLIST seqlist
    refapplic    IDREF    #IMPLIED
    id    ID    #IMPLIED
    level    NMTOKEN    #IMPLIED
    mark    NMTOKEN    #IMPLIED
    change    (add | delete | modify)    #IMPLIED
    rfc    CDATA    #IMPLIED
    class    (01 | 02 | 03 | 04 | 05 | 06 | 07 | 08 | 09 | 10 | 11 | 12 | 13 | 14 | 15 | 16 | 17
| 18 | 19 | 20 | 21 | 22 | 23 | 24 | 25 | 26 | 27 | 28 | 29 | 30 | 31 | 32 | 33 | 34 | 35 | 36 |
37 | 38 | 39 | 40 | 41 | 42 | 43 | 44 | 45 | 46 | 47 | 48 | 49 | 50 | 51 | 52 | 53 | 54 | 55 | 56
| 57 | 58 | 59 | 60 | 61 | 62 | 63 | 64 | 65 | 66 | 67 | 68 | 69 | 70 | 71 | 72 | 73 | 74 | 75 |
76 | 77 | 78 | 79 | 80 | 81 | 82 | 83 | 84 | 85 | 86 | 87 | 88 | 89 | 90 | 91 | 92 | 93 | 94 | 95
| 96 | 97 | 98 | 99)    #IMPLIED
    commcls    (cc01 | cc02 | cc03 | cc04 | cc05 | cc06 | cc07 | cc08 | cc09 | cc10 | cc11 | cc12
| cc13 | cc14 | cc15 | cc16 | cc17 | cc18 | cc19 | cc20 | cc21 | cc22 | cc23 | cc24 | cc25 | cc26
| cc27 | cc28 | cc29 | cc30 | cc31 | cc32 | cc33 | cc34 | cc35 | cc36 | cc37 | cc38 | cc39 | cc40
| cc41 | cc42 | cc43 | cc44 | cc45 | cc46 | cc47 | cc48 | cc49 | cc50 | cc51 | cc52 | cc53 | cc54
| cc55 | cc56 | cc57 | cc58 | cc59 | cc60 | cc61 | cc62 | cc63 | cc64 | cc65 | cc66 | cc67 | cc68
| cc69 | cc70 | cc71 | cc72 | cc73 | cc74 | cc75 | cc76 | cc77 | cc78 | cc79 | cc80 | cc81 | cc82
| cc83 | cc84 | cc85 | cc86 | cc87 | cc88 | cc89 | cc90 | cc91 | cc92 | cc93 | cc94 | cc95 | cc96
| cc97 | cc98 | cc99)    #IMPLIED
    caveat    (cv01 | cv02 | cv03 | cv04 | cv05 | cv06 | cv07 | cv08 | cv09 | cv10 | cv11 | cv12
| cv13 | cv14 | cv15 | cv16 | cv17 | cv18 | cv19 | cv20 | cv21 | cv22 | cv23 | cv24 | cv25 | cv26
```

```
| cv27 | cv28 | cv29 | cv30 | cv31 | cv32 | cv33 | cv34 | cv35 | cv36 | cv37 | cv38 | cv39 | cv40
| cv41 | cv42 | cv43 | cv44 | cv45 | cv46 | cv47 | cv48 | cv49 | cv50 | cv51 | cv52 | cv53 | cv54
| cv55 | cv56 | cv57 | cv58 | cv59 | cv60 | cv61 | cv62 | cv63 | cv64 | cv65 | cv66 | cv67 | cv68
| cv69 | cv70 | cv71 | cv72 | cv73 | cv74 | cv75 | cv76 | cv77 | cv78 | cv79 | cv80 | cv81 | cv82
| cv83 | cv84 | cv85 | cv86 | cv87 | cv88 | cv89 | cv90 | cv91 | cv92 | cv93 | cv94 | cv95 | cv96
| cv97 | cv98 | cv99)    #IMPLIED
>
<! ELEMENT title (#PCDATA | ein | cb | parasigdata | quantity | xref | indxflag | change | emphasis
| symbol | subscrpt | supscrpt | refdm | reftp | ftnote | ftnref | acronym | acroterm)*>
<! ATTLIST title
   class    (01 | 02 | 03 | 04 | 05 | 06 | 07 | 08 | 09 | 10 | 11 | 12 | 13 | 14 | 15 | 16 | 17
| 18 | 19 | 20 | 21 | 22 | 23 | 24 | 25 | 26 | 27 | 28 | 29 | 30 | 31 | 32 | 33 | 34 | 35 | 36 |
37 | 38 | 39 | 40 | 41 | 42 | 43 | 44 | 45 | 46 | 47 | 48 | 49 | 50 | 51 | 52 | 53 | 54 | 55 | 56
| 57 | 58 | 59 | 60 | 61 | 62 | 63 | 64 | 65 | 66 | 67 | 68 | 69 | 70 | 71 | 72 | 73 | 74 | 75 |
76 | 77 | 78 | 79 | 80 | 81 | 82 | 83 | 84 | 85 | 86 | 87 | 88 | 89 | 90 | 91 | 92 | 93 | 94 | 95
| 96 | 97 | 98 | 99)  #IMPLIED
   commcls    (cc01 | cc02 | cc03 | cc04 | cc05 | cc06 | cc07 | cc08 | cc09 | cc10 | cc11 | cc12
| cc13 | cc14 | cc15 | cc16 | cc17 | cc18 | cc19 | cc20 | cc21 | cc22 | cc23 | cc24 | cc25 | cc26
| cc27 | cc28 | cc29 | cc30 | cc31 | cc32 | cc33 | cc34 | cc35 | cc36 | cc37 | cc38 | cc39 | cc40
| cc41 | cc42 | cc43 | cc44 | cc45 | cc46 | cc47 | cc48 | cc49 | cc50 | cc51 | cc52 | cc53 | cc54
| cc55 | cc56 | cc57 | cc58 | cc59 | cc60 | cc61 | cc62 | cc63 | cc64 | cc65 | cc66 | cc67 | cc68
| cc69 | cc70 | cc71 | cc72 | cc73 | cc74 | cc75 | cc76 | cc77 | cc78 | cc79 | cc80 | cc81 | cc82
| cc83 | cc84 | cc85 | cc86 | cc87 | cc88 | cc89 | cc90 | cc91 | cc92 | cc93 | cc94 | cc95 | cc96
| cc97 | cc98 | cc99) #IMPLIED
   caveat    (cv01 | cv02 | cv03 | cv04 | cv05 | cv06 | cv07 | cv08 | cv09 | cv10 | cv11 | cv12
| cv13 | cv14 | cv15 | cv16 | cv17 | cv18 | cv19 | cv20 | cv21 | cv22 | cv23 | cv24 | cv25 | cv26
| cv27 | cv28 | cv29 | cv30 | cv31 | cv32 | cv33 | cv34 | cv35 | cv36 | cv37 | cv38 | cv39 | cv40
| cv41 | cv42 | cv43 | cv44 | cv45 | cv46 | cv47 | cv48 | cv49 | cv50 | cv51 | cv52 | cv53 | cv54
| cv55 | cv56 | cv57 | cv58 | cv59 | cv60 | cv61 | cv62 | cv63 | cv64 | cv65 | cv66 | cv67 | cv68
| cv69 | cv70 | cv71 | cv72 | cv73 | cv74 | cv75 | cv76 | cv77 | cv78 | cv79 | cv80 | cv81 | cv82
| cv83 | cv84 | cv85 | cv86 | cv87 | cv88 | cv89 | cv90 | cv91 | cv92 | cv93 | cv94 | cv95 | cv96
| cv97 | cv98 | cv99)  #IMPLIED
>
<! ELEMENT item (#PCDATA | applic | note | para | ein | cb | parasigdata | quantity | xref |
indxflag | change | emphasis | symbol | subscrpt | supscrpt | refdm | reftp | ftnote | ftnref |
acronym | acroterm | seqlist | randlist | deflist)*>
<! ATTLIST item
   refapplic    IDREF    #IMPLIED
   id    ID    #IMPLIED
   level    NMTOKEN    #IMPLIED
   mark    NMTOKEN    #IMPLIED
   change    (add | delete | modify)    #IMPLIED
   rfc    CDATA    #IMPLIED
>
<! ELEMENT note (applic?,((symbol | para | (seqlist | randlist | deflist))+))>
<! ATTLIST note
   type    CDATA    #IMPLIED
   refapplic    IDREF    #IMPLIED
   xrefid    IDREF    #IMPLIED
   id    ID    #IMPLIED
   level    NMTOKEN    #IMPLIED
   mark    NMTOKEN    #IMPLIED
   change    (add | delete | modify)    #IMPLIED
   rfc    CDATA    #IMPLIED
>
<! ELEMENT randlist (applic?,title?,item+)>
<! ATTLIST randlist
   prefix    (pf01 | pf02 | pf03 | pf04 | pf05 | pf06 | pf07 | pf08 | pf09 | pf10 | pf11 | pf12
| pf13 | pf14 | pf15 | pf16 | pf17 | pf18 | pf19 | pf20 | pf21 | pf22 | pf23 | pf24 | pf25 | pf26
| pf27 | pf28 | pf29 | pf30 | pf31 | pf32 | pf33 | pf34 | pf35 | pf36 | pf37 | pf38 | pf39 | pf40
```

```
| pf41 | pf42 | pf43 | pf44 | pf45 | pf46 | pf47 | pf48 | pf49 | pf50 | pf51 | pf52 | pf53 | pf54
| pf55 | pf56 | pf57 | pf58 | pf59 | pf60 | pf61 | pf62 | pf63 | pf64 | pf65 | pf66 | pf67 | pf68
| pf69 | pf70 | pf71 | pf72 | pf73 | pf74 | pf75 | pf76 | pf77 | pf78 | pf79 | pf80 | pf81 | pf82
| pf83 | pf84 | pf85 | pf86 | pf87 | pf88 | pf89 | pf90 | pf91 | pf92 | pf93 | pf94 | pf95 | pf96
| pf97 | pf98 | pf99)    "pf02"
    refapplic    IDREF    #IMPLIED
    id   ID    #IMPLIED
    level    NMTOKEN    #IMPLIED
    mark    NMTOKEN    #IMPLIED
    change    (add | delete | modify)    #IMPLIED
    rfc    CDATA    #IMPLIED
    class    (01 | 02 | 03 | 04 | 05 | 06 | 07 | 08 | 09 | 10 | 11 | 12 | 13 | 14 | 15 | 16 | 17
| 18 | 19 | 20 | 21 | 22 | 23 | 24 | 25 | 26 | 27 | 28 | 29 | 30 | 31 | 32 | 33 | 34 | 35 | 36 |
37 | 38 | 39 | 40 | 41 | 42 | 43 | 44 | 45 | 46 | 47 | 48 | 49 | 50 | 51 | 52 | 53 | 54 | 55 | 56
| 57 | 58 | 59 | 60 | 61 | 62 | 63 | 64 | 65 | 66 | 67 | 68 | 69 | 70 | 71 | 72 | 73 | 74 | 75 |
76 | 77 | 78 | 79 | 80 | 81 | 82 | 83 | 84 | 85 | 86 | 87 | 88 | 89 | 90 | 91 | 92 | 93 | 94 | 95
| 96 | 97 | 98 | 99)    #IMPLIED
    commcls    (cc01 | cc02 | cc03 | cc04 | cc05 | cc06 | cc07 | cc08 | cc09 | cc10 | cc11 | cc12
| cc13 | cc14 | cc15 | cc16 | cc17 | cc18 | cc19 | cc20 | cc21 | cc22 | cc23 | cc24 | cc25 | cc26
| cc27 | cc28 | cc29 | cc30 | cc31 | cc32 | cc33 | cc34 | cc35 | cc36 | cc37 | cc38 | cc39 | cc40
| cc41 | cc42 | cc43 | cc44 | cc45 | cc46 | cc47 | cc48 | cc49 | cc50 | cc51 | cc52 | cc53 | cc54
| cc55 | cc56 | cc57 | cc58 | cc59 | cc60 | cc61 | cc62 | cc63 | cc64 | cc65 | cc66 | cc67 | cc68
| cc69 | cc70 | cc71 | cc72 | cc73 | cc74 | cc75 | cc76 | cc77 | cc78 | cc79 | cc80 | cc81 | cc82
| cc83 | cc84 | cc85 | cc86 | cc87 | cc88 | cc89 | cc90 | cc91 | cc92 | cc93 | cc94 | cc95 | cc96
| cc97 | cc98 | cc99)    #IMPLIED
    caveat    (cv01 | cv02 | cv03 | cv04 | cv05 | cv06 | cv07 | cv08 | cv09 | cv10 | cv11 | cv12
| cv13 | cv14 | cv15 | cv16 | cv17 | cv18 | cv19 | cv20 | cv21 | cv22 | cv23 | cv24 | cv25 | cv26
| cv27 | cv28 | cv29 | cv30 | cv31 | cv32 | cv33 | cv34 | cv35 | cv36 | cv37 | cv38 | cv39 | cv40
| cv41 | cv42 | cv43 | cv44 | cv45 | cv46 | cv47 | cv48 | cv49 | cv50 | cv51 | cv52 | cv53 | cv54
| cv55 | cv56 | cv57 | cv58 | cv59 | cv60 | cv61 | cv62 | cv63 | cv64 | cv65 | cv66 | cv67 | cv68
| cv69 | cv70 | cv71 | cv72 | cv73 | cv74 | cv75 | cv76 | cv77 | cv78 | cv79 | cv80 | cv81 | cv82
| cv83 | cv84 | cv85 | cv86 | cv87 | cv88 | cv89 | cv90 | cv91 | cv92 | cv93 | cv94 | cv95 | cv96
| cv97 | cv98 | cv99)    #IMPLIED
>
<! ELEMENT deflist (applic?,title?,((term,def)+))>
<! ATTLIST deflist
    refapplic    IDREF    #IMPLIED
    id   ID    #IMPLIED
    level    NMTOKEN    #IMPLIED
    mark    NMTOKEN    #IMPLIED
    change    (add | delete | modify)    #IMPLIED
    rfc    CDATA    #IMPLIED
    class    (01 | 02 | 03 | 04 | 05 | 06 | 07 | 08 | 09 | 10 | 11 | 12 | 13 | 14 | 15 | 16 | 17
| 18 | 19 | 20 | 21 | 22 | 23 | 24 | 25 | 26 | 27 | 28 | 29 | 30 | 31 | 32 | 33 | 34 | 35 | 36 |
37 | 38 | 39 | 40 | 41 | 42 | 43 | 44 | 45 | 46 | 47 | 48 | 49 | 50 | 51 | 52 | 53 | 54 | 55 | 56
| 57 | 58 | 59 | 60 | 61 | 62 | 63 | 64 | 65 | 66 | 67 | 68 | 69 | 70 | 71 | 72 | 73 | 74 | 75 |
76 | 77 | 78 | 79 | 80 | 81 | 82 | 83 | 84 | 85 | 86 | 87 | 88 | 89 | 90 | 91 | 92 | 93 | 94 | 95
| 96 | 97 | 98 | 99)    #IMPLIED
    commcls    (cc01 | cc02 | cc03 | cc04 | cc05 | cc06 | cc07 | cc08 | cc09 | cc10 | cc11 | cc12
| cc13 | cc14 | cc15 | cc16 | cc17 | cc18 | cc19 | cc20 | cc21 | cc22 | cc23 | cc24 | cc25 | cc26
| cc27 | cc28 | cc29 | cc30 | cc31 | cc32 | cc33 | cc34 | cc35 | cc36 | cc37 | cc38 | cc39 | cc40
| cc41 | cc42 | cc43 | cc44 | cc45 | cc46 | cc47 | cc48 | cc49 | cc50 | cc51 | cc52 | cc53 | cc54
| cc55 | cc56 | cc57 | cc58 | cc59 | cc60 | cc61 | cc62 | cc63 | cc64 | cc65 | cc66 | cc67 | cc68
| cc69 | cc70 | cc71 | cc72 | cc73 | cc74 | cc75 | cc76 | cc77 | cc78 | cc79 | cc80 | cc81 | cc82
| cc83 | cc84 | cc85 | cc86 | cc87 | cc88 | cc89 | cc90 | cc91 | cc92 | cc93 | cc94 | cc95 | cc96
| cc97 | cc98 | cc99)    #IMPLIED
    caveat    (cv01 | cv02 | cv03 | cv04 | cv05 | cv06 | cv07 | cv08 | cv09 | cv10 | cv11 | cv12
| cv13 | cv14 | cv15 | cv16 | cv17 | cv18 | cv19 | cv20 | cv21 | cv22 | cv23 | cv24 | cv25 | cv26
| cv27 | cv28 | cv29 | cv30 | cv31 | cv32 | cv33 | cv34 | cv35 | cv36 | cv37 | cv38 | cv39 | cv40
| cv41 | cv42 | cv43 | cv44 | cv45 | cv46 | cv47 | cv48 | cv49 | cv50 | cv51 | cv52 | cv53 | cv54
```

```
| cv55 | cv56 | cv57 | cv58 | cv59 | cv60 | cv61 | cv62 | cv63 | cv64 | cv65 | cv66 | cv67 | cv68
| cv69 | cv70 | cv71 | cv72 | cv73 | cv74 | cv75 | cv76 | cv77 | cv78 | cv79 | cv80 | cv81 | cv82
| cv83 | cv84 | cv85 | cv86 | cv87 | cv88 | cv89 | cv90 | cv91 | cv92 | cv93 | cv94 | cv95 | cv96
| cv97 | cv98 | cv99)     #IMPLIED
〉
〈! ELEMENT term (#PCDATA | applic | ein | cb | parasigdata | quantity | xref | indxflag | change |
emphasis | symbol | subscrpt | supscrpt | refdm | reftp | ftnote | ftnref | acronym | acroterm)*〉
〈! ATTLIST term
    refapplic    IDREF     #IMPLIED
    id    ID     #IMPLIED
    level    NMTOKEN     #IMPLIED
    mark    NMTOKEN     #IMPLIED
    change    (add | delete | modify)     #IMPLIED
    rfc    CDATA     #IMPLIED
〉
〈! ELEMENT def (#PCDATA | applic | para | ein | cb | parasigdata | quantity | xref | indxflag |
change | emphasis | symbol | subscrpt | supscrpt | refdm | reftp | ftnote | ftnref | acronym | acroterm |
seqlist | randlist | deflist)*〉
〈! ATTLIST def
    refapplic    IDREF     #IMPLIED
    id    ID     #IMPLIED
    level    NMTOKEN     #IMPLIED
    mark    NMTOKEN     #IMPLIED
    change    (add | delete | modify)     #IMPLIED
    rfc    CDATA     #IMPLIED
〉
〈! ELEMENT dmsize (#PCDATA)〉
〈! ELEMENT rpc (#PCDATA)〉
〈! ATTLIST rpc
    rpcname    CDATA     #IMPLIED
    id    ID     #IMPLIED
〉
〈! ELEMENT orig (#PCDATA)〉
〈! ATTLIST orig
    origname CDATA     #IMPLIED
    id    ID     #IMPLIED
〉
〈! ELEMENT inlineapplics (applic+)〉
〈! ELEMENT brexref (refdm)〉
〈! ELEMENT qa (applic?,(unverif | (firstver,secver?)))〉
〈! ATTLIST qa
    refapplic    IDREF     #IMPLIED
〉
〈! ELEMENT unverif EMPTY〉
〈! ELEMENT firstver EMPTY〉
〈! ATTLIST firstver
    type    (tabtop | onobject | ttandoo)     #REQUIRED
〉
〈! ELEMENT secver EMPTY〉
〈! ATTLIST secver
    type    (tabtop | onobject | ttandoo)     #REQUIRED
〉
〈! ELEMENT rfu (#PCDATA | applic | p)*〉
〈! ATTLIST rfu
    refapplic    IDREF     #IMPLIED
〉
〈! ELEMENT p (#PCDATA | subscrpt | supscrpt)*〉
〈! ATTLIST p
    id    ID     #IMPLIED
    level    NMTOKEN     #IMPLIED
```

```
    mark    NMTOKEN    # IMPLIED
    change     (add | delete | modify)   # IMPLIED
    rfc    CDATA         # IMPLIED
>
<! ELEMENT remarks ( # PCDATA | applic | p) * >
<! ATTLIST remarks
    refapplic    IDREF    # IMPLIED
>
<! ELEMENT content (refs?,schedule)>
<! ATTLIST content
    id    ID    # IMPLIED
>
<! ELEMENT schedule (definspec + | deftask + | timelim + )>
<! ATTLIST schedule
    type     CDATA       # IMPLIED
>
<! ELEMENT definspec (inspection,tasklist?)>
<! ELEMENT inspection (limit * ,remarks * )>
<! ATTLIST inspection
    id    ID    # IMPLIED
    level    NMTOKEN    # IMPLIED
    mark    NMTOKEN    # IMPLIED
    change    (add | delete | modify)    # IMPLIED
    rfc    CDATA    # IMPLIED
>
<! ELEMENT limit (sampling?,threshold * ,refinspec * ,trigger * ,limrange * ,remarks * )>
<! ATTLIST limit
    typex    (po | ev | pe)    "pe"
    conditionCDATA    # IMPLIED
    id    ID    # IMPLIED
    level    NMTOKEN    # IMPLIED
    mark    NMTOKEN    # IMPLIED
    change    (add | delete | modify)    # IMPLIED
    rfc    CDATA    # IMPLIED
>
<! ELEMENT sampling ( # PCDATA)>
<! ELEMENT threshold (value,tolerance?)>
<! ATTLIST threshold
    uom (th01 | th02 | th03 | th04 | th05 | th06 | th07 | th08 | th09 | th10 | th11 | th12 | th13
| th14 | th15 | th16 | th17 | th18 | th19 | th20 | th21 | th22 | th23 | th24 | th25 | th26 | th27
| th28 | th29 | th30 | th31 | th32 | th33 | th34 | th35 | th36 | th37 | th38 | th39 | th40 | th41
| th42 | th43 | th44 | th45 | th46 | th47 | th48 | th49 | th50 | th51 | th52 | th53 | th54 | th55
| th56 | th57 | th58 | th59 | th60 | th61 | th62 | th63 | th64 | th65 | th66 | th67 | th68 | th69
| th70 | th71 | th72 | th73 | th74 | th75 | th76 | th77 | th78 | th79 | th80 | th81 | th82 | th83
| th84 | th85 | th86 | th87 | th88 | th89 | th90 | th91 | th92 | th93 | th94 | th95 | th96 | th97
| th98 | th99)    # REQUIRED
    tholdtype    (threshold | interval)    # IMPLIED
>
<! ELEMENT value ( # PCDATA)>
<! ELEMENT tolerance EMPTY>
<! ATTLIST tolerance
    minus    NMTOKEN    # IMPLIED
    plus    NMTOKEN    # IMPLIED
>
<! ELEMENT refinspec EMPTY>
<! ATTLIST refinspec
    insptype CDATA    # REQUIRED
    id    ID    # IMPLIED
    level    NMTOKEN    # IMPLIED
    mark    NMTOKEN    # IMPLIED
```

```
    change    (add | delete | modify) ＃IMPLIED
    rfc   CDATA       ＃IMPLIED
〉
〈! ELEMENT trigger (refs?,threshold＊)〉
〈! ATTLIST trigger
    release     (before | with | after)    ＃IMPLIED
    level     NMTOKEN      ＃IMPLIED
    mark      NMTOKEN      ＃IMPLIED
    change      (add | delete | modify)    ＃IMPLIED
    rfc       CDATA        ＃IMPLIED
〉
〈! ELEMENT limrange (from,to?)〉
〈! ELEMENT from (threshold)〉
〈! ELEMENT to (threshold)〉
〈! ELEMENT tasklist (taskitem＋)〉
〈! ELEMENT taskitem (refs?,task?,applic?)〉
〈! ATTLIST taskitem
    seqnum   CDATA     ＃REQUIRED
    taskname CDATA     ＃REQUIRED
    skill      (sk01 | sk02 | sk03 | sk04 | sk05 | sk06 | sk07 | sk08 | sk09 | sk10 | sk11 | sk12
| sk13 | sk14 | sk15 | sk16 | sk17 | sk18 | sk19 | sk20 | sk21 | sk22 | sk23 | sk24 | sk25 | sk26
| sk27 | sk28 | sk29 | sk30 | sk31 | sk32 | sk33 | sk34 | sk35 | sk36 | sk37 | sk38 | sk39 | sk40
| sk41 | sk42 | sk43 | sk44 | sk45 | sk46 | sk47 | sk48 | sk49 | sk50 | sk51 | sk52 | sk53 | sk54
| sk55 | sk56 | sk57 | sk58 | sk59 | sk60 | sk61 | sk62 | sk63 | sk64 | sk65 | sk66 | sk67 | sk68
| sk69 | sk70 | sk71 | sk72 | sk73 | sk74 | sk75 | sk76 | sk77 | sk78 | sk79 | sk80 | sk81 | sk82
| sk83 | sk84 | sk85 | sk86 | sk87 | sk88 | sk89 | sk90 | sk91 | sk92 | sk93 | sk94 | sk95 | sk96
| sk97 | sk98 | sk99)    ＃IMPLIED
    id    ID     ＃IMPLIED
    refapplic     IDREF     ＃IMPLIED
〉
〈! ELEMENT task (＃PCDATA)〉
〈! ELEMENT deftask (task,reqsource＊,prelreqs?,refs?,((equip | nomen)?),supervis?,limit＊,remarks
＊,applic?)〉
〈! ATTLIST deftask
    taskid   CDATA     ＃REQUIRED
    taskcode(taskcd01 | taskcd02 | taskcd03 | taskcd04 | taskcd05 | taskcd06 | taskcd07 | taskcd08
| taskcd09 | taskcd10 | taskcd11 | taskcd12 | taskcd13 | taskcd14 | taskcd15 | taskcd16 | taskcd17
| taskcd18 | taskcd19 | taskcd20 | taskcd21 | taskcd22 | taskcd23 | taskcd24 | taskcd25 | taskcd26
| taskcd27 | taskcd28 | taskcd29 | taskcd30 | taskcd31 | taskcd32 | taskcd33 | taskcd34 | taskcd35
| taskcd36 | taskcd37 | taskcd38 | taskcd39 | taskcd40 | taskcd41 | taskcd42 | taskcd43 | taskcd44
| taskcd45 | taskcd46 | taskcd47 | taskcd48 | taskcd49 | taskcd50 | taskcd51 | taskcd52 | taskcd53
| taskcd54 | taskcd55 | taskcd56 | taskcd57 | taskcd58 | taskcd59 | taskcd60 | taskcd61 | taskcd62
| taskcd63 | taskcd64 | taskcd65 | taskcd66 | taskcd67 | taskcd68 | taskcd69 | taskcd70 | taskcd71
| taskcd72 | taskcd73 | taskcd74 | taskcd75 | taskcd76 | taskcd77 | taskcd78 | taskcd79 | taskcd80
| taskcd81 | taskcd82 | taskcd83 | taskcd84 | taskcd85 | taskcd86 | taskcd87 | taskcd88 | taskcd89
| taskcd90 | taskcd91 | taskcd92 | taskcd93 | taskcd94 | taskcd95 | taskcd96 | taskcd97 | taskcd98
| taskcd99)    ＃IMPLIED
    airworthlim     (recommended | mandatory | none)    ＃IMPLIED
    reducem  CDATA       ＃IMPLIED
    skill      (sk01 | sk02 | sk03 | sk04 | sk05 | sk06 | sk07 | sk08 | sk09 | sk10 | sk11 | sk12
| sk13 | sk14 | sk15 | sk16 | sk17 | sk18 | sk19 | sk20 | sk21 | sk22 | sk23 | sk24 | sk25 | sk26
| sk27 | sk28 | sk29 | sk30 | sk31 | sk32 | sk33 | sk34 | sk35 | sk36 | sk37 | sk38 | sk39 | sk40
| sk41 | sk42 | sk43 | sk44 | sk45 | sk46 | sk47 | sk48 | sk49 | sk50 | sk51 | sk52 | sk53 | sk54
| sk55 | sk56 | sk57 | sk58 | sk59 | sk60 | sk61 | sk62 | sk63 | sk64 | sk65 | sk66 | sk67 | sk68
| sk69 | sk70 | sk71 | sk72 | sk73 | sk74 | sk75 | sk76 | sk77 | sk78 | sk79 | sk80 | sk81 | sk82
| sk83 | sk84 | sk85 | sk86 | sk87 | sk88 | sk89 | sk90 | sk91 | sk92 | sk93 | sk94 | sk95 | sk96
| sk97 | sk98 | sk99)     ＃IMPLIED
    skilltype   (st01 | st02 | st03 | st04 | st05 | st06 | st07 | st08 | st09 | st10 | st11 | st12
| st13 | st14 | st15 | st16 | st17 | st18 | st19 | st20 | st21 | st22 | st23 | st24 | st25 | st26
| st27 | st28 | st29 | st30 | st31 | st32 | st33 | st34 | st35 | st36 | st37 | st38 | st39 | st40
```

```
| st41 | st42 | st43 | st44 | st45 | st46 | st47 | st48 | st49 | st50 | st51 | st52 | st53 | st54
| st55 | st56 | st57 | st58 | st59 | st60 | st61 | st62 | st63 | st64 | st65 | st66 | st67 | st68
| st69 | st70 | st71 | st72 | st73 | st74 | st75 | st76 | st77 | st78 | st79 | st80 | st81 | st82
| st83 | st84 | st85 | st86 | st87 | st88 | st89 | st90 | st91 | st92 | st93 | st94 | st95 | st96
| st97 | st98 | st99)    #IMPLIED
   refapplic    IDREF    #IMPLIED
   id    ID    #IMPLIED
   level    NMTOKEN    #IMPLIED
   mark    NMTOKEN    #IMPLIED
   change    (add | delete | modify)    #IMPLIED
   rfc    CDATA    #IMPLIED
〉
〈! ELEMENT reqsource (issno?,issdate?,fec?)〉
〈! ATTLIST reqsource
   reqsource   CDATA    #REQUIRED
   sourcenbr   CDATA    #IMPLIED
   approval   CDATA    #IMPLIED
〉
〈! ELEMENT fec EMPTY〉
〈! ATTLIST fec
   feccode  CDATA    #REQUIRED
〉
〈! ELEMENT prelreqs (pmd*,reqconds,reqpers*,supequip,supplies,spares,safety)〉
〈! ELEMENT pmd (applic?,thi*,zone*,accpnl*,avehcfg?,opndurn?)〉
〈! ATTLIST pmd
   refapplic    IDREF    #IMPLIED
〉
〈! ELEMENT thi (#PCDATA)〉
〈! ATTLIST thi
   uom (th01 | th02 | th03 | th04 | th05 | th06 | th07 | th08 | th09 | th10 | th11 | th12 | th13
| th14 | th15 | th16 | th17 | th18 | th19 | th20 | th21 | th22 | th23 | th24 | th25 | th26 | th27
| th28 | th29 | th30 | th31 | th32 | th33 | th34 | th35 | th36 | th37 | th38 | th39 | th40 | th41
| th42 | th43 | th44 | th45 | th46 | th47 | th48 | th49 | th50 | th51 | th52 | th53 | th54 | th55
| th56 | th57 | th58 | th59 | th60 | th61 | th62 | th63 | th64 | th65 | th66 | th67 | th68 | th69
| th70 | th71 | th72 | th73 | th74 | th75 | th76 | th77 | th78 | th79 | th80 | th81 | th82 | th83
| th84 | th85 | th86 | th87 | th88 | th89 | th90 | th91 | th92 | th93 | th94 | th95 | th96 | th97
| th98 | th99)    #REQUIRED
〉
〈! ELEMENT zone (nomen?,refs?)〉
〈! ATTLIST zone
   zonenbr  CDATA    #IMPLIED
   id    ID    #IMPLIED
   level   NMTOKEN   #IMPLIED
   mark    NMTOKEN   #IMPLIED
   change    (add | delete | modify)    #IMPLIED
   rfc    CDATA    #IMPLIED
〉
〈! ELEMENT accpnl (nomen?,refs?)〉
〈! ATTLIST accpnl
   accpnlnbr  CDATA    #IMPLIED
   accpnltype    (accpnl01 | accpnl02 | accpnl03 | accpnl04 | accpnl05 | accpnl06 | accpnl07 |
  accpnl08 | accpnl09 | accpnl10 | accpnl11 | accpnl12 | accpnl13 | accpnl14 | accpnl15 | accpnl16
| accpnl17 | accpnl18 | accpnl19 | accpnl20 | accpnl21 | accpnl22 | accpnl23 | accpnl24 | accpnl25
| accpnl26 | accpnl27 | accpnl28 | accpnl29 | accpnl30 | accpnl31 | accpnl32 | accpnl33 | accpnl34
| accpnl35 | accpnl36 | accpnl37 | accpnl38 | accpnl39 | accpnl40 | accpnl41 | accpnl42 | accpnl43
| accpnl44 | accpnl45 | accpnl46 | accpnl47 | accpnl48 | accpnl49 | accpnl50 | accpnl51 | accpnl52
| accpnl53 | accpnl54 | accpnl55 | accpnl56 | accpnl57 | accpnl58 | accpnl59 | accpnl60 | accpnl61
| accpnl62 | accpnl63 | accpnl64 | accpnl65 | accpnl66 | accpnl67 | accpnl68 | accpnl69 | accpnl70
| accpnl71 | accpnl72 | accpnl73 | accpnl74 | accpnl75 | accpnl76 | accpnl77 | accpnl78 | accpnl79
| accpnl80 | accpnl81 | accpnl82 | accpnl83 | accpnl84 | accpnl85 | accpnl86 | accpnl87 | accpnl88
```

```
| accpnl89 | accpnl90 | accpnl91 | accpnl92 | accpnl93 | accpnl94 | accpnl95 | accpnl96 | accpnl97
| accpnl98 | accpnl99)     # IMPLIED
    id     ID     # IMPLIED
    level     NMTOKEN     # IMPLIED
    mark     NMTOKEN     # IMPLIED
    change     (add | delete | modify)     # IMPLIED
    rfc     CDATA     # IMPLIED
〉
〈! ELEMENT avehcfg (jacked,safedev,elecpwr,hydpwr,airpwr,fuel,water,fcposn)〉
〈! ELEMENT jacked EMPTY〉
〈! ATTLIST jacked
    status     (yes | no | indiffer | na)     # REQUIRED
    power     (engine | apu | external | internal | indifferent | notapplic)     # REQUIRED
〉
〈! ELEMENT safedev EMPTY〉
〈! ATTLIST safedev
    status     (yes | no | indiffer | na)     # REQUIRED
    power     (engine | apu | external | internal | indifferent | notapplic)     # REQUIRED
〉
〈! ELEMENT elecpwr EMPTY〉
〈! ATTLIST elecpwr
    status     (yes | no | indiffer | na)     # REQUIRED
    power     (engine | apu | external | internal | indifferent | notapplic)     # REQUIRED
〉
〈! ELEMENT hydpwr EMPTY〉
〈! ATTLIST hydpwr
    status     (yes | no | indiffer | na)     # REQUIRED
    power     (engine | apu | external | internal | indifferent | notapplic)     # REQUIRED
〉
〈! ELEMENT airpwr EMPTY〉
〈! ATTLIST airpwr
    status     (yes | no | indiffer | na)     # REQUIRED
    power     (engine | apu | external | internal | indifferent | notapplic)     # REQUIRED
〉
〈! ELEMENT fuel EMPTY〉
〈! ATTLIST fuel
    status     (yes | no | indiffer | na)     # REQUIRED
    power     (engine | apu | external | internal | indifferent | notapplic)     # REQUIRED
〉
〈! ELEMENT water EMPTY〉
〈! ATTLIST water
    status     (yes | no | indiffer | na)     # REQUIRED
    power     (engine | apu | external | internal | indifferent | notapplic)     # REQUIRED
〉
〈! ELEMENT fcposn EMPTY〉
〈! ATTLIST fcposn
    status     (yes | no | indiffer | na)     # REQUIRED
    power     (engine | apu | external | internal | indifferent | notapplic)     # REQUIRED
〉
〈! ELEMENT opndurn EMPTY〉
〈! ATTLIST opndurn
    prelreqs     CDATA     # REQUIRED
    proced     CDATA     # REQUIRED
    closeup     CDATA     # REQUIRED
    id     ID     # IMPLIED
〉
〈! ELEMENT reqconds (noconds | ((reqcond | reqcondm | reqcblst | reqcontp) + ))〉
〈! ELEMENT noconds EMPTY〉
〈! ELEMENT reqcond ( # PCDATA | applic | xref | indxflag | symbol | subscrpt | supscrpt | ftnref |
acronym | acroterm) * 〉
```

```
<! ATTLIST reqcond
    refapplic    IDREF    #IMPLIED
>
<! ELEMENT reqcondm (applic?,((reqcond,refdm)+))>
<! ATTLIST reqcondm
    refapplic    IDREF    #IMPLIED
>
<! ELEMENT reqcblst (applic?,(reqcond,cblst))>
<! ATTLIST reqcblst
    refapplic    IDREF    #IMPLIED
    id    ID    #IMPLIED
    level    NMTOKEN    #IMPLIED
    mark    NMTOKEN    #IMPLIED
    change    (add | delete | modify)    #IMPLIED
    rfc    CDATA    #IMPLIED
>
<! ELEMENT cblst (applic?,((cbsublst+)+))>
<! ATTLIST cblst
    refapplic    IDREF    #IMPLIED
    cbaction    (open | close | verif-open | verif-close)    #IMPLIED
    checksum CDATA    #IMPLIED
    id    ID    #IMPLIED
    level    NMTOKEN    #IMPLIED
    mark    NMTOKEN    #IMPLIED
    change    (add | delete | modify)    #IMPLIED
    rfc    CDATA    #IMPLIED
>
<! ELEMENT cbsublst (applic?,ein*,(cbdata+))>
<! ATTLIST cbsublst
    cbaction    (open | close | verif-open | verif-close)    #IMPLIED
    checksum    CDATA    #IMPLIED
    refapplic    IDREF    #IMPLIED
    id    ID    #IMPLIED
    level    NMTOKEN    #IMPLIED
    mark    NMTOKEN    #IMPLIED
    change    (add | delete | modify)    #IMPLIED
    rfc    CDATA    #IMPLIED
>
<! ELEMENT cbdata (applic?,cb,nomen,((xref | accpnl)?),cbloc?)>
<! ATTLIST cbdata
    refapplic    IDREF    #IMPLIED
    id    ID    #IMPLIED
    level    NMTOKEN    #IMPLIED
    mark    NMTOKEN    #IMPLIED
    change    (add | delete | modify)    #IMPLIED
    rfc    CDATA    #IMPLIED
>
<! ELEMENT cbloc (#PCDATA)>
<! ATTLIST cbloc
    id    ID    #IMPLIED
    level    NMTOKEN    #IMPLIED
    mark    NMTOKEN    #IMPLIED
    change    (add | delete | modify)    #IMPLIED
    rfc    CDATA    #IMPLIED
>
<! ELEMENT reqcontp (applic?,((reqcond,reftp)+))>
<! ATTLIST reqcontp
    refapplic    IDREF    #IMPLIED
>
<! ELEMENT reqpers (applic?,(((asrequir | person),((perscat,perskill?,trade?,esttime?)?))+))>
```

```
<! ATTLIST reqpers
    refapplic    IDREF    # IMPLIED
    id    ID    # IMPLIED
    level    NMTOKEN    # IMPLIED
    mark    NMTOKEN    # IMPLIED
    change    (add | delete | modify)    # IMPLIED
    rfc    CDATA    # IMPLIED
>
<! ELEMENT asrequir EMPTY>
<! ELEMENT person EMPTY>
<! ATTLIST person
    man    NMTOKEN    # REQUIRED
    id    ID    # IMPLIED
    level    NMTOKEN    # IMPLIED
    mark    NMTOKEN    # IMPLIED
    change    (add | delete | modify)    # IMPLIED
    rfc    CDATA    # IMPLIED
>
<! ELEMENT perscat EMPTY>
<! ATTLIST perscat
    category CDATA    # REQUIRED
    id    ID    # IMPLIED
    level    NMTOKEN    # IMPLIED
    mark    NMTOKEN    # IMPLIED
    change    (add | delete | modify)    # IMPLIED
    rfc    CDATA    # IMPLIED
>
<! ELEMENT perskill EMPTY>
<! ATTLIST perskill
    skill    (sk01 | sk02 | sk03 | sk04 | sk05 | sk06 | sk07 | sk08 | sk09 | sk10 | sk11 | sk12
| sk13 | sk14 | sk15 | sk16 | sk17 | sk18 | sk19 | sk20 | sk21 | sk22 | sk23 | sk24 | sk25 | sk26
| sk27 | sk28 | sk29 | sk30 | sk31 | sk32 | sk33 | sk34 | sk35 | sk36 | sk37 | sk38 | sk39 | sk40
| sk41 | sk42 | sk43 | sk44 | sk45 | sk46 | sk47 | sk48 | sk49 | sk50 | sk51 | sk52 | sk53 | sk54
| sk55 | sk56 | sk57 | sk58 | sk59 | sk60 | sk61 | sk62 | sk63 | sk64 | sk65 | sk66 | sk67 | sk68
| sk69 | sk70 | sk71 | sk72 | sk73 | sk74 | sk75 | sk76 | sk77 | sk78 | sk79 | sk80 | sk81 | sk82
| sk83 | sk84 | sk85 | sk86 | sk87 | sk88 | sk89 | sk90 | sk91 | sk92 | sk93 | sk94 | sk95 | sk96
| sk97 | sk98 | sk99)    # REQUIRED
    id    ID    # IMPLIED
    level    NMTOKEN    # IMPLIED
    mark    NMTOKEN    # IMPLIED
    change    (add | delete | modify)    # IMPLIED
    rfc    CDATA    # IMPLIED
>
<! ELEMENT trade (# PCDATA)>
<! ATTLIST trade
    id    ID    # IMPLIED
    level    NMTOKEN    # IMPLIED
    mark    NMTOKEN    # IMPLIED
    change    (add | delete | modify)    # IMPLIED
    rfc    CDATA    # IMPLIED
>
<! ELEMENT esttime (# PCDATA)>
<! ATTLIST esttime
    id    ID    # IMPLIED
    level    NMTOKEN    # IMPLIED
    mark    NMTOKEN    # IMPLIED
    change    (add | delete | modify)    # IMPLIED
    rfc    CDATA    # IMPLIED
>
<! ELEMENT supequip (nosupeq | supeqli)>
```

```
〈! ELEMENT nosupeq EMPTY〉
〈! ELEMENT supeqli (supequi + )〉
〈! ELEMENT supequi (applic?,nomen?,(((csnref | nsn | identno | tool),refs?) + ),qty,remarks?)〉
〈! ATTLIST supequi
    refapplic    IDREF    # IMPLIED
    id    ID    # IMPLIED
    level    NMTOKEN    # IMPLIED
    mark    NMTOKEN    # IMPLIED
    change    (add | delete | modify)    # IMPLIED
    rfc    CDATA    # IMPLIED
〉
〈! ELEMENT identno (mfc,((pnr,serialno * ) * ))〉
〈! ATTLIST identno
    level    NMTOKEN    # IMPLIED
    mark    NMTOKEN    # IMPLIED
    change    (add | delete | modify)    # IMPLIED
    rfc    CDATA    # IMPLIED
〉
〈! ELEMENT tool (refs?)〉
〈! ATTLIST tool
    toolnbr  CDATA    # REQUIRED
    mfc    CDATA    # IMPLIED
    specific    NMTOKEN    "1"
    alternate  NMTOKEN    "0"
    id    ID    # IMPLIED
    level    NMTOKEN    # IMPLIED
    mark    NMTOKEN    # IMPLIED
    change    (add | delete | modify)    # IMPLIED
    rfc    CDATA    # IMPLIED
〉
〈! ELEMENT qty ( # PCDATA)〉
〈! ATTLIST qty
    uom    CDATA    # IMPLIED
    level    NMTOKEN    # IMPLIED
    mark    NMTOKEN    # IMPLIED
    change    (add | delete | modify)    # IMPLIED
    rfc    CDATA    # IMPLIED
〉
〈! ELEMENT supplies (nosupply | supplyli)〉
〈! ELEMENT nosupply EMPTY〉
〈! ELEMENT supplyli (supply + )〉
〈! ELEMENT supply (applic?,nomen?,(((csnref | nsn | identno | con),refs?) + ),qty,remarks?)〉
〈! ATTLIST supply
    refapplic    IDREF    # IMPLIED
    id    ID    # IMPLIED
    level    NMTOKEN    # IMPLIED
    mark    NMTOKEN    # IMPLIED
    change    (add | delete | modify)    # IMPLIED
    rfc    CDATA    # IMPLIED
〉
〈! ELEMENT con (refs?)〉
〈! ATTLIST con
    connbr    CDATA    # REQUIRED
    id    ID    # IMPLIED
    level    NMTOKEN    # IMPLIED
    mark    NMTOKEN    # IMPLIED
    change    (add | delete | modify)    # IMPLIED
    rfc    CDATA    # IMPLIED
〉
〈! ELEMENT spares (nospares | caresli)〉
```

```
〈! ELEMENT nospares EMPTY〉
〈! ELEMENT sparesli (spare + )〉
〈! ELEMENT spare (applic?,nomen?,(((csnref | nsn | identno | ein),refs?) + ),qty,remarks?)〉
〈! ATTLIST spare
    refapplic    IDREF    # IMPLIED
    id    ID    # IMPLIED
    level    NMTOKEN    # IMPLIED
    mark    NMTOKEN    # IMPLIED
    change    (add | delete | modify)    # IMPLIED
    rfc    CDATA    # IMPLIED
〉
〈! ELEMENT safety (nosafety | safecond)〉
〈! ELEMENT nosafety EMPTY〉
〈! ELEMENT safecond ((warning * ,caution * ),note * )〉
〈! ATTLIST safecond
    id    ID    # IMPLIED
〉
〈! ELEMENT warning (applic?,((symbol | para | (seqlist | randlist | deflist)) + ))〉
〈! ATTLIST warning
    type    CDATA    # IMPLIED
    xrefid    IDREF    # IMPLIED
    vital    NMTOKEN    # IMPLIED
    refapplic    IDREF    # IMPLIED
    id    ID    # IMPLIED
    level    NMTOKEN    # IMPLIED
    mark    NMTOKEN    # IMPLIED
    change    (add | delete | modify)    # IMPLIED
    rfc    CDATA    # IMPLIED
〉
〈! ELEMENT caution (applic?,((symbol | para | (seqlist | randlist | deflist)) + ))〉
〈! ATTLIST caution
    type    CDATA    # IMPLIED
    xrefid    IDREF    # IMPLIED
    refapplic    IDREF    # IMPLIED
    id    ID    # IMPLIED
    level    NMTOKEN    # IMPLIED
    mark    NMTOKEN    # IMPLIED
    change    (add | delete | modify)    # IMPLIED
    rfc    CDATA    # IMPLIED
〉
〈! ELEMENT equip ((nomen,nsn?,((identno | csnref) + )) + )〉
〈! ATTLIST equip
    id    ID    # IMPLIED
    level    NMTOKEN    # IMPLIED
    mark    NMTOKEN    # IMPLIED
    change    (add | delete | modify)    # IMPLIED
    rfc    CDATA    # IMPLIED
〉
〈! ELEMENT supervis EMPTY〉
〈! ATTLIST supervis
    sup.lev    (sl01 | sl02 | sl03 | sl04 | sl05 | sl06 | sl07 | sl08 | sl09 | sl10 | sl11 | sl12
| sl13 | sl14 | sl15 | sl16 | sl17 | sl18 | sl19 | sl20 | sl21 | sl22 | sl23 | sl24 | sl25 | sl26
| sl27 | sl28 | sl29 | sl30 | sl31 | sl32 | sl33 | sl34 | sl35 | sl36 | sl37 | sl38 | sl39 | sl40
| sl41 | sl42 | sl43 | sl44 | sl45 | sl46 | sl47 | sl48 | sl49 | sl50 | sl51 | sl52 | sl53 | sl54
| sl55 | sl56 | sl57 | sl58 | sl59 | sl60 | sl61 | sl62 | sl63 | sl64 | sl65 | sl66 | sl67 | sl68
| sl69 | sl70 | sl71 | sl72 | sl73 | sl74 | sl75 | sl76 | sl77 | sl78 | sl79 | sl80 | sl81 | sl82
| sl83 | sl84 | sl85 | sl86 | sl87 | sl88 | sl89 | sl90 | sl91 | sl92 | sl93 | sl94 | sl95 | sl96
| sl97 | sl98 | sl99)    # IMPLIED
    id    ID    # IMPLIED
    level    NMTOKEN    # IMPLIED
```

```
    mark      NMTOKEN      #IMPLIED
    change     (add | delete | modify)     #IMPLIED
    rfc       CDATA      #IMPLIED
〉
〈! ELEMENT timelim (equip,qty?,cat?,timelimit+,applic?)〉
〈! ATTLIST timelim
    identifier CDATA      #REQUIRED
    skill       (sk01 | sk02 | sk03 | sk04 | sk05 | sk06 | sk07 | sk08 | sk09 | sk10 | sk11 | sk12
| sk13 | sk14 | sk15 | sk16 | sk17 | sk18 | sk19 | sk20 | sk21 | sk22 | sk23 | sk24 | sk25 | sk26
| sk27 | sk28 | sk29 | sk30 | sk31 | sk32 | sk33 | sk34 | sk35 | sk36 | sk37 | sk38 | sk39 | sk40
| sk41 | sk42 | sk43 | sk44 | sk45 | sk46 | sk47 | sk48 | sk49 | sk50 | sk51 | sk52 | sk53 | sk54
| sk55 | sk56 | sk57 | sk58 | sk59 | sk60 | sk61 | sk62 | sk63 | sk64 | sk65 | sk66 | sk67 | sk68
| sk69 | sk70 | sk71 | sk72 | sk73 | sk74 | sk75 | sk76 | sk77 | sk78 | sk79 | sk80 | sk81 | sk82
| sk83 | sk84 | sk85 | sk86 | sk87 | sk88 | sk89 | sk90 | sk91 | sk92 | sk93 | sk94 | sk95 | sk96
| sk97 | sk98 | sk99)     #IMPLIED
    refapplic     IDREF      #IMPLIED
    level     NMTOKEN      #IMPLIED
    mark      NMTOKEN      #IMPLIED
    change     (add | delete | modify)     #IMPLIED
    rfc       CDATA      #IMPLIED
〉
〈! ELEMENT cat EMPTY〉
〈! ATTLIST cat
    cat     (1 | 2)     "1"
    level     NMTOKEN      #IMPLIED
    mark      NMTOKEN      #IMPLIED
    change     (add | delete | modify)     #IMPLIED
    rfc       CDATA      #IMPLIED
〉
〈! ELEMENT timelimit (limittype+ | remarks*)〉
〈! ELEMENT limittype (threshold+,remarks*)〉
〈! ATTLIST limittype
    type (lt01 | lt02 | lt03 | lt04 | lt05 | lt06 | lt07 | lt08 | lt09 | lt10 | lt11 | lt12 | lt13
| lt14 | lt15 | lt16 | lt17 | lt18 | lt19 | lt20 | lt21 | lt22 | lt23 | lt24 | lt25 | lt26 | lt27
| lt28 | lt29 | lt30 | lt31 | lt32 | lt33 | lt34 | lt35 | lt36 | lt37 | lt38 | lt39 | lt40 | lt41
| lt42 | lt43 | lt44 | lt45 | lt46 | lt47 | lt48 | lt49 | lt50 | lt51 | lt52 | lt53 | lt54 | lt55
| lt56 | lt57 | lt58 | lt59 | lt60 | lt61 | lt62 | lt63 | lt64 | lt65 | lt66 | lt67 | lt68 | lt69
| lt70 | lt71 | lt72 | lt73 | lt74 | lt75 | lt76 | lt77 | lt78 | lt79 | lt80 | lt81 | lt82 | lt83
| lt84 | lt85 | lt86 | lt87 | lt88 | lt89 | lt90 | lt91 | lt92 | lt93 | lt94 | lt95 | lt96 | lt97
| lt98 | lt99)     #IMPLIED
    id     ID     #IMPLIED
    level     NMTOKEN      #IMPLIED
    mark      NMTOKEN      #IMPLIED
    change     (add | delete | modify)     #IMPLIED
    rfc       CDATA      #IMPLIED
〉
```

B.8 接线信息 DTD

本文件包含了接线内容 DTD。它标识了所有与接线有关的元素和它们之间的关系。

```
〈? xml version="1.0" encoding="UTF-8"?〉
〈! ELEMENT dmodule (rdf:Description?,idstatus,content)〉
〈! ATTLIST dmodule
    id     ID     #IMPLIED
    %RDFDCATT;
〉
〈! ELEMENT idstatus (dmaddres,srcdmaddres?,status)〉
〈! ELEMENT dmaddres (dmcextension?,dmc,dmtitle,issno,issdate)〉
〈! ELEMENT dmcextension (dmeproducer,dmecode)〉
```

```
〈! ELEMENT dmeproducer (#PCDATA)〉
〈! ELEMENT dmecode (#PCDATA)〉
〈! ELEMENT dmc (age | avee)〉
〈! ELEMENT age (modelic,supeqvc,ecscs,eidc,cidc,discode,discodev,incode,incodev,itemloc)〉
〈! ELEMENT modelic (#PCDATA)〉
〈! ELEMENT supeqvc (#PCDATA)〉
〈! ELEMENT ecscs (#PCDATA)〉
〈! ELEMENT eidc (#PCDATA)〉
〈! ELEMENT cidc (#PCDATA)〉
〈! ELEMENT discode (#PCDATA)〉
〈! ELEMENT discodev (#PCDATA)〉
〈! ELEMENT incode (#PCDATA)〉
〈! ELEMENT incodev (#PCDATA)〉
〈! ELEMENT itemloc (#PCDATA)〉
〈! ELEMENT avee (modelic, sdc, chapnum, section, subsect, subject, discode, discodev, incode, incodev,
itemloc)〉
〈! ELEMENT sdc (#PCDATA)〉
〈! ELEMENT chapnum (#PCDATA)〉
〈! ELEMENT section (#PCDATA)〉
〈! ELEMENT subsect (#PCDATA)〉
〈! ELEMENT subject (#PCDATA)〉
〈! ELEMENT dmtitle (techname,infoname?)〉
〈! ELEMENT techname (#PCDATA)〉
〈! ELEMENT infoname (#PCDATA)〉
〈! ELEMENT issno EMPTY〉
〈! ATTLIST issno
    issno    NMTOKEN    #REQUIRED
    inwork   NMTOKEN    #IMPLIED
    type     (new | changed | deleted | revised | status | rinstate-changed | rinstate-revised |
rinstate-status)    "new"
〉
〈! ELEMENT issdate EMPTY〉
〈! ATTLIST issdate
    year     NMTOKEN    #REQUIRED
    month    NMTOKEN    #REQUIRED
    day      NMTOKEN    #REQUIRED
〉
〈! ELEMENT srcdmaddres (dmcextension?,dmc,dmtitle,issno,issdate)〉
〈! ELEMENT status (security,datarest*, rpc,orig,applic,inlineapplics?, brexref,qa+,((ein)*),
rfu*,remarks*)〉
〈! ATTLIST status
    id    ID    #IMPLIED
〉
〈! ELEMENT security EMPTY〉
〈! ATTLIST security
    class    (01 | 02 | 03 | 04 | 05 | 06 | 07 | 08 | 09 | 10 | 11 | 12 | 13 | 14 | 15 | 16 | 17
| 18 | 19 | 20 | 21 | 22 | 23 | 24 | 25 | 26 | 27 | 28 | 29 | 30 | 31 | 32 | 33 | 34 | 35 | 36 |
37 | 38 | 39 | 40 | 41 | 42 | 43 | 44 | 45 | 46 | 47 | 48 | 49 | 50 | 51 | 52 | 53 | 54 | 55 | 56
| 57 | 58 | 59 | 60 | 61 | 62 | 63 | 64 | 65 | 66 | 67 | 68 | 69 | 70 | 71 | 72 | 73 | 74 | 75 |
76 | 77 | 78 | 79 | 80 | 81 | 82 | 83 | 84 | 85 | 86 | 87 | 88 | 89 | 90 | 91 | 92 | 93 | 94 | 95
| 96 | 97 | 98 | 99)    #REQUIRED

    commcls    (cc01 | cc02 | cc03 | cc04 | cc05 | cc06 | cc07 | cc08 | cc09 | cc10 | cc11 | cc12
| cc13 | cc14 | cc15 | cc16 | cc17 | cc18 | cc19 | cc20 | cc21 | cc22 | cc23 | cc24 | cc25 | cc26
| cc27 | cc28 | cc29 | cc30 | cc31 | cc32 | cc33 | cc34 | cc35 | cc36 | cc37 | cc38 | cc39 | cc40
| cc41 | cc42 | cc43 | cc44 | cc45 | cc46 | cc47 | cc48 | cc49 | cc50 | cc51 | cc52 | cc53 | cc54
| cc55 | cc56 | cc57 | cc58 | cc59 | cc60 | cc61 | cc62 | cc63 | cc64 | cc65 | cc66 | cc67 | cc68
| cc69 | cc70 | cc71 | cc72 | cc73 | cc74 | cc75 | cc76 | cc77 | cc78 | cc79 | cc80 | cc81 | cc82
| cc83 | cc84 | cc85 | cc86 | cc87 | cc88 | cc89 | cc90 | cc91 | cc92 | cc93 | cc94 | cc95 | cc96
| cc97 | cc98 | cc99)    #IMPLIED
```

```
    caveat    (cv01 | cv02 | cv03 | cv04 | cv05 | cv06 | cv07 | cv08 | cv09 | cv10 | cv11 | cv12
| cv13 | cv14 | cv15 | cv16 | cv17 | cv18 | cv19 | cv20 | cv21 | cv22 | cv23 | cv24 | cv25 | cv26
| cv27 | cv28 | cv29 | cv30 | cv31 | cv32 | cv33 | cv34 | cv35 | cv36 | cv37 | cv38 | cv39 | cv40
| cv41 | cv42 | cv43 | cv44 | cv45 | cv46 | cv47 | cv48 | cv49 | cv50 | cv51 | cv52 | cv53 | cv54
| cv55 | cv56 | cv57 | cv58 | cv59 | cv60 | cv61 | cv62 | cv63 | cv64 | cv65 | cv66 | cv67 | cv68
| cv69 | cv70 | cv71 | cv72 | cv73 | cv74 | cv75 | cv76 | cv77 | cv78 | cv79 | cv80 | cv81 | cv82
| cv83 | cv84 | cv85 | cv86 | cv87 | cv88 | cv89 | cv90 | cv91 | cv92 | cv93 | cv94 | cv95 | cv96
| cv97 | cv98 | cv99)    #IMPLIED
〉
〈! ELEMENT datarest (applic?,instruct,inform?)〉
〈! ATTLIST datarest
    refapplic    IDREF    #IMPLIED
    id    ID    #IMPLIED
    level    NMTOKEN    #IMPLIED
    mark    NMTOKEN    #IMPLIED
    change    (add | delete | modify)    #IMPLIED
    rfc    CDATA    #IMPLIED
〉
〈! ELEMENT applic (type?,model*)〉
〈! ATTLIST applic
    applicconf    (allowed | built | designed | installed | manufactured | supported)    #IMPLIED
    id    ID    #IMPLIED
    level    NMTOKEN    #IMPLIED
    mark    NMTOKEN    #IMPLIED
    change    (add | delete | modify)    #IMPLIED
    rfc    CDATA    #IMPLIED
〉
〈! ELEMENT type (#PCDATA)〉
〈! ELEMENT model (version*,((csnref| (mfc))*),maintlevel?,techconds*,opconds*)〉
〈! ATTLIST model
    model    CDATA    #REQUIRED
〉
〈! ELEMENT version (versrank*)〉
〈! ATTLIST version
    version    CDATA    #REQUIRED
    id    ID    #IMPLIED
〉
〈! ELEMENT versrank ((single | range)+)〉
〈! ATTLIST versrank
    verstatus    CDATA    #IMPLIED
    id    ID    #IMPLIED
    level    NMTOKEN    #IMPLIED
    mark    NMTOKEN    #IMPLIED
    change    (add | delete | modify)    #IMPLIED
    rfc    CDATA    #IMPLIED
〉
〈! ELEMENT csnref EMPTY〉
〈! ATTLIST csnref
    refcsn    CDATA    #REQUIRED
    refisn    CDATA    #IMPLIED
    refipp    CDATA    #IMPLIED
    refrpc    CDATA    #IMPLIED
    id    ID    #IMPLIED
    level    NMTOKEN    #IMPLIED
    mark    NMTOKEN    #IMPLIED
    change    (add | delete | modify)    #IMPLIED
    rfc    CDATA    #IMPLIED
    %XLINKATT2;
〉
〈! ELEMENT mfc (#PCDATA)〉
```

```
<! ATTLIST mfc
    id      ID      # IMPLIED
    level       NMTOKEN     # IMPLIED
    mark        NMTOKEN     # IMPLIED
    change      (add | delete | modify)     # IMPLIED
    rfc     CDATA       # IMPLIED
>
<! ELEMENT pnr (# PCDATA)>
<! ATTLIST pnr
    id      ID      # IMPLIED
    level       NMTOKEN     # IMPLIED
    mark        NMTOKEN     # IMPLIED
    change      (add | delete | modify)     # IMPLIED
    rfc     CDATA       # IMPLIED
>
<! ELEMENT serialno ((single | range) + )>
<! ELEMENT maintlevel (mntlvl + )>
<! ELEMENT mntlvl EMPTY>
<! ATTLIST mntlvl
    mntlvl      (ml01 | ml02 | ml03 | ml04 | ml05 | ml06 | ml07 | ml08 | ml09 | ml10 | ml11 | ml12
| ml13 | ml14 | ml15 | ml16 | ml17 | ml18 | ml19 | ml20 | ml21 | ml22 | ml23 | ml24 | ml25 | ml26
| ml27 | ml28 | ml29 | ml30 | ml31 | ml32 | ml33 | ml34 | ml35 | ml36 | ml37 | ml38 | ml39 | ml40
| ml41 | ml42 | ml43 | ml44 | ml45 | ml46 | ml47 | ml48 | ml49 | ml50 | ml51 | ml52 | ml53 | ml54
| ml55 | ml56 | ml57 | ml58 | ml59 | ml60 | ml61 | ml62 | ml63 | ml64 | ml65 | ml66 | ml67 | ml68
| ml69 | ml70 | ml71 | ml72 | ml73 | ml74 | ml75 | ml76 | ml77 | ml78 | ml79 | ml80 | ml81 | ml82
| ml83 | ml84 | ml85 | ml86 | ml87 | ml88 | ml89 | ml90 | ml91 | ml92 | ml93 | ml94 | ml95 | ml96
| ml97 | ml98 | ml99)     # REQUIRED
>
<! ELEMENT techconds (textual-desc?,techcond * )>
<! ATTLIST techconds
    id      ID      # IMPLIED
    level       NMTOKEN     # IMPLIED
    mark        NMTOKEN     # IMPLIED
    change      (add | delete | modify)     # IMPLIED
    rfc     CDATA       # IMPLIED
>
<! ELEMENT textual-desc (# PCDATA)>
<! ATTLIST textual-desc
    id      ID      # IMPLIED
    level       NMTOKEN     # IMPLIED
    mark        NMTOKEN     # IMPLIED
    change      (add | delete | modify)     # IMPLIED
    rfc     CDATA       # IMPLIED
>
<! ELEMENT techcond (((((age | avee), issno?, dmtitle?) | (pubcode,pubtitle?, pubdate?) | condtitle)?),
scheduled?,embodied?)>
<! ATTLIST techcond
    tccode      (tc01 | tc02 | tc03 | tc04 | tc05 | tc06 | tc07 | tc08 | tc09 | tc10 | tc11 | tc12
| tc13 | tc14 | tc15 | tc16 | tc17 | tc18 | tc19 | tc20 | tc21 | tc22 | tc23 | tc24 | tc25 | tc26
| tc27 | tc28 | tc29 | tc30 | tc31 | tc32 | tc33 | tc34 | tc35 | tc36 | tc37 | tc38 | tc39 | tc40
| tc41 | tc42 | tc43 | tc44 | tc45 | tc46 | tc47 | tc48 | tc49 | tc50 | tc51 | tc52 | tc53 | tc54
| tc55 | tc56 | tc57 | tc58 | tc59 | tc60 | tc61 | tc62 | tc63 | tc64 | tc65 | tc66 | tc67 | tc68
| tc69 | tc70 | tc71 | tc72 | tc73 | tc74 | tc75 | tc76 | tc77 | tc78 | tc79 | tc80 | tc81 | tc82
| tc83 | tc84 | tc85 | tc86 | tc87 | tc88 | tc89 | tc90 | tc91 | tc92 | tc93 | tc94 | tc95 | tc96
| tc97 | tc98 | tc99)     # REQUIRED
    tcno        CDATA       # IMPLIED
    tctype      (pre | post | preandpo)     # REQUIRED
    mfc     CDATA       # IMPLIED
    id      ID      # IMPLIED
    level       NMTOKEN     # IMPLIED
```

```
    mark      NMTOKEN     #IMPLIED
    change     (add | delete | modify)     #IMPLIED
    rfc       CDATA       #IMPLIED
>
<! ELEMENT pubcode (#PCDATA | pmc) * >
<! ATTLIST pubcode
    pubcodsy CDATA        #IMPLIED
>
<! ELEMENT pmc (modelic,pmissuer,pmnumber,pmvolume)>
<! ELEMENT pmissuer (#PCDATA)>
<! ELEMENT pmnumber (#PCDATA)>
<! ELEMENT pmvolume (#PCDATA)>
<! ELEMENT pubtitle (#PCDATA)>
<! ELEMENT pubdate EMPTY>
<! ATTLIST pubdate
    year      NMTOKEN     #REQUIRED
    month     NMTOKEN     #REQUIRED
    day       NMTOKEN     #REQUIRED
>
<! ELEMENT condtitle (#PCDATA)>
<! ATTLIST condtitle
    id    ID      #IMPLIED
    level     NMTOKEN     #IMPLIED
    mark      NMTOKEN     #IMPLIED
    change     (add | delete | modify)     #IMPLIED
    rfc       CDATA       #IMPLIED
>
<! ELEMENT scheduled ((single | range) + )>
<! ATTLIST scheduled
    id    ID      #IMPLIED
    level     NMTOKEN     #IMPLIED
    mark      NMTOKEN     #IMPLIED
    change     (add | delete | modify)     #IMPLIED
    rfc       CDATA       #IMPLIED
>
<! ELEMENT embodied ((single | range) + )>
<! ATTLIST embodied
    id    ID      #IMPLIED
    level     NMTOKEN     #IMPLIED
    mark      NMTOKEN     #IMPLIED
    change     (add | delete | modify)     #IMPLIED
    rfc       CDATA       #IMPLIED
>
<! ELEMENT opconds (textual-desc?,opcond * )>
<! ATTLIST opconds
    id    ID      #IMPLIED
    level     NMTOKEN     #IMPLIED
    mark      NMTOKEN     #IMPLIED
    change     (add | delete | modify)     #IMPLIED
    rfc       CDATA       #IMPLIED
>
<! ELEMENT opcond (#PCDATA)>
<! ATTLIST opcond
    opcno     NMTOKEN     #IMPLIED
    opccode   CDATA       #IMPLIED
    confirmed NMTOKEN     #IMPLIED
    id    ID      #IMPLIED
    level     NMTOKEN     #IMPLIED
    mark      NMTOKEN     #IMPLIED
    change     (add | delete | modify)     #IMPLIED
```

```
    rfc     CDATA     #IMPLIED
>
<! ELEMENT instruct (distrib,  handling?)>
<! ATTLIST instruct
    id    ID     #IMPLIED
    level    NMTOKEN     #IMPLIED
    mark     NMTOKEN     #IMPLIED
    change     (add | delete | modify)     #IMPLIED
    rfc     CDATA     #IMPLIED
>
<! ELEMENT distrib (#PCDATA)>
<! ATTLIST distrib
    id    ID     #IMPLIED
    level    NMTOKEN     #IMPLIED
    mark     NMTOKEN     #IMPLIED
    change     (add | delete | modify)     #IMPLIED
    rfc     CDATA     #IMPLIED
>
<! ELEMENT handling (#PCDATA)>
<! ATTLIST handling
    id    ID     #IMPLIED
    level    NMTOKEN     #IMPLIED
    mark     NMTOKEN     #IMPLIED
    change     (add | delete | modify)     #IMPLIED
    rfc     CDATA     #IMPLIED
>
<! ELEMENT inform (copyright)>
<! ATTLIST inform
    id    ID     #IMPLIED
    level    NMTOKEN     #IMPLIED
    mark     NMTOKEN     #IMPLIED
    change     (add | delete | modify)     #IMPLIED
    rfc     CDATA     #IMPLIED
>
<! ELEMENT copyright (para+)>
<! ATTLIST copyright
    id    ID     #IMPLIED
    level    NMTOKEN     #IMPLIED
    mark     NMTOKEN     #IMPLIED
    change     (add | delete | modify)     #IMPLIED
    rfc     CDATA     #IMPLIED
>
<! ELEMENT para (#PCDATA | applic | ein | cb | parasigdata | quantity | xref | indxflag | change |
emphasis | symbol | subscrpt | supscrpt | refdm | reftp | ftnote | ftnref | acronym | acroterm |
seqlist | randlist | deflist) * >
<! ATTLIST para
    refapplic     IDREF     #IMPLIED
    id    ID     #IMPLIED
    level    NMTOKEN     #IMPLIED
    mark     NMTOKEN     #IMPLIED
    change     (add | delete | modify)     #IMPLIED
    rfc     CDATA     #IMPLIED
    class     (01 | 02 | 03 | 04 | 05 | 06 | 07 | 08 | 09 | 10 | 11 | 12 | 13 | 14 | 15 | 16 | 17
| 18 | 19 | 20 | 21 | 22 | 23 | 24 | 25 | 26 | 27 | 28 | 29 | 30 | 31 | 32 | 33 | 34 | 35 | 36 |
37 | 38 | 39 | 40 | 41 | 42 | 43 | 44 | 45 | 46 | 47 | 48 | 49 | 50 | 51 | 52 | 53 | 54 | 55 | 56
| 57 | 58 | 59 | 60 | 61 | 62 | 63 | 64 | 65 | 66 | 67 | 68 | 69 | 70 | 71 | 72 | 73 | 74 | 75 |
76 | 77 | 78 | 79 | 80 | 81 | 82 | 83 | 84 | 85 | 86 | 87 | 88 | 89 | 90 | 91 | 92 | 93 | 94 | 95
| 96 | 97 | 98 | 99)     #IMPLIED
    commcls     (cc01 | cc02 | cc03 | cc04 | cc05 | cc06 | cc07 | cc08 | cc09 | cc10 | cc11 | cc12
| cc13 | cc14 | cc15 | cc16 | cc17 | cc18 | cc19 | cc20 | cc21 | cc22 | cc23 | cc24 | cc25 | cc26
```

```
| cc27 | cc28 | cc29 | cc30 | cc31 | cc32 | cc33 | cc34 | cc35 | cc36 | cc37 | cc38 | cc39 | cc40
| cc41 | cc42 | cc43 | cc44 | cc45 | cc46 | cc47 | cc48 | cc49 | cc50 | cc51 | cc52 | cc53 | cc54
| cc55 | cc56 | cc57 | cc58 | cc59 | cc60 | cc61 | cc62 | cc63 | cc64 | cc65 | cc66 | cc67 | cc68
| cc69 | cc70 | cc71 | cc72 | cc73 | cc74 | cc75 | cc76 | cc77 | cc78 | cc79 | cc80 | cc81 | cc82
| cc83 | cc84 | cc85 | cc86 | cc87 | cc88 | cc89 | cc90 | cc91 | cc92 | cc93 | cc94 | cc95 | cc96
| cc97 | cc98 | cc99)   #IMPLIED
  caveat    (cv01 | cv02 | cv03 | cv04 | cv05 | cv06 | cv07 | cv08 | cv09 | cv10 | cv11 | cv12
| cv13 | cv14 | cv15 | cv16 | cv17 | cv18 | cv19 | cv20 | cv21 | cv22 | cv23 | cv24 | cv25 | cv26
| cv27 | cv28 | cv29 | cv30 | cv31 | cv32 | cv33 | cv34 | cv35 | cv36 | cv37 | cv38 | cv39 | cv40
| cv41 | cv42 | cv43 | cv44 | cv45 | cv46 | cv47 | cv48 | cv49 | cv50 | cv51 | cv52 | cv53 | cv54
| cv55 | cv56 | cv57 | cv58 | cv59 | cv60 | cv61 | cv62 | cv63 | cv64 | cv65 | cv66 | cv67 | cv68
| cv69 | cv70 | cv71 | cv72 | cv73 | cv74 | cv75 | cv76 | cv77 | cv78 | cv79 | cv80 | cv81 | cv82
| cv83 | cv84 | cv85 | cv86 | cv87 | cv88 | cv89 | cv90 | cv91 | cv92 | cv93 | cv94 | cv95 | cv96
| cv97 | cv98 | cv99)   #IMPLIED
>
<! ELEMENT ein (nomen?,refs?)>
<! ATTLIST ein
  einnbr   CDATA     #REQUIRED
  eintype    (exact | family)    #IMPLIED
  mfc      CDATA       #IMPLIED
  id    ID     #IMPLIED
  level    NMTOKEN     #IMPLIED
  mark     NMTOKEN     #IMPLIED
  change    (add | delete | modify)    #IMPLIED
  rfc      CDATA       #IMPLIED
>
<! ELEMENT nomen (#PCDATA)>
<! ATTLIST nomen
  level    NMTOKEN     #IMPLIED
  mark     NMTOKEN     #IMPLIED
  change    (add | delete | modify)    #IMPLIED
  rfc      CDATA       #IMPLIED
>
<! ELEMENT refs ((refdm+,reftp*) | reftp+)>
<! ELEMENT refdm ((applic?,dmcextension?,(age | avee),issno?,dmtitle?) | ((%XLINKEXT;)*))>
<! ATTLIST refdm
  target   CDATA       #IMPLIED
  refapplic    IDREF     #IMPLIED
  id    ID     #IMPLIED
  level    NMTOKEN     #IMPLIED
  mark     NMTOKEN     #IMPLIED
  change    (add | delete | modify)    #IMPLIED
  rfc      CDATA     #IMPLIED
  %XLINKATT;
>
<! ELEMENT reftp (#PCDATA | applic | xref | indxflag | symbol | subscrpt | supscrpt | ftnref |
acronym | acroterm | pubcode | pubtitle | pubdate | %XLINKEXT;)*>
<! ATTLIST reftp
  refapplic    IDREF     #IMPLIED
  id    ID     #IMPLIED
  level    NMTOKEN     #IMPLIED
  mark     NMTOKEN     #IMPLIED
  change    (add | delete | modify)    #IMPLIED
  rfc      CDATA       #IMPLIED
  %XLINKATT4;
>
<! ELEMENT xref (#PCDATA | applic | subscrpt | supscrpt)*>
<! ATTLIST xref
  xrefid    IDREF    #IMPLIED
  xidtype    (figure | table | multimedia | supply | supequip | spares | para | step | sheet |
```

```
multimediaobject | hotspot | param | other)     # IMPLIED
    target   CDATA        # IMPLIED
    destitle CDATA        # IMPLIED
    pretext  CDATA        # IMPLIED
    posttext CDATA        # IMPLIED
    refapplic     IDREF     # IMPLIED
    % XLINKATT3;
〉
〈! ELEMENT subscrpt (# PCDATA)〉
〈! ELEMENT supscrpt (# PCDATA)〉
〈! ELEMENT indxflag EMPTY〉
〈! ATTLIST indxflag
    ref1      CDATA        # IMPLIED
    ref2      CDATA        # IMPLIED
    ref3      CDATA        # IMPLIED
    ref4      CDATA        # IMPLIED
〉
〈! ELEMENT symbol (applic?)〉
〈! ATTLIST symbol
    boardno     ENTITY     # REQUIRED
    id    ID     # IMPLIED
    reprowid CDATA       # IMPLIED
    reprohgt CDATA       # IMPLIED
    reproscl CDATA       # IMPLIED
    refapplic     IDREF      # IMPLIED
    % XLINKATT1;
〉
〈! ELEMENT ftnref EMPTY〉
〈! ATTLIST ftnref
    xrefid     IDREF      # IMPLIED
〉
〈! ELEMENT acronym (acroterm,acrodef)〉
〈! ATTLIST acronym
    acrotype     (at01 | at02 | at03 | at04 | at05 | at06 | at07 | at08 | at09 | at10 | at11 | at12
 | at13 | at14 | at15 | at16 | at17 | at18 | at19 | at20 | at21 | at22 | at23 | at24 | at25 | at26
 | at27 | at28 | at29 | at30 | at31 | at32 | at33 | at34 | at35 | at36 | at37 | at38 | at39 | at40
 | at41 | at42 | at43 | at44 | at45 | at46 | at47 | at48 | at49 | at50 | at51 | at52 | at53 | at54
 | at55 | at56 | at57 | at58 | at59 | at60 | at61 | at62 | at63 | at64 | at65 | at66 | at67 | at68
 | at69 | at70 | at71 | at72 | at73 | at74 | at75 | at76 | at77 | at78 | at79 | at80 | at81 | at82
 | at83 | at84 | at85 | at86 | at87 | at88 | at89 | at90 | at91 | at92 | at93 | at94 | at95 | at96
 | at97 | at98 | at99)      "at01"
    id      ID      # IMPLIED
    level      NMTOKEN      # IMPLIED
    mark       NMTOKEN      # IMPLIED
    change      (add | delete | modify)      # IMPLIED
    rfc        CDATA        # IMPLIED
〉
〈! ELEMENT acroterm (# PCDATA | subscrpt | supscrpt) * 〉
〈! ATTLIST acroterm
    xrefid    IDREF       # IMPLIED
〉
〈! ELEMENT acrodef (# PCDATA | subscrpt | supscrpt) * 〉
〈! ATTLIST acrodef
    id    ID      # IMPLIED
    level      NMTOKEN      # IMPLIED
    mark       NMTOKEN      # IMPLIED
    change      (add | delete | modify)      # IMPLIED
    rfc        CDATA        # IMPLIED
〉
〈! ELEMENT cb (nomen?,refs?)〉
```

```
<! ATTLIST cb
    cbnbr    CDATA      #REQUIRED
    cbtype     (eltro | elmec | clip)    #IMPLIED
    cbaction     (open | close | verif-open | verif-close)    #IMPLIED
    checksum CDATA      #IMPLIED
    id    ID    #IMPLIED
    level    NMTOKEN    #IMPLIED
    mark    NMTOKEN    #IMPLIED
    change     (add | delete | modify)    #IMPLIED
    rfc    CDATA    #IMPLIED
>
<! ELEMENT parasigdata (#PCDATA)>
<! ATTLIST parasigdata
    psdtype (psd01 | psd02 | psd03 | psd04 | psd05 | psd06 | psd07 | psd08 | psd09 | psd10 | psd11
| psd12 | psd13 | psd14 | psd15 | psd16 | psd17 | psd18 | psd19 | psd20 | psd21 | psd22 | psd23
| psd24 | psd25 | psd26 | psd27 | psd28 | psd29 | psd30 | psd31 | psd32 | psd33 | psd34 | psd35
| psd36 | psd37 | psd38 | psd39 | psd40 | psd41 | psd42 | psd43 | psd44 | psd45 | psd46 | psd47
| psd48 | psd49 | psd50 | psd51 | psd52 | psd53 | psd54 | psd55 | psd56 | psd57 | psd58 | psd59
| psd60 | psd61 | psd62 | psd63 | psd64 | psd65 | psd66 | psd67 | psd68 | psd69 | psd70 | psd71
| psd72 | psd73 | psd74 | psd75 | psd76 | psd77 | psd78 | psd79 | psd80 | psd81 | psd82 | psd83
| psd84 | psd85 | psd86 | psd87 | psd88 | psd89 | psd90 | psd91 | psd92 | psd93 | psd94 | psd95
| psd96 | psd97 | psd98 | psd99)    #REQUIRED
>
<! ELEMENT quantity (#PCDATA | qtygrp)*>
<! ATTLIST quantity
    qtytype (qty01 | qty02 | qty03 | qty04 | qty05 | qty06 | qty07 | qty08 | qty09 | qty10 | qty11
| qty12 | qty13 | qty14 | qty15 | qty16 | qty17 | qty18 | qty19 | qty20 | qty21 | qty22 | qty23
| qty24 | qty25 | qty26 | qty27 | qty28 | qty29 | qty30 | qty31 | qty32 | qty33 | qty34 | qty35
| qty36 | qty37 | qty38 | qty39 | qty40 | qty41 | qty42 | qty43 | qty44 | qty45 | qty46 | qty47
| qty48 | qty49 | qty50 | qty51 | qty52 | qty53 | qty54 | qty55 | qty56 | qty57 | qty58 | qty59
| qty60 | qty61 | qty62 | qty63 | qty64 | qty65 | qty66 | qty67 | qty68 | qty69 | qty70 | qty71
| qty72 | qty73 | qty74 | qty75 | qty76 | qty77 | qty78 | qty79 | qty80 | qty81 | qty82 | qty83
| qty84 | qty85 | qty86 | qty87 | qty88 | qty89 | qty90 | qty91 | qty92 | qty93 | qty94 | qty95
| qty96 | qty97 | qty98 | qty99)    #IMPLIED
>
<! ELEMENT qtygrp ((qtyvalue+,qtytolerance*) | (qtytolerance+))>
<! ATTLIST qtygrp
    qtygrptype     (nominal | minimum | maximum)    "nominal"
    qtyuom    CDATA    #IMPLIED
>
<! ELEMENT qtyvalue (#PCDATA)>
<! ATTLIST qtyvalue
    qtyuom    CDATA    #IMPLIED
>
<! ELEMENT qtytolerance (#PCDATA)>
<! ATTLIST qtytolerance
    qtytoltype     (plus | minus | plusorminus)    "plusorminus"
    qtyuom    CDATA    #IMPLIED
>
<! ELEMENT change (#PCDATA | ein | cb | parasigdata | quantity | xref | indxflag | change | emphasis |
symbol | subscrpt | supscrpt | refdm | reftp | ftnote | ftnref | acronym | acroterm)*>
<! ATTLIST change
    id    ID    #IMPLIED
    level    NMTOKEN    #IMPLIED
    mark    NMTOKEN    #IMPLIED
    change     (add | delete | modify)    #IMPLIED
    rfc    CDATA    #IMPLIED
>
<! ELEMENT emphasis (#PCDATA | ein | cb | parasigdata | quantity | xref | indxflag | change |
emphasis | symbol | subscrpt | supscrpt | refdm | reftp | ftnote | ftnref | acronym | acroterm)*>
```

```
<! ATTLIST emphasis
    emph (em01 | em02 | em03 | em04 | em05 | em06 | em07 | em08 | em09 | em10 | em11 | em12 | em13
| em14 | em15 | em16 | em17 | em18 | em19 | em20 | em21 | em22 | em23 | em24 | em25 | em26 | em27
| em28 | em29 | em30 | em31 | em32 | em33 | em34 | em35 | em36 | em37 | em38 | em39 | em40 | em41
| em42 | em43 | em44 | em45 | em46 | em47 | em48 | em49 | em50 | em51 | em52 | em53 | em54 | em55
| em56 | em57 | em58 | em59 | em60 | em61 | em62 | em63 | em64 | em65 | em66 | em67 | em68 | em69
| em70 | em71 | em72 | em73 | em74 | em75 | em76 | em77 | em78 | em79 | em80 | em81 | em82 | em83
| em84 | em85 | em86 | em87 | em88 | em89 | em90 | em91 | em92 | em93 | em94 | em95 | em96 | em97
| em98 | em99)    "em01"
>
<! ELEMENT ftnote (applic?,para+)>
<! ATTLIST ftnote
    ftnmark    (num | sym | alpha)    "num"
    refapplic    IDREF    #IMPLIED
    id    ID    #IMPLIED
    level    NMTOKEN    #IMPLIED
    mark    NMTOKEN    #IMPLIED
    change    (add | delete | modify)    #IMPLIED
    rfc    CDATA    #IMPLIED
    class    (01 | 02 | 03 | 04 | 05 | 06 | 07 | 08 | 09 | 10 | 11 | 12 | 13 | 14 | 15 | 16 | 17
| 18 | 19 | 20 | 21 | 22 | 23 | 24 | 25 | 26 | 27 | 28 | 29 | 30 | 31 | 32 | 33 | 34 | 35 | 36 |
37 | 38 | 39 | 40 | 41 | 42 | 43 | 44 | 45 | 46 | 47 | 48 | 49 | 50 | 51 | 52 | 53 | 54 | 55 | 56
| 57 | 58 | 59 | 60 | 61 | 62 | 63 | 64 | 65 | 66 | 67 | 68 | 69 | 70 | 71 | 72 | 73 | 74 | 75 |
76 | 77 | 78 | 79 | 80 | 81 | 82 | 83 | 84 | 85 | 86 | 87 | 88 | 89 | 90 | 91 | 92 | 93 | 94 | 95
| 96 | 97 | 98 | 99)    #IMPLIED
    commcls    (cc01 | cc02 | cc03 | cc04 | cc05 | cc06 | cc07 | cc08 | cc09 | cc10 | cc11 | cc12
| cc13 | cc14 | cc15 | cc16 | cc17 | cc18 | cc19 | cc20 | cc21 | cc22 | cc23 | cc24 | cc25 | cc26
| cc27 | cc28 | cc29 | cc30 | cc31 | cc32 | cc33 | cc34 | cc35 | cc36 | cc37 | cc38 | cc39 | cc40
| cc41 | cc42 | cc43 | cc44 | cc45 | cc46 | cc47 | cc48 | cc49 | cc50 | cc51 | cc52 | cc53 | cc54
| cc55 | cc56 | cc57 | cc58 | cc59 | cc60 | cc61 | cc62 | cc63 | cc64 | cc65 | cc66 | cc67 | cc68
| cc69 | cc70 | cc71 | cc72 | cc73 | cc74 | cc75 | cc76 | cc77 | cc78 | cc79 | cc80 | cc81 | cc82
| cc83 | cc84 | cc85 | cc86 | cc87 | cc88 | cc89 | cc90 | cc91 | cc92 | cc93 | cc94 | cc95 | cc96
| cc97 | cc98 | cc99)    #IMPLIED
    caveat    (cv01 | cv02 | cv03 | cv04 | cv05 | cv06 | cv07 | cv08 | cv09 | cv10 | cv11 | cv12
| cv13 | cv14 | cv15 | cv16 | cv17 | cv18 | cv19 | cv20 | cv21 | cv22 | cv23 | cv24 | cv25 | cv26
| cv27 | cv28 | cv29 | cv30 | cv31 | cv32 | cv33 | cv34 | cv35 | cv36 | cv37 | cv38 | cv39 | cv40
| cv41 | cv42 | cv43 | cv44 | cv45 | cv46 | cv47 | cv48 | cv49 | cv50 | cv51 | cv52 | cv53 | cv54
| cv55 | cv56 | cv57 | cv58 | cv59 | cv60 | cv61 | cv62 | cv63 | cv64 | cv65 | cv66 | cv67 | cv68
| cv69 | cv70 | cv71 | cv72 | cv73 | cv74 | cv75 | cv76 | cv77 | cv78 | cv79 | cv80 | cv81 | cv82
| cv83 | cv84 | cv85 | cv86 | cv87 | cv88 | cv89 | cv90 | cv91 | cv92 | cv93 | cv94 | cv95 | cv96
| cv97 | cv98 | cv99)    #IMPLIED
>
<! ELEMENT seqlist (applic?,title?,item+)>
<! ATTLIST seqlist
    refapplic    IDREF    #IMPLIED
    id    ID    #IMPLIED
    level    NMTOKEN    #IMPLIED
    mark    NMTOKEN    #IMPLIED
    change    (add | delete | modify)    #IMPLIED
    rfc    CDATA    #IMPLIED
    class    (01 | 02 | 03 | 04 | 05 | 06 | 07 | 08 | 09 | 10 | 11 | 12 | 13 | 14 | 15 | 16 | 17
| 18 | 19 | 20 | 21 | 22 | 23 | 24 | 25 | 26 | 27 | 28 | 29 | 30 | 31 | 32 | 33 | 34 | 35 | 36 |
37 | 38 | 39 | 40 | 41 | 42 | 43 | 44 | 45 | 46 | 47 | 48 | 49 | 50 | 51 | 52 | 53 | 54 | 55 | 56
| 57 | 58 | 59 | 60 | 61 | 62 | 63 | 64 | 65 | 66 | 67 | 68 | 69 | 70 | 71 | 72 | 73 | 74 | 75 |
76 | 77 | 78 | 79 | 80 | 81 | 82 | 83 | 84 | 85 | 86 | 87 | 88 | 89 | 90 | 91 | 92 | 93 | 94 | 95
| 96 | 97 | 98 | 99)    #IMPLIED
    commcls    (cc01 | cc02 | cc03 | cc04 | cc05 | cc06 | cc07 | cc08 | cc09 | cc10 | cc11 | cc12
| cc13 | cc14 | cc15 | cc16 | cc17 | cc18 | cc19 | cc20 | cc21 | cc22 | cc23 | cc24 | cc25 | cc26
| cc27 | cc28 | cc29 | cc30 | cc31 | cc32 | cc33 | cc34 | cc35 | cc36 | cc37 | cc38 | cc39 | cc40
| cc41 | cc42 | cc43 | cc44 | cc45 | cc46 | cc47 | cc48 | cc49 | cc50 | cc51 | cc52 | cc53 | cc54
```

```
| cc55 | cc56 | cc57 | cc58 | cc59 | cc60 | cc61 | cc62 | cc63 | cc64 | cc65 | cc66 | cc67 | cc68
| cc69 | cc70 | cc71 | cc72 | cc73 | cc74 | cc75 | cc76 | cc77 | cc78 | cc79 | cc80 | cc81 | cc82
| cc83 | cc84 | cc85 | cc86 | cc87 | cc88 | cc89 | cc90 | cc91 | cc92 | cc93 | cc94 | cc95 | cc96
| cc97 | cc98 | cc99)  #IMPLIED
   caveat   (cv01 | cv02 | cv03 | cv04 | cv05 | cv06 | cv07 | cv08 | cv09 | cv10 | cv11 | cv12
| cv13 | cv14 | cv15 | cv16 | cv17 | cv18 | cv19 | cv20 | cv21 | cv22 | cv23 | cv24 | cv25 | cv26
| cv27 | cv28 | cv29 | cv30 | cv31 | cv32 | cv33 | cv34 | cv35 | cv36 | cv37 | cv38 | cv39 | cv40
| cv41 | cv42 | cv43 | cv44 | cv45 | cv46 | cv47 | cv48 | cv49 | cv50 | cv51 | cv52 | cv53 | cv54
| cv55 | cv56 | cv57 | cv58 | cv59 | cv60 | cv61 | cv62 | cv63 | cv64 | cv65 | cv66 | cv67 | cv68
| cv69 | cv70 | cv71 | cv72 | cv73 | cv74 | cv75 | cv76 | cv77 | cv78 | cv79 | cv80 | cv81 | cv82
| cv83 | cv84 | cv85 | cv86 | cv87 | cv88 | cv89 | cv90 | cv91 | cv92 | cv93 | cv94 | cv95 | cv96
| cv97 | cv98 | cv99)   #IMPLIED
〉
〈! ELEMENT title (#PCDATA | ein | cb | parasigdata | quantity | xref | indxflag | change | emphasis
| symbol | subscrpt | supscrpt | refdm | reftp | ftnote | ftnref | acronym | acroterm) * 〉
〈! ATTLIST title
   class    (01 | 02 | 03 | 04 | 05 | 06 | 07 | 08 | 09 | 10 | 11 | 12 | 13 | 14 | 15 | 16 | 17
| 18 | 19 | 20 | 21 | 22 | 23 | 24 | 25 | 26 | 27 | 28 | 29 | 30 | 31 | 32 | 33 | 34 | 35 | 36 |
37 | 38 | 39 | 40 | 41 | 42 | 43 | 44 | 45 | 46 | 47 | 48 | 49 | 50 | 51 | 52 | 53 | 54 | 55 | 56
| 57 | 58 | 59 | 60 | 61 | 62 | 63 | 64 | 65 | 66 | 67 | 68 | 69 | 70 | 71 | 72 | 73 | 74 | 75 |
76 | 77 | 78 | 79 | 80 | 81 | 82 | 83 | 84 | 85 | 86 | 87 | 88 | 89 | 90 | 91 | 92 | 93 | 94 | 95
| 96 | 97 | 98 | 99)   #IMPLIED
   commcls   (cc01 | cc02 | cc03 | cc04 | cc05 | cc06 | cc07 | cc08 | cc09 | cc10 | cc11 | cc12
| cc13 | cc14 | cc15 | cc16 | cc17 | cc18 | cc19 | cc20 | cc21 | cc22 | cc23 | cc24 | cc25 | cc26
| cc27 | cc28 | cc29 | cc30 | cc31 | cc32 | cc33 | cc34 | cc35 | cc36 | cc37 | cc38 | cc39 | cc40
| cc41 | cc42 | cc43 | cc44 | cc45 | cc46 | cc47 | cc48 | cc49 | cc50 | cc51 | cc52 | cc53 | cc54
| cc55 | cc56 | cc57 | cc58 | cc59 | cc60 | cc61 | cc62 | cc63 | cc64 | cc65 | cc66 | cc67 | cc68
| cc69 | cc70 | cc71 | cc72 | cc73 | cc74 | cc75 | cc76 | cc77 | cc78 | cc79 | cc80 | cc81 | cc82
| cc83 | cc84 | cc85 | cc86 | cc87 | cc88 | cc89 | cc90 | cc91 | cc92 | cc93 | cc94 | cc95 | cc96
| cc97 | cc98 | cc99)  #IMPLIED
   caveat   (cv01 | cv02 | cv03 | cv04 | cv05 | cv06 | cv07 | cv08 | cv09 | cv10 | cv11 | cv12
| cv13 | cv14 | cv15 | cv16 | cv17 | cv18 | cv19 | cv20 | cv21 | cv22 | cv23 | cv24 | cv25 | cv26
| cv27 | cv28 | cv29 | cv30 | cv31 | cv32 | cv33 | cv34 | cv35 | cv36 | cv37 | cv38 | cv39 | cv40
| cv41 | cv42 | cv43 | cv44 | cv45 | cv46 | cv47 | cv48 | cv49 | cv50 | cv51 | cv52 | cv53 | cv54
| cv55 | cv56 | cv57 | cv58 | cv59 | cv60 | cv61 | cv62 | cv63 | cv64 | cv65 | cv66 | cv67 | cv68
| cv69 | cv70 | cv71 | cv72 | cv73 | cv74 | cv75 | cv76 | cv77 | cv78 | cv79 | cv80 | cv81 | cv82
| cv83 | cv84 | cv85 | cv86 | cv87 | cv88 | cv89 | cv90 | cv91 | cv92 | cv93 | cv94 | cv95 | cv96
| cv97 | cv98 | cv99)  #IMPLIED
〉
〈! ELEMENT item (#PCDATA | applic | note | para | ein | cb | parasigdata | quantity | xref |
indxflag | change | emphasis | symbol | subscrpt | supscrpt | refdm | reftp | ftnote | ftnref |
acronym | acroterm | seqlist | randlist | deflist) * 〉
〈! ATTLIST item
   refapplic   IDREF   #IMPLIED
   id   ID   #IMPLIED
   level   NMTOKEN   #IMPLIED
   mark   NMTOKEN   #IMPLIED
   change   (add | delete | modify)   #IMPLIED
   rfc   CDATA   #IMPLIED
〉
〈! ELEMENT note (applic?,((symbol | para | (seqlist | randlist | deflist)) + ))〉
〈! ATTLIST note
   type   CDATA   #IMPLIED
   refapplic   IDREF   #IMPLIED
   xrefid   IDREF   #IMPLIED
   id   ID   #IMPLIED
   level   NMTOKEN   #IMPLIED
   mark   NMTOKEN   #IMPLIED
   change   (add | delete | modify)   #IMPLIED
   rfc   CDATA   #IMPLIED
```

```
>
<! ELEMENT randlist (applic?,title?,item+)>
<! ATTLIST randlist
    prefix    (pf01 | pf02 | pf03 | pf04 | pf05 | pf06 | pf07 | pf08 | pf09 | pf10 | pf11 | pf12
| pf13 | pf14 | pf15 | pf16 | pf17 | pf18 | pf19 | pf20 | pf21 | pf22 | pf23 | pf24 | pf25 | pf26
| pf27 | pf28 | pf29 | pf30 | pf31 | pf32 | pf33 | pf34 | pf35 | pf36 | pf37 | pf38 | pf39 | pf40
| pf41 | pf42 | pf43 | pf44 | pf45 | pf46 | pf47 | pf48 | pf49 | pf50 | pf51 | pf52 | pf53 | pf54
| pf55 | pf56 | pf57 | pf58 | pf59 | pf60 | pf61 | pf62 | pf63 | pf64 | pf65 | pf66 | pf67 | pf68
| pf69 | pf70 | pf71 | pf72 | pf73 | pf74 | pf75 | pf76 | pf77 | pf78 | pf79 | pf80 | pf81 | pf82
| pf83 | pf84 | pf85 | pf86 | pf87 | pf88 | pf89 | pf90 | pf91 | pf92 | pf93 | pf94 | pf95 | pf96
| pf97 | pf98 | pf99)    "pf02"
    refapplic    IDREF    #IMPLIED
    id    ID    #IMPLIED
    level    NMTOKEN    #IMPLIED
    mark    NMTOKEN    #IMPLIED
    change    (add | delete | modify)    #IMPLIED
    rfc    CDATA    #IMPLIED
    class    (01 | 02 | 03 | 04 | 05 | 06 | 07 | 08 | 09 | 10 | 11 | 12 | 13 | 14 | 15 | 16 | 17
| 18 | 19 | 20 | 21 | 22 | 23 | 24 | 25 | 26 | 27 | 28 | 29 | 30 | 31 | 32 | 33 | 34 | 35 | 36 |
37 | 38 | 39 | 40 | 41 | 42 | 43 | 44 | 45 | 46 | 47 | 48 | 49 | 50 | 51 | 52 | 53 | 54 | 55 | 56
| 57 | 58 | 59 | 60 | 61 | 62 | 63 | 64 | 65 | 66 | 67 | 68 | 69 | 70 | 71 | 72 | 73 | 74 | 75 |
76 | 77 | 78 | 79 | 80 | 81 | 82 | 83 | 84 | 85 | 86 | 87 | 88 | 89 | 90 | 91 | 92 | 93 | 94 | 95
| 96 | 97 | 98 | 99)    #IMPLIED
    commcls    (cc01 | cc02 | cc03 | cc04 | cc05 | cc06 | cc07 | cc08 | cc09 | cc10 | cc11 | cc12
| cc13 | cc14 | cc15 | cc16 | cc17 | cc18 | cc19 | cc20 | cc21 | cc22 | cc23 | cc24 | cc25 | cc26
| cc27 | cc28 | cc29 | cc30 | cc31 | cc32 | cc33 | cc34 | cc35 | cc36 | cc37 | cc38 | cc39 | cc40
| cc41 | cc42 | cc43 | cc44 | cc45 | cc46 | cc47 | cc48 | cc49 | cc50 | cc51 | cc52 | cc53 | cc54
| cc55 | cc56 | cc57 | cc58 | cc59 | cc60 | cc61 | cc62 | cc63 | cc64 | cc65 | cc66 | cc67 | cc68
| cc69 | cc70 | cc71 | cc72 | cc73 | cc74 | cc75 | cc76 | cc77 | cc78 | cc79 | cc80 | cc81 | cc82
| cc83 | cc84 | cc85 | cc86 | cc87 | cc88 | cc89 | cc90 | cc91 | cc92 | cc93 | cc94 | cc95 | cc96
| cc97 | cc98 | cc99)    #IMPLIED
    caveat    (cv01 | cv02 | cv03 | cv04 | cv05 | cv06 | cv07 | cv08 | cv09 | cv10 | cv11 | cv12
| cv13 | cv14 | cv15 | cv16 | cv17 | cv18 | cv19 | cv20 | cv21 | cv22 | cv23 | cv24 | cv25 | cv26
| cv27 | cv28 | cv29 | cv30 | cv31 | cv32 | cv33 | cv34 | cv35 | cv36 | cv37 | cv38 | cv39 | cv40
| cv41 | cv42 | cv43 | cv44 | cv45 | cv46 | cv47 | cv48 | cv49 | cv50 | cv51 | cv52 | cv53 | cv54
| cv55 | cv56 | cv57 | cv58 | cv59 | cv60 | cv61 | cv62 | cv63 | cv64 | cv65 | cv66 | cv67 | cv68
| cv69 | cv70 | cv71 | cv72 | cv73 | cv74 | cv75 | cv76 | cv77 | cv78 | cv79 | cv80 | cv81 | cv82
| cv83 | cv84 | cv85 | cv86 | cv87 | cv88 | cv89 | cv90 | cv91 | cv92 | cv93 | cv94 | cv95 | cv96
| cv97 | cv98 | cv99)    #IMPLIED
>
<! ELEMENT deflist (applic?,title?,((term,def)+))>
<! ATTLIST deflist
    refapplic    IDREF    #IMPLIED
    id    ID    #IMPLIED
    level    NMTOKEN    #IMPLIED
    mark    NMTOKEN    #IMPLIED
    change    (add | delete | modify)    #IMPLIED
    rfc    CDATA    #IMPLIED
    class    (01 | 02 | 03 | 04 | 05 | 06 | 07 | 08 | 09 | 10 | 11 | 12 | 13 | 14 | 15 | 16 | 17
| 18 | 19 | 20 | 21 | 22 | 23 | 24 | 25 | 26 | 27 | 28 | 29 | 30 | 31 | 32 | 33 | 34 | 35 | 36 |
37 | 38 | 39 | 40 | 41 | 42 | 43 | 44 | 45 | 46 | 47 | 48 | 49 | 50 | 51 | 52 | 53 | 54 | 55 | 56
| 57 | 58 | 59 | 60 | 61 | 62 | 63 | 64 | 65 | 66 | 67 | 68 | 69 | 70 | 71 | 72 | 73 | 74 | 75 |
76 | 77 | 78 | 79 | 80 | 81 | 82 | 83 | 84 | 85 | 86 | 87 | 88 | 89 | 90 | 91 | 92 | 93 | 94 | 95
| 96 | 97 | 98 | 99)    #IMPLIED
    commcls    (cc01 | cc02 | cc03 | cc04 | cc05 | cc06 | cc07 | cc08 | cc09 | cc10 | cc11 | cc12
| cc13 | cc14 | cc15 | cc16 | cc17 | cc18 | cc19 | cc20 | cc21 | cc22 | cc23 | cc24 | cc25 | cc26
| cc27 | cc28 | cc29 | cc30 | cc31 | cc32 | cc33 | cc34 | cc35 | cc36 | cc37 | cc38 | cc39 | cc40
| cc41 | cc42 | cc43 | cc44 | cc45 | cc46 | cc47 | cc48 | cc49 | cc50 | cc51 | cc52 | cc53 | cc54
| cc55 | cc56 | cc57 | cc58 | cc59 | cc60 | cc61 | cc62 | cc63 | cc64 | cc65 | cc66 | cc67 | cc68
| cc69 | cc70 | cc71 | cc72 | cc73 | cc74 | cc75 | cc76 | cc77 | cc78 | cc79 | cc80 | cc81 | cc82
```

```
| cc83 | cc84 | cc85 | cc86 | cc87 | cc88 | cc89 | cc90 | cc91 | cc92 | cc93 | cc94 | cc95 | cc96
| cc97 | cc98 | cc99)     #IMPLIED
    caveat    (cv01 | cv02 | cv03 | cv04 | cv05 | cv06 | cv07 | cv08 | cv09 | cv10 | cv11 | cv12
| cv13 | cv14 | cv15 | cv16 | cv17 | cv18 | cv19 | cv20 | cv21 | cv22 | cv23 | cv24 | cv25 | cv26
| cv27 | cv28 | cv29 | cv30 | cv31 | cv32 | cv33 | cv34 | cv35 | cv36 | cv37 | cv38 | cv39 | cv40
| cv41 | cv42 | cv43 | cv44 | cv45 | cv46 | cv47 | cv48 | cv49 | cv50 | cv51 | cv52 | cv53 | cv54
| cv55 | cv56 | cv57 | cv58 | cv59 | cv60 | cv61 | cv62 | cv63 | cv64 | cv65 | cv66 | cv67 | cv68
| cv69 | cv70 | cv71 | cv72 | cv73 | cv74 | cv75 | cv76 | cv77 | cv78 | cv79 | cv80 | cv81 | cv82
| cv83 | cv84 | cv85 | cv86 | cv87 | cv88 | cv89 | cv90 | cv91 | cv92 | cv93 | cv94 | cv95 | cv96
| cv97 | cv98 | cv99)     #IMPLIED
>
<! ELEMENT term (#PCDATA | applic | ein | cb | parasigdata | quantity | xref | indxflag | change |
emphasis | symbol | subscrpt | supscrpt | refdm | reftp | ftnote | ftnref | acronym | acroterm) * >
<! ATTLIST term
    refapplic    IDREF     #IMPLIED
    id    ID    #IMPLIED
    level    NMTOKEN    #IMPLIED
    mark    NMTOKEN    #IMPLIED
    change    (add | delete | modify)    #IMPLIED
    rfc    CDATA    #IMPLIED
>
<! ELEMENT def (#PCDATA | applic | para | ein | cb | parasigdata | quantity | xref | indxflag |
change | emphasis | symbol | subscrpt | supscrpt | refdm | reftp | ftnote | ftnref | acronym |
acroterm | seqlist | randlist | deflist) * >
<! ATTLIST def
    refapplic    IDREF    #IMPLIED
    id    ID    #IMPLIED
    level    NMTOKEN    #IMPLIED
    mark    NMTOKEN    #IMPLIED
    change    (add | delete | modify)    #IMPLIED
    rfc    CDATA    #IMPLIED
>
<! ELEMENT polref (#PCDATA)>
<! ATTLIST polref
    id    ID    #IMPLIED
    level    NMTOKEN    #IMPLIED
    mark    NMTOKEN    #IMPLIED
    change    (add | delete | modify)    #IMPLIED
    rfc    CDATA    #IMPLIED
>
<! ELEMENT datacond (#PCDATA)>
<! ATTLIST datacond
    id    ID    #IMPLIED
    level    NMTOKEN    #IMPLIED
    mark    NMTOKEN    #IMPLIED
    change    (add | delete | modify)    #IMPLIED
    rfc    CDATA    #IMPLIED
>
<! ELEMENT rpc (#PCDATA)>
<! ATTLIST rpc
    rpcname CDATA    #IMPLIED
    id    ID    #IMPLIED
>
<! ELEMENT orig (#PCDATA)>
<! ATTLIST orig
    origname CDATA    #IMPLIED
    id    ID    #IMPLIED
>
<! ELEMENT inlineapplics (applic+)>
<
```

```
<!ELEMENT brexref (refdm)>
<!ELEMENT qa (applic?,(unverif | (firstver,secver?)))>
<!ATTLIST qa
   refapplic    IDREF    #IMPLIED
>
<!ELEMENT unverif EMPTY>
<!ELEMENT firstver EMPTY>
<!ATTLIST firstver
   type    (tabtop | onobject | ttandoo)    #REQUIRED
>
<!ELEMENT secver EMPTY>
<!ATTLIST secver
   type    (tabtop | onobject | ttandoo)    #REQUIRED
>
<!ELEMENT rfu (#PCDATA | applic | p)*>
<!ATTLIST rfu
   refapplic    IDREF    #IMPLIED
>
<!ELEMENT p (#PCDATA | subscrpt | supscrpt)*>
<!ATTLIST p
   id    ID    #IMPLIED
   level    NMTOKEN    #IMPLIED
   mark    NMTOKEN    #IMPLIED
   change    (add | delete | modify)    #IMPLIED
   rfc    CDATA    #IMPLIED
>
<!ELEMENT remarks (#PCDATA | applic | p)*>
<!ATTLIST remarks
   refapplic    IDREF    #IMPLIED
>
<!ELEMENT content (refs?,wrngdata)>
<!ATTLIST content
   id    ID    #IMPLIED
>
<!ELEMENT wrngdata (wires?,harnesses?,elecequips?,stdparts?)>
<!ELEMENT wires (wire+)>
<!ELEMENT wire (wireid,wireconnection,wireinformation?,applics?)>
<!ATTLIST wire
   wirestate    (active | stowed | pigtail | notactiv | logconn)    #IMPLIED
   chginfo    (add | delete | modify)    #IMPLIED
   refapplic    IDREF    #IMPLIED
>
<!ELEMENT wireid (circode?,wireno,secid?)>
<!ATTLIST wireid
   contextid  CDATA    #IMPLIED
   mfc        CDATA    #IMPLIED
   originator    (orig01 | orig02 | orig03 | orig04 | orig05 | orig06 | orig07 | orig08 | orig09
| orig10 | orig11 | orig12 | orig13 | orig14 | orig15 | orig16 | orig17 | orig18 | orig19 | orig20
| orig21 | orig22 | orig23 | orig24 | orig25 | orig26 | orig27 | orig28 | orig29 | orig30 | orig31
| orig32 | orig33 | orig34 | orig35 | orig36 | orig37 | orig38 | orig39 | orig40 | orig41 | orig42
| orig43 | orig44 | orig45 | orig46 | orig47 | orig48 | orig49 | orig50 | orig51 | orig52 | orig53
| orig54 | orig55 | orig56 | orig57 | orig58 | orig59 | orig60 | orig61 | orig62 | orig63 | orig64
| orig65 | orig66 | orig67 | orig68 | orig69 | orig70 | orig71 | orig72 | orig73 | orig74 | orig75
| orig76 | orig77 | orig78 | orig79 | orig80 | orig81 | orig82 | orig83 | orig84 | orig85 | orig86
| orig87 | orig88 | orig89 | orig90 | orig91 | orig92 | orig93 | orig94 | orig95 | orig96 | orig97
| orig98 | orig99)    #IMPLIED
>
<!ELEMENT circode (#PCDATA)>
<!ELEMENT wireno (#PCDATA)>
<!ELEMENT secid (#PCDATA)>
```

```
〈! ELEMENT wireconnection (fromequip,toequip?)〉
〈! ELEMENT fromequip ((rfd,contactinfo?,screens?,twists?,wireins?))〉
〈! ELEMENT rfd (#PCDATA)〉
〈! ATTLIST rfd
   id    ID      #IMPLIED
   level       NMTOKEN      #IMPLIED
   mark        NMTOKEN      #IMPLIED
   change     (add | delete | modify)     #IMPLIED
   rfc         CDATA        #IMPLIED
   contextid  CDATA        #IMPLIED
   mfc         CDATA        #IMPLIED
   originator      (orig01 | orig02 | orig03 | orig04 | orig05 | orig06 | orig07 | orig08 | orig09
| orig10 | orig11 | orig12 | orig13 | orig14 | orig15 | orig16 | orig17 | orig18 | orig19 | orig20
| orig21 | orig22 | orig23 | orig24 | orig25 | orig26 | orig27 | orig28 | orig29 | orig30 | orig31
| orig32 | orig33 | orig34 | orig35 | orig36 | orig37 | orig38 | orig39 | orig40 | orig41 | orig42
| orig43 | orig44 | orig45 | orig46 | orig47 | orig48 | orig49 | orig50 | orig51 | orig52 | orig53
| orig54 | orig55 | orig56 | orig57 | orig58 | orig59 | orig60 | orig61 | orig62 | orig63 | orig64
| orig65 | orig66 | orig67 | orig68 | orig69 | orig70 | orig71 | orig72 | orig73 | orig74 | orig75
| orig76 | orig77 | orig78 | orig79 | orig80 | orig81 | orig82 | orig83 | orig84 | orig85 | orig86
| orig87 | orig88 | orig89 | orig90 | orig91 | orig92 | orig93 | orig94 | orig95 | orig96 | orig97
| orig98 | orig99)    #IMPLIED
〉
〈! ELEMENT contactinfo (contact?,wireconcode?,netanacode?)〉
〈! ELEMENT contact EMPTY〉
〈! ATTLIST contact
   ident      CDATA        #REQUIRED
   function CDATA        #IMPLIED
   ctype      CDATA        #IMPLIED
   cconnect NMTOKEN      #IMPLIED
   termpnr   CDATA        #IMPLIED
   wexdir     CDATA        #IMPLIED
〉
〈! ELEMENT wireconcode (screenorder?,specconn?,elecpotential,pconnorder?)〉
〈! ELEMENT screenorder (#PCDATA)〉
〈! ELEMENT specconn (#PCDATA)〉
〈! ELEMENT elecpotential (module?,block?,shunt?,contactorder?)〉
〈! ELEMENT module (#PCDATA)〉
〈! ELEMENT block (#PCDATA)〉
〈! ELEMENT shunt (#PCDATA)〉
〈! ELEMENT contactorder (#PCDATA)〉
〈! ELEMENT pconnorder (#PCDATA)〉
〈! ELEMENT netanacode (#PCDATA)〉
〈! ELEMENT screens (screen+)〉
〈! ELEMENT screen (#PCDATA)〉
〈! ATTLIST screen
   scrlevel    CDATA    #IMPLIED
   scrtype     CDATA    #IMPLIED
   scrstyle    CDATA    #IMPLIED
〉
〈! ELEMENT twists (twist+)〉
〈! ELEMENT twist (#PCDATA)〉
〈! ATTLIST twist
   twsttype    CDATA    #IMPLIED
〉
〈! ELEMENT wireins (pre*,fin*)〉
〈! ELEMENT pre ((val?,refs?))〉
〈! ELEMENT val (#PCDATA)〉
〈! ELEMENT fin ((val?,refs?))〉
〈! ELEMENT toequip ((rfd,contactinfo?,screens?,twists?,wireins?))〉
〈! ELEMENT wireinformation (wirecode?, harnid?, wireseqno?, screens?, twists?, coax?, triax?, emc-code?,
```

```
length?,colour?,signal?,rpc?,routing?,wireroute?,restriction?,nhassy?,fdescref?,illref?))
<! ELEMENT wirecode (wiretype,wiregauge * )>
<! ELEMENT wiretype (#PCDATA)>
<! ELEMENT wiregauge (#PCDATA)>
<! ATTLIST wiregauge
    gaugetype     (proj | awg | mt)     #REQUIRED
>
<! ELEMENT harnid (#PCDATA)>
<! ATTLIST harnid
    contextid  CDATA        #IMPLIED
    mfc        CDATA        #IMPLIED
    originator     (orig01 | orig02 | orig03 | orig04 | orig05 | orig06 | orig07 | orig08 | orig09
  | orig10 | orig11 | orig12 | orig13 | orig14 | orig15 | orig16 | orig17 | orig18 | orig19 | orig20
  | orig21 | orig22 | orig23 | orig24 | orig25 | orig26 | orig27 | orig28 | orig29 | orig30 | orig31
  | orig32 | orig33 | orig34 | orig35 | orig36 | orig37 | orig38 | orig39 | orig40 | orig41 | orig42
  | orig43 | orig44 | orig45 | orig46 | orig47 | orig48 | orig49 | orig50 | orig51 | orig52 | orig53
  | orig54 | orig55 | orig56 | orig57 | orig58 | orig59 | orig60 | orig61 | orig62 | orig63 | orig64
  | orig65 | orig66 | orig67 | orig68 | orig69 | orig70 | orig71 | orig72 | orig73 | orig74 | orig75
  | orig76 | orig77 | orig78 | orig79 | orig80 | orig81 | orig82 | orig83 | orig84 | orig85 | orig86
  | orig87 | orig88 | orig89 | orig90 | orig91 | orig92 | orig93 | orig94 | orig95 | orig96 | orig97
  | orig98 | orig99)     #IMPLIED
>
<! ELEMENT wireseqno (#PCDATA)>
<! ELEMENT coax (#PCDATA)>
<! ELEMENT triax (#PCDATA)>
<! ELEMENT emc-code (#PCDATA)>
<! ELEMENT length (#PCDATA)>
<! ATTLIST length
    uom        CDATA        #IMPLIED
    wirelngtyp     (critical | estimated | final)     #IMPLIED
>
<! ELEMENT colour (#PCDATA)>
<! ELEMENT signal (#PCDATA)>
<! ELEMENT routing (clipid * ,feedthru * )>
<! ELEMENT clipid (#PCDATA)>
<! ELEMENT feedthru (rfd)>
<! ATTLIST feedthru
    holeid     CDATA        #IMPLIED
>
<! ELEMENT wireroute (#PCDATA)>
<! ELEMENT restriction (#PCDATA)>
<! ELEMENT nhassy (#PCDATA)>
<! ELEMENT fdescref (refs)>
<! ELEMENT illref (refs)>
<! ELEMENT applics (applic + )>
<! ELEMENT harnesses (harness + )>
<! ELEMENT harness (harnid,harninfo?,routing?,rpc?,fdescref?,illref?,applics?))
<! ATTLIST harness
    chginfo      (add | delete | modify)     #IMPLIED
    refapplic     IDREF      #IMPLIED
>
<! ELEMENT harninfo (pnr?,altids?,harnvar?,harnissue?,nomenc?,emc-code?))
<! ELEMENT altids (altid + )>
<! ELEMENT altid (pnr?,mfc?))
<! ELEMENT harnvar (#PCDATA)>
<! ELEMENT harnissue (#PCDATA)>
<! ELEMENT nomenc (#PCDATA)>
<! ELEMENT elecequips (elecequip + )>
<! ELEMENT elecequip (rfd, pnr?, altids?, instloc * , accdopl?, assyinstr?, nhassy?, posnhassy?, maxposition?,
sibplugid?,trl?,clc?,elogic?,rpc?,nomenc?,equdescref?,fdescref?,illref?,applics?))
```

```
〈! ATTLIST elecequip
    chginfo     (add | delete | modify)    # IMPLIED
    equipstate     (active | notactiv | logequip)    # IMPLIED
    refapplic    IDREF    # IMPLIED
〉
〈! ELEMENT instloc (# PCDATA)〉
〈! ATTLIST instloc
    uom       CDATA     # IMPLIED
    instloctyp    (instloctyp01 | instloctyp02 | instloctyp03 | instloctyp04 | instloctyp05 |
instloctyp06 | instloctyp07 | instloctyp08 | instloctyp09 | instloctyp10 | instloctyp11 |
instloctyp12 | instloctyp13 | instloctyp14 | instloctyp15 | instloctyp16 | instloctyp17 |
instloctyp18 | instloctyp19 | instloctyp20 | instloctyp21 | instloctyp22 | instloctyp23 |
instloctyp24 | instloctyp25 | instloctyp26 | instloctyp27 | instloctyp28 | instloctyp29 |
instloctyp30 | instloctyp31 | instloctyp32 | instloctyp33 | instloctyp34 | instloctyp35 |
instloctyp36 | instloctyp37 | instloctyp38 | instloctyp39 | instloctyp40 | instloctyp41 |
instloctyp42 | instloctyp43 | instloctyp44 | instloctyp45 | instloctyp46 | instloctyp47 |
instloctyp48 | instloctyp49 | instloctyp50 | instloctyp51 | instloctyp52 | instloctyp53 |
instloctyp54 | instloctyp55 | instloctyp56 | instloctyp57 | instloctyp58 | instloctyp59 |
instloctyp60 | instloctyp61 | instloctyp62 | instloctyp63 | instloctyp64 | instloctyp65 |
instloctyp66 | instloctyp67 | instloctyp68 | instloctyp69 | instloctyp70 | instloctyp71 |
instloctyp72 | instloctyp73 | instloctyp74 | instloctyp75 | instloctyp76 | instloctyp77 |
instloctyp78 | instloctyp79 | instloctyp80 | instloctyp81 | instloctyp82 | instloctyp83 |
instloctyp84 | instloctyp85 | instloctyp86 | instloctyp87 | instloctyp88 | instloctyp89 |
instloctyp90 | instloctyp91 | instloctyp92 | instloctyp93 | instloctyp94 | instloctyp95 |
instloctyp96 | instloctyp97 | instloctyp98 | instloctyp99)    # IMPLIED
〉
〈! ELEMENT accdopl (# PCDATA)〉
〈! ELEMENT assyinstr (assy * )〉
〈! ELEMENT assy ((val?,refs?))〉
〈! ELEMENT posnhassy (# PCDATA)〉
〈! ATTLIST posnhassy
    pos      CDATA     # IMPLIED
    row      CDATA     # IMPLIED
    col      CDATA     # IMPLIED
〉
〈! ELEMENT maxposition (# PCDATA)〉
〈! ELEMENT sibplugid (# PCDATA)〉
〈! ELEMENT trl (# PCDATA)〉
〈! ELEMENT clc (# PCDATA)〉
〈! ELEMENT elogic (ecstate + )〉
〈! ELEMENT ecstate (eeconnection + ,statedes?)〉
〈! ATTLIST ecstate
    initstate  NMTOKEN    # IMPLIED
〉
〈! ELEMENT eeconnection (contact + )〉
〈! ATTLIST eeconnection
    conntype   CDATA      # IMPLIED
〉
〈! ELEMENT statedes (# PCDATA)〉
〈! ELEMENT equdescref (refs)〉
〈! ELEMENT stdparts (connectors?, vparts?, accessories?, solder-sleeves?, shrink-sleeves?,
ident-sleeves?,conduits?,wire-mats?)〉
〈! ELEMENT connectors (connector + )〉
〈! ELEMENT connector (pnr, altids?, mass?, orientation?, assyinstr?, rack?, ccount?, cdescs?, elogic?,
acclist?,fdescref?,illref?,applics?)〉
〈! ATTLIST connector
    refapplic    IDREF     # IMPLIED
〉
〈! ELEMENT mass (# PCDATA)〉
〈! ATTLIST mass
```

```
    uom        CDATA        #IMPLIED
〉
〈! ELEMENT orientation (#PCDATA)〉
〈! ELEMENT rack (#PCDATA)〉
〈! ELEMENT ccount (#PCDATA)〉
〈! ELEMENT cdescs (cdesc+)〉
〈! ELEMENT cdesc (contact,cdia?,fin*,tplus?,tminus?,sterm?,coax?,triax?,module?,block?,shunt?)〉
〈! ELEMENT cdia (#PCDATA)〉
〈! ATTLIST cdia
    uom        CDATA        #IMPLIED
〉
〈! ELEMENT tplus (#PCDATA)〉
〈! ELEMENT tminus (#PCDATA)〉
〈! ELEMENT sterm (#PCDATA)〉
〈! ELEMENT acclist (pnr+)〉
〈! ELEMENT vparts (vpart+)〉
〈! ELEMENT vpart (pnr,altids?,csize?,mat?,mass?,colour?,protect?,cdia?,temp?,fdescref?,illref?,
applics?)〉
〈! ATTLIST vpart
    refapplic    IDREF      #IMPLIED
〉
〈! ELEMENT csize (#PCDATA)〉
〈! ELEMENT mat (#PCDATA)〉
〈! ELEMENT protect (#PCDATA)〉
〈! ELEMENT temp (mint,maxt)〉
〈! ELEMENT mint (#PCDATA)〉
〈! ATTLIST mint
    uom        CDATA        #IMPLIED
〉
〈! ELEMENT maxt (#PCDATA)〉
〈! ATTLIST maxt
    uom        CDATA        #IMPLIED
〉
〈! ELEMENT accessories (accessory+)〉
〈! ELEMENT accessory (pnr,altids?,mass?,orientation?,assyinstr?,fdescref?,illref?,applics?)〉
〈! ATTLIST accessory
    refapplic    IDREF      #IMPLIED
〉
〈! ELEMENT solder-sleeves (solder-sleeve+)〉
〈! ELEMENT solder-sleeve (pnr,altids?,length?,mat?,mass?,sdia?,fdescref?,illref?,applics?)〉
〈! ATTLIST solder-sleeve
    refapplic    IDREF      #IMPLIED
〉
〈! ELEMENT sdia (mind,maxd)〉
〈! ELEMENT mind (#PCDATA)〉
〈! ATTLIST mind
    uom        CDATA        #IMPLIED
〉
〈! ELEMENT maxd (#PCDATA)〉
〈! ATTLIST maxd
    uom        CDATA        #IMPLIED
〉
〈! ELEMENT shrink-sleeves (shrink-sleeve+)〉
〈! ELEMENT shrink-sleeve (pnr,altids?,size?,mass?,colour?,sdia?,temp?,harnsize?,fdescref?,illref?,
applics?)〉
〈! ATTLIST shrink-sleeve
    refapplic    IDREF      #IMPLIED
〉
〈! ELEMENT size (#PCDATA)〉
〈! ATTLIST size
```

```
    uom        CDATA        #IMPLIED
〉
〈! ELEMENT harnsize (minh,maxh)〉
〈! ELEMENT minh (#PCDATA)〉
〈! ATTLIST minh
    uom        CDATA        #IMPLIED
〉
〈! ELEMENT maxh (#PCDATA)〉
〈! ATTLIST maxh
    uom        CDATA        #IMPLIED
〉
〈! ELEMENT ident-sleeves (ident-sleeve+)〉
〈! ELEMENT ident-sleeve (pnr,altids?,length?,mat?,mass?,fdescref?,illref?,applics?)〉
〈! ATTLIST ident-sleeve
    refapplic     IDREF      #IMPLIED
〉
〈! ELEMENT conduits (conduit+)〉
〈! ELEMENT conduit (pnr,altids?,size?,mass?,colour?,wallthk?,temp?,fdescref?,illref?,applics?)〉
〈! ATTLIST conduit
    refapplic     IDREF      #IMPLIED
〉
〈! ELEMENT wallthk (#PCDATA)〉
〈! ATTLIST wallthk
    uom        CDATA        #IMPLIED
〉
〈! ELEMENT wire-mats (wire-mat+)〉
〈! ELEMENT wire-mat (pnr, altids?, wirecode?, core?, size?, mass?, colour?, outjackcol?, outdia?, res?,
voltage?,amperage?,temp?,screencount?,coax?,triax?,freqchar?,fdescref?,illref?,applics?)〉
〈! ATTLIST wire-mat
    refapplic     IDREF      #IMPLIED
〉
〈! ELEMENT core (#PCDATA)〉
〈! ELEMENT outjackcol (#PCDATA)〉
〈! ELEMENT outdia (#PCDATA)〉
〈! ATTLIST outdia
    uom        CDATA        #IMPLIED
〉
〈! ELEMENT res (#PCDATA)〉
〈! ATTLIST res
    uom        CDATA        #IMPLIED
〉
〈! ELEMENT voltage (#PCDATA)〉
〈! ATTLIST voltage
    uom        CDATA        #IMPLIED
〉
〈! ELEMENT amperage (#PCDATA)〉
〈! ATTLIST amperage
    uom        CDATA        #IMPLIED
〉
〈! ELEMENT screencount (#PCDATA)〉
〈! ELEMENT freqchar (impedance,freqatt*)〉
〈! ELEMENT impedance (#PCDATA)〉
〈! ATTLIST impedance
    uom        CDATA        #IMPLIED
〉
〈! ELEMENT freqatt (freq,attenuation)〉
〈! ELEMENT freq (#PCDATA)〉
〈! ATTLIST freq
    uom        CDATA        #IMPLIED
〉
```

```
<! ELEMENT attenuation (#PCDATA)>
<! ATTLIST attenuation
   uom       CDATA        #IMPLIED
>
```

B.9 出版物模块信息 DTD

本文件包含了出版物信息模块 DTD。它标识了所有与出版物模块有关的元素和它们之间的关系。

```
<? xml version = "1.0" encoding = "UTF-8"?>
<! ELEMENT pm (rdf:Description?,idstatus,content)>
<! ATTLIST pm
   id    ID      #IMPLIED
   %RDFDCATT;
>
<! ELEMENT idstatus (pmaddres,pmstatus)>
<! ELEMENT pmaddres (pmc,pmtitle,issno,issdate)>
<! ELEMENT pmc (modelic,pmissuer,pmnumber,pmvolume)>
<! ELEMENT modelic (#PCDATA)>
<! ELEMENT pmissuer (#PCDATA)>
<! ELEMENT pmnumber (#PCDATA)>
<! ELEMENT pmvolume (#PCDATA)>
<! ELEMENT pmtitle (#PCDATA)>
<! ELEMENT issno EMPTY>
<! ATTLIST issno
   issno      NMTOKEN      #REQUIRED
   inwork     NMTOKEN      #IMPLIED
   type      (new | changed | deleted | revised | status | rinstate-changed | rinstate-revised |
rinstate-status)     "new"
>
<! ELEMENT issdate EMPTY>
<! ATTLIST issdate
   year       NMTOKEN      #REQUIRED
   month      NMTOKEN      #REQUIRED
   day        NMTOKEN      #REQUIRED
>
<! ELEMENT pmstatus (security, datarest?, rpc, orig?, effect?, media *, qa, ((sbc | fic) *), rfu?,
remarks?)>
<! ELEMENT security EMPTY>
<! ATTLIST security
   class     (01 | 02 | 03 | 04 | 05 | 06 | 07 | 08 | 09 | 10 | 11 | 12 | 13 | 14 | 15 | 16 | 17
| 18 | 19 | 20 | 21 | 22 | 23 | 24 | 25 | 26 | 27 | 28 | 29 | 30 | 31 | 32 | 33 | 34 | 35 | 36 |
37 | 38 | 39 | 40 | 41 | 42 | 43 | 44 | 45 | 46 | 47 | 48 | 49 | 50 | 51 | 52 | 53 | 54 | 55 | 56
| 57 | 58 | 59 | 60 | 61 | 62 | 63 | 64 | 65 | 66 | 67 | 68 | 69 | 70 | 71 | 72 | 73 | 74 | 75 |
76 | 77 | 78 | 79 | 80 | 81 | 82 | 83 | 84 | 85 | 86 | 87 | 88 | 89 | 90 | 91 | 92 | 93 | 94 | 95
| 96 | 97 | 98 | 99)     #REQUIRED

   commcls   (cc01 | cc02 | cc03 | cc04 | cc05 | cc06 | cc07 | cc08 | cc09 | cc10 | cc11 | cc12
| cc13 | cc14 | cc15 | cc16 | cc17 | cc18 | cc19 | cc20 | cc21 | cc22 | cc23 | cc24 | cc25 | cc26
| cc27 | cc28 | cc29 | cc30 | cc31 | cc32 | cc33 | cc34 | cc35 | cc36 | cc37 | cc38 | cc39 | cc40
| cc41 | cc42 | cc43 | cc44 | cc45 | cc46 | cc47 | cc48 | cc49 | cc50 | cc51 | cc52 | cc53 | cc54
| cc55 | cc56 | cc57 | cc58 | cc59 | cc60 | cc61 | cc62 | cc63 | cc64 | cc65 | cc66 | cc67 | cc68
| cc69 | cc70 | cc71 | cc72 | cc73 | cc74 | cc75 | cc76 | cc77 | cc78 | cc79 | cc80 | cc81 | cc82
| cc83 | cc84 | cc85 | cc86 | cc87 | cc88 | cc89 | cc90 | cc91 | cc92 | cc93 | cc94 | cc95 | cc96
| cc97 | cc98 | cc99)     #IMPLIED
   caveat    (cv01 | cv02 | cv03 | cv04 | cv05 | cv06 | cv07 | cv08 | cv09 | cv10 | cv11 | cv12
| cv13 | cv14 | cv15 | cv16 | cv17 | cv18 | cv19 | cv20 | cv21 | cv22 | cv23 | cv24 | cv25 | cv26
| cv27 | cv28 | cv29 | cv30 | cv31 | cv32 | cv33 | cv34 | cv35 | cv36 | cv37 | cv38 | cv39 | cv40
| cv41 | cv42 | cv43 | cv44 | cv45 | cv46 | cv47 | cv48 | cv49 | cv50 | cv51 | cv52 | cv53 | cv54
| cv55 | cv56 | cv57 | cv58 | cv59 | cv60 | cv61 | cv62 | cv63 | cv64 | cv65 | cv66 | cv67 | cv68
```

```
| cv69 | cv70 | cv71 | cv72 | cv73 | cv74 | cv75 | cv76 | cv77 | cv78 | cv79 | cv80 | cv81 | cv82
| cv83 | cv84 | cv85 | cv86 | cv87 | cv88 | cv89 | cv90 | cv91 | cv92 | cv93 | cv94 | cv95 | cv96
| cv97 | cv98 | cv99)   #IMPLIED
〉
〈! ELEMENT datarest (instruct,inform?)〉
〈! ATTLIST datarest
   id    ID    #IMPLIED
   level    NMTOKEN    #IMPLIED
   mark     NMTOKEN    #IMPLIED
   change    (add | delete | modify)    #IMPLIED
   rfc     CDATA     #IMPLIED
〉
〈! ELEMENT instruct (distrib,handling?)〉
〈! ATTLIST instruct
   id    ID    #IMPLIED
   level    NMTOKEN    #IMPLIED
   mark     NMTOKEN    #IMPLIED
   change    (add | delete | modify)    #IMPLIED
   rfc     CDATA     #IMPLIED
〉
〈! ELEMENT distrib (#PCDATA)〉
〈! ATTLIST distrib
   id    ID    #IMPLIED
   level    NMTOKEN    #IMPLIED
   mark     NMTOKEN    #IMPLIED
   change    (add | delete | modify)    #IMPLIED
   rfc     CDATA     #IMPLIED
〉
〈! ELEMENT handling (#PCDATA)〉
〈! ATTLIST handling
   id    ID    #IMPLIED
   level    NMTOKEN    #IMPLIED
   mark     NMTOKEN    #IMPLIED
   change    (add | delete | modify)    #IMPLIED
   rfc     CDATA     #IMPLIED
〉
〈! ELEMENT inform (copyright)〉
〈! ATTLIST inform
   id    ID    #IMPLIED
   level    NMTOKEN    #IMPLIED
   mark     NMTOKEN    #IMPLIED
   change    (add | delete | modify)    #IMPLIED
   rfc     CDATA     #IMPLIED
〉
〈! ELEMENT copyright ((p | refdm)*)〉
〈! ATTLIST copyright
   id    ID    #IMPLIED
   level    NMTOKEN    #IMPLIED
   mark     NMTOKEN    #IMPLIED
   change    (add | delete | modify)    #IMPLIED
   rfc     CDATA     #IMPLIED
〉
〈! ELEMENT p (#PCDATA | subscrpt | supscrpt)* 〉
〈! ATTLIST p
   id    ID    #IMPLIED
   level    NMTOKEN    #IMPLIED
   mark     NMTOKEN    #IMPLIED
   change    (add | delete | modify)    #IMPLIED
   rfc     CDATA     #IMPLIED
〉
```

```
〈! ELEMENT subscrpt (#PCDATA)〉
〈! ELEMENT supscrpt (#PCDATA)〉
〈! ELEMENT refdm ((dmcextension?,dmc,dmtitle?,issno?,issdate?) | ((%XLINKEXT;)*))〉
〈! ATTLIST refdm
    %XLINKATT4;
〉
〈! ELEMENT dmcextension (dmeproducer,dmecode)〉
〈! ELEMENT dmeproducer (#PCDATA)〉
〈! ELEMENT dmecode (#PCDATA)〉
〈! ELEMENT dmc (age | avee)〉
〈! ELEMENT age (modelic,supeqvc,ecscs,eidc,cidc,discode,discodev,incode,incodev,itemloc)〉
〈! ELEMENT supeqvc (#PCDATA)〉
〈! ELEMENT ecscs (#PCDATA)〉
〈! ELEMENT eidc (#PCDATA)〉
〈! ELEMENT cidc (#PCDATA)〉
〈! ELEMENT discode (#PCDATA)〉
〈! ELEMENT discodev (#PCDATA)〉
〈! ELEMENT incode (#PCDATA)〉
〈! ELEMENT incodev (#PCDATA)〉
〈! ELEMENT itemloc (#PCDATA)〉
〈! ELEMENT avee (modelic, sdc, chapnum, section, subsect, subject, discode, discodev, incode, incodev,
itemloc)〉
〈! ELEMENT sdc (#PCDATA)〉
〈! ELEMENT chapnum (#PCDATA)〉
〈! ELEMENT section (#PCDATA)〉
〈! ELEMENT subsect (#PCDATA)〉
〈! ELEMENT subject (#PCDATA)〉
〈! ELEMENT dmtitle (techname,infoname?)〉
〈! ELEMENT techname (#PCDATA)〉
〈! ELEMENT infoname (#PCDATA)〉
〉
〈! ELEMENT rpc (#PCDATA)〉
〈! ATTLIST rpc
    rpcname  CDATA      #IMPLIED
    id    ID    #IMPLIED
〉
〈! ELEMENT orig (#PCDATA)〉
〈! ATTLIST orig
    origname CDATA      #IMPLIED
    id    ID    #IMPLIED
〉
〈! ELEMENT effect (#PCDATA)〉
〈! ATTLIST effect
    id    ID    #IMPLIED
    level    NMTOKEN    #IMPLIED
    mark     NMTOKEN    #IMPLIED
    change    (add | delete | modify)    #IMPLIED
    rfc      CDATA      #IMPLIED
〉
〈! ELEMENT media EMPTY〉
〈! ATTLIST media
    type      CDATA     #REQUIRED
    code      CDATA     #REQUIRED
    volume    CDATA     #IMPLIED
    location  CDATA     #IMPLIED
〉
〈! ELEMENT qa (unverif | (firstver,secver?))〉
〈! ELEMENT unverif EMPTY〉
〈! ELEMENT firstver EMPTY〉
〈! ATTLIST firstver
```

```
    type     (tabtop | onobject | ttandoo)      #REQUIRED
>
<! ELEMENT secver EMPTY>
<! ATTLIST secver
    type     (tabtop | onobject | ttandoo)      #REQUIRED
>
<! ELEMENT sbc (#PCDATA)>
<! ATTLIST sbc
    id     ID     #IMPLIED
>
<! ELEMENT fic (#PCDATA)>
<! ELEMENT rfu (#PCDATA | p)*>
<! ELEMENT remarks (#PCDATA | p)*>
<! ELEMENT content (pmentry+)>
<! ELEMENT pmentry (title,((refdm | refpm | refextp | pmentry)+))>
<! ELEMENT title (#PCDATA)>
<! ELEMENT refpm ((pmc,pmtitle?,issno?,issdate?,security?,rpc?,media*) | ((%XLINKEXT;)*))>
<! ATTLIST refpm
    %XLINKATT;
>
<! ELEMENT refextp ((pubcode,pubtitle?,pubdate?,security?,rpc?,media*) | ((%XLINKEXT;)*))>
<! ATTLIST refextp
    %XLINKATT4;
>
<! ELEMENT pubcode (#PCDATA)>
<! ATTLIST pubcode
    pubcodsy   CDATA     #IMPLIED
>
<! ELEMENT pubtitle (#PCDATA)>
<! ELEMENT pubdate EMPTY>
<! ATTLIST pubdate
    year      NMTOKEN      #REQUIRED
    month     NMTOKEN      #REQUIRED
    day       NMTOKEN      #REQUIRED
>
```

参 考 文 献

[1] AeroSpace and Defence Industries Association of Europe. S1000D:International Specification for Technical Publications Utilising A Common Source Data Base(V2. 1),2004. 02